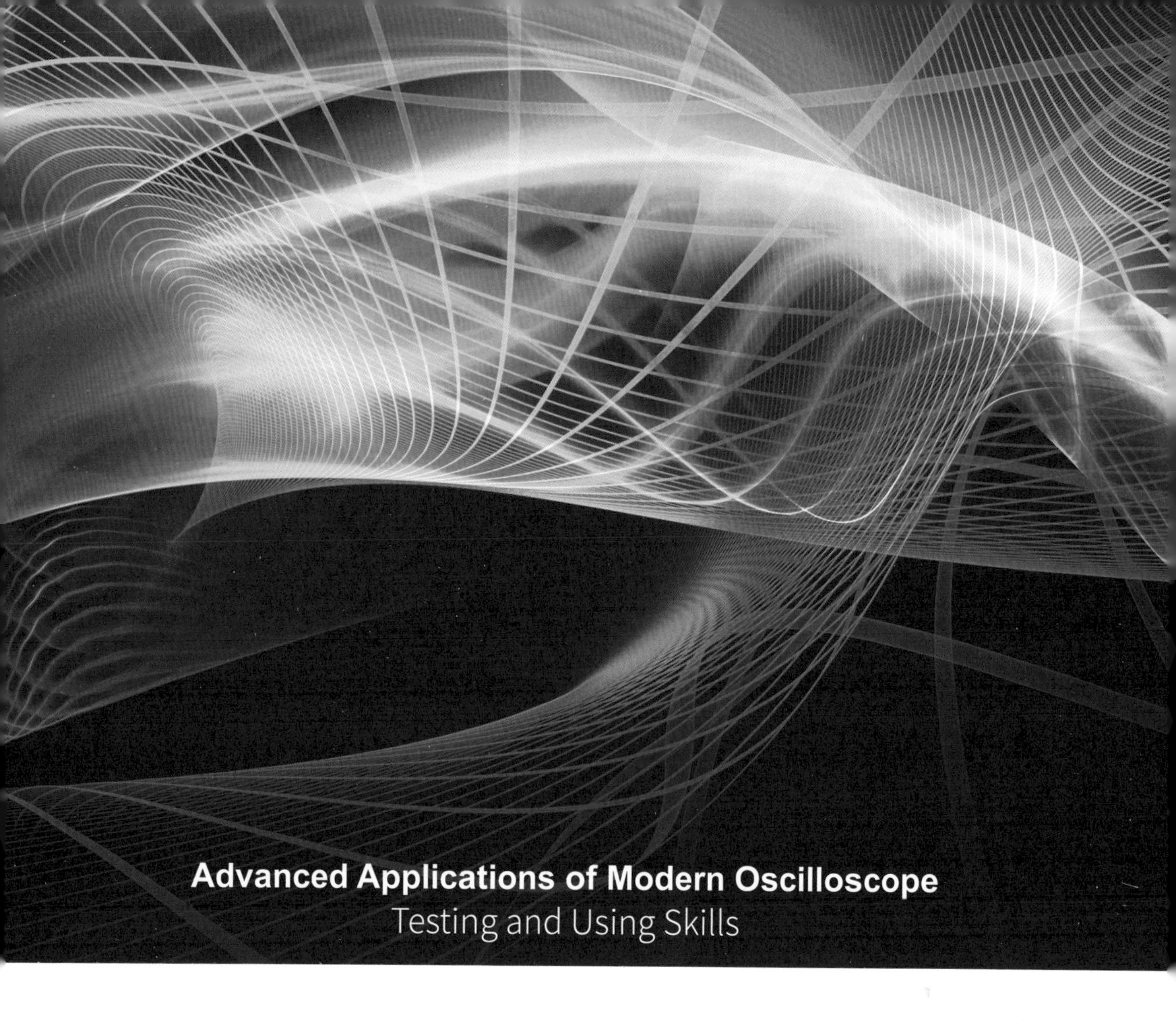

现代示波器高级应用

——测试及使用技巧

李凯　编著

清華大學出版社
北京

内容简介

示波器是最广泛使用的电子测量仪器。经过近一个世纪的持续技术革新，现代数字示波器已经是结合了最新材料、芯片、计算机、信号处理技术的复杂测量系统。

本书结合笔者近20年实际应用经验，对现代数字示波器的原理、测量方法、测量技巧、实际案例等做了深入浅出的解读和分析。

本书分为三大部分：第1～8章介绍现代测量仪器的发展、数字示波器原理、主要指标、测量精度、探头分类及原理、探头对测量的影响、触发条件、数学函数功能等内容；第9～19章结合实际案例，介绍示波器在信号完整性分析、电源测试、时钟测试、射频测试、宽带信号解调、总线调试、芯片测试中的实际应用案例；第20～29章侧重高速总线的一致性测试，介绍数字总线，如PCIe 3.0/4.0、SATA、SAS 12G、DDR3/4、10G以太网、CPRI接口、100G背板、100G光模块、400G以太网/PAM4信号的原理及测试方法。

本书可帮助从事高速通信、计算机、航空航天设备的开发和测试人员深入理解及掌握现代数字示波器的使用技能，也可供高校工科电子类的师生做示波器、电路测试方面的教学参考。

图书在版编目(CIP)数据

现代示波器高级应用：测试及使用技巧/李凯编著. —北京：清华大学出版社，2017(2022.12重印)
ISBN 978-7-302-46838-7

Ⅰ.①现… Ⅱ.①李… Ⅲ.①示波器－基本知识 Ⅳ.①TM935.3

中国版本图书馆CIP数据核字(2017)第064232号

责任编辑：文　怡
封面设计：李召霞
责任校对：时翠兰
责任印制：沈　露

出版发行：清华大学出版社
　网　　址：http://www.tup.com.cn，http://www.wqbook.com
　地　　址：北京清华大学学研大厦A座　　**邮　　编**：100084
　社 总 机：010-83470000　　**邮　　购**：010-62786544
　投稿与读者服务：010-62776969，c-service@tup.tsinghua.edu.cn
　质量反馈：010-62772015，zhiliang@tup.tsinghua.edu.cn
　课件下载：http://www.tup.com.cn，010-83470236
印 装 者：涿州市般润文化传播有限公司
经　　销：全国新华书店
开　　本：185mm×260mm　　**印　张**：27.25　　**字　　数**：664千字
版　　次：2017年7月第1版　　**印　　次**：2022年12月第7次印刷
定　　价：128.00元

产品编号：071909-01

前言
Foreword

写在前面——

人类的文明从使用和制造工具开始。

工具可能是原始人随手抄起的木棒，也可能是现代孩童堆在墙角的乐高积木。作为电子工程师的眼睛，示波器是最普遍使用的电路调试工具。现代数字示波器不只是用于简单的波形观察，而是一套非常复杂的信号采集和分析系统。但遗憾的是，无论在国内还是国外，很多介绍示波器的图书与实际工作结合不好且跟不上时代的技术更新，而大部分讲操作的资料读起来又空洞无味，很少能站在实际应用的角度去解读示波器。

有次和一位工程师朋友聊天，他聊到买了很多很好的仪器，但是很多功能没完全发挥出来。“就像手机，我们只用其中10%的功能。”“手机用两年就过时了，你需要了解那么多吗？而且仪器都有操作手册啊？”我反问。“仪器不一样，虽然简单使用都会，但实际问题千变万化，真碰到事儿还是解决不了。操作手册好几百页，也不知道哪些部分与当前问题相关，现在节奏这么快，哪来得及去一页页翻手册。”

其实我一直不愿写一本特别琐碎的针对使用方法和技巧的书，总觉得格局不大，而且实际问题千变万化，也没有一招鲜吃遍天的独门秘籍。所以这本书不是类似市面上一些从入门到精通的操作指南，也不会涉及很细节的操作步骤。我更想展示给大家的是现代测量工具能够实现的强大功能，以及碰到问题时的分析思路。我那位朋友的话打动我的一点在于：广大工程师朋友确实需要一些这方面的帮助。从资历和经验上，我确实是和使用示波器的各行各业工程师接触最多的。时日越久，越觉责无旁贷。

无论是用扳手拧紧一颗螺丝钉，还是熬夜调试电路的故障，抑或是产品交付前的一次次设计修改，无不浸透着工程师的汗水。这些文章的总结和整理，就当是对广大默默无闻、辛勤耕耘的工程师们日常工作的记录和汇报吧。如果能对大家的日常工作有些许帮助，就是额外的惊喜了。

遂有此书。

李凯

2017年3月

目 录

Contents

一、现代测量仪器技术的发展

测试测量仪器是电子工程师进行产品设计和验证必不可少的工具，从 1939 年 HP 公司开始生产测量仪器并成为硅谷发源地以来，仪器行业一直见证和推动了电子技术的发展。

早期的仪器以特定功能的硬件为主体，用按键和旋钮进行控制，并用简单界面显示基本参数的测试结果。以频谱仪、信号源、矢量网络分析仪、示波器、万用表为代表的通用仪器奠定了电子测量行业的基石。传统的测量仪器如图 1.1 所示。

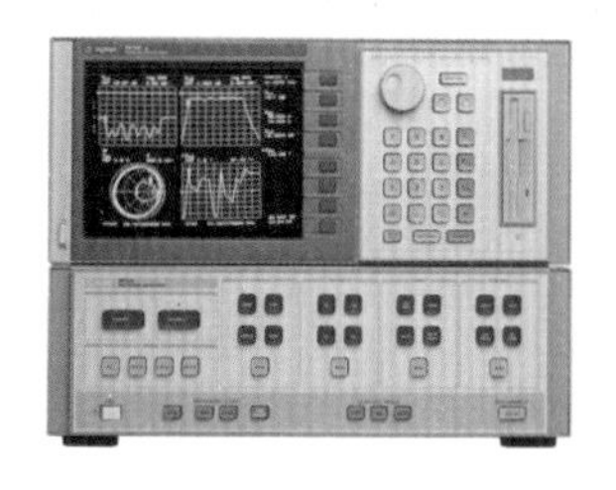

(a) 8510矢量网络分析仪

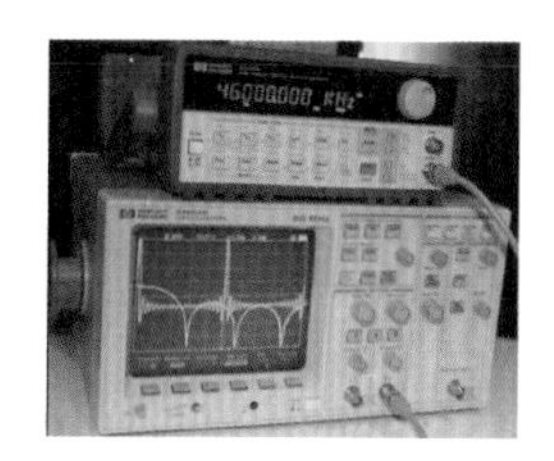

(b) 54603B示波器

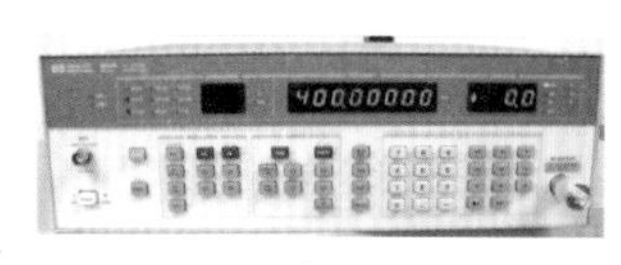

(c) 8656B信号发生器

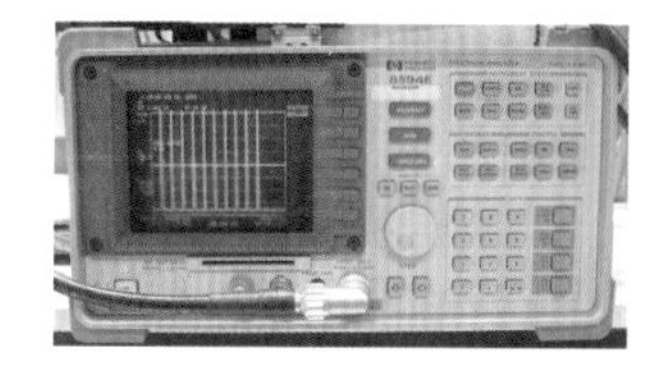

(d) 8594E频谱分析仪

图 1.1 传统的测量仪器

从 20 世纪 80 年代开始，由于处理器和操作系统性能的提升，传统仪表的硬件开始与软件分析功能融合。仪表中大量借助软件进行硬件特性修正或数据处理，甚至进行 FFT 变换或解调等复杂的分析。由于软件能力的提升，传统单一功能的测量仪表具备了强大的信号分析功能，而开放的 Windows 操作系统和计算机接口为功能扩展提供了良好的基础。现代的测量仪器如图 1.2 所示。

近些年来，随着云计算、大数据、物联网产业的发展，大量的数据传输需求迫使有线和无线传输网络的带宽快速提升。服务器端的接口速率每 24 个月增长一倍，100Gbps 的接口已经在核心网和高端服务器上广泛应用，而下一代 5G 无线通信的信号速率也会达到 1Gbps 以上并采用毫米波技术。为了应对电子行业这些快速的变化和需求，现代的测量仪器中融合了大量微电子、数字信号处理、计算机、软件及移动互联领域的最新技术。

传统的测量软件完全依附于特定的仪器硬件平台上，一方面数据的后分析占用了大量仪器使用时间，另一方面软件中积累的测量经验不能得到更广泛利用。例如示波器的软件中集成了很多算法，小到如何根据信号电平的直方图分布统计高/低电平并计算上升时间，大到如何从高速串行码流中分解出随机抖动、确定性抖动并进行总线解码等，都是几代人积累下来的测量经验。为了更广泛地应用这些算法和工具，现代的测量软件已经可以独立于

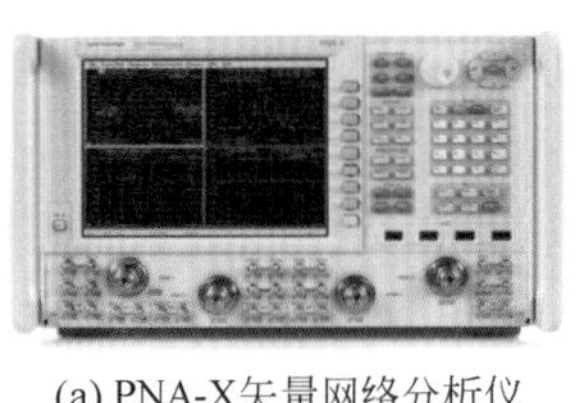
(a) PNA-X矢量网络分析仪

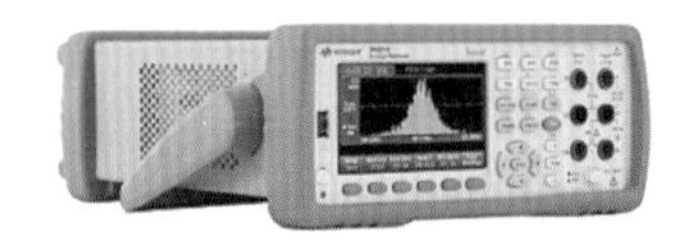
(b) 34461A数字万用表

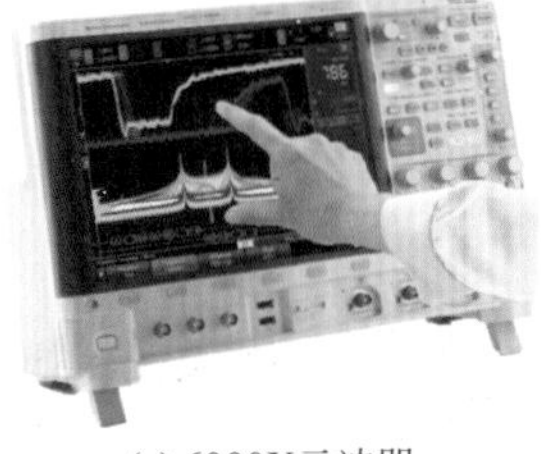
(c) 6000X示波器

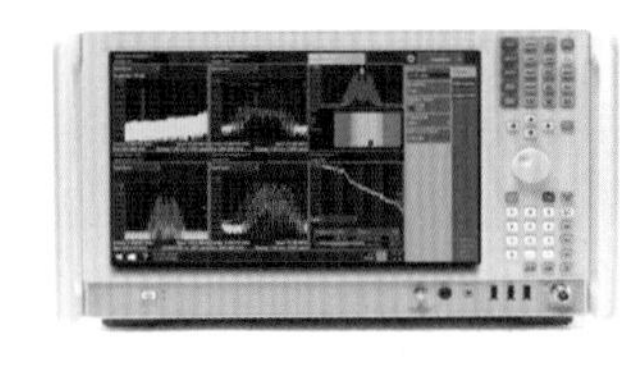
(d) UXA频谱分析仪

图 1.2 现代的测量仪器

测量仪表本身。例如现代示波器的测试软件既可以安装在示波器中，也可以安装在个人计算机上，两者是同一套软件，具有同样的用户界面和分析算法。仪表采集的数据，可以直接在示波器上进行测量分析，也可以将波形数据通过 U 盘或网络复制到个人计算机或远程客户端上，再用测量软件打开分析。这种架构使得仪表的利用率得到有效的提升，也方便了数据的共享。

作为电子测量领域最广泛使用的测量工具，现代的示波器已经是一套非常复杂的分析调试系统，也是工程师做电路调试分析的有效工具。但遗憾的是，很多工程师朋友仅仅会使用示波器最最基本的功能，遇到复杂的问题时不能充分发挥手头工具的效力。而厂家提供的仪器使用手册、市面上流行的资料等则与用户的实际应用结合较差，读起来枯燥无味，无法很好地转化到日常使用中。本书素材来源于作者十多年来的积累，根据用户实际使用示波器的问题，结合实际应用，全面、系统地讲述了现代示波器在各种复杂应用场合的测试和使用技巧。

本书对于数字示波器的工作原理、探头类型及应用场合、触发电路使用技巧、测量方法、精度分析、电源测试方法、时钟测试方法、射频信号测试方法、信号完整性分析、波形分析技巧、数学函数使用、数据后处理、电路故障调试、芯片测试、高速总线测试等方面的真实应用案例进行了剖析和整理。

希望通过本书的介绍，使得广大工程师朋友们能够更好地理解和学会应用现代数字示波器的高级功能，以发挥示波器这种常用工具对于电路调试和分析的效用。

二、示波器原理

示波器(oscilloscope)是最经典、最通用的做时域波形测试的仪器。顾名思义,示波器就是显示波形的仪器。所谓波形,有很多种定义,如时域的波形、频域的波形等。对于示波器来说,其显示的波形是电压随时间的变化波形。在示波器的屏幕上,横轴是时间,纵轴是被测信号的电压,示波器上的波形反映的就是被测信号的电压随时间的变化轨迹。有时示波器也可以用来进行电流或光信号等的测量,但需要通过相应的探头或转换器转换成电压信号进行测试。也就是说,示波器的基本功能是显示被测信号的电压随时间的变化情况。图 2.1 是在示波器上看到的一个正弦波的信号波形。

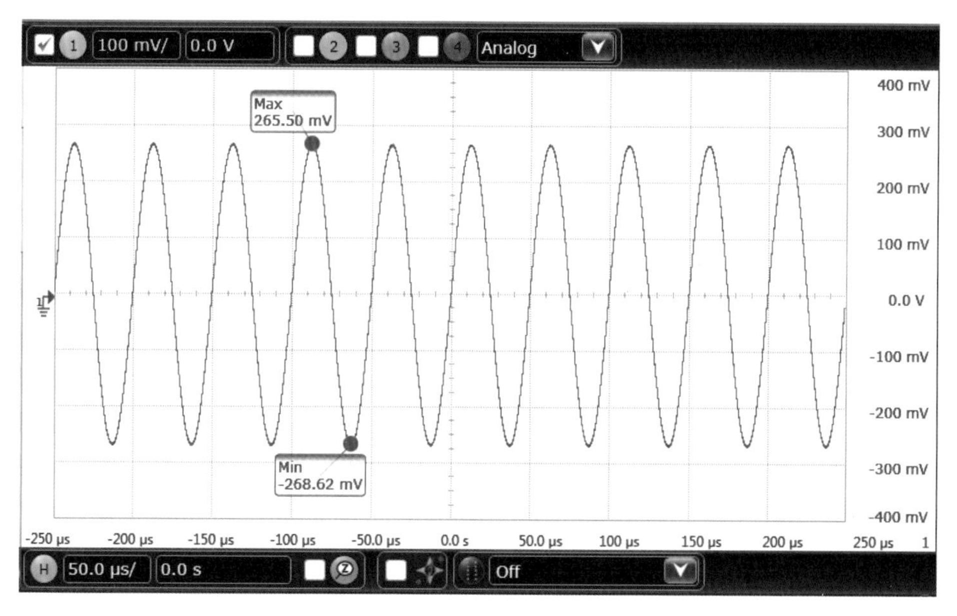

图 2.1　示波器上显示的时域波形

示波器可以显示被测点电压信号的变化,而分析了解被测件各个节点电压的变化情况是电子行业最基本的需求,因此示波器广泛应用于电子、通信、计算机、医疗、汽车、航天等各个行业中。也正因为这个原因,示波器是最通用,也是全球销售额最大的测量仪器,每年示波器的销售额都超过 10 亿美金。

示波器按其实现原理主要分为模拟示波器和数字示波器,按其采样方式分为实时示波器和采样示波器。有些示波器厂商出于市场宣传或者突出某种特点的目的给示波器起了不同的名称,或者增加了一些额外的测量模块(例如数字逻辑通道、频谱分析通道甚至函数发生器功能),但在大的基本结构上都没有脱离以上的基本分类。

1. 模拟示波器

最早的示波器是模拟示波器,出现于 20 世纪 40 年代,第一代模拟示波器只有几 MHz

的带宽。模拟示波器都采用阴极射线管的CRT(Cathode Ray Tube)显示屏,其工作方式与早期的CRT显示屏的电视类似。模拟示波器内部产生周期性锯齿波信号控制荧光屏电子枪的水平偏转,被测的电压信号经放大后控制电子枪的垂直偏转,这样扫描后就可以在屏幕上看到被测信号电压随时间的变化轨迹。图2.2是一个典型的模拟示波器的结构框图。

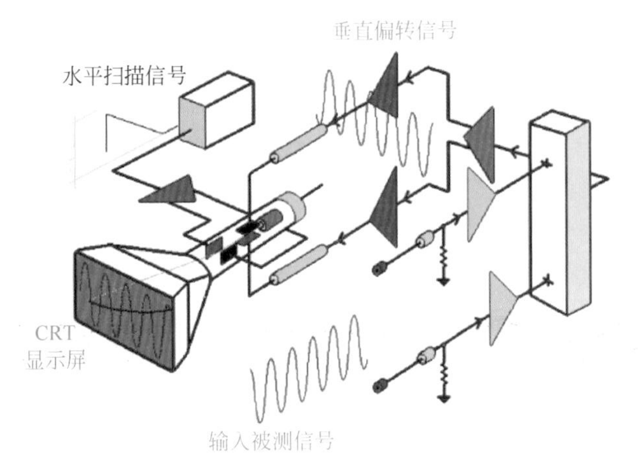

图2.2 模拟示波器的结构框图(来源:http://www.williamson-labs.com/)

为了在示波器上看到稳定的波形,需要示波器的水平扫描与被测信号的同步,所以示波器中设计了相应的触发电路用于控制扫描的起始时刻。模拟示波器的触发一般都比较简单,通常就是边沿触发。在模拟示波器中设置好相应的边沿触发条件后,一旦被测信号的有效边沿到来(例如上升沿),示波器内部就开始产生锯齿波控制水平方向的扫描(数字示波器的工作方式不是这样的,后面会详细介绍),这样在示波器屏幕上每次看到的波形都是被测信号触发点以后的波形。如果被测的信号是周期性的,例如是时钟信号,在示波器上就可以看到稳定的信号波形。

图2.3是HP公司在20世纪70年代生产的一款经典的双通道、100MHz带宽的模拟示波器,采用了8cm×10cm的CRT显示屏,重量约13kg,当年的售价约为7000美元。

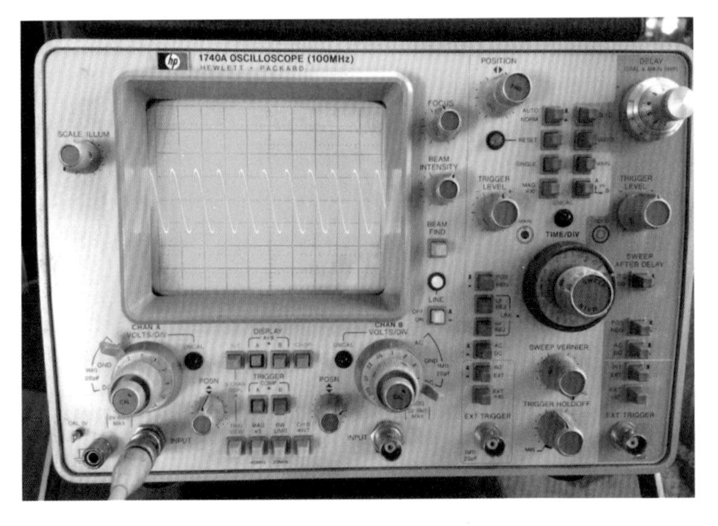

图2.3 早期的模拟示波器

早期模拟示波器的技术发展都关注于带宽和显示技术的提升。例如HP公司于1960年左右在美国科罗拉多州的斯普林斯市建立了CRT生产中心，就是为了生产当时革新性的带有栅格刻度的CRT显像管，现在那里仍然是Keysight公司实时示波器研发中心。

在带宽足够的情况下，模拟示波器的屏幕上可以实时显示被测点上电压的变化情况，这也是实时示波器名称的由来（现代的数字实时示波器虽然也保留了实时示波器的名称，但实际上更多地是指其采样方式是实时采样的）。模拟示波器具有很多非常明显的优点，主要表现在以下方面：

●**实时性好**：模拟示波器是真正的实时示波器。其屏幕上的波形基本上是随着信号实时变化的，死区时间很短（死区时间的概念后面在数字示波器部分会详细介绍）。只要信号在带宽范围内，基本不会由于示波器本身造成波形的遗漏。这个优点至今仍无法被数字示波器取代。

●**荧光显示真实**：模拟示波器的显示屏是荧光显示屏，电子枪打在荧光屏上会产生亮光，每个点的亮度与电子枪在上面停留的时间有关。同一个点上被电子枪打中的次数或停留时间越长，这个点就越亮。因此，在模拟显示器上除了可以显示二维的波形信息外，每个点的亮度还可以表示出该点上信号出现的概率，这对于有些模拟信号的分析以及音视频、抖动、噪声等信号的分析非常有帮助（现代的数字示波器已经可以通过高的波形捕获率和波形的数学统计模仿出类似模拟示波器的显示效果）。

●**价格便宜**：模拟示波器的结构比较简单，因而成本、价格一般比相同带宽的数字示波器便宜。

由于模拟示波器的原理简单，容易实现，因此早期的示波器都是模拟示波器。但是模拟示波器也有一些非常明显的缺点，主要表现在：

●**带宽有限**：模拟示波器的输入信号通过放大后直接控制CRT显示屏的电子枪偏转，虽然放大器的带宽随着技术的发展可以越做越宽，但是CRT电子枪的偏转速度是有限的。如果输入信号的频率过高，电子枪的偏转速度可能跟不上被测信号的变化，从而无法真实地反映被测信号的电压变化情况。即使在现在的技术条件下，绝大部分模拟实时示波器的带宽也都在500MHz以下，这点严重制约了模拟示波器的发展。

●**没有存储和分析能力**：模拟示波器不具有波形的保存能力，如果要把屏幕上显示的波形保存下来需要借助照相等手段。模拟示波器的显示屏周边通常都有一些斜面的挡板，就是为了便于把相机安装在上面进行拍照。20世纪60年代，还曾经有HP公司的员工离职成立公司，以生产可以配合示波器使用的照相机。显然，这种拍照的方式非常不方便进行波形记录。如果要对波形的幅度、周期、上升时间等参数进行测量，也只能手动进行，测试效率和精度都不高。

●**捕获单次或偶发信号的能力有限**：由于模拟示波器没有波形的存储能力，其屏幕上显示的波形基本上是随着信号实时变化的。如果有瞬态或者偶发的信号变化，可能在屏幕上一闪而过，人眼很难看清或观察到，这也制约了模拟示波器在电路调试中的应用。

●**触发功能有限**：模拟示波器通常只有简单的边沿或码型触发能力，不能对脉冲宽度、毛刺、上升时间等设置复杂的触发。另外，由于模拟示波器是触发后才开始波形的扫描，所以用户在屏幕上观察到的波形都是触发点以后的，触发点以前的波形无法显示出来。

●**性能不稳定**：模拟示波器内部采用了大量的模拟器件，随着时间、温度等的变化，这些器件的特性也会发生变化，因此模拟示波器的带宽、增益、偏置等指标受时间、温度的影响比较大。

正因为这些缺点的限制，随着数字示波器的发明和成本的降低，模拟示波器在大部分场合已经被数字示波器取代。模拟示波器仅在一些特别关注成本或有特殊需要的领域发挥作用。

2. 数字存储示波器

如前所述，模拟示波器的带宽受到了 CRT 显示屏扫描速度的制约因而很难超过几百 MHz。在 20 世纪 80 年代，随着高速 ADC 芯片以及数字处理技术的发展，数字示波器开始崭露头角，并以很快的发展速度在带宽、触发、分析能力等方面全面超越了模拟示波器。

早期的数字示波器由于显示技术的制约，仍然使用 CRT 的显示屏，其工作原理如图 2.4 所示，这种数字示波器与模拟示波器最大的区别在于输入信号并不是直接调制到显示屏上，而是通过高速 ADC(Analog to Digital Converter，模数转换器)芯片对输入信号进行采样和数字化，并把数字化样点先保存到缓存(Memory)中；然后通过信号处理电路把缓存里的数据读出，通过 DAC(Digital to Analog Converter，数模转换器)芯片把相应的数字量转换成模拟量，并显示在 CRT 显示屏上。

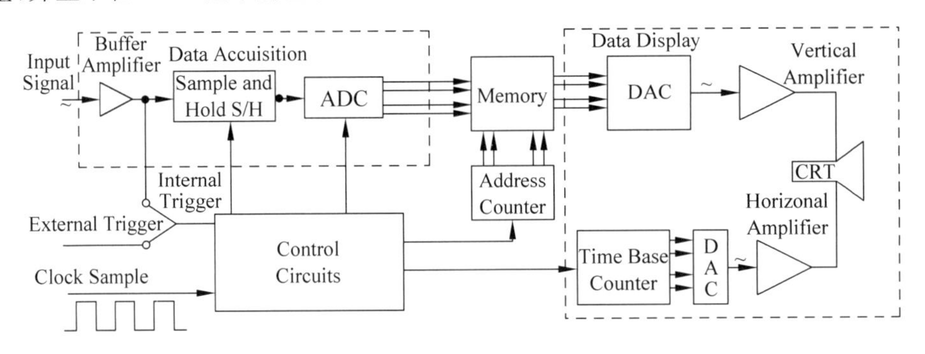

图 2.4　早期的数字示波器结构框图(来源：http://ei-notes.blogspot.in)

虽然同样采用 CRT 显示屏，但是由于信号经过了数字化—存储—显示的过程，所以 CRT 显示屏的扫描速度不会再直接制约输入信号的带宽。例如，当输入信号频率比较高时，只要前端放大器带宽足够，且 ADC 的采样率足够，就可以对信号进行一段时间的高速采样。如果不考虑噪声和失真的影响，可以认为缓存中包含了输入信号完整的信息。这样，即使 CRT 显示器的扫描速度较慢，也只需要将缓存中的数据读出来慢慢回放显示就可以了。可以说，正是由于数字示波器的数字化和存储功能，使得高速的信号输入和相对较慢的显示扫描匹配起来，这也是数字示波器的正式名称——数字存储示波器(Digital Storage Oscilloscope)的来源。从此，数字示波器的带宽可以和前端放大器及 ADC 采样技术一起发展，而不再受限于显示的扫描和更新速度。图 2.5 是 HP 公司在 20 世纪末期生产的 54600 系列数字示波器。

但是凡事都有好坏，从此以后，数字示波器就只能采样并存储一段波形，再读出数据并放到屏幕上显示。由于读取和显示的速度远慢于数据采集的速度，必须等待读取和数据处

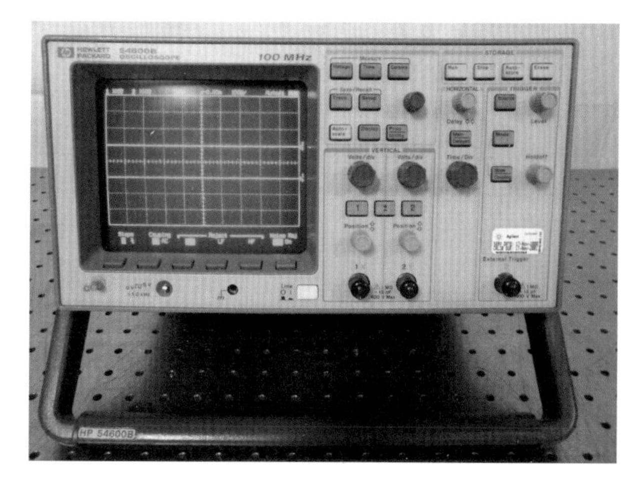

图 2.5 早期的数字示波器

理完成才能开始下一段波形数据的采集。在这段等待时间中，就会造成波形遗漏，而且通常遗漏的波形时间远大于被采集显示的波形的时间。因此，所谓的"实时示波器"也失去了其"实时"的原始含义。现代的实时示波器通常是指采用满足香农采样定理的实时采样方式的示波器，以区分于采用等效采样技术的采样示波器。关于这点，后面还会反复提到。

随着技术的发展，传统的 CRT 显示屏已经被淘汰，现代的数字示波器普遍采用了液晶显示屏，甚至很多都提供了触控功能。但是液晶显示屏只是减小了示波器的体积并增强了用户观察波形的体验，同时不需要再把数字样点重新变回模拟量显示。从示波器本身的功能结构来说，采用 CRT 显示屏的数字示波器与采用液晶显示屏的示波器并没有本质区别，业界也不以采用 CRT 显示屏或液晶显示屏作为区分模拟示波器和数字示波器的标准。

同时，随着芯片技术的进步，现代的示波器功能变得越来越复杂，可以提供更强大的性能以及更多的测量分析功能，所以现代的高性能数字示波器已经是一套非常复杂的信号采集和处理显示系统。图 2.6 是一个现代数字示波器的结构框图。

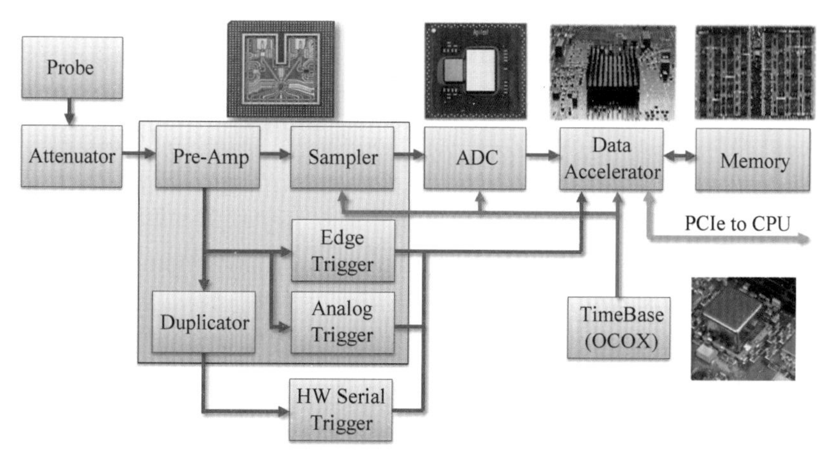

图 2.6 现代数字存储示波器的结构框图

现代的数字示波器主要由以下 5 个主要部分构成：

●**放大器和衰减器(Vertical Pre-Amp/Attenuator)**：信号通过探头或者测试电缆进入示波器内部后，首先经过的是放大器和衰减器。对于数字示波器来说，其前端的放大器、衰减器等电路还都是模拟电路，这部分的原理与模拟示波器区别不大，它们会决定数字示波器最关键的指标——带宽。示波器带宽的单位为 Hz，通常所说的示波器的硬件带宽就是指数字示波器前端这些模拟电路组成的系统的带宽，它决定该示波器能够测量到的最高的信号频率范围。目前，市面上数字实时示波器的最高带宽已经可以做到几十 GHz，超过 100GHz 带宽的实时示波器也正在研发过程中。由于示波器是通用的测量仪器，可能会对大信号也可能会对小信号进行测量，所以用户可以根据需要选择示波器的测量量程。使用示波器时经常会调整垂直刻度旋钮，这就是在调整示波器前端的放大器和衰减器。大部分示波器在调整量程时不会影响带宽，但也有些示波器在小量程下时带宽会下降。

●**模数转换(Analog to Digital Converter,ADC)**：通过前端的放大器和衰减器把信号调整到合适的幅度后，就进入数字示波器的下一个环节——数字化。数字化的过程是通过 ADC(模数转换器)完成的，数字示波器以很高的采样率对被测信号进行采样，把输入的连续变化的电压信号转换成一个个离散的数字化样点。经过模数转换后，所有的数据波形的处理和测量、分析等工作都是在数字域完成的。数字示波器对被测信号进行模数转换的最高速率称为采样率，这是数字示波器除带宽外的第二个关键指标，其单位为 Sa/s(Sample/s，即每秒钟可以采样多少个样点)，它决定了该示波器是否可以对输入的高频信号进行足够充分的采样。目前市面上数字实时示波器的最高采样率已经可以做到 160GSa/s，而超过 240GSa/s 采样率的实时示波器也在研发中。高带宽示波器的采样率都很高，如果在设计示波器时一片 ADC 的采样率不够用，也会采用多片 ADC 芯片拼接的方式提高采样率。

●**存储器(Memory)**：数字示波器的采样率都很高，通常都在每秒钟几十亿次甚至几百亿次，虽然现在 FPGA、DSP、CPU 的工作速度和数据处理能力已经非常强大，但是以现有的技术仍然做不到在一秒钟内实时处理完几十亿甚至几百亿个样点的数据。因此，数字示波器在 ADC 后面都有高速缓存，用来临时存储采样的数据，这些缓存有时也称为数字示波器的内存。缓存的大小通常称为内存深度，是数字示波器第三个关键指标，其单位是 Sample，即样点数，它决定了示波器一次连续采集所能采到的最大样点数。目前，市面上数字示波器的内存深度最高可以做到每通道 2G 样点。数字示波器的内存是非常高速的缓存，或者是通过高速解复用芯片控制的高速存储器，单位存储空间的实现成本很高，因此扩展存储深度的价格非常贵，完全不同于通常意义上所说的计算机的内存。

●**波形重建(Waveform Reconstruction and Display)**：数字示波器先把一段数据采集到其高速缓存中，然后停止采集，再由后面的处理器将缓存中的数据取出进行内插、分析、测量、显示。高速数字示波器进行数据处理的处理器可以采用多种方式实现，一些便携式示波器采用嵌入式微处理器，而很多 Windows 平台的示波器则会使用 X86 平台的通用 CPU。但是仅仅依靠商用的微处理器或 CPU 无法满足实时示波器快速处理大量数据的需求，所以一些注重使用体验的示波器会使用 DSP、FPGA 甚至专门研发的 ASIC 芯片辅助进行数据处理，以加快波形处理或显示的速度。采用专用 ASIC 芯片进行数据处理的最典型例子是 Keysight 公司的 MegaZoom 芯片以及 Tek 公司的 DPX 芯片。

●**波形显示(Display)**：数据经过处理器处理后，最终要显示在示波器的屏幕上才能被人眼观察到。前面已经介绍过，数字示波器的显示屏幕可以采用传统的 CRT 显示屏或者液晶显示屏。

对于数字示波器来说，正是由于后面处理速度的制约，实时示波器看起来不那么“实时”了。因为它并不能保证被测信号的波形能够连续不断地“实时”地显示在屏幕上，显示的相邻的两个波形间实际上有大量的遗漏信息，这是数字示波器相对于模拟示波器最大的一个缺点。数字示波器自从 20 世纪 80 年代出现以来，历经了多年的改进和革新，除了带宽、采样率、存储深度的提升以外，还有很大一部分工作是改进数字示波器的这个缺点。图 2.7 是一款便携式示波器，其采用 12.1in 的容性触摸屏，最高带宽 1.5GHz，最大采样率 5GSa/s，最大内存深度 4M 样点，采用了专门的 ASIC 技术，可以在使用深存储的时候提供了每秒 100 万次的波形更新速度和迅捷的波形缩放速度，并可以模仿出类似模拟示波器的多级辉度显示效果。

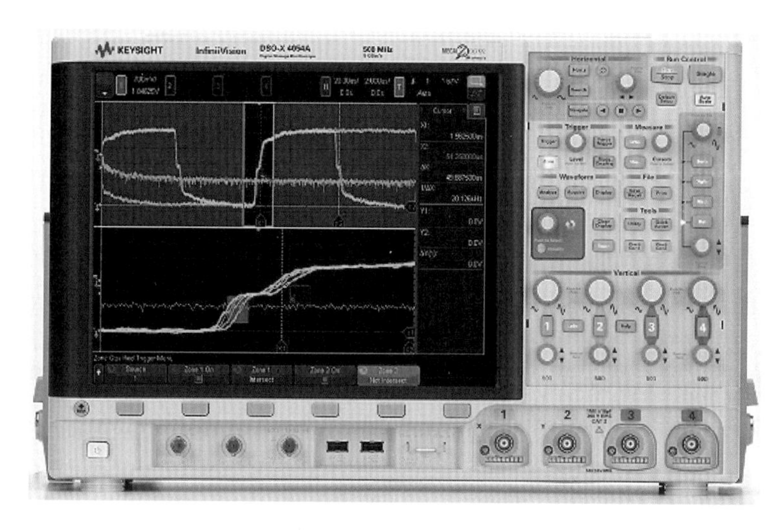

图 2.7　高波形捕获率的数字存储示波器

目前市面上，数字示波器的发展趋势主要有以下几个方面：对于高端示波器（10GHz 以上）来说，其带宽、采样率在朝更高方向发展，例如现在高带宽实时示波器的带宽已经超过了 60GHz，而在不远的将来会达到 100GHz 以上，其采样率会达到 240GSa/s 以上；对于中端示波器（1～10GHz）来说，其分辨率、底噪声、抖动等指标再进一步优化，以提高测量精度和分析能力，例如目前市面上已经出现带宽 8GHz，采用 10bit ADC 采样的示波器，而未来这种更高分辨率的采样技术也可以向高带宽示波器移植；对于经济型示波器（<1GHz）来说，主要针对的是外场测试、教学、生产以及简单的研发测试，其发展方向是更加便携并集成多种测量功能，例如很多公司会在示波器中集成数字逻辑通道、频谱仪通道、函数发生器等。

3. 混合信号示波器

混合信号示波器是一种特殊的数字实时示波器，其本质是在传统的实时示波器的 2 个或者 4 个模拟测量通道的基础上增加了额外的 16 个数字逻辑通道（也有厂商提供 18 个或 36 个）。图 2.8 是 20 世纪 90 年代 HP 公司发明的第一款混合信号示波器 546xxD。

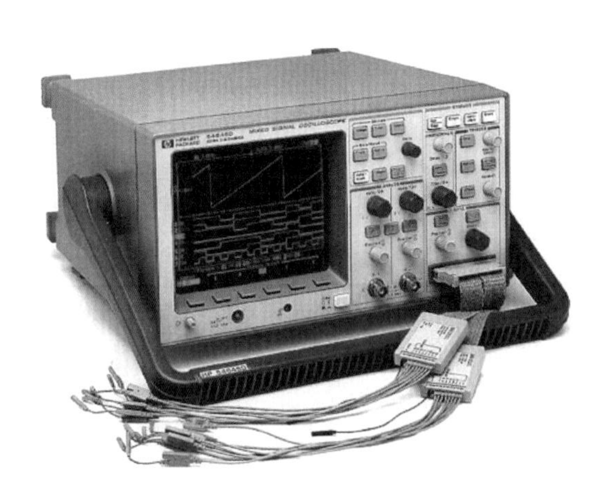

图 2.8　早期的混合信号示波器

增加数字通道的好处是可以同时测试更多路的数字信号。虽然示波器的模拟通道既可以用来测量模拟信号也可以测量数字信号,但是有可能会不满足数字测试对于通道数量的要求。例如,数字电路调试中可能会需要同时测试很多路数据线、地址线和控制线,这时 2 个或者 4 个通道就不太够用了。要测量多路数字信号还有一个选择是使用逻辑分析仪,因为逻辑分析仪可以有几十到几百个通道。但是由于逻辑分析仪没法观察信号质量(有些逻辑分析仪可以配合示波器观察信号质量,或者扫描出信号的眼图,但是毕竟使用场合受到一定限制),除非用户是做纯数字的大规模 FPGA 或微处理器开发,否则还是离不开示波器做信号调试,而混合信号示波器很好地平衡了数字和模拟测试的需求。图 2.9 是用混合信号示波器对模拟、数字信号同时进行测试的例子,可以看到,混合信号示波器可以实现模拟信号、多路数字信号的同时测试,并且可以清晰看到各路信号之间的因果和时序关系。

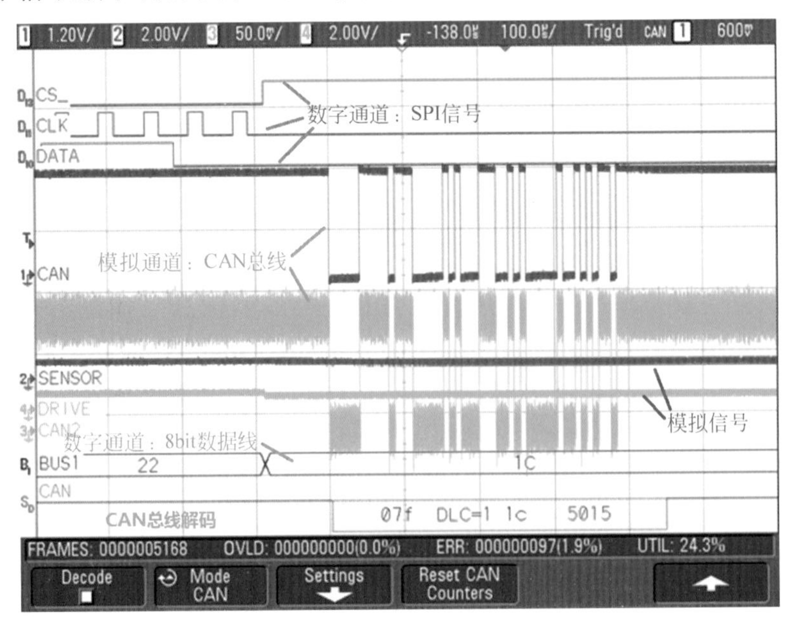

图 2.9　混合信号示波器测试举例

真正的混合信号示波器并不是简单地把一些数字逻辑通道额外增加到示波器显示屏幕上，其最大的挑战在于示波器和逻辑通道功能的无缝融合。有些示波器厂商会在示波器主机外部额外增加一个逻辑通道的模块，然后与示波器互相触发，并把逻辑通道的数据显示在示波器屏幕上。严格意义上这只是实现了 1+1 的效果，并没有达到 1+1>2 的目的。对于真正的混合信号示波器来说，其示波器能在模拟通道上实现的功能，例如信号观察、自动测量、时序触发、总线解码甚至无限余辉显示等，在数字通道上都应该可以实现，而且两部分的时基和触发电路应该是融为一体的，这样才能充分借用示波器在信号调试和测量上的强大功能。图 2.10 是 HP 公司当年的 54645D 示波器内部的触发电路的框图，可以看到，HP 为其专门设计了触发电路，模拟通道（A1～A2）和数字通道（D0～D15）共用触发电路，因此可以很好地共用触发条件以及协同触发。

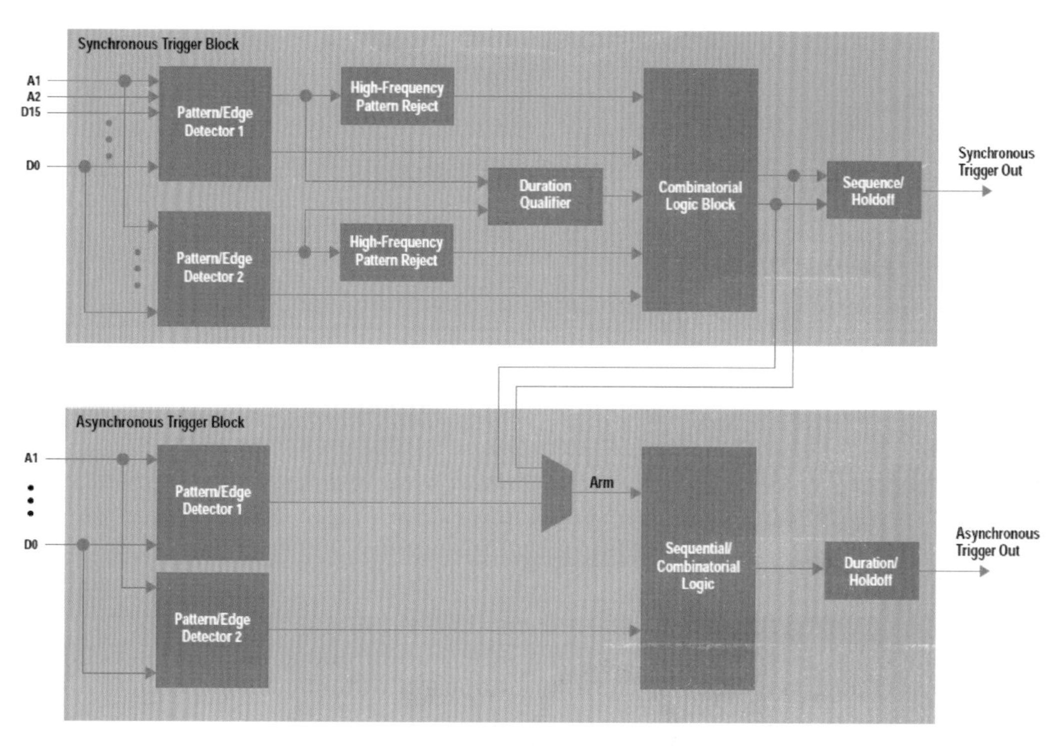

图 2.10　HP 54645D 混合信号示波器的触发电路

现代的混合信号示波器的数字通道能力已经得到突飞猛进的提高，例如示波器可以达到 33GHz 的模拟带宽，使用 80GSa/s 或 100GSa/s 的采样率，同时其内部集成的数字通道的最高的采样率可以达到 20GSa/s，广泛用于 DDR3、DDR4 等多路高速信号的时序分析。现代的混合信号示波器如图 2.11 所示。

4. 采样示波器

在信号调试领域，要观察信号的波形，进行眼图和抖动测量，发现电路中的毛刺、数据错误等，最常使用的是实时示波器。实时示波器的原理在前面章节介绍过，主要是用高速的 ADC 芯片对信号进行连续实时采样，然后在数字域重建和恢复波形。这种实时采样方法看

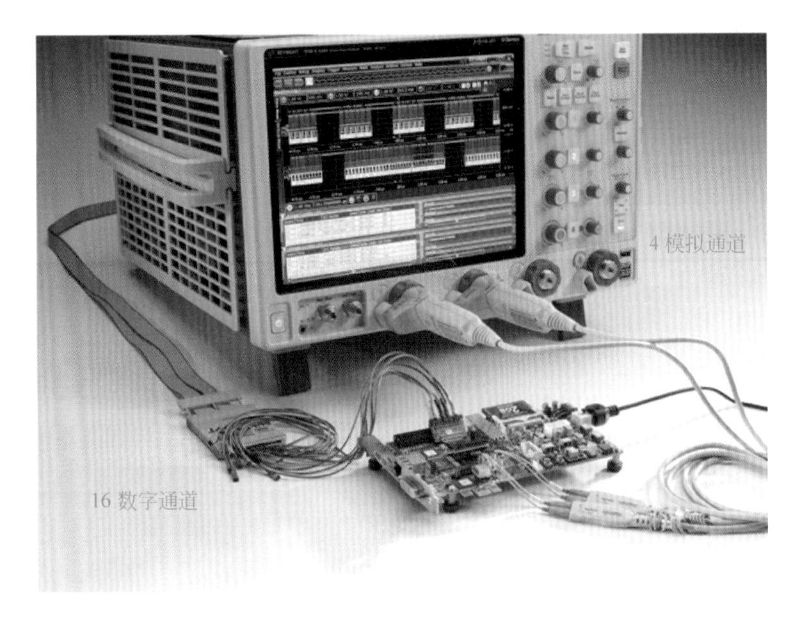

图 2.11 现代的混合信号示波器

到的信号波形非常直观，但是需要非常高速的 ADC 芯片，若要实现很高的带宽则成本非常高。另外，实时示波器为了实现高的采样率，其 ADC 芯片通常是 8bit 的(现在已经有采用 10bit 或者 12bit ADC 芯片的示波器，但带宽有限，未来高带宽示波器也有采用 10bit 甚至更高分辨率 ADC 芯片的趋势)，量化噪声较大。为了以较低成本实现高带宽并提高测量精度，有些场合下会用到另一种示波器——采样示波器(Sampling Oscilloscope)。

采样示波器最早由 HP 公司发明，由于带宽宽、成本低、精度高等特点，广泛应用于高速芯片、高速光通信以及计量等领域。图 2.12 是 HP 公司在 20 世纪 60 年代发明的第一款采样示波器 185A，在当时达到了 500MHz 的带宽。

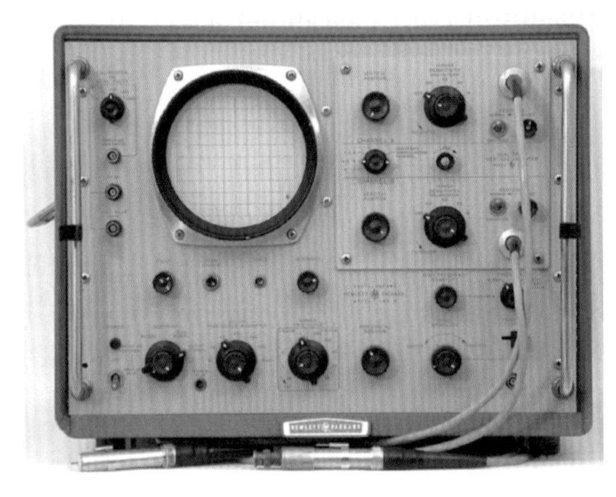

图 2.12 HP 公司发明的 185A 采样示波器

采样示波器的发明得益于两项新技术的应用：顺序等效采样技术以及 SDR(Step-Recovery Diode)阶跃恢复二极管技术。

等效采样技术来源于核物理研究中信号的采样方式，原理如图 2.13 所示。等效采样技术主要针对周期性或者重复性信号的测试，以一个与被测信号同步的触发信号为基准，对被测信号进行重复。当第 1 个触发边沿到来时，采样示波器会进行一个样点的采样；当第 2 个触发边沿到来时，采样示波器会延时一点时间(Sequential Delay)再对信号采样；类似地，当第 3 个触发边沿到来时，采样示波器会再延时一点时间对信号采样，这次的延时时间会比第 2 次的延时时间稍长一点。依次类推，每次触发到来时，示波器都对触发信号多延时一点进行采样，如果触发信号和输入的被测信号是同步的(同步的意思是有固定的相位或者时间关系)，而且被测信号是重复性的(重复性的含义是每个周期的信号都是一样的)，虽然每次采样采到的是波形不同位置的点，但是把这些点按照顺序描绘出来就可以重建信号的波形。

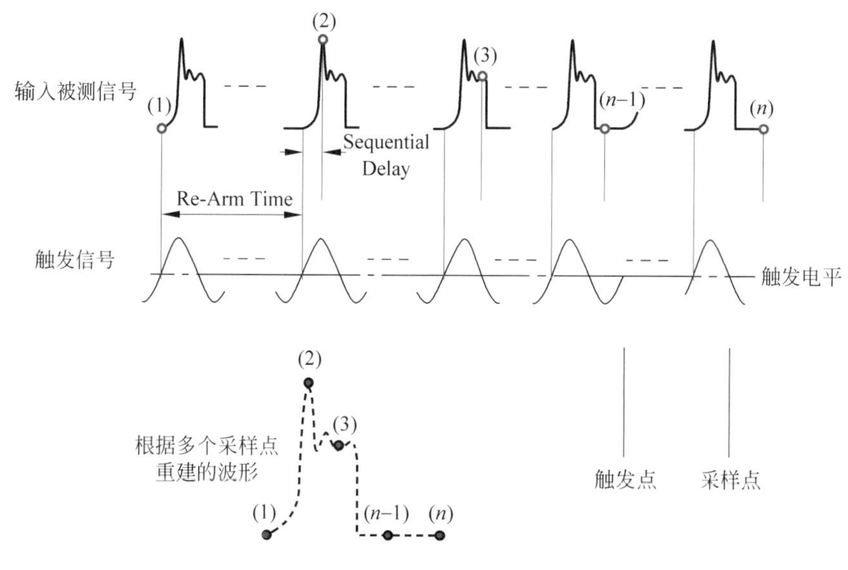

图 2.13　顺序等效采样的原理

采样示波器相邻两次采样间的时间间隔可以很长，因此其实际采样率很低(一般是几十 kHz 到几 MHz)；但同时每次采样时采样点相对于触发点的延时的调整分辨率可以很小(可以到几十 fs 以下)，所以波形重建时各个采样点间的间隔可以小，相当于其等效采样率很高(上百 GHz 甚至更高)。

图 2.14 是实时示波器与采样示波器在结构上的对比。采样示波器以很低的采样率通过多次重复采样实现了很高的等效采样率，因此避免了高带宽测量对于高速 ADC 的苛刻要求，可以用比较低的成本实现高带宽、高精度的信号测量。但是，采样示波器对于被测信号有严格的要求，最基本要求是被测信号必须是周期性的，并且能够提供一个稳定的与被测信号同步的触发信号。如果没有同步的触发信号，采样示波器无法进行信号采样(这点与实时示波器不一样，实时示波器的采样时钟来源于示波器内部)；而如果信号不是周期性的，采样后不同位置的点叠加在仪器也无法得到清晰的信号波形(用于眼图测量除外)。正是由于这些限制，采样示波器一般不会用于毛刺捕获、随机信号测量、模拟信号测量等场合。但是如果被测信号满足了上述条件，例如是重复脉冲、时钟、数据流，使用采样示波器就有很大的成本和精度优势。

采样示波器的另一个核心技术是前端的 SDR 采样电路。SDR 用于将输入的采样时钟变成非常窄的采样脉冲，实现对被测信号的采样。由于采样示波器的采样电路前面不像实

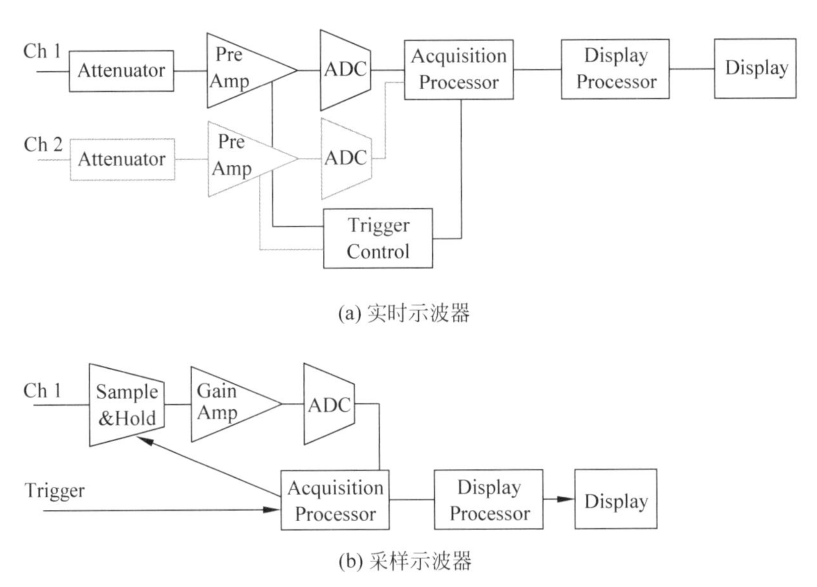

(a) 实时示波器

(b) 采样示波器

图 2.14　实时示波器与采样示波器原理的对比

时示波器那样有信号放大和衰减电路来制约带宽(这样做的优点是设备带宽可以做得很高，但其缺点是能够测量的信号幅度量程范围比较有限。现代有些特别高带宽的实时示波器中也省略了放大器、衰减器而直接对信号采样，付出的代价是可用测量量程的压缩)，因此整个系统的带宽主要就取决于 SDR 采样电路的带宽。图 2.15 是早期和现代的采样示波器中使用的 SDR 采样电路。

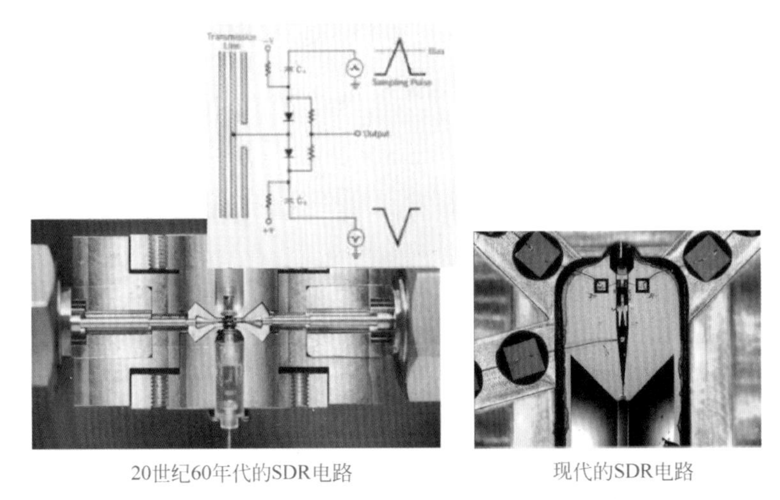

20世纪60年代的SDR电路　　现代的SDR电路

图 2.15　采样示波器中使用的 SDR 采样电路

采样示波器的带宽高、测量精度高、固有抖动低，广泛应用于高速芯片、光电器件的测试场合。综合比较起来，使用采样示波器的主要优点如下：

●**带宽高**：由于采样示波器是通过多次重复采样重建信号的，即使被测信号频率很高，采样示波器也可以通过很低的采样率逐点把信号重建出来。同时由于其采样芯片前面没有模拟放大电路，不会限制信号带宽，因此可以实现比较高的测量带宽(没有模拟放大电路的缺点是能测量的信号幅度范围不像实时示波器那么大)。例如当 20 世纪初光通信进入

10Gbps 的时代时，实时示波器的带宽还停留在 6GHz 以下，而采样示波器的带宽已经可以达到 80GHz 以上。

●**成本低**：采样示波器不需要昂贵的高速的 ADC 芯片，即使现在随着材料和芯片技术的革新，实时示波器的带宽也达到了 60GHz 以上，但是同样带宽情况下采样示波器的价格远低于实时示波器。

●**精度高**：由于采样示波器的 ADC 的采样率可以很低，可以使用比较高位数的 ADC 芯片。目前，大部分的数字采样示波器使用的 ADC 芯片的位数都为 14 位或者更高，远高于实时示波器 8 位或 10 位的分辨率，所以采样示波器因其噪声低、波形精度高，大量应用于高速芯片测量以及计量领域。

●**可以直接进行光信号测量**：采样示波器一般采用模块化结构，有些模块有直接的光口输入，并内建光通信测量时要用到的标注滤波器，因此采样示波器在光通信以及光器件的测量领域也有大量应用。实时示波器虽然也可以通过外加光电转换器进行光信号测量，但使用广泛程度远低于采样示波器。

但是由于工作原理限制，采样示波器的使用场合不像实时示波器那么广泛，最关键的原因是：

●**需要同步触发信号**：采样示波器在采样时被测件必须提供一个与被测信号同步的时钟或者分频时钟做触发，否则就无法进行测量。在一些高速通信信号测量场合中，如果被测件实在无法提供同步时钟，就需要配置专门的时钟恢复模块，从数据流中恢复出时钟触发采样示波器。对于无法进行时钟恢复同时被测件也无法提供触发信号的场合，采样示波器无法进行测量。图 2.16 是一种可以用采样示波器对 25Gbps 的光信号进行测试时进行时钟恢复的例子。

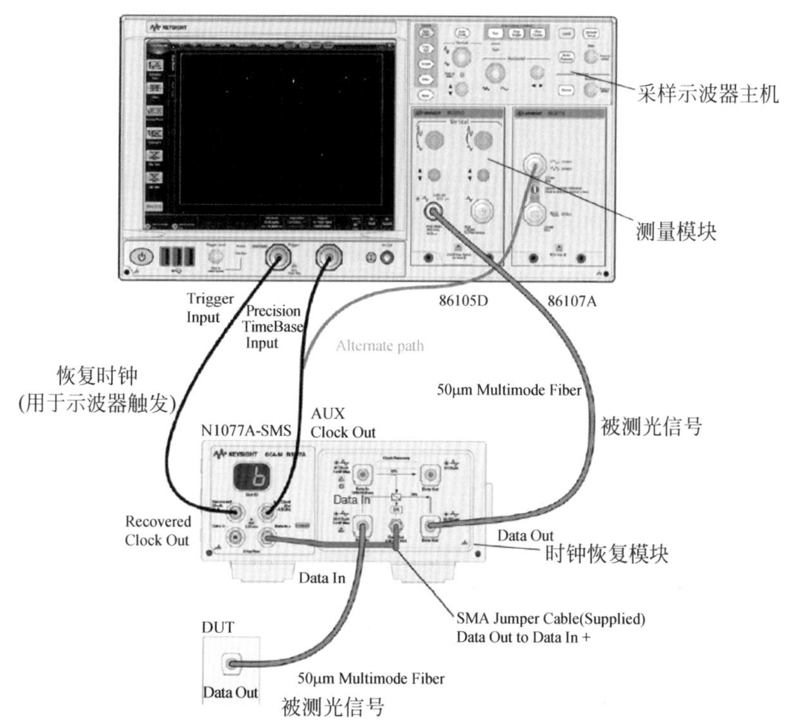

图 2.16　采样示波器对光通信信号进行时钟恢复和测试

●**不适用于捕获单次或者偶发信号**：采样示波器是通过多次重复采样重建波形的，触发功能也仅限于边沿触发。因此如果被测信号中有单次瞬态信号(例如毛刺)，采样示波器就很难捕获到。或者当有些偶发的信号出现概率很低时，采样示波器需要累积非常长时间的数据才有可能观察到。而实时示波器有非常丰富的触发功能，可以用于复杂信号的调试和故障分析。

●**不适用于板上电路调试**：采样示波器采用同轴的SMA接口或者光口作信号输入，一般没有探头，虽然也可以通过一些外部的供电和转换电路连接实时示波器的探头，但是使用起来比较麻烦，因此对于PCB板上的信号测试还是以实时示波器为主。

采样示波器是一类特殊的数字示波器产品，由于其带宽高、精度高、成本低、同时支持光/电测试，因此在高速光信号、电信号测量以及计量领域有其独特的应用特点，但同时由于其采样方式的限制使得其在电路调试中用处有限，因此必须把握其特点才能更好地发挥其作用。现代的采样示波器普遍采用模块化的设计，即通过主机箱配合不同功能和带宽的模块完成测试；更新的趋势是把测量模块做成一个个紧凑的测量单元，通过外部计算机的控制和模块搭配完成不同的测试功能。图2.17是一些现代的可通过外部PC控制的采样示波器模块。

图2.17 现代的采样示波器单元

5. 阻抗TDR测试

随着数字电路工作速度的提高，PCB板上信号的传输速率也越来越高。随着数据速率的提高，信号的上升时间会更快。当快上升沿的信号在电路板上遇到一个阻抗不连续点时就会产生更大的反射，这些信号的反射会改变信号的形状，因此线路阻抗是影响信号完整性的一个关键因素。对于高速电路板来说，很重要的一点就是要保证在信号传输路径上阻抗的连续性，从而避免信号产生大的反射。相应地，例如，PCI-Express和SATA等总线标准都需要精确测量传输线路的阻抗。

要进行阻抗测试的一个快捷有效的方法就是TDR(Time Domain Reflectometry，时域反射计)方法。TDR的工作原理是基于传输线理论，工作方式有点像雷达，如图2.18所示。当有一个阶跃脉冲加到被测线路上，在阻抗不连续点就会产生反射，已知源阻抗 Z_0，则根据反射系数 ρ 就可以计算出被测点的阻抗 Z_L。

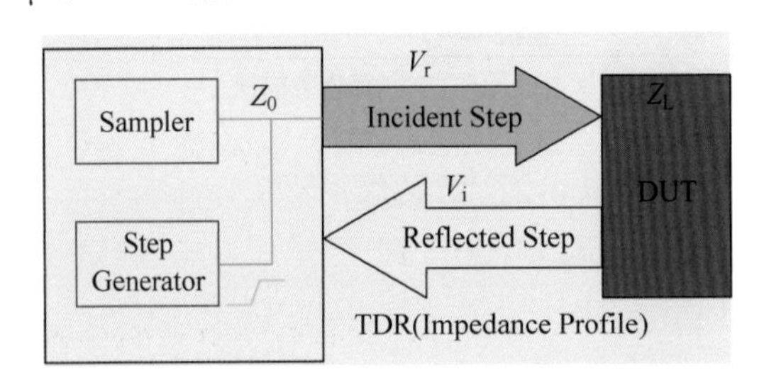

$$Z_L=Z_0\frac{1+\rho}{1-\rho}$$ 根据反射系数计算阻抗值

$$\rho=\frac{V_r}{V_i}$$ 反射系数

图2.18 TDR原理

最普遍使用的 TDR 测量设备是在采样示波器的测量模块中增加一个阶跃脉冲发生器。阶跃脉冲发生器发出一个快上升沿的阶跃脉冲，同时接收模块采集反射信号的时域波形。如果被测件的阻抗是连续的，则信号没有反射，如果有阻抗的变化，就会有信号反射回来。根据反射回波的时间可以判断阻抗不连续点距接收端的距离，根据反射回来的幅度可以判断相应点的阻抗变化。图 2.19 是一款 50GHz 带宽的 TDR 测量模块的内部电路，其中包含了一个 6ps 的阶跃信号发生器。

图 2.20 是用采样示波器对一个测试夹具进行 TDR 测试后得到的波形，可以看到，TDR 得到的反射波形的变化直观反映了被测通路上阻抗的变化情况，这对于分析阻抗不连续点以及优化阻抗设计非常有帮助。

图 2.19　一款 50GHz 带宽的 TDR 模块内部电路

图 2.20　一段测试夹具的 TDR 测试波形

当选择 TDR 设备进行阻抗测试时，需要考虑的主要因素是：阶跃脉冲的上升时间、接收机带宽、测量通道数、分析功能及误差修正能力等。

首先，TDR 测试主要用于分辨信号走线路径上各个点的阻抗变化情况，但当两个阻抗不连续点的反射波形在时间上离得太近时，就很难分清是一个点还是两个点（见图 2.21）。根据 IPC-TM-650 规范的定义，TDR 系统的时间分辨率定义为 TDR 系统的上升时间的一半，而距离分辨率为其时间分辨率对应的传输距离。需要注意的是，在 IPC-TM-650 规范中，这个时间分辨率是以两个阻抗不连续点间单向的传输时间定义的，实际测试中考虑到信号往返的时间，其在真实的 TDR 波形上对应的时间分辨率其实是其两倍，也就是系统的上升时间。

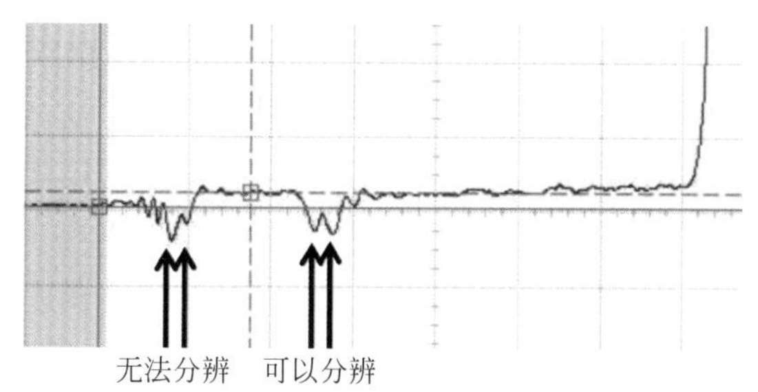

TDR System Risetime	Resolution	4X Resolution
10 ps	5 ps / 1 mm [0.04 in]	4 mm [0.16 in]
20 ps	10 ps / 2 mm [0.08 in]	8 mm [0.31 in]
30 ps	15 ps / 3 mm [0.12 in]	12 mm [0.47 in]
100 ps	50 ps/ 10 mm [0.39 in]	40 mm [1.57 in]
200 ps	100 ps / 20 mm [0.79 in]	80 mm [3.15 in]
500 ps	250 ps / 50 mm [1.97in]	200 mm [7.87 in]

来源：IPC-TM-650 TEST METHODS MANUAL

图 2.21　TDR 的分辨率

当然，还可以进一步把这个时间分辨率折算到距离分辨率，以 FR4 板材的微带走线为例，其信号传输速度约为 2×10^8m/s，则 100ps 的系统上升时间对应的距离分辨率为 10mm，如果要区分更小的距离，就需要使用边沿更陡的 TDR 测试系统。另外，即使不需要分辨很短距离的两个阻抗不连续点，如果要测试的 PCB 走线长度较短，也会对 TDR 测试系统的上升时间有要求，以保证在反射波形中有一段比较平坦的可供测量的区域。在 IPC-TM-650 规范中把 TDR 系统能够测量的最短 PCB 走线的长度定义为 4 倍的时间分辨率对应的走线长度。同样以 FR4 板材的微带线为例，如果要测试的 PCB 走线长度小于 40mm，也需要使用上升时间小于 100ps 的 TDR 测试系统。正因为这个原因，很多 PCB 或者电缆的阻抗测试规范中都会对均匀测试线的长度有一个最小的要求，或者要求选择一段特定位置的均匀阻抗区域进行测试。

关于上升时间还有一点需要注意的是，并不是上升时间越快越好。系统上升时间越陡带来的好处是时间或距离分辨率更好，但是在实际测量时，由于接触点电感效应，陡的边沿引起的振荡或者阻抗不连续点处的反射也会更加强烈，因此一般测量时会选择与实际工作信号类似或略快的上升时间进行阻抗测试。

其次，要注意前面提到的系统上升时间，并不仅仅是指 TDR 测试系统内部的阶跃信号发生器的上升时间，而是指阶跃信号发生器的上升时间和接收采样模块组成的系统的上升时间。对于很多 TDR 测量模块来说，其接收模块本身的上升时间与阶跃信号发生器的上升时间可能是不一样的。例如有两款 50GHz 的 TDR 测量模块，虽然其接收模块的带宽都为 50GHz，接收模块对应的上升时间都为 7ps；但是其阶跃信号发生器的上升时间却有可能不一样，可能一款为 12ps 而另一款为 6ps。对于这种情况，有时仪器厂商会给出校准后的系统上升时间，如果没有给出，可以根据以下公式近似估算测量系统的上升时间。

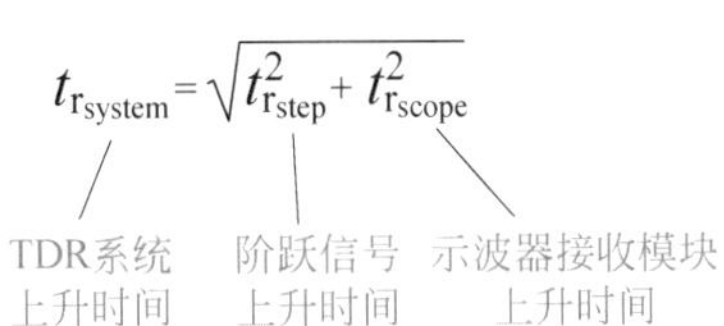

除了上升时间和带宽因素外，根据实际测试需要还要选择合适的通道数及校准方法。

通常来说，如果要做差分的 TDR 阻抗测量，有 2 个测试通道就够了；但如果还要做传输参数（例如差分插入损耗）的测量，就需要 4 个测试通道；如果同时还要做 2 个或多个差分通道间的串扰测试，就可能需要 8 个甚至更多的测量通道。

另外，阶跃发生器直接发出的阶跃脉冲可能会有一些过冲或者振荡，用于接收 TDR 反射波形的示波器带宽可能也是有限的，更普遍的情况是实际使用测试电缆也是有损耗的，这些都会造成注入被测件或反射回来的波形的失真。为了对这些因素进行修正，很多 TDR 测试设备中也借鉴了矢量网络分析仪的校准技术，可以通过连接标准开路、短路、直通件进行系统的频响修正。当通道数比较多时，校准步骤会非常烦琐且容易出错，所以现代的 TDR 设备还借鉴了矢量网络分析仪中电子校准件的技术，可以通过 USB 口控制电子校准件的内部负载切换，快速完成多个通道的校准工作。需要注意的是，TDR 设备中使用的电子校准件与矢量网络分析仪的工作原理类似，但结构上还是有区别的，最重要的是 TDR 设备发出的是直流阶跃脉冲，因此其校准件也是从直流开始工作的，而矢量网络分析仪的校准件是不能用于直流场合的。图 2.22 是 16 通道的 TDR 测量系统及相应的电子校准件。

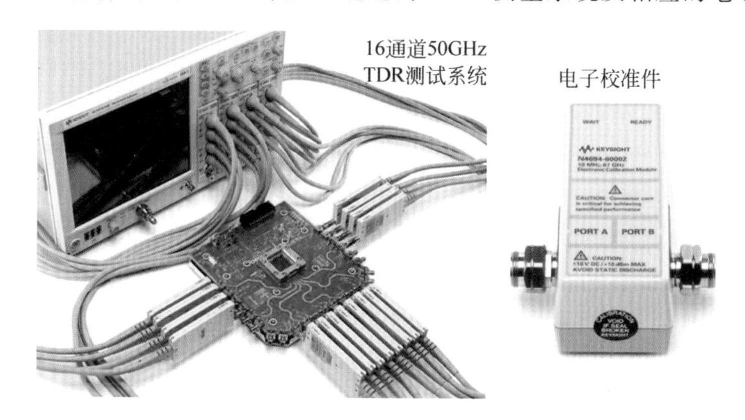

图 2.22　16 通道的 TDR 测量系统及电子校准件

除了这些硬件功能外，现代的 TDR 设备的软件功能也更加丰富(见图 2.23)，例如友好的设置向导可以快速管理和校准多个测量通道；S 参数转换功能可以方便从频域观察信号的插入损耗、回波损耗以及串扰等；测试通道的去嵌入功能可以消除测试电缆或某一段 PCB 走线的影响(前提是知道相应通道的 S 参数模型)；而来自于现代矢量网络分析仪中的自动夹具移除(Automatic Fixture Removal,AFR)功能则可以在不专门设计校准件的情况下快速进行测试夹具修正。这些功能都大大扩展了 TDR 设备的应用领域和灵活性。

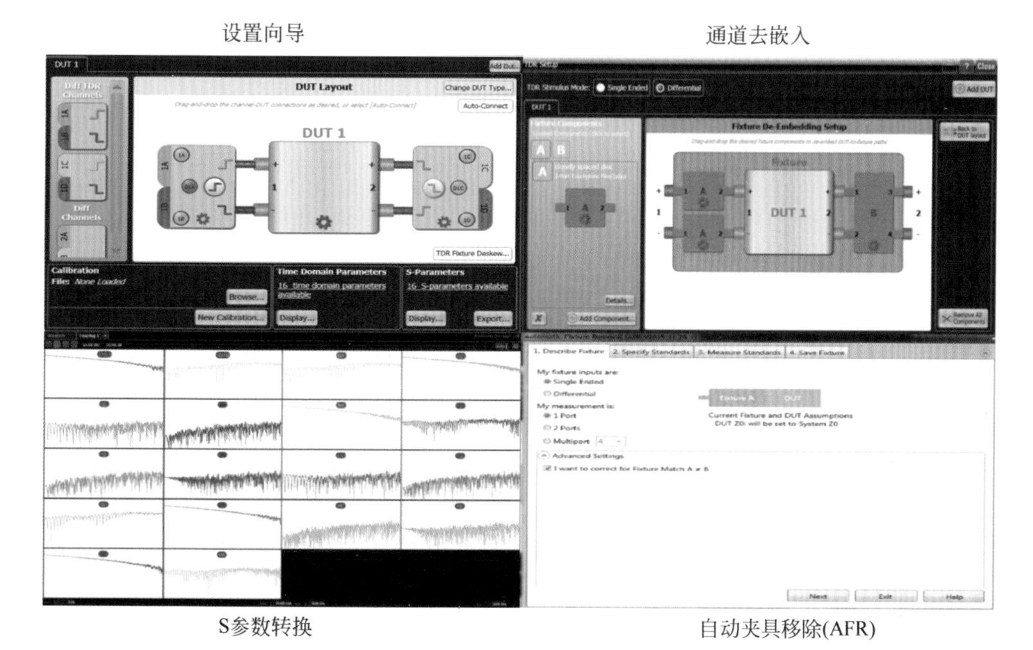

图 2.23　现代 TDR 设备的软件功能

三、数字示波器的主要指标

1. 示波器的带宽

带宽是示波器最重要的一个指标,它决定了这台示波器测量高频信号的能力。前面我们介绍过,示波器的带宽主要由前端的放大器等模拟器件的特性决定。对于一般的放大器来说,其增益不可能在任何频率下都保持一样,示波器中使用的放大器也是如此。示波器中的放大器的工作频点是从直流开始的,其增益随着输入信号的频率增高会逐渐下降。一般把放大器增益下降−3dB对应的频点称为这个放大器的带宽,示波器的带宽也是用同样方法定义的。图3.1是示波器带宽定义的示意图。

对于一台标称带宽为1GHz的示波器,假设输入一个标准的50MHz、1V峰峰值的正弦波信号,在示波器上测量到的信号幅度为A;然后将输入信号的幅度保持不变,频率逐渐增加到1GHz,这时在示波器上测量到的信号幅度为B。如果$20\lg(B/A)$的计算结果没超过−3dB(例如为−2.8dB),这台示波器就是合格的,否则就是不合格的。对于示波器的带宽检定通常使用的也是这种方法。

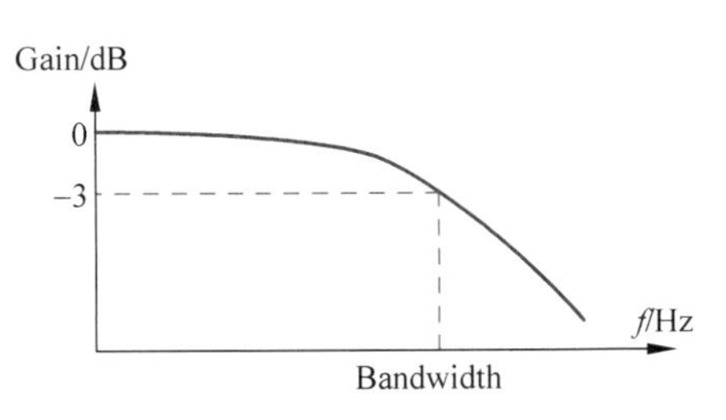

图3.1 示波器带宽的定义

需要注意的是,−3dB是按信号功率计算的,相当于信号的功率增益下降1/2。示波器实际测量的是电压信号,功率与电压的平方成正比,所以−3dB相当于示波器电压的增益随着频率的增加下降到原来的0.707倍。因此,对于一个50MHz、1V峰峰值的正弦波信号,用1GHz带宽的示波器测量到的幅度应该是1V左右,而如果被测信号的幅度不变但是频率增加到1GHz,这时测量到的信号幅度可能只有0.7V左右了。

从前面的例子可以看出,示波器并不是对带宽内的所有频率信号都保持相同的测量精度的,被测信号频率越接近带宽附近,测量结果的幅度误差越大,如果这个幅度误差超过了可以接收的范围,就要考虑用更高带宽的示波器进行测量。另外示波器也不是绝对不可以对超过带宽的信号进行测量,如果被测信号的频率只是稍微超过了示波器的带宽,虽然信号的衰减会比较大,但大概的频率、周期等时间信息还是比较准确的(对正弦波信号)。

至于具体某个频点的衰减是多大,需要准确知道示波器的频响曲线。一般示波器厂商在公开的场合只会提供带宽指标而没有具体的频响曲线,如果确实需要,可以通过用微波信号源配合功率计扫描得到这条曲线。

示波器的带宽主要取决于前端的衰减器和放大器的带宽,因此大的示波器厂商都有自己特有的技术来实现高的带宽。以Keysight公司为例,其33GHz的示波器前端芯片采用InP(磷化铟)的高频材料,并使用了MCM(Multi-Chip Module)的多芯片封装技术,打开其MCBGA(多芯片BGA)芯片的屏蔽壳后(见图3.2),可以看到其内部主要由5片InP材料的芯片采用三维工艺封装而成。其中包含 2 片 33GHz 带宽 InP 材料做成的放大器,可以同时支持 2 个通道的信号输入; 2 片 InP 材料做成的触发芯片以及 1 片 InP 材料做成的 80GSa/s 的采样保持电路;所有芯片采用快膜封装技术封装在一个密闭的屏蔽腔体内。

图 3.2 采用 InP 材料的示波器前端芯片

随着信号频率和数据速率的提高,对于示波器带宽的需求越来越高。如果没有能力设计高带宽的放大器前端,或者现有的硬件技术无法提供足够高的带宽时,有时会采用一些其他的方式来提升带宽,其中常用到的是 DSP 带宽增强和频带交织技术。

DSP 带宽增强技术实际上是一种数字 DSP 处理技术。采用数字 DSP 处理技术的初衷并不是为了增强带宽,而是为了进行频响校正。一般宽带放大器在带内各个频点的增益不一定是完全一致的,所以宽带放大器通常会有一个带内平坦度指标衡量增益的波动情况。通过用数字技术补偿频响波动可以在带内获得比较平坦的频响曲线,获得更准确的测量结果。进一步地,为了充分利用带宽以外频点的能量,可以通过数字处理技术把带宽以外一部分频率成分的能量增强上去,这样 −3dB 对应的频点就会右移,相当于带宽提高了。图 3.3 显示了带宽增强对系统频响特性的改变。带宽增强技术在提高带宽的同时也会提升系统的高频噪声,所以这种技术虽然提高了带宽,但增加了噪声。带宽增加越多,噪声的放大比例越大。因此,带宽增强技术虽然实现简单,但不适用于大比例增加系统带宽。反过来,用数字处理技术还可以根据需要压缩带宽。带宽压缩的同时一部分频率成分的噪声也被滤掉,所以在不需要高带宽时可以降低系统噪声。带宽增强和压缩技术在很多高端示波器上都有使用。

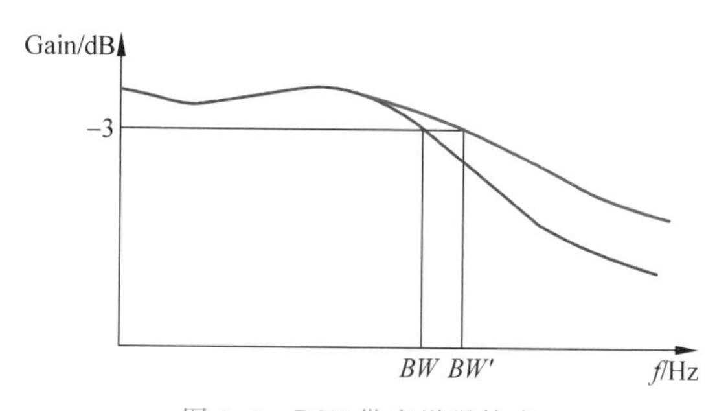

图 3.3 DSP 带宽增强技术

除了 DSP 带宽增强以外,频带交织技术也是另一种提升带宽的方法。频带交织技术是在频域上把信号分成两个或多个频段处理,例如把输入信号分成低频段和高频段两个频段分别采样和处理,再用 DSP 技术合成在一起。图 3.4 是频带交织技术实现的原理。例如,假设放大器硬件带宽只能做到 16GHz,而希望实现 25GHz 的带宽,这就要把 16GHz 以下的能量滤波后用一个放大器放大后采样,16～25GHz 的能量经滤波、下变频后再用另一个放大器放大后采样。这种方法推广开来可以 3 个频段或 4 个频段复用实现更高的带宽。但是有射频知识的人都知道,硬件上是做不出来那么理想的滤波器,正好把需要的频率都放进来,同时把不需要的频率分量都滤掉的,而且宽带信号的下变频的过程会产生非常多的信号混叠和杂散问题。因此,使用这种方法后,如果硬件电路设计和数学修正方法不好,在频段的交界点附近会有很大的问题,最典型的表现就是在频段交界点附近噪声会明显抬高,信号失真明显变大。

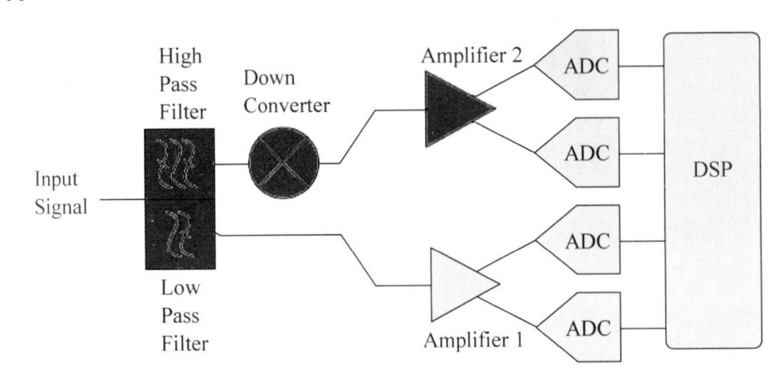

图 3.4　频带交织技术实现原理

2. 示波器的采样率

被测信号经过示波器前端的放大、衰减等信号调理电路后,接下来就是进行信号采样和数字量化。信号采样和数字化的工作是通过高速的 A/D 转换器(ADC,模数转换器)完成的,示波器的采样率就是指对输入信号进行 A/D 转换时采样时钟的频率。

真正输入示波器的信号在时间轴和电压轴上都是连续变化的,但是这样的信号无法用数字的方法进行描述和处理,数字化的过程就是用高速 ADC 对信号进行采样和量化的过程。经过模数转换后,在时间和电压上连续变化的波形就变为一个个连续变化的数字化的样点,如图 3.5 所示。

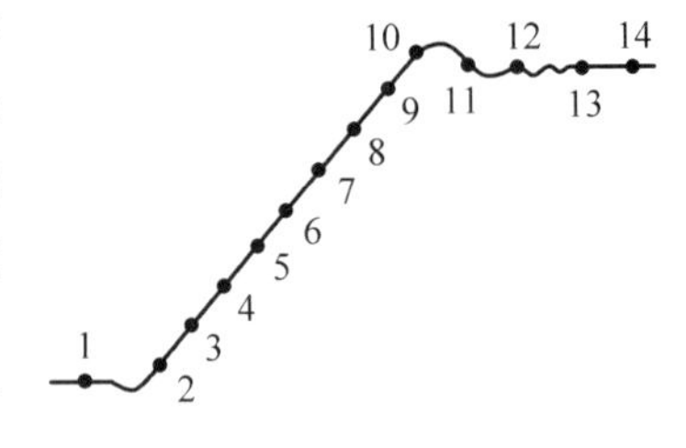

图 3.5　数字采样的概念

在进行采样或者进行数字量化的过程中,如果要尽可能真实地重建波形,最关键问题是在时间轴上的采样点是否足够密以及在垂直方向的电压的量化级数。水平方向采样点的间隔取决于示波器的 ADC 的采样率,而垂直方向的电压量化级数则取决于 ADC 的位数。

对于实时示波器来说,目前普遍采用的是实时采样方式。所谓实时采样,就是对被测的波形信号进行等间隔的一次连续的高速采样,然后根据这些连续采样的样点重构或恢复波形。在实时采样过程中,很关键的一点是要保证示波器的采样率要比被测信号的变化快很多。那么究竟要快多少呢? 可以参考数字信号处理中的奈奎斯特(Nyquist)定律。Nyquist

定律告诉我们，如果被测信号的带宽是有限的，那么在对信号进行采样和量化时，如果采样率是被测信号带宽的 2 倍以上，就可以完全重建或恢复出信号中承载的信息。

图 3.6 是满足奈奎斯特采样定律的情况：被测信号的带宽为 B，示波器的采样率为 F_s。当用 F_s 的采样率对带宽为 B 的信号进行采样时，从频谱上看以 F_s 的整数倍为中心会出现重复的信号频谱，有时称为镜像频谱。如果 $B<F_s/2$ 或者说 $F_s>2B$ 时，信号的各个镜像频谱不会产生重叠，就可以在采样后通过合适的重建滤波器把需要的信号恢复出来。

图 3.7 是不满足奈奎斯特采样定律的情况：如果 $B>F_s/2$ 或者说 $F_s<2B$ 时，信号的各个镜像频谱可能会产生重叠，这时我们称信号产生了混叠，混叠后无论采用什么样的滤波方式都不可能再把信号中承载的信息无失真地恢复出来了。

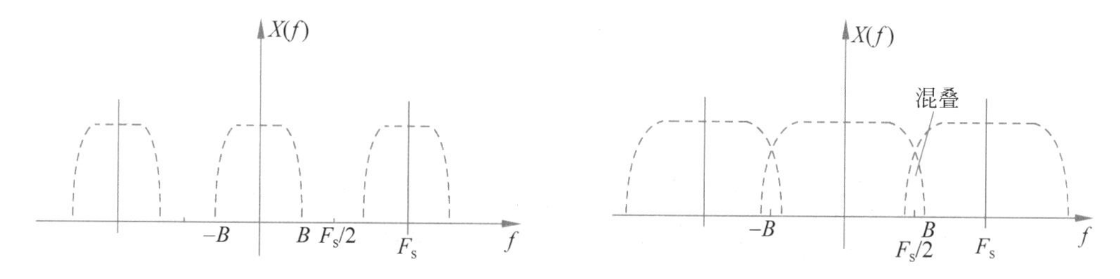

图3.6　满足奈奎斯特条件时采样到的信号的频谱　图 3.7　不满足奈奎斯特条件采样时的频谱混叠

更严重的混叠情况发生在示波器的采样率低于被测信号频率的情况下。为了更清楚地展示这个问题，下面通过一个例子，看看对同一个正弦波信号用不同采样率采样时会发生什么现象。

图 3.8 和图 3.9 是示波器分别用 20GSa/s 的采样率和 5GSa/s 的采样率对 1.7GHz 的正弦波进行采样并重建波形的情况，两张图都可以清晰看到原始信号的波形并可以相对准确地测量到信号的频率等参数。

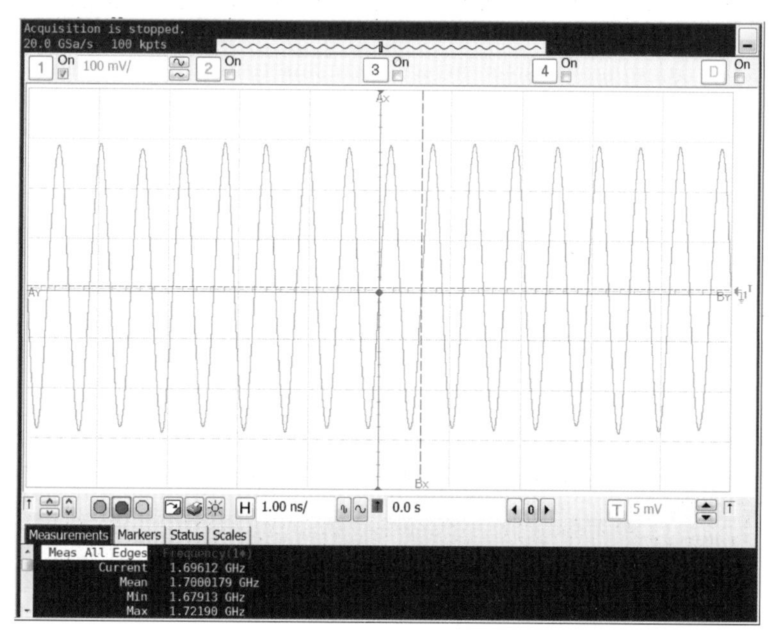

图 3.8　用 20GSa/s 的采样率对 1.7GHz 的正弦波采样得到的信号波形

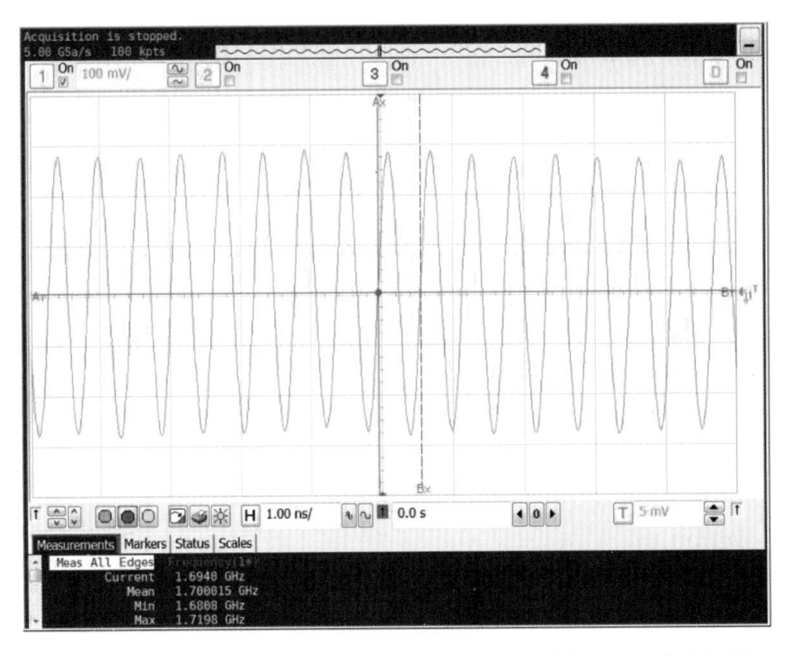

图 3.9 用 5GSa/s 的采样率对 1.7GHz 的正弦波采样得到的信号波形

接下来所有情况不变,我们把示波器的采样率分别设置到 2.5GSa/s 和 1GSa/s,此时 1.7GHz 的正弦波信号经示波器采样和重建以后,在示波器屏幕上仍然能看到一个正弦波信号,但是仔细观察会发现,这个正弦波信号的频率的测量结果是分别是 800MHz 和 300MHz 如图 3.10 和图 3.11 所示。这时就是产生了信号的混叠:虽然在示波器上仍然能看到一个波形,而且波形看起来没有太大问题,但频率是发生了搬移的,有时又称为假波。

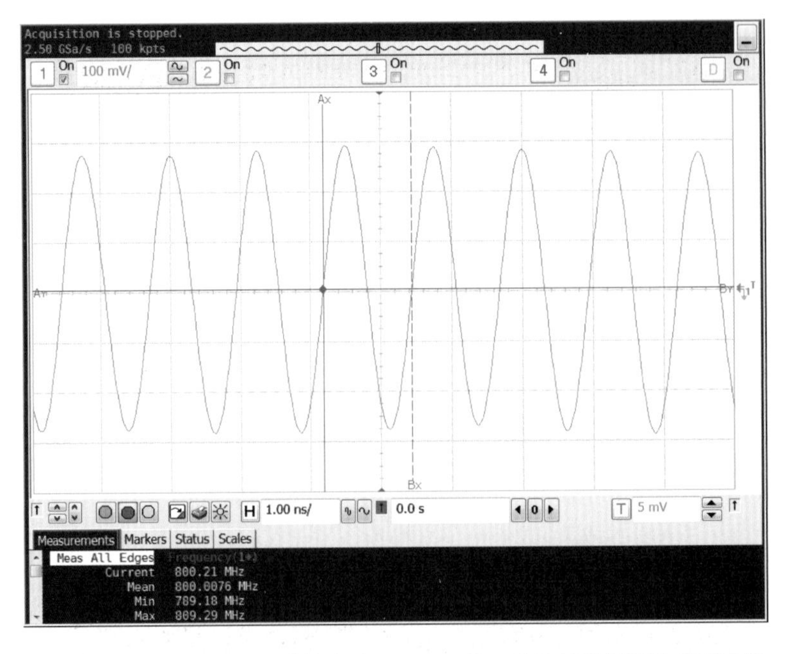

图 3.10 用 2.5GSa/s 的采样率对 1.7GHz 的正弦波采样得到的信号波形

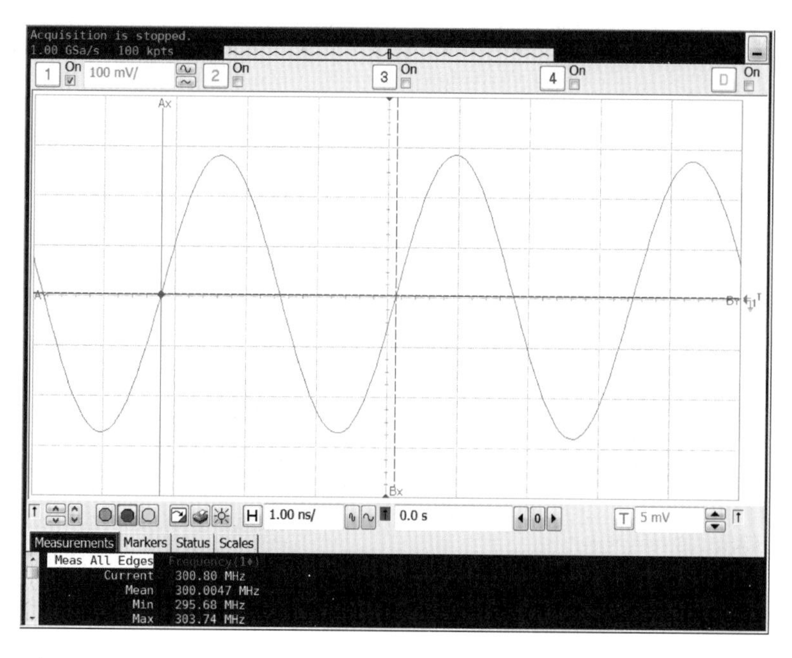

图 3.11 用 1GSa/s 的采样率对 1.7GHz 的正弦波采样得到的信号波形

假波的特点是在屏幕上的显示是不稳定的，而且随着采样率的变化波形的频率会发生变化。如果被测信号是数字信号或者脉冲信号，其频谱成分会更加复杂，这时不一定是信号频率发生变化才表示产生了混叠，很多时候上升、下降沿形状的不稳定的跳动也可能是由于信号混叠造成的。避免假波或混叠的根本方法是保证示波器的采样率是被测信号带宽的 2 倍以上。示波器前面的放大器、衰减器等信号调理电路都有一定的带宽，这就是示波器标称的硬件带宽，因此超过示波器带宽的信号频率成分即使能进入示波器内部也已经被衰减得比较厉害。现在的数字示波器的最高采样率一般都可以保证采样率超过示波器带宽的 2 倍以上（考虑到示波器的频响方式的不同，实际示波器的最高采样率可能会是其带宽的 2.5 倍或 4 倍以上），但是在实际使用中，由于内存深度的限制，示波器有可能会在时基刻度打得比较长时降低采样率，这时就需要特别注意混叠或者假波的产生。如果实在需要采集比较长的时间同时又需要比较高的采样率，可以考虑扩展示波器的内存深度或者采用其他的采样方式（例如分段存储）。

对于带限的调制信号来说（例如 1.7GHz 的载波，调制带宽为 10MHz），如果示波器的采样率虽然不满足信号载波频率的 2 倍以上的要求，但是满足信号调制带宽 2 倍以上的条件。此时有可能采样到的信号虽然载波频率发生了搬移，但是信号的调制信息还完整保留，这时仍然可以对信号进行正确的解调。这种采样方式有时又称为欠采样，在无线通信的信号采样中有广泛应用。欠采样实现了类似数字下变频的效果，在欠采样情况下，示波器可以用比较低的采样率进行采样，因此节约了内存深度，从而可以采集更长的时间，欠采样是我们在进行信号解调时比较常用的一种采样方式。但是注意的是，欠采样也要满足采样率是信号带宽 2 倍以上的条件，同时要保证混叠以后的信号频谱不要跨越相邻的奈奎斯特区间，因此需要慎重使用。

为了避免信号的混叠，放大器后面 A/D 采样的速率至少在带宽的 2 倍以上甚至更高。

随着高带宽示波器的带宽达到了几十 GHz 以上，目前市面上根本没有能支持这么高采样率的单芯片的 ADC，因此目前市面上高带宽示波器无一例外都需要使用 ADC 的交织技术，即使用多片 ADC 交错采集以实现更高的采样率。

图 3.12 是 TI 公司提供的一种对其高速 ADC 进行交织的实现方式（来源：www.ti.com）。在进行交织时，信号经放大后分为 2 路，送给 2 片 ADC 芯片采样，2 片 ADC 的采样时钟有 180°的相位差。这样在一个采样时钟周期内 2 片 ADC 共采了 2 个样点，相当于采样率提高了 1 倍。经 2 片 ADC 分别采样后，后续软件在做波形显示时需要把 2 片 ADC 采到的样点交替显示，从而重构波形。

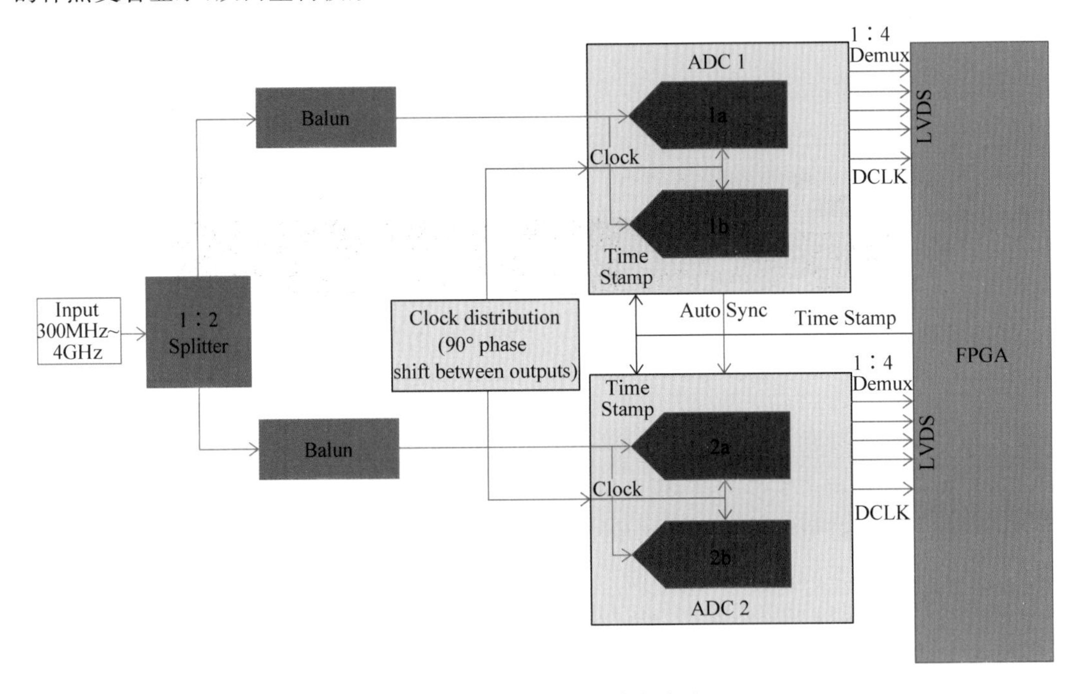

图 3.12　典型的 ADC 交织方式

要实现多片 ADC 的拼接，要求各片 ADC 芯片的偏置、增益的一致性要好，而且对信号和采样时钟的时延要精确控制。偏置和增益的一致性相对比较好解决一些，例如可以通过校准消除其偏置和增益误差。但是信号和采样时钟的时延控制就比较难了，因为高带宽示波器中使用的 ADC 的采样时钟的一个周期只有几十 ps，ps 级的误差或者抖动都会造成非常大的影响。图 3.13 显示了当 2 片 ADC 的时钟相位差不是理想的 180°时对波形重建造成的影响。

当采用多片 ADC 在 PCB 板上直接进行拼接时，由于 PCB 上走线时延受环境温度、噪声等影响比较大，很难实现精确的时延控制，所以在 PCB 板上直接进行简单的 ADC 拼接很难做得非常好。而对于示波器来说，由于其采样率高达几十 GHz，因此几个 ps 的走线延时都会对系统性能产生非常大的影响。为了解决这个问题，比较好的方法是先进行采样保持，再进行信号的分配和采样。如图 3.14 所示，由于采样保持电路集成在前端芯片内部，在芯片内可以做很好的屏蔽和时延控制，所以采样点时刻的控制可以非常精确。而送给 PCB 板上各 ADC 芯片的信号由于已经经过采样保持，所以信号会保持一段时间。这样即使在

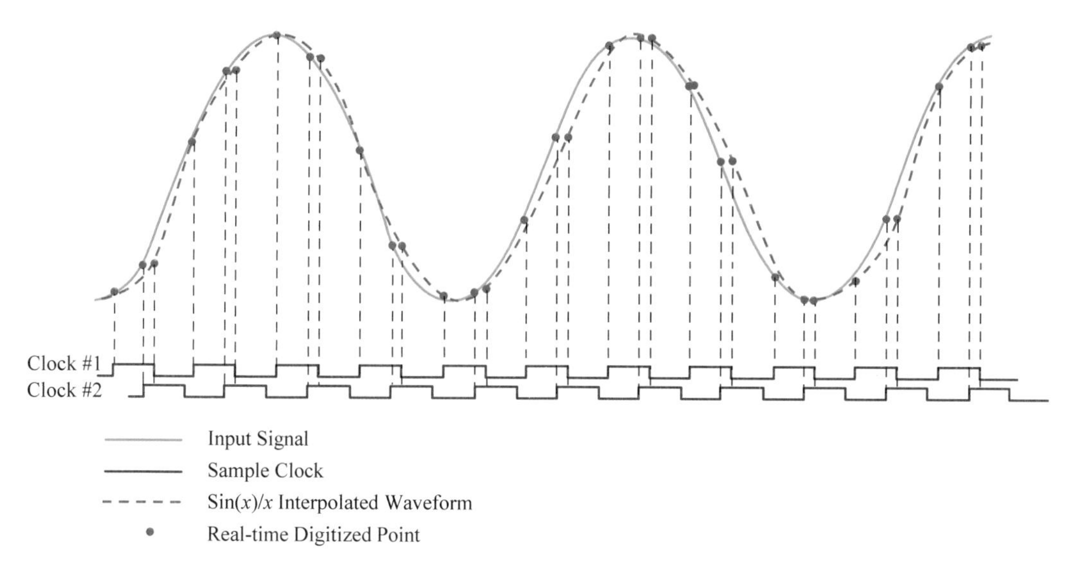

图 3.13 不理想的 ADC 芯片拼接带来波形失真

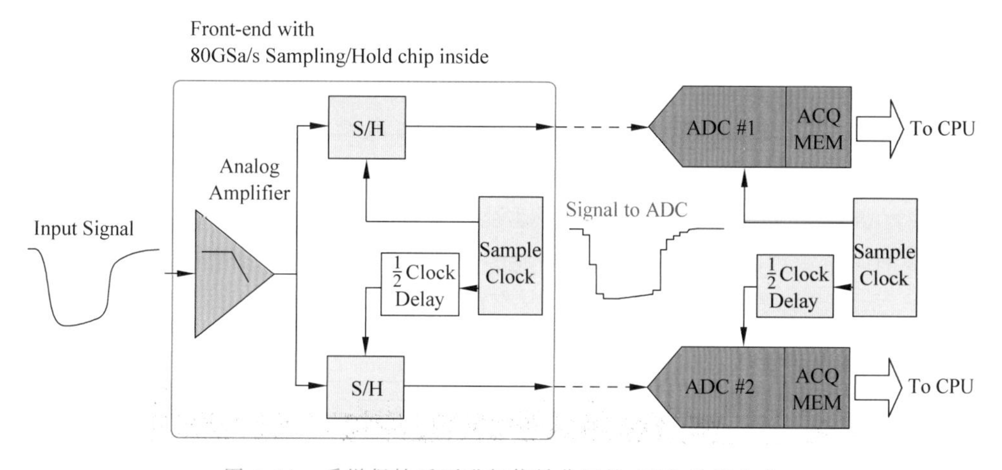

图 3.14 采样保持后再进行信号分配的 ADC 拼接方式

PCB 板上的信号路径或 ADC 的采样时钟有些时延误差或抖动，只要其范围不超过一个采样时钟周期，就不会对采集到信号的幅度以及最后的波形重建造成影响。

3. 示波器的内存深度

对于高速的数字实时示波器来说，由于其采样率很高，这个高速的数据以现有的数字处理技术是不可能实时处理的。所以数字示波器在工作时都是先把信号采集一段到其高速缓存中，然后再把缓存中的数据读出来显示。这段缓存的深度，有时也称为示波器的内存深度，决定了示波器在进行一次连续采集时所能采集到的最长的时间长度。通常用以下公式计算示波器能够一次连续采集的波形长度：时间长度＝内存深度/采样率。

需要注意的是，一般我们所说的示波器的内存深度是这台示波器配置的最大内存深度。由于内存深度设置很深时示波器要处理的数据量很多，可能波形的更新速度会很慢。很多示波器厂商为了改善用户使用的感受，默认会根据示波器时基刻度的调整自动调整所用的内存深度。而当内存深度增加到最大仍然不足以保证采集更长的时间时，示波器通常会自动降低采样率以获得更长的采样时间。图 3.15 是示波器中常用的调整时基刻度和波形水平位置的旋钮。

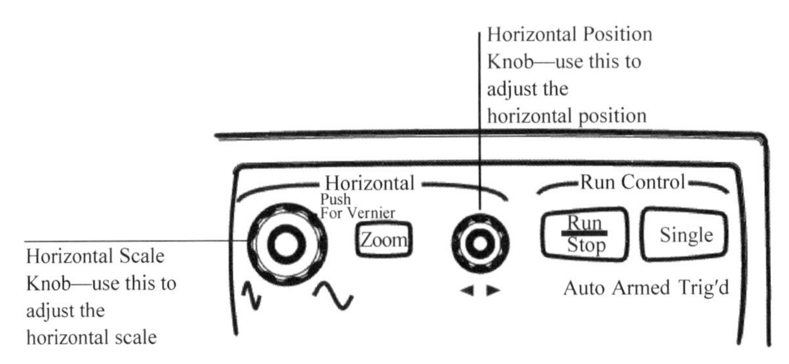

图 3.15　示波器调整水平时基的旋钮

因此，在增加示波器的时基刻度时，很重要的一点是注意观察示波器采样率的变化。如果示波器的内存深度不足，在增大时基刻度时很容易造成采样率的下降。如果要分析的是低速的信号，采样率下降不会造成问题；但如果要分析的是高频的信号、很窄的脉冲或者 Burst 的高速数据流，采样率的下降就有可能造成信号的失真或者混叠。很多示波器也支持手动设置示波器的采样率和内存深度，手动设置后示波器的采样率和内存深度一般不会再随着时基刻度的变化而变化，但是示波器能够采集的最长的时间长度也定死了。图 3.16 是一个例子，示波器的采样率是 80GSa/s，内存深度是 800k 样点，总共采集的波形时间长度＝(800k/80G)＝10μs。

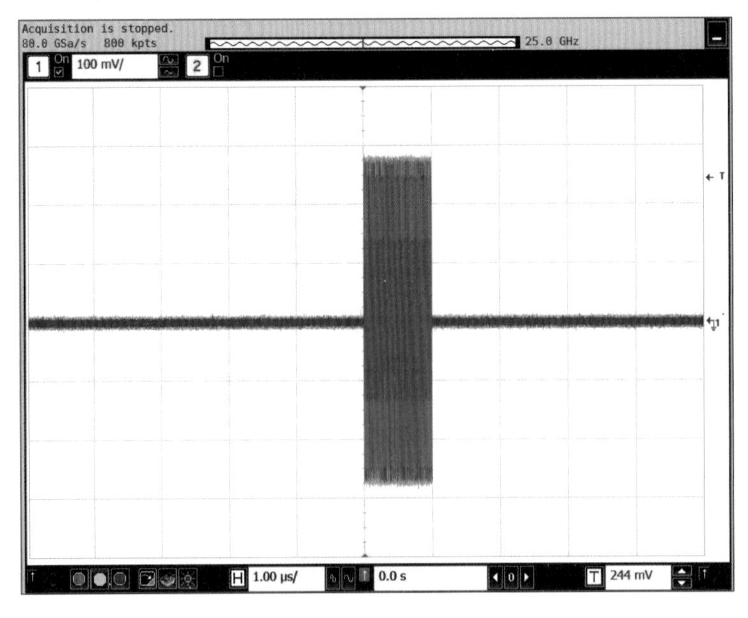

图 3.16　以 80GSa/s 的采样率采集 800k 样点的波形

如果出于保证测量精度的考虑,示波器的采样率不能下降,但同时还想采集更长的时间长度,只有扩充示波器的内存深度。由于示波器的内存是高速的缓存,而且大内存的管理对数据处理速度的要求也很高,需要专门的数据处理芯片,因此示波器的内存深度扩展的价格一般都非常昂贵。目前市面上实时示波器中内存深度最多可以达到每通道 2G 采样点。

4. 示波器的死区时间

前面介绍过,对于模拟示波器来说,由于没有数据处理的中间环节,信号通过扫描直接在屏幕上显示,除了回扫的时间外,在信号捕获和显示上几乎没有间断。而对于数字示波器来说,由于采样率很高,现有的技术又无法对这么大的数据量进行实时处理,所以采集完一段波形后必须停下来等待数据处理和显示。如图 3.17 所示,在这段处理和显示的时间段内,示波器不响应触发也不进行波形捕获,因此这段时间称为示波器的死区时间(Dead Time)。

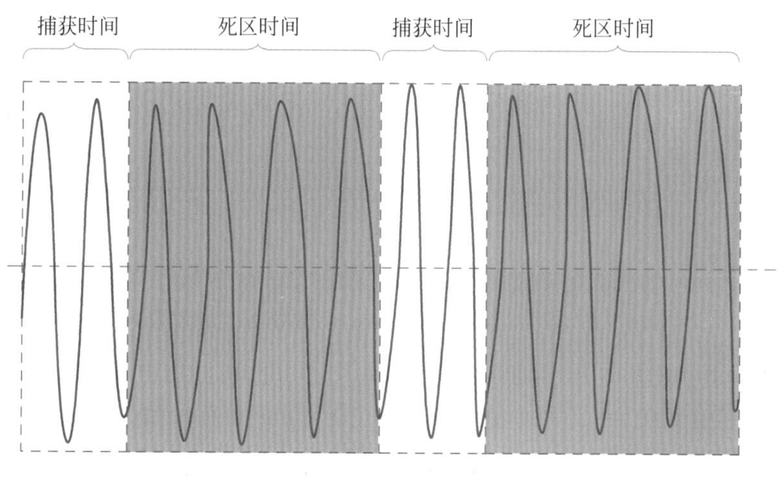

图 3.17　死区时间的概念

如果示波器的死区时间过长,那么两次波形采集间的间隔时间就会比较长,示波器单位时间内能够捕获和显示的波形数量就会变少。所以,有时也会用波形捕获率的指标衡量示波器单位时间内能够捕获和处理的波形数量。不同系列的示波器在不同设置情况下的波形捕获率差别很大,一般示波器的波形捕获率为每秒几百次或几千次。HP 公司在 20 世纪 90 年代推出的 MegaZoom 技术就是通过专用的处理器实现触发响应、信号处理以及波形内插和辉度显示,使得数字示波器的波形捕获速度在使用很深存储时仍然能够达到每秒 10 万次左右。图 3.18 是 HP 54645A 示波器的内部结构,其通过专用的处理器设计大大提高了波形捕获率。现在,随着技术的进步,一些示波器的最高波形捕获率已经可以达到每秒约 100 万次。

关于死区时间和波形捕获率有几个关键点需要注意:

●死区时间过长,会造成信号的大量遗漏。如果正好有一些无法预知的信号跳变或者异常发生在死区时间内,这个信号就不会被示波器捕获和显示,也不会被观察到,这点对于信号调试是非常不利的。如果死区时间非常长或者波形捕获率非常低,用户能感觉到屏幕

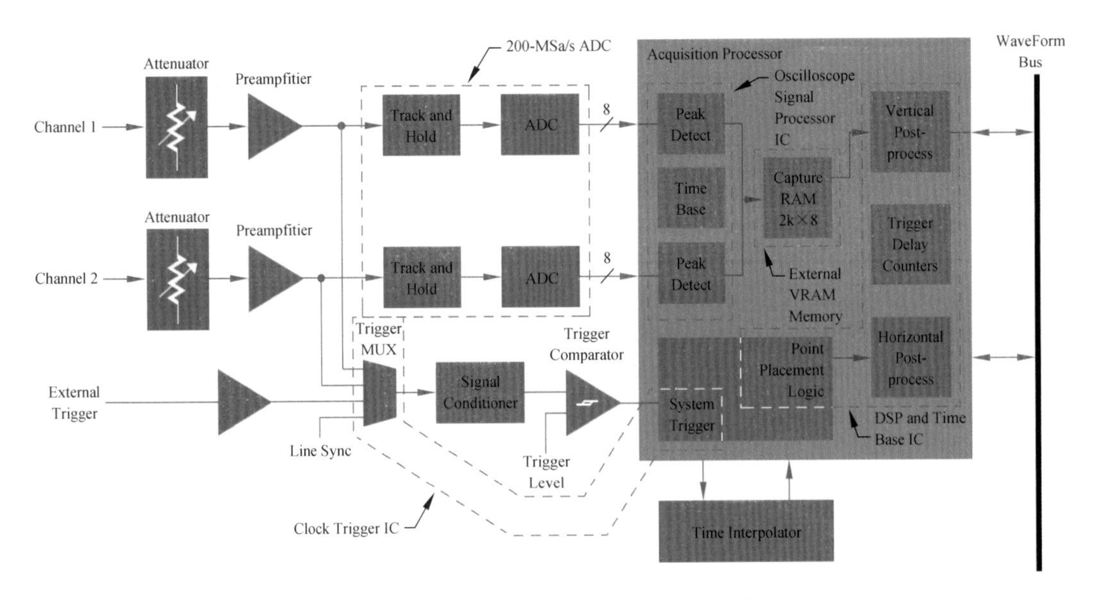

图 3.18　HP 公司 54645A 示波器的内部结构

上波形更新一次很慢，或者调节示波器旋钮时波形反应非常迟钝，对于使用的体验造成很大影响。

●死区时间主要是由示波器处理波形的时间决定的，因此死区时间通常不是一个定值，具体的死区时间或者波形捕获率与使用的内存深度、时基刻度的设置、是否打开测量分析功能、示波器是否有专门的硬件数据加速处理能力等因素有关。

●死区时间是我们不希望的，但是以现有的数字处理技术的水平只能尽量减少而不可能消除。目前业内比较常用的解决方法是采用专门设计的数据处理芯片加快数据处理或者以牺牲内存深度、测量功能为代价。设计优秀的示波器可以在使用比较深的内存或者打开比较多测量分析功能时仍然保持比较小的死区时间和较高的波形捕获率。

●如果信号的跳变或者异常是未知的，示波器只能通过一次次的捕获来看是否能正好抓到异常的波形，死区时间过长或波形捕获率过低会很容易漏掉这些信号，或者需要很长时间的捕获才能抓到信号的异常。但如果信号的跳变或者异常是可以预测的，可以通过示波器的触发去进行捕获，不会受限于死区时间。实时示波器虽然在波形的捕获速度方面比不上模拟示波器，但是有丰富的触发和显示功能，可以帮助用户有针对性地对信号异常进行捕获。

●波形捕获率不等同于波形刷新率。以前在模拟示波器时代，屏幕上波形刷新的速度与波形捕获的速度是一样的。但在数字示波器时代，可以对波形做完采集处理再显示，波形的捕获率不再受限于屏幕的刷新率。最典型的例子是现代的数字示波器都普遍使用液晶显示屏，液晶显示屏的刷新率一般为每秒 30 次或 60 次，而示波器的波形捕获率可达每秒几千次甚至上百万次(示波器会采集多个波形再叠加在一屏显示)。因此，用波形捕获率才能更好地描述示波器捕获波形的能力。

有些时候用户希望知道或者验证一下当前设置情况下的波形捕获率，有什么办法呢？示波器一般都有一个 Trig Out 的输出口(有些型号示波器称为 Aux Out 输出口)，如

图 3.19 所示，示波器每发生触发并捕获一次波形，在这个 Trig Out 的输出口上就会产生一个脉冲。通过用计数器统计每秒 Trig Out 输出口上脉冲的个数，就可以大概估计出当前情况下该示波器的波形捕获率。

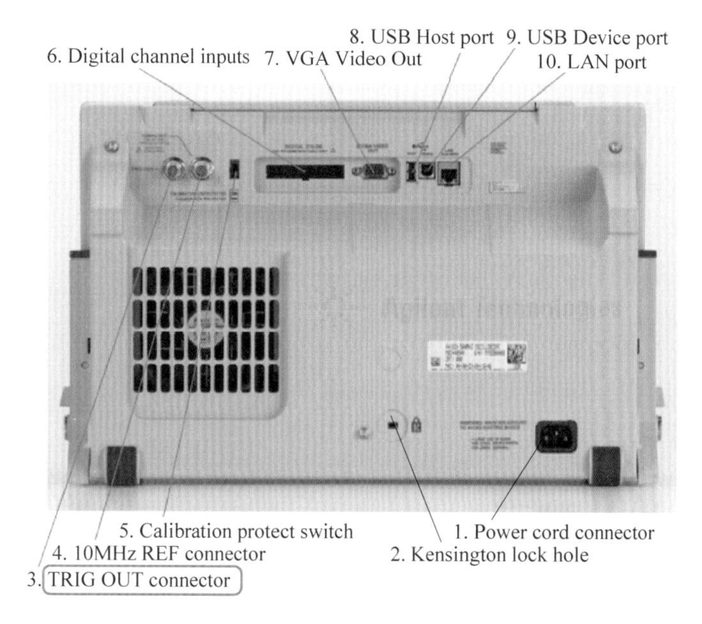

图 3.19　示波器的 Trig Out 输出口

四、示波器对测量的影响

1. 示波器的频响方式

不同厂商和不同型号的示波器除了带宽不一样以外，其频率响应方式也可能不一样。所谓频率响应方式，是指示波器的前端模拟电路对于不同频率的正弦波信号的增益曲线。带宽只是定义了示波器的增益下降－3dB 时对应的频点，但并没有定义示波器的频响曲线。图 4.1 就是两个带宽相同但是频率响应方式不同的示波器的频响曲线。按照带宽的定义，这两台示波器的带宽是一样的，都是在相同的频率点增益下降－3dB，但是对于实际信号测量的影响可能是不一样的。

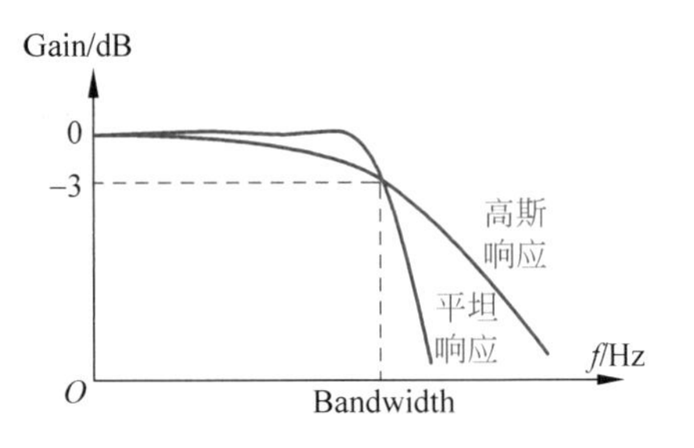

图 4.1　不同的频响曲线

示波器的频响方式最传统的是高斯频响，高斯频响的示波器其频响方式类似低通的高斯滤波器。高斯滤波器的特点是其时域的冲击响应是一个高斯函数，高斯频响的示波器有两个非常重要的特点：在进行阶跃信号测试时是没有过冲的；同时在相同的带宽情况下高斯频响的示波器的上升时间最小。很多一阶或多阶的 RC 滤波电路的频响方式都是高斯或类高斯的，实现比较简单，因此早期的示波器和现在很多中低带宽的示波器的频响方式都是高斯或类高斯的。

但是高斯频响的示波器也有一些缺点，主要体现在带内损耗较大以及带外抑制能力不够。对于带宽内信号的测量，在信号频率接近带宽附近时信号衰减已经比较厉害，所以要达到高的测量精度需要示波器的带宽比被测信号的带宽高很多。例如对于快沿信号的测量，一般情况下需要示波器的带宽是被测信号带宽的 3 倍以上才能保证 5%以内的上升时间测量误差。另一方面，高斯频响的示波器对于带外的信号的抑制能力不够(从好的方面说是高斯频响的示波器测量带外信号的能力更强)，因此如果被测信号的带宽较宽，可能会有很多超出示波器带宽的能量进入后面的 ADC 电路。为了保证信号不产生混叠，对于 ADC 采样率的要求就要更高一些，通常高斯频响的示波器要求的采样率至少要是示波器带宽的 4 倍或以上。

为了提高带内信号的测量精度并尽可能避免信号的混叠，现代的很多高带宽示波器会采用另一种频响方式，即图 4.1 中的平坦响应。从频响曲线上可以看到，采用平坦响应的示波器在进行带内信号测量时的精度更高一些，例如对于快沿信号的测量，一般情况下示波器的带宽比被测信号带宽高 40%以上就可以保证比较小的上升时间测量误差(＜5%)。同时由于平坦响应的示波器带外抑制能力比较强，无论被测信号的带宽有多宽，经过示波器的前端电路后信号的主要频率成分都集中在信号带宽以内，所以采样率只需要达到带宽的 2.5 倍左右就可以保证信号不会产生混叠(虽然奈奎斯特采样定律只要求 2 倍以上，但工程上一般会留一些裕量)，这就降低了对于高带宽示波器 ADC 采样率的要求。平坦响应的示波器在具体使用中要注意的一点是最好不要用于测试超出示波器带宽的信号，因为超出带宽的频率成分衰减很厉害，对于宽带信号测量会带来比较大的信号变形，例如在进行超出带宽的快沿信号测量时可能会显示出更大的过冲。图 4.2 是某款示波器在不同带宽情况下的频率响应曲线，采用了明显的平坦响应方式。

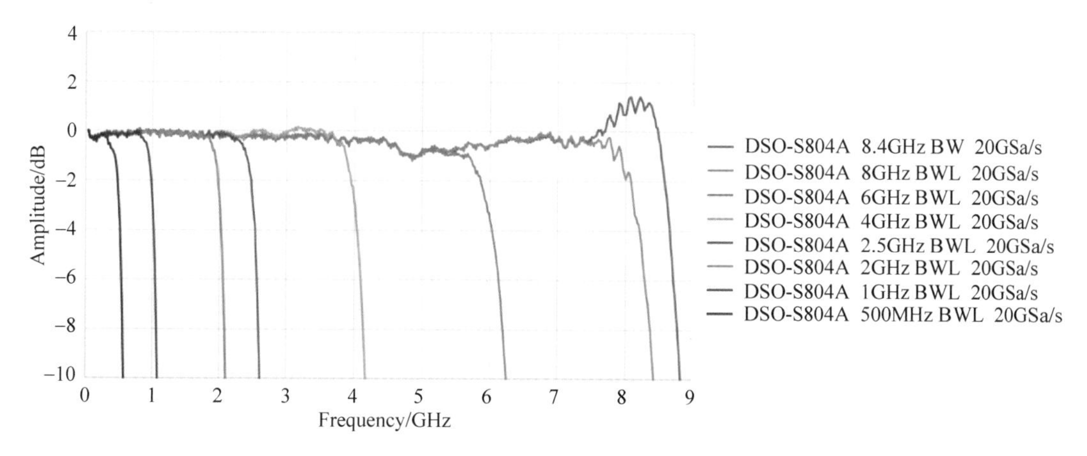

图 4.2　平坦响应示波器的频响曲线举例

需要注意的是，平坦响应的示波器也不是没有缺点的。首先，在相同的带宽下，平坦响应示波器的固有上升时间大于高斯频响的示波器；其次，在测量阶跃或者快沿信号时，当输入信号的频谱成分超过示波器带宽时，由于吉布斯效应，测量到的信号中会有比较大的过冲，这可能会影响到一些高速信号的眼图测量。例如在图 4.3 的例子中，被测信号是个 10Gbps 的高速串行信号，信号带宽约为 20GHz。在对这个信号分别使用 16GHz 带宽的 4 阶 Butterworth 滤波器（类似平坦响应）和 4 阶 Bessel 滤波器（类似高斯频响）进行滤波后，可以看到，当信号频率成分超出示波器带宽时，平坦响应的示波器在眼图测试中出现明显的过冲。因此，选择平坦响应示波器进行信号测试，尤其是对快沿信号进行测试时，一定要估算好信号的带宽，并选择好足够带宽的示波器。而在带宽足够的情况下，平坦响应的示波器的测量精度是更高的。

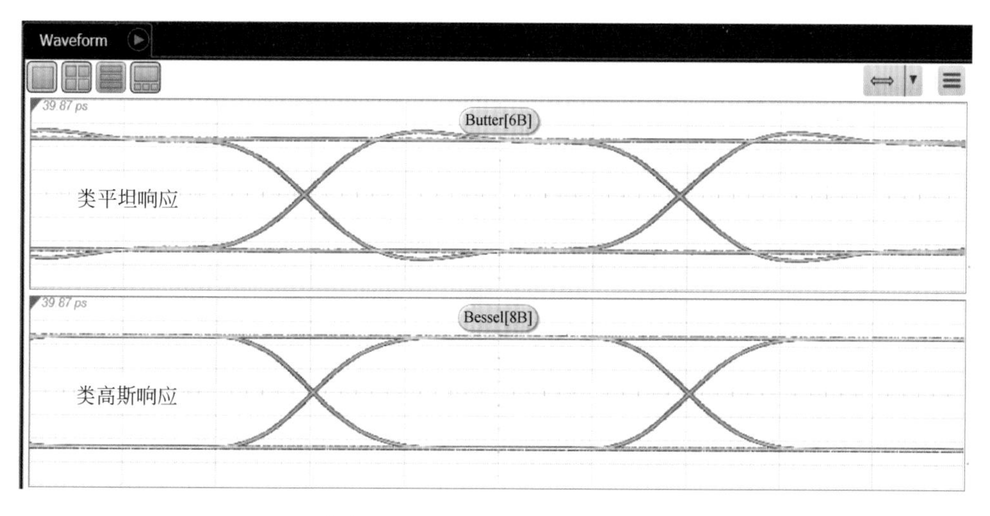

图 4.3　带宽不足时示波器频响对于信号测量的影响

对于不同频响方式的示波器来说，如何根据精度要求进行带宽计算，针对不同的信号特点有不同的方法。对于正弦波信号，由于频率成分单一，只需要考虑幅度测量的精度就可以了；对于数字或脉冲信号测量的场合，情况会更加复杂一些，因为数字或脉冲信号有更加复杂的频率分布，不但要考虑示波器带宽对信号基频的影响，还要考虑各次谐波成分以及示波器的频响方式。对于数字或脉冲信号的测量，目前业内通用的做法是根据被测信号的上升时间估算信号的带宽，再在此基础上根据拟使用的示波器频响方式以及测量容许的误差估算需要的示波器带宽，具体可以参考各示波器厂商推荐的计算公式。

2. 示波器带宽对测量的影响

示波器的带宽指的是示波器可以测量的幅度误差不超过－3dB 的正弦波的频率值，也就是示波器可以测量的频率上限。超过示波器带宽的信号输入示波器，这个信号就被过度衰减，再现波形也就失真过度了。对于数字信号来说，经验告诉我们，示波器的带宽至少应比被测系统最快的数字时钟速率高 5 倍。如果我们选择的示波器满足这一标准，该示波器就能以最小的信号衰减捕捉到被测信号的 5 次谐波。信号的 5 次谐波在确定数字信号的整体形状方面非常重要。

但如果需要对高速边沿进行精确测量，那么这个简单的经验公式并未考虑到快速上升和下降沿中包含的实际高频成分。所有快速边沿的频谱中都包含无限多的频率成分，但其中有一个拐点（参考资料：*High-Speed Digital Design*：*A Handbook of Black Magic*，Howard Johnson and Martin Graham，Prentice Hall，1993），高于该频率的频率成分对于确定信号的形状影响很小。具备最大平坦频响的示波器比具备高斯频响的示波器对带内信号的衰减较小，也就是说前者对带内信号的测量更精确。但具备高斯频响的示波器比具备最大平坦频响的示波器对带外信号的衰减小，也就是说在同样的带宽规格下，具备高斯频响的示波器通常具备更快的上升时间。

与示波器带宽规格紧密相关的是其上升时间参数。具备高斯频响的示波器，按照 10%～90%的标准衡量，上升时间约为 $0.35/BW$；具备最大平坦频响的示波器上升时间规格一般为 $0.4/BW$～$0.45/BW$，随示波器频率滚降特性不同而有所差异。但示波器的上升时间并非示波器能精确测量的最快的边缘速度，而是当输入信号具备理论上无限快的上升时间(0ps)时，示波器能够得到的最快边沿速度。这种理论参数不可能测得到，因为脉冲发生器不可能输出边沿无限快的脉冲，实际使用中可以通过一个上升时间比示波器本身可能的上升时间快 3～5 倍的快沿信号，测量示波器的上升时间。

图 4.4 给出了利用一台带宽为 100MHz 的示波器 MSO6014A 测量一个边沿速度为 500ps(10%～90%)的 100MHz 数字时钟信号得到的波形结果。可以看出，该示波器只能通过该时钟信号的 100MHz 基本频率成分，因此，时钟信号显示出来大约是正弦波的形状，这时信号已经明显变形，说明 100MHz 的带宽对于这里测量的 100MHz 的方波时钟信号就明显不够了。

接下来提高示波器带宽，图 4.5 给出了利用 500MHz 带宽的示波器 MSO6054A 测量同一信号的结果。可以看出，该示波器最高能捕捉到信号的 5 次谐波，恰好满足传统计算方法给出的建议。但在测量上升时间时发现，用这台示波器测量得到的上升时间约为 750ps。

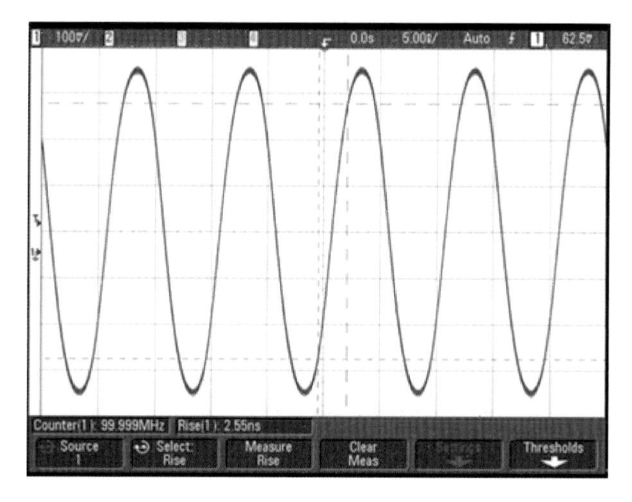

图 4.4　100MHz 带宽的示波器对上升时间为 500ps 的 100MHz 时钟的测量结果

在这种情况下，示波器对信号上升时间的测量就不是非常准确，它得到的测量结果实际上很接近它自己的上升时间(700ps)，而不是输入信号的上升时间(接近 500ps)。这说明，如果时序测量比较重要，就需要用更高带宽的示波器才能满足这一数字测量应用的要求。

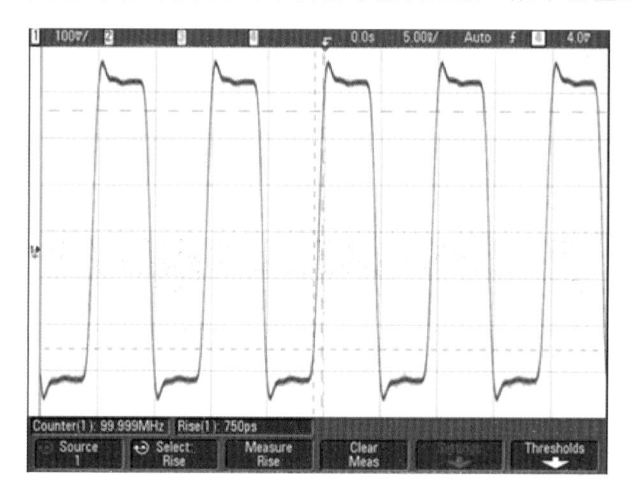

图 4.5　500MHz 带宽的示波器对上升时间为 500ps 的 100MHz 时钟的测量结果

我们可以进一步提高示波器的带宽，图 4.6 是换用 1GHz 带宽的示波器 MSO6104A 之后，得到的信号的波形。在示波器中选择上升时间测量后，得到的测量结果约为 550ps。这一测量结果的精度约为 10%，勉强可以让人满意，尤其在需要考虑示波器资金投入的情况下。但有时，即便是 1GHz 带宽示波器得到的测量结果也可能被认为精度不够。如果要求对这个边沿速度在 500ps 的信号达到 3%的边沿速度测量精度，就需要更高带宽的示波器。

如果进一步换用 2GHz 带宽的示波器，测到的时钟波形如图 4.7 所示，我们现在看到的就是比较精确的时钟信号，上升时间测量结果约为 495ps。

总的来说，对模拟应用而言，对于高斯频响的示波器，其带宽应比被测的模拟信号最高频率高 2～3 倍；对于平坦响应的示波器，其带宽应比被测的模拟信号最高频率高 20%～

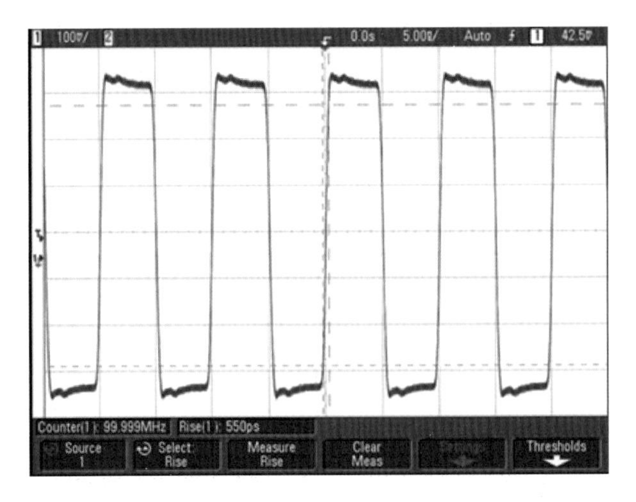

图 4.6　1GHz 带宽的示波器对上升时间为 500ps 的 100MHz 时钟的测量结果

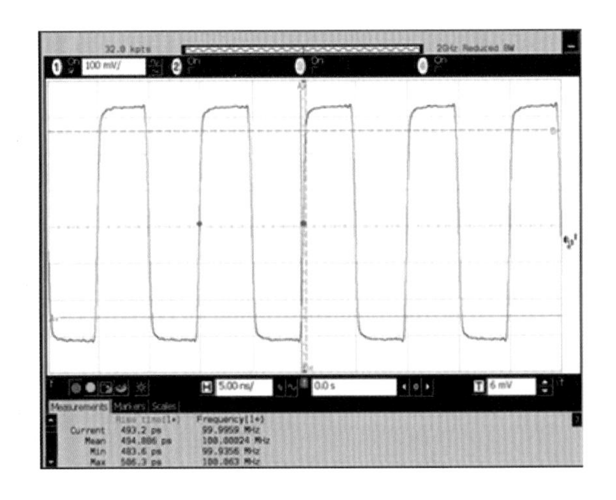

图 4.7　2GHz 带宽的示波器对上升时间为 500ps 的 100MHz 时钟的测量结果

50%。对数字应用而言，简单地估算示波器带宽至少应比被测设计的最快时钟速率快 5 倍(保证基本的信号形状)，但在需要精确测量信号的边沿或者时序时，则应根据信号的最快边沿估算其信号带宽并据此决定需要的示波器带宽。

3. 示波器的分辨率

对于数字示波器来说，ADC 是把连续的模拟信号转换为离散的采样数据的关键器件，数据样点的水平时间分辨率取决于其采样率，而数据样点的垂直电压分辨率取决于其量化位数。ADC 的种类很多，例如很多万用表中会使用的积分型 ADC；手机、基站中普遍使用逐次比较型的或 Σ-Δ 型 ADC；而在示波器中，为了提供尽可能高的带宽进行高频信号的测试，使用的是 Flash 型 ADC。

Flash 型 ADC 又称为并行 ADC，其结构如图 4.8 所示(来源：Understanding Flash ADCs， http://www.maximintegrated.com/app-notes/index.mvp/id/810)。假设 ADC 的位数为 N 位，则 ADC 的输入满量程 REF 被 2^N 个完全相同的分压电阻等分为 2^N-1 份，后面紧跟着 2^N-1 个比较器。输入信号经放大和采样后同时与这 2^N-1 个比较器进行比较，根据比较器的结果再进行译码就可以得出被测信号当前点的电压值。

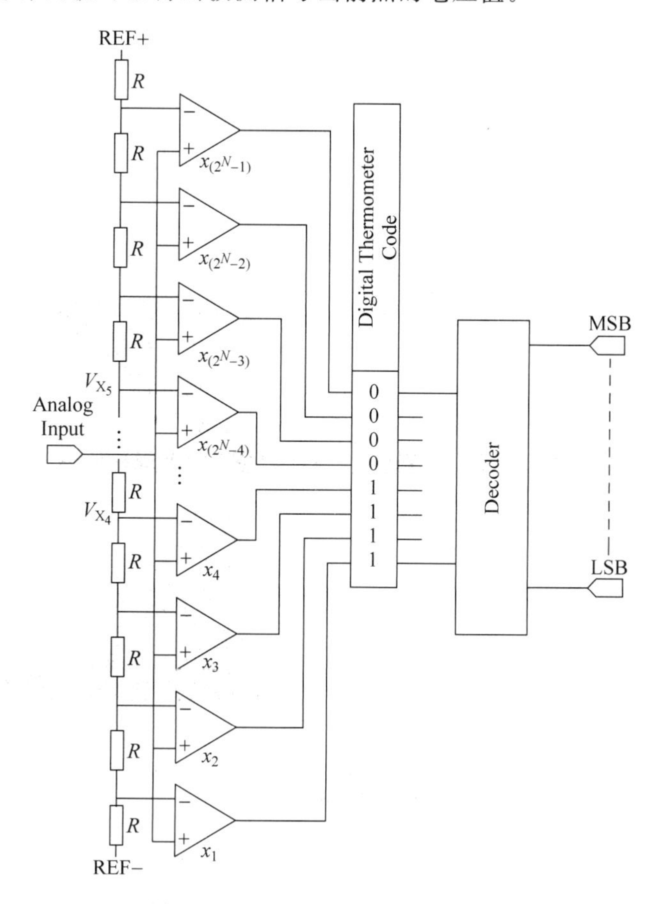

图 4.8　Flash 型 ADC 的工作原理

从前面的描述可以看到，Flash 型 ADC 的转换结果是多个比较器同时并行比较并译码得到的，因此其工作速度比较快。但是从上面的结构也可以看出这种 ADC 的缺点，主要缺点如下：

●分辨率做不高，如果要实现 N 位的 ADC 就需要 2^N 个分压电阻和 2^N-1 个比较器，芯片的功耗、尺寸成本随着位数的增加呈几何级数上升，因此 Flash 型 ADC 的位数一般最高做到 8 位。

●对器件一致性要求高，Flash 型 ADC 对其内部的分压电阻以及比较器的一致性要求非常高，否则就会对器件的线性度造成很大影响，因此对工艺的要求比较高。

对于数字实时示波器，其最关键的要求是要有高的采样率以实现对高带宽的信号采样，因此市面上绝大部分数字实时示波器使用的都是 Flash 型 ADC。也正因为这个原因，市面上绝大部分数字实时示波器的垂直分辨率都是 8 位的（现在也开始出现更高位分辨率的示波器），其直流电压或者信号幅度的测量精度并不是太高。

Flash 型 ADC 对于内部电路的分压电阻、比较器的一致性要求比较高，否则线性度会不太好。为了提高其线性度，实时示波器通常会事先对其线性度、偏置误差、增益等进行校准。最常用的校准方法就是用一个更高位数的 DAC（数模转换器）产生不同的直流电平送给示波器的输入端，根据示波器测量到的实际结果进行修正和校准。图 4.9 是用 16bit 的 DAC 输出对示波器 8bit 的 ADC 进行校正的一个示意图，有些示波器的 Aux Out 或者 Cal Out 输出口就可以产生这样的校准信号输出。

为了提高信号的测量精度和分辨率，随着芯片技术的发展，现在有些新型的示波器也在采用更高位数的 ADC。图 4.10 是一款高精度示波器上使用的单片 40GHz 采样率、10bit 分辨率的 ADC 芯片，可以在 8GHz 带宽范围内提供 10bit 的信号分辨率，未来通过拼接可以用于更高带宽的示波器上。

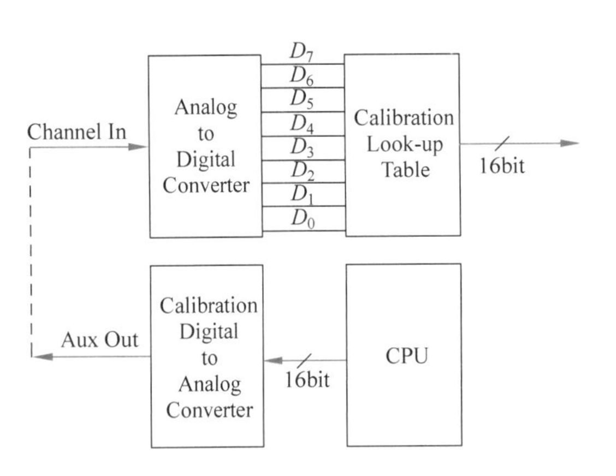

图 4.9 示波器进行增益和偏置误差自校正的方法

图 4.10 单片 40GHz 采样率、10bit 分辨率的 ADC 芯片

示波器的 ADC 位数提升以后，直观的感觉是提高了对小信号的分辨能力。图 4.11 是在 10bit 分辨率的示波器上用特殊的软件版本做的一个测试。此时，示波器的垂直量程设置为 600mV/格，满量程为 8 格，也就是 4.8V。如果 ADC 位数为 8bit，则最小信号的分辨率为 4.8V/256≈18.8mV；而如果 ADC 位数为 10 位，则最小信号的分辨率为 4.8V/1024≈4.6mV。通过对当前量程下底噪声的数学放大显示，在图 4.11 下半部分可以看到明显的对于噪声量化时形成的一条条的水平分割线，水平线间的垂直间隔在 4.6mV 左右。因此，在相同量程下，10bit ADC 的示波器可以比 8bit ADC 的示波器具有更好的小信号分析能力。

需要注意的是，上述实验是给示波器加载了特殊软件版本后看到的原始的 ADC 量化后的结果。正常的示波器软件会对示波器的非线性、频响等误差进行修正，还要对波形做内插处理和显示，因此在正常的示波器软件版本上，可能看不出这种明显的水平分割线。

另外，ADC 的位数高并不一定会带来好的测量效果。因为示波器是一套复杂的测量系统，其噪声和失真的来源除了 ADC 芯片外，还可能来源于前端放大器及内部的电源及时钟电路。所以，仅仅看 ADC 的标称位数是不够的，还要看其在真实测量情况下的底噪声、信号失真、等效位数等的表现。

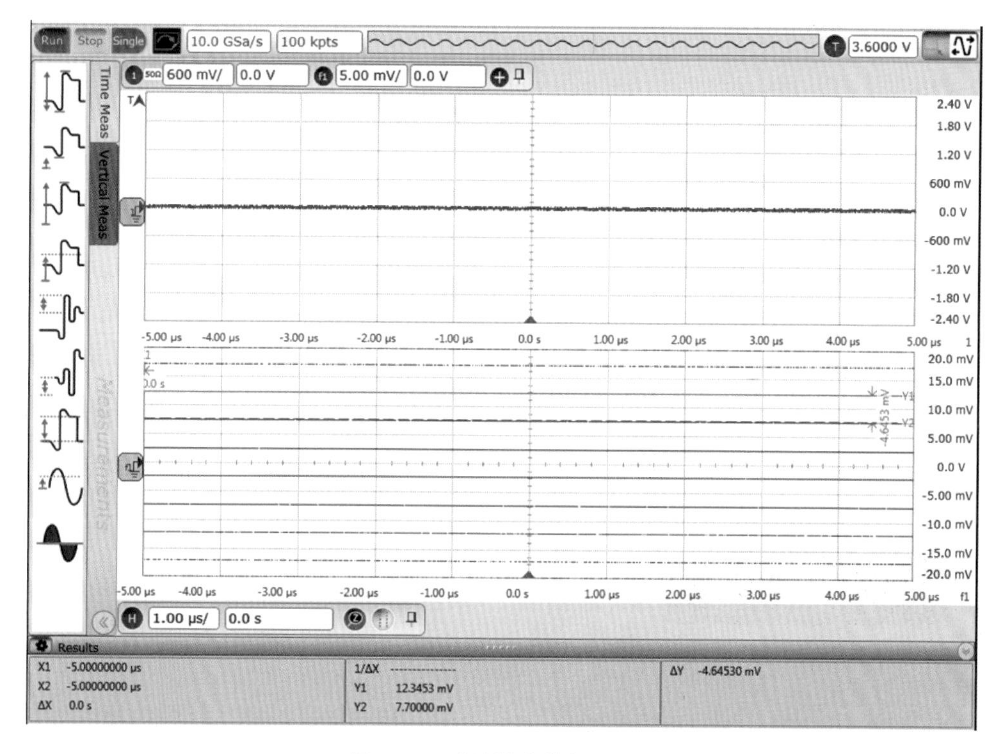

图 4.11　示波器分辨率的实验

4. 示波器的直流电压测量精度

直流电压测量是日常测试中最常用的测量，用惯了示波器的人经常会用示波器直接测量直流电压，示波器也确实有直流电压测量的功能，但是这个测量精度能到多少呢？

目前，大部分人使用的都是数字示波器，数字示波器内部通过 ADC 对输入模拟信号进行采样。为了保证示波器的高频信号测量能力，示波器中通常使用 Flash 型 ADC，这种 ADC 是把输入电压同时与多个比较器（8bit 需要 256 个比较器）进行比较，再通过译码电路直接输出结果。这种 ADC 的优点是速度比较快，但要想位数做高就需要更多高速、高分辨率的比较器（例如 10bit 就需要 1024 个），实现的成本、功耗代价都很大，因此目前市面上大部分数字示波器的 ADC 都是 8bit 比较器。

8bit 的分辨率对于人眼观察波形足够了，但是对于精确测量来说可能不太够，因为其理论上固有量化误差就有满量程的 1/256，再加上增益误差和偏置误差等因素，实际示波器的直流测量精度通常在满量程的 2%左右。如果只是大概看一下信号电压，这个精度没有问题，但对于一些需要精确测量的场合可能就不够了。因此，如果希望进行更精确的直流电压测量，就需要其他测试仪器，这即是最常用的万用表。

万用表可以测电压、电流、电阻等参数。在有些场合大家还能看到指针式的模拟万用表，但模拟表测量的结果不确定性很大，例如读数时眼睛偏左一点或偏右一点可能看到的指针的位置都不一样，因此目前大家常用的都是数字万用表。数字万用表分为手持的和台式的，手持的表通常有3位半（十进制）的分辨率，台式表通常有5位半或者6位半（十进制）的分辨率。注意万用表标的一般是十进制的位数，6位就代表百万分之一的分辨率。图4.12是HP/Agilent公司的经典的台式万用表34401A，广泛应用于计量和精确测量的场合。

万用表里的ADC通常是积分型ADC。以最简单的双斜积分ADC为例，其工作原理如图4.13所示：被测电压V_i在t_1时间内对积分电路充电，再用已知的V_{ref}电压对积分电路放电，通过测量放电时间t_2就可以推算出V_i的值。积分型ADC通过增加积分时间可以提高测量分辨率并减小噪声、电源杂波等的影响，因此很多台式万用表都有20bit以上的分辨率。

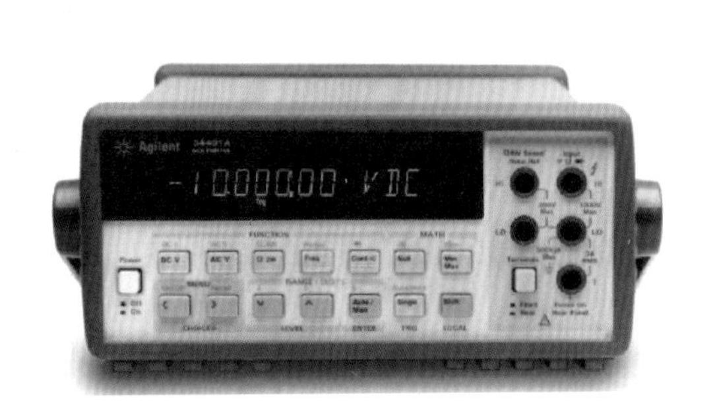

图4.12　34401A台式万用表

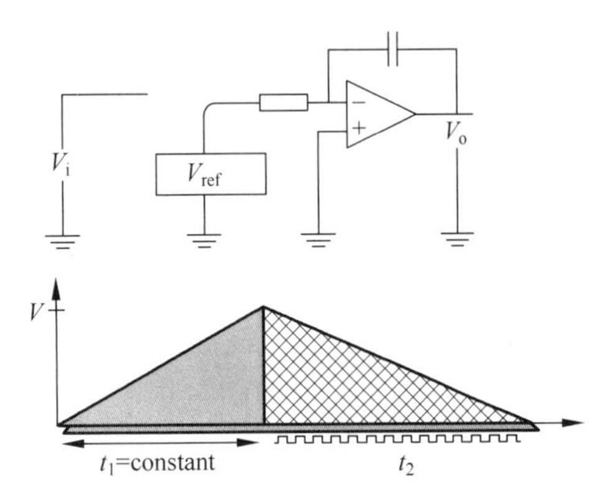

图4.13　积分型ADC的工作原理

那么，万用表的直流测量精度到底能做到多少呢？还是以6位半的34401A为例，其电压测量精度可以小于50ppm（ppm：10^{-6}）。不过这还不是最高的，8位半的万用表3458A的精度和稳定性更好，通常用于计量领域做精确的电压比对。

因此，直流电压精确测量的正确工具是万用表，万用表的精度远优于示波器，例如在计量示波器的直流精度时就会用万用表的测量结果做基准。虽然示波器的价格比万用表高很多，但测量直流电压并不是其强项，示波器的强项还是在于信号波形的测量上。示波器可以看到信号电压的变化情况，这点是万用表无法匹敌的，而高频信号的参数测量则更是示波器可以大显身手的领域。

5. 示波器的时间测量精度

时间参数测量是示波器的最基本功能之一，例如测量周期、频率、脉冲宽度、上升时间、相位差等。很多测量都可以简单地归结为时间差的测量：例如周期是测相邻两个上升沿的时间差（频率则是周期的倒数），脉冲宽度是测相邻的上升沿和下降沿的时间差，上升时间是测信号从10%幅度到90%幅度的时间差，相位差则测试两个信号的上升沿的时间差并除以信号周期等。

那么示波器做时间差测量的精度到底有多高呢？首先我们来看示波器做时间差测量的原理，如图4.14所示。以做脉冲宽度测量为例，示波器首先对被测波形采样，然后根据采样点的数据计算时间间隔，其最后测量到的时间差=(t_1+t_2+nT)。其中，T为采样周期，n为这段时间间隔内整周期的个数，t_1 和 t_2 分别是脉冲上升沿和下降沿离最近的采样点的时间差。

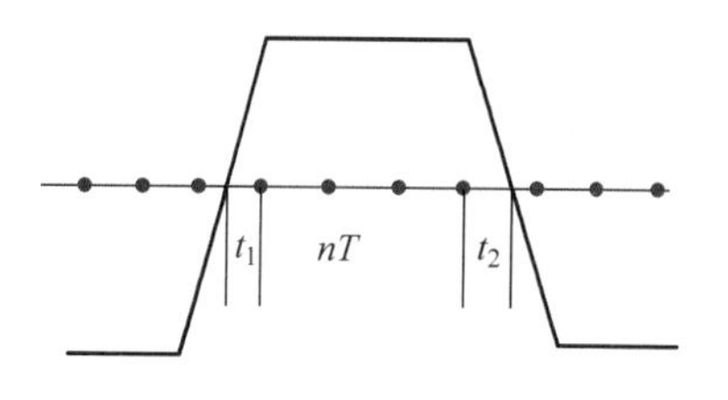

图 4.14 示波器的脉冲宽度测量方法

接下来我们看哪些因素可能造成误差：

●首先是采样率和采样时钟的抖动。示波器首先要有足够高的采样率才能够把信号真实记录下来，这个采样率需要满足 Nyquist 采样定律，即必须是信号带宽的 2 倍以上。采样率够了以后，示波器会用 Sinc 函数对样点做内插拟合从而提高 t_1 和 t_2 的测量精度，这个精度一般会比采样周期小 1～2 个数量级，具体能做到多少与采样时钟的抖动有关，采样时钟抖动越小，拟合出来的波形越真实，测量误差越小。

●信号斜率和示波器的底噪声。由于信号不可能是无限陡的，所以测量仪器的垂直方向的噪声会造成信号过判决阈值时刻的变化。示波器噪声越低，对于相同斜率信号的时间测量精度越高；信号斜率越陡，则由于幅度噪声带来的时间误差也越小。

●示波器的时基精度。示波器自身的时基精度越高，其采样时钟周期 T 的精度就越高，对于时间差的测量就越准。

以某款 33GHz 的高带宽示波器为例，其单次时间测量精度的公式如下（不同示波器的计算公式可能不完全一样，这里只是举个例子）：

$$5\times\sqrt{\left(\frac{\text{Noise}}{\text{SlewRate}}\right)^2+\text{SampleClockJitter}^2}+\frac{\text{TimeScaleAccy}\times\text{Reading}}{2}$$

其中，Noise 是示波器在当前量程下的底噪声；SlewRate 是被测信号的斜率；SampleClockJitter 是示波器采样时钟抖动；TimeScaleAccy 是示波器时基精度；Reading 是从示波器上读出的时间差的测量结果。

对于举例的这款高带宽示波器来说，时基精度是 0.1ppm 量级，采样时钟抖动是 150fs，100mV/格下的底噪声为 2～3mV。因此，对于 μs 级以下时间间隔的测量，时基造成的误差小于 0.1ps 或更小，此时主要影响因素是示波器底噪声、采样时钟抖动和信号斜率，由此计算出来的时间抖动根据信号斜率噪声不同在 0.1～10ps 之间。因此，对于 μs 级以下时间间隔的测量，由于示波器的采样率高，其时间测量误差在信号边沿比较陡时可以做到 1ps 或更低，超过很多频率计或计数器的分辨率（频率计或计数器的分辨率一般为几 ps 到几十 ps），这时候示波器是正确的时间间隔测量工具。

而对于 ms 以上级别的时间间隔来说，时基造成的误差更大，所以选用更精准时基可以减小测量误差。但当进行较长时间间隔测量时，受限于示波器的存储深度，示波器通常会降低采样率，这会造成额外的时间测量误差，而频率计的时间分辨率不会因此而下降。因此，进行 ms 以上较长时间间隔的准确测量的正确工具是频率计或者计数器。

再来说一下平均，示波器中都有平均功能，如果信号是重复的，使用平均功能可以大大减小示波器的底噪声，从而大大减小上述公式中第 1 部分由于噪声造成的抖动以及采样时钟的随机抖动，但第 2 部分的时基误差还是一样的。因此，如果能做 256 次平均，则时间差测量精度的公式可能变成下面这样的：

$$0.35\times\sqrt{\left(\frac{\text{Noise}}{\text{SlewRate}}\right)^2+\text{SampleClockJitter}^2}+\frac{\text{TimeScaleAccy}\times\text{Reading}}{2}$$

以上的对比仅是针对时间间隔的测量来说的，对于精确的频率测量来说，正确的工具永远是频率计。因为示波器是通过周期测量来推算频率的，周期测量的一点误差都会造成频率结果的很大误差；而频率计是基于计数的，通过正确设置计数的闸门时间可以有效地提高其频率测量的分辨率。频率计的频率测量分辨率可以做到 10^{-10} 的量级，配合高精度时基时就可以完成非常准确的频率测量。而一般示波器在频率测量时，如果不做特殊的设置，测量精度能做到 1×10^{-3} 就不错了。此外，现在有些示波器中还集成了专门的硬件频率计，因此可以大大提高频率测量的精度。

6. 示波器的等效位数

当用户选择示波器进行关键的测量时，了解示波器测量系统的性能是极为重要的。尽管基于一些关键指标（如带宽、采样率、存储深度等）可以进行一些最基本的比较，但仅仅这些指标并不能充分描述示波器的测量质量。经验丰富的示波器使用者还会比较示波器的波形捕获率、本底抖动、底噪声，这些指标可以保证进行更好的测量。对于 GHz 级以上带宽的示波器来说，有时会引入一个 ENOB（Effective Number Of Bits，等效位数）的指标。

ENOB 指标的提出是因为当高速 ADC 进行数据采集时，由于噪声和失真的影响，实际 ADC 的信噪失真比达不到其标称位数应达到的理想性能，例如很多通信中使用的标称 12bit 的 ADC 在实际工作环境中有效位数只有 10bit 左右。

那么，当选择示波器时，ENOB 重要吗？ENOB 能有效预测示波器的测量精度吗？这个需要区别对待。

在数字示波器的架构中，与测量精度有关的电路包括示波器的前端电路和后面的 ADC 采样电路。对于使用者来说，用户可以衡量前端电路和 ADC 组合在一起后的指标，但是不太容易对各部分指标单独衡量，因此很多时候综合考虑示波器的性能比单独评估 ENOB 更加有用。

示波器在不同垂直量程和偏置下的底噪声是评估示波器测量质量的一个很好依据，这些测量结果可以告诉用户示波器的前端和 ADC 电路设计得有多纯净，因为示波器的底噪声会增加额外的抖动并减小设计裕量。一般情况下，示波器带宽越高，其内部噪声就越高。因为高频噪声会进入高带宽示波器内，但对于低带宽示波器来说，这些高频噪声则会被其过滤掉。最直接的评估示波器底噪声的方法就是输入通道不接任何设备，然后测量示波器在不同量程和偏置情况下电压的 RMS 值。

示波器厂商通常会对其使用的分立的 ADC 芯片做内部评测，同时也会评测整个示波器系统的 ENOB，整个示波器系统的 ENOB 会比分立 ADC 芯片的 ENOB 要低。由于 ADC 仅为示波器系统的一部分，不能独立使用，因此整个示波器系统的 ENOB 指标才有意义。

在 ENOB 的测量中，一般是用一个固定幅度的正弦波信号进行扫频，在不同频率下对采集到的电压数据进行分析和评估。分析的方法可分为时域和频域的。时域的评估方法是把采集到的时域数据和一个据此的拟和出的理想波形相减，相减的结果就是噪声。噪声可能来自于示波器的前端，例如不同频率下相位的非线性和幅度变化，还有可能来自于 ADC 拼接造成的失真。频域的评估方法是对信号做 FFT 变换，然后把主信号功率和带宽内的其他噪声和失真功率相减。用时域和频域方法得到的结果理论上应该是一样的。

如果想进行 ENOB 测量，或者分析示波器的 ENOB 指标，需要考虑以下因素：进行 ENOB 测量时使用的正弦波信号源的纯度会影响 ENOB 的结果，信号源和配合使用的滤波器需要保证测量源的 ENOB 比被测示波器的 ENOB 大；其次，ENOB 的测量结果与被测信号是否充满示波器满量程有关，被测信号充满示波器屏幕满量程的 75% 和 90% 得到的 ENOB 的结果是不一样的；最后一点是，ENOB 通常不是一个定值，其还与输入信号的频率有关。图 4.15 是某款 8bit 的中档示波器的 ENOB 曲线。可以看到，ENOB 的值与输入信号的频率有关，且每款示波器都有自己的 ENOB 曲线。

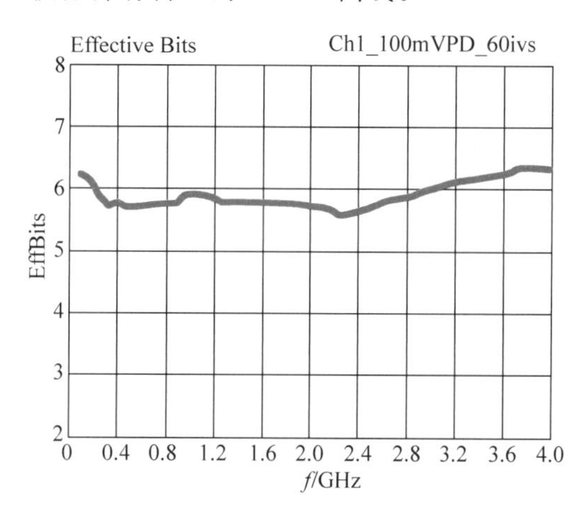

图 4.15　某款 8bit 的中档示波器的 ENOB 曲线

ENOB 可以用来衡量示波器 ADC 的质量。如果示波器的 ENOB 指标好，它的时间误差、频率杂散（通常由拼接误差引起）都比较小，同时宽带噪声也比较低。如果测量应用主要与正弦波相关，ENOB 是进行示波器选择的很有用的指标。但需要注意的是，ENOB 的评测中忽略了其他几个与实际测量有关的属性：例如 ENOB 没有考虑偏置误差、相位不一致以及频响失真等。图 4.16 显示了一个脉冲信号在两台不同的示波器上的测量结果。两台示波器的 ENOB 是相同的，但示波器 1 显示的波形更加接近真实的输入信号，而示波器 2 显示的波形就失真比较大，原因就是示波器 2 的相位的非线性更加恶劣，不同谐波的延时不一致从而造成合成后信号的失真。

另外 ENOB 也没有考虑幅度不平坦的因素。理想情况下所有示波器都具有平坦的相位和频响曲线以及相同的滚降方式，但一般在示波器厂商的指标手册中都找不到相位和频响曲线。事实上，不同示波器型号的频响曲线是不一样的。例如用两台同样标称 6GHz 带宽的示波器测量 2.1GHz 的正弦波时可能会得到幅度不同的波形。一台示波器的频响曲线可能滚降比较慢并且只进行很小的相位修正，另一台示波器的频响曲线则可能在 6GHz 前有一个峰并使用了大量相位校正算法。

很多高带宽示波器都提供有用户可选的带宽限制滤波器，打开滤波器可以限制示波器的带宽，这样可以抑制交织误差和噪声等高频分量，从而获得更高的 ENOB。除此以外，示波器还可以对重复性的或低频信号使用平均或高分辨率的采集模式以减少宽带噪声。综合使用这些模式可以有效进行更高精度测量。

综合来说，高速串行的数字信号有固定的数据速率，因此在特定频率点会有谐波成分，

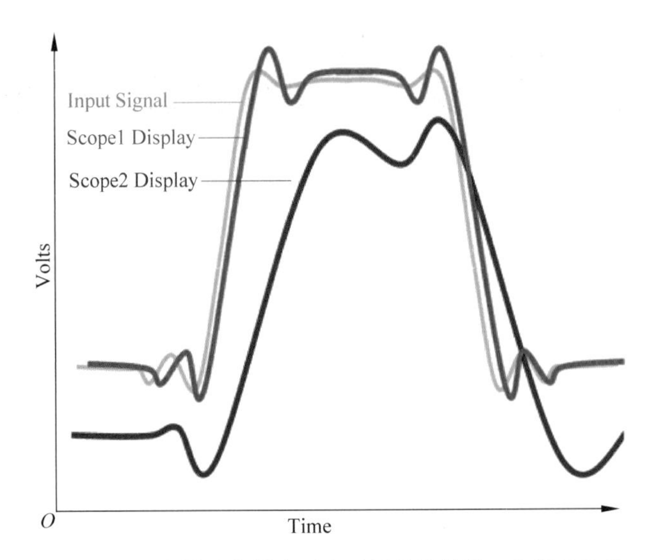

图 4.16　一个脉冲信号在两台不同的示波器上的测量结果

对于这些应用，示波器的底噪声、带内平坦度、频响曲线等可以更好地衡量测量精度。如果被测信号主要是基本的正弦波，ENOB 可能是一个很好的标准，但同时还要注意 ENOB 是一个随频率变化的值，使用者应该知道所选设备在带宽内所有频率点的 ENOB 值。

7. 示波器的高分辨率模式

前面介绍过，数字示波器的 ADC 的位数通常只有 8bit 或 10bit，因此示波器本身的量化噪声是比较高的。特别是在小信号测量时，由于信号本身比噪声高不了多少，所以信噪比显得尤其差。图 4.17 是一个通信中常用的调幅波信号，信号频率并不高，但由于幅度较小，示波器的噪声叠加在上面显得信号没有那么清晰，即便想用光标进行测量也不容易卡准。

为了提高信噪比，最容易想到的方法是使用示波器的波形平均功能。通过多次采集，把多个波形叠加在一起做平均可以把示波器本身的噪声平均掉，但这只适用于重复性信号。如果信号不是重复性的，不同的信号波形叠加在一起做平均，信号自己就已经乱了，更不用说做测量了。

实际应用中有大量这样的非重复的小信号需要测量，例如一个上电脉冲，或传感器收到的信号，或电源的纹波等。由于不是重复性的，没法使用平均功能。那么对于这类信号怎么提高其测量的准确性呢？答案就是示波器的高分辨率模式。

所谓高分辨率模式，就是把示波器采集到的一个波形中的相邻的多个点做平均。大家应该注意到这与平均模式的区别：平均模式是把多个波形相同位置的点做平均，因此需要采集到多个相同的波形；高分辨率模式则是把一个波形中多个相邻的点做平均，本质上也是平均，但一个波形就够了，不需要多次采集。因此，高分辨率模式可以用于单次或非重复性信号的场合。图 4.18 就是对图 4.17 的调幅波信号使用高分辨率模式采集的结果。

通过设置高分辨率模式，可以看到示波器噪声的影响被消除掉很多，信号变得更加干净，测量也会更加准确。

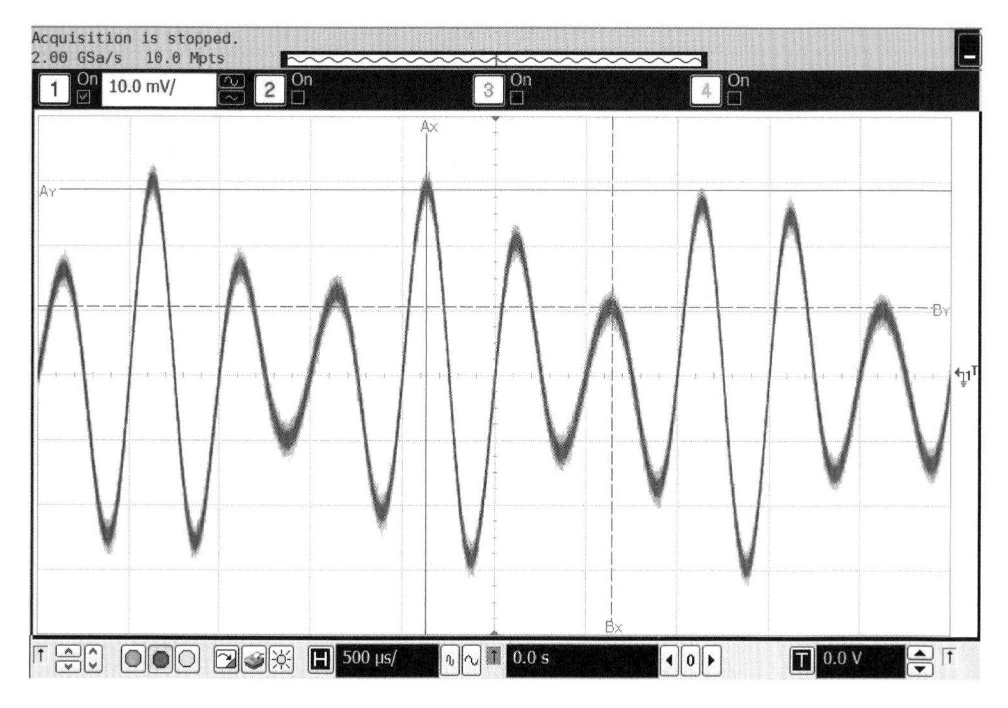

图 4.17 示波器测量到的调幅波信号波形

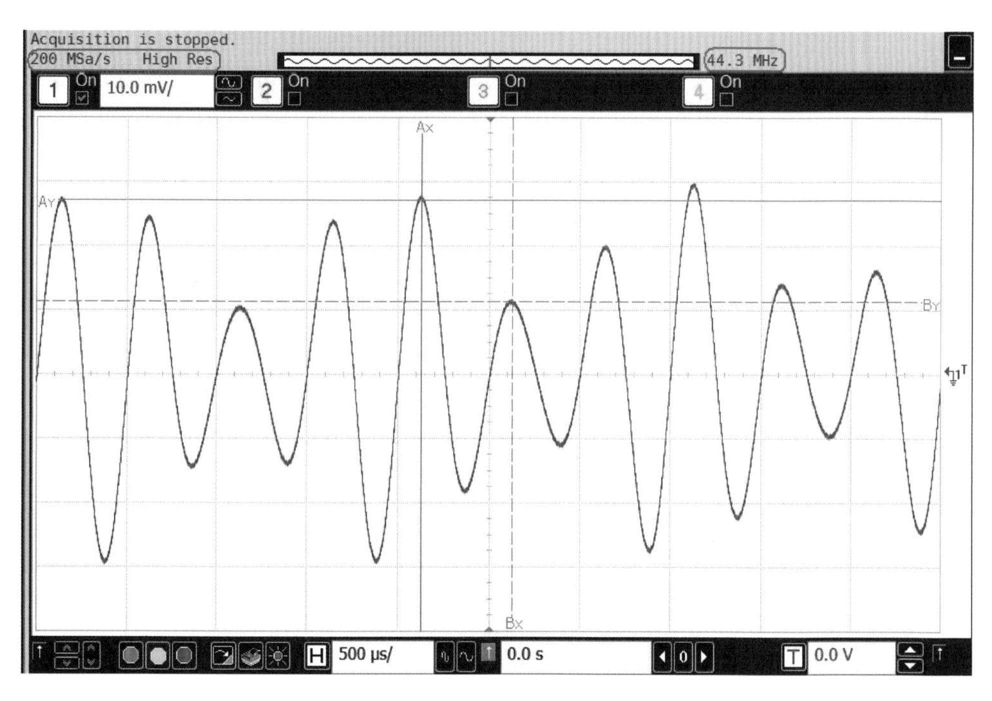

图 4.18 高分辨率模式下示波器测量到的调幅波信号波形

需要注意的是，高分辨率模式并不是万能的，多个相邻采样点的平均本质上是一种信号的低通滤波，因此信号中的高频成分也会被平均掉。从图 4.18 左上角可以看到示波器被设置为高分辨率模式，右上角显示了在当前情况下的等效带宽。平均的点数越多，噪声滤除的效果越好，但是系统带宽就越低。平均点数和带宽因子间的关系如表4.1所示。

表4.1 平均点数和带宽因子间的关系

N	Bandwidth Factor
2	0.2500
3	0.1553
4	0.1139
5	0.0902
6	0.0747
7	0.0638
8	0.0558
9	0.0495
10	0.0445
11	0.0404
12	0.0370
13	0.0342
14	0.0317
15	0.0296
16	0.0277
17	0.0261
18	0.0246
19	0.0233
20	0.0222

其中，N是平均的点数，Bandwidth Factor是系统做完高分辨率平均后实际等效带宽与理论Nyquist带宽的比值。例如系统采样率是40GHz，Nyquist带宽是20GHz。做20个点的平均后其等效采样率是2GHz，带宽因子是0.0222，则此时系统等效带宽是20GHz×0.0222＝444MHz。

从前面可以看到，高分辨率模式是以牺牲带宽为代价提高测量精度的。因此，高分辨率模式并不适用于高频信号的测量。对于高频小信号的测量，更多地还是依赖测量仪器硬件电路本身的底噪声指标。

8. 示波器的显示模式

被测信号经过采集和处理后，最终要显示在屏幕上才能被观察到。数字示波器可能采用类似模拟示波器的CRT显示屏也可能采用液晶显示屏，现代的数字示波器基本都使用了色彩丰富的液晶显示屏，很多还可以支持触摸屏操作。

数字示波器具有存储功能，并可以对波形数据进行统计分析，相对于模拟示波器有非常丰富的显示模式，这些显示模式可以弥补人眼的不足，有助于更好地观察和分析信号。数字示波器经常使用的显示模式有以下几种：

● **正常显示模式**：这是大多数数字示波器的默认显示模式。在这种模式下，示波器每次在屏幕上只显示一个波形，有新的波形到来时，就把上一个波形抹掉并显示新的波形（很多采用液晶显示屏的示波器由于示波器的波形捕获速度可能远远大于液晶屏的刷新速度，也可能会把多个相邻的波形叠加后进行一次显示）。如果示波器的波形捕获和显示的速度足够快，人眼看起来波形就是“动”起来的，示波器上显示的波形也是随着被测信号的变化而变化的。在这种模式下，示波器看起来更像我们通常所说的“实时”示波器。更进一步地，如果示波器的波形捕获速度足够快，有些数字示波器还可以根据波形在屏幕上各个位置出现的概率用不同的亮度进行显示，这样数字示波器就能够模仿出一种类似模拟示波器的“荧光”显示效果，用户也可以根据屏幕上不同点的亮度变化情况区分信号出现的概率。例如，Keysight 公司的 MegaZoom 技术和 Tek 公司的 DPO 技术都可以提供类似的显示效果。

●**无限余辉显示模式（Infinite Persistence）**：在正常的显示模式下，有新的波形到来后屏幕上原有的波形会被抹去。如果这个波形正好是偶发或者瞬态的信号，虽然示波器已经捕获并显示出来了，但是人眼可能来不及观察，或者不可能长时间盯着屏幕等待可能发生的异常，这时候就可以采用无限余辉的显示模式。无限余辉模式其实就是信号的长时间叠加显示，在无限余辉模式下，当新的波形到来时，原有的波形不会被抹掉，因此可以观察到曾经在屏幕上出现过的各种波形的情况。无限余辉模式可以用来观察信号的抖动、噪声的分布情况，也可以用来做信号眼图的测量或者偶发异常信号的捕获。图 4.19 是示波器用无限余辉模式捕获的时钟信号的异常状况。

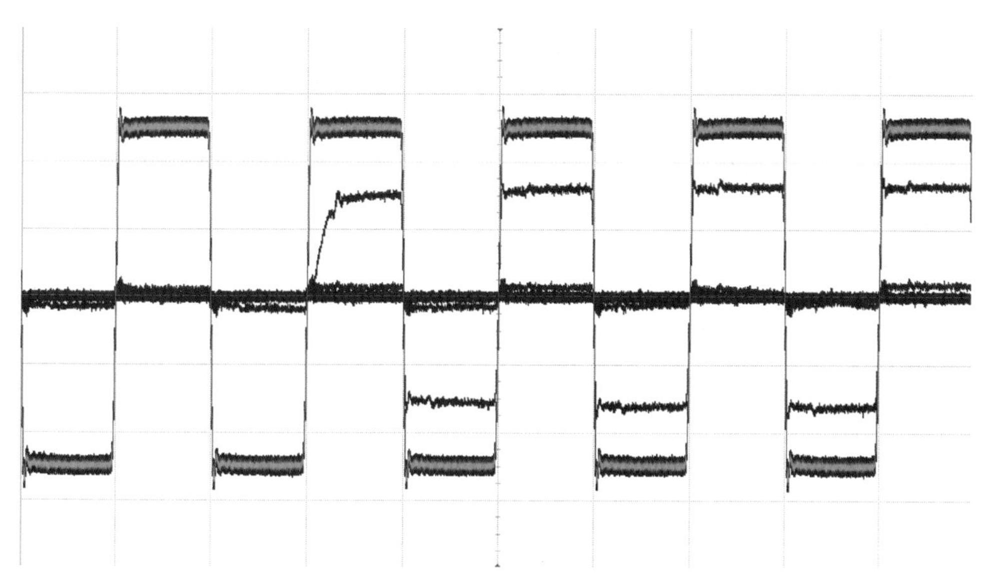

图 4.19　示波器的无限余辉模式

●**彩色余辉模式（Color Grade）**：彩色余辉是一种特殊的无限余辉模式。普通的无限余辉模式虽然可以对长时间的信号轨迹进行叠加显示，但是不太容易看出在不同位置信号出现的概率分布情况。彩色余辉就是进一步地对信号叠加后在屏幕上各个位置出现的概率进行统计，并用不同的颜色来表示出现概率的高低。很多示波器在进行眼图的测试时用的就是彩色的余辉模式，彩色余辉模式还可以用来进行信号的抖动、噪声等的测量。图 4.20 是用示波器的彩色余辉模式对信号噪声进行测量，图 4.21 是对数字信号眼图测量。

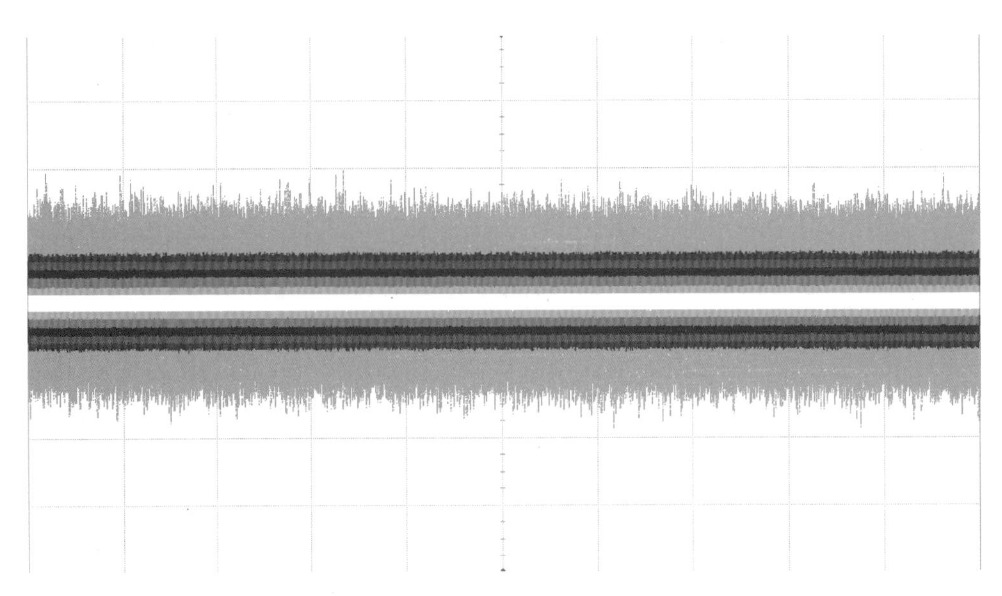

图 4.20　用示波器的彩色余辉模式对信号噪声进行测量

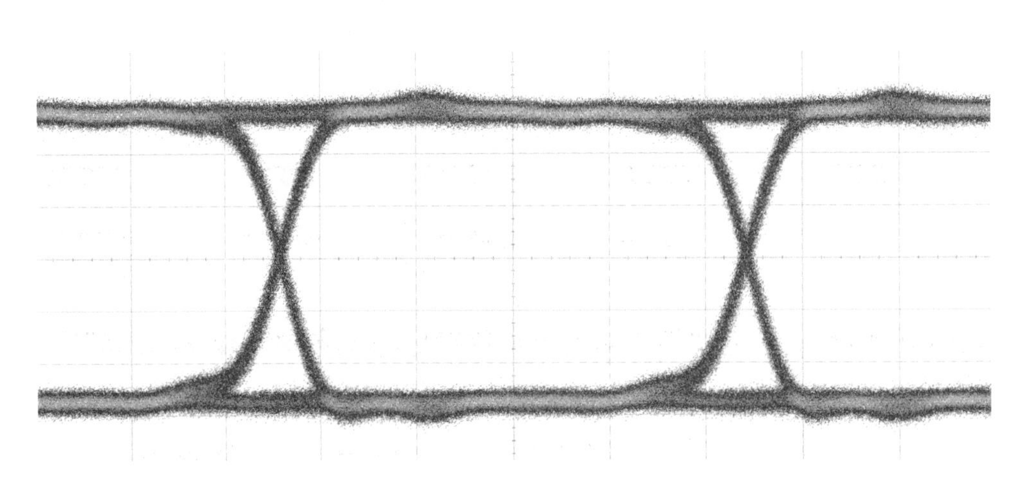

图 4.21　用示波器的彩色余辉模式对数字信号眼图测量

五、示波器探头原理

对于示波器来说，其输入接口一般是 BNC 或者 SMA、3.5mm 接头、2.92mm 接头、1.85mm 接头等同轴接口。如果被测件的输出使用的是类似的同轴接口连接器，可以通过电缆直接连接示波器；而如果要测试的是 PCB 板上的信号，或者被测信号使用的不是同轴的连接器，就需要用到相应的示波器探头。

任何使用过示波器的人都接触过探头，通常所说的示波器是用来测电压信号的(也有测光或电流的，都是先通过相应的传感器转成电压量测量)，探头的主要作用是把被测的电压信号从测量点引入示波器进行测量。图 5.1 是各种各样的示波器探头。

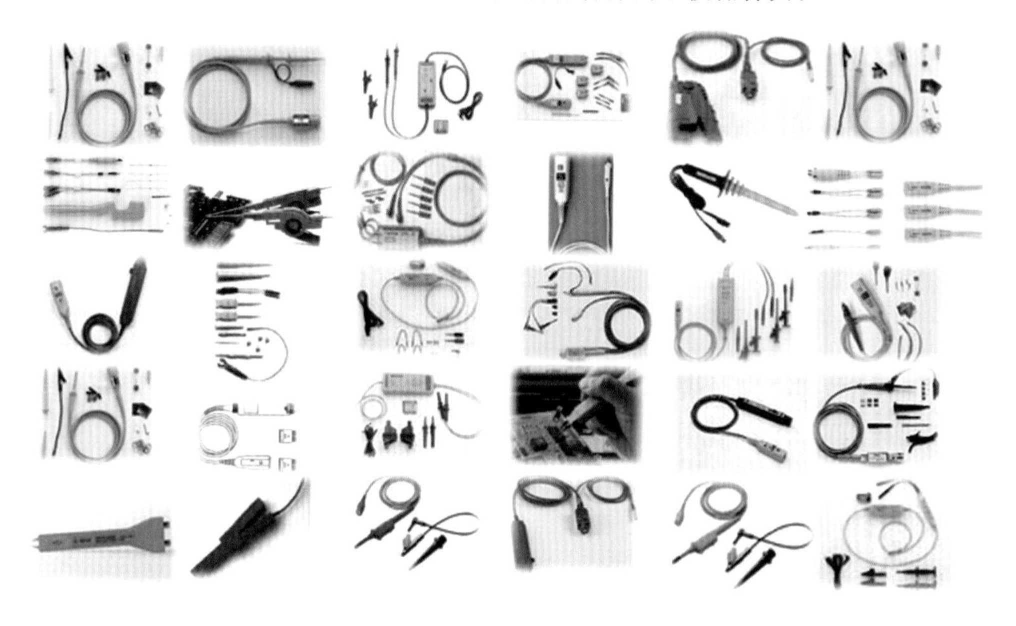

图 5.1　各种各样的示波器探头

1. 探头的寄生参数

大部分人会比较关注示波器本身的使用，却忽略了探头的选择。实际上，探头是介于被测信号和示波器之间的中间环节，如果信号在探头处就已经失真了，那么示波器做得再好也没有用。图 5.2 是一个例子，通常的 500MHz 的无源探头本身的上升时间约为 700ps，通过这个探头测试一个上升时间为 530ps 的信号，即使不考虑示波器带宽的影响，经过探头后信号的上升时间已经变成了 860ps。因此，探头对于测量的影响是不能忽略不计的。

对于高斯频响的示波器和探头，探头和示波器组成的测量系统的带宽通常可以用以下公式计算：

$$BW = \frac{1}{\sqrt{(1/BW_{\text{scope}}^2) + (1/BW_{\text{probe}}^2) + \cdots}}$$

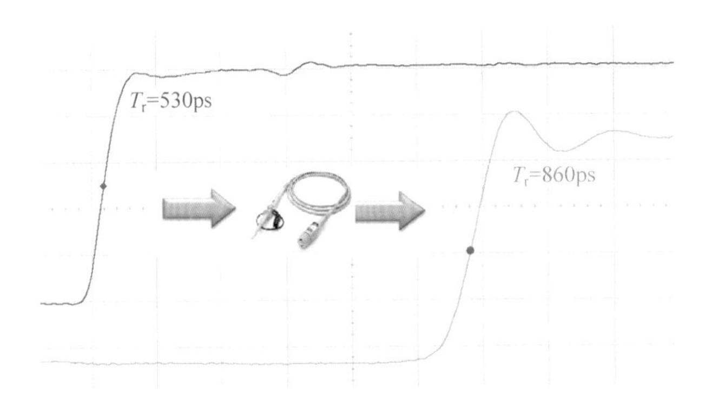

图 5.2 探头带宽对上升时间测量的影响

而对于平坦响应的示波器和探头来说，其组成的测量系统的带宽取决于带宽最小的那部分。由此可见，探头以及连接方式对于测试系统的影响是很大的。

实际上，探头的设计要比示波器难得多，因为示波器内部可以做很好的屏蔽，也不需要频繁拆卸，而探头除了要满足探测的方便性的要求以外，还要保证至少和示波器一样的带宽，难度要大得多。回顾示波器的发展历史，很多当时高带宽的实时示波器在刚出现时是没有相应带宽的探头的，通常要迟一段时间相应带宽的探头才会推出。

要选择合适的探头，首要的一点是要了解探头对测试的影响，这其中包括两部分的含义：探头对被测电路的影响以及探头本身造成的信号失真。理想的探头应该是对被测电路没有任何影响，同时对信号没有任何失真的。遗憾的是，没有真正的探头能同时满足这两个条件，通常都需要在这两个参数间做一些折中。

为了考量探头对测量的影响，通常可以把探头的输入电路简单等效为如图 5.3 所示的 R、L、C 的模型(实际上的模型比这个要复杂得多)，测试时需要把这个模型与被测电路放在一起分析。

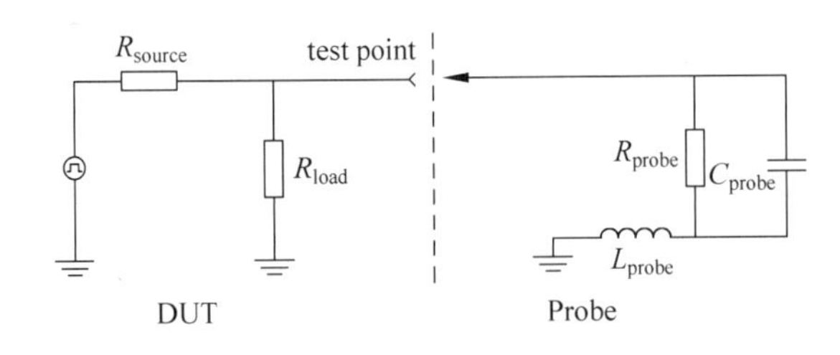

图 5.3 简化的 R、L、C 探头模型

首先，探头本身有输入电阻。与万用表测电压的原理一样，为了尽可能减少对被测电路的影响，要求探头本身的输入电阻 R_{probe} 要尽可能大。但由于 R_{probe} 不可能做到无穷大，所以就会与被测电路产生分压，使得实际测到的电压可能不是探头真实的电压，这种情况在一些电源或放大器电路的测试中会经常遇到。为了避免探头电阻负载造成的影响，一般要求探头的输入电阻要大于源阻抗以及负载阻抗至少 10 倍以上。大部分探头的输入阻抗在几十 kΩ 到几十 MΩ 之间。

其次，探头本身有输入电容。这个电容不是刻意做进去的，而是探头的寄生电容。这个寄生电容是影响探头带宽的最重要因素，因为这个电容会衰减高频成分，把信号的上升沿变缓。通常高带宽的探头寄生电容都比较小。理想情况下探头的寄生电容 C_{probe} 应该为 0，但是实际做不到。一般无源探头的输入电容在 10pF 至几百 pF 间，带宽高些的有源探头输入电容一般在 0.2pF 至几 pF 间。由于寄生电容的存在，探头的输入阻抗（注意，不是直流输入电阻）随着频率会下降，从而影响探头的带宽。

图 5.4 是两种常用探头的输入阻抗随频率变化的曲线，两种探头的输入阻抗在直流情况下都是高阻的：最普遍使用的 500MHz 带宽的高阻无源探头在直流情况下有 10MΩ 的输入阻抗，另一款 2GHz 带宽的单端有源探头的输入阻抗在直流情况下是 1MΩ。但是由于左边的高阻无源探头有更大的寄生电容，因此随着频率的增加，其输入阻抗随频率增加下降得更快，当频率达到 70MHz 时，其输入阻抗已经远小于寄生电容更小的有源探头。因此，输入寄生电容对于探头带宽的影响是非常大的。

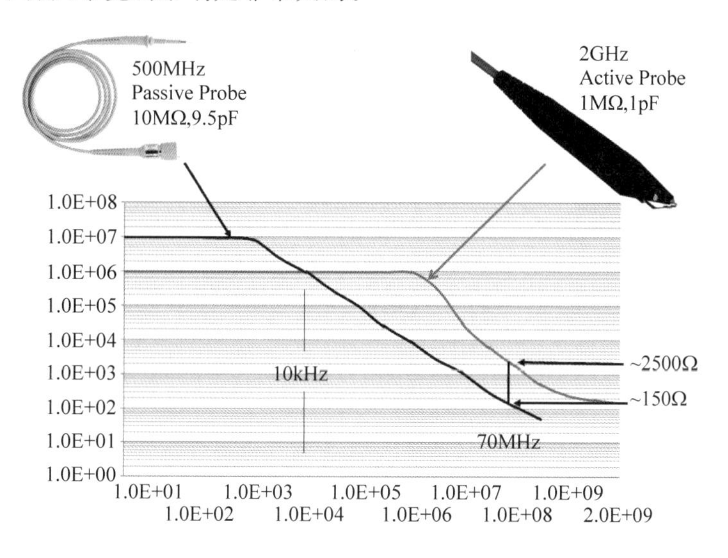

图 5.4　无源探头和有源探头的输入阻抗随频率变化曲线

最后，探头输入的信号还会受到寄生电感的影响。探头的输入电阻和电容都比较好理解，探头输入端的电感却经常被忽视，尤其是在高频测量时。电感来自于哪里呢？我们知道有导线就会有电感，探头和被测电路间一定会有一段导线连接，同时信号的回流还要经过探头的地线。对示波器探头常用的地线而言，通常 1mm 探头的长度会有大约 1nH 的电感，信号和地线越长，电感值越大。如图 5.5 所示，探头的寄生电感和寄生电容组成了谐振回路，当电感值太大时，谐振频率很低，很容易在输入信号的激励下产生高频谐振，造成信号的失真。所以高频测试时需要严格控制信号和地线的长度，否则很容易产生振铃。关于这段引线造成的信号振荡问题，后面还有专门章节介绍。

在了解探头的结构之前，还需要先了解示波器输入接口的结构，因为这是连接探头的位置，示波器的输入接口电路和探头共同组成了我们的探测系统。

大部分的示波器输入接口采用的是 BNC 或兼容 BNC 的形式（有些高带宽的示波器会采用一些支持更高频率的同轴接口，例如 2.92mm 或 1.85mm 的同轴接口）。如图 5.6 所示，很多通用的示波器在输入端有 1MΩ 或 50Ω 可切换的匹配电阻（高带宽示波器通常只有

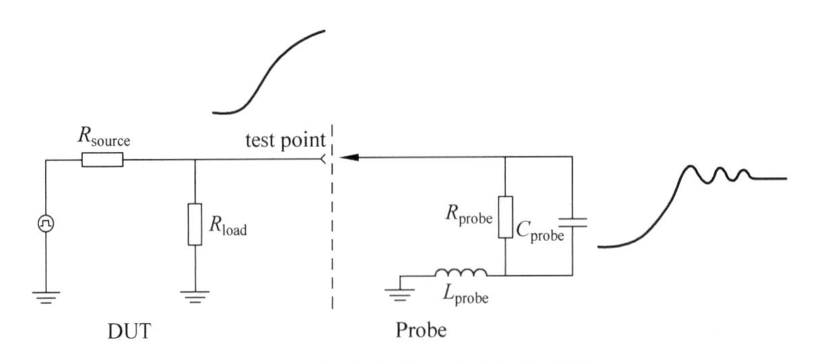

图 5.5　探头寄生电感引起的谐振

50Ω 输入）。示波器的探头种类很多，但是示波器的匹配只有 1MΩ 或 50Ω 两种选择，不同种类的探头需要不同的匹配电阻形式。

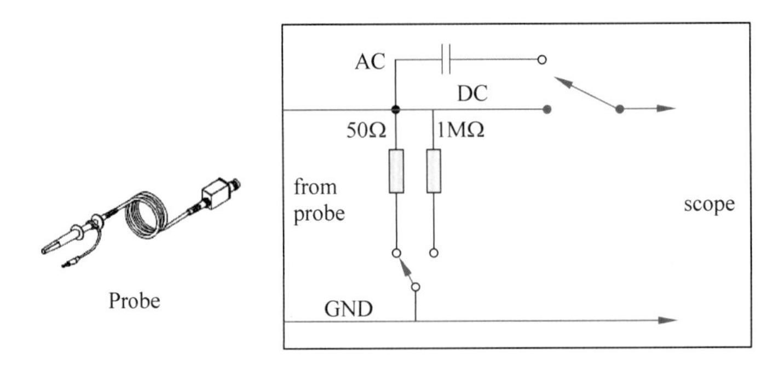

图 5.6　示波器输入端的匹配电阻

从电压测量的角度来说，为了对被测电路影响小，示波器可以采用 1MΩ 的高输入阻抗，但是由于高阻抗电路的带宽对寄生电容的影响很敏感。所以 1MΩ 的输入阻抗广泛应用于 500MHz 带宽以下的测量。对于更高频率的测量，通常采用 50Ω 的传输线，所以示波器的 50Ω 匹配主要用于高频测量。

传统上来说，市面上 100MHz 带宽以下的示波器大部分只有 1MΩ 输入，因为不会用于高频测量；100MHz～2GHz 带宽的示波器大部分有 1MΩ 和 50Ω 的切换选择，同时兼顾高低频测量；2GHz 或更高带宽的示波器由于主要用于高频测量，所以大部分只有 50Ω 输入。不过随着市场的需求，有些 2GHz 以上的示波器也提供了 1MΩ 和 50Ω 的输入切换。

广义上来说，测试电缆也属于一种探头，例如 BNC 或 SMA 电缆，而且这种探头既便宜性能又高（前提是电缆的质量不要太差），但是使用测试电缆连接时需要在被测电路上也有 BNC 或 SMA 的接口，所以应用场合有限，主要用于射频和微波信号测试。对于数字或通用信号的测试，很多时候还是需要专门的探头。图 5.7 是示波器中常用的一些探头的分类。

示波器的探头按是否需要供电可以分为无源探头和有源探头，按测量的信号类型可以分为电压探头、电流探头、光探头等。所谓的无源探头，是指整个探头都由无源器件构成，包括电阻、电容、电缆等；而有源探头内部一般有放大器，放大器是需要供电的（可能通过示波器接口供电或外部电源、电池供电），所以叫有源探头。下面章节将对示波器中常用的探头逐一介绍。

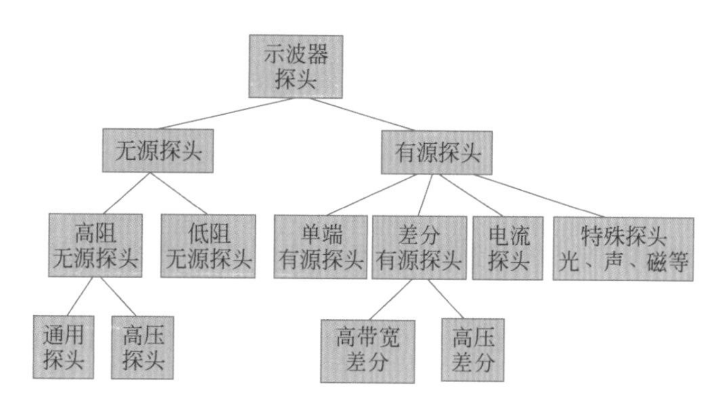

图 5.7 示波器中常用探头的分类

2. 高阻无源探头

无源探头是指探头内部没有需要供电的有源器件，无源探头根据输入阻抗的大小又分为高阻无源探头和低阻无源探头两种。

高阻无源探头即通常所说的无源探头，应用最为广泛，基本上每个使用过示波器的人都接触过这种探头。高阻无源探头与示波器相连时，要求示波器端的输入阻抗是 1MΩ。图 5.8 是一个 10∶1 高阻无源探头的原理框图（图中的电阻、电容的参数对于不同型号的探头和示波器会有不同，仅供参考）。

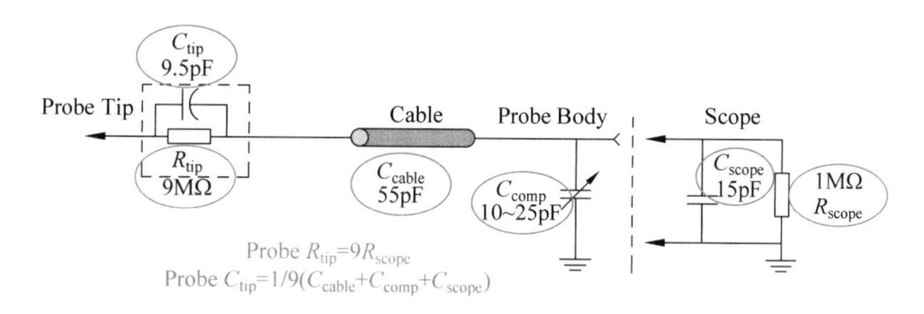

图 5.8 高阻无源探头的原理

为了方便测量，无源探头通常都会有约 1m 长的连接线，如果不加匹配电路，很难想象探头能够在这么长的信号路径上提供数百 MHz 的测量带宽。另外，示波器的输入端也有寄生电容，也会影响带宽。为了改善探头的高频相应，高阻无源探头前端会有相应的匹配电路，最典型的就是一个 R_{tip} 和 C_{tip} 的并联结构。简单地说，探头要在带内产生平坦增益的一个条件是要满足 $R_{tip} \cdot C_{tip} = R_{scope} \cdot C_{scope}$，具体计算过程就不做了，感兴趣的读者可以自己推导一下，更复杂的情况除了需要考虑示波器的寄生电容以外，还需要考虑探头电缆本身的电容 C_{cable}。

前面介绍过，C_{scope} 是示波器的寄生电容，所以其数值可以通过工艺控制在一定范围内，但不能精确设定，也就是说不同示波器或示波器的不同通道间 C_{scope} 的值会不太一样。为了补偿不同通道 C_{scope} 的变化，一般的高阻无源探头在连接示波器的一端处一般至少会有一个可调电容 C_{comp}。当探头接在不同通道上时，可以通过调整 C_{comp} 补偿 C_{scope} 的变化。几乎所有示波器都可以提供一个低频方波的输出，通过观察探头测量到的这个方波的形状可以调整 C_{comp} 的值。图 5.9 是几种在示波器屏幕上可能看到的方波的形状。

R_{probe} 在改善频响的同时会和示波器输入电阻产生一个分压，这个分压比最常见的是 10∶1 的分压。所谓 10∶1，就是指经过探头进入示波器中的实际电压是真实信号电压的 1/10，也就是信号经过探头会有一个 10 倍衰减。有些比较简单的探头可能需要手工设置示波器的探头衰减倍数才能在示波器上得到正确的电压显示，更多的探头在与示波器连接端有一个自动检测的针脚（里面有不同的电阻代表不同的衰减比含义），如图 5.10 所示。当探头插上时示波器可以通过这个针脚读出探头的衰减比，并自动调整显示的比例。

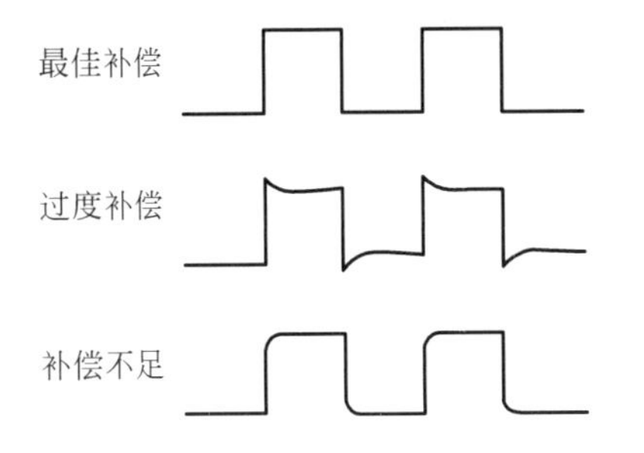

图 5.9　无源探头的补偿电路对方波测量的影响

Auto detect pin

图 5.10　探头衰减比的检测针脚

高阻无源探头中还有 2 个特殊的种类。一类是高压探头，其衰减比可达 100∶1 或 1000∶1，所以测量电压范围很大。还有一类是 1∶1 的探头，即信号没有衰减就进入示波器，由于不像 10∶1 的探头那样需要示波器再放大显示，所以示波器本身的噪声不会被放大，在小信号和电源纹波的测量场合应用很多。1∶1 的探头前端没有充分的信号高频补偿电路，因此带宽一般不高，通常在 50MHz 以下。

高阻无源探头的优点是价格便宜，同时输入阻抗高，测量范围大，连接方便，所以广泛应用于通用测试场合。但是随着测试频率的提高，各种二阶寄生参数很难控制，仅仅靠简单的匹配电路已经不能再提高带宽了，所以一般高阻无源探头的带宽都在 1GHz 以下。表 5.1 是一些典型的高阻无源探头的主要参数。

表 5.1　常用高阻无源探头的主要参数

Model Number	Bandwidth (−3dB)	Attenuation Ratio	Input C	Input R (Scope and Probe)	Scope Input Coupling	Scope Comp Range
N2870A	35MHz	1∶1	39pF (+oscilloscope)	1MΩ	1MΩ	—
N2871A	200MHz	10∶1	9.5pF	10MΩ	1MΩ	10～25pF
N2872A	350MHz	10∶1	9.5pF	10MΩ	1MΩ	10～25pF
N2873A	500MHz	10∶1	9.5pF	10MΩ	1MΩ	10～25pF

3. 无源探头常用附件

无源探头是大家使用示波器时最常用到的探测工具，针对不同的场合会使用不同的探头。最通用的一种探头是高阻无源探头，前端一般是一个鳄鱼夹的地线夹和一个探测信号的钩子。这种方法适用于大部分通用的探测场合，但并不是全部。针对某些特殊的应用，用户可能会需要更多更灵活的连接方式，例如针对封装密度比较高的芯片或者要做长时间测量的场合。探头厂家随着探头一般也会提供一些常用的附件，图 5.11 是典型的随着高阻无源探头发货时配置的常用附件。

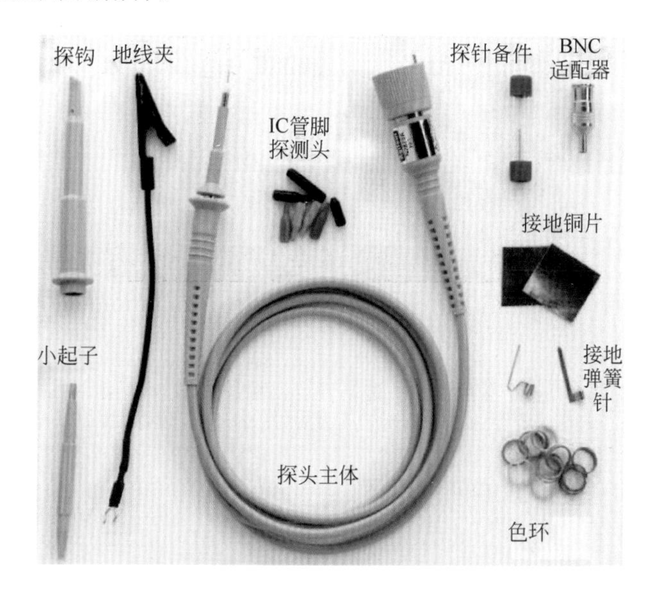

图 5.11　高阻无源探头的常用附件

除了这些随探头发货的附件，无源探头还可以额外订购很多种不同的附件以用于不同的测量场合。由于大部分用户都不太清楚这些附件如何使用，这里将对无源探头的一些附件和应用场合进行简单介绍，以方便用户选择。

首先从地线说起。通常探头标配的 15cm 长的黑色的地线夹可以实现比较方便的地线连接，但是这么长的地线由于电感效应在测高频信号时会产生比较大的振荡，在有开关电源的场合还会耦合进很大的噪声。可能很多人都忽略的是，即使是 500MHz 的无源探头在使用这种长地线时带宽也最多只能达到 200～300MHz。所以如果要做高频测量，就需要换相应的短地线，例如一些短的弹簧针或弹簧片等。使用这种短的接地线所带来的一个问题是可能探测点附近找不到合适的接地点，而如果再通过长引线接地又会增加额外电感，所以可以通过相应的接地铜片把参考地引到探测点附近。铜片本身的横截面积比较大，所以其电感很小，可以提供一个比较理想的地参考点。图 5.12 是用弹簧接地片配合接地铜片进行测试。

再说一下信号的探测问题。大家都知道探头前面的探钩拔掉后可以用前端的探针点在被测信号上做测量，但是这个探针如果太粗则不太方便测一些高密度的管脚，而如果太细则用久了又有可能会损坏。所以有些探头还会提供一些备件，可以方便用户更换。如图 5.13 所示，更换时用钳子把原有探针拔下换上新的就行了。

对于有些密度比较高的 QFP 或 DIP 封装器件，如果想用探针直接在芯片的管脚上做探测通常要非常小心，因为探针有可能会滑开从而造成相邻的两个管脚短路。针对这种应用，有些探头还提供了一些楔形的塑料帽，如图 5.14 所示。使用时把这些塑料帽套在探头前端，其楔形结构可以贴合在被测管脚上，保证探头尖的可靠接触同时又不会滑开，从而避

图 5.12　无源探头的弹簧地针和接地铜片

免了短路的风险。根据不同的管脚间距通常有一组塑料帽，例如可以支持的管脚间距为 0.5～1.27mm 不等。

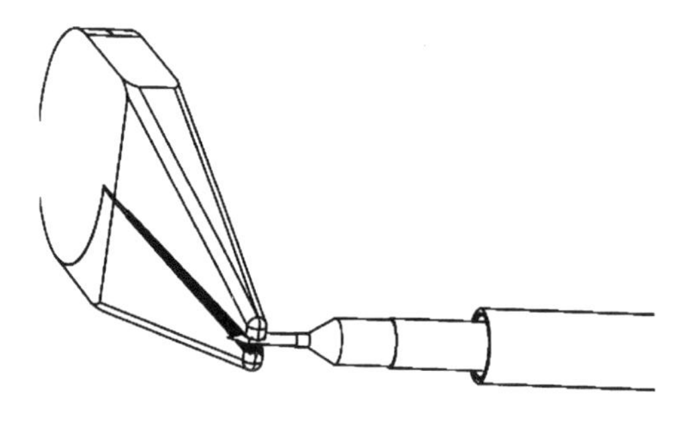

图 5.13　无源探头前端探针的更换

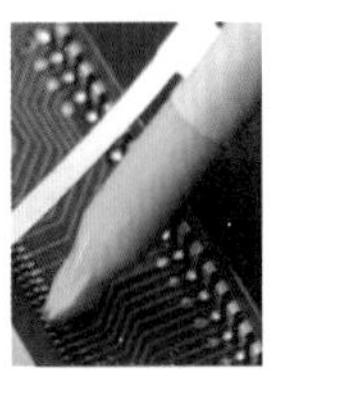

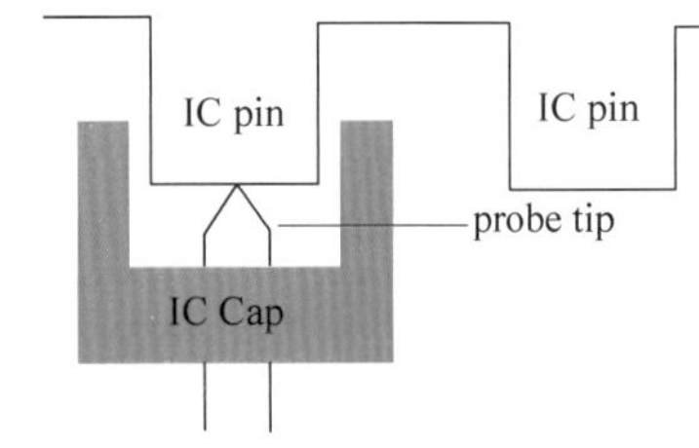

图 5.14　用于芯片管脚测量的楔形塑料帽

对于板上信号测试的另一种方法是使用套筒或非常小的抓钩，如图 5.15 所示。套筒比较适合直接连接板上的插针，而套筒前面附带的抓钩则可以方便地勾在芯片的管脚或针脚上，有些小的抓钩可以支持最小 0.5mm 的管脚间距。当然，这种方法由于使用的地线和信号线比较长，在提供方便性的同时也会影响探头的带宽。

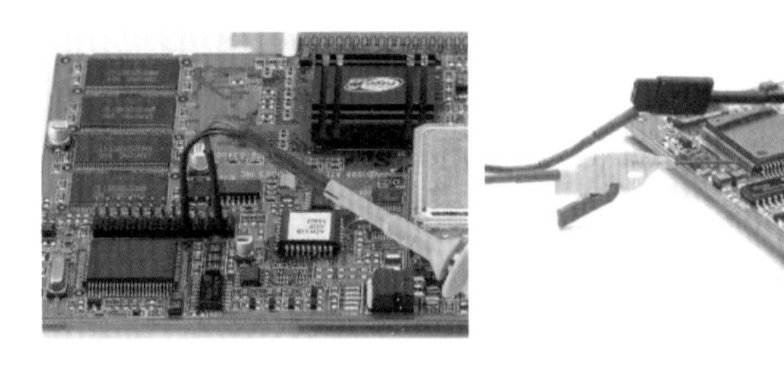

图 5.15　无源探头的套筒和抓钩

如果希望尽可能方便、可靠地测量，可以在设计 PCB 时对关心的信号预留一个探头的适配器，需要测试时只要把探头插在适配器上就行了，这样既保证了带宽，又方便了测量。而如果被测信号直接可以提供同轴连接器的输出，例如 BNC 接口，那还可以通过如图 5.16

所示的 BNC 适配器与 BNC 电缆直接相连，非常可靠方便。

还有一些测试（例如抖动、眼图、模板等测试）由于要测量时间较长，所以需要脱手测试。手持的方法虽然方便但不可靠也不能持续很长时间。最简单的脱手测试方法是把探头套在一个两腿的探头夹上，依靠重力压在被测点上。对于一些复杂的场合，还可以选择三维的探头手臂，它可以把探头夹住并根据需要调整探测的位置和角度。这种三维的探头架要做得好的话价格很贵，甚至会超过一个普通无源探头的价格，所以只在一些特殊测场合才会用到。图 5.17 是一些不同种类的探头固定支架。

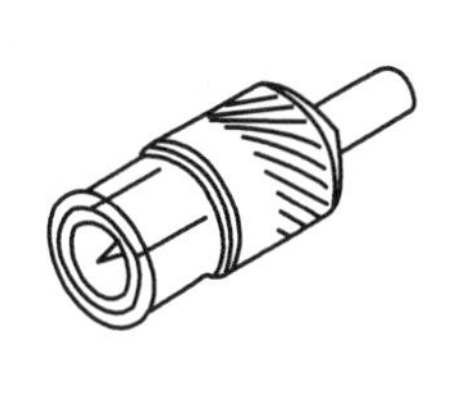

图 5.16　无源探头的 BNC 适配器

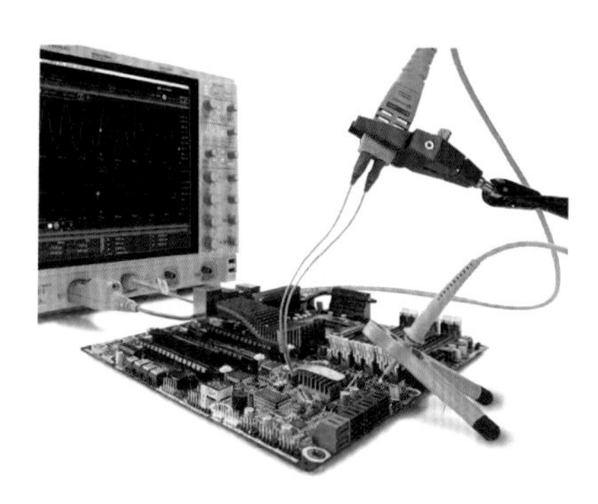

图 5.17　不同种类的探头固定支架

除此之外，无源探头通常还会配一个小起子用来调整匹配电容，或者有些色环可以套在探头上以区分不同的通道，这里就不再赘述。

4. 低阻无源探头

除了高阻无源探头以外，还有一种无源探头是低阻无源探头，这种探头又称为传输线探头，虽然其应用场合不如高阻无源探头多，但有其自身的特点。图 5.18 是这种探头的原理框图。

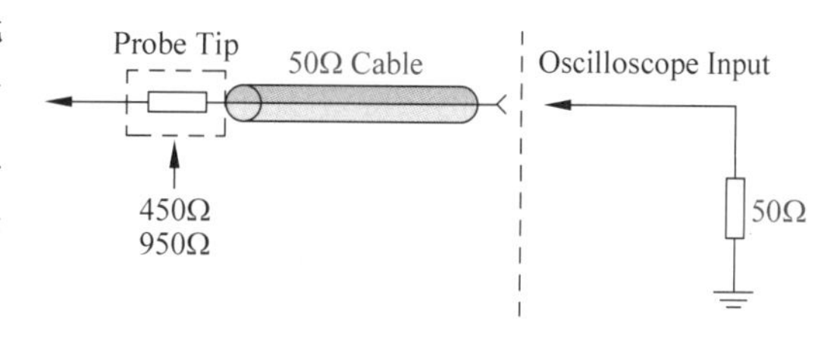

图 5.18　低阻无源探头的原理框图

低阻无源探头的外观可能与高阻无源探头类似，但内部结构不一样。其等效电路是在前端串联了一个分压电阻，使用时要求示波器的输入阻抗设置为 50Ω。根据串阻阻值的不同，可以实现不同的分压比，例如串联一个 450Ω 的电阻就是 10∶1 的分压。由于采用 50Ω 的传输电缆（这点与高阻无源探头不一样），示波器端也是 50Ω 的匹配，所以整个探头的带宽比较高，可达数 GHz。表 5.2 是两种低阻无源探头的主要参数。

表 5.2　两种低阻无源探头的参数

Model Number	Bandwidth (−3dB)	Attenuation Ratio	Input *C*	Input *R* (Scope and Probe)	Max Input Voltage(AC RMS)	Scope Input Coupling
N2874A	1.5GHz	10∶1	1.8pF	500Ω	8.5V CAT I	50Ω
N2876A	1.5GHz	100∶1	2.2pF	5kΩ	21V CAT I	50Ω

低阻无源探头的最大好处是以比较低的价格提供了比较高的测试带宽(可达数 GHz)，缺点主要是输入阻抗低(一般在 50Ω～5kΩ)。这种无源探头由于输入阻抗低，测试中如果并联在电路中可能会改变被测电路的阻抗和分压关系，会对被测信号产生影响，特别是用于测量高输出阻抗的电路时，因此应用不是特别广泛。

5. 有源探头

前面介绍过：高阻无源探头的输入阻抗高，但带宽做不高；低阻无源探头带宽可以做高但输入阻抗不高。那么是否有一种探头输入阻抗高同时带宽又高呢？这就是有源探头。

有源探头泛指需要供电的探头，这种探头中一般有专门的放大器电路，由于放大器需要供电，因此称为有源探头。有源探头也分为很多种，例如单端有源探头、差分有源探头、电流探头等。图 5.19 是单端有源探头的工作原理。

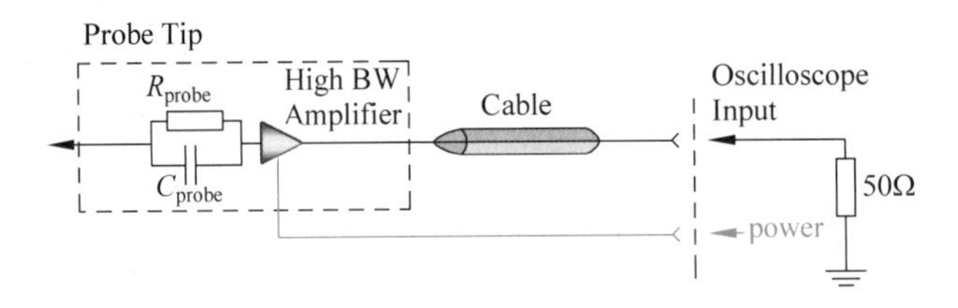

图 5.19　有源探头工作原理

有源探头的前端有一个高带宽的放大器，一般放大器的输入阻抗都是比较高的，所以有源探头可以提供比较高的输入阻抗；同时，放大器的输出驱动能力又很强，所以可以直接驱动后面 50Ω 的负载和传输线。50Ω 的传输线可以提供很高的传输带宽，再加上放大器本身带宽较高，所以整个探头系统相比无源探头就可以提供更高带宽。

有源探头的优异特性得益于放大器可以尽可能靠近被测电路从而信号环路很小，减小了很多寄生参数，但是这个高带宽的放大器造价很高，而且又要放在探头前端有限的空间内，因此实现成本很高。一般无源探头的价格都是几百美元，而有源探头的价格普遍在几千美元甚至几万美元量级。图 5.20 是一款 2GHz 带宽的单端有源探头，可以看到，其在提供 2GHz 带宽的同时提供了 1MΩ 的输入阻抗，很好地平衡了带宽和输入阻抗的要求。高带宽有源探头会要求示波器端采用 50Ω 的匹配方式，以保证后端的传输带宽，需要注意这个 50Ω 是指示波器端所采用的阻抗匹配方式，探头本身的输入阻抗还是高阻的。

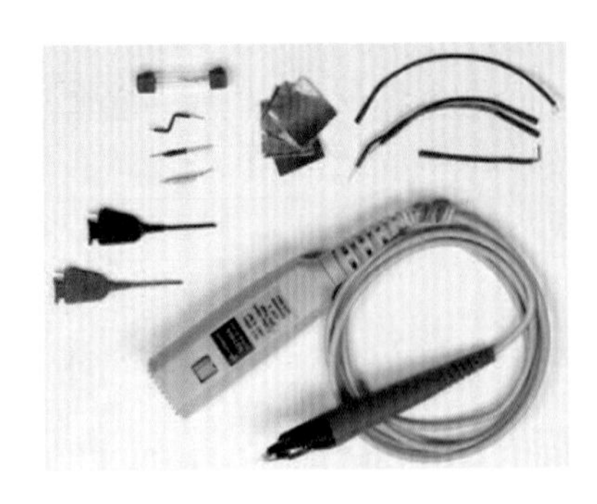

Probe bandwidth(–3dB)	2GHz
Rise time	175ps
Attenuation ratio (at DC)	10:1±0.5%
Input dynamic range	–8~+8V
Non-destructive input voltage	–20~+20V
Offset range	±12V
DC offset error (output zero)	±1mV
Low frequency accuracy	0.5%@70Hz,1 Vpp
Input resistance	1MΩ
Input capacitance	1pF
Output impedance	50Ω

图 5.20　一种 2GHz 带宽的单端有源探头

但是有源探头也不是没有缺点，限制有源探头广泛应用的因素除了价格高外，还有一个原因在于其有限的动态范围。一般高带宽放大器可以正常工作的电压范围都不大，所以高带宽的有源探头也不可能有无源探头那么大的电压测量范围。一般常用的 10∶1 的高阻无源探头最大可以测量的电压为几百伏，而有源探头的典型动态范围都在几伏以内，甚至有些几十 GHz 带宽的有源探头的输入动态范围只有 1V 多，所以应用场合会受到限制。

单端的有源探头上会有一个接地插孔，通过地线可以连接被测电路。但是这种结构也造成地环路较大，接地环路的电感效应会限制有源探头的可用带宽，因此当要探测比较高频的信号时，也要使用尽可能短的接地线。由于同样的原因，更高带宽的单端有源探头即使被设计出来也因为对于接地环路的苛刻要求而变得非常不实用，因此单端有源探头的带宽一般在 6GHz 以内，更高带宽的测量只能使用差分有源探头(有些型号的差分有源探头可以同时兼顾单端测试)。

6. 差分有源探头

差分有源探头是一种特殊的有源探头，与普通单端有源探头的区别在于其前端的放大器是差分放大器，如图 5.21 所示。差分放大器的好处是可以直接测试高速的差分信号，同时其共模抑制比高，对共模噪声的抑制能力比较好。

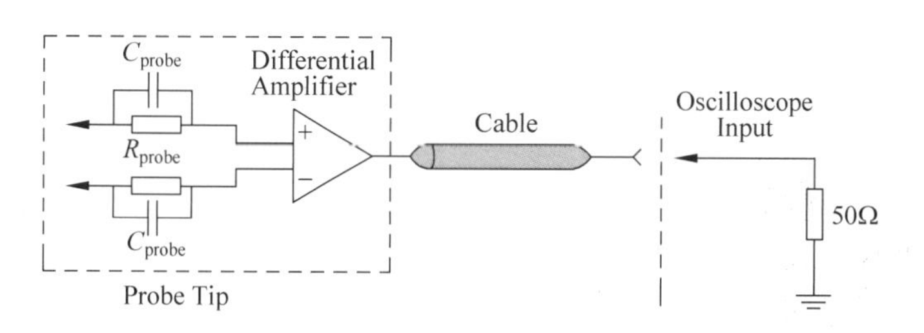

图 5.21　差分有源探头原理

差分探头都是有源的，因为里面有差分放大器对正负信号相减。差分探头也分为两类：一种是高带宽的差分探头，另一种是高压的差分探头。

高带宽差分探头主要用于高速信号的测试领域，单端的有源探头由于地线环路较长，其探头带宽很少超过 6GHz，对于更高带宽的测试领域，一般都是使用差分探头。另外，当信号速率比较高时，特别是高速率的数字信号，基本都是采用差分的传输方式，用差分探头可以直接测试到正负信号相减后的结果，因此高带宽的差分探头在高速数字信号的测试领域使用非常普遍。图 5.22 是一种 30GHz 带宽的差分探头，由探头放大器和测试前端两部分组成。

图 5.22　一种 30GHz 的高带宽差分探头

高带宽差分探头由于采用了很高带宽的放大器，通常其输入量程比较有限，很多高带宽差分放大器的动态范围在 5V 甚至 2.5V 以内。而且为了保证高的测量带宽，高带宽差分探头的前端要设计得非常紧凑以减小信号的环路。图 5.23 是上述 30GHz 的差分有源探头中使用的基于磷化铟材料的高带宽放大器，其和周围器件一起被封装在一个紧凑的屏蔽腔体内。

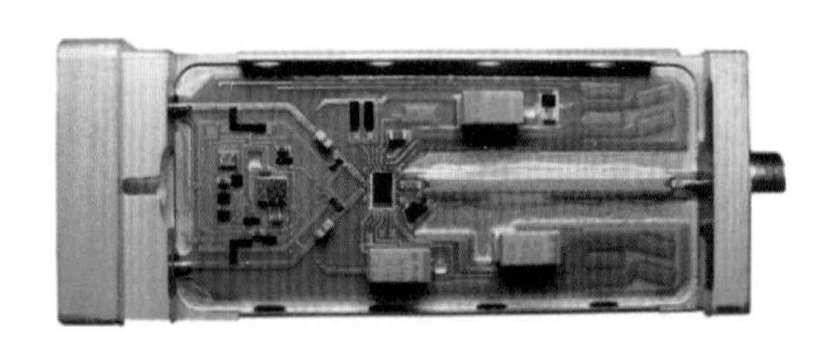

图 5.23 高带宽差分有源探头里面的放大器电路

在另一些场合下，例如高压电的测量、CAN 总线的测量、RS485 总线的测量、1553B 总线的测量等场合下，由于信号速率不高，因此对于带宽要求不高，但是出于接地安全或抗共模干扰等考虑，测试中也需要用差分探头，这时就会用到一些能承受比较高电压输入的差分探头。如图 5.24 是常用的高压差分探头，可以看到其带宽都不太高（在 200MHz 以下），但可以测量的电压范围都比较大（几十伏到几千伏）。由于其耐高压和浮地测量能力的特点，在电源或者低速差分总线（如 1553B 总线）的测试中有广泛应用。

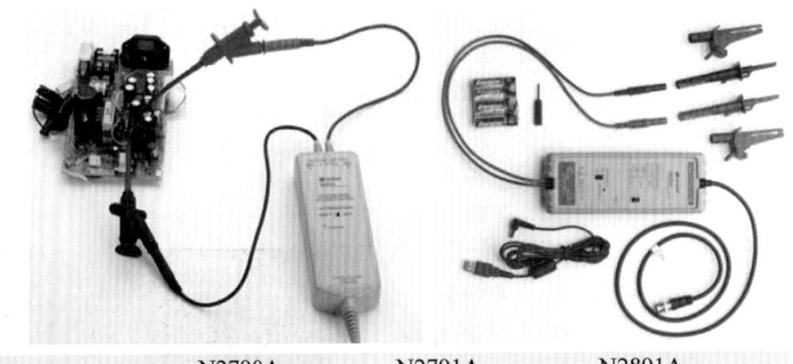

	N2790A	N2791A	N2891A
Bandwidth	100 MHz	25 MHz	70 MHz
Rise time	3.5 ns	14 ns	5 ns
Attenuation ratio	50:1/500:1	10:1/100:1	100:1/1000:1
Input impedance (between inputs)	8 MΩ / 3.5 pF	8 MΩ / 8 pF	100 MΩ / 5 pF
Max input voltage to ground	± 1000 V (CAT II)	± 700V@100:1	± 7000V@1000:1
	± 600 V (CAT III)	± 70V@10:1	± 700V@100:1
Max input voltage between two inputs	± 1400V@500:1	± 700V@100:1	± 7000V@1000:1
	± 140V@50:1	± 70V@100:1	± 700V@100:1

图 5.24 常用的高压差分探头

除了单端有源探头和差分有源探头外，还有一种叫作三模探头的特殊探头，三模探头实际上是一种特殊的差分探头。在进行差分信号的测试时需要用户先连接好信号的正端、负端以及地信号，通过探头的内部切换，可以实现差分、单端以及共模这三种模式信号的测量。图 5.25 是三模探头的测量原理。

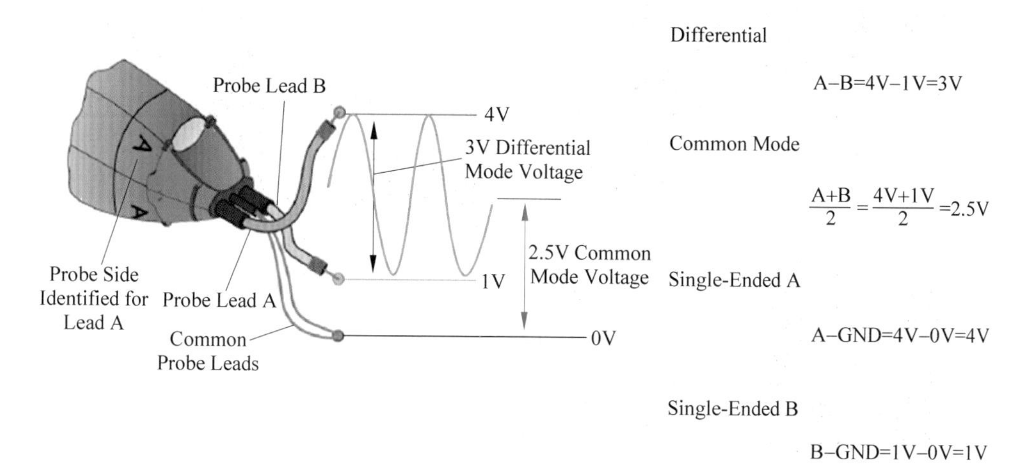

图 5.25　三模探头的测量原理

7. 有源探头的使用注意事项

高带宽的有源探头通常带宽高、价格贵，为了保证高的测量带宽，其前端放大器灵敏度比较高，前端附件设计得比较紧凑，因此耐压低，承受机械外力的力量较小。而有源探头一旦损坏，其维修和更换成本又比较高，这里介绍一下有源探头使用中的注意事项。

以 Keysight 公司的 InfiniiMaxⅡ系列 1168A/1169A 探头为例，这是专为早期的 80000 系列和现在的 90000 系列示波器设计的高带宽差分探头放大器，可以提供高达 13GHz 的典型测量带宽，支持差分、焊入式、点测和 SMA 连接方式的连接前端，具有很低的噪声和平坦的频率响应。图 5.26 是探头放大器及其主要参数。

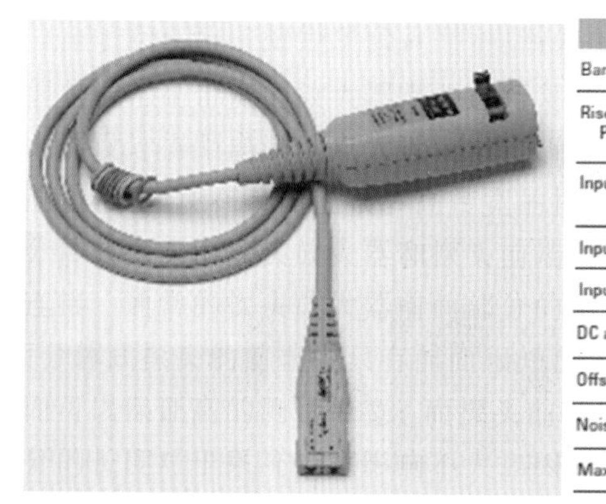

	1169A　1168A
Bandwidth*	1169A: > 12 GHz (13 GHz typical)　1168A: > 10 GHz
Rise and fall time Probe only	1169A: 28 ps (20 - 80%), 40 ps (10 - 90%) 1168A: 34 ps (20 - 80%), 48 ps (10 - 90%)
Input resistance*	Differential mode resistance = 50 kΩ ± 2% Single-ended mode resistance = 25 kΩ ± 2%
Input dynamic range	3.3 V peak to peak, ± 1.65 V
Input common mode range	±6.75 V dc to 100 Hz; ±1.25 V > ±100 Hz
DC attenuation	3.45:1
Offset range	± 16.0 V when probing single-ended
Noise referred to input	2.5 mV rms, probe only
Maximum input voltage	30 V peak, CAT I

图 5.26　典型的高带宽探头放大器及其主要参数

这种分体式的探头放大器需要配合不同种类的前端使用，放大器部分是有源电路，而前端主要是无源的匹配电路，用于提供电气及机械的连接，图 5.27 是常用的前端类型。

E2677差分焊接前端

E2678差分插孔前端

E2675差分点测前端

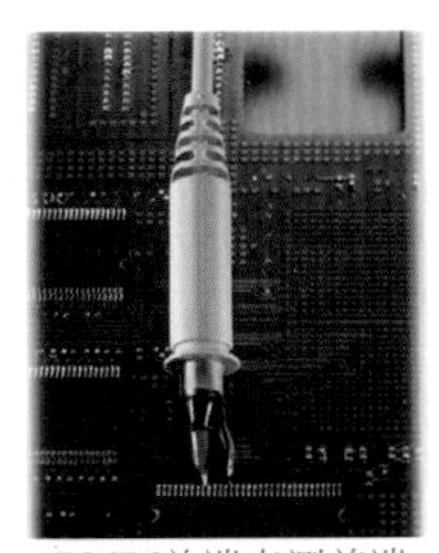
E2676单端点测前端

N5381差分焊接前端

E2679单端焊接前端

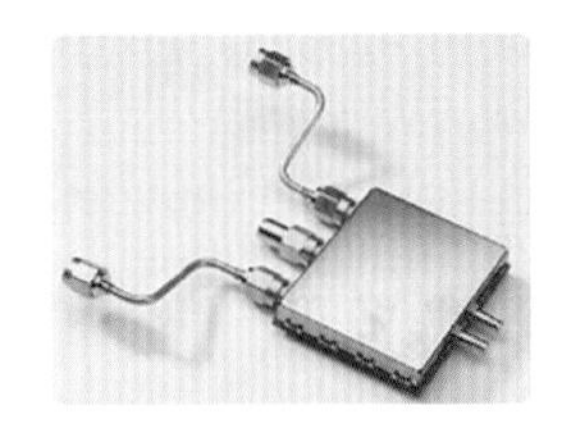

图 5.27　差分探头的常用前端

在高带宽有源探头使用过程中有以下注意事项。

❶ 使用电压范围

1169A InfiniiMaxⅡ放大器的带宽为 12GHz（典型值为 13GHz），动态范围为 3.3Vpp，直流偏置范围为±16V，最大电压为±30V。在测试过程中，如果信号幅度超过动态范围，超过部分可能会有幅度的失真；而如果被测信号超过最大电压范围，则可能造成探头的永久损坏。

❷ 探头放大器和示波器的连接

InfiniiMaxⅡ系列探头放大器只能与示波器的镀金焊盘的 BNC 接口连接。如图 5.28 所示，连接时要把探头放大器垂直插入示波器输入接口，插入到位后锁扣会自动闭合；拔出时要先松开锁扣，然后垂直拔出探头放大器。

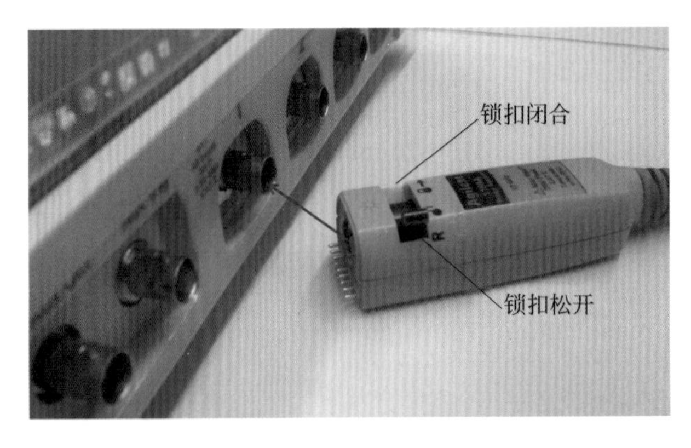

图 5.28　探头放大器和示波器的连接

注意在固定连接时，是以连接稳固为准，而不必一味要求将锁扣拨到最右端。图 5.29 是探头连接锁紧及松开状态的图示。

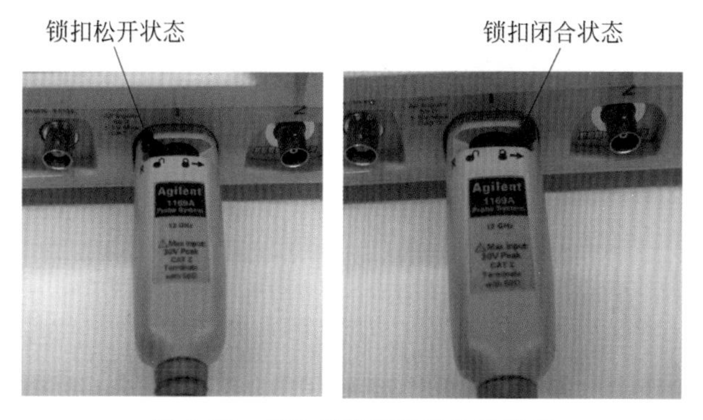

图 5.29　探头连接锁紧及松开状态

对于一些更高带宽的示波器，其接口不再使用 BNC 接口，而是使用带宽更高的 2.92mm 或 1.85mm 同轴连接器接口。如图 5.30 所示，这种接口探头的连接需要把探头放大器垂直插入接口后旋紧灰色的力矩圈实现探头的固定。

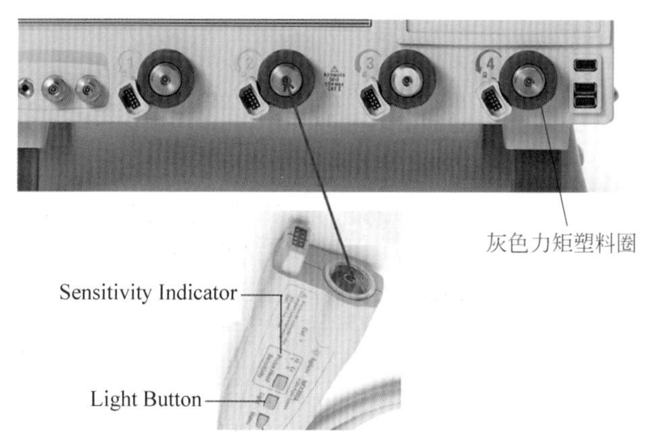

图 5.30　30GHz 带宽差分探头放大器和示波器的连接

❸ 探头前端的连接

现在很多高带宽差分探头采用放大器和探头前端分体式设计（具体原因在后面关于探头前端对于测量的影响章节会有介绍），根据实际测试需要可以选配不同的前端。如图 5.31 所示，前端可以直接插入放大器的插孔内，也可以直接拔出。但插拔时请不需要旋转也不要弯折，否则会损坏连接器。差分探头前端本身没有正负之分，但探头放大器有正负的区分。单端探头前端插入探头放大器的正端即可。

图 5.32 是探头放大器和示波器及探头前端连接完成后的图例。

探头放大器的断开：为了测量方便，在测量过程中用户一般不需要关掉示波器主机就可以更换探头的放大器和前端。但是要注意的是，在把探头放大器从示波器上拔出时，探头的输入端要避免有信号输入，如图 5.33 所示。否则，在拔出探头放大器的过程中可能探头的接地已经断开了，此时的信号输入可能会损坏探头放大器。

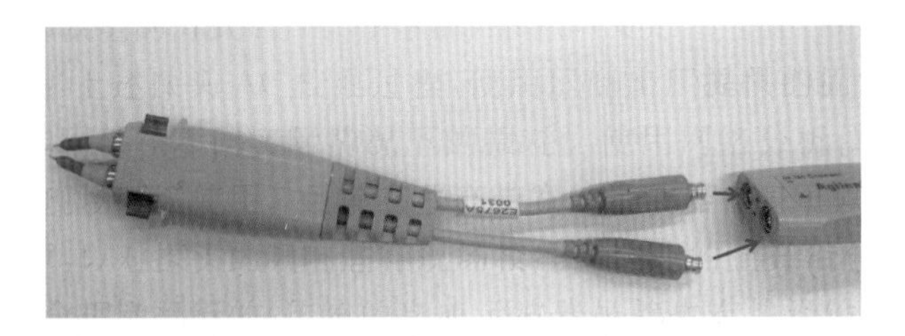

图 5.31　差分前端和探头放大器的连接

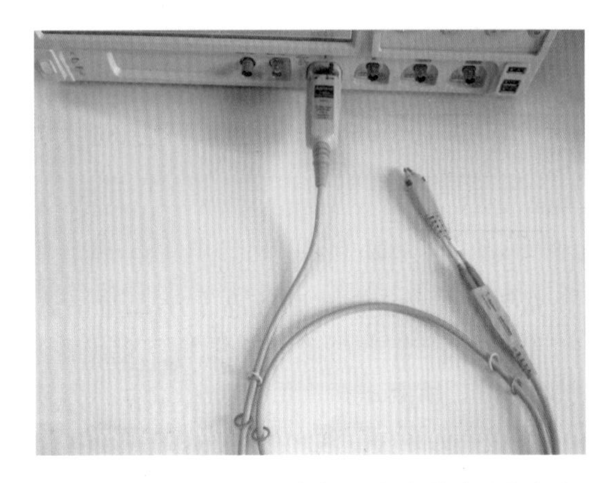

图 5.32　示波器、探头放大器、探头前端连接完成

图 5.33　避免测量信号时插拔探头放大器

❹ 探头放大器的保存和清洗

探头放大器中有精细的内部电路，因此在使用过程中要保持放大器的干燥，轻拿轻放，不能挤压。另外，在使用过程中，还要十分注意静电防护。在保存时，需将放大器上的线缆盘起，收纳于专用的测试包中，避免冲击或过度挤压。线缆盘起时环不能太小，以避免造成损伤。通常建议如图 5.34 中所示，用拇指固定后，再进行环绕。

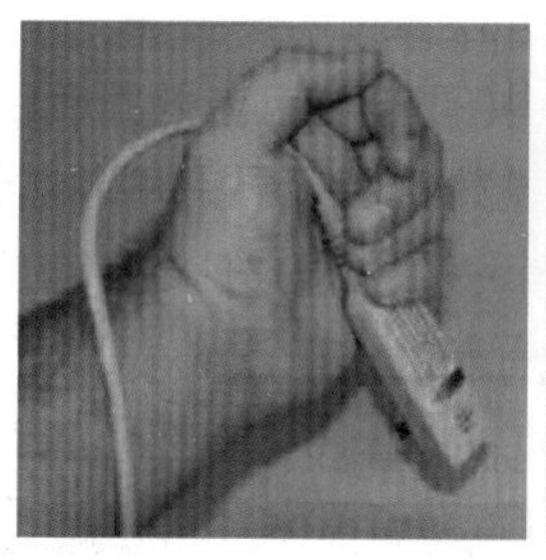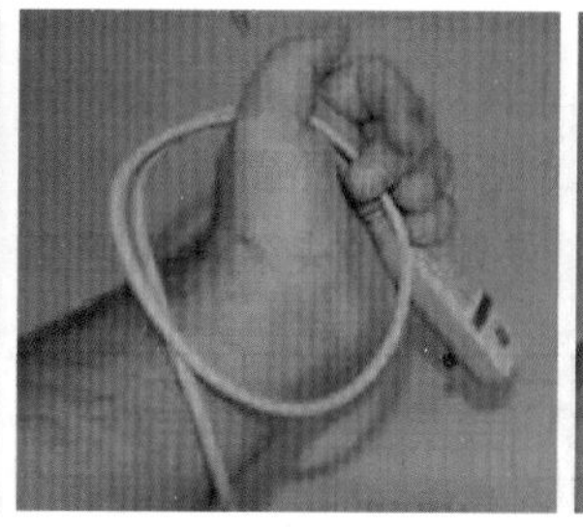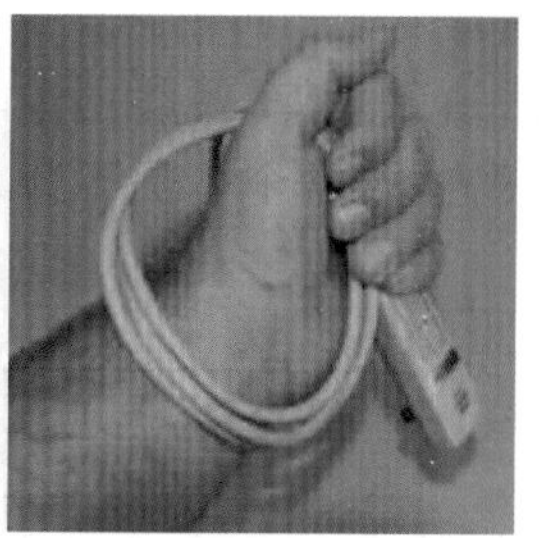

图 5.34　探头放大器的收纳

当探头需要清洗时，首先将其从示波器上断开，并用蘸有低浓度肥皂水溶液的无尘软布擦拭。擦拭完后，确保探头完全晾干以后，才能接入示波器。

❺ 工作温度范围

很多有源探头放大器的工作温度范围为室温 5～40℃，相较而言，探头前端的工作温度范围则大得多。如果需要在放大器工作温度范围外进行测试，可以使用极限温度延长电缆。延长电缆连接于放大器与探头前端之间，将两者物理分离，可以使探测前端工作在被测腔体环境中的同时，放大器仍处于腔外的室温条件下。延长电缆的工作温度范围很广，与不同型号的探头前端配合，最多可以把可以正常测试温度范围扩展到－55～＋150℃。关于更宽温度范围下的信号测试后面会有章节介绍。

❻ 焊接探头的固定方法

在进行板上电路测试时，如果使用的是点测的前端，用手持或手柄方式固定即可，但有些时候被测点非常密，或者需要长时间测量，这时可能会使用到焊接的前端，如图 5.35 所示。

图 5.35　焊接探头前端

由于焊接前端非常细也非常脆弱，为了防止外力拉拽造成脱落，通常会对探头放大器或前端进行固定。在固定探头前端时，如图 5.36 所示，可以使用不导电的双面胶带和少量的低温热胶。切忌使用强力胶；使用低温热胶时，胶不能与前端接触，否则极有可能损坏前端。另外，随放大器附带的尼龙粘合盘，可用于固定放大器。

❼ 焊接前端更换和点测前端的使用

一些焊接探头前端通常配有可替换的匹配焊接电阻，在使用过程中，如果出现电阻损坏或脱落，可在附带的附件中找到相应的备用电阻，焊接上后即可正常使用，而不需更换整个探头前端，如图 5.37 所示。不过，焊接过程一定要小心，如果造成探头前端上的焊盘焊脱，则探头前端就已损坏，无法再使用。

图 5.36　焊接探头固定的正确和错误方法

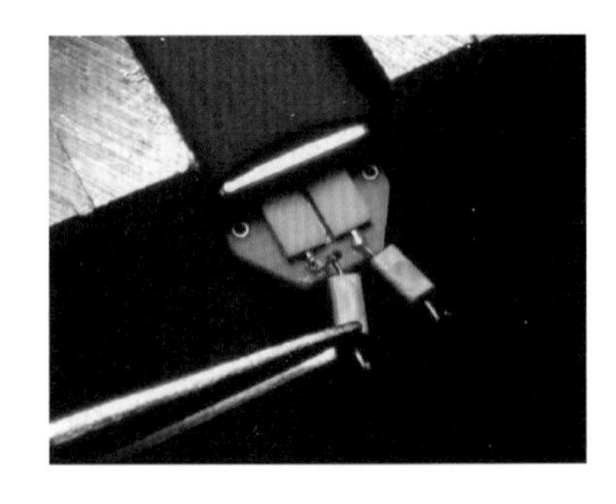

图 5.37　焊接前端匹配电阻的更换

在使用差分点测探头前端时，要注意保护前端的探针，千万不能用其去刮、划电路板上的绿油、氧化层、防腐漆或进行类似操作，以免造成探针损伤。探头前端的点测尖端比较脆弱，使用不当时十分容易损坏；正确的使用方法如图 5.38 所示，在测试时保持尖端与被测电路垂直。测试时请把点测尖垂直被测 PCB 板并轻轻下压，注意一定要垂直测试板，否则下压时可能会损坏前端；调整间距时需通过间距调整旋钮，不能手掰点测尖。

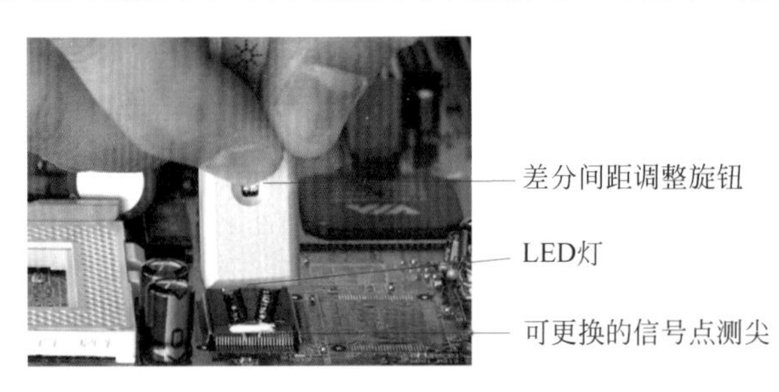

图 5.38　差分点测探头的使用

❽ SMA 探头前端

SMA 或 2.92mm 连接器前端主要用于连接 SMA 接口输出的差分信号，同时在前端上可以提供需要的信号偏置，如图 5.39 所示。在安装 SMA 前端时，应先确保放大器与 SMA 探针前端垂直插入并牢固连接；在固定好后，不要再频繁调整或拔出探头前端。

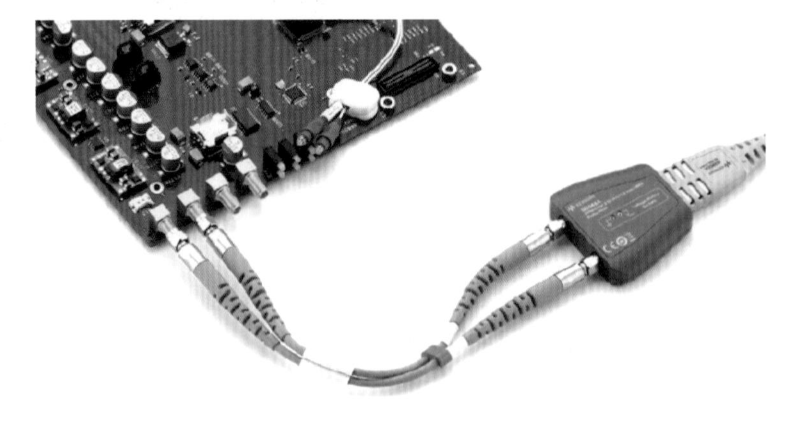

图 5.39　2.92mm 的差分探头前端

❾ 使用注意事项

- 高带宽探头为了保证带宽，前端尺寸很小，使用中需要控制力度，避免机械损坏。
- 插拔探头放大器、调整点测前端间距时请按正确方法操作。
- 每种探头前端都有适用的带宽，使用中请注意根据实际情况选择前端，焊接探头使用时请注意控制焊丝长度。
- 当探头前端和被测信号连接着时请勿插拔探头放大器。
- 使用中请注意每种探头适用的动态范围和最大输入电压。动态范围指探头的线性区范围，超过这个范围信号幅度会被压缩；最大输入电压指探头能承受的最大输入电压，超过这个范围会造成探头损坏。
- 使用过程中注意 ESD 防护，不要用手直接触摸探头放大器和示波器的输入端口。

8. 宽温度范围测试探头

很多电子设备都要在极端的外界环境温度下工作，例如工业级芯片要求能够在－40～85℃的环境下工作，而很多军工级芯片的工作环境温度范围甚至会达到－55～125℃以上。为了验证环境变化时的信号质量及时序裕量，就需要能够在这些极端温度下对信号波形进行测量。

很多设备都会被放置于一个温箱内进行温湿度的循环测试。但是，大部分的示波器和示波器探头标称的工作温度范围为 0～40℃，如果强行把这些探头置于温箱内的极端环境下，很容易造成探头的损坏。图 5.40 是普通探头的电缆外皮在高温下被烤化的情况。除此以外，探头内部的连接器、定位装置、放大器等器件都有可能由于极端温度的变化造成损坏。

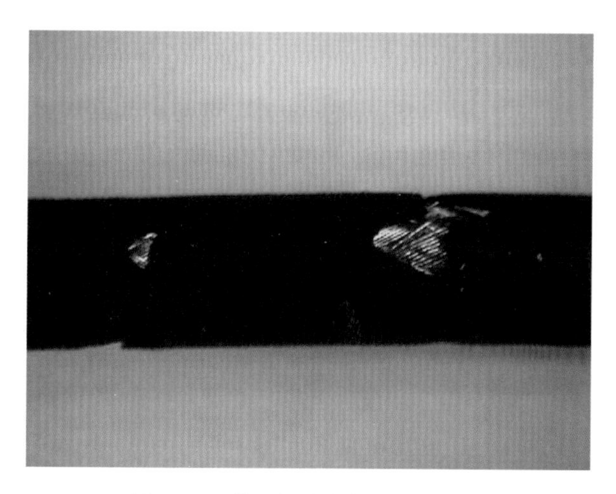

图 5.40　普通探头在高温下的损坏

为了实现极端温度下的信号测量，传统的方法是通过耐高温的金属线把信号从温箱内部引出，并连接在探头上进行测试(见图 5.41)。但是，由于这段引线要从温箱内部引出，长度较长(通常为 20～100cm)，而且是完全没有匹配的，所以会存在非常大的电感并严重影响信号质量。因此这种方法只适用于低频信号的测试(<1MHz)。

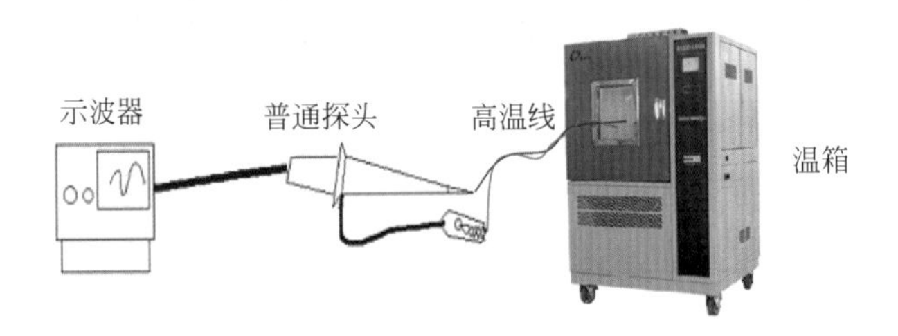

图 5.41　通过高温线把信号从温箱引出测试

为了解决高低温下测量的问题,同时又有足够高的测量带宽,必须采用能够承受极端温度的材料设计的探头。而在具体实现方式上,又有两种方法。

一种方式是探头放大器等有源器件也使用能够承受极端环境温度的器件,并可以放置到温箱内部进行测量(见图 5.42)。此时探头前端的放大器可以和被测件一起放置于温箱内,探头的另外一端和示波器一起放置于温箱外部。这种方式目前可以实现 1.5GHz 的测量带宽,覆盖－40～85℃的温度范围。

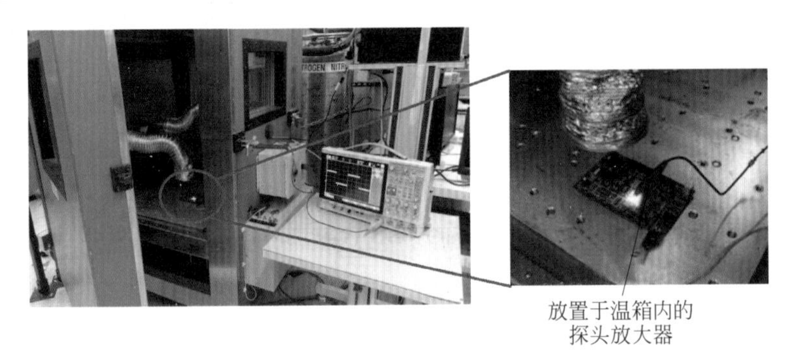

图 5.42　使用宽温度范围探头测量温箱内信号

这种探头从材料到器件都采用宽温度范围的设计,同时其电气性能在很宽的温度范围内都能保持稳定。图 5.43 是普通单端有源探头、宽温度范围探头和 50Ω 耐高温电缆在－40～90℃的温度范围内对同一个阶跃信号波形测量的结果,显示采用了无限余辉模式以记录信号形状的变化轨迹。可以看到,普通有源探头在温度变化时由于探头自身特性变化,测量到的波形形状变化范围很大;而宽温度范围的探头在温度变化时测量到的波形形状变化较小;50Ω 耐高温电缆的特性最为稳定。虽然在这个测量对比中,使用 50Ω 耐高温电缆的测量结果在温度变化时的特性变化最小,但是电缆的直接连接方式仅适用于被测件能够提供 50Ω 同轴连接接口输出时,而在大部分情况下,使用宽温度范围探头是一个更灵活的选择。

如果希望提供更高的测量带宽,或者覆盖更高的温度范围,采用宽温度范围探头就不适合了,因为探头的放大器很难在提供高带宽的同时,还能保持在大的温度范围下特性不发生变化。这时,就可以使用另一种方案。现在很多高带宽的差分有源探头为了减小前端引线的影响,都采用了分体式的设计,即探头由探头前端和探头放大器两部分组成。探头放大器内部有很多有源器件,承受不了太大的温度变化;而探头前端采用无源匹配网络,采用合适

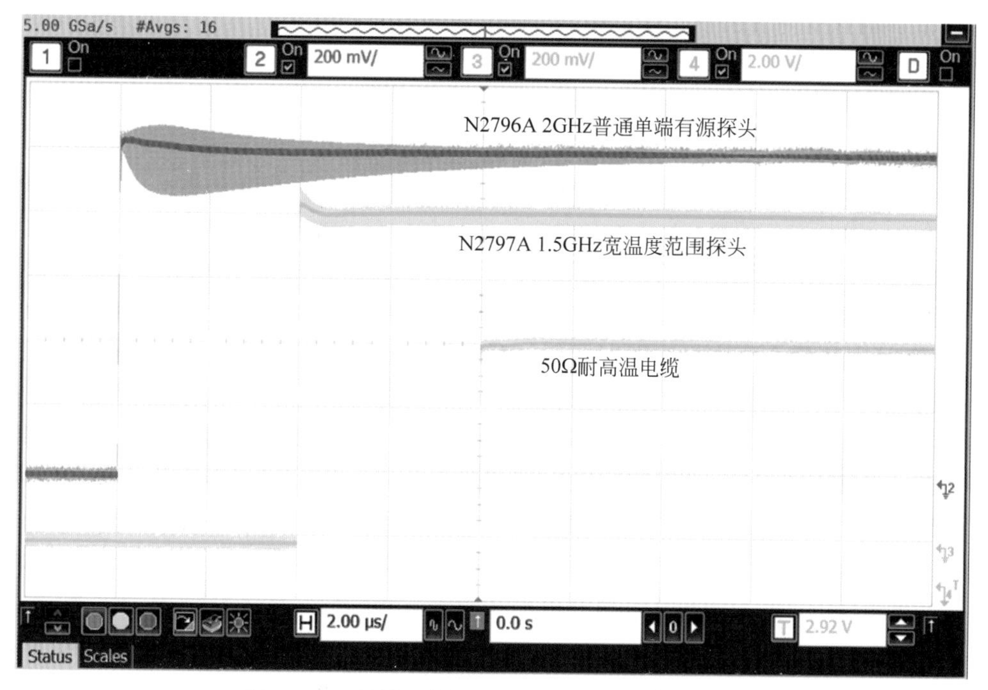

图 5.43 不同探测方式下信号波形随温度的变化

的器件设计可以保证宽温度范围下的特性稳定。正常情况下探头前端和探头放大器直接相连接，而在进行宽温度范围测量时，可以在探头前端和探头放大器之间插入一对等长的耐高温的高频电缆。这样，可以把探头前端和延长电缆一起插入温箱内进行信号连接，而探头放大器、探头主体和示波器都放置在温箱外部(见图 5.44)。采用这种方式目前可以实现 13GHz 的测量带宽，覆盖－55～150℃的温度范围。

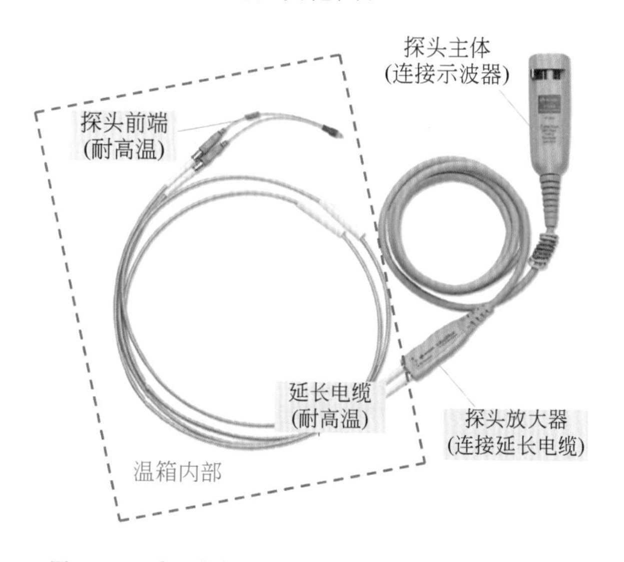

图 5.44 采用高频延长电缆的宽温度范围测量方式

9. 电流测量的探头

在很多场合下，需要对系统、电路或者芯片的工作电流进行测试，以了解系统功耗和工作状态。如果只是做静态电流测量，使用万用表就可以了；如果要观察电流的变化情况，可以使用低速的数据采集设备，工业上常用的数据采集设备能够以比较高的精度对电流的波形做连续采集和记录，但通常采样率有限(约为 1Hz～100kHz)；而如果希望观察更快速的电流动态变化，例如测量设备上电瞬间的冲击电流、开关电源的开关损耗、存储芯片在不同读写状态的电流消耗等，可能就需要用到示波器了。

示波器本身只能显示电压随时间的变化波形，也就是只能进行电压量的测量。要进行电流的测量，需要把电流量转换成电压量才能测量，常用的把电流转换成电压量进行测量的方法有取样电阻法、霍尔元件法及电磁感应法等。

●**取样电阻法**：取样电阻的方法是在被测的电流路径上串接一个小的电阻(例如 0.1Ω 或 1Ω)，这样电流流过时就会产生压降。通过差分探头测量取样电阻上的压降，再根据欧姆定律就可以计算出电阻上的流过电流。这种方法的优点是成本低、易于实现，但缺点是需要断开被测电路(或者在设计时就在电流路径上串接取样电阻)并会产生额外压降。取样电阻的测量方法不太适合有大电流动态变化的场合。例如有些消费电子的电路中，工作状态和待机状态的电流会有比较大的差异。假设被测电路的电流会在 10mA～1A 间变化，工作电压为 1.5V。如果选择采样电阻为 0.1Ω，则在流过 1A 电流时已经会产生 0.1V 的压降，使得工作电压降为 1.4V，大电流流过时有些器件可能无法正常工作；而此时当流过 10mA 电流时，采样电阻上的压降只有 1mV，很多示波器已经分辨不出来了。如果增大采样电阻阻值，则大电流时压降会更大；而如果减小采样电阻阻值，则小电流时更不容易分辨出来。因此当被测电路的电流有大的变化范围时，取样电阻法很难兼顾测量精度和压降的影响。为了解决这个问题，有些示波器厂商提供了专门做小电流测量的探头，如图 5.45 所示，这种探头采用了几个特殊的设计：首先其提供了 1 路 300 倍增益的通道，可以把示波器的小信号测量能力从 mV 级扩展到 μV 级；其次其提供了双量程的测量通道，可以用两个通道同时测量大电流和小电流的变化；另外其还提供了可以灵活更换的前端，可以根据实际测量电流大小以及能容忍的分压大小选择不同阻值的取样电阻。但是要注意的是，这种高增益的放大器只有几 MHz 的带宽，所以对于测量带宽有高要求的场合并不适用。

●**霍尔元件法**：霍尔元件法是利用霍尔器件的磁电效应，把被测电流路径感生出的磁场转换成电压进行测量。很多示波器厂商都提供基于霍尔效应的电流探头。电流探头的前端有一个磁环，使用时这个磁环套在被测的供电线上。电流流过电线所产生的磁场被这个磁环收集到，磁环里的磁通量与电线上流过的电流呈正比；同时磁环内部有一个霍尔传感器，可以检测磁通量，其输出电压与磁通量呈正比。因此，电流探头的输出电压就与被测电线上流过的电流呈正比，示波器通过测量探头的输出电压值就可以知道被测供电线上电流的大小。典型电流探头的转换系数是 0.1V/A 或 0.01V/A，即供电线上有 1A 的电流流过，电流探头的输出电压是 0.1V 或 0.01V。图 5.46 是基于霍尔效应的电流探头的工作原理，其典型应用场合是系统功率测量、功率因子测量、开关机冲击电流波形测量等。这种电流探

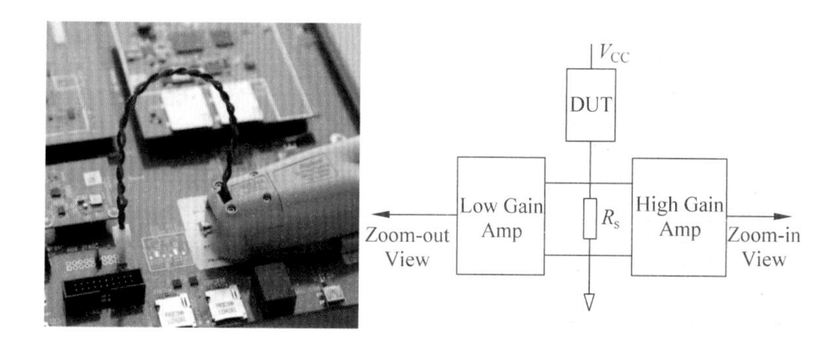

图 5.45　取样电阻测电流的方法

头的主要优点是不用断开供电线就可以进行电流测量,并同时可以进行直流和交流电流的测量。电流探头的主要缺点是受限于示波器的底噪声,其小电流测量能力有限,一般小于 10mA 的电流就很难测量到了。如果需要进行更小的或者更精确的小电流测量,有一个方法是把被测的供电线在电流探头上多绕几圈。由于霍尔器件感应到的磁通量与磁环路里电流呈正比,把供电线在电流探头上绕 10 圈就相当于把电流放大了 10 倍。

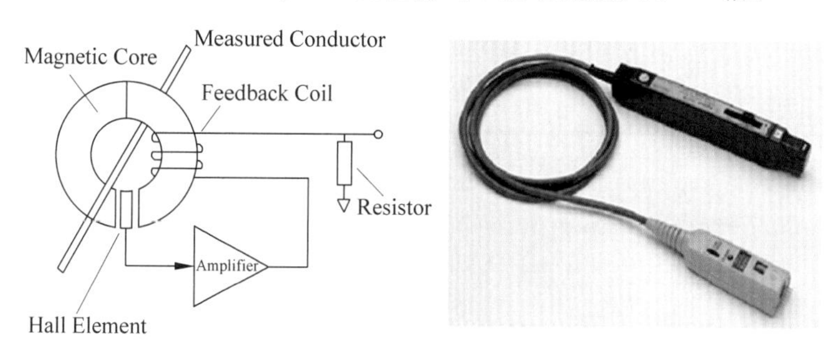

图 5.46　基于霍尔效应的电流探头

● **电磁感应法**:还有一种电流测试的探头是基于电磁感应的,这种探头的工作原理类似于电工使用的钳形表,是利用线圈感应产生电流,并使感生电流流过负载产生电压进行测量。示波器里使用的这种感应探头灵敏度和带宽都可以做得比较高(带宽可以到 2GHz 或以上),但是由于采用电感线圈感应的原理,所以无法用于直流及低频电流的测试(很多高频电磁感应探头的低频起始点在 100kHz 左右)。这种探头主要用于磁头驱动电流、ESD 放电电流等对带宽要求比较高的场合。例如一般的石英晶体振荡器都有驱动功率(Drive Level)的要求(指作用在石英晶体振荡器上用于起振并维持振荡的功率,这个功率过小可能会停振,过大则会造成振荡不稳定以及晶体的寿命衰减),这就可以通过测量流过振荡器的电流,再根据晶体的等效内阻换算得到驱动功率。图 5.47 是用这种电磁感应探头测量流过晶体振荡器的电流。

10. 光探头

传统上,实时示波器只能进行电信号测量,如果要进行光通信接口的一致性测试,例如测试光信号的眼图、模板、抖动、消光比等参数,普遍使用的测试工具是采样示波器,这是因

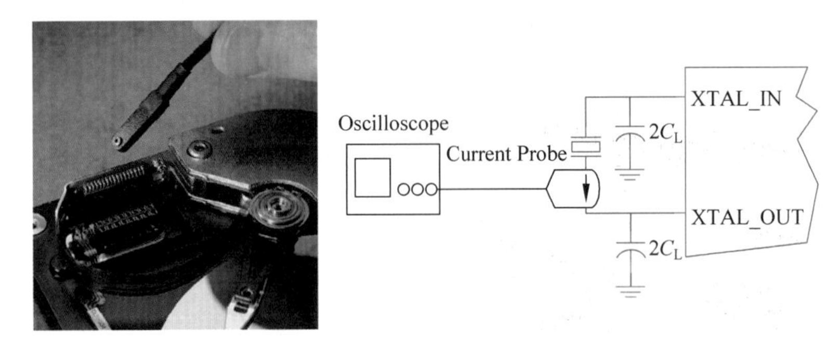

图 5.47　用电磁感应探头测量晶体驱动电流

为采样示波器带宽高、噪声低、抖动小，同时其光通道在出厂时都会进行细致的直流和频响校准。图 5.48 是采样示波器常用的一些做光信号测试的测量模块。

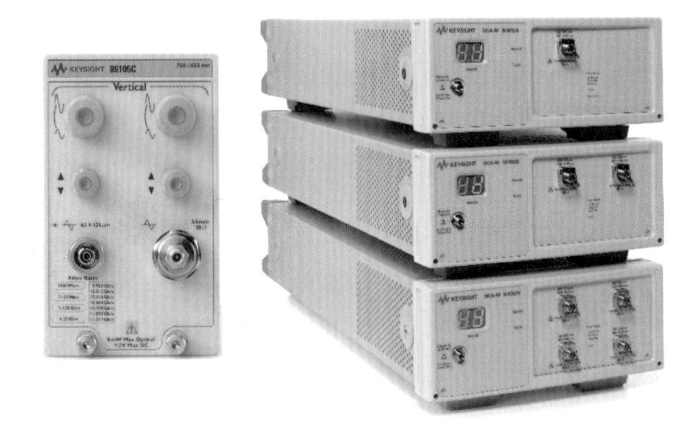

图 5.48　用于光信号测试的采样示波器模块

但是，采样示波器由于等效采样方式的限制，其应用场合受到一定的限制。例如在一些激光脉冲的测试中，希望测到连续的激光脉冲串的幅度或形状变化；或者在一些光通信信号的调试中，可能会要求捕获一段连续的数据进行调试或者解码（例如基站拉远中 CPRI 信号的定时信息提取）；甚至还有些光信号本身就是采用 Burst 方式（例如 GPON 通信接口）进行传输的。这些应用都需要借助实时示波器的功能对光信号的波形进行实时采样和分析，这时就需要配合相应的光/电转换器（或者称之为光探头）。

光/电转换器（Optical-to-Electrical Converter，O/E）的工作原理如图 5.49 所示，输入光信号经过相应的光电二极管转换成电信号输出，然后经放大器放大后输出。

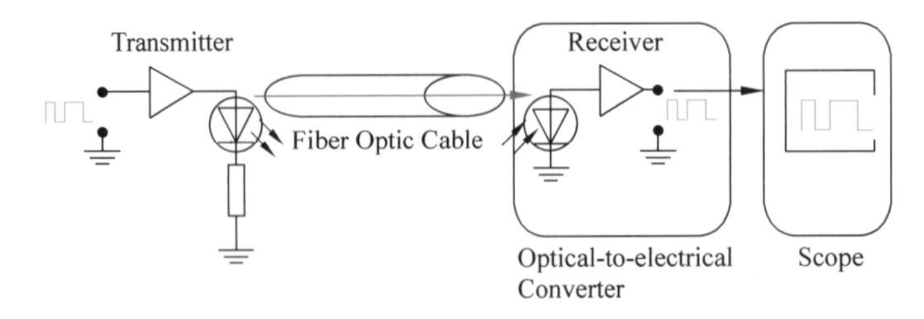

图 5.49　光探头的原理

对于光电转换器来说，最重要的指标包括支持的波长范围、带宽、转换增益等，而如果希望用于光信号质量的测试，还需要关注其频响曲线、暗电平校准等。

例如，在光通信信号的眼图、模板、抖动等参数测量中，为了避免激光器开关过程中造成的过冲的影响，测试中需要对被测信号加一个带宽为信号速率的 0.75 倍、频响曲线为 4 阶贝塞尔-汤姆逊函数的低通滤波器，然后再进行相关参数测试(见图 5.50)。测试规范对于这个滤波器的频响曲线会有一定的容忍度范围，但如果超出这个范围，测量到的信号的形状和参数可能就是不符合规范的。因此，如果要用实时示波器配合光电转换器进行光通信信号的定量测试，其光电转换器加上实时示波器的频响必须符合规范要求并可以根据数据速率进行调整。例如要测试的光信号速率为 28Gbps，就要求光电转换器加上实时示波器的频响为一个带宽为 0.75×28Gbps=21GHz 的 4 阶贝塞尔-汤姆逊低通滤波器。对于采样示波器来说，这种滤波是通过内置相应速率的硬件滤波器实现的；而对于实时示波器来说，一般没有内置的针对不同速率信号的硬件滤波器，只能通过 DSP 软件对频响或带宽进行调整。为了保证实时示波器使用光探头时测量的信号结果可以与测试规范要求匹配，就需要示波器能够知道使用的光探头本身硬件的频响曲线，再叠加上示波器本身的频响曲线，然后通过 DSP 功能一起修正成需要的频响曲线。

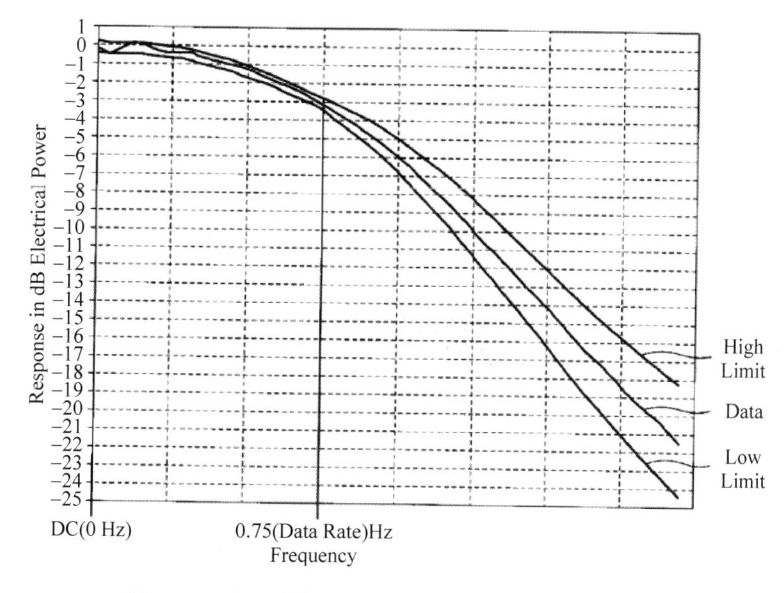

图 5.50 光通信信号测试对于示波器频响曲线的要求

用实时示波器加光探头做光通信定量测试的另一个挑战是消光测试。测试消光比的主要规范是 IEC 61280-2-2 规范，在这个标准中建议采用严格控制频响的参考接收机(参考接收机：具有 4 阶贝塞尔-汤姆逊低通滤波器幅频响应，3dB 截止频率(带宽)=0.75×数据速率)进行测试，从获取的眼图按照统计原理获取眼图中间 20%区域的逻辑"1"和"0"的参数，从而计算得到消光比(见图 5.51)。消光比是采用直方图获取眼图中间 20%区域(0.4 UI～0.6 UI)逻辑"1"电平和逻辑"0"电平光功率的比值，并用对数值表示。

在消光比测试中，逻辑"1"对应激光器打开时的光功率，是大信号，受偏置误差影响不大；但是逻辑"0"对应激光器关闭时的光功率，是小信号，受偏置误差影响较大。作为眼图/

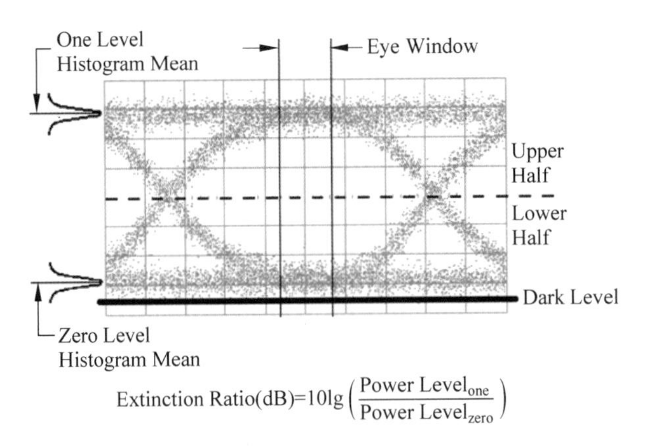

图 5.51 消光比的测试方法

消光比测试的仪表(参考接收机),光示波器模块的光口在没有入射光信号的情况下,其光电探测器会产生暗电流(噪声),这个噪声信号会叠加在被测信号内,从而影响逻辑“0”电平的测量。对于此误差,需要通过仪表内部自校准来克服。由于消光比通常以对数形式描述,如果暗电平(Dark Level,即完全没有光信号输入时测到的信号功率)校准不准确,会造成逻辑“0”电平测试的很大误差,从而影响消光比的测试结果的准确性。

因此,虽然现在技术使得光电转换器的带宽已经可以达到 30GHz 以上,但在使用实时示波器配合光电转换器进行光信号测试的过程中,如果要做相对准确的定量测量,还需要特别关注其测试的波长、增益、带宽和频响特性以及暗电平校准等,才能得到与采样示波器类似的测量结果。图 5.52 是用光电探头配合实时示波器进行光信号测试的连接和设置。

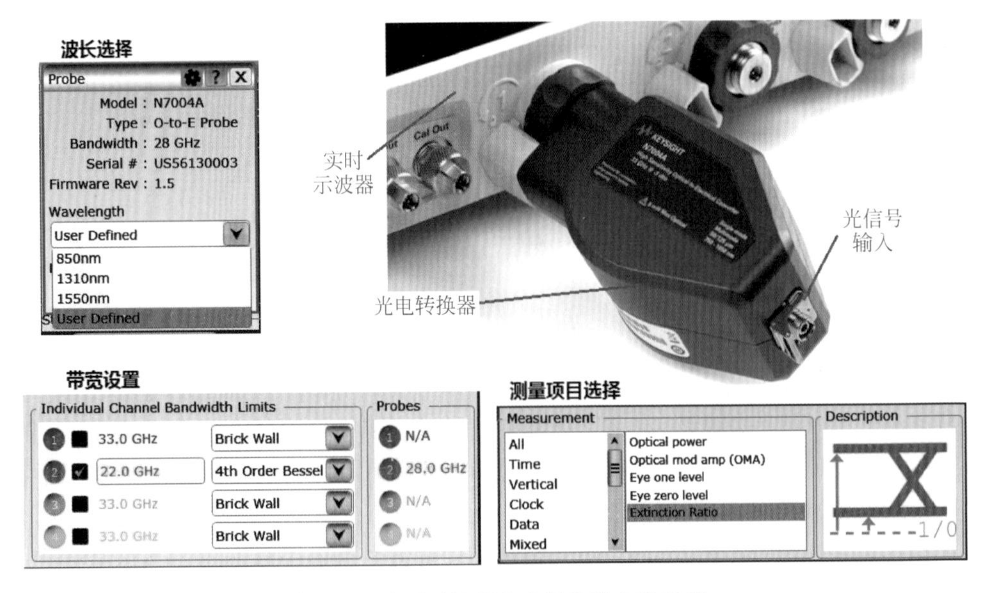

图 5.52 实时示波器的光探头及参数设置

六、探头对测量的影响

1. 探头前端对测量的影响

很多人使用探头测试时以为只要探头的带宽足够，测量的结果就是正确的，其实并不是这样的。具体使用环境下的很多因素都会影响到测量的结果，其中最常见的就是探头和被测件之间的连接方式。通常的探头为了使用的方便都会提供很多种可选的连接方式(例如前面介绍过的无源探头的各种附件)，每种连接方式适用于不同的测试场合，但是不同的连接方式提供的系统带宽可能会不一样。更极端地，有些用户为了连接的方便，可能还会额外引入一些引线，这有可能会大大减小系统的带宽或者引入信号的失真。

图 6.1 是典型的有源探头的前端部分的等效电路图。放大器前面的连接部分是一段阻抗不受控的连接线，有很多的等效电容和等效电感，这部分对系统带宽、高频下的输入阻抗、频响特性影响很大；放大器后面通常都是 50Ω 的传输线，这部分是阻抗受控的，对于系统带宽的影响较小。

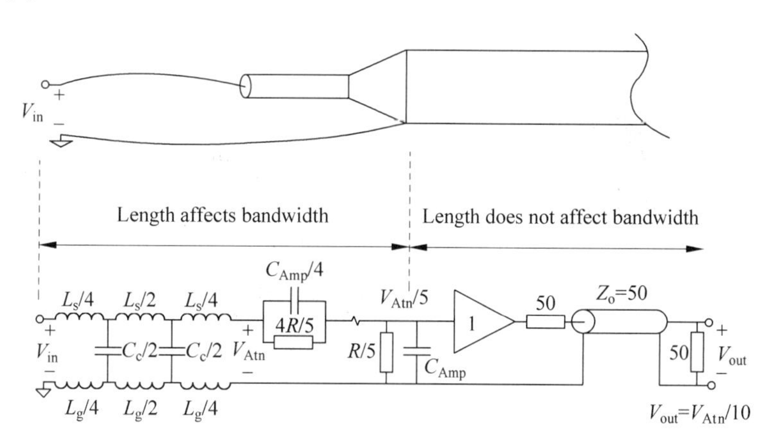

图 6.1 有源探头前端的等效电路

减小引线对系统带宽影响的最简单方法是缩短探头和被测件的连接线的长度。图 6.2 是一个例子，测试中使用 2GHz 单端有源探头，在使用不同的连接附件时，系统的带宽是不一样的，使用的前端附件越短，系统的带宽越高。

图 6.3 是使用这几种不同的连接方式对同一个 1ns 的上升时间信号的测量结果，可以看到，用的连接方式越短，系统的带宽越高，测得的上升沿越陡。

但是在有些场合下，为了使用的方便，探头的放大器距离测试点必须有一定的距离，这一段连接线通常表现为感性，如果不对这段引线引起的电感效应进行补偿，这段长的连接线很容易引起信号的振荡。图 6.4 中两张图是用 4GHz 的单端有源探头经过 2in 长的引线对同一个 500MHz、上升时间为 100ps 的时钟信号测量的结果。左边的图中 2in 长的引线没有经过任何匹配，测量到的时钟信号振荡和变形非常严重；右边的图中在 2in 长引线的源

图 6.2　探头前端附件长度对系统带宽的影响

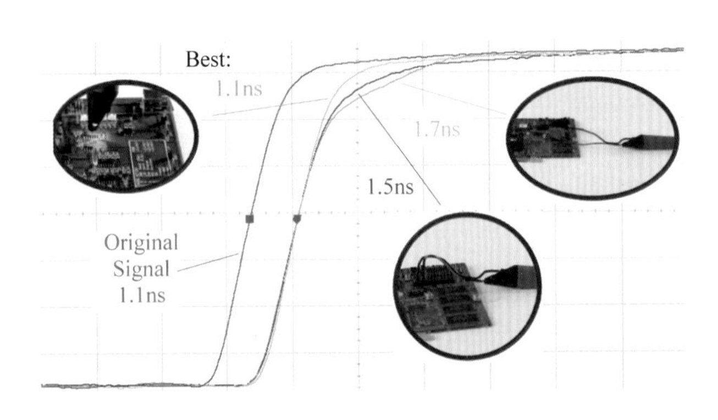

图 6.3　使用不同长度前端附件对约 1ns 上升时间信号的测量结果

端通过一个合适的电阻进行了匹配，信号的振荡和变形明显减弱。

因此，当探头和被测件的引线长度已经不能再缩短时，采用合适的电阻在靠近测试点的一端对信号进行匹配可以改善引线电感造成的影响，具体使用的匹配电阻的大小应该根据引线的长度等特性进行仿真和计算。图 6.5 是两种差分探头使用的差分焊接和点测探头，可以看到，在高频的情况下，为了提高信号测量的保真度，即使对很短的引线也需要进行合适的匹配。关于电阻匹配需要注意的是，这个匹配电阻只是减小了长线引起的信号的振荡，对于带宽的提升有限，如果前端引线长度太长，系统的带宽还是会下降的。

如前所述，要提高有源探头的带宽，除了需要使用高带宽的放大器以外，还需要尽可能减小测试点到探头放大器这段阻抗不受控的传输线的长度以及在连接线的前端进行电阻匹

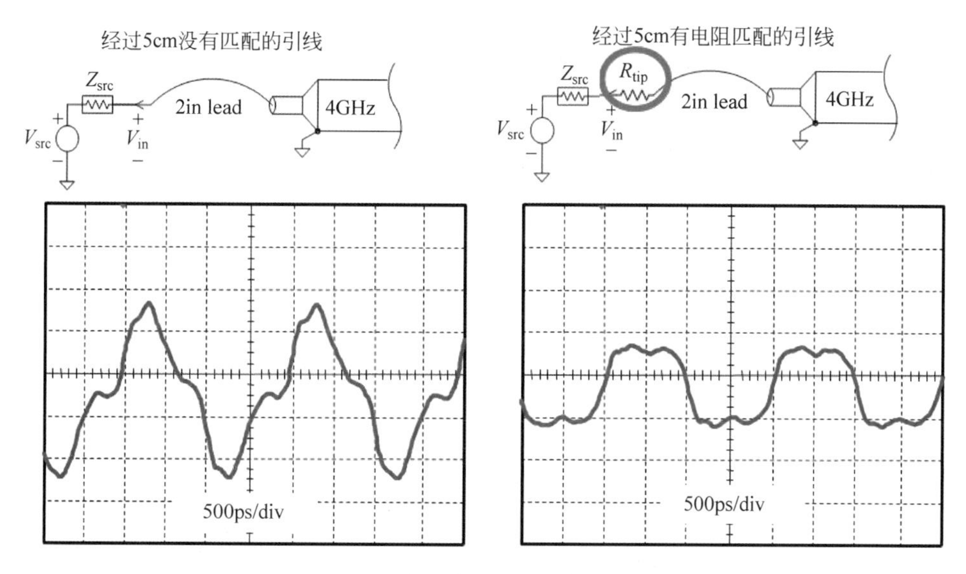

图 6.4　匹配电阻对探头前端引起的信号振荡的抑制作用

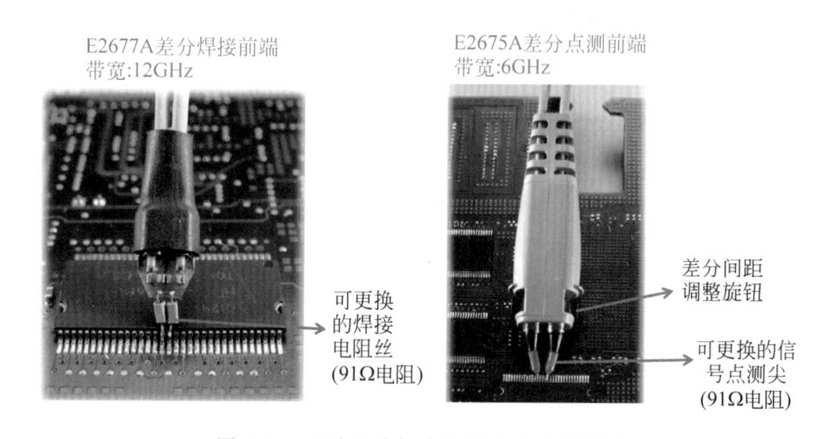

图 6.5　两种差分探头的焊接和点测探头

配。但是通常高带宽的放大器需要进行复杂的屏蔽、匹配和供电，体积不会特别小，如果这个放大器设计得距离测试点太近，会造成使用很不方便。为了同时保证使用的方便以及很高的测量带宽，现在市面上很多高带宽的探头都采用了分体式结构。

分体式探头由探头放大器和探头前端两部分组成(见图 6.6)，中间通过 50Ω 的同轴连接器连接。通常的探头放大器前面部分的阻抗是不受控的，所以这部分长度对信号影响很大，而分体式探头的前端中只有前面很短的一段(约 5mm)是阻抗不受控的，这部分引线很短从而可以保证高的测量带宽；而探头前端后面的部分(约 10cm)都是 50Ω 的同轴传输线，这部分的长度对于系统带宽影响不大。因此采用了这种结构以后，一方面探头带宽可以做的比较宽，另一方面探头放大器又可以距离测试点比较远一些，使得探头前端的尺寸较小从而方便使用。同时这样分体式的结构方便了用户可以根据不同的测试需要更换不同的测试前端，例如点测的、焊接的、插孔的等。

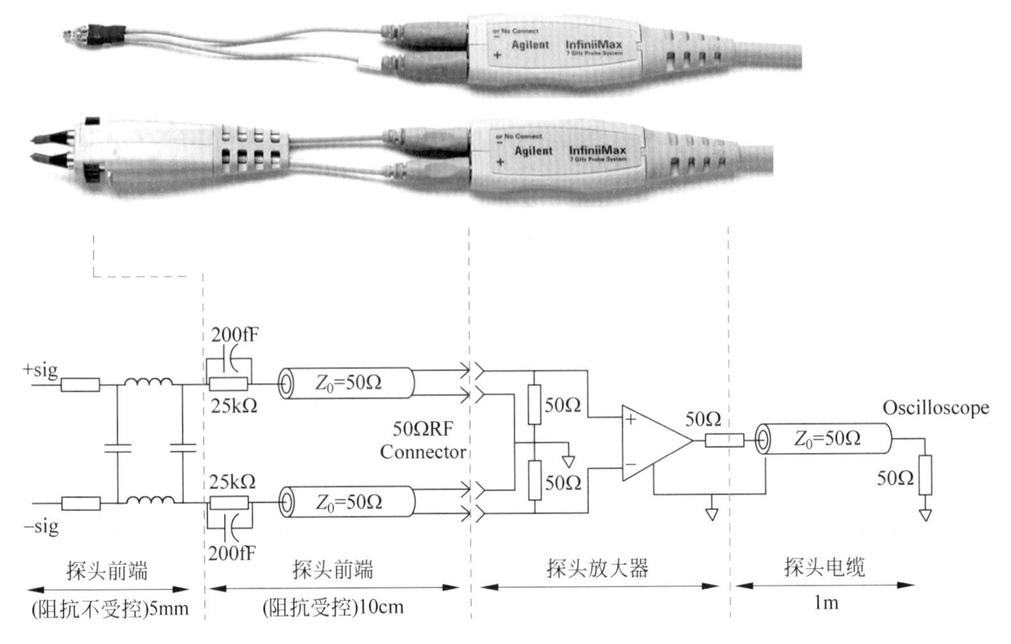

图 6.6　分体式的有源差分探头

2. 探头衰减比对测量的影响

衰减比是指探头本身对于信号的衰减比例，大部分示波器的探头都是有衰减的(即使对于很多有源探头也是这样)。很多示波器探头和示波器的连接器上都有专门的 pin 脚可供示波器读出这个探头的衰减比例，示波器知道探头的衰减比以后，就可以把实际探测到的信号再放大相应的比例显示，因此用户在使用过程中通常感觉不到探头衰减带来的影响。但是在某些场合下，探头的衰减比对于测量还是有影响的。

首先，示波器接上有衰减的探头后，示波器最大量程会扩大，因此可以用来测量一些更大的信号。例如示波器本身的最大量程是 10V，接上衰减比为 10∶1 的探头后，示波器的最大量程就扩展到 100V(实际上能否直接用来测量 100V 的信号还取决于探头本身的耐压)，因此很多高压的探头都有比较大的衰减比。图 6.7 是几种不同探头的衰减比以及其能够承受的最大输入电压。

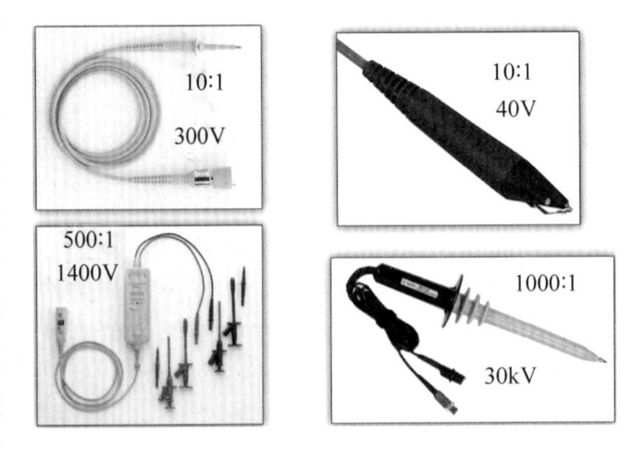

图 6.7　几种探头的衰减比及其耐压

但是，示波器接上大衰减比的探头后，其最小的测试量程也变大了，这对于小信号的测量会不利。例如示波器的最小量程是 1mV/格，连接上 10∶1 的探头后示波器的最小量程就变成了 10mV/格，示波器等效的噪声也放大了。图 6.8 是一个例子，对于一个 20mV 峰峰值的信号，用 10：1 的探头测试时由于信号被探头衰减了 10 倍，信号的信噪比恶化，所以测量到的信号里噪声很大，不如 1：1 的探头测量的效果好。因此，很多小信号的测量场合都建议在保证信号带宽的情况下使用衰减比尽可能小的探头。

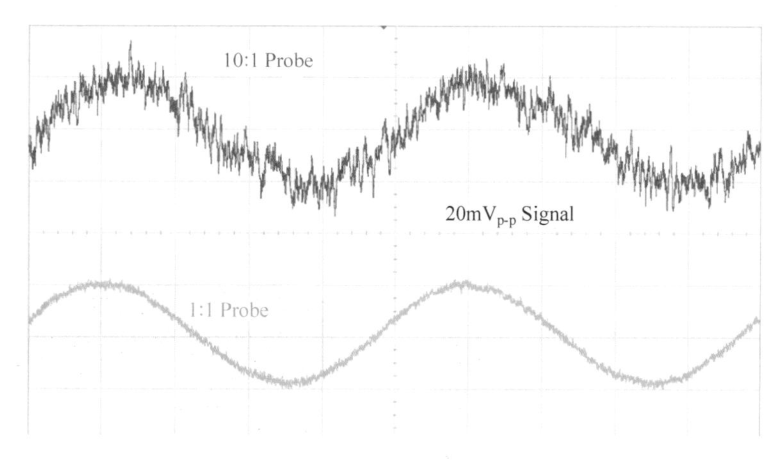

图 6.8　不同衰减比探头对小信号的测量结果

3. 探头的校准方法

探头是示波器测量系统的一部分，对于有源探头来说，内部的有源放大器的增益和偏置随着温度或者时间老化可能会有漂移，为了补偿这种漂移，就需要定期对探头进行校准。

目前，示波器探头的校准方法通常有三种：

●**直流 DC 校准**：直流校准是示波器最常用的校准方式，直流校准中通过比较校准信号输出(标准的直流电压)与示波器实际测试到的结果，修正探头的直流电压增益及偏置误差。DC 校准过程是确定线性方程 $y=mx+b$ 中系数 m、b 的值。探头的 DC 校准至少需要 1 年进行 1 次，有些对精度要求比较高的测试需要几个月甚至每天进行一次。图 6.9 是借助示波器自身输出的信号对探头进行直流校准的例子。

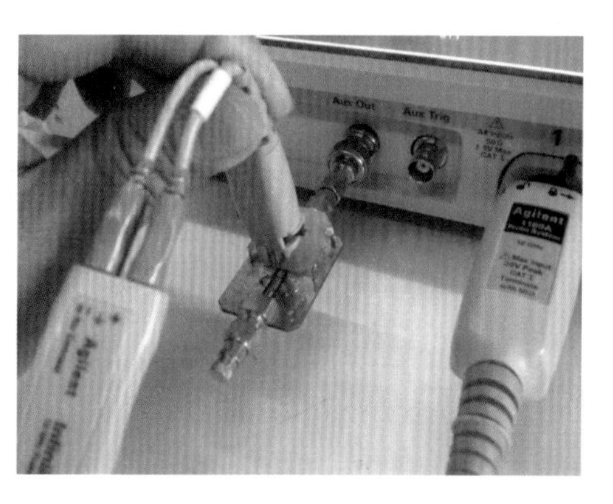

图 6.9　探头的直流校准

●**出厂 AC 校准**：DC 校准不能修正频率响应，对于高带宽探头来说，由于带宽非常宽，很难保证带内幅频和相频响应绝对平坦。当对测量精度要求比较高时，就需要通过校准探头的频率响应，使测试系统在全带宽内具有一致的幅度和频率响应。探头 AC 校准方法，是使用网络分析仪测试有源探头放大器的 S 参数并进行修正。示波器厂商在出厂时会测试每只探头放大器的 S 参数并存储在探头内部的存储器中，用户使用探头时，示波器读取出探头的 S 参数并自动进行频响修正。图 6.10 是用矢量网络分析仪对探头的频响和损耗曲线进行测量的例子，由于有源探头需要供电，所以还用到了给探头外部供电的方式。

●**现场 AC 校准**：上述探头 AC 校准过程，使用厂商出厂提供的固定 S 参数做校准，无法充分考虑探头连接附件在不同实际情况下的损耗。使用网络分析仪测试 S 参数的过程非常复杂，不适用于现场环境使用。目前有些高带宽的示波器自身可以提供小于 15ps 上升沿的信号作为校准源，以对探头的频响进行现场校准。快速的上升沿包含了足够的高频成分，用来做校准源是合理和可行的(传统的高速示波器虽然也有快沿输出，但其上升沿通常在几十 ps 甚至更缓，所以主要用于时延校准，而不足以进行精确的频响校准)。图 6.11 是借助示波器自身的快沿输出信号，在现场对探头的频响和损耗进行校准的例子。

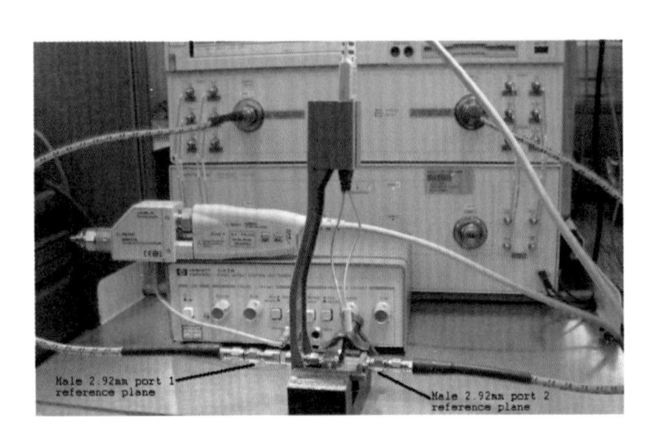

图 6.10　用矢量网络分析仪对探头频响进行测量

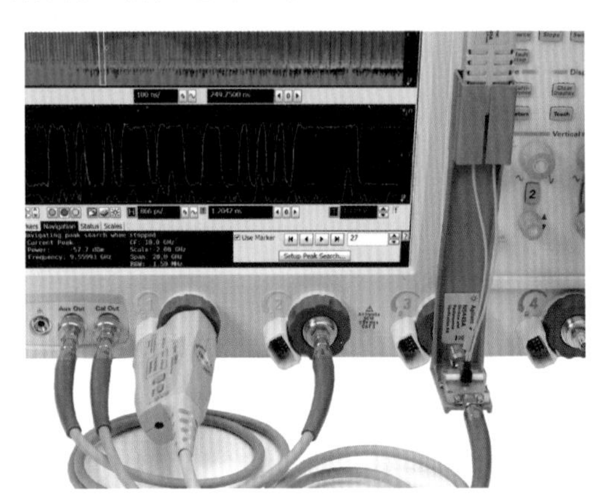

图 6.11　现场对探头的频响和损耗进行校准

4. 探头的负载效应

理想的示波器探头可以轻松、精确地复制被探测信号。然而在现实情况下，探头成为了电路的一部分，附加到被测设备的探头和探测附件会给电路带来电阻、电容、电感和失配负载。由于负载效应不同，会在频域中影响探头的带宽和频响，并在时域中带来过冲、振铃和直流偏置问题。图 6.12 显示了探头负载对被测对象的影响程度。

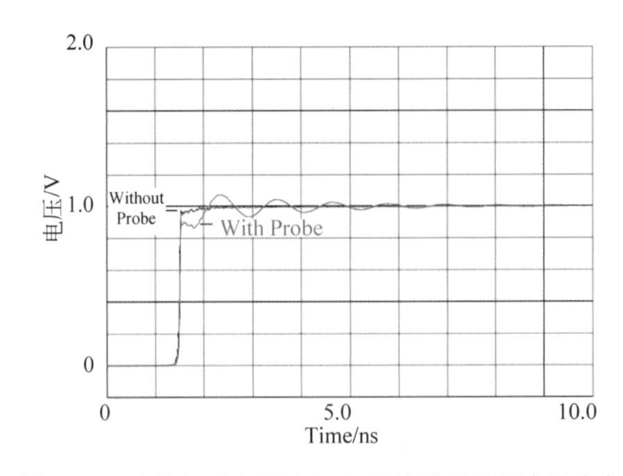

图 6.12　连接和不连接探头时，示波器系统的阶跃响应

因此,示波器探头的负载对于被测电路的影响,是影响测量精度的一个很重要方面。知道了探头的负载效应,就可用于构建等效电路模型,以评估寄生参数,或直接在去嵌入算法中使用,以消除探头导致的负载效应。通常情况下,探头负载不是一个常数,它随着频率的变化而变化。图 6.13 显示了一个高阻无源探头的负载效应图。

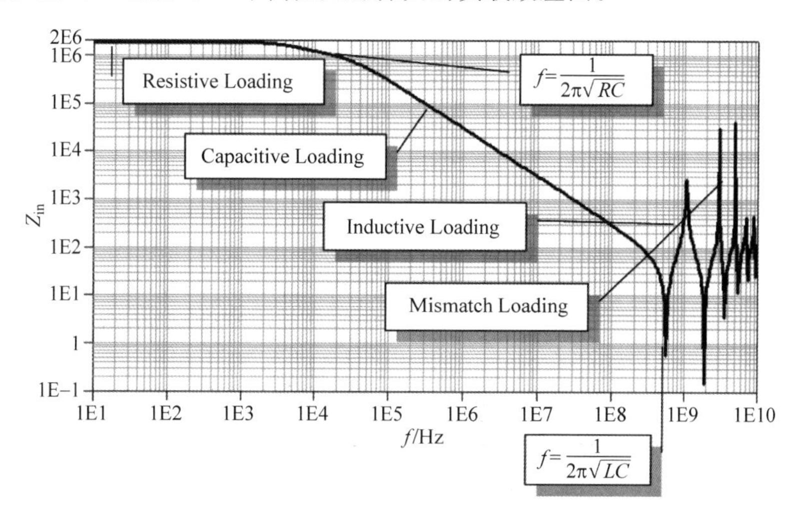

图 6.13　高阻无源探头的典型负载效应图

探头的负载效应由以下几方面构成:

●**阻性负载**:在直流或低频范围内,主要的负载是探头的输入电阻。阻性负载主要影响直流参数,例如直流幅度精度、直流偏置和偏置电压变化。该负载对低阻抗电阻分压探头尤其重要。使用低阻抗探头时,若被测对象的阻抗比探头的阻抗还大,流经电路的大部分电流将流入该探头,会降低被探测点的电压。为了避免阻性负载效应,需要探头有大得多的输入阻抗,有时还需使用隔直电容。隔掉的直流成分可以被高阻抗探头恢复。

●**容性负载**:如图 6.13 所示,从 RC 频率到 LC 一阶谐振频率,被测对象的负载主要受到电容负载的影响。电容负载随频率的增加而增加。在高频时,电容负载起作用,将高频信号引入到地,极大地降低探头的输入阻抗。容性负载对高阻无源探头非常重要,它会显著限制探头的带宽和降低信号的边沿速度。高带宽探头要求极低的输入电容,通常可以通过特定的结构、较低 K 的材料/元器件选择及良好的组装过程来实现。

●**感性负载**:以一阶谐振频率到二阶谐振频率,被测对象的负载主要由电感来决定。如果 LC 谐振低于探头带宽,电感负载会使被测信号被大幅衰减和失真。该负载来自探头信号探针到地产生的环路电感。磁通在该环路中生成感应电压。如果这个自谐振不是阻尼(damped),它将导致探测系统的频率响应出现明显的过冲,从而导致被测信号失真。电感负载效应通常以示波器屏幕上观察波形的振铃形式出现。振铃源是 LC 电路,包含探头的内部电容、接地线和探头探针电感。接地电感包括焊接到电路板的任何跳线或连接的任何接地鳄鱼夹的电感。典型接地路径的电感是 1nH/mm,即 1in 接地线约为 25nH。例如,电容为 9.5pF 的探头和一条 6in 长的接地线可在大约 133MHz 的频率上出现振铃。除了电压探头外,钳式电流探头也可导致电感负载。被测对象与电流探头中变压器式线圈之间的互感可生成施加于被测对象的电感负载。通常,这个互感非常小,施加的负载远小于电压探头的负载。寄生电感和寄生电容引起的谐振频率可以按以下公式计算：

$$f=\frac{1}{2\pi\sqrt{LC}}$$

●**失配负载**：当信号的波长等于或小于电缆长度所对应的频率范围(通常高于二阶谐振频率)时，失配负载变得更加重要。探测系统应视为传输线，而不是一阶 RLC 模型。因此，如图 6.13 所示，探头阻抗随着频率的变化，到一定频段后，可视为随着谐振频率而变化。从探头探针到示波器的 ADC 输入，随处都可能出现失配，并导致多反射波。电缆越长，谐振频率越低。为了将谐振频率推到尽可能高的频率范围，有源探头的设计会包括有放大器，以最大程度地缩短从探针前端到高输入阻抗放大器的失配信号路径，放大器到示波器输入端则接近理想同轴电缆连接。这是有源探头的带宽高于无源探头的部分原因。通过现代示波器中的数字响应平坦滤波器可以进一步降低高频失配负载。

如果想知道探头对电路的负载程度，可以使用一种非常简单的方法，通常称为双探测技术。首先，选择一个想使用的探头，将其连接到已知的目标阶跃信号。保存该波形，以便示波器进行参考。接着，拿第二个探头，将其附加到相同的探测点。如图 6.14 所示，第二个探头必须与连接附件的探头完全相同。这时可以看到使用两个探头探测与仅使用一个探头时波形的变化程度，变化程度越大，就说明探头的负载效应越大。这是一种快速、简单的方法，无须使用任何昂贵的测试设备，便可检查探头本身的负载效应。

在图 6.15 所示的示波器屏幕中，可以看到，由于第二个探头的负载效应，减缓了信号的上升时间，使信号边沿变得有些不平滑，说明这种探头将降低测量系统的带宽。因此通过双探测法，就可以快速定性了解探头会给电路带来多少探头负载。

图 6.14 用双探测法验证探头负载效应

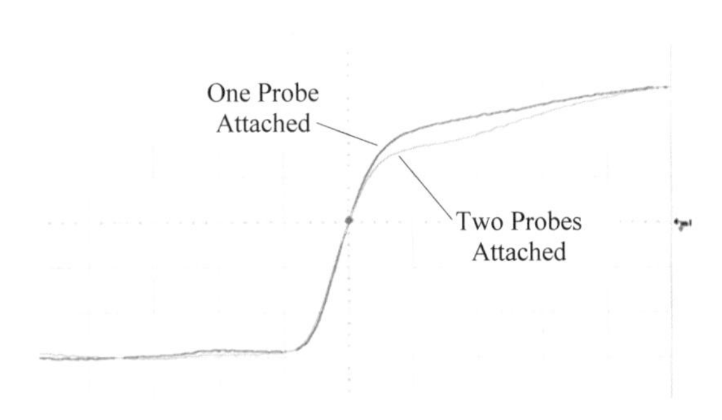

图 6.15 单探头和双探头时看到的波形比较

5. 定量测量探头负载效应的方法

除了用双探测法定性分析探头负载效应以外，还可以通过实际测量来定量测量。要想知道探头的负载阻抗如何，首先应将该探头连接到一个匹配的示波器输入端，然后借助仪表对探头的输入端进行测试。根据测试频率范围的要求，可以使用不同的测试仪表。

在直流频率范围内，推荐使用 4 线 Kelvin 方法进行精确的低输入电阻测量。测量大电阻时，通常想要使用高电阻表(例如 Agilent 4339B)，而不是普通的万用表。在生产环境中，很多用户使用 LCR 表评估/检查直流到高达数 MHz 频率范围内预定义等效模型的输入电容、电阻和电感值。探头探针应恰好位于将要使用它们的被测电路上。然而，不能使用这种方法执行失配负载阻抗测量，因为 LCR 表的激励信号频率不够高，而且一阶等效电路模型不足以描述高频特性。使用阻抗分析仪可获得从 Hz 到 GHz 范围内的阻抗，但其主要的限制是测试治具，不容易找到或做出来。

VNA（矢量网络分析仪）具有很大的动态范围，使其能够从小阻抗到大阻抗的频率范围内进行精确的测量。测试夹具有时只是一条简单的 50Ω 馈通传输线（例如一些高带宽示波器选配的性能验证和偏移校正夹具）。用户可以从阻抗曲线的第一 RC 谐振频点导出输入电容和电阻，从第一 LC 谐振频点导出输入电感。VNA 还可直接以复数形式显示失配负载谐振频率和幅度，以便在现代示波器的去嵌入算法中使用，从而消除负载效应。根据负载的不同特性，有三种设置 VNA 测量的不同方法。

- **针对低阻抗探头（输入阻抗在几百欧姆到几千欧姆）**：低阻抗电阻分压探头具有低电容负载和高带宽。较之有源探头，它可提供精确的定时测量，且成本相对较低。1 端口 S11 测量可用于执行这类探头的阻抗测量。这种方法简单易用，只需校准一个端口。它最适用于表征 50Ω 输入阻抗，因为它具有最高的灵敏度。然而，其缺点是在 Z_{in} 远超出 50Ω 时，S11 将趋向于 1，入射波总是完全反射。例如，当在高频下阻抗为 0.1Ω 时，入射信号的反射是 99.6%，此时由于采样位数限制和定向耦合器的方向灵敏度，VNA 会损失分辨率。为了充分利用 VNA 完整的动态范围，可以使用 2 端口测量。在 1 端口测量中，会使用以下公式，将 S11 转换为输入阻抗：

$$Z_{in} = 50\,\frac{1+\mathrm{S11}}{1-\mathrm{S11}}$$

- **针对极高输入阻抗探头（例如很多高带宽有源探头）**：大多数电压探头的输入电阻通常都在几千欧姆到几百万欧姆之间，以应对严重的电阻负载问题并实现高电压测量应用。2 端口（而不使用 1 端口）测量可以最大程度地使用 VNA 完整的动态范围。将探头探针置于 50Ω 迹线的开路端。如图 6.16 所示，开启 VNA 的端口扩展功能，以确保校准面位于这些开路端。测试中使用到一个 Z 型连接器，这个 Z 型连接要求被测对象具有一个浮动接地，以避免任何测试信号短路，因此它非常适合测量差分探头的负载。而要想测试单端探头，被测探头必须用匹配负载端接。如果被测对象与示波器连接，应断开示波器，避免任何接地连接。否则，机箱接地的泄漏电流在低频时会导致很大的阻抗插值误差。

测得的 S21 是在 VNA 完整的动态范围内。使用以下公式，可以将 S21 转换为输入阻抗：

$$Z_{in} = 100\,\frac{1-\mathrm{S21}}{\mathrm{S21}}$$

- **针对极低输入阻抗探头（例如钳式交流/直流电流探头）**：有时，负载阻抗非常小且难以测量。例如，将交流/直流电流探头固定在被测对象的导线上。负载可能只有几 pH。本例未使用 Z 连接，而是改为 Y 连接，以便通过 VNA 完整的动态范围测量 S21。如图 6.17 所示，为了测量交流/直流电流钳的插入阻抗，通过电流探头的导线应从测试端口焊接到地面。

然后通过 S21 测量并通过以下公式计算插入阻抗，该设置可精确地测量低至 1mΩ 的阻抗和 pH 范围内的电感。

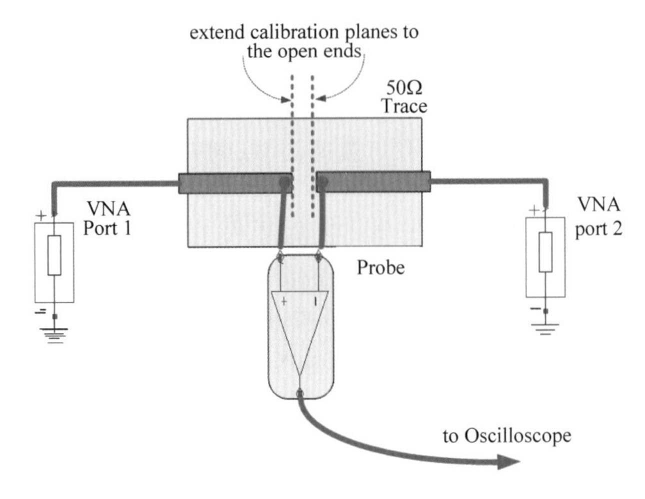

图 6.16　使用高阻抗探头的测试设置

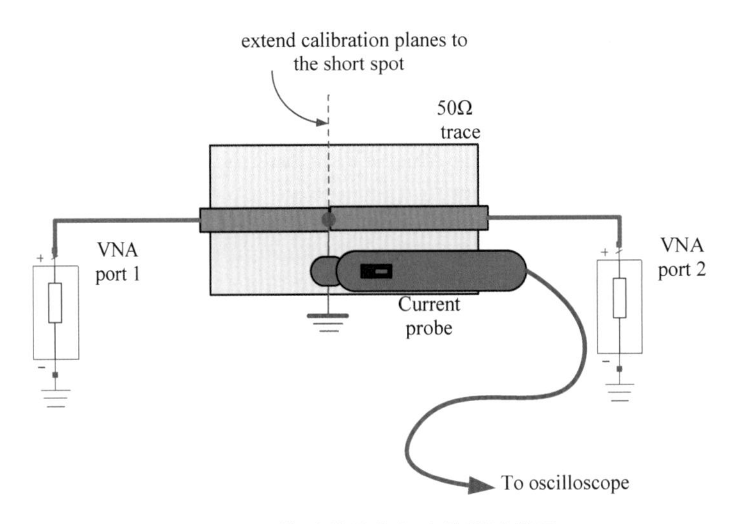

图 6.17　使用低阻抗探头的测试设置

$$Z_{\text{in}} = 25\,\frac{S21}{1 - S21}$$

因此，当将探头连接到电路时，探头便成了测量的一部分，对被测电路产生负载效应。根据探头负载效应的大小，探头的电阻、电容和电感元器件改变被测电路行为的程度亦不同。这里介绍的每种示波器探头的负载效应及根据负载的特性执行精确的插入阻抗测量的方法都不一样。万用表、LCR 表、阻抗分析仪和矢量网络分析仪都有其各自的优势和劣势。其中 VNA 是测量探头的负载效应最常用的测试方法，可以设置为多种不同的测量场景，以适用于各种情况。

七、使用触发条件捕获信号

1. 示波器触发电路原理

相对于模拟示波器来说，数字示波器有非常丰富的触发功能，数字示波器正是凭借丰富的触发功能而成为电路调试的有力工具。触发对于示波器来说有两个最基本的意义，一个是捕获感兴趣的信号，另一个是确定波形的时间零点。

如图 7.1 所示，信号从外面进入示波器经放大后会分成两路，一路通过 ADC 进行采样和量化，另一路送给触发电路。触发电路实时监控着输入的信号并判断是否满足预先设置好的触发条件。示波器采集的开始、停止等关键的动作都是在触发电路的控制下进行的。

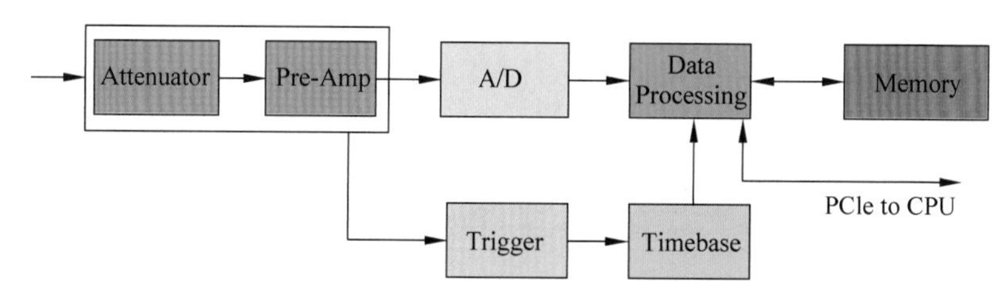

图 7.1 示波器的触发

触发对于波形的稳定显示非常重要，如果示波器没有触发，示波器可能采集到波形的任何一段时间位置，而下一个波形可能又采集到另一段位置，这样在屏幕上看到的波形就是不稳定的。图 7.2 是触发条件不满足时示波器捕捉的一个连续的正弦波中的几段波形，由于每段波形采集的起始点是随机的，因此在示波器上看到的波形是不稳定的。

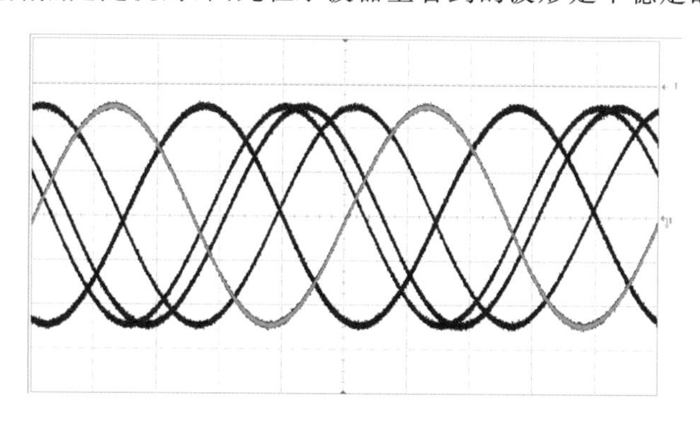

图 7.2 不稳定的触发

图 7.3 是有稳定触发时在示波器上看到的波形。此时由于每次触发点都发生在信号经过触发电平的位置，同时信号又是周期性的，所以在屏幕上捕获到的多个波形有相同的时间基准点，波形看起来就是稳定的。

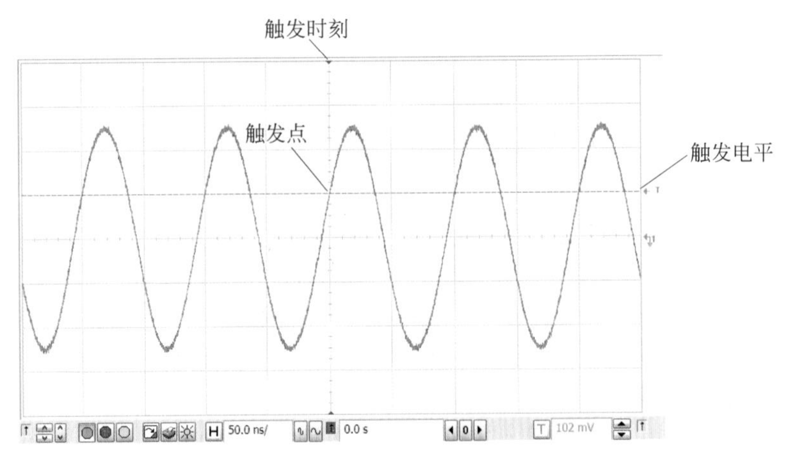

图 7.3 稳定的触发

对于模拟示波器来说，是在触发后才进行信号的扫描显示，因此在屏幕上看到的波形都是触发点以后的。而对于数字示波器来说，在触发条件不满足时示波器并不是在等待，而是在全速向缓存中采集数据。如图 7.4 所示，由于示波器的内存深度是有限的，所以缓存很快会被填满并不断用新的数据覆盖旧的数据。这个过程会一直持续到触发的发生。一旦满足触发条件，触发电路会控制示波器继续采集一段时间再停止。这样，示波器的内存中有一部分是触发点前的数据(Pre-Trigger)，另一部分是触发点后的数据(Post-Trigger)。

能够看到触发点前的数据，也能看到触发点后的数据，并可以根据用户需要调整前后部分波形的比例，是数字示波器的一个优点，这与数字示波器的存储功能是分不开的。图 7.5 是数字示波器采集的一段波形，这是一个示波器中最常用的边沿触发。在示波器上，触发点发生的时刻就是示波器上采集的这段波形的时间零点，触发点之前的是负时刻，触发点之后的是正时刻。

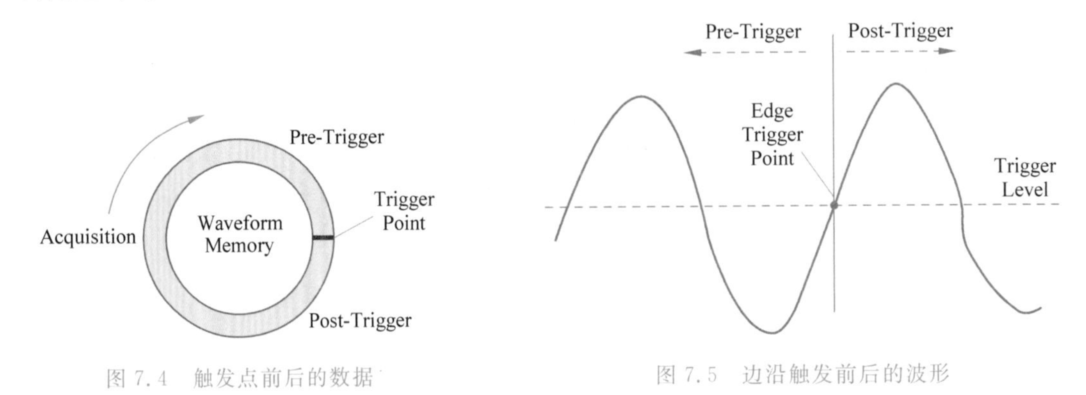

图 7.4 触发点前后的数据

图 7.5 边沿触发前后的波形

根据不同的应用场合，会使用不同的触发条件设置期望捕获的信号特征，因此现代的数字实时示波器中都有非常多种类的触发条件设置(见图 7.6)，以适应不同的应用需求。在后面的章节里会详细介绍到。

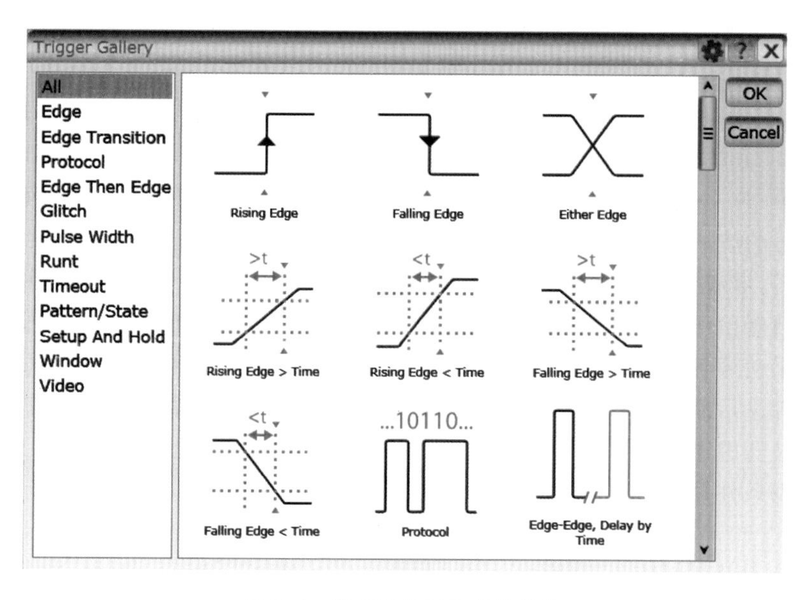

图 7.6　数字示波器的触发条件

2. 示波器的触发模式

对于数字示波器来说，整机都是在触发电路的控制下工作的。触发电路决定了示波器什么时候采集信号，什么时候停下来显示波形。而触发模式就是指示波器在触发条件满足前和触发条件满足后的工作状态。示波器常用的触发模式有以下 3 种。

● **自动触发(Auto Trigger Mode)**：这是绝大多数示波器的默认触发模式。在自动触发模式下，示波器优先检测设定好的触发条件是否满足。如果触发条件满足，示波器就按当前的触发条件进行触发；如果触发条件不满足且持续超过一定时间（一般是几十 ms)，示波器内部会自动产生一个触发并捕获波形显示。如果示波器发生了自动触发，这时捕获到的波形可能是不满足触发条件的，但是这避免了用户由于触发条件设置错误而完全看不到信号波形的情况，用户可以根据示波器自动触发捕获到的波形进一步改变或优化触发条件的设置。自动触发模式可以适用于绝大多数的测试场合，但是也有一定的制约条件。如果用户感兴趣的信号跳变或设置的触发条件发生的频率很低，例如 1s 才会发生一次，这时如果示波器工作在自动触发模式下，可能会由于来不及等待到满足触发条件的信号，示波器就自动触发了，从而造成捕获的信号不是期望的信号的情况。在自动触发模式下，无论是满足条件的触发还是示波器自动产生的触发，一旦触发后示波器就会把捕获的波形处理显示，然后再等待下一个触发的到来，因此无论触发条件是否满足，示波器上的波形都是“动”起来的。

● **正常触发(Normal Trigger Mode)**：如果用户要捕获的信号出现间隔较长，而且触发条件设置无误，就可以把示波器设置为正常触发模式。在正常触发模式下，示波器会严格按照设定好的触发条件触发。如果触发条件不满足，示波器会一直等待满足触发条件的信号到来，而不会自动进行触发。在正常触发模式下，也是一旦触发后示波器就会把捕获的波形处理显示，然后再等待下一个触发的到来。因此如果持续有触发条件的波形到来，示波器上的波形就是“动”起来的；但如果满足触发信号的波形一直没有到来，示波器上的波形既不动也不更新。

●**单次触发(Single Trigger Mode)**：在正常触发条件下，当有新的满足触发条件的波形到来时，会把前面的波形更新掉，而有时需要捕获一些单次或瞬态的情况(例如要捕获系统上电时的波形、开关打开瞬间的波形、时钟刚起振时的波形等)，我们关心的是第一个满足触发条件的信号的波形，这时就可以把示波器设置成单次触发模式。在单次触发模式下，一旦触发条件满足，示波器就会把捕获的波形处理显示，并且不再进行后续的触发和采集。

数字示波器虽然有比较大的死区时间，但是由于采用数字技术，可以设置非常丰富的触发条件。如果使用者能够大概估计出可能要捕获的信号特征，就可以根据信号特征设置相应的触发条件进行捕获。可以说，是否能够根据信号特征设置触发条件捕获信号，反映了使用者操作示波器的熟练程度。下面章节将具体介绍示波器里常用的触发条件的含义，以及如何设置触发条件捕获信号。

3. 边沿触发

边沿触发(Edge Trigger)是示波器最经常使用的触发条件，也是绝大多数(几乎是全部)示波器的默认触发条件。所谓边沿触发，是示波器把输入信号和事先设定好的一个触发电平(Trigger Level)进行比较。当信号从低于阈值电平变化到高于阈值电平时是上升沿，反之，当信号从高于阈值电平变化到低于阈值电平时是下降沿。图7.7是边沿触发的一个原理示意图。

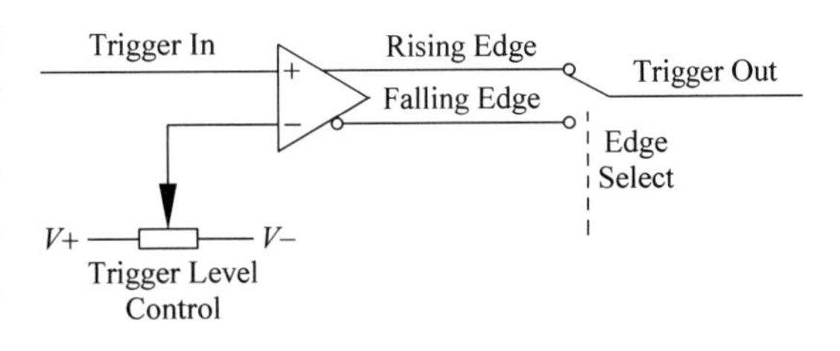

图7.7　边沿触发原理

因此，当使用边沿触发时，很重要的一点就是设置正确的触发电平。如果触发电平设置错误，也有可能捕获不到正确的信号。在图7.8的例子中，一个10MHz的时钟信号的正常摆幅在±500mV左右，但是受到外部信号的干扰造成信号上叠加有偶然的尖峰脉冲，通过把示波器的触发电平调整到600mV左右就可以捕获到超过正常信号幅度的异常信号。

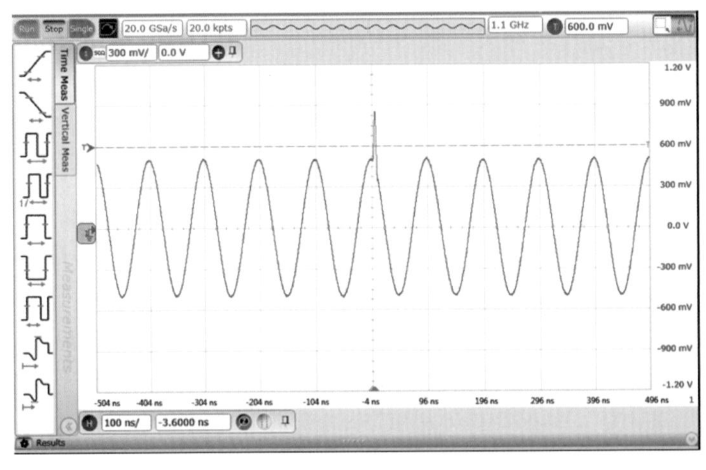

图7.8　用边沿触发捕获干扰信号

4. 码型触发

示波器有 2 或 4 个测量通道，有些示波器还可以额外增加 16 个逻辑通道，所以示波器可以用来进行一些并行的逻辑信号的测量。例如示波器可以同时捕获一个单片机总线的时钟 CLK、片选 CS、读控制 RD、写控制 WR 等信号，这些信号的高低电平状态组合可能代表一些特定的功能状态。相应地，也可以通过在示波器中设置这些逻辑电平的组合捕获这些特定的总线状态。图 7.9 是在示波器中设置当片选 CS 信号为低电平、数据 Data0 信号为高电平、时钟 CLK 信号为上升沿这些条件同时满足时进行组合触发即码型触发(Pattern Trigger)。在设置中很重要的一点是，每个通道的高、低电平的标准都是相对于各个通道的阈值电平来说的，所以除了组合条件外，对每个通道的阈值设置都要比较小心。

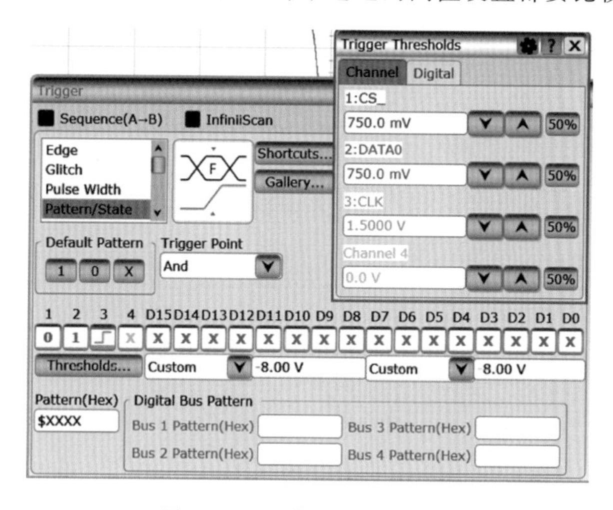

图 7.9　码型触发的设置举例

图 7.10 是根据上述触发条件捕获到的信号波形，可以看到触发点(屏幕正中心下方的小三角)的时刻确实是 CS 信号为低电平、Data0 信号为高电平且 CLK 信号为上升沿。

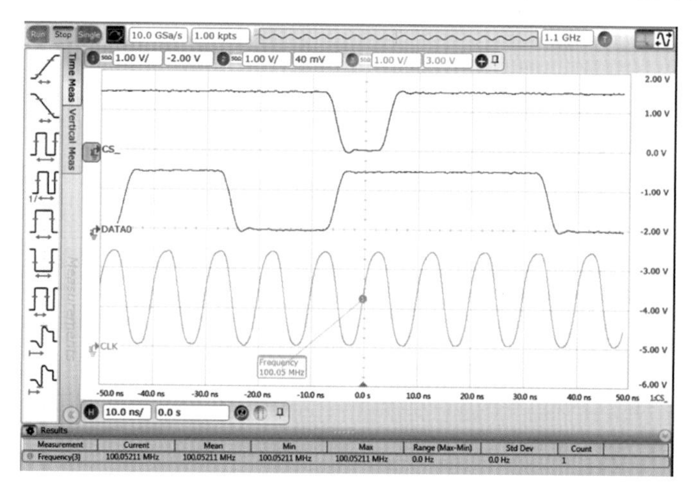

图 7.10　用码型触发捕获到的波形

5. 脉冲宽度触发

很多数字总线都有一定的工作时钟频率，正常工作时总线上高低电平的持续时间一般都有一定的范围，当总线停止工作或者出现异常时可能会出现持续比较长时间的高电平或者低电平，也可能会出现一些异常窄的信号毛刺。因此，通过设置相应的脉冲宽度触发可以对特定长度的正电平脉冲或者负电平脉冲进行捕获。图 7.11 是一个脉冲宽度触发（Pulse Trigger）的例子，对于一个 100Mbps 的 PRBS7 的码流，其中最长的“1”的宽度是 7×10ns=70ns，可以通过设置对 65ns 以上的脉冲宽度触发捕获到这个 PRBS7 码流中连续的 7 个“1”电平的情况。

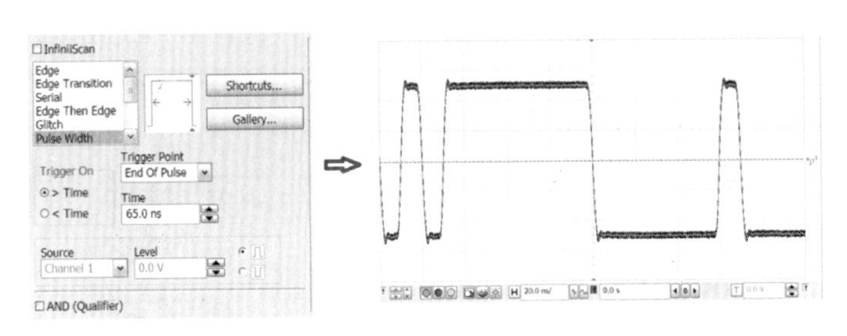

图 7.11　脉冲宽度触发设置举例

6. 毛刺触发

毛刺触发（Glitch Trigger）实际上是脉冲宽度触发的一个特例。脉冲宽度触发可以对特别宽的脉冲进行捕获，也可以对特别窄的脉冲进行捕获，而毛刺触发只针对特别窄的脉冲。图 7.12 是利用毛刺触发捕获时钟异常的例子，对于一个 10MHz 的时钟来说，正常情况下总线上最窄的正电平脉冲或负电平脉冲的宽度约为 50ns，如果总线上出现明显小于 50ns 的毛刺，就可能是电路异常造成的。

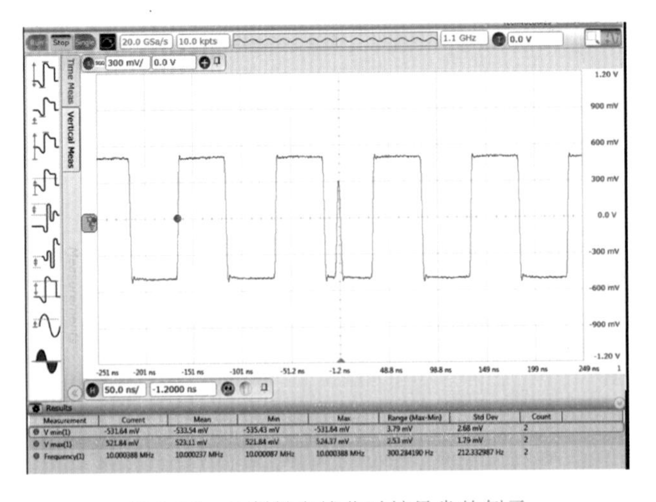

图 7.12　毛刺触发捕获时钟异常的例子

7. 建立/保持时间触发

在很多数字的同步逻辑电路中，会用一个时钟信号对数据信号进行锁存。如果要得到稳定的逻辑状态，对于采样时钟和信号间的时序关系是有要求的。如果时钟的有效边沿正好对应到数据的跳变区域附近，就可能会采样到不可靠的逻辑状态。数字电路要得到稳定的逻辑状态，通常都要求在采样时钟有效边沿到来时被采信号已经提前建立一个新的逻辑状态，这个提前的时间通常称为建立时间(Setup Time)；同样地，在采样时钟的有效边沿到来后，被采的信号还需要保持在这个逻辑状态一定时间以保证采样数据的稳定，这个时间通常称为保持时间(Hold Time)。如图 7.13 所示是一个典型的 D 触发器对建立和保持时间的要求。Data 信号在 CLK 信号的有效边沿到来 t_s 前必须建立稳定的逻辑状态，在 CLK 有效边沿后还要保持当前逻辑状态至少 t_h 这么久，否则有可能造成数据采样的错误。

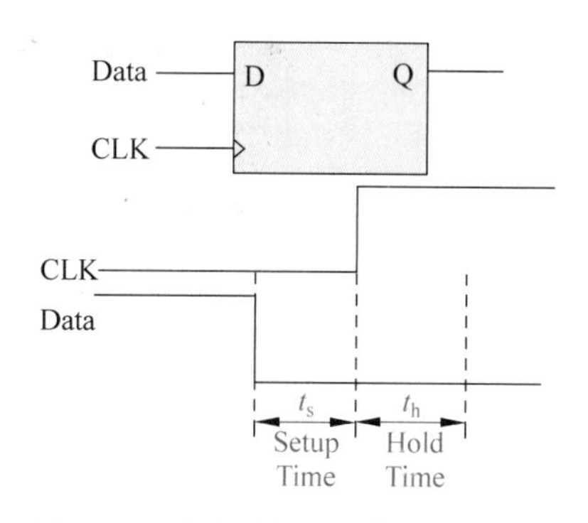

图 7.13　建立时间和保持时间的定义

在图 7.14 的例子中，通过时钟信号触发对数据信号进行叠加做眼图测试，通过眼图和时钟的相对关系发现信号的保持时间比较充裕，而建立时间比较紧张，于是可以设置建立、保持时间触发捕获时序不满足要求的信号波形。

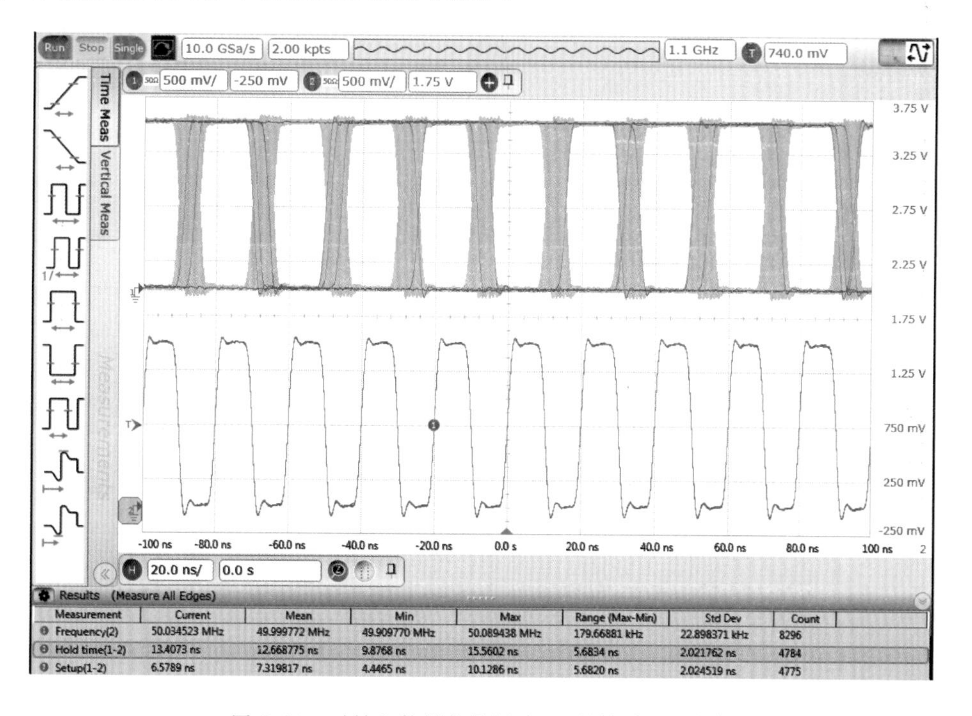

Measurement	Current	Mean	Min	Max	Range (Max-Min)	Std Dev	Count
Frequency(2)	50.034523 MHz	49.999772 MHz	49.909770 MHz	50.089438 MHz	179.66881 kHz	22.898371 kHz	8296
Hold time(1-2)	13.4073 ns	12.668775 ns	9.8768 ns	15.5602 ns	5.6834 ns	2.021762 ns	4784
Setup(1-2)	6.5789 ns	7.319817 ns	4.4465 ns	10.1286 ns	5.6820 ns	2.024519 ns	4775

图 7.14　时钟和数据信号间建立、保持时间的实例

因此，如果数据信号和时钟信号间的建立/保持时间小于芯片的最基本要求，在数据采样和传输时就可能会产生错误。图 7.15 是通过建立/保持时间的触发设置捕获建立或保持时间小于 5ns 的情况。

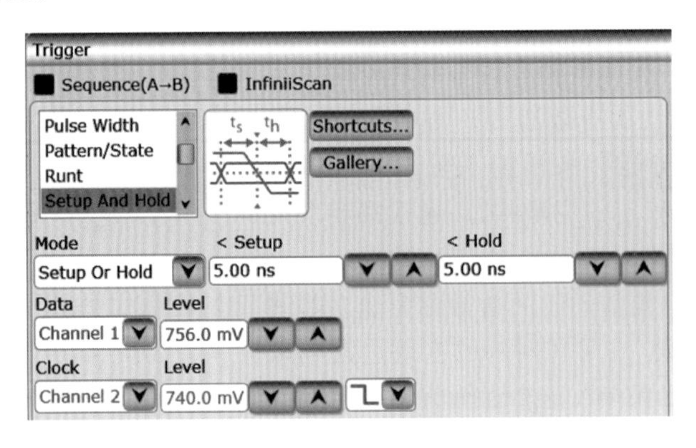

图 7.15　建立/保持时间触发设置举例

图 7.16 是通过建立/保持时间触发设置捕获到的建立时间违规的波形。通过测量看到信号的实际建立时间仅为 4.5ns 左右，小于 5ns 的要求。

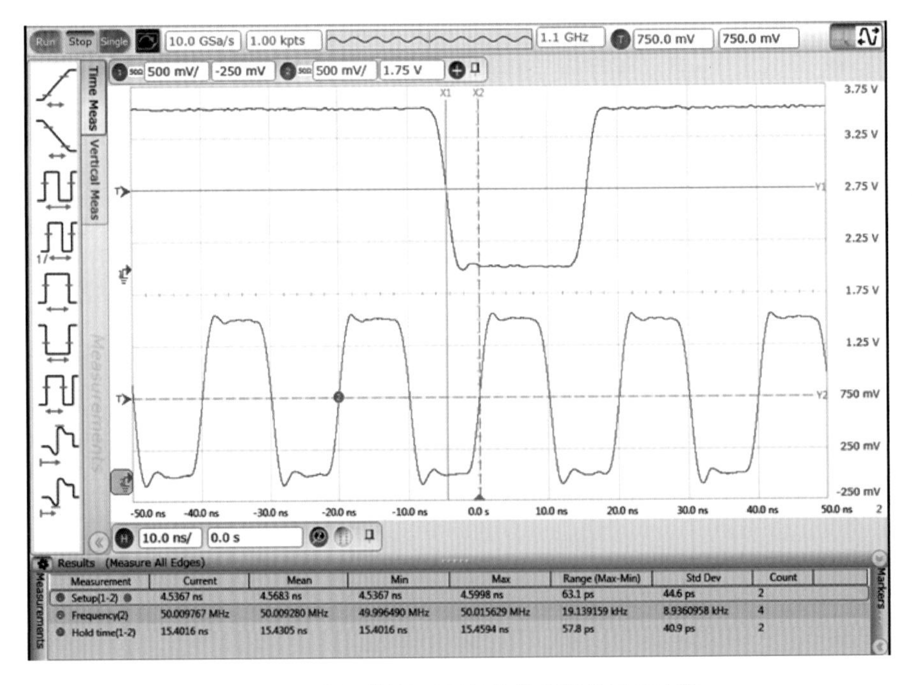

图 7.16　建立/保持时间触发捕获到的违规波形

8. 跳变时间触发

所谓跳变时间触发(Edge Transition Trigger)，是指对信号的上升/下降时间参数进行触发。很多时钟信号都对信号的斜率有一定要求，过缓的边沿可能减小时序容限或者易受噪声干扰，而过陡的边沿又可能造成信号的过冲或者在阻抗不连续点处的剧烈反射。跳变时间触发就针对信号的跳变时间设置触发条件。

在图 7.17 的例子中，信号的正常幅度是 1.5V 左右，其 10%～90%的上升时间要求小于 3ns，为了捕获到过缓的边沿，设置当信号从 150mV 到 1.35V 的跳变时间大于 3ns 时进行触发。

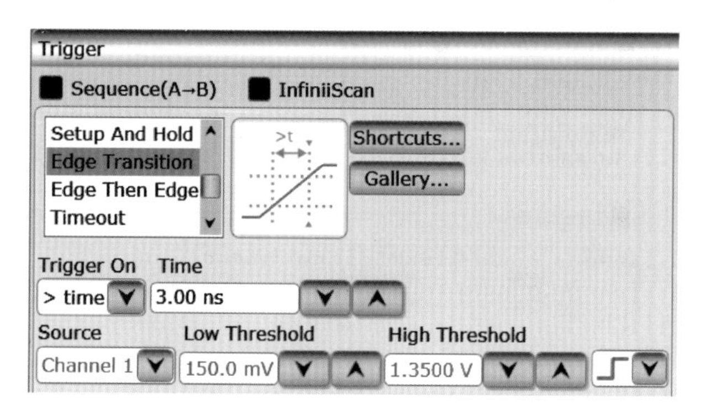

图 7.17　跳变时间触发设置举例

图 7.18 是根据上述触发条件捕获到的一个 25MHz 的时钟信号上跳变时间超过 3ns 的边沿。可以看到，由于信号上升过程中的台阶，造成了这个边沿信号的上升时间达到 6ns 左右。

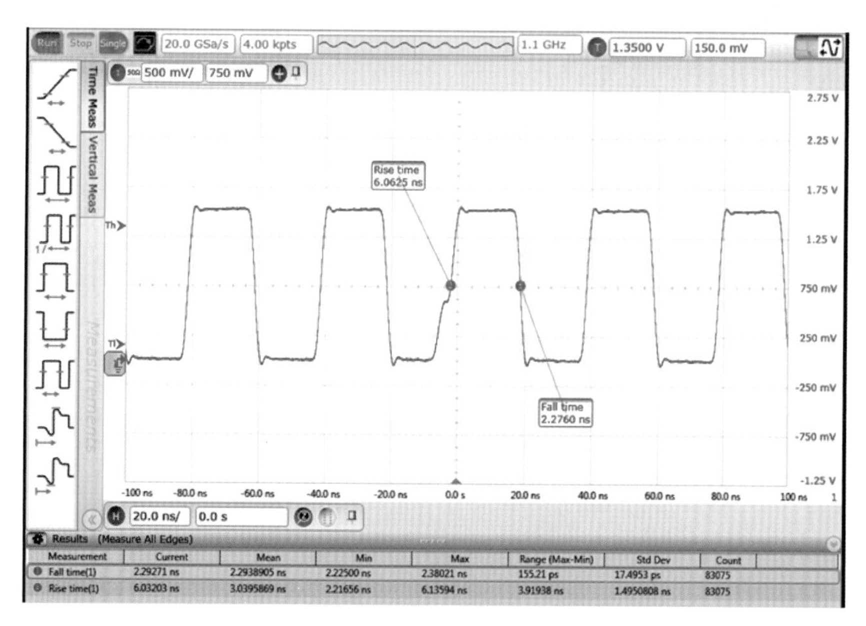

图 7.18　跳变时间触发捕获到的信号波形

9. 矮脉冲触发

矮脉冲又叫欠幅脉冲，是指数字信号的跳变超过了一定阈值条件但是又没有达到预期幅度的情况。在正常的数字电路中，对于信号的高电平和低电平的范围都有一定的要求，但有时由于一些故障(例如两个设备同时驱动总线的情况)，总线上可能会出现一些信号电平既达不到高电平要求、又达不到低电平要求的情况。矮脉冲触发(Runt Trigger)可以用于捕获这些异常的电平信号。图7.19是在示波器中进行矮脉冲触发设置的例子。

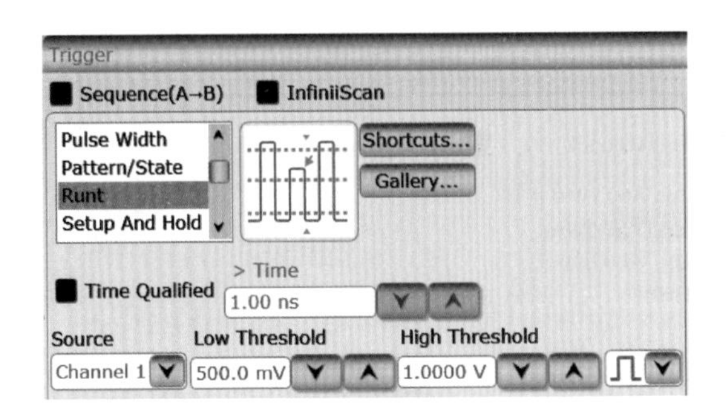

图7.19　矮脉冲触发设置举例

在进行矮脉冲触发设置时，很重要的一点是要正确设置矮脉冲判决的低阈值(Low Threshold)和高阈值(High Threshold)，只有超过低阈值而又没有达到高阈值的脉冲才会被判决为矮脉冲。图7.20是根据上述触发条件捕获到的一个幅度超过500mV而又没有达到1V的矮脉冲信号。

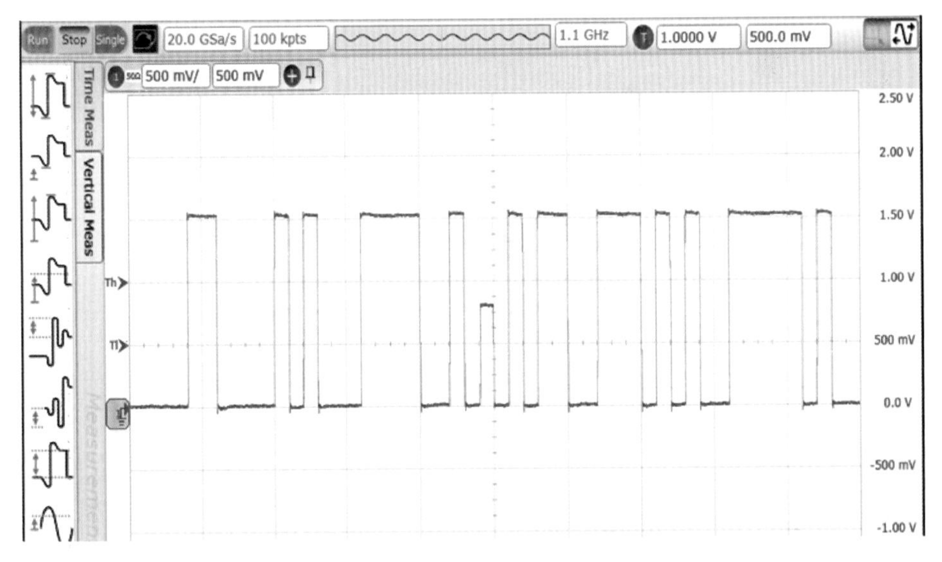

图7.20　矮脉冲触发捕获的信号波形

10. 超时触发

大部分正常工作的总线上会有持续或间歇性的信号跳变，当工作不正常时可能会出现总线挂死的情况。通过设置相应的超时触发(Timeout Trigger)的时间范围，可以对总线上一直没有信号跳变的状态进行捕获。

图 7.21 是针对一个 25MHz 的时钟信号异常中断设置触发的例子。正常情况下，时钟信号应该有 20ns 的高电平和 20ns 的低电平，当时钟异常中断时，信号上会保持一个持续的低电平。在这个触发中我们就设置了当总线保持低电平超过 200ns 时进行触发。设置时要注意阈值电平应设置在大约信号一半幅度的位置。

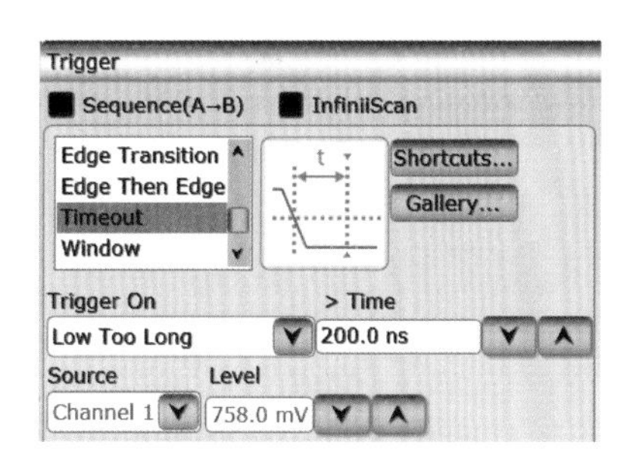

图 7.21　超时触发设置举例

图 7.22 是根据上述触发条件捕获到的时钟信号中断时的波形。可以清晰看到时钟信号从有到无的过程。

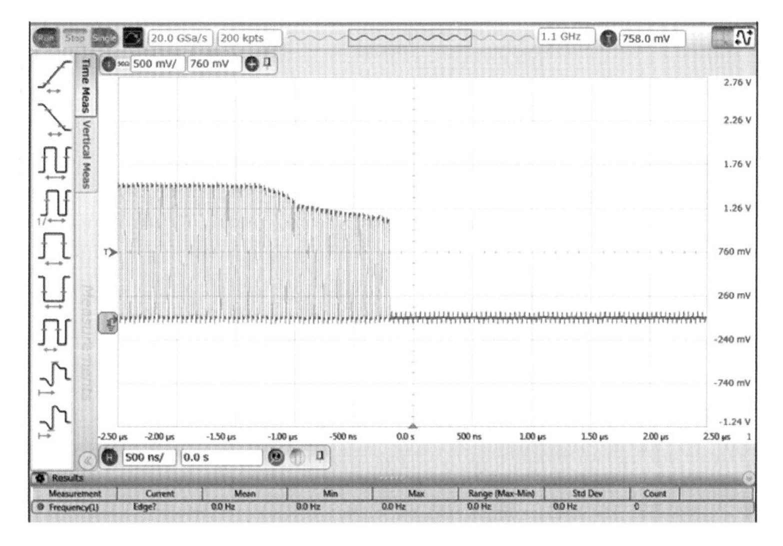

图 7.22　超时触发捕获到的信号波形

11. 连续边沿触发

正常情况下的边沿触发是对满足触发条件的第 1 个边沿直接进行触发，而在有些情况下，信号中可能有一段连续的脉冲串，如果希望触发到脉冲串中的第 N 个边沿，就可以使用连续边沿触发(Edge then Edge)功能。

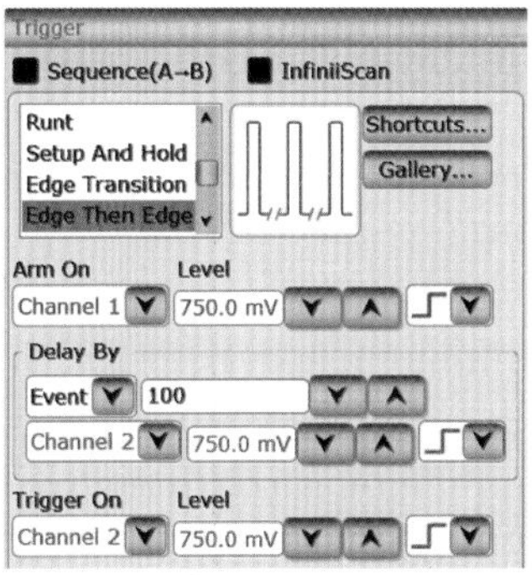

在图 7.23 的例子中，我们设置用通道 1 的上升沿作为起始信号，然后当通道 2 上经过 100 个上升沿后再进行触发。

图 7.23　连续边沿触发设置举例

图 7.24 是用上述触发条件捕获到的信号波形。通道 1 是一段数据传输的帧头信号，通道 2 是用来进行数据传输的时钟，通道 3 是被传输的数据。通过上述触发设置，就捕获到了在通道 1 的帧头信号之后在第 101 个时钟边沿处的信号波形，可以看到此时(触发点对应处)传输的是一个高电平的数据。

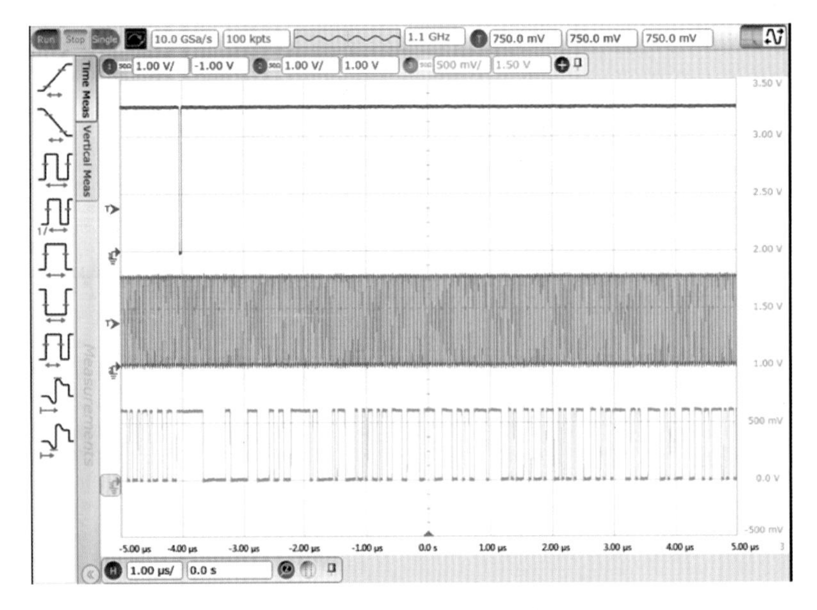

图 7.24　连续边沿触发捕获到的信号波形

12. 窗口触发

一般情况下，我们可以在前述的脉冲宽度触发或者码型中设置一个信号保持高电平或者低电平的时间进行特定时间宽度的触发，但对于有些比较复杂的信号，我们可能希望以信号落在某个电平区间内的时间进行触发，这就是窗口触发(Window Trigger)。窗口触发也是个双阈值的触发条件，需要定义低电平阈值和高电平阈值设定窗口的电平范围。例如在图 7.25 的时钟测试中，通过余辉显示模式，发现信号中有摆幅不够的情况，如果希望捕获并清晰看到这种摆幅不够的信号，就需要有针对性设置触发条件。

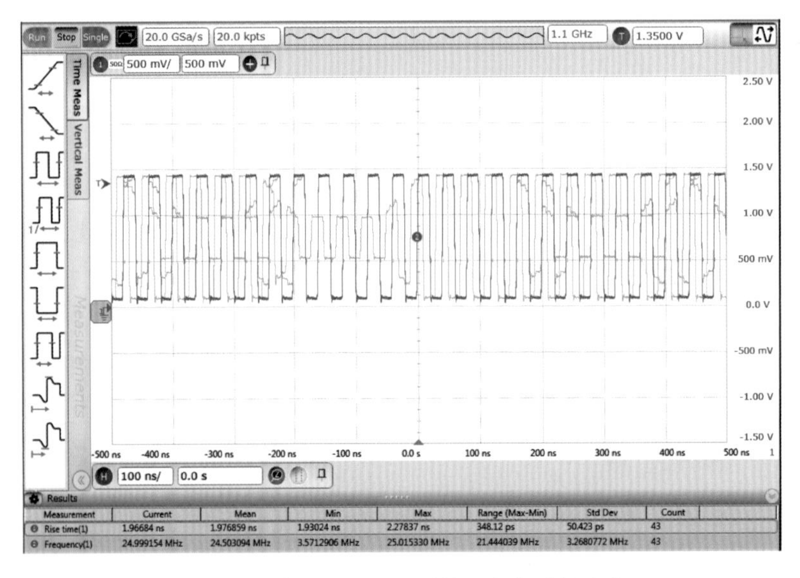

Measurement	Current	Mean	Min	Max	Range (Max-Min)	Std Dev	Count
Rise time(1)	1.96684 ns	1.976859 ns	1.93024 ns	2.27837 ns	348.12 ps	50.423 ps	43
Frequency(1)	24.999154 MHz	24.503094 MHz	3.5712906 MHz	25.015330 MHz	21.444039 MHz	3.2680772 MHz	43

图 7.25　余辉显示下看到的不稳定时钟波形

在图 7.26 的例子中，我们分别设置高、低阈值电平为 1.35V 和 150mV，并且设置超时范围>100ns，试图捕获落在这个电压窗口范围内时间过长的信号。

图 7.27 是根据上述触发条件捕获到的时钟信号波形。这个时钟信号正常的高、低电平分别为 1.5V 和 0V，正常的信号频率为 25MHz。也就是说，在正常情况下，这个时钟信号会很快通过 150mV～1.35V 的电平区间，持续时间不会太长；但是偶尔时钟受到干扰出现摆幅明显不够的情况，就会被上述触发条件捕获到。

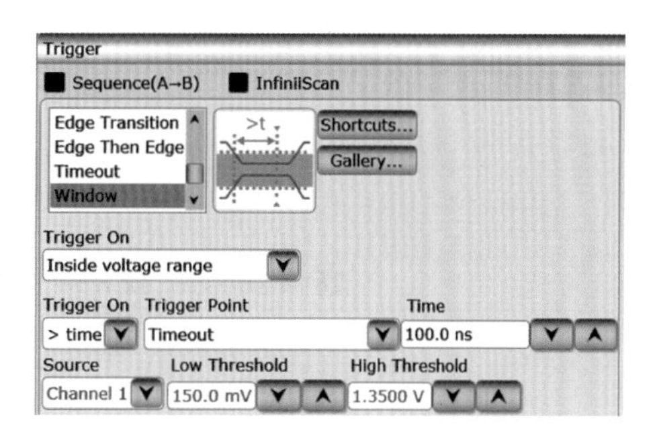

图 7.26　窗口触发设置举例

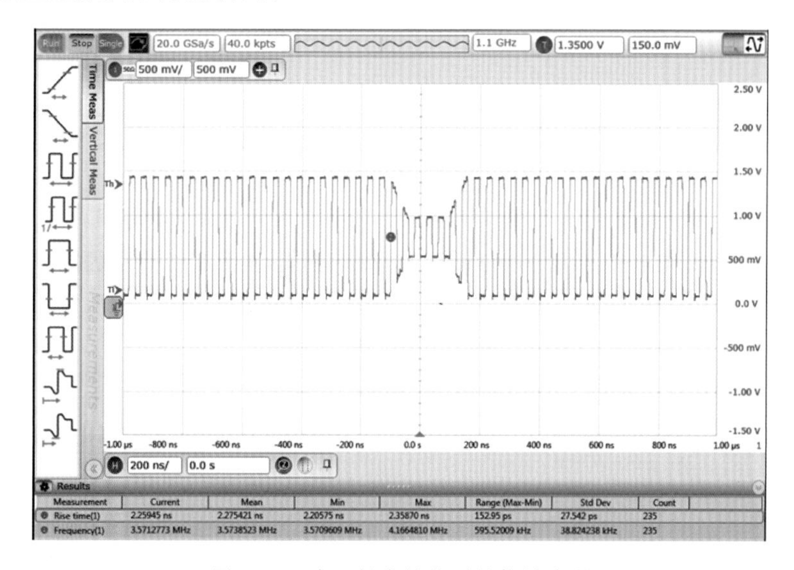

图 7.27　窗口触发捕获到的信号波形

13. 视频触发

针对有些视频信号的测试，例如对于 NTSC 或 PAL 制式的模拟信号测试，有些示波器可以设置对模拟视频信号的场同步或行同步信号进行触发，即视频触发(Video Trigger)，这里不再举例。

14. 序列触发

对于一些复杂的信号，仅仅靠一个单步的触发可能不能满足测试的需求，因此有些示波器还可以设置序列触发(Sequence Trigger)。所谓序列触发，就是示波器先检测第一个触发条件，当第一个触发条件满足后再判断第二个触发条件，当第二个触发条件满足后示波器才真正触发。例如在有些复杂的信号测试中，可以先设置边沿触发检测相应的同步信号的到来，接着延时一段时间再判断是否有期望的码型组合出现。在图 7.28 的例子中，设置当一个通道检测到一个上升沿后，再检测到另一个通道在 20ns 之内有一个上升沿到来就进行触发，而当另一个通道的上升沿在 20ns 之内没有到来，就重新开始检测第一个通道的上升沿条件。

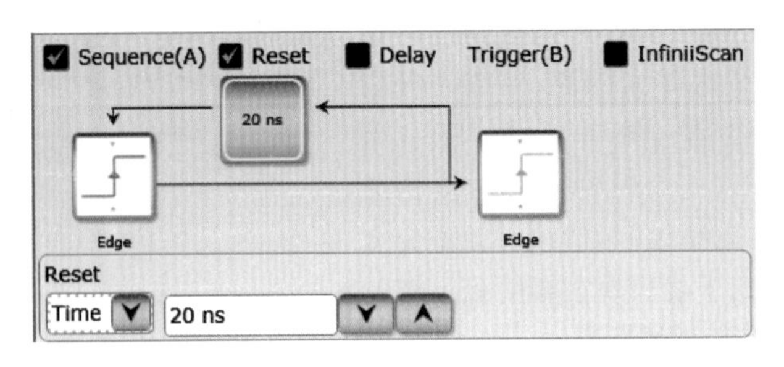

图 7.28　序列触发设置举例

15. 协议触发

针对一些串行总线例如 I^2C、SPI、UART、CAN、LIN、I^2S、USB 等串行总线，由于其帧结构相对复杂一些，使用示波器通用的触发功能很难捕获到期望的数据包内容，所以有些示波器可以提供针对某些特定总线的基于协议的触发功能选件（通常需要专门的 license 支持），即协议触发（Protocol Trigger）。图 7.29 显示的是实时示波器中可以支持的一些串行协议，以及针对 UART 总线的一些解码设置选项。

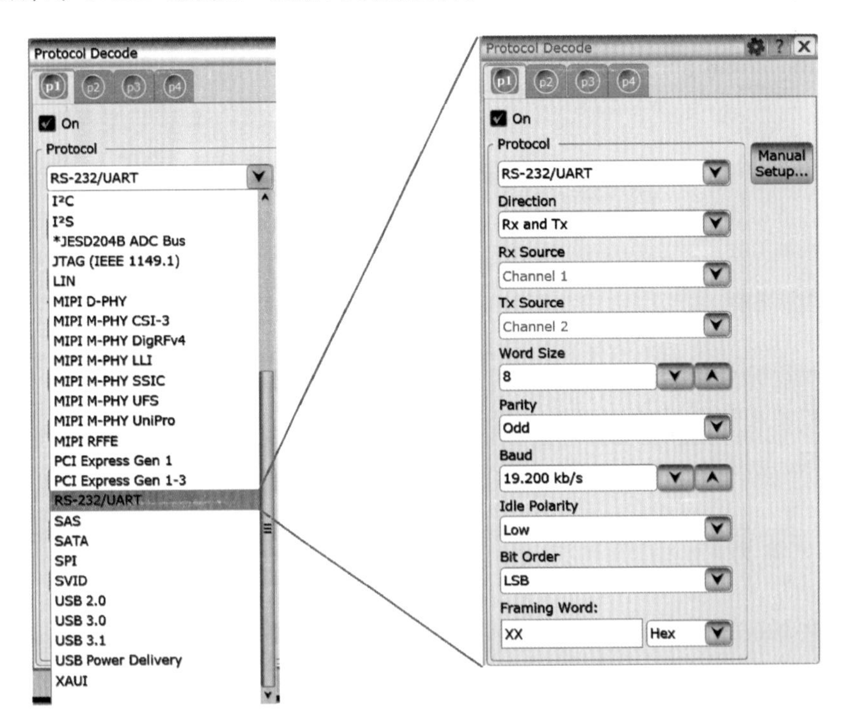

图 7.29　实时示波器里的串行总线触发

例如图 7.30 是在带 I^{2}C 触发功能的示波器中设置对 I^{2}C 总线上的 0x50 地址依次写入 0x10、0x4D、0x53、0x4F 数据时进行触发。

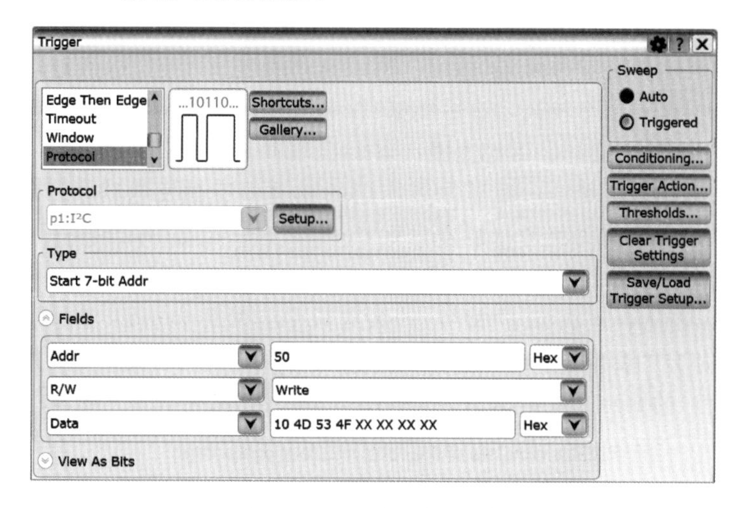

图 7.30　I^{2}C 总线触发举例

图 7.31 是根据设置的触发条件捕获到的串行总线波形以及解码的结果，可以看到示波器捕获的时间点正好是我们关心的数据内容。

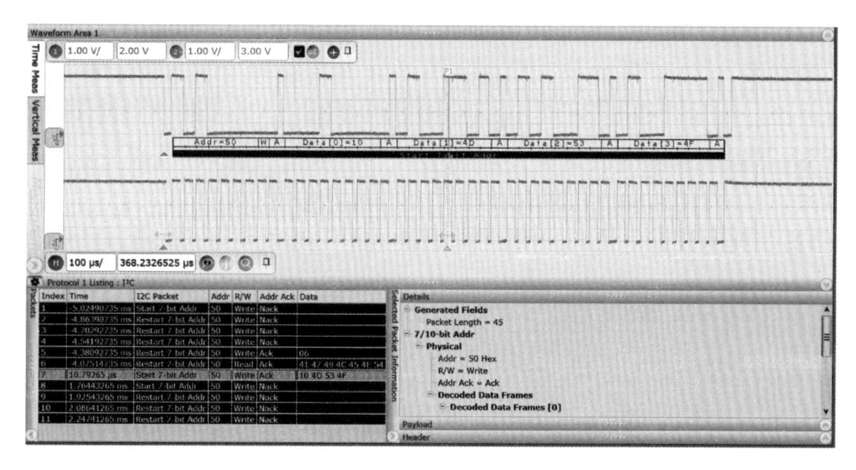

图 7.31　I^{2}C 总线触发捕获到的信号波形

16. 高速串行触发

除了上述针对低速串行总线的触发功能外，有些高端的示波器中还有针对高速串行(>1Gbps)总线的触发功能，即高速串行触发(High-speed Serial Trigger)。例如在 PCIE、SATA、USB 3.0 等总线中都采用高速的串行传输方式，要想捕获到数据流中特定的码流序列，一般有两种方式：软件解码搜索和专门硬件触发电路。

一种是借助于解码、搜索功能，现在高端示波器中提供了很多针对高速串行总线的软件解码功能，可以通过对一段波形数据做解码，然后再在其中搜索感兴趣的数据码流。这种方法不依赖于特定的硬件，只要软件支持解码就可以。但缺点是示波器的触发还是通过简单的触发条件（例如边沿或脉冲宽度触发）控制的，因此捕获到什么样的数据码流是随机的。如果正好捕获到的码流中有感兴趣的内容就可以搜索到，而如果解码后发现码流中没有感兴趣的内容就需要重新捕获并解码、搜索。所以从严格意义上说，这不是真正的触发，因为只有感兴趣的内容出现频率较高才有可能捕获到；而如果感兴趣的内容出现频率很低甚至是单次出现的，用这种方式捕获到感兴趣内容的概率就非常低。

另一种方法是有些高端的示波器中有专门的高速串行触发电路，可以对 10Gbps 以上的高速串行信号里的特定码流进行触发。例如在 SATA 6G 的测试中，其信号采用 8b/10b 的编码，每 10 个 bit 构成 1 个符号(Symbol)。在其总线上每 256 个 Double Words(相当于 4 个 byte，编码后对应 4 个 10bit 的符号)的数据流中前两个 Double Words 是 Align 码型，用于收发端时钟频差的调整，Align 码型由图 7.32 所示的 4 个符号组成(其中 K28.5 为同步码型，D10.2 码型对应的原始 8bit 数据为 0x4A，D27.3 码型对应的原始 8bit 数据为 0x7B)。

ALIGN$_P$ consists of the following four characters:

(rd+)	(rd-)	
1100000101	0011111010	Align1 (K28.5)
0101010101	0101010101	Align2 (D10.2)
0101010101	0101010101	Align3 (D10.2)
1101100011	0010011100	Align4 (D27.3)

图 7.32　SATA 总线的 Align 码型

在一个测试中，如果希望捕获到 Align 码型后面紧跟着的一组特定数据码流(0xD9、0x26、0xD9、0x26、0xD9、0x26、0xD9、0x26)，这组数据加上 Align 码型总共 16 个符号长度，对应 160 个 bit 长度。如果示波器具备高速串行码流触发功能，就可以在示波器中设置相应的触发序列，然后捕获到相应位置的波形并进行解码分析(见图 7.33)。从解码分析的结果可以看到，捕获到的数据码流与设置的触发条件是一致的。

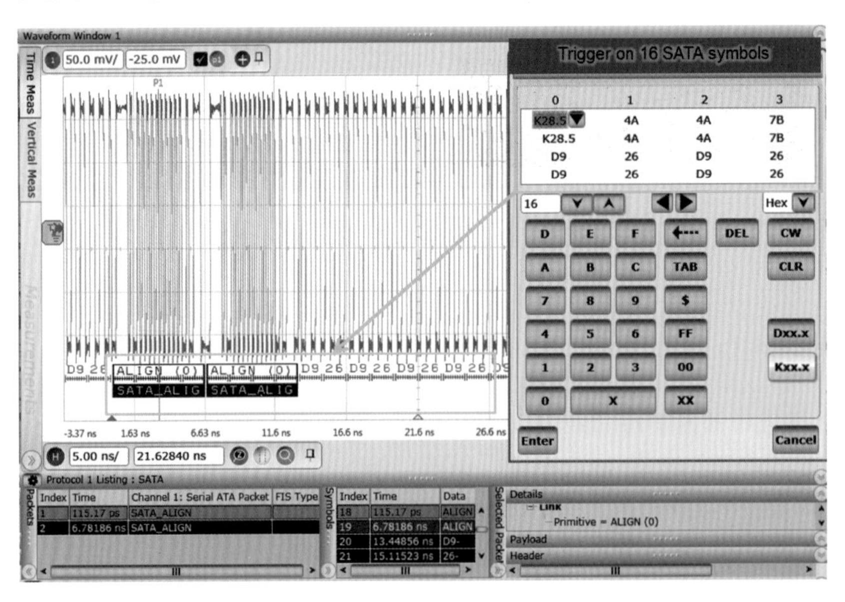

图 7.33　高速串行触发捕获到的信号波形

需要注意的是，这种硬件的串行码流触发是先用特定的串行码流触发再解码，所以可以保证不会漏掉感兴趣的数据流；而用软件搜索的方法是先用普通的触发（如边沿触发）功能捕获一段数据，然后用软件解码再搜索，对于感兴趣的数据流只能说有一定的捕获概率，并不能保证肯定可以捕获。

17. 高级波形搜索

前面介绍了很多示波器的常用触发功能。除此以外，有些示波器还可以通过增加选件提供更复杂的针对波形特征的搜索功能，即高级波形搜索（InfiniiScan Trigger）。例如可以基于波形参数测量结果（如上升时间、周期、脉冲宽度）在波形中进行搜索，以定位到特定参数范围的波形位置（例如上升时间超出 80～120ps 范围的波形）。这些功能不同的示波器厂商命名不一样，通常基于波形后处理实现，弥补了示波器硬件触发电路的局限性。

更令人兴奋的是，有些示波器甚至提供了基于图形的触发条件，可以直接在示波器屏幕上用触摸屏或鼠标画出不同的区域定义触发条件。例如在图 7.34 中，针对 4 个通道的波形，在屏幕上画了不同的 8 个区域，以定义对于信号的触发条件。在图中，实心的矩形为要求信号必须经过的区域，而虚线的矩形为信号必须不能经过的区域，通过这些区域的组合可以实现非常复杂的触发设置。

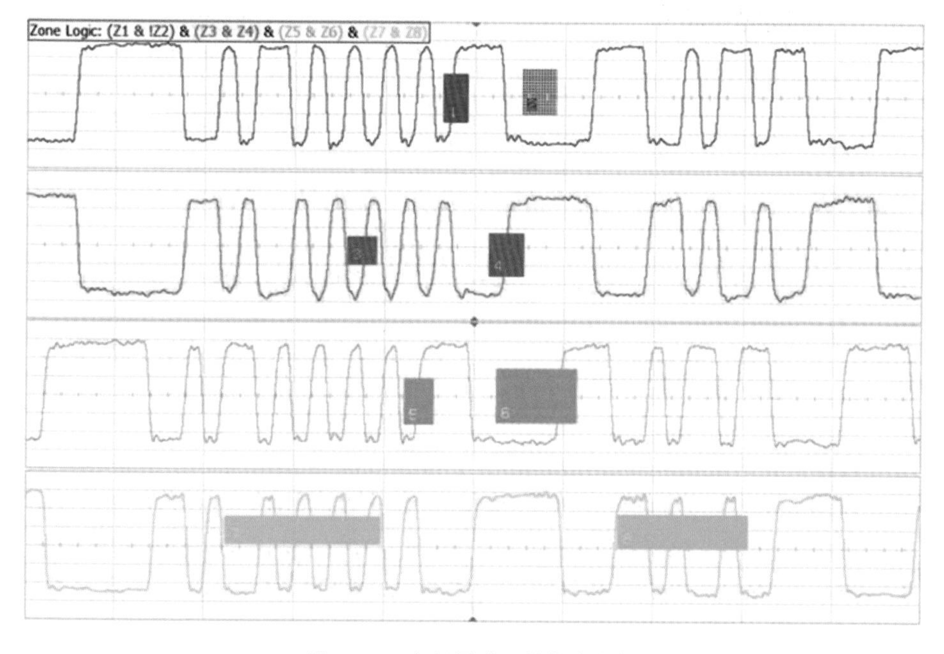

图 7.34　高级图形区域触发举例

八、示波器的数学函数

数学函数是现代数字示波器的一个重要功能，主要目的是对示波器采集到的原始波形进行一定的处理和运算。如图 8.1 所示，现代的示波器可以支持非常多的数学函数功能，例如最多 16 个不同的数学函数并支持互相的迭代等。在下面的章节里，不会一一介绍各个数学函数的功能，而是挑一些典型的应用场合进行介绍。另外需要注意的是，并不是所有的数字示波器都会支持这些数学函数功能，具体可以使用哪些取决于您具体使用的示波器型号。

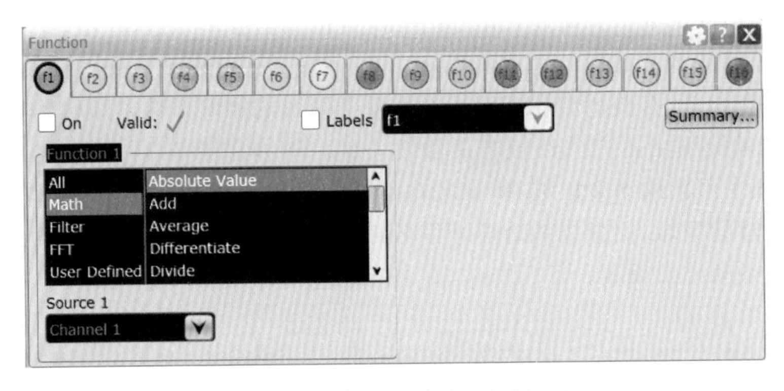

图 8.1　现代数字示波器的数学函数

1. 用加/减函数进行差分和共模测试

差分信号是非常普遍的一种信号传输形式，为了提高信号在高速率、长距离情况下传输的可靠性，大部分高速的数字串行总线都会采用差分信号进行信号传输。差分信号是用一对反相的差分线进行信号传输，发送端采用差分的发送器，接收端相应采用差分的接收器。采用差分传输方式后，由于差分线对中正负信号的走线是紧密耦合在一起的，外界噪声对于两根信号线的影响是一样的。而在接收端，由于其接收器是把正负信号相减的结果作为逻辑判决的依据，因此即使信号线上有严重的共模噪声或者地电平波动，对于最后的逻辑电平判决影响也很小。相对于单端传输方式，差分传输方式的抗干扰、抗共模噪声能力大大提高。

对差分信号进行测试，一种方法是使用差分探头直接点在被测信号的正端和负端，差分探头内部的差分放大器实现信号的相减；另一种方法是用两个单独的示波器通道分别测量正端和负端的信号，然后在示波器中进行相减。

如图 8.2 所示，用通道 1 和通道 3 分别对差分信号的正端和负端信号进行测试，然后利用示波器中的数学函数功能对两个通道的波形进行相减。

图 8.3 是数学函数对波形相减结果的显示。图中上半部分分别是正端和负端的信号波形（通道 1 和通道 3），每路信号的幅度约为 300mV；而图中下半部分是相减后的信号波形

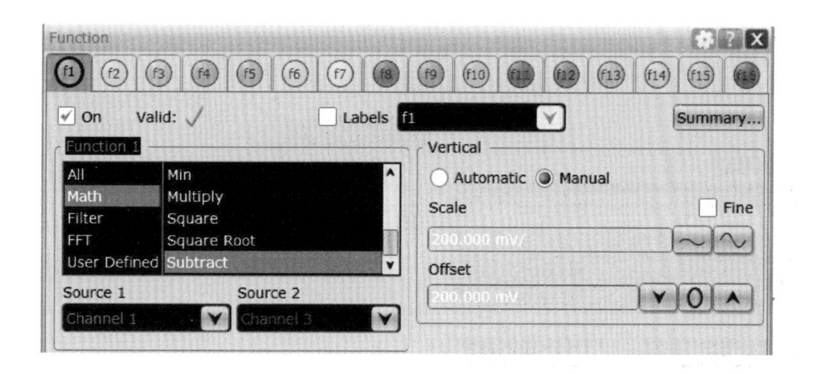

图 8.2　波形相减函数

（函数 f1），可以看到由于正负信号相减后的互相增强，差分后信号的幅度约为 600mV。除了提高接收端有效的信号幅度外，差分相减还可以抵消一部分共模的信号干扰。

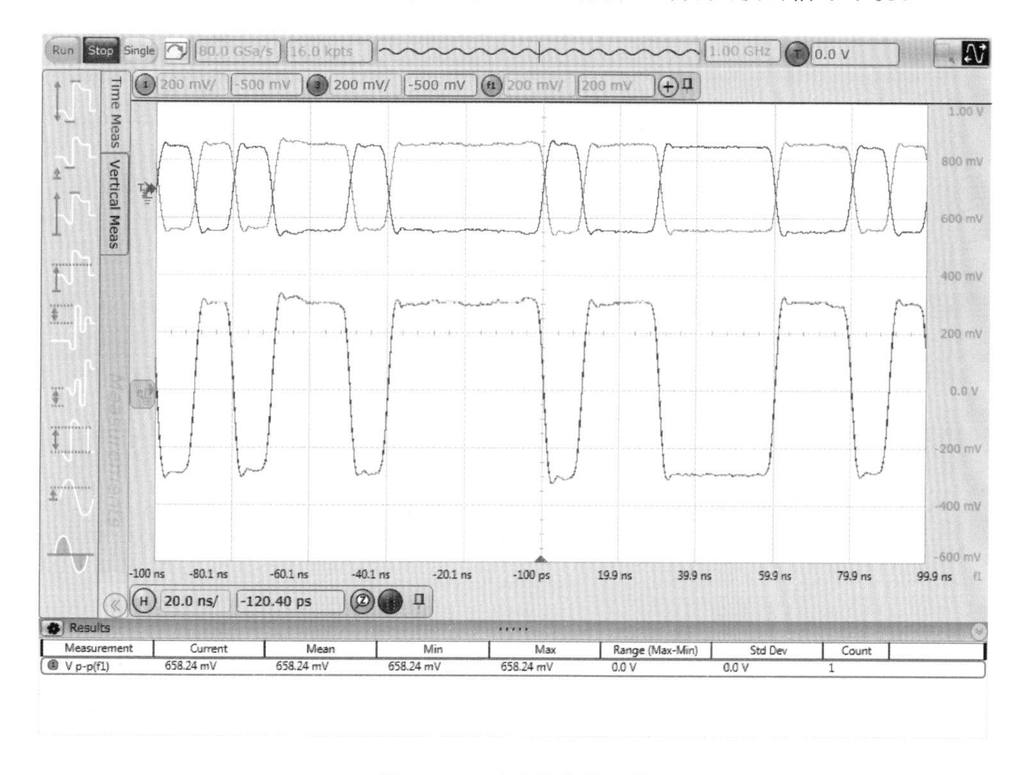

图 8.3　相减后的信号波形

除了做差分信号的相减，还可以利用数学函数对两路信号做相加运算以得到差分信号的共模噪声。差分信号的正端波形和负端波形应该是反相的，理想情况下两个波形相加的结果应该为零，也就是对外界的共模干扰是很小的。但是如果正端和负端的波形不对称或者有时延，则波形相加后的结果不能完全抵消，会对附近信号产生较大的干扰。因此，共模噪声的测试也是差分信号测试的一个关键项目。为了测试两路信号间的共模噪声，可以利用数学函数的相加功能（见图 8.4 上图）。

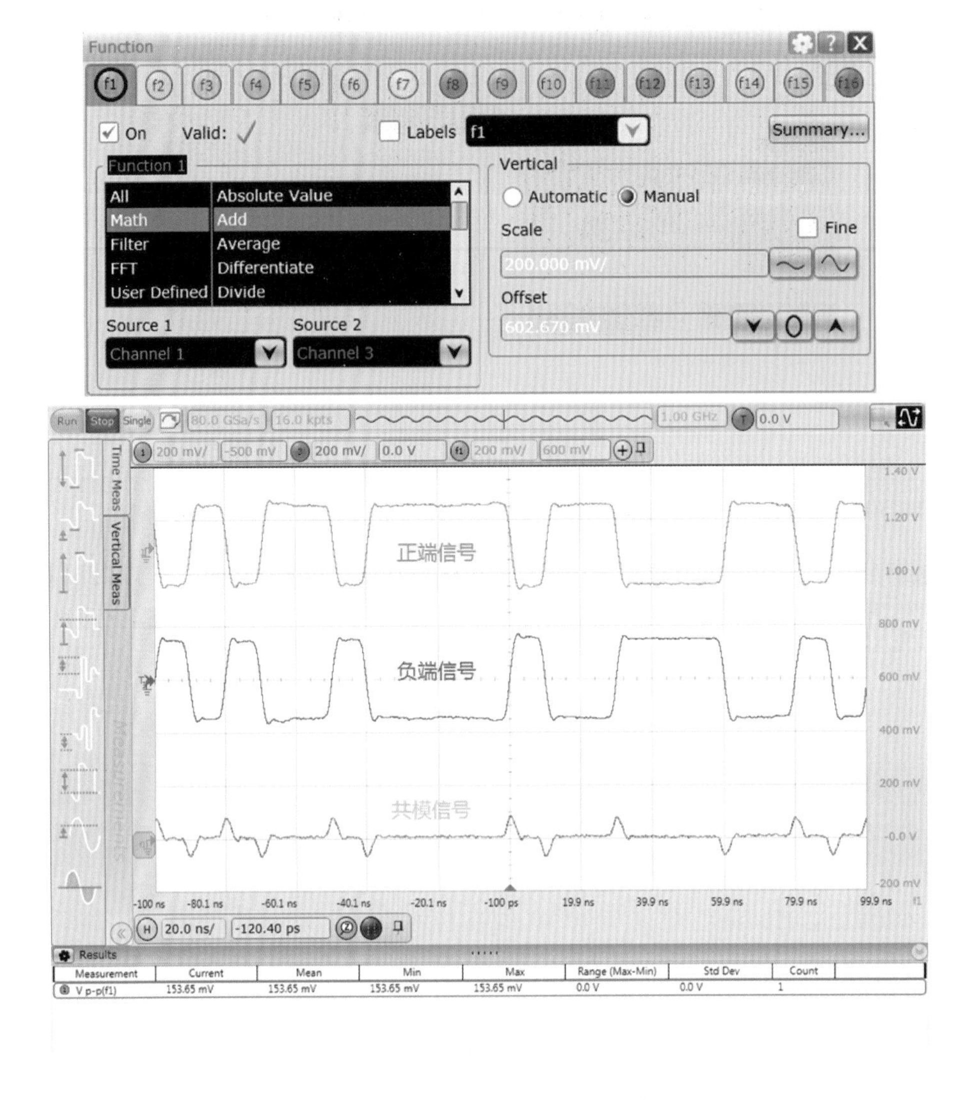

图 8.4　波形相加函数及相加后波形

图 8.4 下图是一对差分信号正端、负端信号波形(通道 1、通道 3),以及相加以后的共模信号的波形(函数 f1 的波形)。可以看到,由于正端、负端两路信号间有一定的时延差,造成在信号跳变时刻附近产生比较大的共模噪声。

当然,由于真正的共模噪声=(正端信号+负端信号)/2,如果要做定量测试,仅仅对两个波形相加是不够的,还需要对这个共模信号再进行除以 2 的数学函数运算,以得到真正的共模信号。所以可以利用第 2 个数学函数 f2 对 f1 运算的结果再除以一个恒定的常数 2,这就是进行数学函数的嵌套操作(见图 8.5)。

对两路信号进行差分或者共模计算可以借助于相应的数学函数,在示波器中通过 CPU 的软件进行后处理运算。除此以外,有些型号的示波器还支持通过硬件运算电路直接对通道的波形做差分或者共模运算,可以简化操作设置以及提高波形运算的速度。

图 8.5　数学函数的嵌套

2. 用 Max/Min 函数进行峰值保持

有时候要测试的信号由于信号质量问题或者受到噪声干扰，会有比较大的幅度波动。对于这种信号的观察，可以使用示波器的无限余辉显示模式。无限余辉模式其实就是信号的长时间叠加显示，在无限余辉模式下，当新的波形到来时，原有的波形不会被抹掉，因此可以观察到曾经在屏幕上出现过的各种波形的情况。无限余辉模式可以用来观察信号的抖动、噪声的分布情况，也可以用来做信号眼图的测量或者偶发异常信号的捕获。

但是无限余辉只是一种显示模式，也就是通过波形的叠加显示出信号的分布情况，但并不能提取出信号变化的峰值的波形。如果要对信号变化的峰值波形进行提取，就可以用到示波器的 Max/Min 数学函数功能。例如在图 8.6 的一个正弦波测量中，通道 1 信号上叠加有比较大的噪声，通过无线余辉的显示模式可以看到信号的包络在很大的范围内变化。

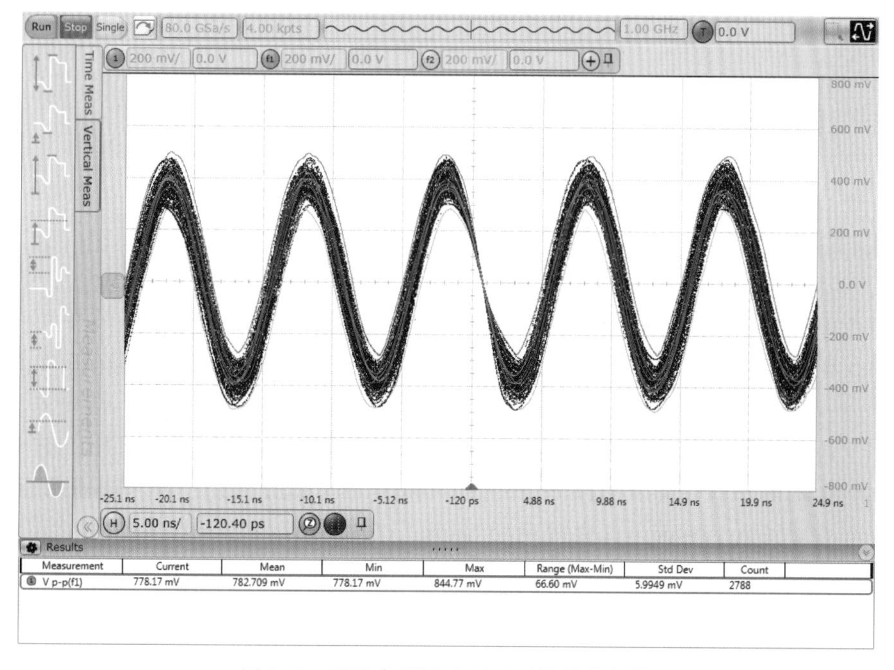

Measurement	Current	Mean	Min	Max	Range (Max-Min)	Std Dev	Count
V p-p(f1)	778.17 mV	782.709 mV	778.17 mV	844.77 mV	66.60 mV	5.9949 mV	2788

图 8.6　无限余辉模式下显示的信号包络

于是，可以在示波器的数学函数下打开两个数学函数 f1 和 f2，分别对通道 1 波形的 Max 值和 Min 值进行提取。如图 8.7 所示，这两个数学函数会不断根据示波器运行过程中捕获到的波形的幅度的最大值和最小值对两个函数进行更新，并保持住当前最大值、最小值的状态。此时，即使关掉要测试的通道 1，也可以保留住当前通道在测量过程中曾经达到的最大值（f1）和最小值（f2）的峰值的波形。进一步地，还可以对相应的波形进行测量操作。

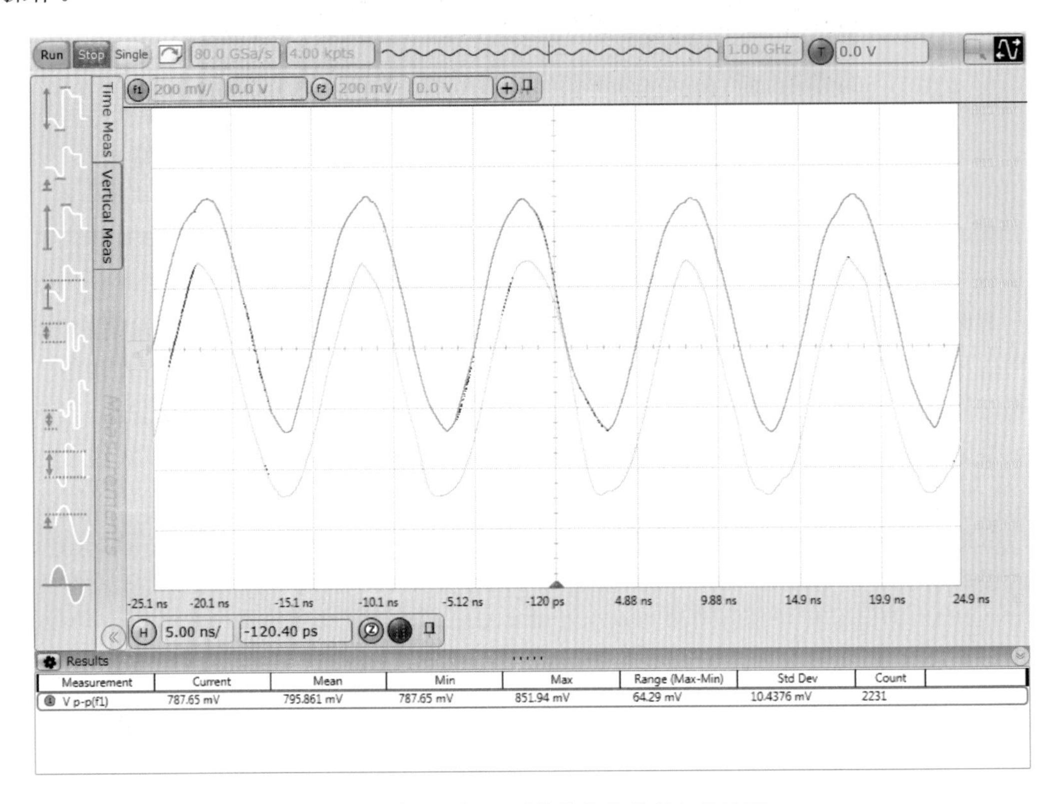

图 8.7 用 Max/Min 函数提取的信号包络波形

3. 用乘法运算进行功率测试

在很多电源的测试中，除了要对被测电路的电压、电流进行测试以外，还要对功率进行测试。现在的很多开关电源内部的开关电路，由于电压、电流都是动态变化的，而且有一定的相位关系，因此不能用电压有效值和电流有效值直接相乘得到有功功率，而是要对瞬时功率进行积分。由于瞬时功率是瞬时电压和瞬时电流的乘积，所以需要用被测件的电压波形和电流波形相乘得到瞬时功率的波形，再对瞬时功率进行积分得到一段时间内的有功功率。

例如对于图 8.8 所示的开关电源电路，其核心器件是进行开关切换的 MOSFET（场效应管）。在开关电源的工作过程中，反馈回路会实时监控输出端的电压变化情况，并通过 PWM（Pulse Width Modulation，脉冲宽度调制）控制电路调整脉冲宽度，以保证滤波后在输出端得到一个稳定的输出电压。

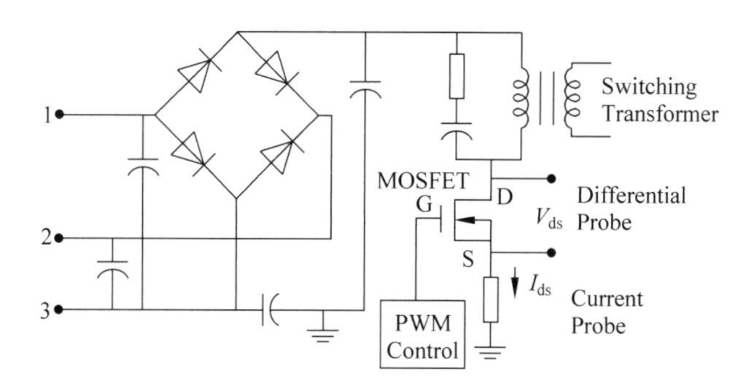

图 8.8　典型的开关电源电路

在理想情况下，MOSFET 器件不是处于打开状态就是关闭状态。在打开时，有较大电流流过，而 MOSFET 的源极和漏极间电压接近为 0；在关闭时，电流截断，而 MOSFET 的源极和漏极间承受比较大的电压。因此，在理想的打开或者关闭状态下，MOSFET 的源极和漏极间不是电压为 0 就是电流为 0，MOSFET 本身不消耗功率，这就是开关电源可以比线性电源提供更高效率的一个原因。

但是在实际情况下，都不可能做到完全导通或者完全截断的状态，因此 MOSFET 还是会消耗一定的功率。特别是在开关导通切换过程中(见图 8.9)，存在电压逐渐减小、电流逐渐增大的过渡阶段；而在开关关断过程中，存在电压逐渐增大、电流逐渐减小的过渡阶段。这两个阶段电压和电流都不为 0，因此会有比较大的功率消耗。

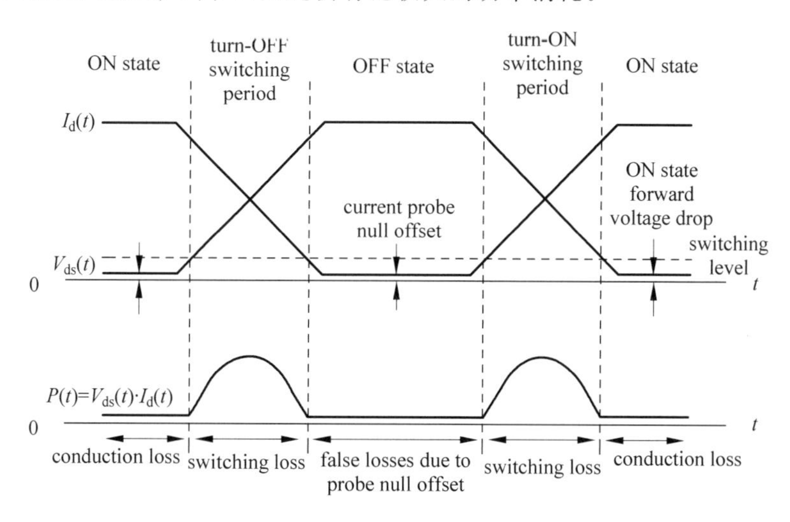

图 8.9　实际开关电源的开关过程

为了进行上述 MOSFET 的开关损耗的测试，可以用差分探头测量其源极和漏极间电压变化波形，用电流探头测量流过其源极和漏极的电流。然后对电压波形和电流波形用数学函数功能进行相乘(见图 8.10)，以得到瞬时功率的波形。从功率波形上能很清晰看到 MOSFET 在不同时刻的功率损耗情况，进一步对瞬时功率波形进行积分还可以得到一个开关周期或一段时间内的功耗情况。

5.00V/
1.00A/
0.0s
10.00&/
Auto
571&
Vd-s电压波形
Is电流波形
开关损耗
相乘以后的
功率波形
导通损耗
RMS(M): 1.399W
Source
Math
Select:
RMS
Measure
RMS
Clear
Meas
Settings
Thresholds

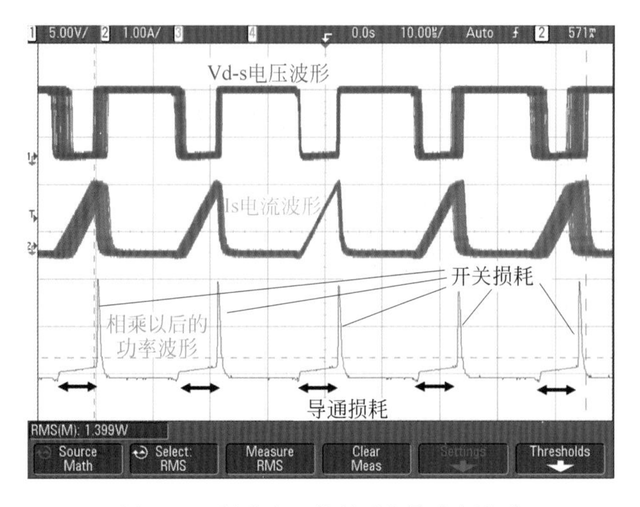

图 8.10 用乘法函数得到信号功率波形

4. 用 XY 函数显示李萨如图形或星座图

早期的模拟示波器没有自动的频率或者相位测量功能，因此会用 XY 显示模式显示李萨如(Lissajous)图形，通过图形的形状来对两路信号的频率或相位关系进行测量。

李萨如图形是一种经典的用模拟示波器做两路时钟信号频率和相位关系测量方法，适用于两路有固定倍频关系的时钟信号。如果将两路信号分别输入示波器的两个通道，在示波器的 XY 显示模式下，两路信号分别作为 X 轴、Y 轴输入信号，根据两路时钟信号间的倍频比和相位关系，在示波器屏幕上就会呈现不同的李萨如图形(见图 8.11)。

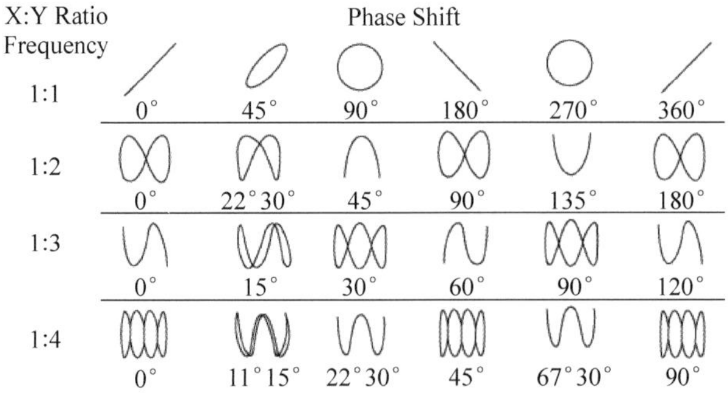

X:Y Ratio
Frequency
Phase Shift
1:1
0°
45°
90°
180°
270°
360°
1:2
0°
22°30°
45°
90°
135°
180°
1:3
0°
15°
30°
60°
90°
120°
1:4
0°
11°15°
22°30°
45°
67°30°
90°

图 8.11 李萨如图形

对于数字示波器来说，其硬件结构本身不允许输入信号直接控制显示屏的 X/Y 轴偏置，但是可以把采集到的两路波形借助于相应的数学函数用 XY 的方式显示出来。图 8.12 是在数学函数中对通道 1 和通道 3 进行 XY 显示。

图 8.13 是对两路正弦波的波形进行 XY 显示的结果。由于两路信号是同频率的，所以显示出的李萨如图形是一个圆形或者椭圆形。如果两路信号之间有细微频差或者相位关系在缓慢变化，则相应可以看到李萨如图形形状的缓慢变化。

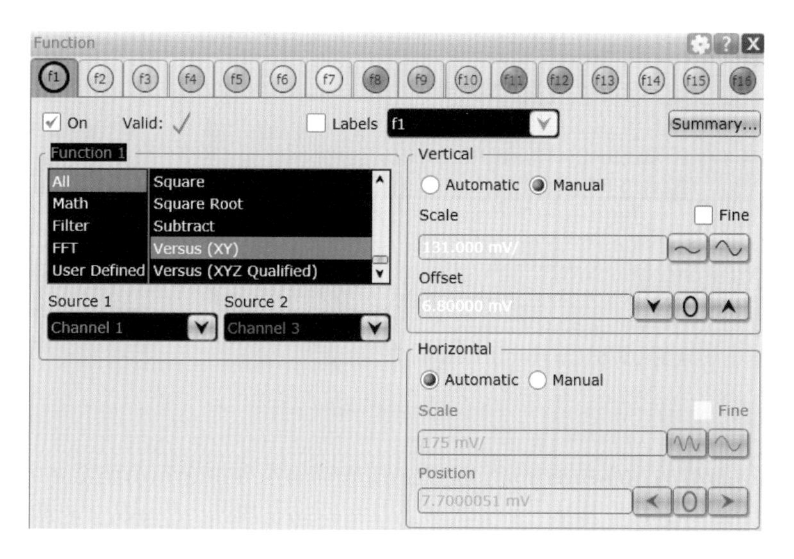

图 8.12　XY 显示的数学函数

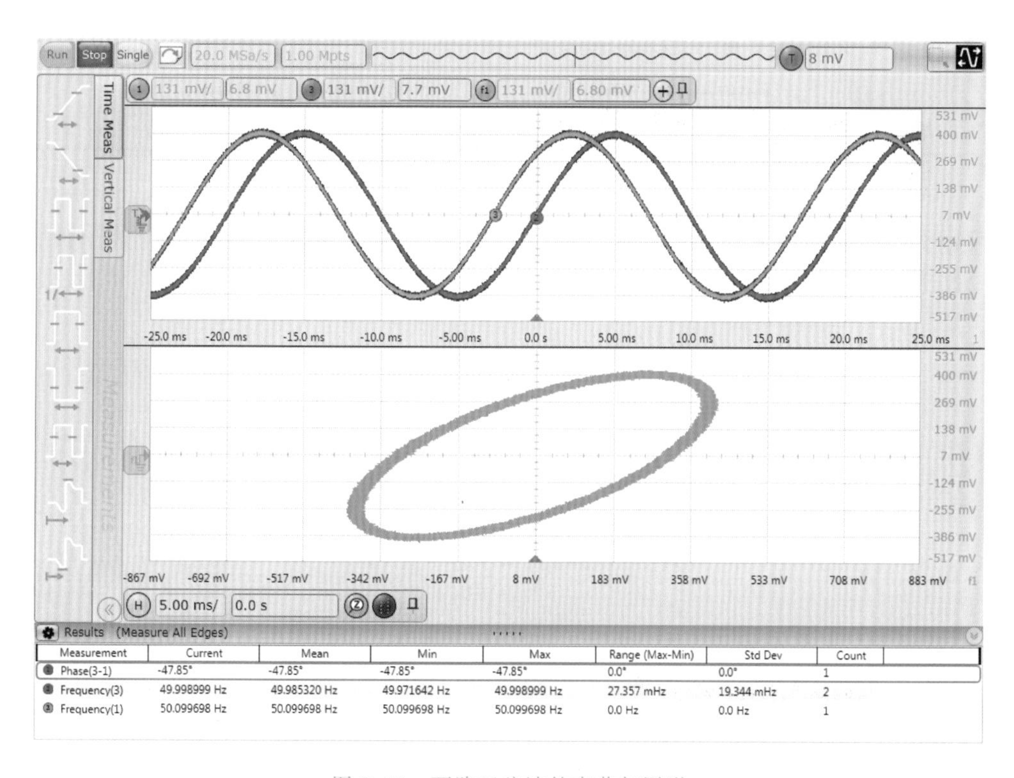

图 8.13　两路正弦波的李萨如图形

另外，在一些无线通信的应用中，普遍采用了数字 I/Q 调制方式。所谓 I/Q 调制，就是把两路基带的数字信号经过插值和成形滤波后，通过 I/Q 调制器分别调制到正交的两路载波信号上，并混频到射频发射出去。相应地，在接收端，当把信号从射频变频到中频以后，需要把被测信号和两路正交的载波进行混频，并恢复出两路基带信号。为了对恢复出的两路基带信号的质量进行测试，一个比较普遍的方法就是星座图测试：即把两路信号用 XY 的方式显示出来，根据不同的调制方式会在采样点时刻形成不同形状的星座图，如图 8.14 所示。

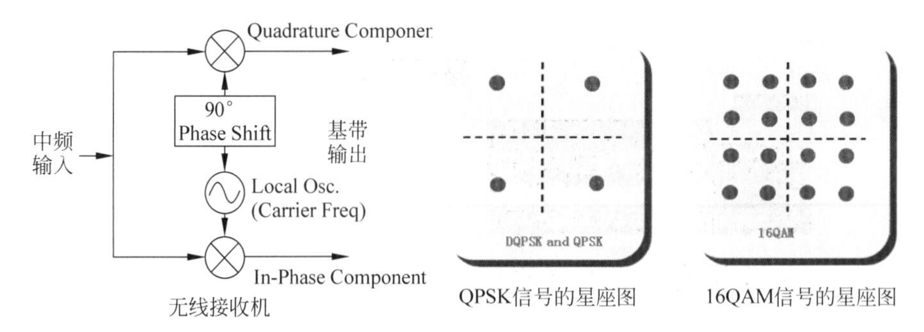

图 8.14　I/Q 解调和星座图

如果要进行简单的星座图测量，可以把两路基带信号分别送到示波器的两个输入通道，然后用 XY 模式进行显示。图 8.15 的上半部分是符号速率为 1Gsym/s 的两路 16QAM 调制格式的基带信号（I 路信号和 Q 路信号）的信号波形，可以看出 I 路信号和 Q 路信号都有明显的 4 个电平，图 8.15 的下半部分是把 I 路信号和 Q 路信号用 XY 函数显示出来的图形，可以看到明显的 16 个聚合起来的星座点。

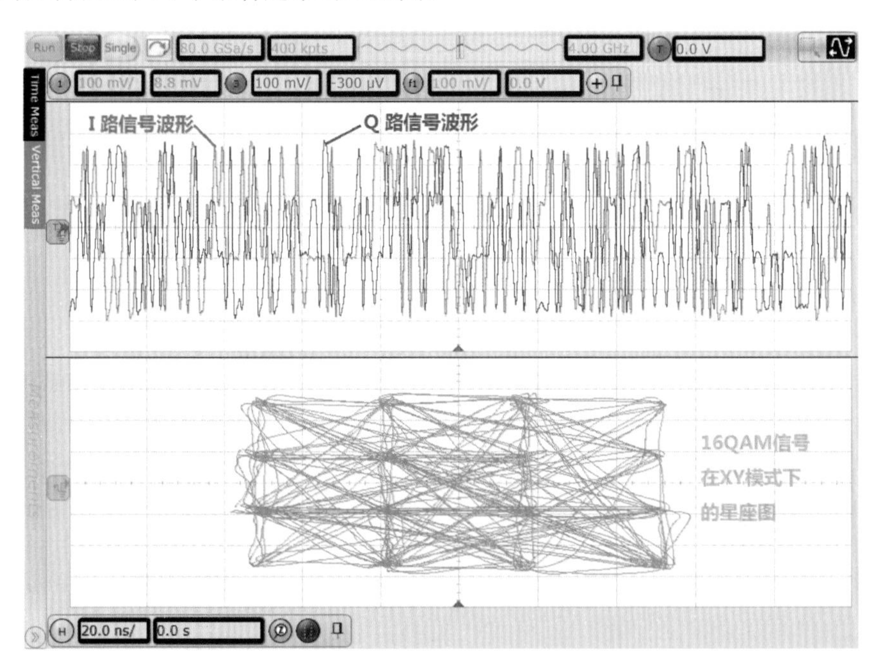

图 8.15　I/Q 信号的星座图

当然，在真实的情况下，由于接收端和发送端的本振信号有一定频差，所以要得到稳定的星座图必须进行很好的频差和相位补偿，否则会得到不稳定或旋转的星座图。另外，现在很多无线的收发信机都采用了直接数字中频的方式，不再有模拟的 I/Q 信号可供测量。因此，准确的星座图测量和解调不是这么简单的，通常需要用频谱仪或者示波器采集，再借助专门的矢量信号分析软件进行时钟恢复、频差相差补偿、非线性补偿、I/Q 解调及星座图恢复等（见图 8.16）。

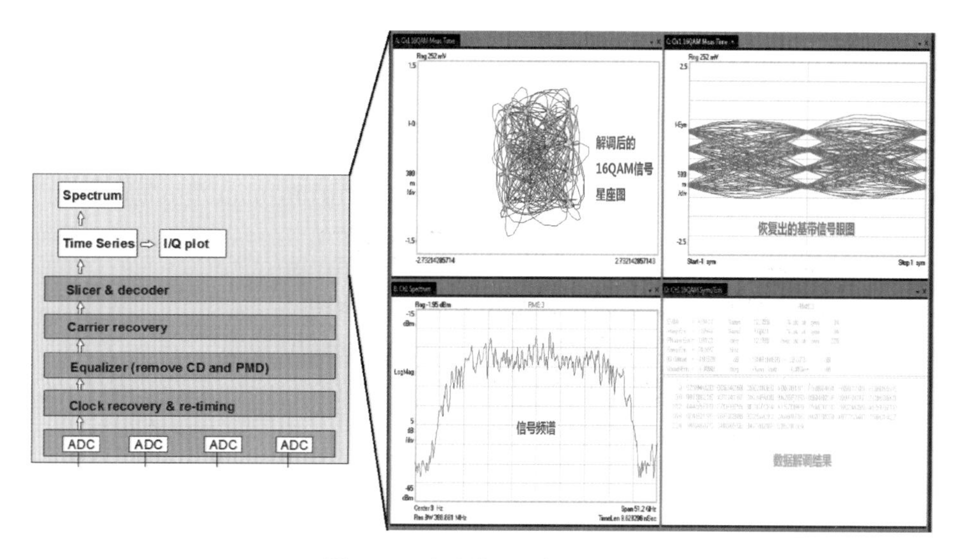

图 8.16　真实的 I/Q 解调过程

5．用滤波器函数滤除噪声

噪声是测量中很常见的一个问题，它会使信号失真，干扰正常的测量结果。例如，如图 8.17 所示的一个 25MHz 的正弦波时钟信号，由于受到干扰，上面叠加有比较大的高频噪声，使得信号严重失真。

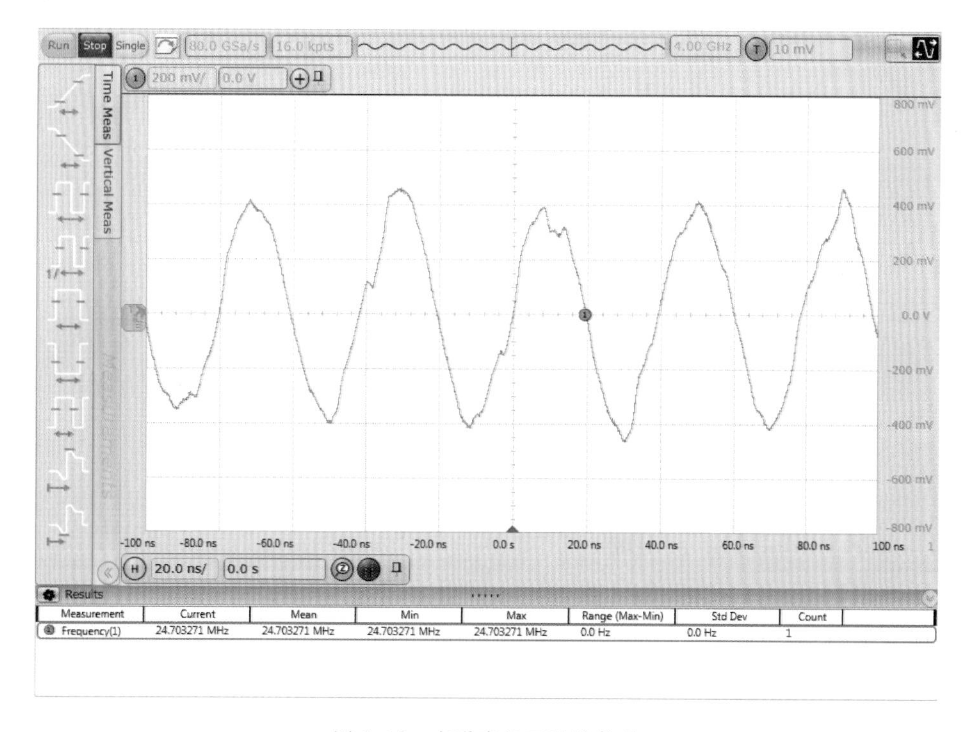

Measurement	Current	Mean	Min	Max	Range (Max-Min)	Std Dev	Count
Frequency(1)	24.703271 MHz	24.703271 MHz	24.703271 MHz	24.703271 MHz	0.0 Hz	0.0 Hz	1

图 8.17　有噪声的正弦波信号

如果想看到噪声被滤除后的信号波形，可以在示波器中用数学函数对原始波形进行低通滤波。在图 8.18 的例子中，设置对信号进行低通滤波，滤波器的带宽设置为 50MHz，这个带宽选择的标准是能够滤除掉高频噪声同时又对原始的 25MHz 信号影响较小。

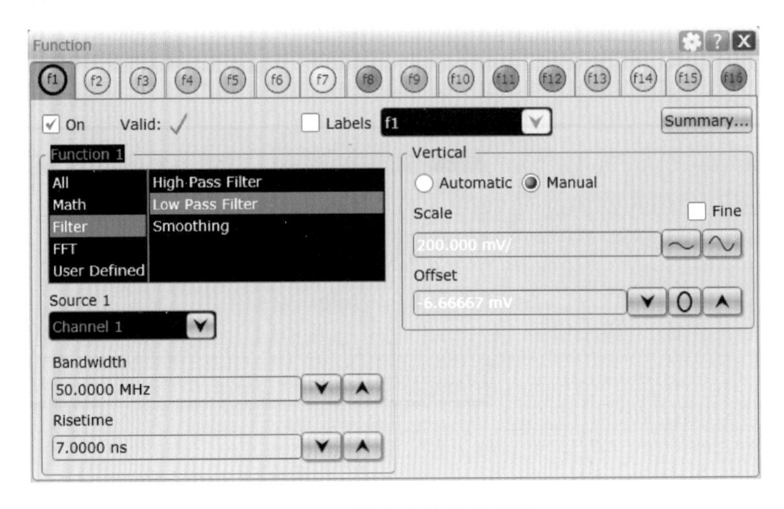

图 8.18　低通滤波数学函数

通过相应的数学函数滤波，可以看到滤波前原始的信号波形，以及经过滤波处理后的信号波形，可以看到滤波后的信号波形中很多高频噪声被滤掉，信号波形更加光滑，如图 8.19 所示。

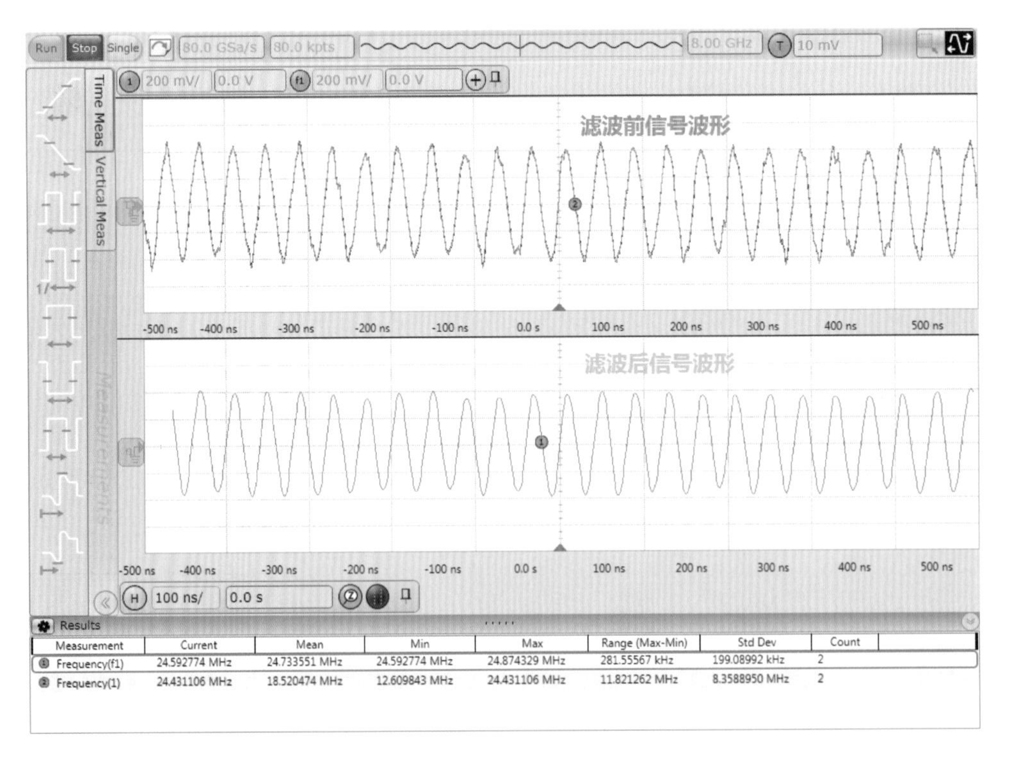

图 8.19　低通滤波前后的信号波形

除了上述低通滤波，也可以对信号进行高通滤波，或者把低通滤波器和高通滤波器组合成一个带通滤波器使用。但是需要注意的是，要理解设置的滤波器带宽以及可能对信号波形产生的影响，以免造成大的波形失真。

6. 用 FFT 函数进行信号频谱分析

频谱分析是信号分析的一种常用手段，通过频域分析可以发现很多在时域看来不清晰或者不明确的信号问题。示波器是最传统的时域分析工具，但是借助 FFT 等数学函数功能，示波器也可以实现信号的频谱分析功能，从而提供更强大的时域和频域分析功能。

例如图 8.20 所示的 100MHz 的时钟信号，从时域看，信号有明显的过冲以及占空比失真，从测量参数看，上升沿和下降沿也不太对称。

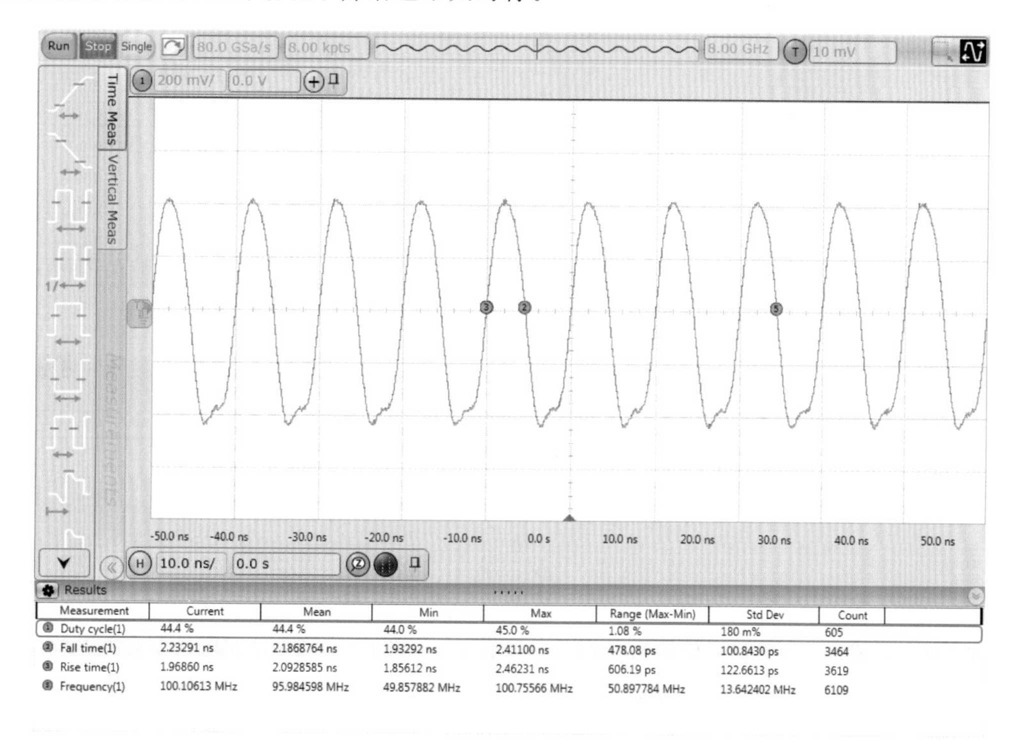

图 8.20　有失真的时钟信号

为了从频谱上分析这个信号失真可能造成的频域的影响，可以借助示波器的 FFT 函数功能对信号进行频谱分析。如图 8.21 所示，在 FFT 的函数设置中，可以设置中心频点(Center Frequency)、频谱宽度(Span)、参考电平(Reference Level)、垂直刻度(Scale)、FFT 分析的加窗类型(Window)等，也可以打开峰值标记(Peak Annotation)功能对超过某个功率电平的峰值点进行标记。需要注意的是，分辨率带宽(RBW)的设置，由于频域的分辨率带宽是和时域的采集时间呈反比关系，所以在有些场合如果希望减小分辨率带宽以看到频谱的细节，就需要在时域上调整时基刻度以显示更长时间的波形做 FFT 变换。

打开函数功能后，可以得到如图 8.22 的显示结果，其中上部分是信号的原始时域波形，

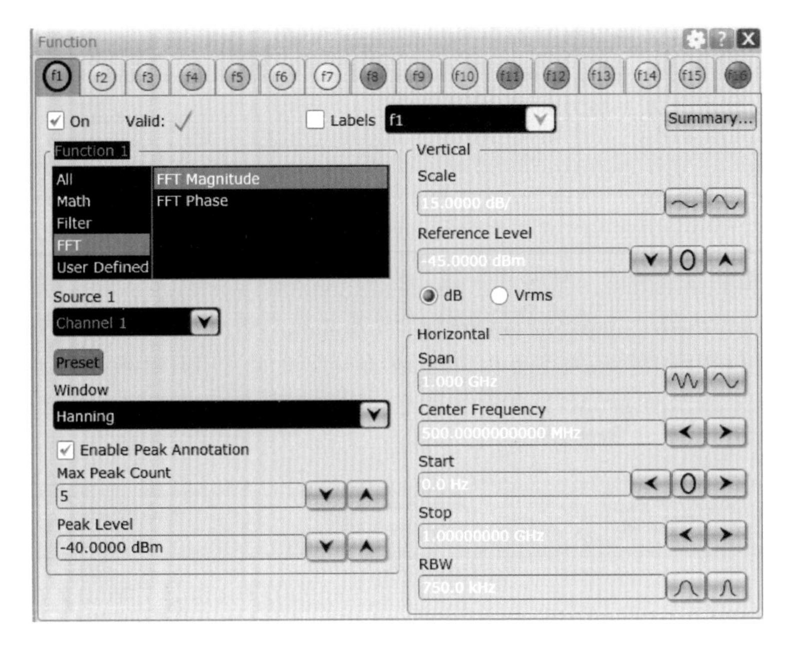

图 8.21　FFT 函数设置

下部分是经过 FFT 变化后的信号频谱，可以看到信号在 2 次、3 次、4 次等谐波处都有较大的能量成分。

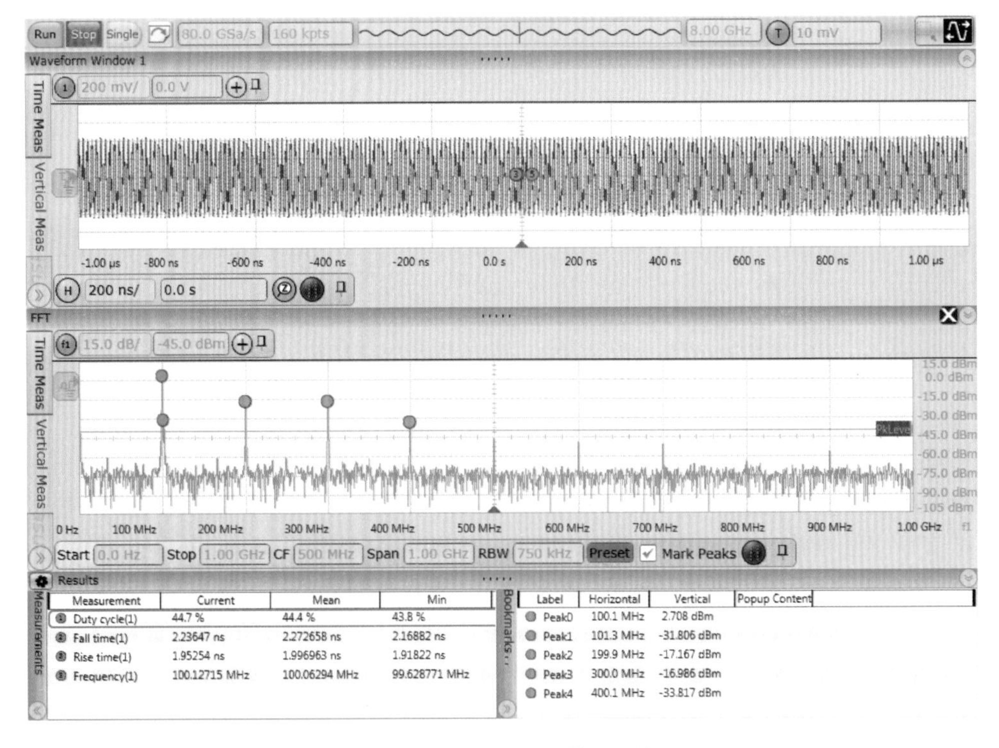

图 8.22　时钟信号的频谱分析结果

更进一步地，如图 8.23 所示，还可以用第 2 个数学函数 f2 对信号的原始波形进行滤波，然后再用第 3 个数学函数 f3 对滤波器后的波形进行 FFT 变换，以得到经过滤波处理后的信号频谱。

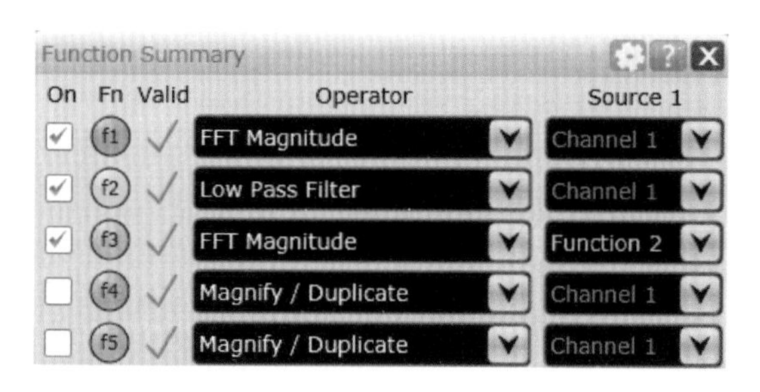

图 8.23　对原始波形滤波后再做 FFT 分析

图 8.24 是经过上述数学处理后的各个信号的波形，除了原始信号波形来源于真实的被测通道以外。我们用到了 3 个示波器中的数学函数，并进行了数学函数的迭代(例如第 3 个数学函数是对低通滤波后的波形再做 FFT 变换)。通过这种数学函数的组合和迭代，可以实现更复杂的波形计算和处理工作。

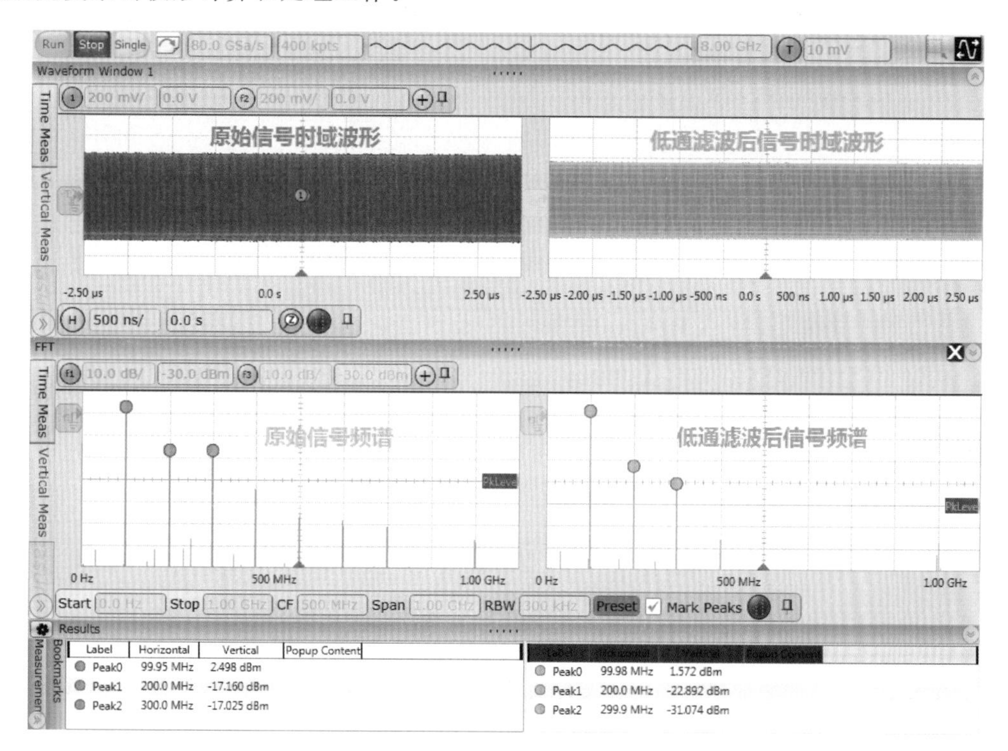

图 8.24　比较滤波前后时钟信号的频谱

7. 用 Gating 函数进行信号缩放

对一些比较复杂的信号，其波形的不同时刻可能包含着不同的细节。如果在示波器上把时基刻度打得比较大，可以看到信号的宏观包络，但不太能同时看到细节；而如果把波形局部细节展开得比较充分，又很难同时看到宏观变化。虽然很多示波器都有时间轴的Zoom功能，可以在主时基以大刻度显示的同时，将其中一部分展开放大显示，但是通常不能同时展开放大多个局部区域。

例如以图8.25所示的一个频移键控(Frequency-Shift Keying，FSK)信号为例，其信号频率会在100MHz和20MHz间跳变。可以借助大部分数字示波器都具备的Zoom功能把其中某部分局部放大显示，但是如果想同时观察100MHz部分、20MHz部分以及频率切换时刻的波形细节，通常是比较困难的。

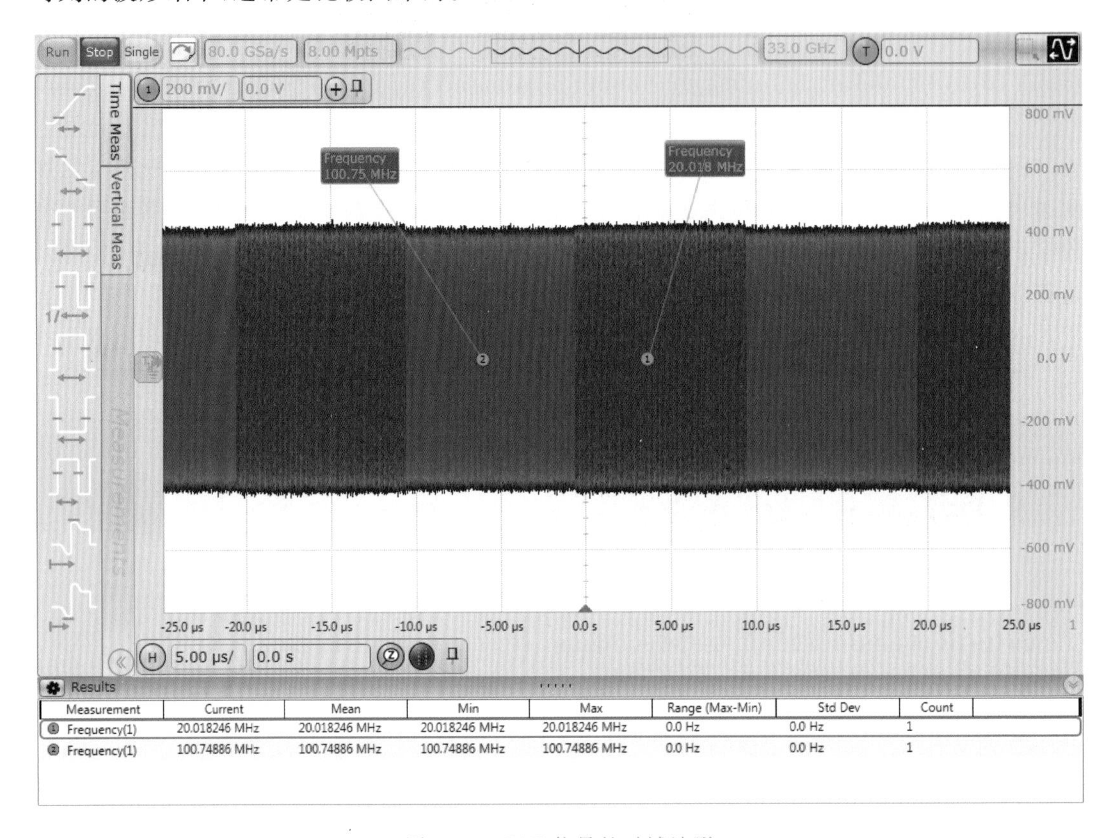

图8.25 FSK信号的时域波形

为了达到同时观察多个局部细节的目的，可以借助示波器的Gating函数功能(见图8.26)。Gating函数相当于时间门，可以对指定的时间区域内的信号波形进行放大显示。由于现代的数字示波器可以支持非常多的数学函数(例如可能多达16个)，所以用多个函数就可以实现多个局部细节的放大显示。

图8.27是对上述FSK信号用多个Gating函数放大不同位置的局部细节后的结果，从中可以看到，我们可以对不同位置、不同频率甚至频率切换瞬间的信号做放大显示，在放大的同时还可以根据显示或观察的需要调整各自窗口的放大比例，这对于复杂信号的分析非常方便。

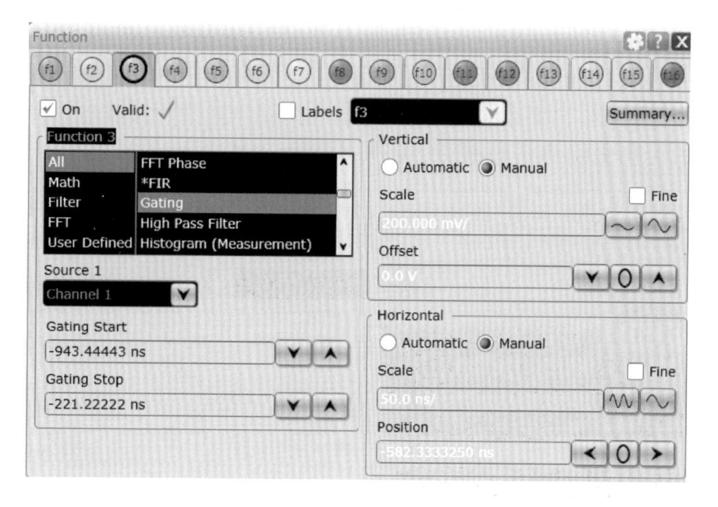

图 8.26 时间门函数

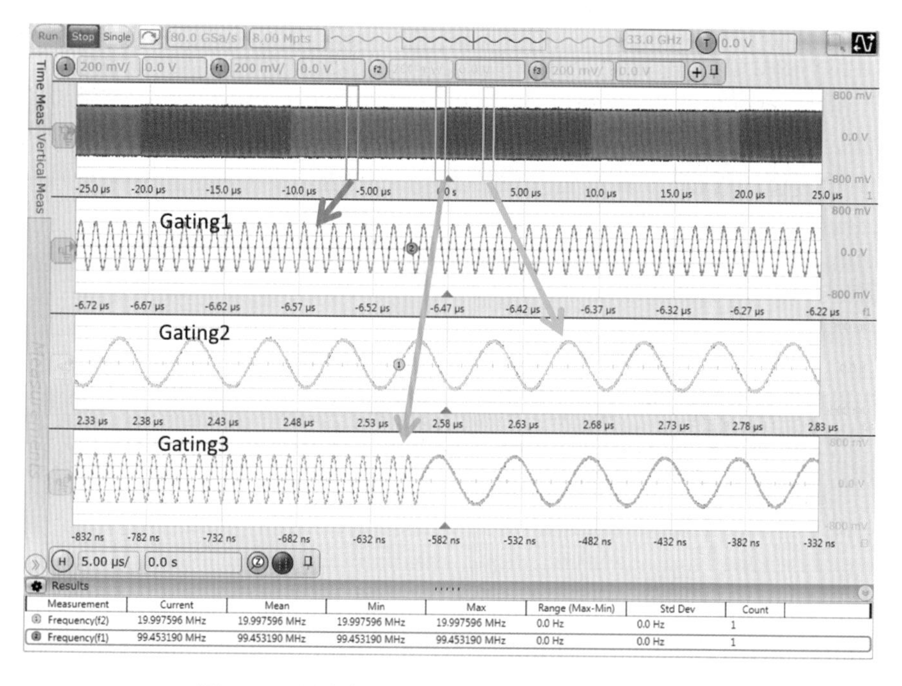

Measurement	Current	Mean	Min	Max	Range (Max-Min)	Std Dev	Count
Frequency(f2)	19.997596 MHz	19.997596 MHz	19.997596 MHz	19.997596 MHz	0.0 Hz	0.0 Hz	1
Frequency(f1)	99.453190 MHz	99.453190 MHz	99.453190 MHz	99.453190 MHz	0.0 Hz	0.0 Hz	1

图 8.27 用多个时间门函数放大 FSK 信号的局部

8. 用 Trend 函数测量信号变化趋势

很多复杂的信号都是在不断变化的，也就是信号的一些参数可能在发生变化。例如在开关电源设计中，会根据负载变化调整开关的占空比（PWM 调制）；在雷达设计中，会通过线性调频（Chirp）改变载波信号的频率以获得更高目标分辨率；在保密无线通信中，会通过跳频方式动态切换工作频率以提高保密和抗干扰能力；在消费类电子设备的数字总线如 USB 3.0、SATA 等，会通过对信号的速率进行缓慢变化（扩频时钟）控制 EMI 辐射等。

为了获得信号参数的变化趋势信息，可以借助 Trend 的数学函数对示波器测量到的波形参数变化趋势进行统计。例如对前一个例子中提到的 FSK 信号，如果希望看到这个信号频率变化的趋势，可以首先用示波器的测量功能对于信号的频率进行测量，然后再用 Trend 的数学函数对频率的变化趋势进行描绘（见图 8.28）。

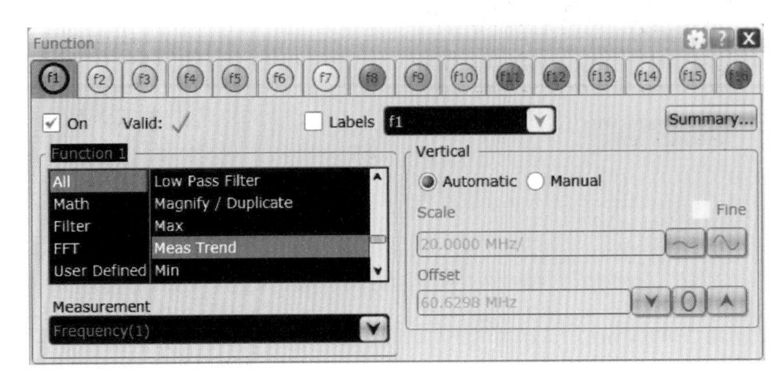

图 8.28　用 Trend 函数测量信号频率的变化趋势

经过上述的数学函数处理，可以得到如图 8.29 所示的波形。其中上半部分是信号原始波形，从中大概可以看到信号有一定的周期变化，但不能很准确地分析信号频率的变化周期及变化范围。而图中下半部分是用 Trend 函数提取出的信号频率变换趋势的波形，对这个波形做进一步测量，可以看出被测信号频率的变化周期为 50KHz，其频率最快时超过了 101MHz，最慢时约为 19.78MHz。

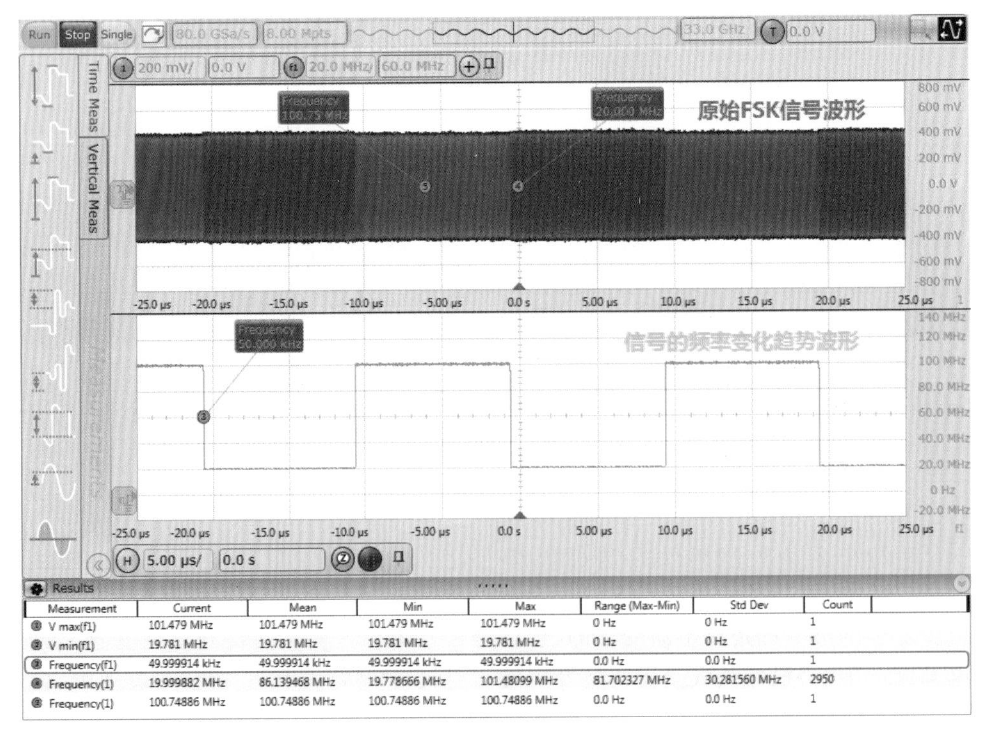

图 8.29　用 Trend 函数提取的 FSK 信号频率变化波形

用同样的方法，我们也可以对被测信号的其他参数变化曲线进行分析。例如在图 8.30 的例子中，被测信号的脉冲宽度在随着时间变化，从信号的原始波形上很难清晰看出信号脉冲宽度的变化趋势和变化范围。通过对信号进行脉冲宽度测量，再用数学函数描绘信号脉冲宽度参数随时间的变化趋势，就可以清晰看出信号脉宽变化的周期以及变化范围。

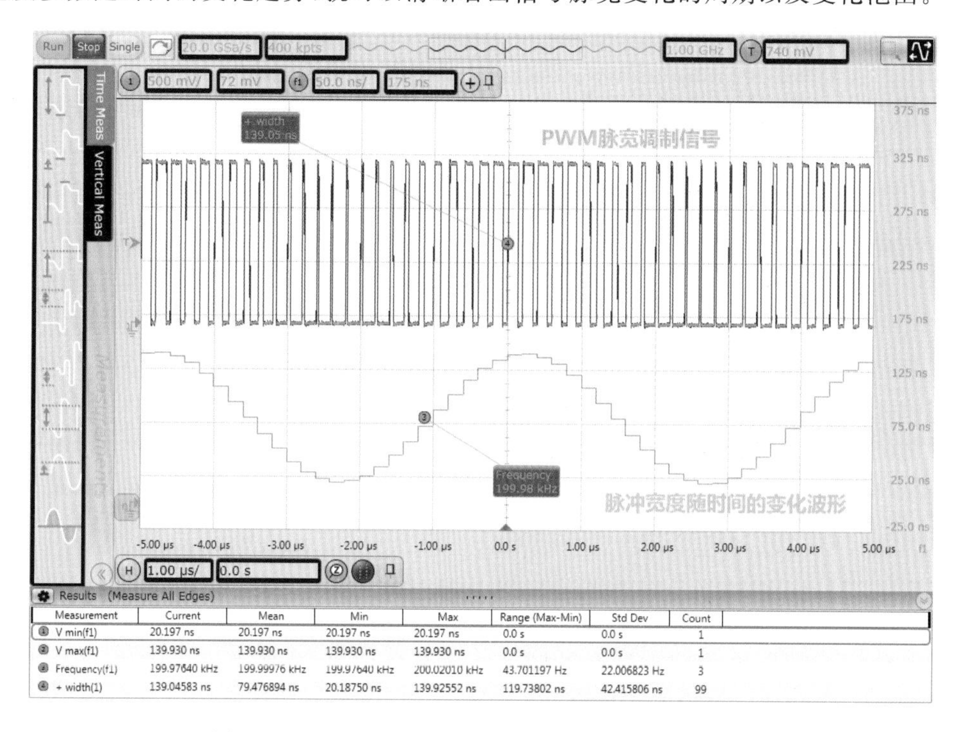

图 8.30 用 Trend 函数提取的信号脉冲宽度变化波形

9. 使用 MATLAB 的自定义函数

前面介绍了示波器中各种类型的数学函数，通过这些数学函数的组合可以实现很多复杂的数学运算。但是即使这样，这些现有的数学函数还是有可能不能满足用户的特定测试需求，例如一些特殊形状的滤波器或者信号的相关运算等，这时可以考虑使用自定义的数学函数(User Defined Function，UDF)功能。

所谓自定义函数，是指示波器可以允许用户在后台调用 MATLAB 脚本对示波器采集到的波形进行处理和运算。由于 MATLAB 软件可以提供非常丰富的数学函数，所以这个功能是对示波器自身的数学函数的一个非常大的补充。

例如图 8.31 就是调用 MATLAB 脚本实现对一个特定数据速率的数字信号进行 FIR (Finite Impulse Response)滤波的例子。这是一个.m 格式的文件，可以被 MATLAB 软件调用，使用其 filter()函数对信号进行处理。其中 SrcData[]是示波器通道直接采集到的波形数据，FnData[]是经过 MATLAB 函数处理后的数据，Control1 和 Control2 分别是数据速率和 FIR 滤波器的系数的控制变量，可以在调用相应函数时由用户输入。而 SrcXInc、SrcXFirst、SrcYScale、SrcYMiddle 以及 FnXInc、FnXFirst、FnYScale、FnYMiddle 分别是输入和输出波形的样点的水平时间间隔、时间起始点、垂直满量程、中心电平等信息，用于波形的获取和正确的刻度显示。

```
DataRate = Control1;
SmplPerUI = 1 / (DataRate * SrcXInc);
Fs = 1 / SrcXInc;
NewFs = Fs;

%%%%%%%%%%%%%%%%%%%%%%%%%%%%%%%%%%%%%%%%%%%%%%%%%%%%%%%%%%%%%%%%%%%%%%
% Need to re-sample the data, use linear interpolation
%%%%%%%%%%%%%%%%%%%%%%%%%%%%%%%%%%%%%%%%%%%%%%%%%%%%%%%%%%%%%%%%%%%%%%
if SmplPerUI > 0 && DataRate > 0,
   NewFs = SmplPerUI * DataRate;
   old_t = [0:length(SrcData)-1] / Fs;
   new_t = 0:1 / NewFs:old_t(end);

   % New sampled data
   FnData = interp1( old_t, SrcData, new_t );

   % New sampling rate
   FnXInc = 1 / NewFs;
else
   FnData = SrcData;
   FnXInc = SrcXInc;
end

eval(Control2);
if exist( 'T1', 'var' ) && exist( 'T2', 'var' ) && exist( 'T3', 'var' ) && ...
   exist( 'T4', 'var' ) && exist( 'T5', 'var' )

   zpad = zeros(1, int16(SmplPerUI) - 1);
   b = [ T1 zpad T2 zpad T3 zpad T4 zpad T5 ];
   a = 1;
   FnData = filter( b, a, FnData );
   SrcYScale = SrcYScale * sum(b);
end

FnXFirst = SrcXFirst;
FnYScale = SrcYScale;
FnYMiddle = SrcYMiddle;
```

图 8.31　MATLAB 函数举例

除了需要相应的.m 文件实现数据的计算和处理以外，还需要一个如图 8.32 所示的.xml 格式的文件定义相应的数学函数的名称以及与.m 文件间交换的变量的属性，类似于一个头文件。

```
<?xml version="1.0" encoding="utf-8"?>
<Functions xmlns:xsi="http://www.w3.org/2001/XMLSchema-instance"
           xsi:noNamespaceSchemaLocation="Functions.xsd"
           Version="1">
  <Function>
     <Name>FIR</Name>
     <Abbreviation>FIR</Abbreviation>
     <MATLABName>FIR</MATLABName>
     <Control Name = "Data Rate">
        <Double>
           <Min>1e9</Min>
           <Max>10e9</Max>
           <Resolution>1000</Resolution>
           <Default>2.5e9</Default>
           <Units>bitspersec</Units>
        </Double>
     </Control>
     <Control Name = "Taps">
        <String>
           <Default>T1=0.9;T2=-0.2;T3=0.2;T4=0.1;T5=0.0;</Default>
        </String>
     </Control>
  </Function>
</Functions>
```

图 8.32　自定义函数的头文件内容

这两个文件都定义好，并且都复制到示波器中存放用户自定义函数的目录下后，重新启动示波器软件就可以在示波器数学函数的 User Defined Function 界面下看到自定义的数学函数，并可以与正常的数学函数一样使用。为了与示波器中标配的数学函数做区分，这些自定义数学函数的名称前面都有一个“ * ”号做标识(见图 8.33)。另外需要注意的是，由于用户自定义函数需要调用 MATLAB，示波器中必须安装 MATLAB 软件并在后台运行。

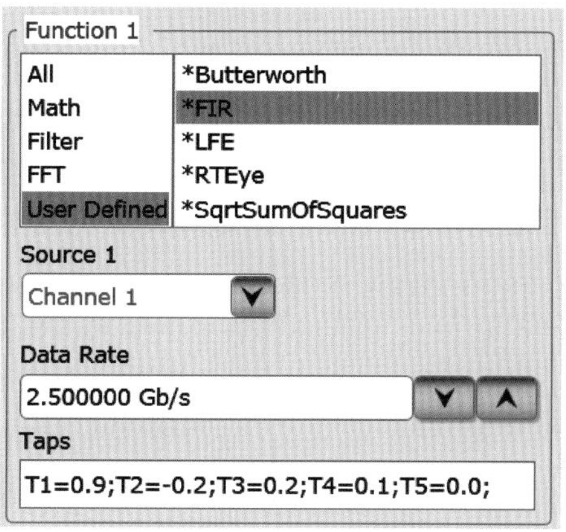

图 8.33 用户自定义函数的调用

需要强调的是，很多示波器都支持用 MATLAB 软件控制抓取数据并进行处理，如果只是抓取数据，处理和显示都在 MATLAB 的界面上进行，通常只需要安装相应的仪器驱动和 MATLAB 相关的控制插件就可以了，并不需要示波器安装有支持自定义函数的 license。而用户自定义函数在很多示波器中是一个选件功能，与前面简单抓取数据处理的一个最大区别在于其处理完的波形还可以回送给示波器，与正常的函数功能一样，可以通过调用，在示波器自身的界面中显示函数结果。这样做的优点是可以直接借用示波器的界面对信号进行比较和测量，同时可以更动态地看到原始信号和处理后信号的变化关系。

九、高速串行信号质量分析

眼图和抖动分析是进行高速数字信号质量测试最常用的分析功能，对于判断信号质量和定位问题至关重要。关于眼图和抖动的定义，以及测量分析的原理，在《高速数字接口原理与测试指南》（李凯，2014 年，清华大学出版社）一书中已经有过详细介绍，这里不再赘述，本章主要展示一些用眼图和抖动分析工具进行信号调试和分析的实例。

这里以一个案例为例：某用户的 3.125Gbps 的 XAUI 接口（Ethernet Attachment Unit Interface，用于 10Gbps 以太网接口的 MAC 层与物理层相连，用 4 对3.125Gbps 信号实现 10Gbps 的信号传输）的信号在数据传输过程中，偶尔会出现数据传输错误，而把数据速率降到 2.5Gbps 时则没有相应的问题，因此怀疑是信号质量问题，这就需要借助眼图和模板测试工具对信号进行分析。

1. 显示差分和共模信号波形

在测试中，用户可以通过测试夹具把 XAUI 接口的信号通过 SMA 电缆引出到示波器，其差分对的正信号和负信号分别连接示波器的 CH1 和 CH3。首先简单观察一下波形（见图 9.1），信号的幅度和形状都非常规整，人眼看不出明显问题。

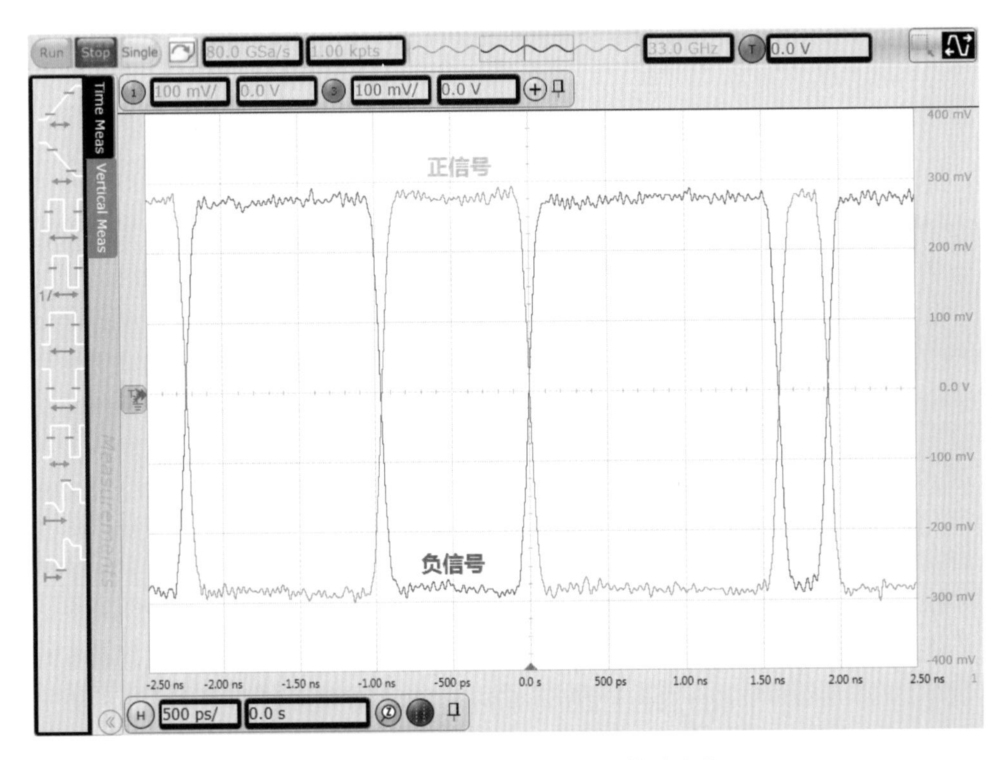

图 9.1　XAUI 信号正端、负端的信号波形

为了更方便地对差分相减后的信号进行测试，可以利用示波器的通道相减功能对正、负信号进行差分相减，如图 9.2 所示。这是示波器自身的通道运算功能，当采集波形长度比较长时，通道运算比用数学函数做相减运算处理速度快很多。

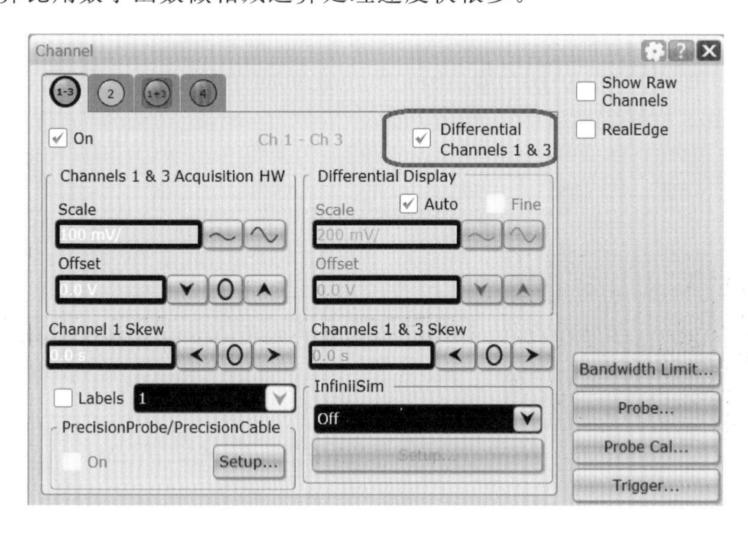

图 9.2　示波器通道的差分运算

进行完相应的操作后，示波器会显示出两路信号相减后的差分波形以及共模波形（见图 9.3）。从信号波形看，差分波形依然是比较规整的，而共模信号波形虽然有一定的波动（共模噪声），但还不至于对信号产生特别大的影响。此时可以关掉共模信号的显示，重点分析差分波形。

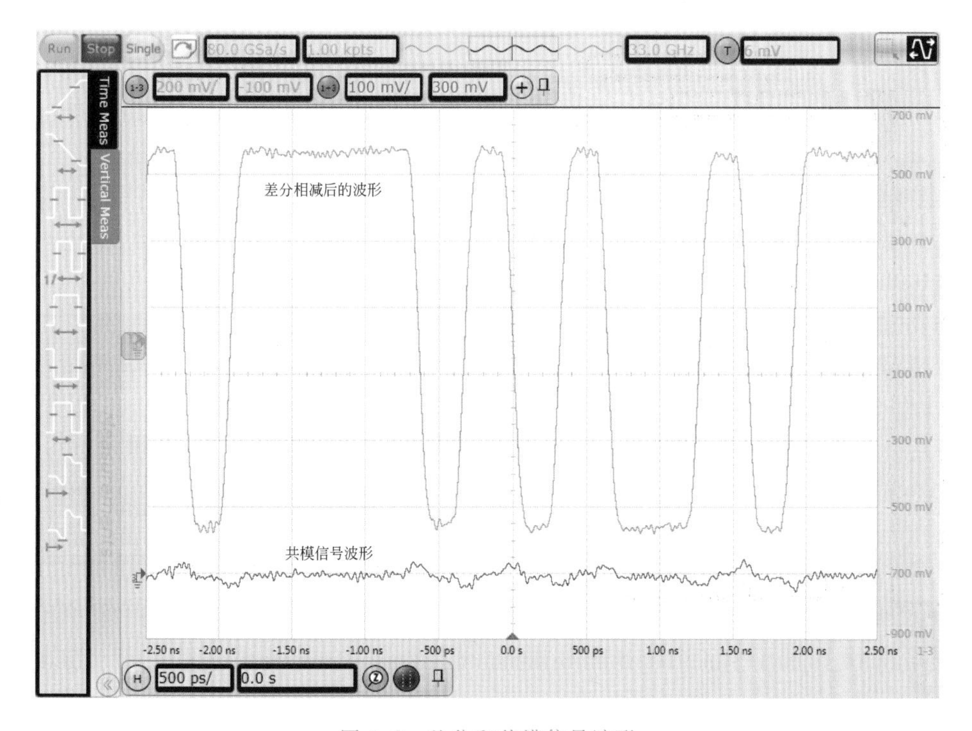

图 9.3　差分和共模信号波形

2. 通过时钟恢复测试信号眼图

因为直接波形测量中只能看到波形的一部分，为了更全面地分析波形，最好通过时钟恢复和波形叠加功能，借助于眼图分析以得到更多的统计信息。因此，可以在示波器的Analyze分析菜单下打开实时眼图分析RTEye/Clock Recovery(SDA)分析功能，如图9.4所示。

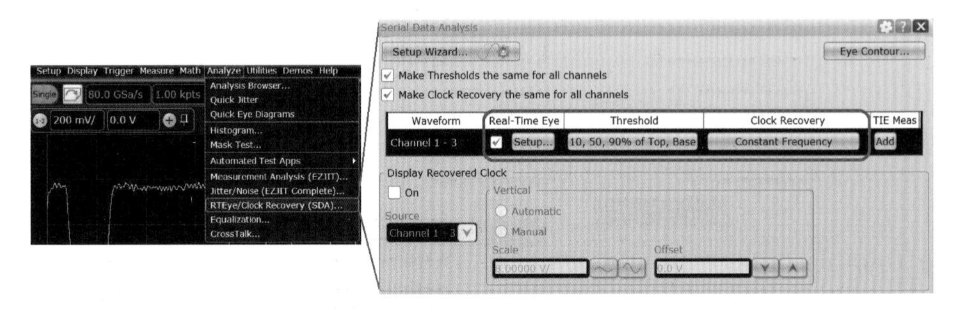

图9.4　实时眼图分析设置

在上述菜单中如果直接勾选Real-Time Eye选项，就可以直接显示出当前波形叠加后的眼图效果。如图9.5所示，上半部分是原始波形，下半部分是进行时钟恢复后再对数据bit进行叠加形成的眼图。眼图以色温图的形式显示，不同的颜色代表了信号在不同位置的出现概率，直观反映了信号的分布情况。同时，在测试过程中，随着时间的累积，眼图也不断更新，并统计出当前眼图累积的波形或者数据bit的数量。

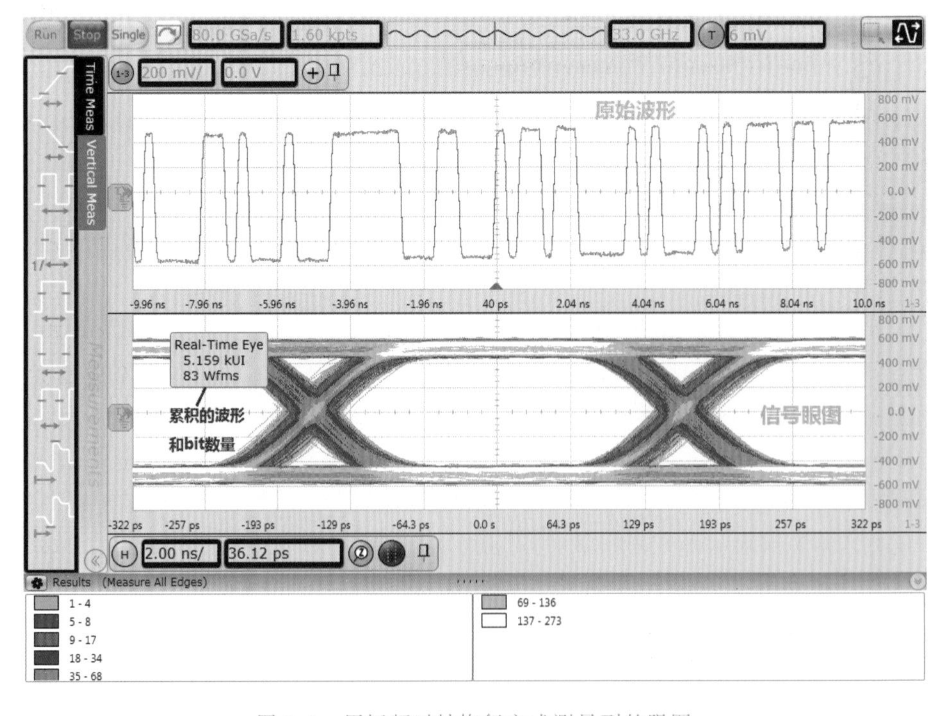

图9.5　用恒频时钟恢复方式测量到的眼图

从上面简单的眼图测试看，眼图的横向和纵向的张开程度都不错，也比较规整，好像信号质量没有太大问题，但现在其实不能匆忙下结论，因为测量结果还可能与设置有关。

我们知道，眼图是以参考时钟为基准进行累积的，因此眼图的形状与参考时钟的时钟恢复方式密切相关。从前面两张图的 Clock Recovery 时钟恢复方式的设置看，采用的是恒频(Constant Frequency)的时钟恢复方式。恒频时钟恢复方式是根据采集到的波形的长度用最小方差法内插出一个恒定的时钟，好处是简单易用，不需要用户输入数据速率就可以完全自动恢复时钟，因此常用于时钟信号的测试或者简单信号眼图观察。但是这种时钟恢复的缺点是当信号中有比较大的抖动时，可能没法真实反映接收端的 PLL (Phase Locked Loop，锁相环)电路看到的抖动情况。为了更真实地模拟出总线接收端 PLL 电路看到的抖动情况，如图 9.6 所示，把眼图测试的时钟恢复方式设置为 1 阶 PLL 方式，同时把环路带宽设置为 XAUI 规范中定义的 1.875MHz。

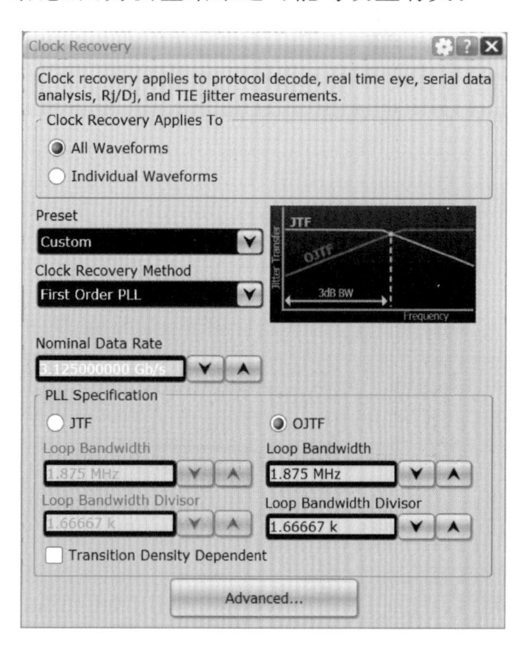

图 9.6 PLL 时钟恢复方式设置

对时钟恢复方式进行上述设置后，示波器会提示当前情况下采集的数据长度不够。例如在前面的设置中，示波器每段波形只是以 80Gbps 的采样率采集了 1.6k 点，这么短的时间长度是不足以支持软件的锁相环算法进行时钟恢复的。可以根据软件的提示把采集内存深度设置到几百 k 点，也可以完全按照设置向导的步骤让示波器自动完成所有设置过程。设置完成后，得到了如图 9.7 所示的眼图。

这个眼图的结果让测试人员非常惊讶，因为这次得到的眼图与前面测试的眼图形状差异非常大，而这两次眼图测试针对的是同一个信号，只不过是时钟恢复方式不同。在采用 PLL 的时钟恢复方式时，虽然从上半部分的原始波形看信号好像问题不大，但是在眼图上却可以看到非常明显的抖动。

从这个测试结果看，被测的信号中应该有明显超过 PLL 的环路带宽(在这个测试中环路带宽为 1.875MHz)的抖动成分存在，由于这种高频的抖动不能被锁相环电路跟踪上，所以在眼图测试中会被体现出来。但是，为什么在最开始采用恒频的时钟恢复方式时看不出来呢？这是由于内存深度设置的问题。在最开始的眼图测试中，设置为 Constant Frequency 的时钟恢复方式，但是并没有特别增加内存深度，只是根据时基刻度自动设置为 1.6k，此时在 80Gbps 的采样率下只采集了 20ns 的时间长度。如果在这段时间内有明显的抖动变化，则在眼图中可以体现出来，而如果在这段时间内抖动不明显，则可能就体现不出来了。事实上在我们后续的进一步分析中，信号的抖动频率约为 20MHz，变化周期约为 50ns，因此也就可以解释为什么开始在恒频时钟恢复模式下不能从眼图中看出明显的信号抖动了。其实，如果开始时知道有意地增加内存深度，即使在恒频时钟恢复模式下也仍然能

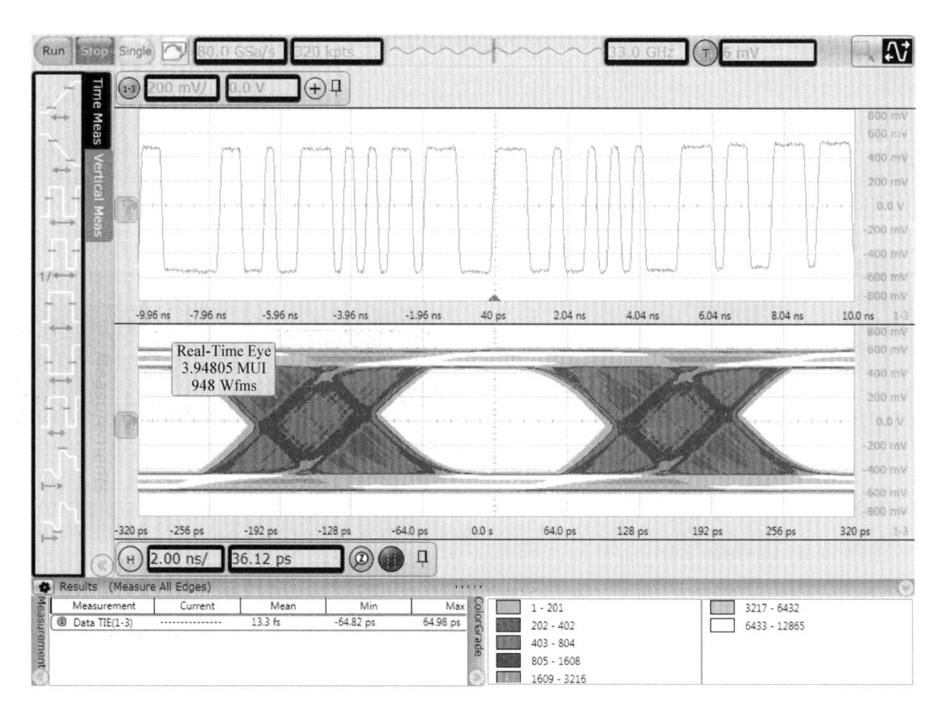

图 9.7 用 PLL 时钟恢复方式测量到的眼图

够看到这个信号中明显的抖动。

在这个对比的例子中，主要为了解释不同时钟恢复方式以及内存深度可能造成的对于信号测量的影响。如果信号是纯净的，采用哪种时钟恢复方式或者内存深度设置可能测到的眼图差异很小。但如果信号中有比较大的抖动成分，在采用默认的恒频时钟恢复方式时设置的内存深度越深，采集时间越长，越能看到低频的抖动；而在采用 PLL 的时钟恢复方式时，由于 PLL 可以跟踪上低于环路带宽的抖动成分，所以当采集的波形时间长度超过环路带宽的倒数（例如 10MHz 的环路带宽对应 100ns）一个数量级时，通常测量结果就与内存深度及采集时间设置没有特别大的关系了。

因此，恒频时钟恢复方式由于设置简单，易于使用，通常用于时钟或纯净数据信号的眼图测量，但是要稍微使用深一点的内存深度以便于观察到更多频率的抖动成分；而 PLL 的时钟恢复方式需要用户指定数据速率和环路带宽，设置稍复杂一点，但能够更真实反映高速串行链路上接收端 PLL 看到的信号抖动情况，而且内存深度达到一定程度后测量结果受内存的设置影响就不大了。

3. 进行模板测试

在上面的眼图测试中，通过修改时钟恢复方式以及增加内存深度得到了信号的眼图。从眼图的形状看，由于抖动的因素使得信号的眼宽受到很大影响。但是现在的问题是：这个带有抖动的信号眼图是否恶劣到会影响数据的正常传输呢？这就需要对这个眼图的宽度、高度等进行定量的分析和测试。示波器中有很多测量功能可以直接测量信号的眼高、眼宽、抖动等参数，但最直观、简洁的方式就是模板（Mask）测试。

所谓模板测试，就是把示波器上的信号波形或者眼图与一个事先定义好的模板进行比较。例如可以在示波器的模板测试功能下面，选择调入一个事先定义好的针对 XAUI 信号的模板文件(见图 9.8)。

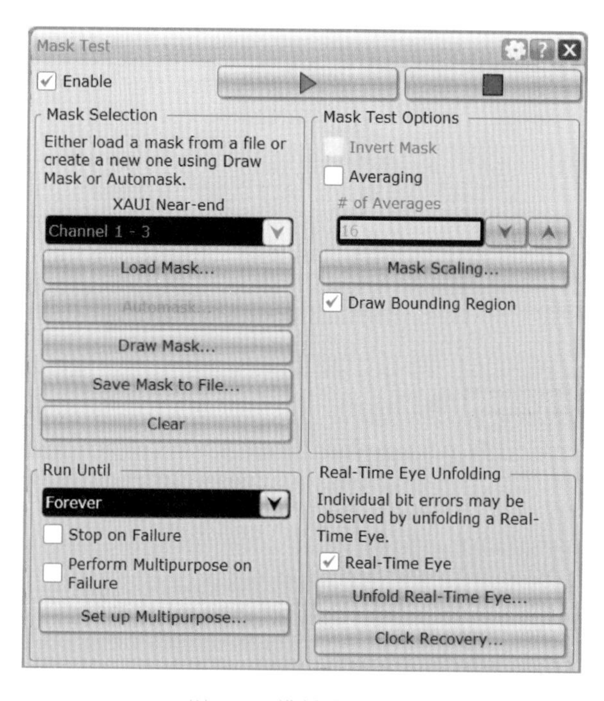

图 9.8 模板测试设置

在调入这个模板文件后，示波器就会把波形的眼图与事先设定好的模板区域(图 9.9 中黑色阴影区域部分)进行比较。如果眼图的分布不会压在阴影部分区域，即使眼图质量没有那么好，也是勉强可以接受的；但如果眼图的分布压到了阴影区域的某一部分，就说明信号的眼图质量有一定的问题，没有符合规范的要求，在实际通信过程中由于环境或者外界条件的改变有可能会出现数据传输错误。在图 9.9 的眼图测试例子中，可以看到由于信号的抖动，有个别眼图的采样点压到了模板阴影区域的左右两端。从模板测试的统计信息可以看出，当前的眼图累积了总共 855 个波形，包含了 3.56143MUI(UI 即 Unit Interval，1 个 UI 即 1 个数据 bit 宽度)，这次测试中共有 25 段波形中的 28 个 bit 压在了模板上。

通过模板测试可以比较眼图的形状是否符合相关测试规范的要求。在这个测试案例中，信号的眼图有一些点压在了模板区域上，说明信号质量是有一定问题的。但是仅仅这些信息对于信号的调试帮助有限，对于研发工程师来说，还希望知道是哪些波形的哪些数据 bit 影响了信号质量，以及如何进行改进，这就需要进一步用到失效 bit 定位及抖动分析功能。

4. 失效 bit 定位

在上面的信号眼图的模板测试例子中，有一部分数据 bit 压在了模板上造成模板测试的失败。那到底是哪一部分数据 bit 压在了模板上，以及压在模板上的数据 bit 有什么特征呢？要进行这些分析，就可以使用失效 bit 分析功能。

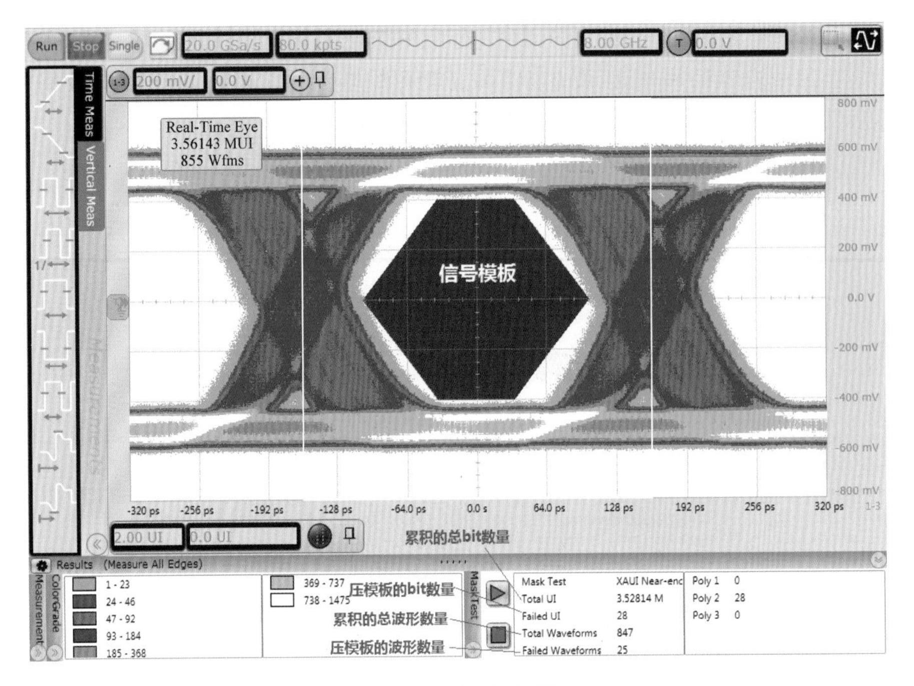

图 9.9 眼图的模板测试

正常情况下,一旦开始运行模板测试,示波器会不断捕获新波形,并叠加在眼图上与相应的模板文件进行比较。如果希望捕获到造成模板失效的 bit,可以在模板测试时选择 Stop on Failure 功能,此时一旦有波形造成模板测试失败,则模板测试停止,同时示波器保留着最后一次造成模板失败的波形,如图 9.10 所示。

模板测试失败并且停止后,如图 9.11 所示,可以进一步选择模板测试设置中的 Unfold Real-Time Eye 功能,并选择 Show Mask Failures。此时,示波器会把造成模板测试失败的波形进行展开,并可以通过导航器定位到造成模板测试示波器的波形 bit。

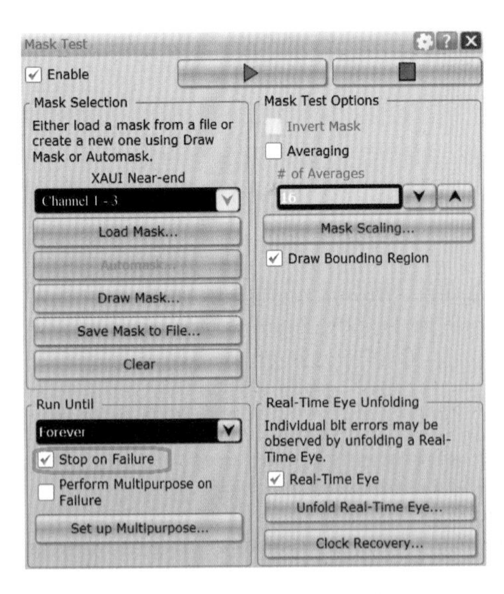

图 9.10 设置模板测试失败时停止运行

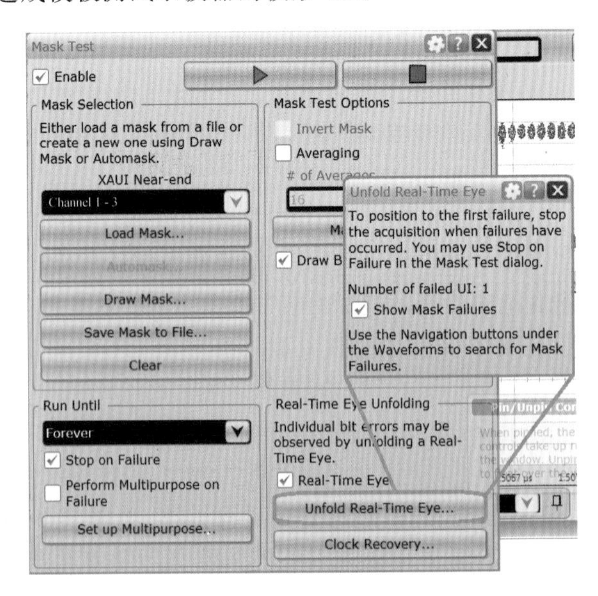

图 9.11 模板测试失败后进行失效 bit 定位

通过眼图模板测试，以及通过失效 bit 定位展开波形后，可以清晰看到压模板的数据 bit 的位置及形状。从图 9.12 中可以看出，当前的波形模板测试失败是由于相应数据 bit 的下降沿位置明显偏右，造成了压模板的问题。

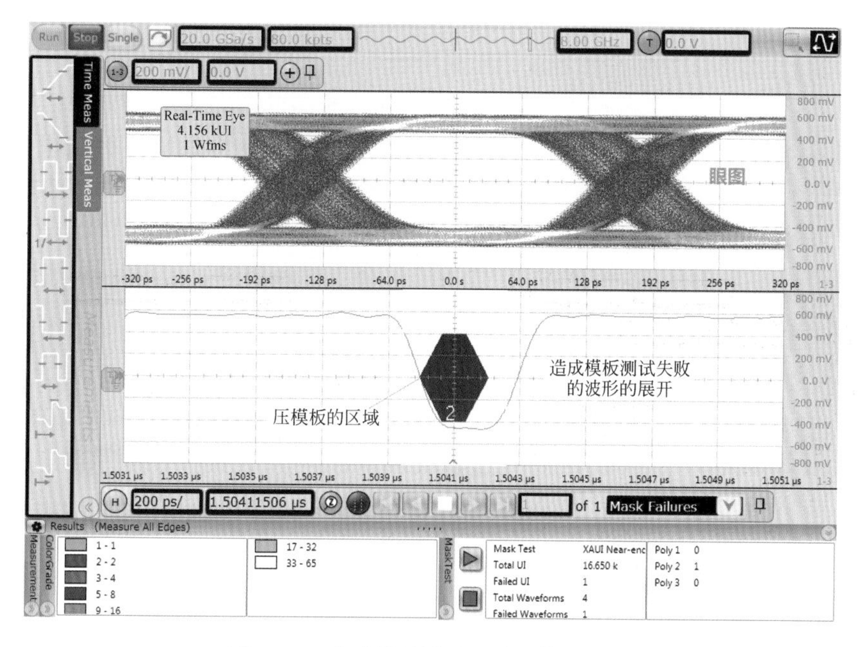

图 9.12　造成模板测试失败的信号波形

5. 抖动分析

从图 9.12 中可以看出，数据 bit 压模板是由于跳变边沿太靠右而压在了模板区域，这是一种边沿的时间抖动。为了对信号的抖动变化做进一步的分析，如图 9.13 所示，可以打

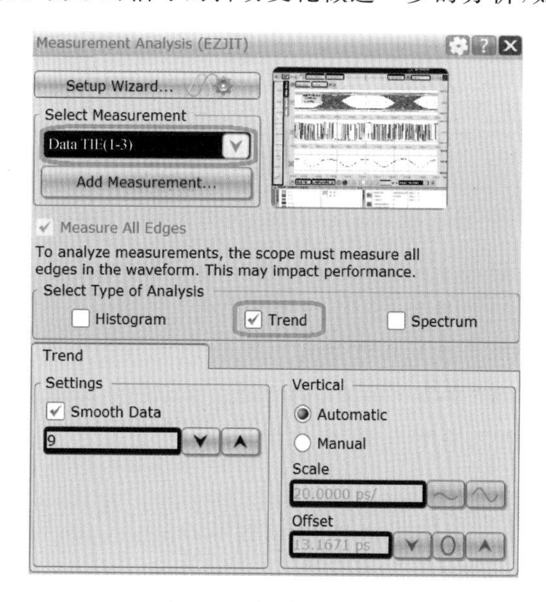

图 9.13　抖动分析设置

开示波器的抖动分析功能，对其 TIE(Time Interval Error，时间间隔误差)抖动进行分析，并且打开趋势图(Trend)分析其抖动随时间的变化波形。

通过相应的设置，可以更清晰地看出由于抖动造成的信号模板测试失败的原因。在图 9.14 中，最上面部分是信号叠加形成的眼图；中间部分是通过模板测试和失效 bit 定位展开的信号波形，水平正中间的位置就是压模板的 bit 位置；而下面部分的波形是信号的抖动随时间的变化趋势图。通过对比失效 bit 的位置和抖动的趋势图波形，发现造成模板测试失败的失效 bit 的时刻与抖动趋势图变到最大点的时刻是一致的。也就是说，造成当前信号模板测试的原因很明显是抖动，当信号边沿偏离理想位置最大点时，对应的数据 bit 会出现压模板的情况。要改进当前的信号质量，必须想办法分析抖动的原因并且减小信号抖动。

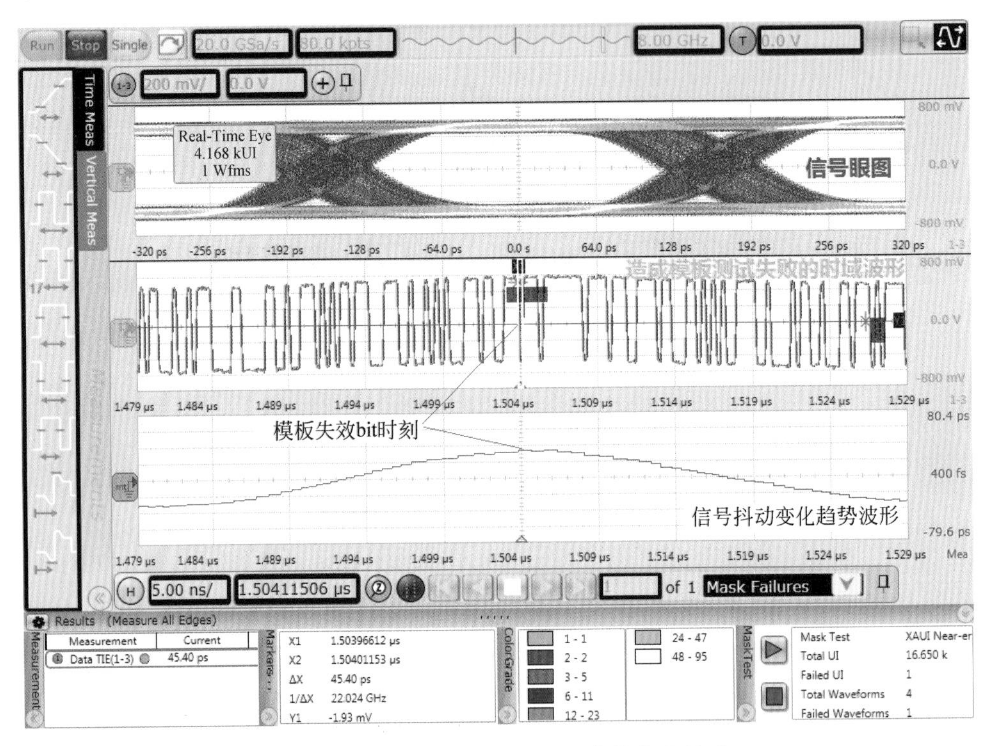

图 9.14　失效 bit 位置与抖动变化趋势的关系

6. 抖动分解

通过前面的眼图、模板测试、失效 bit 定位以及抖动趋势图分析，基本确定了这个案例中信号质量的问题是由抖动引起的。那么下一步就是要分析信号中的抖动的成因，以判断造成信号抖动的主要因素，从而有针对性地进行应对。

如图 9.15 所示，现在做高速信号的抖动分析和分解，普遍采用双狄拉克模型(Dual-Dirac model)，即认为高速数字信号在一定误码率(Bit Error Ratio，BER)下的总体抖动(Total Jitter，TJ)主要由确定性抖动(Deterministic Jitter，DJ)和随机抖动(Random Jitter，RJ)两部分的卷积构成，根据确定性抖动的峰峰值 DJ(δδ)和随机抖动的均方根值 RJ(rms)可以估算出在一定误码率下的总体抖动 TJ(BER)的大小。随机抖动一般由于芯片内部热

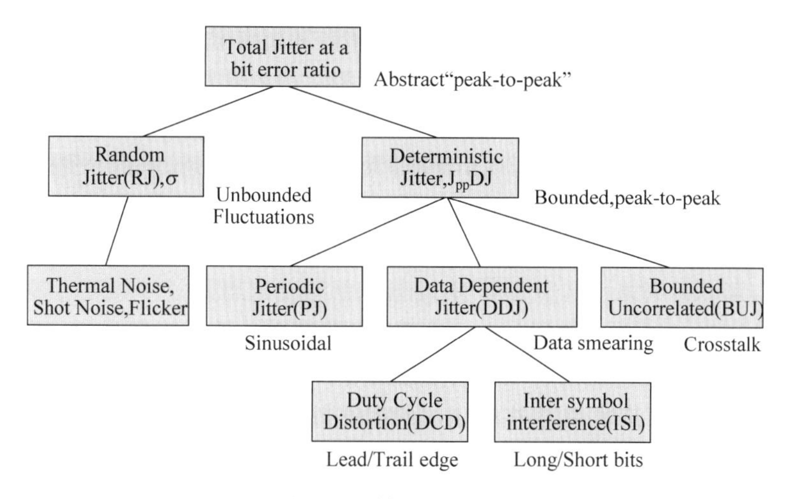

图 9.15　抖动分解模型

噪声或散粒噪声引起，其分布服从高斯分布；对于确定性抖动，根据不同的成因，还可以分解为外界周期性干扰造成的周期抖动(Periodic Jitter，PJ)、由于阈值判决或者通道传输造成的数据相关抖动(Data Dependent Jitter，DDJ)以及由于串扰等原因造成的有界不相关抖动(Bounded Uncorrelated Jitter，BUJ)等。如果能够根据抖动分解模型分解出各抖动分量的大小，就可以知道造成抖动的主要成分以及可能的原因。关于各抖动分量的具体含义及与误码率的关系，可以参考拙作《高速数字接口原理与测试指南》(清华出版社，2014 年)的相关章节，或者参考业界很多专门介绍抖动成因与分解方法的文章，这里不做赘述。

为了对上述模板测试失败的原因进一步定位，可以打开示波器 Analyze 菜单的 Jitter/Noise(EZJIT Complete)功能，进一步对信号的抖动成分进行分解(见图 9.16)。

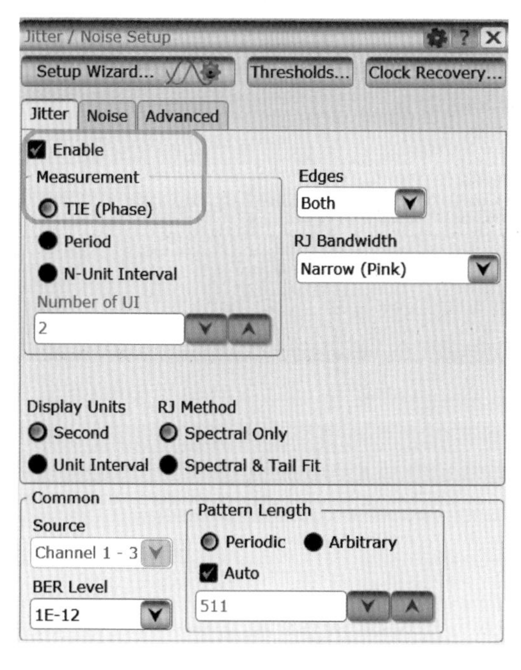

图 9.16　抖动分解功能设置

如果之前没有专门设置过时钟恢复方式，需要在 Clock Recovery 下根据要测试的信号规范标准设置相应的时钟恢复方式；如果不知道相应的具体要求，也可以采用 Golden PLL 的方式，即当数据速率小于 4Gbps 时将环路带宽设置为数据速率的 1/1667，当数据速率超过 4Gbps 时将环路带宽设置为数据速率的 1/2500。

打开抖动测量分解的选项后，示波器界面上会显示去除码间干扰后抖动的频谱、不同误码率下抖动的浴盆曲线、抖动的直方图分布、数据相关抖动等图表，以及各抖动分量的分解结果。

从图 9.17 所示的抖动直方图分布上来看，信号的抖动不是接近高斯分布，而是明显的双峰分布，说明信号中有明显的确定性抖动成分存在；而从抖动的频谱分布看，在频域有一条明显的尖峰谱线，说明信号中存在明显的周期性抖动成分，把这张图片双击放大后看到这条谱线约为 20MHz。而从下面更详细的测量结果可以看出，被测信号在 10^{-12} 误码率情况下的总抖动 TJ 约为 132ps，除了一部分随机抖动成分外，确定性抖动 DJ 约为 58ps，而 DJ 的成分中 PJδδ 的贡献约为 53ps。因此，把各部分的信息结合起来，可以判断出被测信号中有接近一半的抖动来源于一个 20MHz 左右的周期性信号的干扰。由于目前在模板测试中信号只是刚刚压在模板上，如果把这个 20MHz 的外界干扰消除或者减小，应该是可以大大改善眼图质量的。至于这个 20MHz 的外界干扰来源于哪里，可以结合被测电路的外围电路、PCB 布线、时钟网络等进行更进一步的分析。

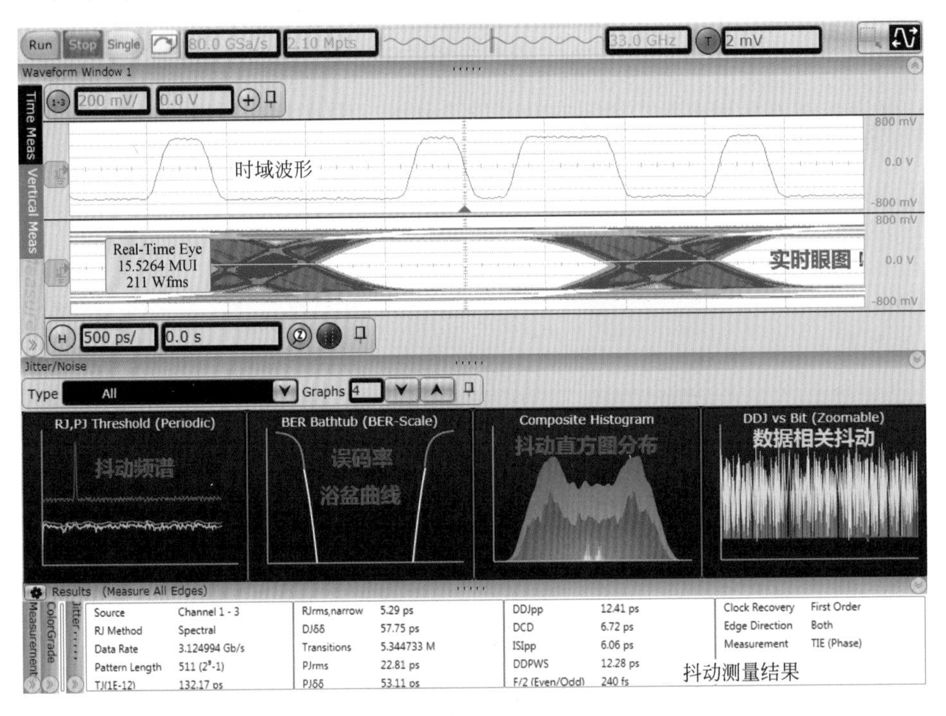

图 9.17 抖动分解的结果

以上的例子是用抖动分析软件分析信号中各抖动成分的大小，如果信号上垂直方向的噪声较大，还可以使用类似的方式，对信号中各个噪声分量的大小进行测试和分解。

7. 通道去嵌入

在用示波器进行信号质量的测试过程中，一般情况下是直接对感兴趣的位置的信号进行测试。但是随着系统设计的复杂以及封装密度的提高，由于客观条件的限制，很多时候不能直接测量到感兴趣点的信号。

例如在图 9.18 的例子中，被测件是一款 Xilinx 公司的 28Gbps 串行接口的 FPGA 芯片，采用 BGA 封装，为了对其输出的信号质量进行测试，必须把被测芯片安装在一块专门设计的测试夹具上，并通过同轴线把被测的高速信号引出。对于做芯片设计的人员来说，关心的是在芯片输出管脚处的信号质量，但是由于信号数据速率很高，其实际能够接触到的测试点和关心的测试点间的传输通道会对信号质量产生一定影响，因此两个点上的信号质量并不一样。为了解决这个问题，需要有一种方法能够根据实际测试点处的信号质量推算出关心的测试点处的信号质量，这就是通道的去嵌入(De-embedding)。

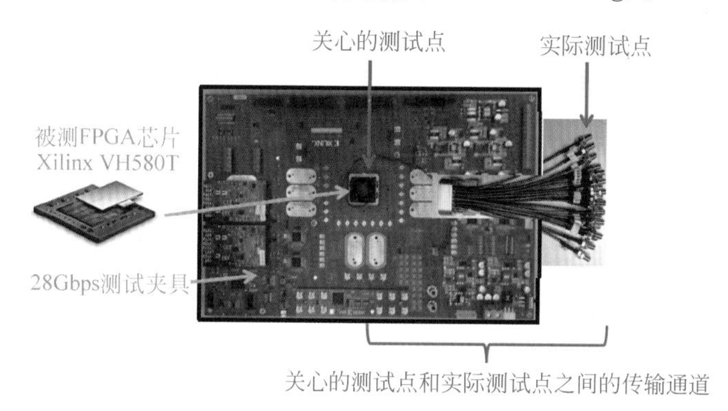

图 9.18 通道去嵌入的应用场合举例

去嵌入的技术来源于矢量网络分析仪(Vector Network Analyzer，VNA)的校准技术，目前已经广泛应用于微波及高速数字信号的仿真和测量领域。以这个例子来说，实际的测试点和我们关心的测试点之间有一段传输通道，如果知道关心的测试点和实际测试点间的传输通道的参数模型，就可以通过相应的计算，得到关心的测试点处的信号波形。因为这种操作就好像把中间的传输通道移除了一样，所以这个操作通常称为去嵌入。图 9.19 是去嵌入软件的工作原理。

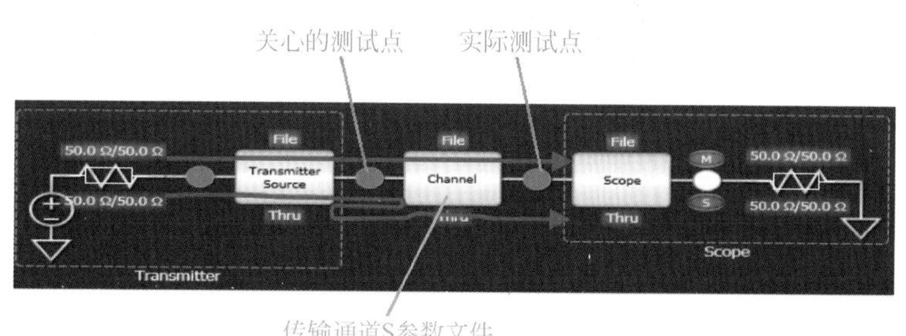

图 9.19 去嵌入软件工作原理

要实现去嵌入的操作，一方面需要测试仪器或者仿真软件支持相应的功能，另一方面需要事先拿到要进行去嵌入的传输通道的模型，这个模型通常用 S 参数文件表示。S 参数文件是广泛应用于微波和高速数字信号中以描述器件特性的一种文本文件格式，其内部包含了其各个端口对于不同频率的信号的传输和反射特性。

实际上，要得到关心的传输通道的 S 参数文件模型，也不是一件简单的事情，根据不同场合可以采用不同的技术，例如通过微同轴探头连接在通道两侧做实际测试、通过专门设计的测试走线做模拟测试、利用矢量网络分析仪最新的 AFR(Automatic Fixture Removal)技术通过反射测量直接提取以及利用仿真软件根据 PCB 走线的物理特性进行仿真提取等。例如图 9.20 就是在 PCIe3.0 的规范中(来源：PCI Express Base Specification Revision 3.0)建议的进行芯片信号质量测试的方法。被测芯片必须通过 Breakout Channel 转成同轴接口连接测试设备。为了评估 Breakout Channel 参数对于信号质量的影响，或者进一步通过去嵌入的方式补偿其影响，可以在设计制作测试板的同时，在旁边按同样的走线方式设计一个 Replica Channel。Replica Channel 与 Breakout Channel 的走线方式、使用的叠层和材料完全一样，区别只是 Replica Channel 两端都设计成同轴接口，可以直接连接矢量网络分析仪进行 S 参数测试。通过测量 Replica Channel 的 S 参数，就可以得到 Breakout Channel 的 S 参数模型。当然，随着技术的发展，在满足一定的布线设计条件下，现在的矢量网络分析仪已经可以通过 AFR 技术直接测量 Breakout Channel 的反射参数而计算出其插入损耗等完整的 S 参数模型，可以简化模型的提取工作。

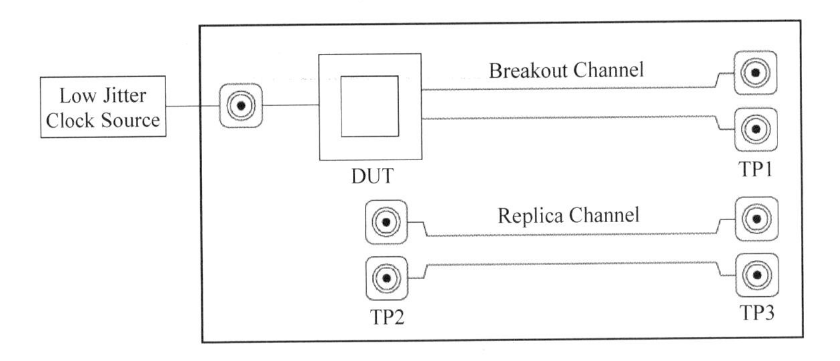

图 9.20 PCIe 3.0 规范中的通道模型

图 9.21 是通过仿真以及不同的 AFR 方法提取的图 9.18 中 FPGA 芯片测试夹具的测试点和芯片管脚间的传输通道的 S21 插入损耗曲线。整个插损曲线覆盖到了 50GHz 的频率范围，虽然用不同方法得到的插入损耗曲线由于误差影响因素不太一样(所以在高频时曲线参数有些差异)，但所有结果都显示上述测试夹具在 14GHz 附近的插入损耗接近 −4dB，因此其对 28Gbps 信号质量的影响是不能忽略的。

有了通道的 S 参数文件，就可以在示波器中对测量波形进行去嵌入操作。如图 9.22 所示是在采样示波器中进行通道去嵌入操作的例子。测试中采用两个示波器对差分信号进行测量，因此可以导入差分的 S4P 文件对测试波形进行去嵌入操作。

通过去嵌入运算，可以得到感兴趣的信号管脚处的信号质量。图 9.23 显示了示波器直接测量到的信号波形与通过去嵌入运算得到芯片管脚处的信号质量的对比。在去嵌入时，

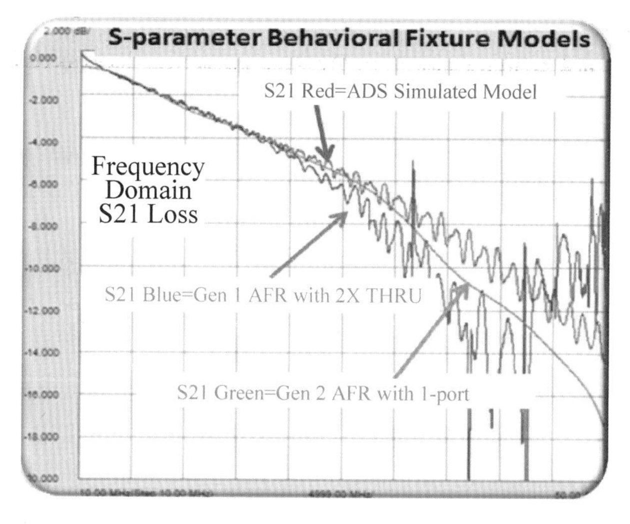

图 9.21　通过仿真及不同 AFR 方法提取的通道 S 参数模型

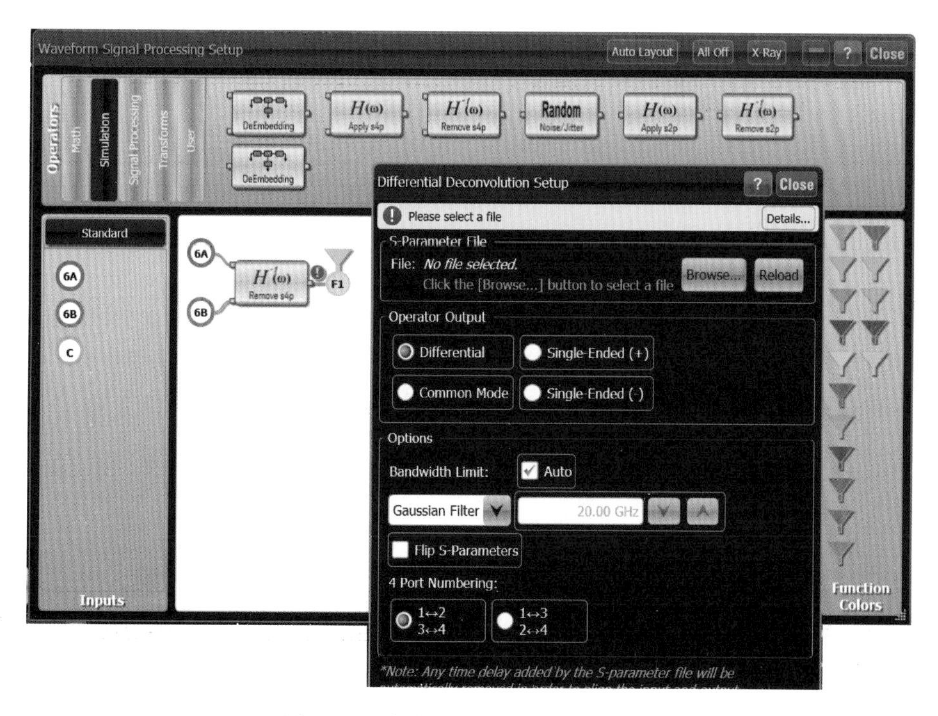

图 9.22　采样示波器中的去嵌入操作

分别调入了 3 种用不同方法得到的 S 参数文件，因此计算出的波形稍有差异，但是信号的上升时间和幅度都有明显提升。

8. 通道嵌入

除了通过去嵌入操作补偿传输通道的影响以外，有时候可能当真正的传输通道不存在

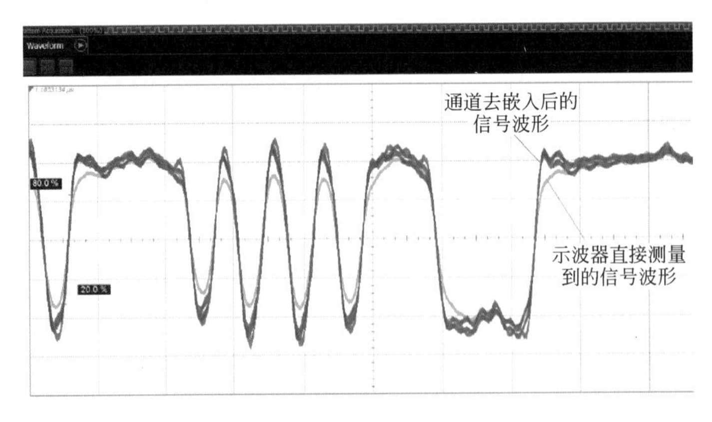

图 9.23　通道去嵌入后对信号波形的改善

时，用软件模拟传输通道的影响，这就是通道嵌入。

以实时示波器为例，假设有一段电缆的 S 参数文件，其插入损耗曲线事先通过矢量网络分析仪测试，如图 9.24 所示。

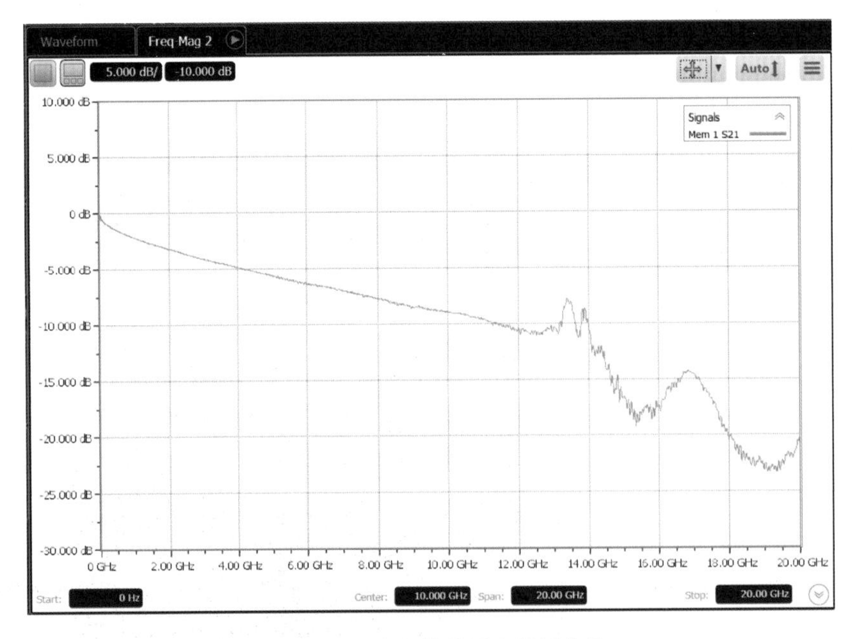

图 9.24　一段电缆的插入损耗曲线

假如希望模拟出被测信号经过这段电缆以后的形状会变成什么样，如果示波器中有相应的 license 功能，就可以在示波器的通道设置下面选择插入电缆或夹具的损耗模拟功能，如图 9.25 所示。

通过相应的设置并调入电缆的 S 参数文件，就可以模拟出这段电缆可能对信号传输造成的影响。在图 9.26 中，上半部分是直接在一个 10Gbps 的信号发生器中测到的信号波形；而在下半部分的图中，则展示了把电缆的 S 参数文件嵌入到示波器的测量通道后通过计算模拟出的信号波形，以及这个 S 参数文件嵌入后对于信号频谱分布的影响。通过这种方式，即使现在我们手中没有这根电缆，也可以预知被测信号经过这根电缆传输以后的信号波形。

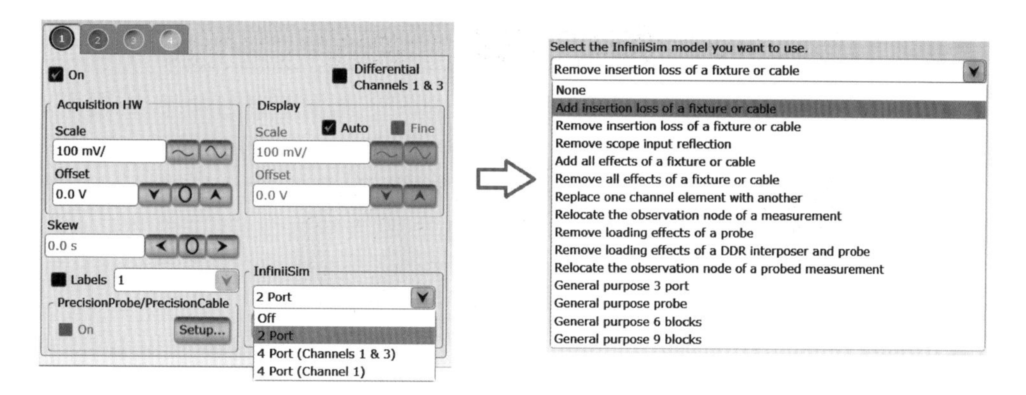

图 9.25　实时示波器中的通道嵌入/去嵌入功能

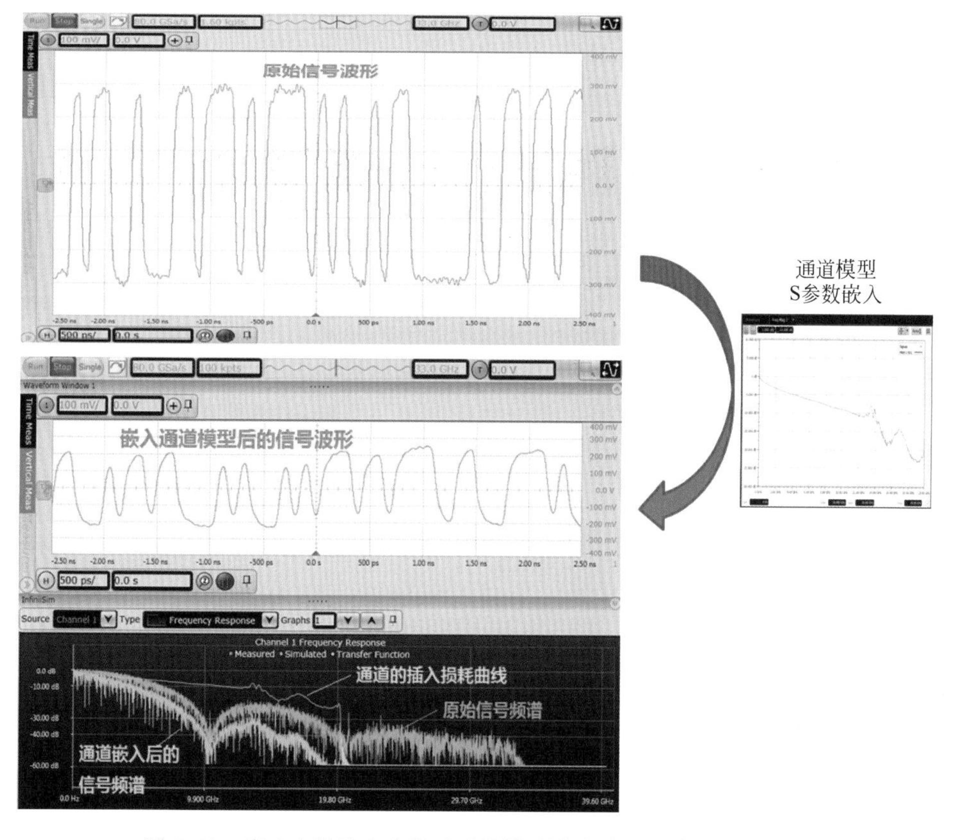

图 9.26　嵌入电缆的 S 参数后对信号时域波形和频谱能量的影响

在很多计算机类的总线中，也开始广泛应用通道嵌入技术进行信号质量测试。例如在 USB3.0 的信号质量测试中，USB 规范（来源：Universal Serial Bus 3.0 Specification）就要求不是直接测量被测件（Device Under Test，DUT）输出的信号波形，而是要把输出信号经过 3m 长的电缆以及对端设备的 PCB 走线后再进行眼图和抖动的测量（见图 9.27）。但是在实际应用中，真实的电缆在使用过程中随着插拔次数以及弯折程度不同，其特性会发生变化，造成测试结果的一致性比较差。而且这种方式要连接很多附件，测量起来也不太方便。

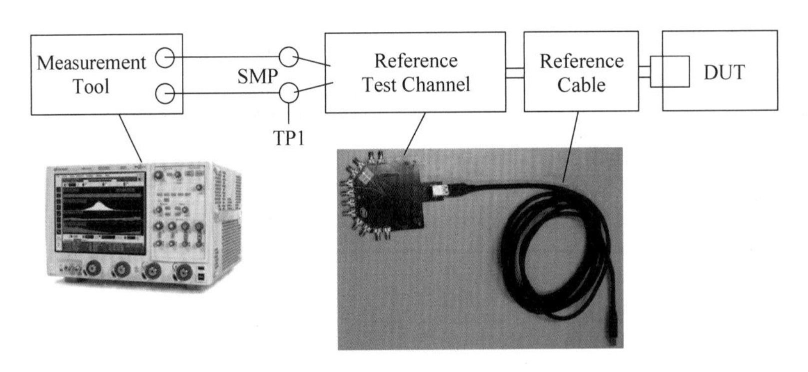

图 9.27　USB 3.0 中定义的信号眼图及抖动测试方法

为了简化测试连接并提高测量的一致性，示波器厂商可以通过测量 USB 协会提供的标准的传输通道得到通道的 S 参数模型文件。然后在实际测试时，用示波器直接测量被测件的输出波形，并把这个 S 参数文件嵌入到被测信号上，这样就可以模拟出被测信号经过相应传输通道以后的波形。图 9.28 是在 USB 3.1 的测试软件中，根据被测件的类型、测试夹具型号、数据速率自动选择嵌入的传输通道模型的例子。

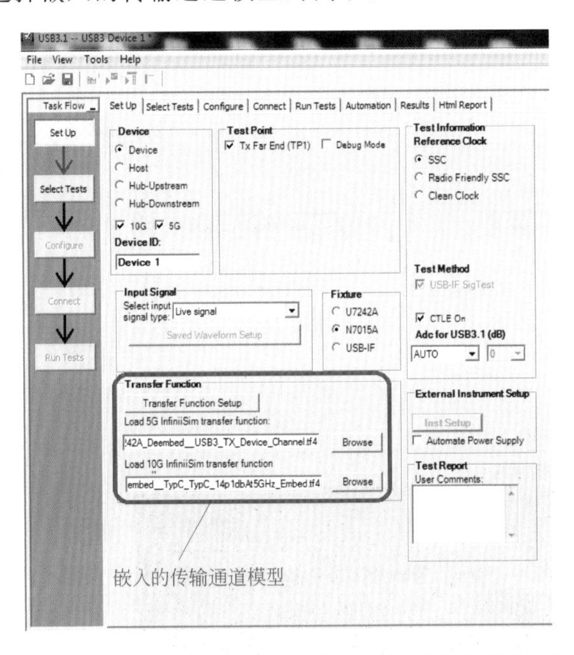

图 9.28　USB 3.1 测试软件中嵌入传输通道模型的设置

需要注意的是，通道的嵌入和去嵌入操作并不是孤立的。在有些场合下，需要把某一段或几段走线的影响通过通道去嵌入的方式去掉，同时再把另一段或几段走线的影响通过通道嵌入的方式加上，甚至对测试中探头的影响或寄生效应也进行补偿，这就是多次嵌入和去嵌入运算。现代的示波器中已经可以根据实际信号拓扑进行非常复杂的计算，如图 9.29 所示是进行 9 段不同传输通道的组合的 S 参数嵌入或去嵌入运算。如果每段的 S 参数获取都是足够准确的，理论上就可以在这个网络的任何一个节点进行测量，然后通过计算模拟出这个网络上任何另一个节点的信号波形，提高了对信号的洞察能力。

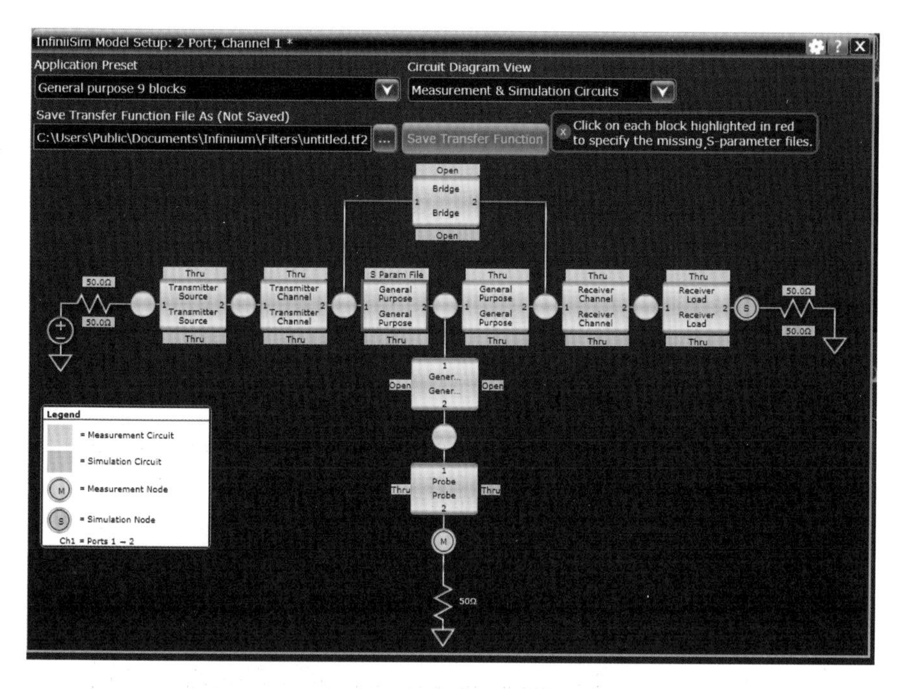

图 9.29　复杂的通道嵌入和去嵌入操作

9. 信号均衡

所谓均衡，是在数字信号的接收端进行的一种补偿高频损耗的技术。当数字信号的速率比较高而传输距离又比较长时，传输通道对于高频分量的损耗会使信号严重失真。如图 9.30 所示，为了在不显著增加传输通道设计成本的情况下提高数据速率，会在发送端和接收端有选择地使用一些信号调理技术以补偿高频分量损失对信号形状的影响。用于发送端的技术通常称为预加重或去加重（De-Emphasis），而用于接收端的技术就是均衡（Equalization）。关于去加重和均衡技术的实现方法、分类以及对信号的影响，可以参考拙作《高速数字接口原理与测试指南》（清华出版社，2014 年）的相关章节，这里不做赘述。

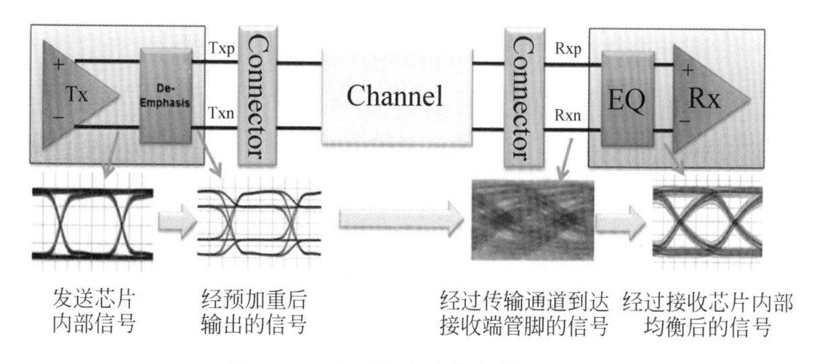

图 9.30　典型的高速数字传输通道

示波器做信号质量测试时，通常会在发送芯片或者接收芯片管脚附近进行测量（如图 9.30 中的 Txp/Txn 或者 Rxp/Rxn）。但是对于在接收端采用了均衡技术的芯片来说，只能测到接收芯片管脚处的信号质量，如果希望模拟出这个信号经过芯片内部的均衡器后可能变成的形状，就需要通过示波器中的均衡软件对其进行模拟。

例如，在图 9.26 中通过通道嵌入模拟出了 10Gbps 的信号经过一段 2m 长的 SMA 电缆后的信号质量。可以看出，嵌入通道模型后信号质量有较大下降。进一步地，也可以在实时示波器中对这个信号再进行均衡，以模拟出经过均衡处理后的信号质量。如图 9.31 所示，在均衡软件的设置向导里，可以设置是采用 CTLE(continuous time linear equalization)、FFE (feed forward equalization)还是 DFE(decision feedback equalization)的均衡方式，以及在均衡电路在信号处理流程中的先后顺序。通常情况下，会选择先对信号进行 CTLE 或者 FFE 均衡以使信号质量得到改善，然后再进行时钟恢复和眼图测试。

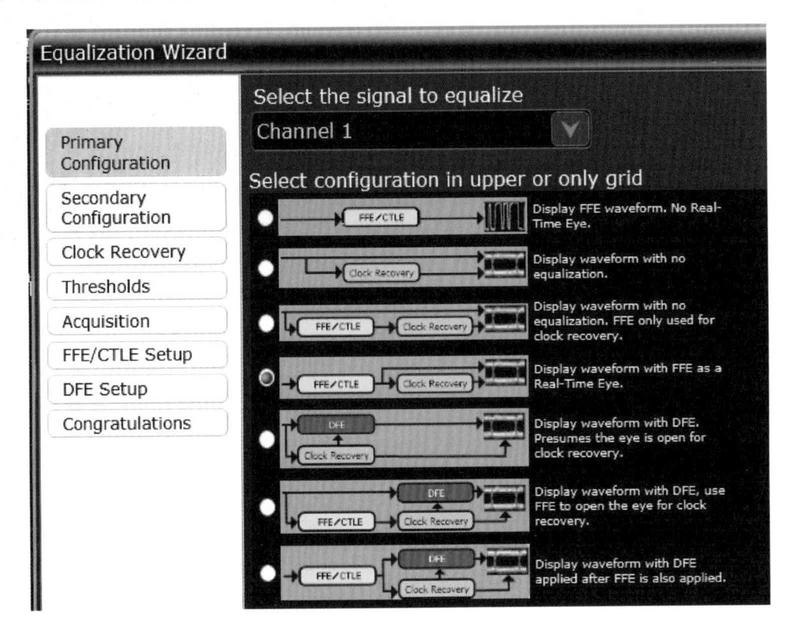

图 9.31　均衡方法的设置向导

在接下来的设置中，可以选择 FFE 的均衡方式，如图 9.32 所示，首先设置 FFE 抽头滤波器的阶数，然后让示波器自动进行优化以得到一个期望的眼宽的结果。

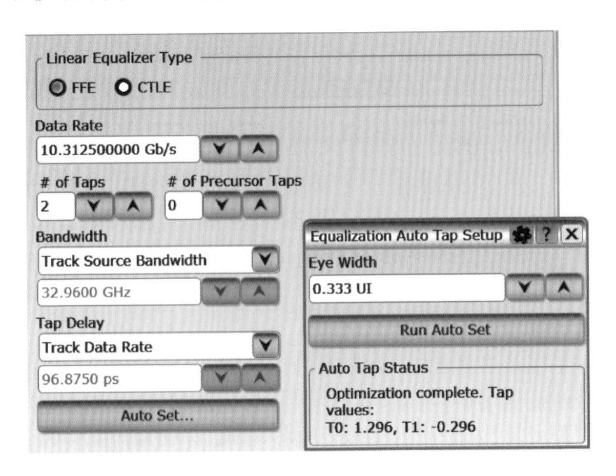

图 9.32　FFE 的均衡设置和抽头系数设置

在设置向导中设置均衡方式、时钟恢复方式以及均衡器的阶数和系数以后，就可以得到均衡前后信号的波形或者眼图并进行比较。从图 9.33 中两个信号眼图的比较可以看出，经过均衡以后，信号经过通道传输造成的码间干扰得到一定补偿，均衡后信号的眼高和眼宽都有一定提升。

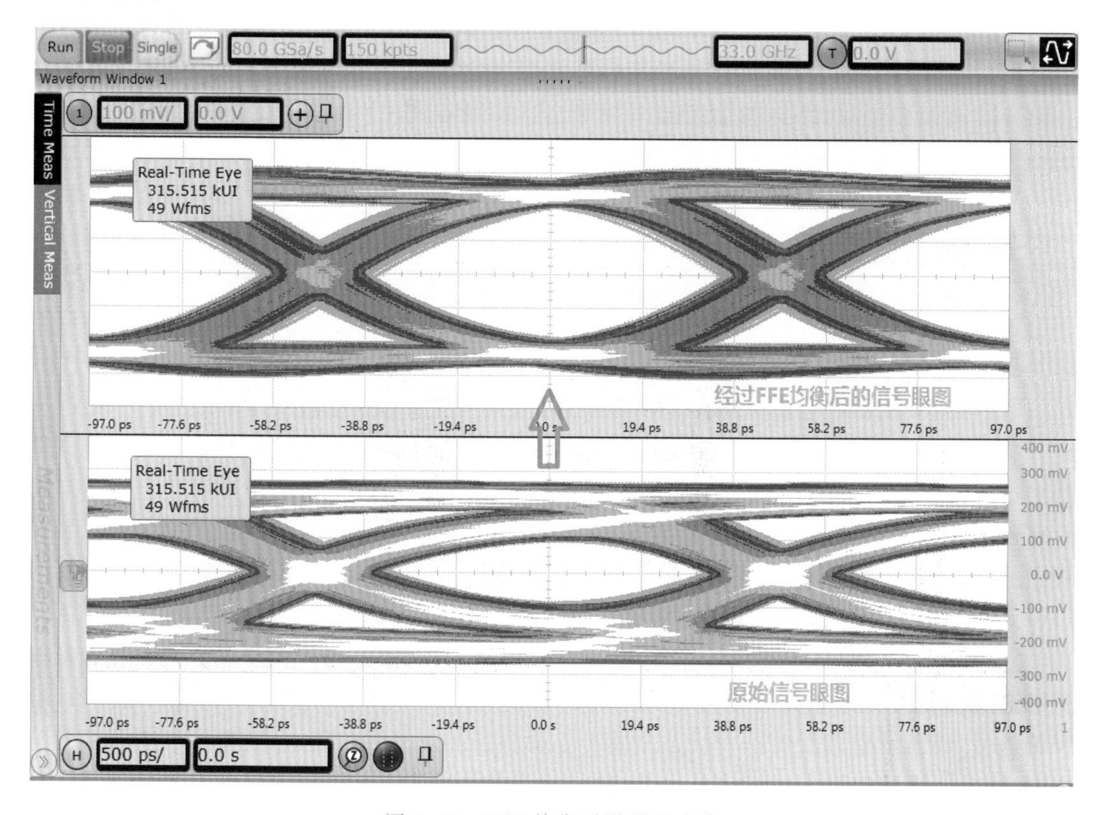

图 9.33　FFE 均衡对眼图的改善

同样地，也可以用 CTLE 的方式对这个信号进行均衡处理。CTLE 均衡器可以认为是接收端芯片中的一个高通滤波器，这个高通滤波器可以对信号中的主要高频分量进行放大，这点与发送端的预加重技术带来的效果是类似的。如图 9.34 所示，CTLE 均衡器要设置的主要参数是阶数、零点和极点的频点、直流增益等，在这个例子中，直接借用了 USB 3.1 总线中的一个参考均衡器的设置。

同样地，在采样示波器中，也可以通过类似的信号处理流程设置，对传输通道、均衡器对信号造成的影响进行模拟。图 9.35 是在采样示波器中对 28Gbps 的信号进行两级通道嵌入以及信号均衡的例子。

图 9.36 是经过上述流程处理后在各个节点看到的 28Gbps 信号的眼图，可以清晰比较出传输通道对信号的恶化和均衡器对信号改善的影响。

10. 均衡器的参数设置

在对信号进行均衡设置或者测试时，很常见的一个问题是：在测试中使用不同的均衡

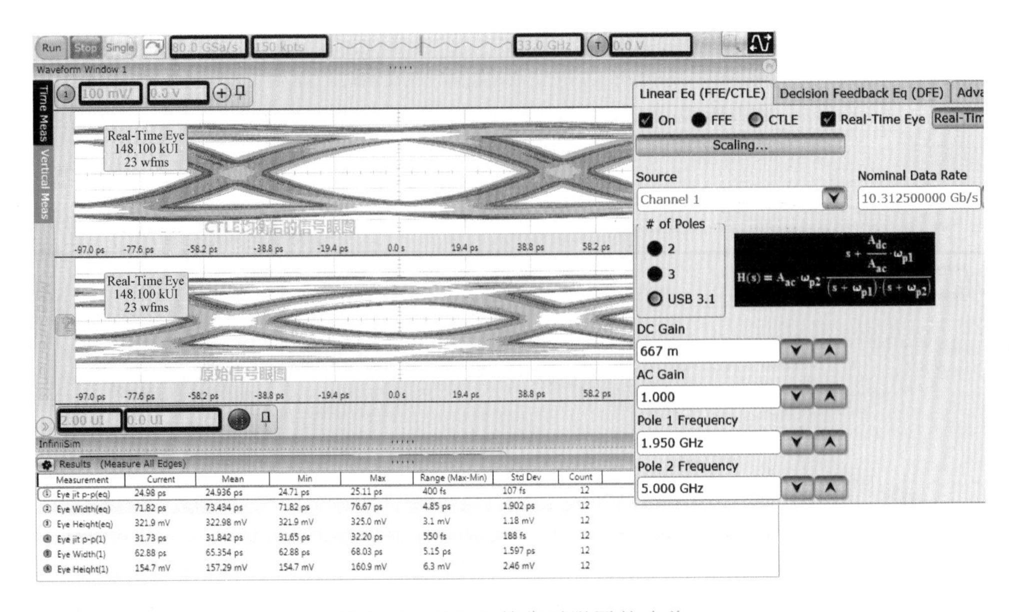

Measurement	Current	Mean	Min	Max	Range (Max-Min)	Std Dev	Count
Eye jit p-p(eq)	24.98 ps	24.936 ps	24.71 ps	25.11 ps	400 fs	107 fs	12
Eye Width(eq)	71.82 ps	73.434 ps	71.82 ps	76.67 ps	4.85 ps	1.902 ps	12
Eye Height(eq)	321.9 mV	322.98 mV	321.9 mV	325.0 mV	3.1 mV	1.18 mV	12
Eye jit p-p(1)	31.73 ps	31.842 ps	31.65 ps	32.20 ps	550 fs	188 fs	12
Eye Width(1)	62.88 ps	65.354 ps	62.88 ps	68.03 ps	5.15 ps	1.597 ps	12
Eye Height(1)	154.7 mV	157.29 mV	154.7 mV	160.9 mV	6.3 mV	2.46 mV	12

图 9.34　CTLE 均衡对眼图的改善

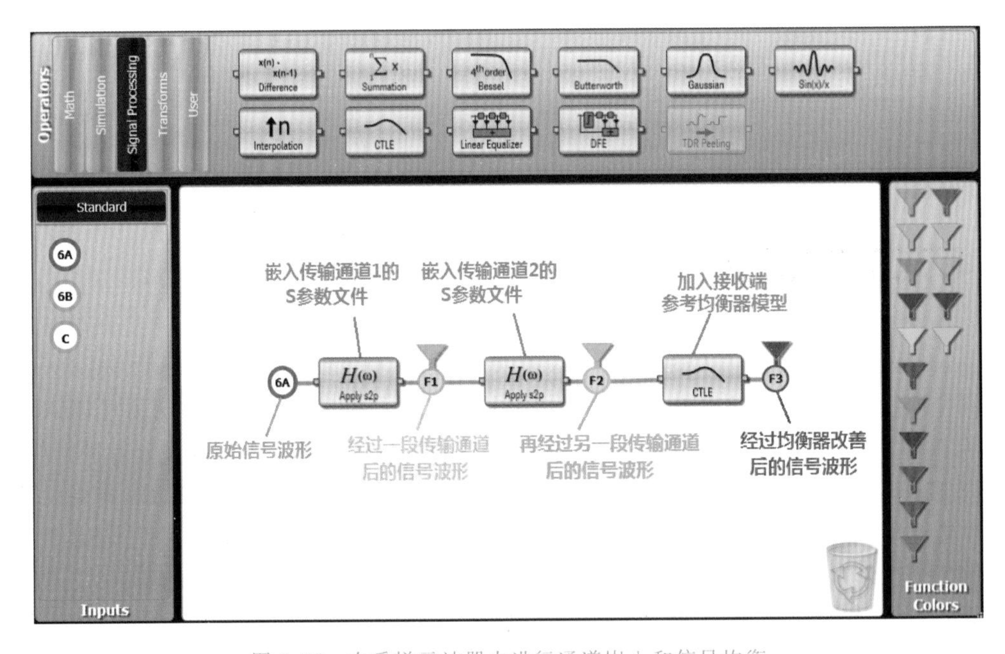

图 9.35　在采样示波器中进行通道嵌入和信号均衡

器或者不同的均衡器参数，得到的波形可能都是不一样的，那么哪个波形是真实的呢？或者说我其实根本不知道接收芯片中的均衡器是怎么设计的，怎么能够真实模拟出芯片内部经过均衡后的信号波形呢？

其实，要回答这个问题非常简单，首先需要明白做波形测试的目的：是进行发送芯片的信号质量评估还是进行接收芯片性能的模拟。

如果目的是进行接收芯片性能的模拟，必须准确知道实际使用芯片的接收均衡器的准

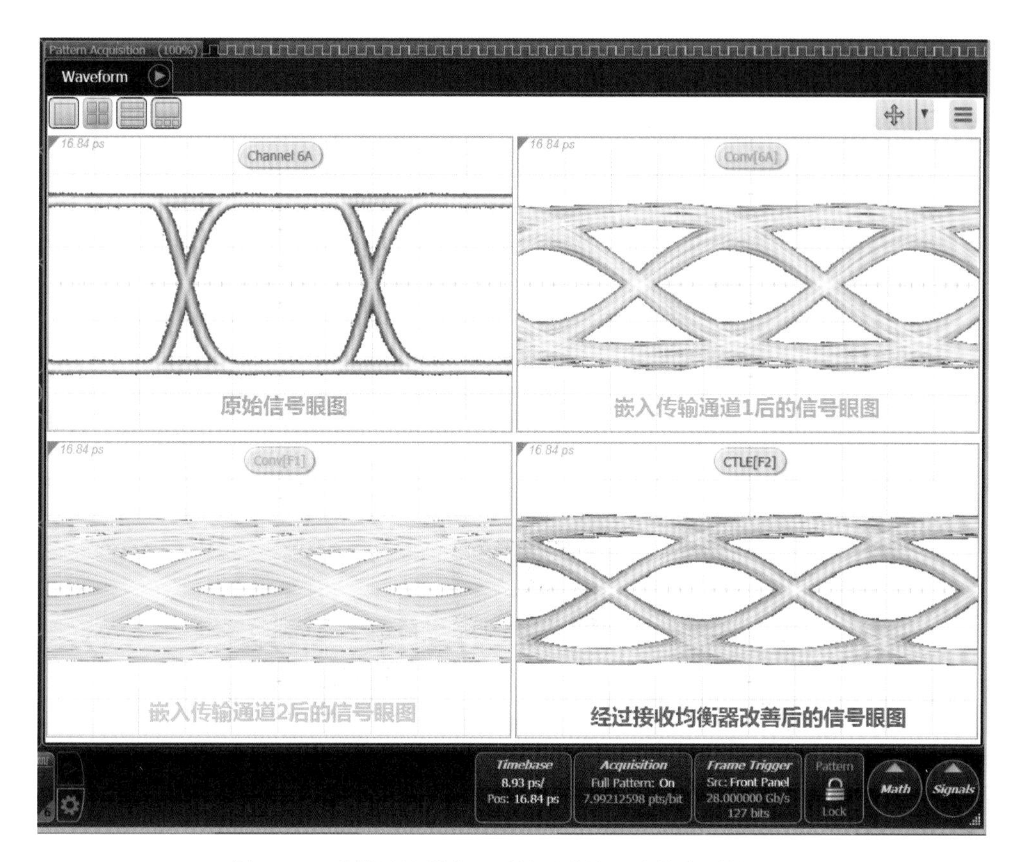

图 9.36 采样示波器中显示的通道嵌入和均衡后的眼图

确参数，而实际上大部分做高速设计的芯片厂商是不会提供细节的，通常的做法是提供一个芯片的 AMI(Algorithmic Modeling Interface)模型帮助客户进行仿真设计。

事实上，大部分使用示波器进行测量的用户使用均衡功能的主要目的并不是为了模拟接收端芯片内部看到的信号质量（当然如果可行也是非常好的，但由于前述模型细节的原因，实际上不太现实），而是进行发送芯片的信号质量评估。即使选择在接收芯片附近进行信号质量测试，其实也是为了评估信号从发送芯片发出经过传输通道到达接收芯片时的信号质量，如果想进一步知道这个信号经过接收均衡器后的信号质量，其实只需要知道这个信号经过一个标准的参考均衡器后会是什么样就可以了。例如在 USB 3.0 的总线标准中，明确规定了接收端均衡器的形状以及零点、极点的数值，只需要直接调用这个系数对信号进行处理，就可以知道被测信号经过这样一个理想接收均衡器后的形状。例如图 9.37 就是 USB 3.0 规范中定义的接收端的参考均衡器。

至于实际接收芯片使用的均衡器可能与这个理想均衡器不一样，那是芯片的接收端测试需要解决的问题，与发送端的信号质量测试无关。在芯片的接收端测试项目中，通常会用一台高性能的误码仪产生带噪声、抖动和很大码间干扰的信号加载到被测芯片的接收端进行误码率测试。如果被测芯片的均衡器设计有问题，有可能就会无法满足接收端容限测试项目的要求。图 9.38 是借助于高性能误码仪进行接收端的接收能力测试。

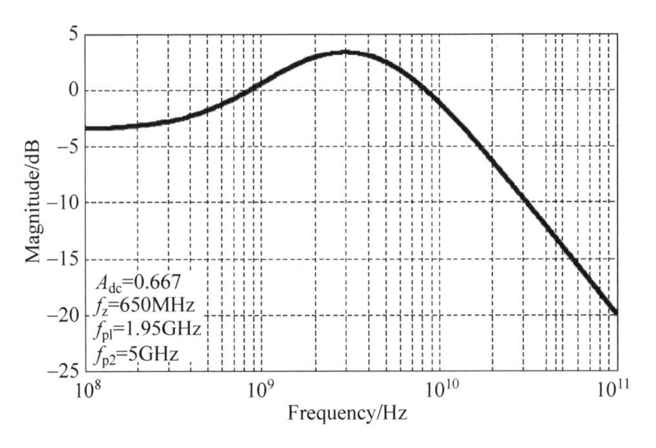

图 9.37　USB 3.0 规范中定义的 CTLE 参考均衡器模型

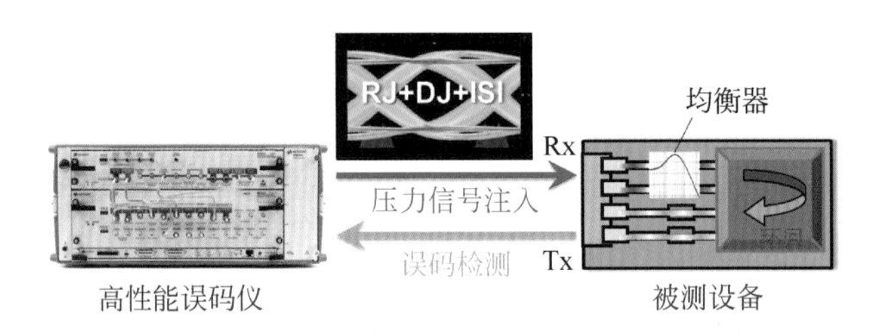

图 9.38　接收端的接收容限测试

11. 预加重的模拟

除了对信号进行嵌入/去嵌入以及均衡的模拟外，有些场合用户还希望对发送端的预加重/去加重进行模拟。预加重/去加重的模拟除了进行纯仿真分析以外，在实际测量中并没特别的物理含义，因为通常预加重/去加重后的信号是可以直接测量到的，不需要进行模拟。如果确实有这种需要，任何一个示波器中的均衡软件都可以很容易模拟出预加重或去加重的效果，因为预加重/去加重本质上就是一种 FFE 的线性均衡技术。

如图 9.39 所示，在采样示波器中对原始测量到的 10.3125Gbps 的信号进行去加重的模拟。

FFE 均衡器本质上是一个 FIR(有限冲击响应)滤波器，设置中通过手动指定抽头的阶数可以设置预加重的阶数，通过设置各抽头的系数可以指定预加重或去加重的程度。通常实际的芯片很少使用预加重技术(需要增加非跳变 bit 的幅度，功耗和复杂度都比较大)，大部分都是使用去加重(减小非跳变 bit 的幅度，可以通过对数据 bit 移位衰减再相加，比较容易实现)技术，因此需要保证各抽头系数的绝对值相加后的值为 1。图 9.39 的抽头系数模拟的是－6dB 的去加重：两个抽头系数的绝对值相加值为 1，对应最大的跳变 bit 的幅度；两个抽头系数直接相加的值为 0.5，对应非跳变 bit 的幅度。图 9.40 是经过相应处理后的信号波形。可以看到，经过去加重后，跳变边沿后第 1 个跳变 bit 的幅度没有变化，而后续的非跳变 bit 的幅度被压低了一半，两者的幅度差了 6dB。

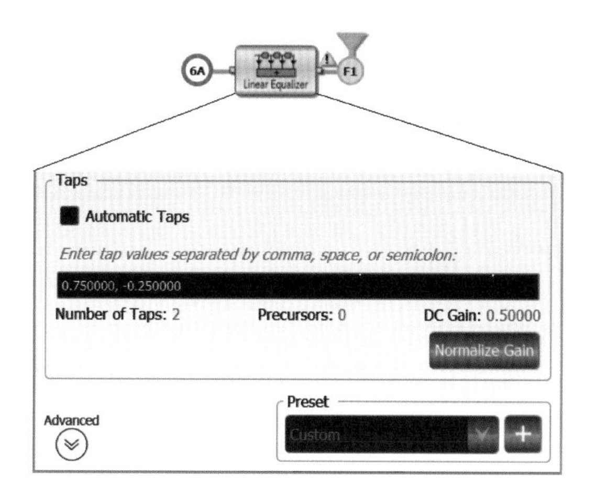

图 9.39　用采样示波器中的均衡器模拟预加重

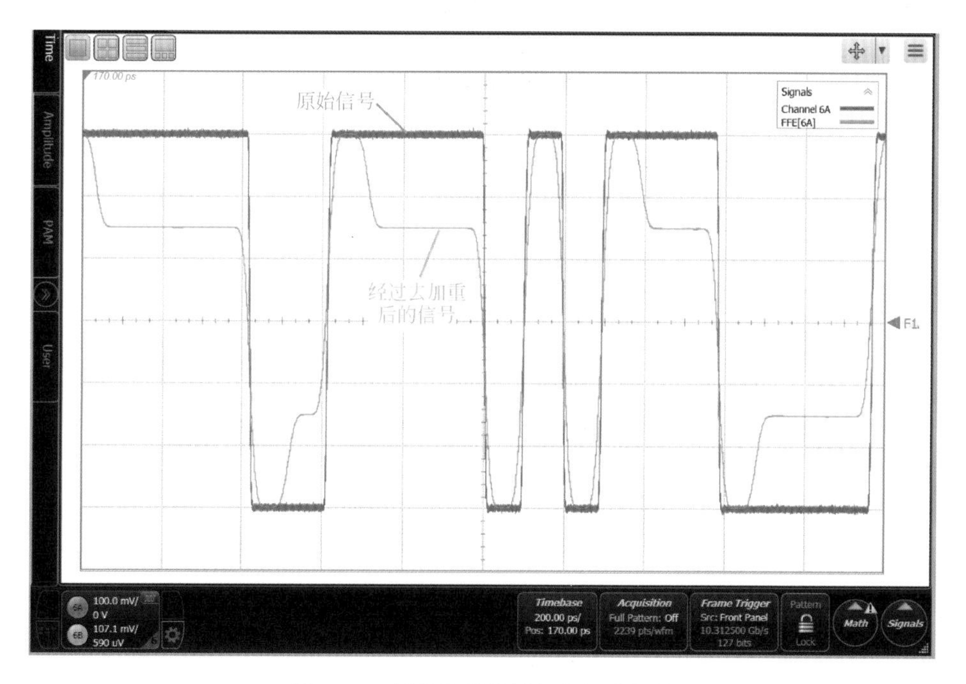

图 9.40　用均衡器模拟的去加重信号

十、电源完整性测试

1. 电源完整性测试的必要性

在高速电路系统中，数据速率已经提高至10Gbps甚至更高。数据速率的提高伴随着数字信号上升时间的减小。信号在短时间内幅度的快速变换，会带来信号反射、串扰等问题，设计者需要进行传输过程的信号完整性分析与测试。

与此同时，随着半导体工艺的提高，大规模数字电路广泛应用，高速数字电路的集成度越来越高，在单芯片内集成了几千万个数字门电路。大规模的门电路在开关切换，即数字0、1信号快速切换时，会产生开关噪声、串扰以及供电电源变化等问题。图10.1所示为一个CMOS数字电路在输出电平切换时，带来的串扰、供电电源变化的现象。CMOS电路瞬态的电流变化，会改变供电电压，$V=L\mathrm{d}i/\mathrm{d}t$。所以，在高速数字电路中，伴随着信号完整性，同时对电源完整性进行测试、分析也非常必要。

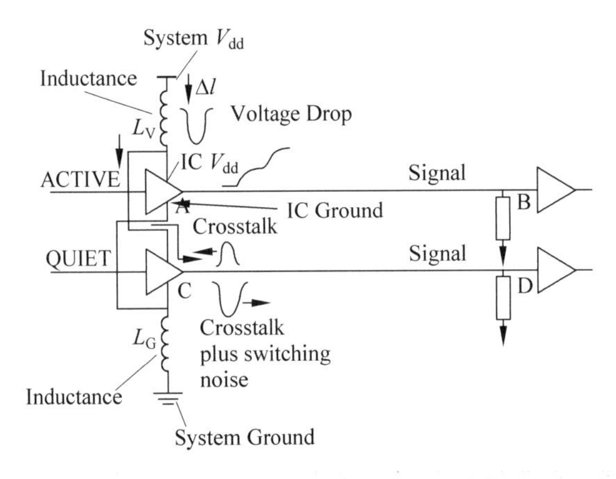

图10.1 数字电路切换产生的噪声

对于电源完整性（Power Integrity）分析与测试来说，主要涉及以下问题：

- 电源完整性的软件仿真分析；
- DC-DC电源输出阻抗测试；
- 电源分布网络PDN的阻抗测试；
- 直流DC-DC电源模块反馈环路的特征测试；
- 精确的电源纹波与开关噪声的测试方案；
- 开关电源特性及功效分析软件；
- 电源系统抗干扰能力的测试。

2. 电源完整性仿真分析

数字电路系统中，电路供电通常使用 DC-DC Buck-Boost 单元或 LDO 模块。由 DC-DC 单元、电路板的电源布线层、无源器件（整形 LC、旁路电容、去耦电容）组成了电源分布网络（Power Distribution Network）。

为了评估电源系统对纹波噪声的要求，以及方便在频域和时域评估电源系统，引入了目标阻抗 Z_{target}。假设电源电压为 5V，纹波范围要求为 5%，负载电流为 1A，电路工作时电流变化在 50%以内，那么对目标阻抗的要求为 $Z_{target} \leqslant (5\times0.05)/(1\times50\%)$。随着数字系统频率的增加以及集成规模增大，为了减小功耗电源，电压越来越低，电源纹波要求越小，对 PDN 阻抗的精确测试变得异常重要。表 10.1 显示了数字电路电源功耗、工作频率、PDN 目标阻抗的变化趋势。

表 10.1　电源网络要求的发展趋势

Year	Voltage/V	Power dissipated /W	Current/A	Z_{target}/mΩ	Frequency /MHz
1990	5.0	5	1	250	16
1993	3.3	10	3	54	66
1996	2.5	30	12	10	200
1999	1.8	90	50	1.8	600
2002	1.2	180	150	0.4	1200

如前面提到的，假设 Z_{pdn} 是从负载器件一端看到的 V_{dd} 和接地层之间的阻抗，ΔI 就是由负载器件的工作所引起的电流变化，在电源层面上会产生电压降 $\Delta V = \Delta I Z_{pdn}$。更严格地讲，电压降应该是：$\Delta V = \mathrm{IFFT}\,(\mathrm{FFT}(\Delta I)\times Z_{pdn})$。对于 MPU 之类的高性能应用情况，$\Delta I$ 可能是几安培或几十安培，对于包含大量大规模集成芯片的高速数字电路中，低电压大电流工作时，电源分布网络（PDN）极小的输出阻抗会引起电压的较大波动，超出电压幅度的要求范围，导致信号完整性和电磁干扰问题。例如供电电压为 1V，允许的纹波噪声或者电压偏移为 5%，电流变化范围为 5A，则 PDN 的阻抗要求为

$$Z_{target} = \frac{1.0\mathrm{V}\times0.05}{5\mathrm{A}} = 10\mathrm{m}\Omega$$

因此，在从 DC 到 GHz 的广阔频率范围内，必须将电源层的阻抗 Z_{pdn} 抑制在一个极小的值上。图 10.2 显示了 PDN 网络阻抗的影响因素及频率和阻抗范围。

在复杂的高速电路系统中，信号完整性与电源完整性的问题相伴相随。信号的串扰会影响电源质量，高速数字电路的瞬间信号切换也会带来电源的不稳定。在电路系统设计中，仿真软件可以提供电源分布网络 PDN 阻抗的仿真，帮助设计去耦电容的选择及其在电路中的放置。如图 10.3 所示，可以借助仿真软件计算分析 PDN 阻抗以及电容的优化设计。

在电源完整性设计时，还可以仿真分析电源层面、回流路径对电源完整性的影响，帮助选择合适的旁路电容及布局位置。

电源分布网络 PDN 的输出阻抗与工作频率相关，当电路在高频工作时电源噪声对信号质量的影响更大。传统的电源完整性分析和信号完整性分析是分离的。为了在同一模型

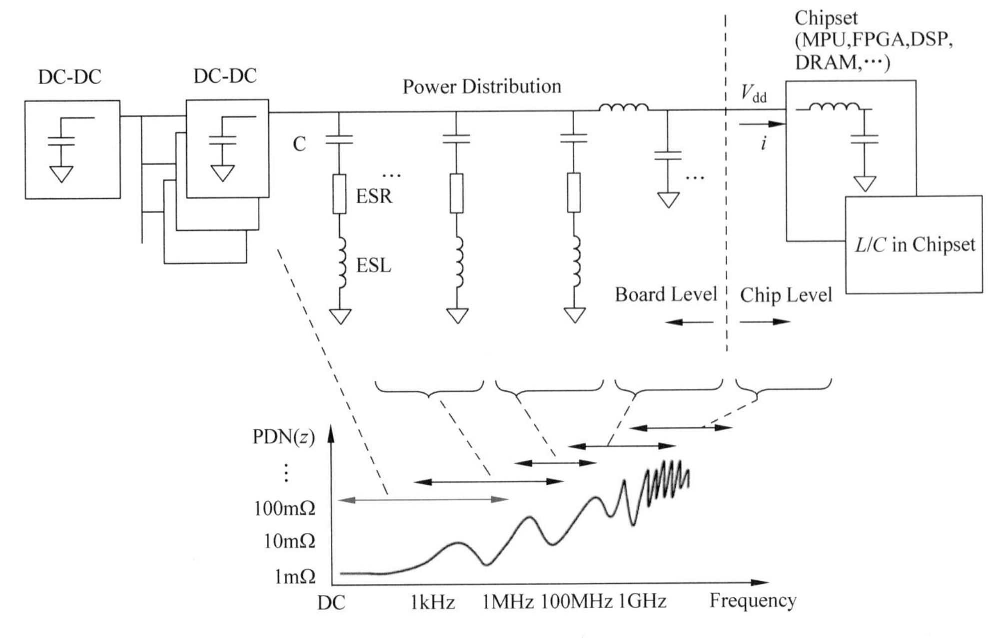

图 10.2　PDN 网络阻抗的影响因素

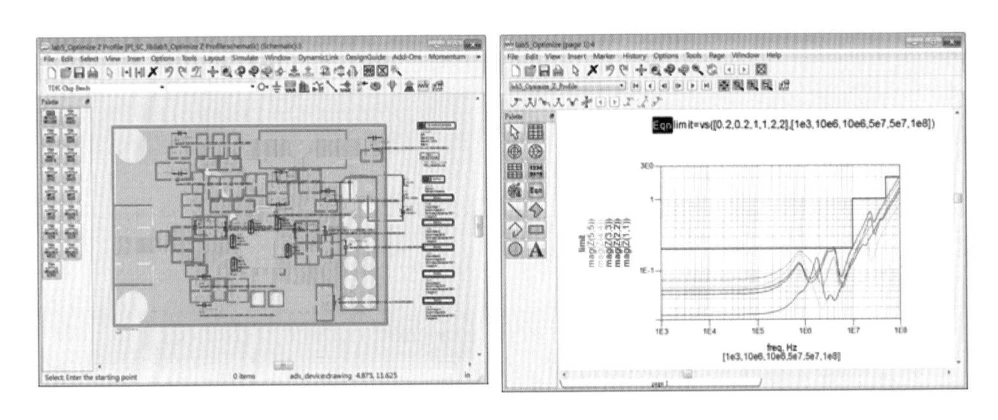

图 10.3　用仿真软件计算 PDN 阻抗及优化电容放置

内分析高速信号与电源系统的相互影响，在同步开关噪声 SSN 的仿真中，可以使用新的 S 参数文件格式 Toutchstone V2.0(见图 10.4)。这一 S 参数文件将信号传输路径归一化为 50Ω，将电源网络归一化为 0.1Ω 系统，从而可以实现电源网络和信号网络的联合仿真。

```
[Version]2.0
#GHz S MA R 50
[Number of Ports]4
[Reference]
50 50 0.01 0.01
[Number of Frequencies]50
```

图 10.4　Toutchstone V2.0 的 S 参数文件

3. DC-DC电源模块和PDN阻抗测试

电源的输出阻抗会影响到电流变化时输出电压的变化，其输出阻抗越小，瞬态电流变化对输出电压的影响越小。DC-DC 电源输出阻抗的测试有电流-电压法和并联-直通法。电流-电压方法使仪表激励信号源和被测件直流输出电压之间很好地隔离，接收机使用高阻输入端口，适用于测试输出电压较大的 DC-DC 变换器的输出阻抗。但是，这种方法不适用测试毫欧级的输出阻抗。

并联-直通方法能够对毫欧级的微小阻抗进行精确测量，通过测量 T、R 端口传输系数 S21 推导出输出阻抗。Z_{dut}和 S21 之间的关系为 $Z_{dut}=25\times S21/(1-S21)$，其原理如图 10.5 所示。

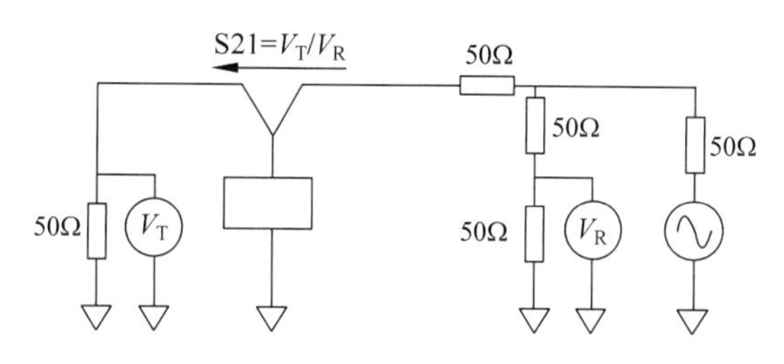

图 10.5　并联-直通法测试阻抗的原理

由于激励信号源和接收机之间测试电缆的接地环路的电压下降会引入误差，传统的低频网络分析仪对于非常小的毫欧级阻抗的测试非常困难。虽然可以在激励源、接收机一侧加入磁环抑制电流，或者使用变压器隔离接地环路，然而合适的磁环非常难以选择，变压器剩余响应的影响也无法完全消除。有些型号的低频网络分析仪可以提供特殊的增益-相位测试端口，使用在低频大约 30Ω 半浮置的接地方法，可以阻止屏蔽电流，不需要外部磁环或变压器就可以轻松测试毫欧级的输出阻抗。图 10.6 是使用网络分析仪的增益-相位端口精确测试 DC-DC 变换器输出阻抗的原理。

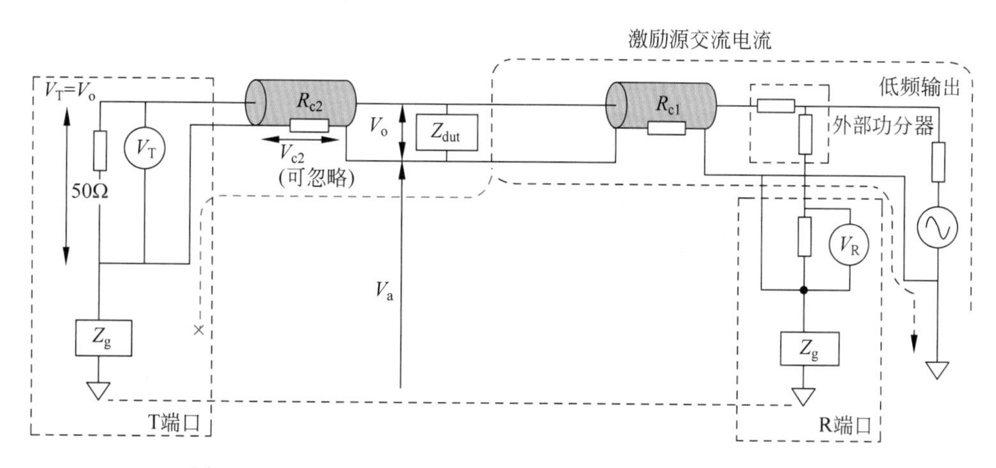

图 10.6　用网络分析仪的增益-相位端口测试输出阻抗的原理

在装配好的电路板上，DC-DC 变换器，滤波 LC 电路，旁路电容、磁珠等无源器件，以及电源层的网络布线共同影响 PDN 阻抗。与前述电源模块的输出阻抗测试类似，同样可以使用增益相位端口或者 S 端口测试系统级的 PDN 阻抗。使用 S 端口测试时，频率范围为 5Hz～3GHz，需要使用磁环抑制线缆接地环路引入的 AC 电流。图 10.7 是用低频网络分析仪进行 PDN 网络阻抗测试实例。

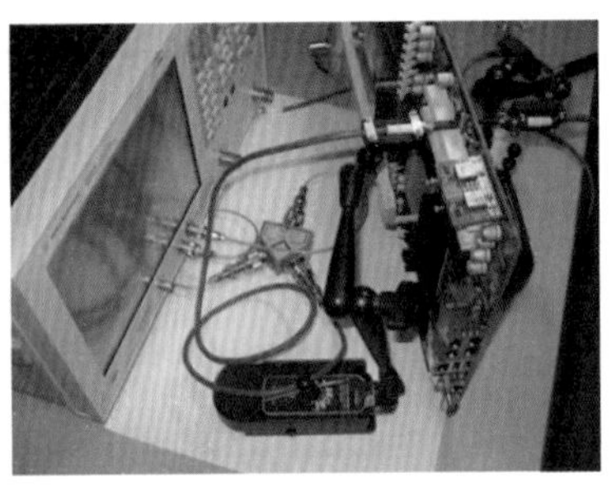

图 10.7　用低频网络分析仪测试 PDN 网络阻抗

无源器件如电感、电容也是 PDN 的重要部分，电容器作为旁路电容，选择不同容值，可以在相应频率范围抑制 PDN 的阻抗，减小电源噪声。并联-直通方法在测量小阻抗范围时具有良好的灵敏度，可以用于测量旁路电容。对于铁氧体磁珠等去耦器件，阻抗较高，可以使用反射测量方法进行测试。由于测试电缆接地环路的影响，会在低频段导致阻抗测量结果的较大误差。图 10.8 显示了用低频网络分析仪的增益-相位端口进行电容阻抗测试的方法。对于高介电常数的多层陶瓷电容(MLCC)测试，需要施加直流偏置电压，在 T 和 R 端口的交流电流使用一个 30～50Ω 的电阻测量，并把端口设置为高阻输入模式。

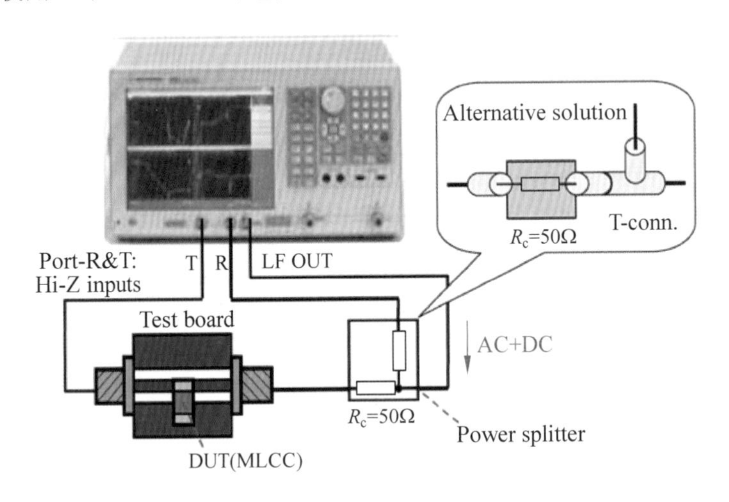

图 10.8　电容阻抗的测试

4. DC-DC 电源模块反馈环路测试

DC-DC 电源模块的工作原理如图 10.9 所示。输出电压被反馈到误差放大器，误差放大器将反馈电压与稳定的参考电压 V_{ref} 比较，输出与两者电压差成比例地输出电压。脉宽调制器(PWM)提供的脉冲占空比由误差放大器的输出电压决定。通过调整 PWM 占空比以及输出级的 LC 滤波器，得到期望的输出电压。

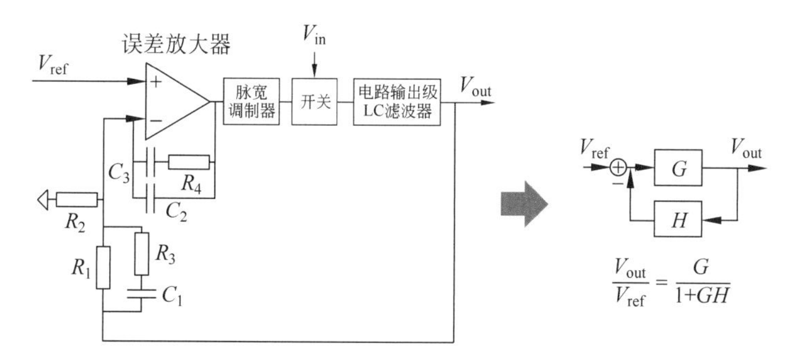

图 10.9　DC-DC 模块工作原理

DC-DC 变换器可以看作一个负反馈控制系统，输入信号为 V_{ref}，输出信号为 V_{out}。在如图 10.9 所示的反馈系统中，$|G|$ 称为开环增益，$|V_{out}/V_{ref}| = |G/(1+GH)|$ 称为闭环增益，$|GH|$ 称为环路增益。环路增益 $|GH|$ 越大，电压调节能力越强。使环路增益 $|GH|$ 等于 1（即 0 dB)的频率称为交叉频率，这个频率就是环路带宽。交叉频率越高，反馈环路就能够对更快频率发生变化的电压进行调节，对负载变化的响应速度也越快。在环路增益 $|GH|=1$ 的交叉频率处，GH 的相位角和 $-180°$ 之差称为相位裕量。相位裕量越大，反馈环路越稳定。在相位角等于 0°的频率上，GH 的增益与 0dB 之间的差值称为增益裕量。

开关电源的环路增益测试同样也是使用带增益-相位端口测试功能的低频的矢量网络分析仪。图 10.10 是用矢量网络分析仪测试开关电源环路增益的方法。

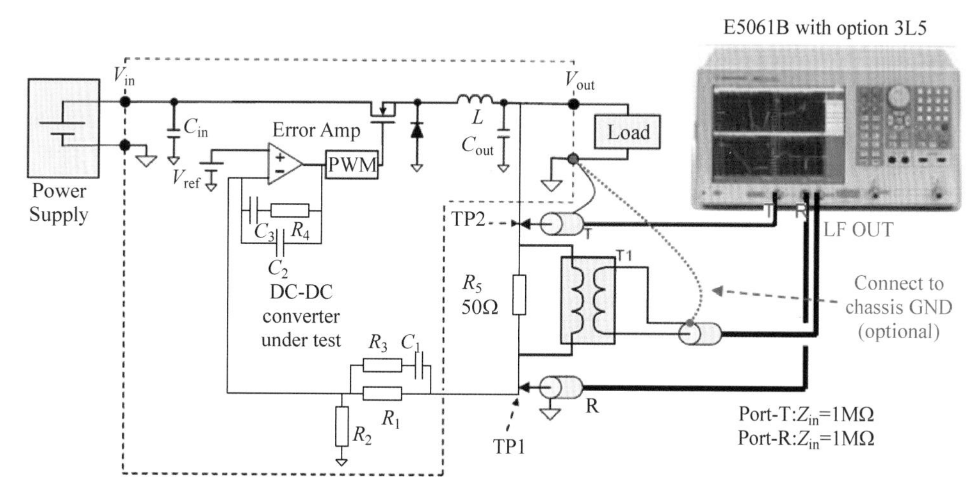

图 10.10　开关电源环路增益测试

如图 10.11 所示，当测试得到环路增益 $|GH|$ 后，通过游标找到 $|GH|=1$ 的交叉频率。同样地，在相位测量曲线可得到相位裕量，进而可以测量增益裕量。

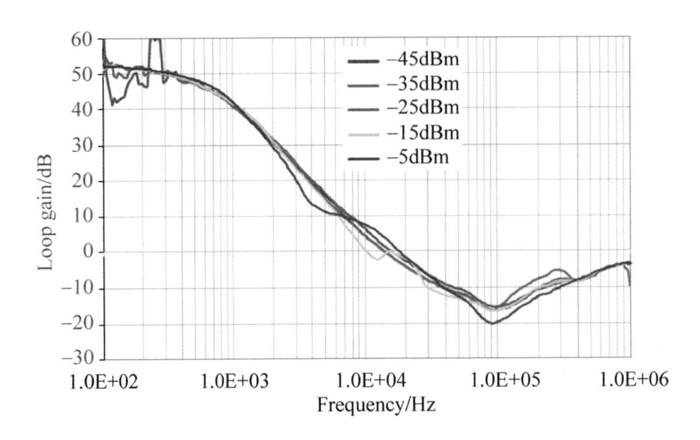

图 10.11 开关电源的环路增益曲线

5. 精确电源纹波与开关噪声测试

DC-DC 直流电源变换器通过 PWM 脉冲宽度调制、电压反馈电路、外部整形滤波电路得到所需的电压。包括开关噪声在内的电源输出噪声，同样会影响高速数字电路的稳定性。尤其是在功耗要求高、供电电压小的数字系统中，对电源输出噪声的测试非常必要。

纹波噪声是衡量系统电源输出质量的重要指标。传统的电源及其纹波测试方法，对示波器与测试探头有如下要求：示波器具有高垂直灵敏度的量程挡，减小示波器底噪声对测试结果的影响，以便准确测试小信号；使用 1∶1 衰减比的探头，以及尽量短的探头接地回路；尽量使用差分探头，提高共模抑制比；设置合适的带宽限制，降低测试系统的底噪声。

现在，在高速电路的电源系统中，由于功耗及半导体制造工艺的要求，电源供电电压更低，对纹波要求更小。需要供电的电路单元有：数字 IC core 电源、IO 电源、数字接口电源等，这些电源的负载功耗、电压大小不同。如图 10.12 所示，在数字系统中，由电路板、电源滤波 LC、芯片封装线、芯片内部电路引入的电源噪声频率会在几 kHz 到几 GHz 非常宽的频率范围内，因此需要在更宽的频率范围内测试电源噪声，而不仅仅是传统的 20MHz。

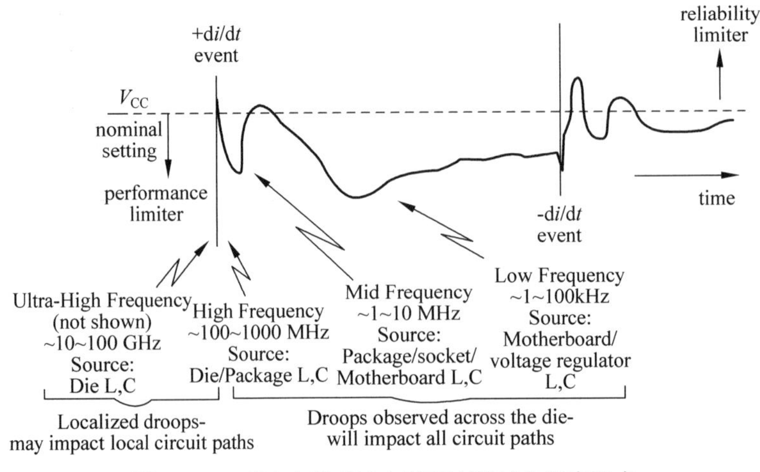

图 10.12 高速电路对于电源噪声测试的频率要求

所以，在高速电路的电源纹波、噪声测试时，对测试设备提出了更高的要求：IC core 电压为 1.2V 甚至更低，电源对纹波、噪声的要求更加严格，如 2%的电压波动范围，纹波要求在 5mV 之内；负载动态变化，需要同时测试直流电源在不同工作状态下的漂移及其纹波噪声；有些低功耗设备电源的带负载能力很低，要求探头具有较大的输入阻抗，以减小探头输入阻抗对电源幅度测试的影响。为了应对这些极端的电源纹波和噪声测试需求，可以使用专门为电源纹波测试设计的探头，同时配合高精度示波器来进行测试，如图 10.13 所示。

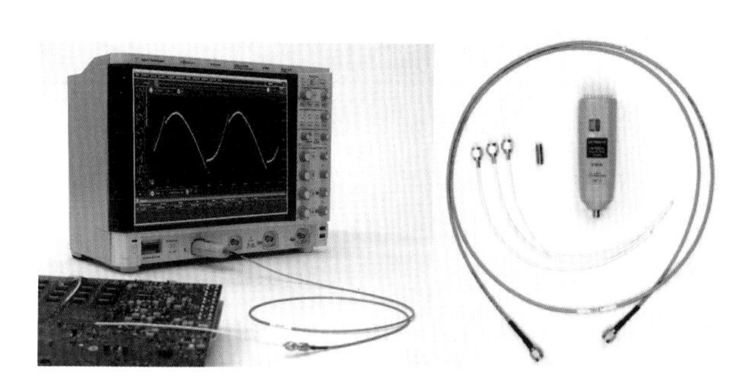

图 10.13　电源纹波测试专用探头及高精度示波器

这种专用探头的衰减比为 1∶1，内部使用有源差分放大器，具有更高共模抑制比。配合高精度示波器，限制 500MHz 带宽时，其底噪声 < $100\mu V_{rms}$，可以用于极端情况下的电源纹波测试。图 10.14 是这种测量方案时底噪声与传统测量方案的比较。

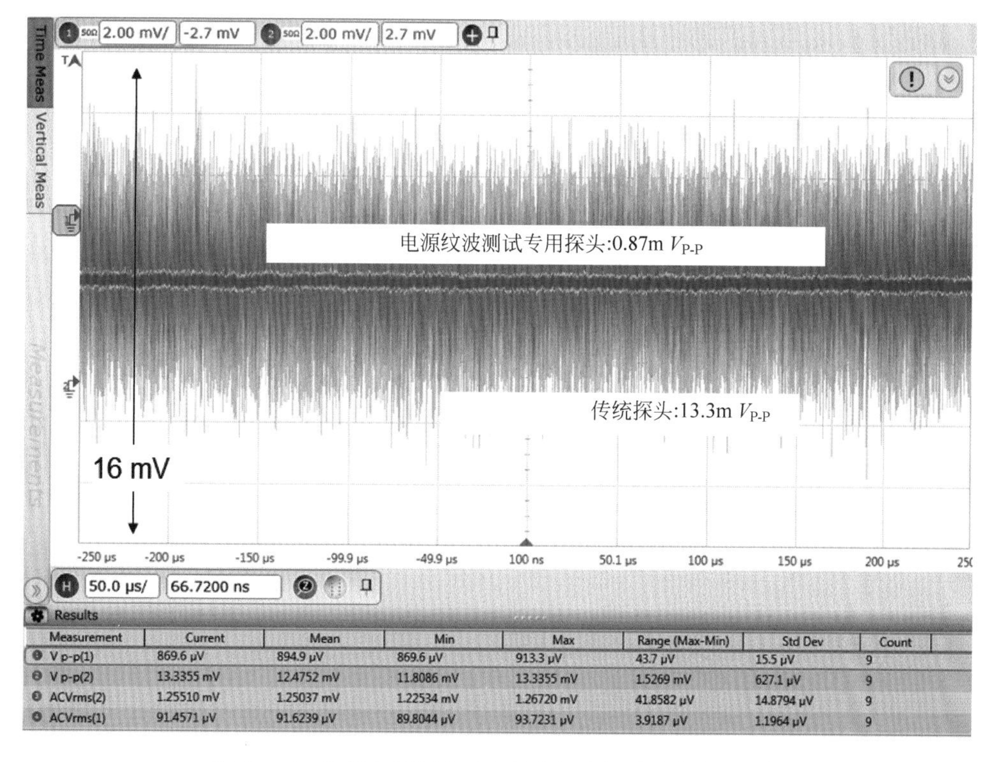

Measurement	Current	Mean	Min	Max	Range (Max-Min)	Std Dev	Count
V p-p(1)	869.6 μV	894.9 μV	869.6 μV	913.3 μV	43.7 μV	15.5 μV	9
V p-p(2)	13.3355 mV	12.4752 mV	11.8086 mV	13.3355 mV	1.5269 mV	627.1 μV	9
ACVrms(2)	1.25510 mV	1.25037 mV	1.22534 mV	1.26720 mV	41.8582 μV	14.8794 μV	9
ACVrms(1)	91.4571 μV	91.6239 μV	89.8044 μV	93.7231 μV	3.9187 μV	1.1964 μV	9

图 10.14　使用专用探头时底噪声与传统测量方案的比较

另外,这种专用探头还具备以下优点:50kΩ 的 DC 输入阻抗。相比使用 50Ω 同轴电缆测试方法,对电源输出幅度影响很小;具有+/-24V 的直流偏置范围,也就是说可以把最大 24V 的直流信号拉回到示波器屏幕正中间并使用最小的测量量程,由于不使用 AC 耦合方式,所以可以同时进行电压精度和偏移的测量;2GHz 测试带宽,可以满足电源高频噪声的测试需求。

6. 开关电源功率及效率分析

开关电源具有效率高、经济性、体积小的优势,在电路供电单元中广泛使用。随着 DC-DC 开关电源集成度和效率的提高,其在高速电路以及便携式设备中应用也很普遍。开关电源的工作原理如图 10.15 所示。输入的交流电经过滤波,再由整流桥整流后变为直流,通过控制电路中开关管的导通和截止使高频变压器的一侧产生低压高频电压,经由小功率高频变压器耦合后,经过整流滤波,得到直流电压输出。通过 PWM 控制开关管的导通与截止时间(即占空比),使得输出电压保持稳定。开关器件频率一般为 10~100kHz,为了提高电源效率,降低损耗,在便携设备中的开关频率会提高到 1MHz 以上。

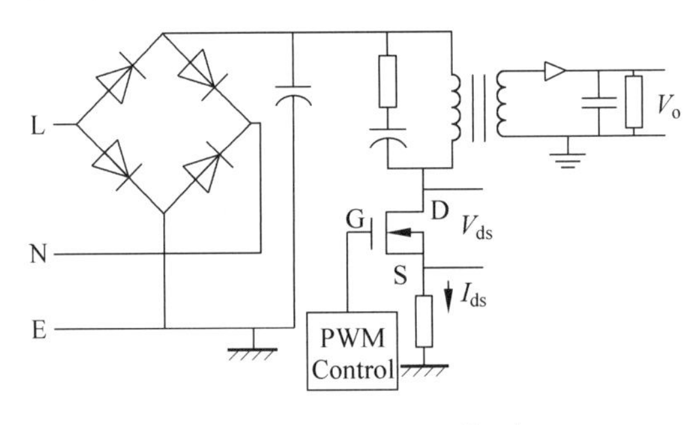

图 10.15 开关电源工作原理

在上文中提到,可以使用高精度示波器与电源专用测试探头测试电源纹波及开关噪声。对于更全面的开关电源的参数和性能评估,可以借助安装在示波器中的专门的开关电源分析软件。这种专用的开关电源分析软件可以完成以下功能:

- 输入端测试:包括有功功率、无功功率、视在功率、相位角、功率因素、波峰因子(如图 10.16 所示);最多 40 次谐波测试,例如按照 IEC 61000-3-2 标准进行谐波分析和测试。
- 开关器件分析:包括开关损耗(功率和能量)、导通损耗(功率和能量)、信号变化速率(dV/dt 和 di/dt)、占空比、频率、脉冲宽度(对比时间)、SOA 安全工作区测量等。
- 输出端分析:主要测试项目有输出纹波、PSRR、瞬变响应、开启/关断时间等。

需要注意的是,在开关电源测试时,需要对电压探头和电流探头间的时延进行修正才能得到正确的结果。同时,还需要根据电压和电流范围、带宽要求选择合适的电压、电流探头,如果涉及高压测试还需要使用相应的高压差分探头。

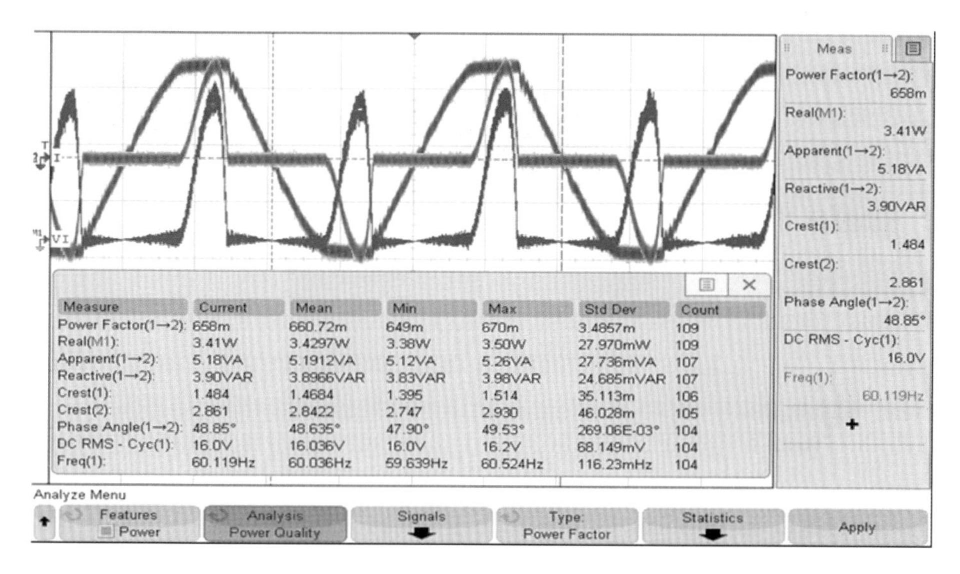

图 10.16　开关电源的功率因数分析

7. 电源系统抗干扰能力测试

在一些可靠性要求比较严格的场合，如航空航天、汽车等设备上，需要验证被测设备对于供电电源的噪声和瞬态变化的抑制能力。这就还需要能够在正常电源上模拟和施加干扰，以事先验证被测设备是否能在恶劣供电环境下可靠工作。

如图 10.17 所示是一个典型的电源的噪声抑制能力测试系统，使用了直流电源、大驱动能力的函数及任意波发生器、高分辨率示波器等。任意波发生器用于在正常直流电源输出上叠加上噪声，用于电源抗干扰能力的测试，而高精度示波器用于检测被测供电电路输入端和输出端的纹波变化情况。

这种测试方案可以产生很高带宽的噪声、纹波，但是函数发生器的驱动能力有限(最大约为 200mA)，如果被测电源的输入阻抗很低，可能无法在被测设备的供电网络上产生足够高幅度的噪声干扰。如果需要更大的驱动能力，可以考虑采用带电源瞬变能力的供电电源。如图 10.18 的直流电源分析仪是电源供电以及电源系统测试的独特解决方案，它除了可以提供 1～4 路不同功率和电压范围的电源输出外，还集成了电源的任意波功能，可以通过文本文件或计算机导入需要产生的任意电压波形。这种方案的最大特点是把供电电源和电源瞬态变化功能集成在一体，同时还可以对输出的电压、电流进行记录。由于电源自身可以产生很大的功率，所以可以模拟产生很大的电源瞬态变化，如电压跌落、异常供电波形等。这种方案能产生的瞬变信号的频率范围取决于具体使用的电源模块，大约在 100Hz～10kHz 范围内。

配合上专用的 SMU(source/measure unit)模块，这种直流电源分析仪还可以方便地进行电源变换模块的低功耗分析。SMU 模块的特点是既可以作为电源输出，也可以作为负载，其两象限输出能力和快速负载响应能力使其适合在 DC-DC 变化器测试中同时作为源和负载进行测试。图 10.19 是用 2 个 SMU 模块进行 PMIC、LDO 等电源转芯片测试的例子。

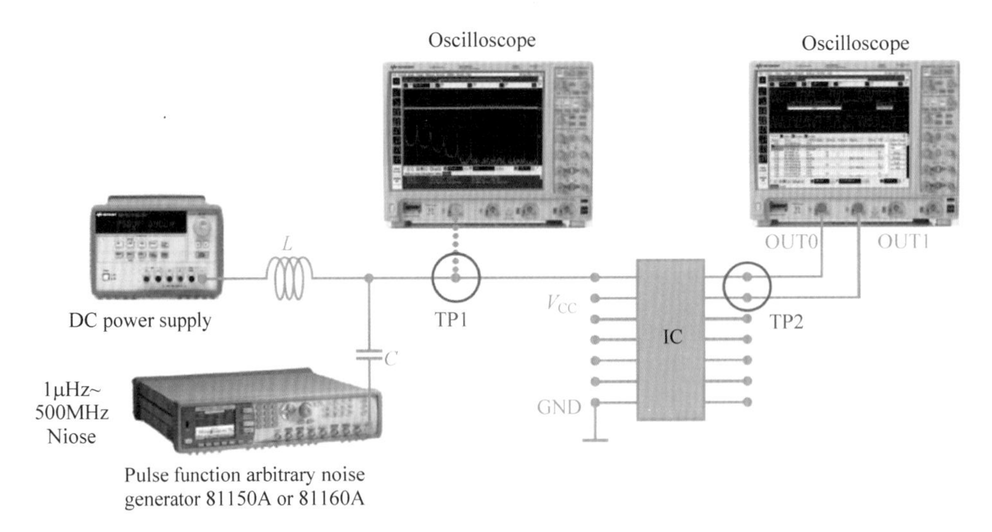

图 10.17 电源噪声抑制能力测试

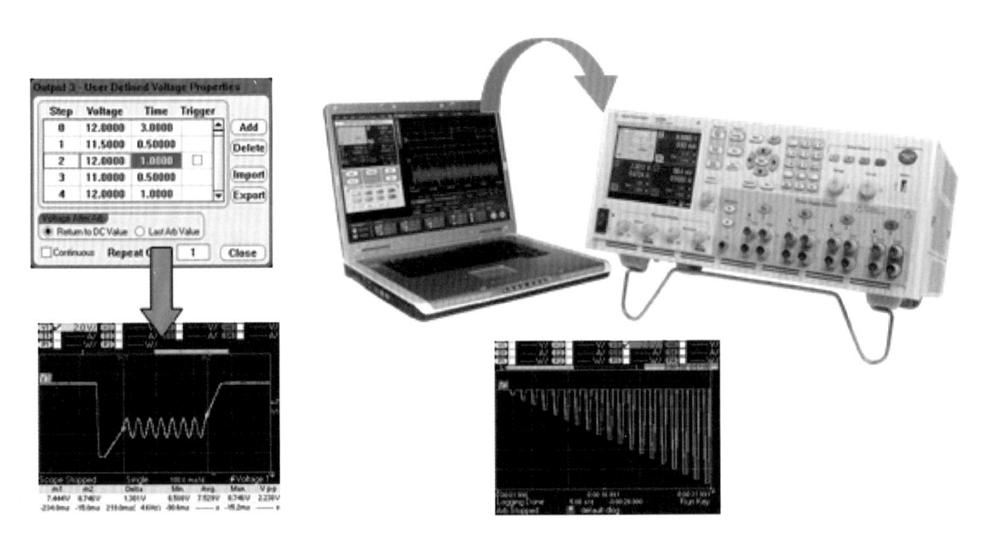

图 10.18 用直流电源分析仪产生瞬态电压变化

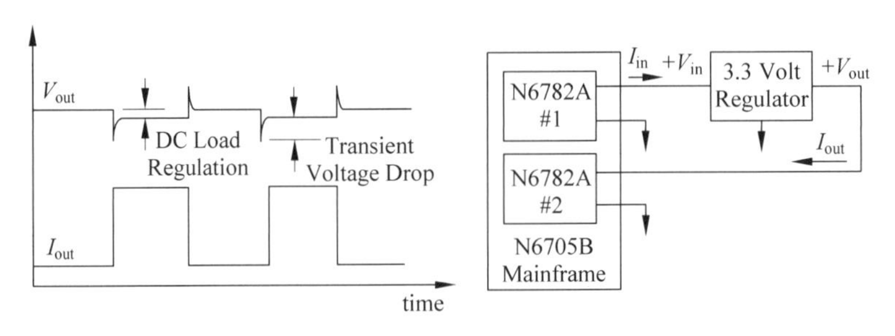

图 10.19 用 SMU 模块测试 LDO 调压器件

十一、电源测试常见案例

电源和接地是很多电路非常重要的部分，也是测量中的重要影响因素，本章列举了一些作者在工作过程中接触到的典型电源和接地问题的案例。

1. 交流电频率测量中的李萨如图形问题

某电源研发用户在使用模拟示波器测试交流电频率时，使用了数字函数发生器作为一路参考信号，把被测的交流电信号作为另一路输入信号，进行李萨如图形的测试。测试中发现李萨如图形在不断变化，非常不稳定，用户希望知道这种测试方法是否可行。

问题分析：对于模拟示波器来说，使用李萨如图形（即 XY 显示模式）是一种常见的频率和相位测量方法。在这个测试中，函数发生器的信号和交流电是不同源的（即存在小的频差），所以随着相位差的变化，李萨如图形的形状随着时间也会变化。如果函数发生器和交流电的频率都足够稳定，且函数发生器的频率调整分辨率足够小，通过逐渐调整函数发生器的输出频率应该可以得到相对稳定的李萨如图形。例如当调整到函数发生器的输出频率和被测交流电频率差在 0.01Hz 以内时，李萨如图形仍然随着时间会逐渐变化，但其变化周期为 100s(1/0.01Hz)，就可以认为相对比较稳定了。此时，设置的函数发生器的频率就可以被认为是被测交流电信号的频率。

问题总结：这种通过李萨如图形测试频率方法的精度会受限于函数发生器的时基精度和频率调整分辨率，最关键的是调节比较麻烦。如果工程师使用的是数字示波器，一般都可以实现自动的频率测量。如果追求更高的测量精度，最好还是使用专用的频率计数器（在这个例子中，交流电频率测量可能需要合适的探头配合频率计数器使用）。另外，有些现代数字示波器还内置了计数器功能，可以大大提高示波器做频率测量的精度。

2. 电源纹波的测量结果过大的问题

某工控机设备研发用户在使用 500MHz 带宽的 S 系列示波器对其开关电源输出 5V 信号的纹波进行测试时，发现纹波和噪声的峰峰值超过了 900mV（见图 11.1），而其开关电源标称的纹波的峰峰值小于 20mv。虽然用户电路板上后级还有 LDO 对开关电源的输出再进行稳压，但用户认为测得的这个结果过大，不太可信，希望找出问题所在。

问题分析：电源纹波测试过大的问题通常与使用的探头以及前端的连接方式有关。首先检查用户探头的连接方式，发现其使用的是如图 11.2(a)所示的长的鳄鱼夹地线，而且接地点夹在了单板的固定螺钉上，整个地环路比较大。由于大的地环路会引入更多的开关电源造成的空间电磁辐射噪声以及地环路噪声，于是更换成如图 11.2(b)所示的短的接地弹簧针。

经过实际测试，发现测得的纹波噪声的峰峰值有很大改善，如图 11.3 所示。但纹波噪声的峰峰值仍然有 40 多 mV，与开关电源厂商标称的小于 20mV 仍有较大差异。

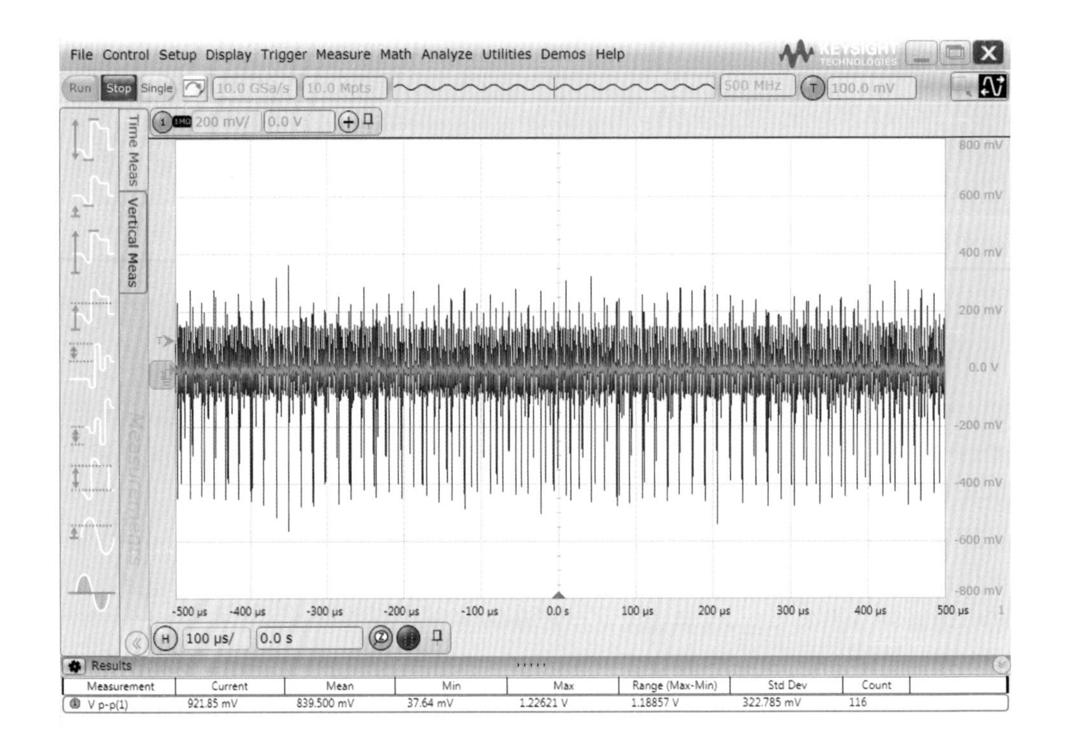

图 11.1　用户测量到的纹波结果

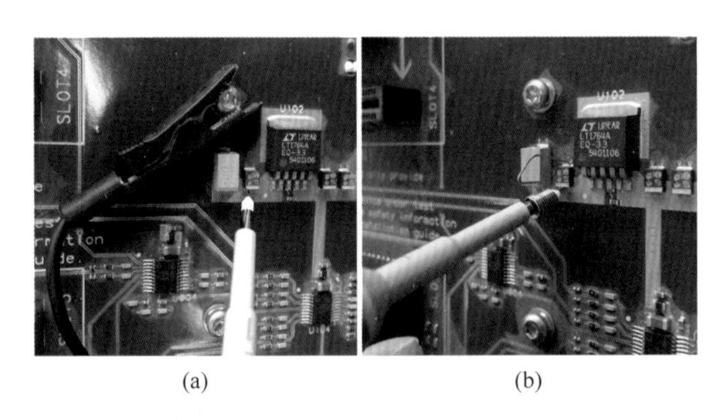

(a)　　　　(b)

图 11.2　缩短接地线减小地环路

进一步检查用户使用的探头的型号，发现用户使用的是示波器标配的 10∶1 的无源探头，如图 11.4 所示。10∶1 的探头会把被测信号衰减 10 倍再送入示波器，然后示波器再对被测信号进行 10 倍的数学放大。这种探头的好处是通过前面的匹配电路提升了探头带宽(可以到几百 MHz)，而且扩展了示波器的量程，但是对于小信号的测量不是特别有利。如果被测信号幅度本身就小，再衰减 10 倍可能就淹没在示波器的底噪声中了，即使再做 10 倍的数学放大，对于信噪比本身也没有改善。所以对于电源纹波噪声的测量应该尽量使用小衰减比的探头，例如 1∶1 的探头。于是另外找了一个 1∶1 无源探头，这种 1∶1 的无源探头虽然带宽不高(通常为几十 MHz)，但衰减比小，对于小信号测试非常合适。

图 11.5 是换用 1∶1 的无源探头后，与 10∶1 探头在不同带宽限制下的对比测试结果。

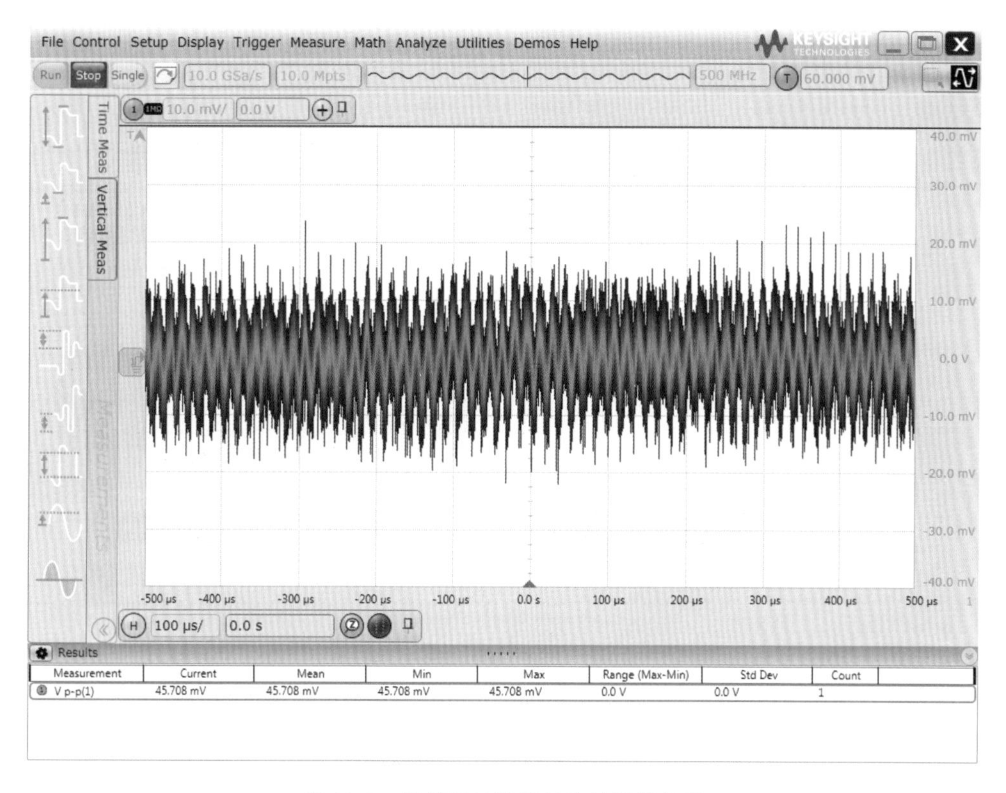

图 11.3　使用短地线后的纹波测量结果

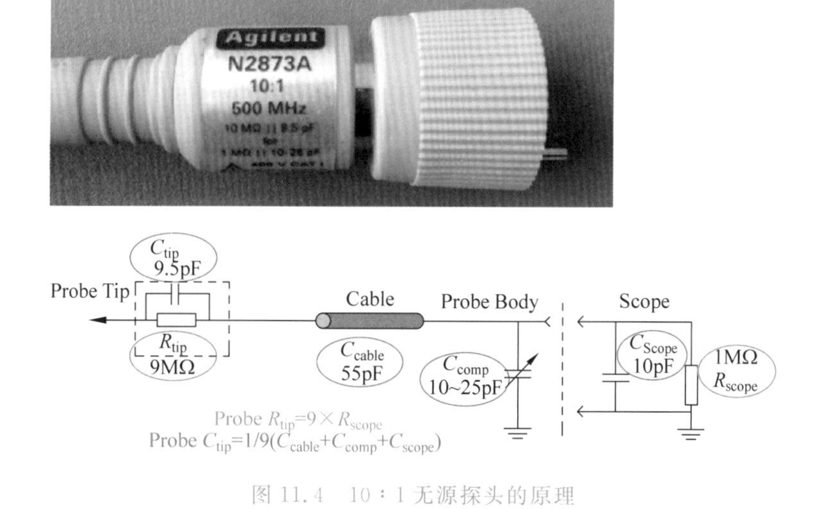

图 11.4　10∶1 无源探头的原理

可以看到，使用 1∶1 探头并设置 20MHz 带宽限制后，测量到的纹波噪声的峰峰值只有不到 10mV，远远好于 10∶1 探头的测试结果。从 1∶1 探头的测试结果中可以看到清晰的纹波的波形，并且满足用户对于电源纹波噪声小于 20mV 的预期。另外，也可以看到，带宽限制对于噪声峰峰值也有一定的改善作用。

问题总结：这是一个典型的电源纹波测试问题。通过使用短的地线连接、换用小衰减

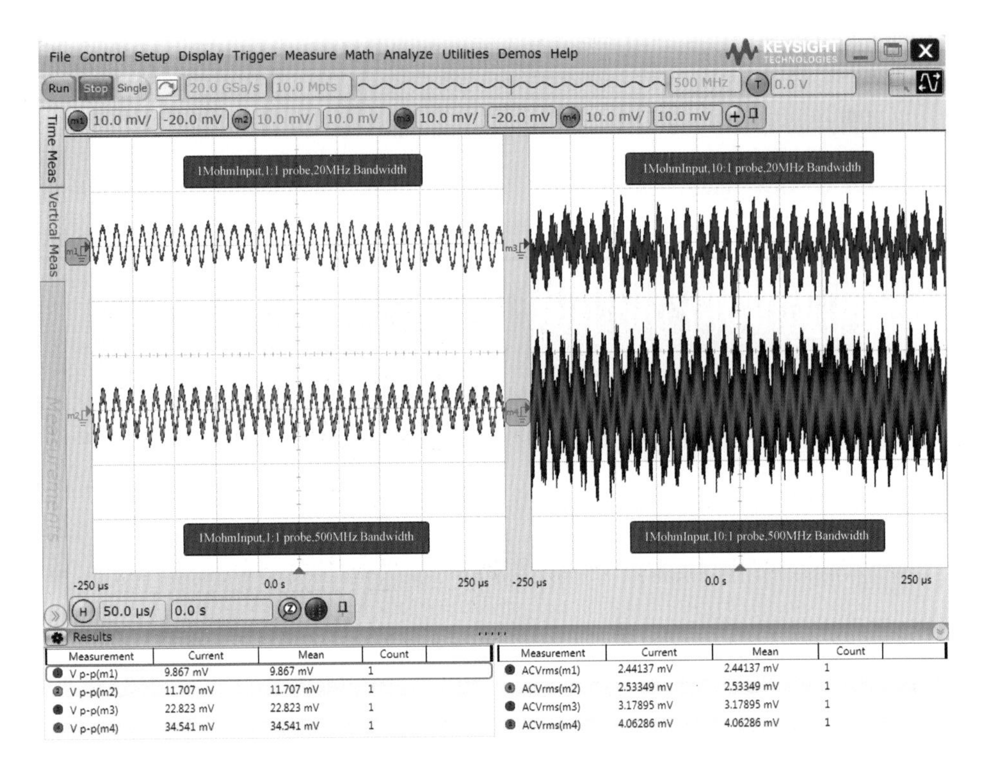

图 11.5　不同衰减比探头的纹波测量结果

比探头以及带宽限制功能使得纹波噪声的测试结果大大改善。根据实际经验，影响电源纹波测试结果的因素按照重要性主要有以下几个：

●**前端连接线和地环路的长度**：长的地环路会引入更多开关电源的电磁辐射以及地噪声，因此需要使用尽可能短的地线连接。

●**探头的衰减比**：大衰减比的探头会使得小信号幅度更加微弱，甚至淹没在示波器底噪声中，所以应该尽量使用 1∶1 衰减比的探头。

●**带宽限制**：很多电磁噪声和示波器的底噪声都是宽带的，设置合适的带宽限制可以滤除额外的噪声。很多电源纹波噪声测试场合使用 20MHz 的带宽限制，也有些芯片的电源纹波测试中会要求带宽为 80MHz 或 200MHz。

●**测量量程**：通常会在小量程挡下(例如 10mV/格或 20mV/格)进行电源纹波的测试。量程越大，示波器的底噪声越高。但有些示波器的偏置范围有限，在小挡位下可能不能够把被测的直流电压信号拉回到屏幕中心附近进行测量，所以很多时候会使用示波器的 AC 耦合功能把直流隔离掉再进行纹波噪声测试。

●**输入阻抗**：很多示波器有 50Ω 和 1MΩ 的输入阻抗选择，通常 50Ω 输入阻抗下示波器的底噪声更低。不过示波器连接大部分无源探头时都会自动把阻抗切换到 1MΩ，只有连接有源探头或同轴电缆时才可以设置为 50Ω 输入阻抗。

在进行实际测试之前，一个好的习惯是先检查当前设备和设置下的系统底噪声。图 11.6 中的 5 个波形分别是使用 500MHz 的高精度示波器在不同的探头和带宽设置下的底噪声结果。波形从上到下依次为：50Ω 输入阻抗，1∶1 探头，500MHz 带宽；1MΩ 输入阻抗,1∶1 探头,20MHz 带宽；1MΩ 输入阻抗,1∶1 探头,500MHz 带宽；1MΩ 输入阻抗,10∶1 探头,20MHz 带宽；1MΩ 输入阻抗,10∶1 探头,500MHz 带宽。其底噪声的峰峰值从不到 1mV 直到接近 30mV,可见测试中探头、带宽、输入阻抗设置的重要性。

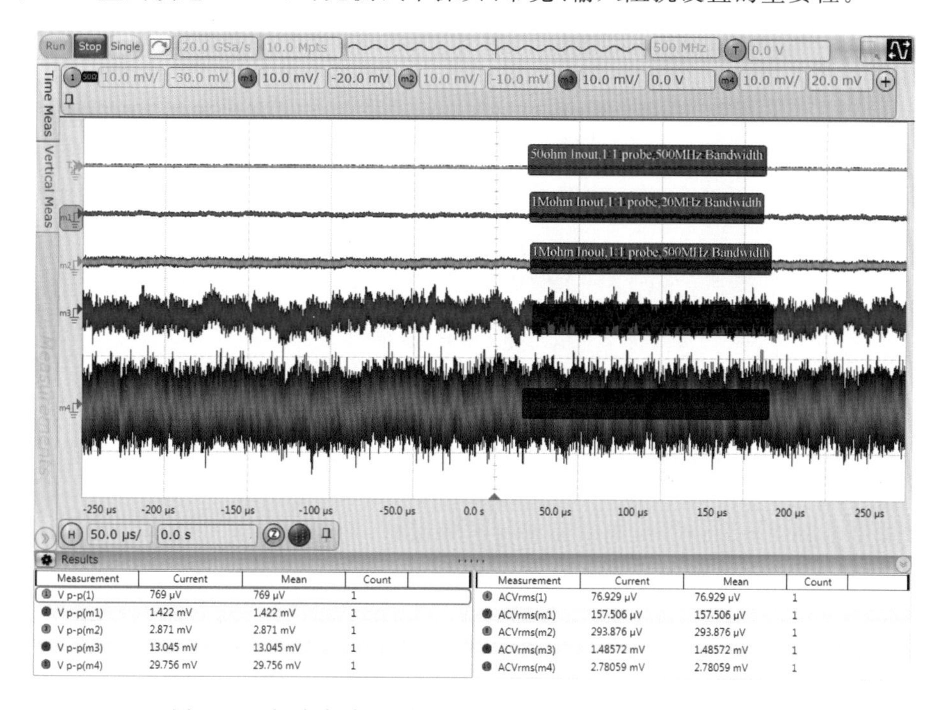

图 11.6 探头衰减比、输入阻抗和带宽限制对底噪声的影响

如果手头没有合适的小衰减比探头,也可以参考图 11.7 用 50Ω 的同轴电缆自制一个探头。实际上就是把电缆的一头接在示波器上,示波器设置为 50Ω 输入阻抗；电缆的另一头剥开,屏蔽层焊接在被测电路地上,中心导体通过一个隔直电容连接被测的电源信号。这种方法的优点是低成本、低衰减比,缺点是一致性不好,隔直电容参数及带宽不好控制。

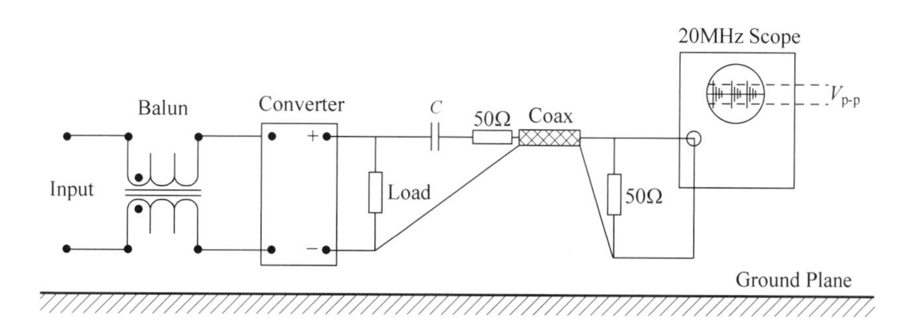

图 11.7 自制电源纹波测试探头

电源纹波测试最好的方法是使用示波器厂商专门为电源纹波测试设计的探头,这种探头的原理如图 11.8 所示,其结合了低衰减比(1.1∶1)、高带宽(硬件 2GHz,可以软件设置带宽限制)、兼顾测量需要和噪声的阻抗匹配(探头本身直流输入阻抗为 50kΩ,但示波器端是 50Ω 输入阻抗频谱)、短地线(提供很低环路电感的焊接前端)、大偏置范围(可以到

±24V)、可以对纹波和直流电压同时测试等优点，适用于对于电源纹波测量要求比较高的用户。

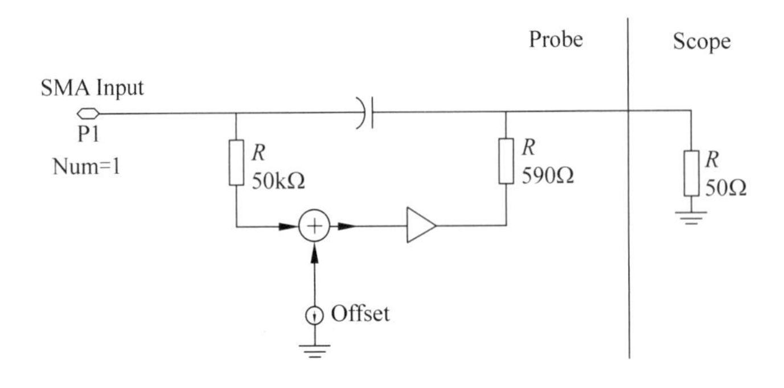

图 11.8　电源纹波测试专用探头原理

3. 接地不良造成的电源干扰

某航天设备研究所用户在使用示波器进行测量时，发现有很大的噪声干扰，如图 11.9 所示，无法进行正常测试，是否是设备损坏？

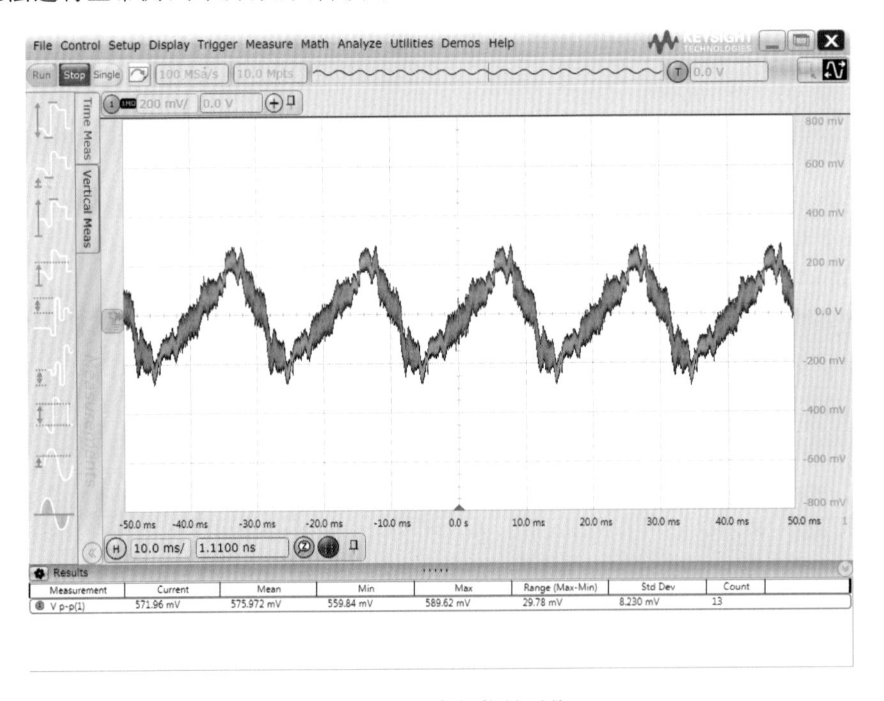

图 11.9　异常的信号干扰

问题分析：示波器自身会有一定的本底噪声，但在 200mV/格的量程下其噪声的峰峰值通常不会超过半格(与示波器自身以及使用的探头有关)。目前的噪声幅度明显过大，而且有一定的周期性，应该是受到了某种干扰。分析干扰信号的周期，约为 20ms，相当于 50Hz，是明显的 220V 交流电的工作频率，因此怀疑是交流电源输入端的干扰。如图 11.10

所示，断开被测设备，干扰仍然存在，因此判断干扰应该来源于电源线或者示波器内部。

现场检查时发现示波器外壳有带电现象，结合干扰信号的 50Hz 频率，怀疑接地有问题。于是逐一检查电源线和插线板，终于发现干扰信号的原因：用户错误使用了德标（欧标）电源线，如图 11.11 所示。

台式测量仪表都使用单相三线制的电源线，也就是说正常的交流电源线应该有 3 个接触点：火线、零线、地线。如图 11.12 所示，德标电源线有 2 个伸出的圆柱形接触点（火线、零线）以及侧面的弹簧片（地线）。由于国标插座没有侧面的弹簧片，所以德标的电源线虽然可以插在国标的插线板上，但此时地线是没有连接的，因此造成仪表机壳带电及交流电源的干扰。

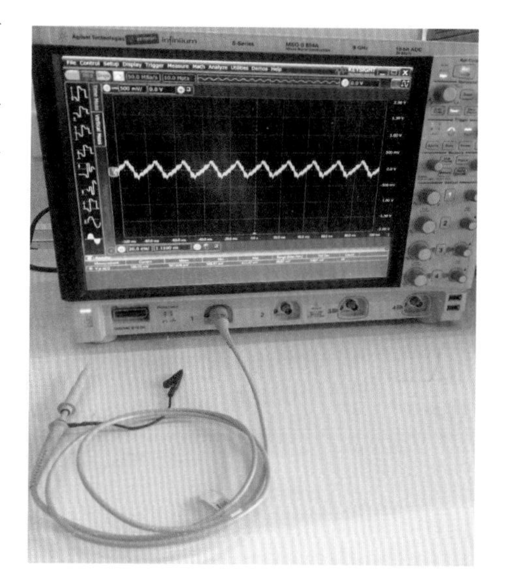

图 11.10　断开被测设备后干扰仍然存在

图 11.11　错误的电源线

图 11.12　国标和德标的电源线和插座

更换仪器本身自带的国标电源线后，示波器上的干扰信号消失，可以正常进行信号测试。经询问，用户的德标电源线是随同一台德国设备进口的，由于没有注意到电源线间的差异，所以也没有配备专门的转换插头。用户很多设备的电源线都混在一起，在使用示波器时把这根电源线拿过来用就发生了上述问题。

问题总结：一般采用金属屏蔽外壳的台式仪表都使用单相三线制的电源线（个别大功率仪表会使用三相 4 线制电源线），其电源线上的三个接触点分别连接火线（Line）、零线（Neutral）和地线（GND），而地线通常是与大地以及金属外壳连接在一起。如图 11.13 所示是典型的交流电源输入端的滤波电路，滤波电容 CY1 和 CY2 主要提供共模噪声的泄放回路。如果 GND 没有真正连接大地，一方面会造成电源产生的共模噪声无法泄放，另一方面会使机壳带电（例如对于 220V 的交流电来说，如果 GND 没有连接大地，机壳上可能会带

110V 的电压),对人体的安全造成危害。另外,机壳没有接地也会造成静电无法泄放,使得设备很容易被损坏。有些用户的贵重的仪器设备在正常使用环境下频繁出现故障和损坏,很多都与接地不良或使用了错误的电源线、插线板有关。

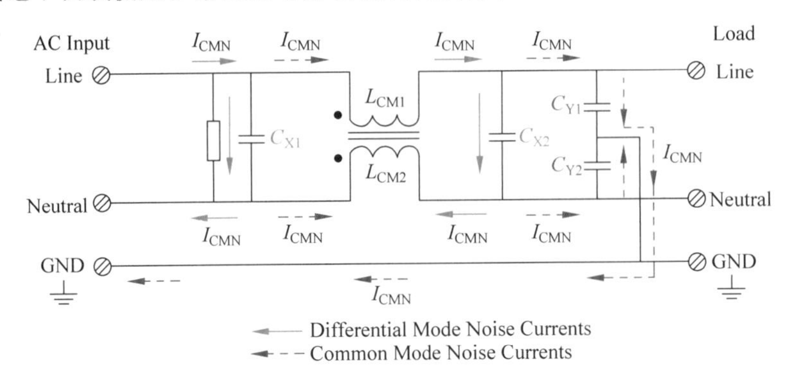

图 11.13　交流电源输入端的滤波电路

4. 大功率设备开启时的误触发

某卫星设备研发用户在用示波器进行故障调试,设置触发并等待故障信号到来时发现示波器会受到旁边设备的干扰。当旁边设备开启时,示波器会触发并捕获到大约几百 mV 的干扰信号,如图 11.14 所示。由于在电路调试时等待的触发信号要等几十分钟甚至更长时间才会出现,中间其他设备的开关造成的干扰会严重影响到感兴趣信号的捕获。试问如何可以避免?

问题分析:由于旁边设备开启对测量设备造成的干扰主要从两个途径传播:电磁辐射和电源传导。因此需要从两个方面分别进行分析和改善。

对于电磁辐射来说,由于示波器机壳具有一定的屏蔽能力,所以空间的电磁干扰主要来源于探头的天线效应。由于无源探头长的钩子和鳄鱼夹地线本身就比较容易受到电磁干扰,所以首先更换成了如图 11.15 所示的短地线连接方式。

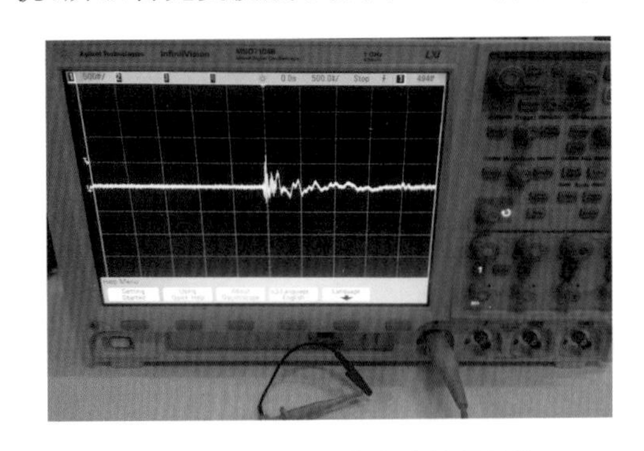

图 11.14　外界干扰造成的误触发

图 11.15　短地线连接

更换短地线后,误触发的问题有所改善,但仍然存在,于是再考虑电源传导的问题。在准备对电源线进行整改时发现示波器的电源线和旁边设备的电源线走线比较乱(见图 11.16),

且绞缠在一起，这会造成两根电源线之间互相的电磁辐射。于是把电源线理顺，并且把示波器和旁边设备的电源插头尽量离得远一些。经上述整改后，误触发现象消失，旁边设备开关不会再影响示波器的触发功能，用户可以正常进行后续调试。

问题总结：有时当旁边有大功率设备（例如空调、电机等）开启时，即使把示波器和其他设备的电源线分开，也还会由于电源传导产生对测量设备的干扰，特别是当实验室的接地情况不太理想时。此时一方面需要对地线进行整改，使得接地阻抗尽量低（例如<1Ω）、电源插座接触尽量可靠以外，还可以在示波器的电源线上套上带滤波功能的磁环（见图 11.17），以进一步减小由于电源传导造成的影响。

图 11.16　杂乱的电源走线

图 11.17　减小电源线传导干扰的磁环

5. 示波器接地对测量的影响

某用户测试如图 11.18 所示的电路，在用示波器的正负极分别接在电阻 R_3 两端测量电阻上的压降时，发现负极不连接可以测到正常的波形，但负极连接时只有正半周期的波形。通常，示波器的正极接信号，负极接地可以观察信号波形，用户不知道是被测电路的问题还是测试的问题。

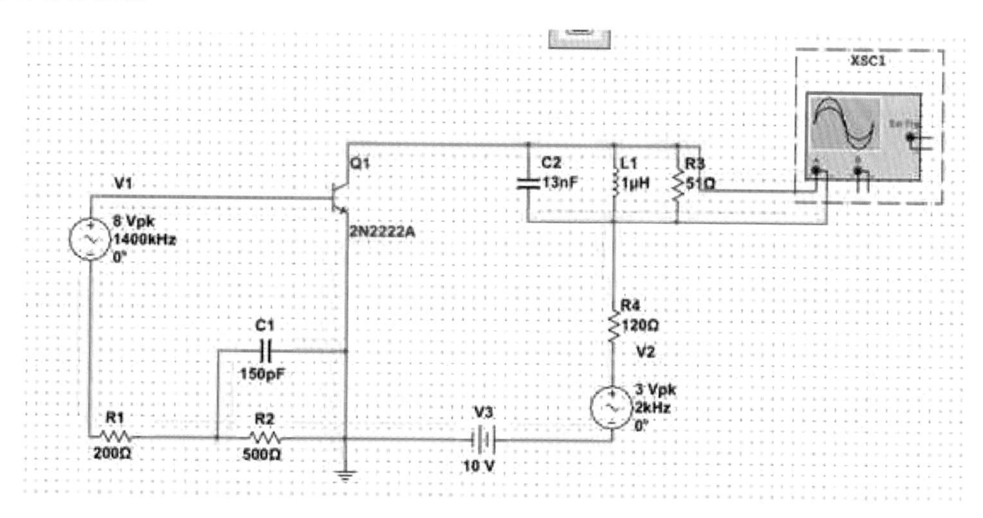

图 11.18　用户的测试连接

问题分析：对上述问题要区分使用的是单端探头还是差分探头。对于单端探头来说，通常其负极就是地线，与示波器的机壳连接在一起，而机壳又通过交流电源线的地线与大地连接在一起。如果把探头的正负极分别接在图 11.18 中电阻的两端，则负端被示波器的地线强行接地了，直流点的变化会造成被测电路工作不正常甚至损坏器件。对于用户描述的负极不连接可以正常测试到波形的情况，可能是由于此时示波器的地通过 AC 供电电源线的地与被测电路的参考地连接在一起，此时虽然可以测到波形，但地线环路非常大，系统的带宽无法保证，信号有是有失真的。

问题总结：这个测试最好的方法是使用差分探头，差分探头的正、负端都是与大地隔离的，测试中不会把被测系统的负端强行接地，只要带宽、量程、衰减比、支持的共模电压范围选择合适，就可以进行正常测量。还有一个选择是使用有些示波器厂商提供的通道隔离的示波器或者手持式的示波表，这时示波器的地线不与大地连接在一起，可以用普通单端探头进行上述信号的测试。使用不接地的示波器做测量时，应特别注意高压测量时的安全性，因为此时探头的地线可能会因为与被测件的连接而带有电压。

十二、时钟测试常见案例

时钟也是很多电路的重要部分，很多时候系统的性能指标归根结底是时钟的问题。随着电路工作速度的提高，对于时钟的要求也越来越高。本章列举了一些作者在工作过程中接触到的时钟测量问题的典型案例。

1. 精确频率测量的问题

某通信设备开发商在测试板上晶振产生的25MHz的时钟信号时发现频率测量结果与期望的精度差别很大。晶振本身标称的精度为±5ppm(1ppm等于百万分之一)，用户用示波器实际测试到的信号频率的平均值约为25.996MHz(见图12.1)，而且无论是当前值(current)还是平均值(mean)都非常不稳定。用户不太确定当前的测量结果是否准确，以及是否可以改善频率测量精度。

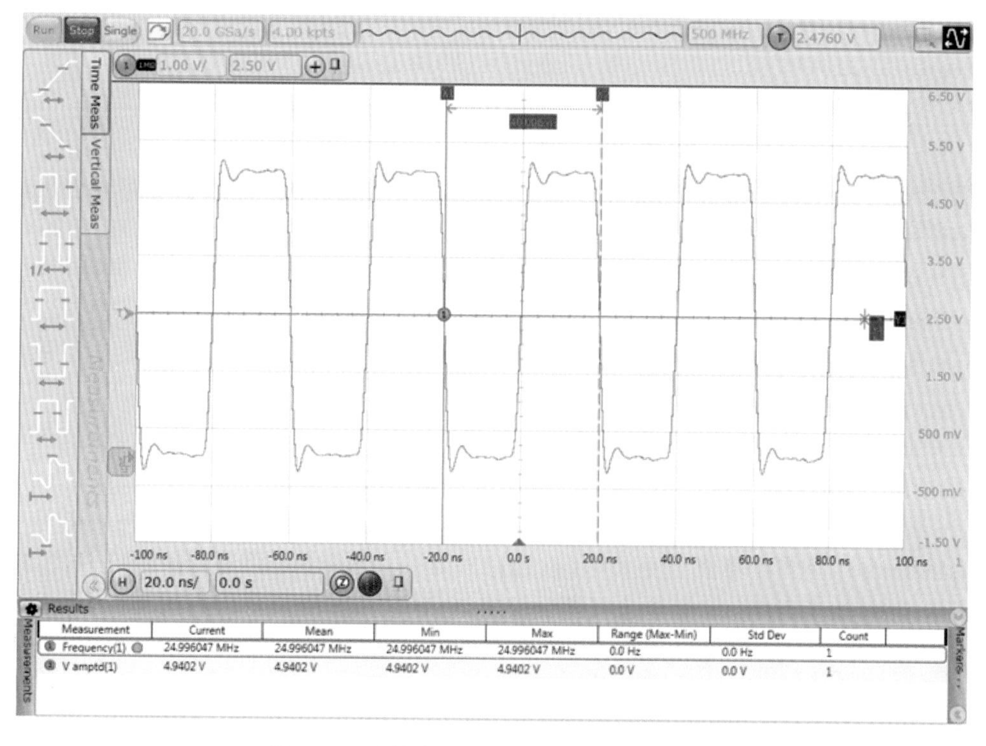

图12.1　直接在示波器中进行时钟频率测量

问题分析：首先检查一下用户使用的探头，虽然使用的是无源探头，但用户采用了短的连接地线，而且从波形形状来看非常稳定，测量的误差应该不是由探测方法造成的。用户晶振的标称指标为±5ppm，因此对于25MHz时钟来说，其频率偏差应该不超过5ppm×25MHz=125Hz。而测试结果的平均值为24.996MHz，相对于25MHz偏差了4kHz，明显偏差较大。接下来，主要分析用户所使用的示波器是否有可能达到这个期望的测量精度，以及需要做哪些特殊设置。

首先计算该示波器是否能够达到用户的期望精度。一般的示波器都没有类似频率计的直接频率测量功能(一些特殊的示波器除外)，都是通过测量信号的周期反推信号的频率，因此周期测量的精度会决定示波器的频率测量精度。用户使用的是一款高精度示波器，产品手册中关于时间测量误差的计算方法如图 12.2 所示。

Delta-time measurement accuracy	
Single-shot peak-to-peak measurement	$5\cdot\sqrt{(\text{Noise}/(\text{Slew Rate}))^2+(\text{Intrinsic Jitter})^2}+\left(\frac{\text{Time Scale Accuracy}\cdot\text{Reading}}{2}\right)$ Seconds
Absolute with 256 averages	$0.35\cdot\sqrt{(\text{Noise}/(\text{Slew Rate}))^2+(\text{Intrinsic Jitter})^2}+\left(\frac{\text{Time Scale Accuracy}\cdot\text{Reading}}{2}\right)$ Seconds

Jitter measurement floor

Intrinsic jitter

Acquired time range		Intrinsic jitter (typical)
< 1 μs	100 ns/div	100 fs rms
10 μs	1 μs/div	123 fs rms
100 μs	10 μs/div	138 fs rms
1 ms	100 μs/div	145 fs rms
10 ms	1 ms/div	200 fs rms

Time scale accuracy	± (12 ppb initial + 75 ppb/year aging)

图 12.2 用户所用示波器的时间测量精度公式

图 12.2 中，Noise 为当前量程下示波器底噪声的 RMS 值，在不连接信号时当前量程下测试噪声的 RMS 值约为 12mV；Slew Rate 为被测信号的斜率，打开示波器的 Slew Rate 测量功能测得被测信号斜率为 1.6V/ns。另外，Intrinsic Jitter 为示波器的固有抖动，这里取 100fs；Time Scale Accuracy 为示波器参考时基的精度，其初始精度为 12ppb(1ppb 等于 10^{-9})，每年老化率为 75ppb，假设每年校准一次，其时基精度可以近似取 100ppb，即 0.1ppm；Reading 在这里为被测信号的周期，即 40ns。

在以上的公式中，对于 40ns 信号周期的测量，如果做单次测量，影响最大的是(Noise/Slew Rate)，这部分体现了噪声对于时间测量误差的影响，其会带来约(12mV/(1.6V/ns))＝7.5ps 的测量误差，折算到 40ns 的周期相当于±187.5ppm (rms)，对于 25MHz 的信号相当于±5kHz(rms)，而其峰峰值会更大，远超过用户对于<±5ppm 的测量需求。因此，在这个测量需求中，如果用户只是做单个周期的测量，由于噪声和示波器固有抖动的影响，没法满足用户的测量需求。

波形平均可以改善由于噪声引起的测量不确定度问题，由于被测的时钟信号是周期性的，可以通过平均来减小由于噪声和抖动造成的影响。如果平均的次数足够多，噪声和抖动造成的影响至少可以下降 2～3 个数量级(在图 12.2 的公式中也可以看到，如果做 256 次平均，其噪声和抖动造成的测量误差已经可以小 1 个数量级以上)，此时起主要作用的只是时基精度造成的影响。对于用户使用的示波器来说，其时基精度小于 0.1ppm，可以满足用户要求。因此，只要有足够多的平均次数，这台示波器对于当前频率的测量精度是有可能满足用户需求的。但是，正常情况下示波器抓一次波形，只是取屏幕上一个周期做测量，测量的效率比较低，因此需要等待很长时间才能得到稳定的结果。为了提高测量和平均的速度，在示波器中做了以下两个设置。

[1] 增加存储器深度，以使得单次波形中包含更多的信号周期。如图 12.3 所示，可以在示波器的 Acquisition 设置下把采样率设置为 20GSa/s，内存深度设置为 1M 点。

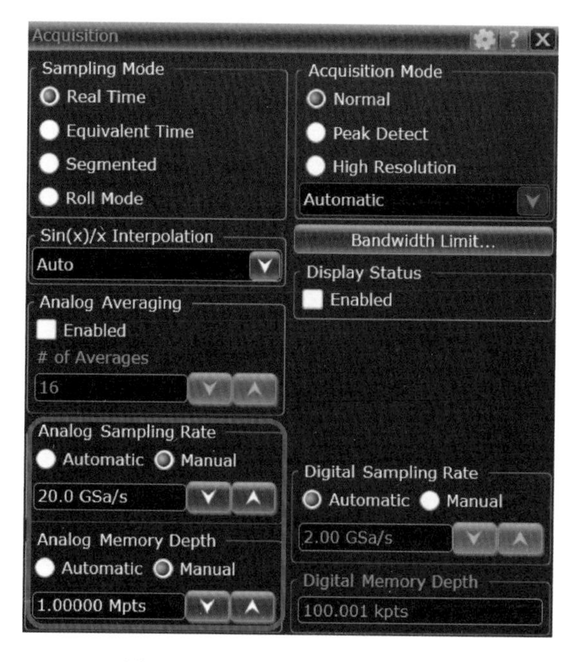

图 12.3　采样率和存储深度设置

[2] 如图 12.4 所示，在示波器的 Measure 设置菜单下设置示波器对波形中所有周期都做测量。

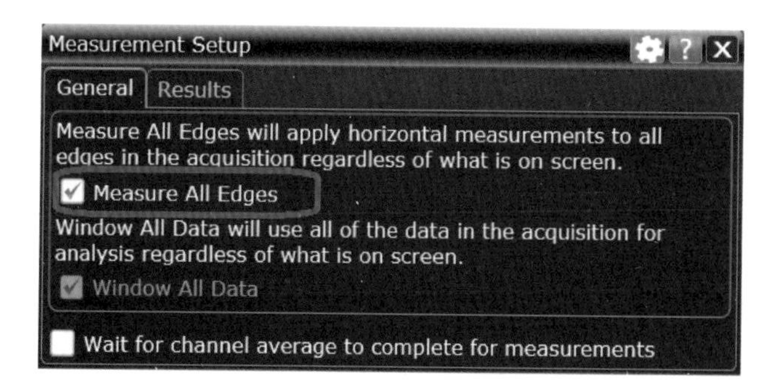

图 12.4　设置对波形中所有周期都做测量

做完以上设置后，再重新开始示波器测量。如图 12.5 所示，在短短 2～3s 的时间内，频率测量的平均值就稳定在 25.000049MHz，相当于约 2ppm，完全满足用户的测量需求。而如果观察测量的计数(count)，发现此时已经完成了 1 万多个周期的测量，因此频率的测量结果可以很快稳定下来。

问题总结：在这个案例中，用户希望用示波器对时钟信号的频率做精确测量。由于大部分示波器都没有频率计的硬件计数功能(个别种类的示波器会带内置硬件频率计)，都是通过周期的测量反算频率的，因此周期测量的误差会造成频率测量的误差。而对于周期测

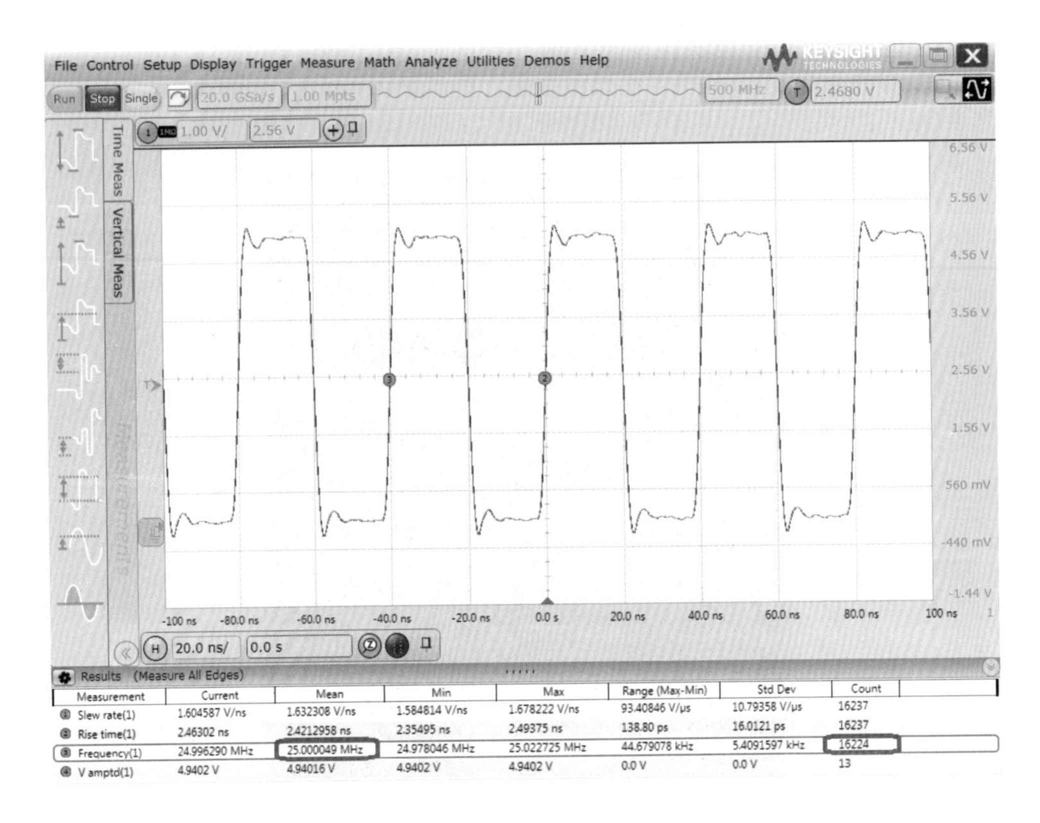

图 12.5 改善测量方法后的频率测试结果

量来说，由于宽带示波器的噪声普遍较大，且时钟信号的斜率可能没有那么陡，所以如果不做平均，由于噪声转换成的时间测量误差会比较大。而如果可以做足够次数的快速平均，则主要影响测量精度的是示波器自身的时基精度。对于这个案例中用户使用的示波器来说，其自身时基精度误差在 0.1ppm 之内，可以满足测量需求。所以通过增加示波器的内存深度以及设置示波器对内存的所有周期同时做测量，可以大大加快平均的速度，从而很快就可以得到稳定的频率测量结果。但需要注意的是，如果示波器自身的时基精度较差，例如精度到±10ppm 左右，仅采用上述方法就不够了。这时还需要通过外部参考时钟输入端给示波器提供一个更加精准的参考时基输入（例如用铷钟提供更精确的 10MHz 参考时基），并设置示波器使用外部参考时基（见图 12.6），才能进行更准确的时钟频率测试。

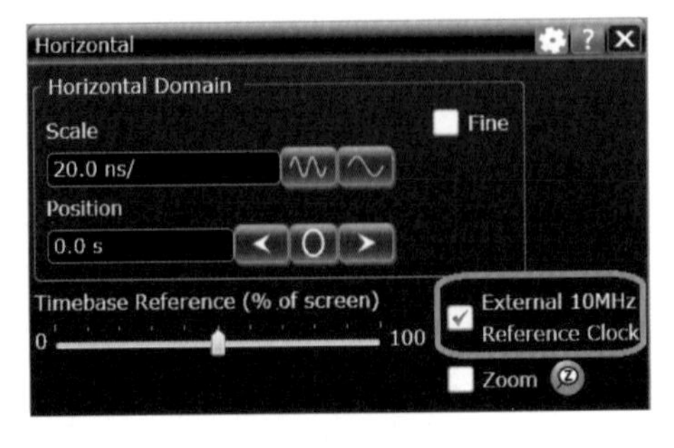

图 12.6 外部参考时基的设置

2. GPS 授时时钟异常状态的捕获

某导航设备研发单位的授时设备在雷电或强电磁干扰时偶尔会发生错误,怀疑可能是上游送入的 10MHz 参考时钟在干扰的情况下产生毛刺或边沿丢失,用户希望能捕获到出现故障时 10MHz 参考时钟上的信号异常。

问题分析:由于用户故障的出现概率很低,且问题重现的时间成本非常高,可能几天甚至几周才会出现一次,所以不能通过示波器的余辉模式或者模板测试的方式进行信号捕获(因为会有死区),最好是通过示波器的触发进行异常信号的捕获。对于 10MHz 的信号,正常情况下正脉冲和负脉冲的时间宽度都是 50ns 左右,用户现有的便携式示波器具有持续时间触发功能,可以利用其脉冲宽度的持续时间触发功能捕获时钟信号异常。

主要测量步骤如下:

1 把被测的 10MHz 信号通过 BNC 电缆连接到示波器通道 1,把示波器恢复到默认设置并选择示波器输入阻抗为 50Ω。然后按前面板的白色 AutoScale 键进行自动设置。此时示波器应显示正常的 10MHz 波形,如图 12.7 所示。

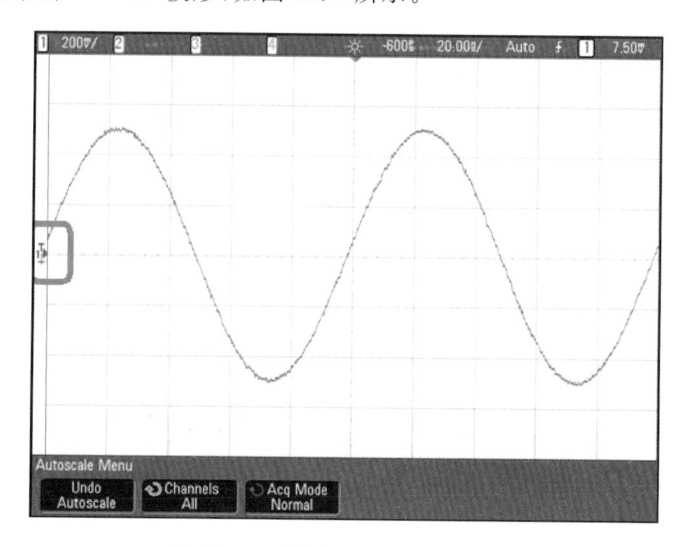

图 12.7 正常的 10MHz 时钟波形

2 确保触发电平在波形的幅度的中间位置,如果不在中间位置则通过前面板触发设置下的 Level 旋钮进行调整。如图 12.8 所示,按前面板触发设置下的 Mode/Coupling 键,并通过屏幕下方的软键设置触发模式为 Normal 模式。这样设置的目的是避免触发条件长时间不满足时示波器自动触发。

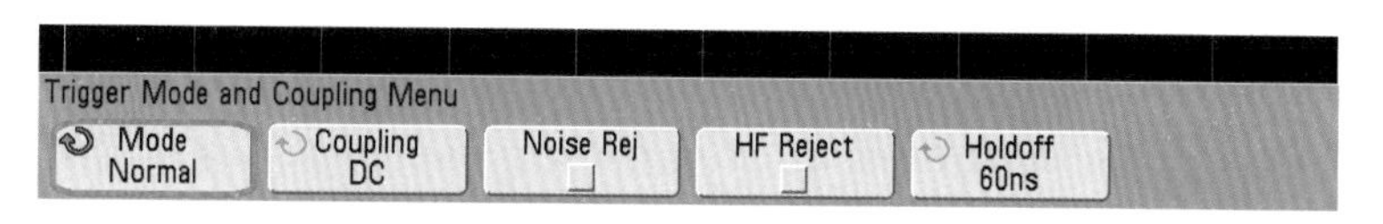

图 12.8 设置示波器触发模式为正常触发

3 按前面板触发设置区中的 More 键，转动通用旋钮直至 Duration 显示在 Trigger 软键中，然后按 Settings 软键显示 Duration 触发菜单。在 Duration 的设置下面，如图 12.9 所示，用屏幕下方的软键结合通用旋钮从左至右依次设置触发条件为：当电平为高的时间(小于 45ns 或大于 55ns)时触发。这样，正常的时钟脉冲宽度约为 50ns，不会产生触发；只有当时钟中有毛刺或边沿丢失时才会触发。

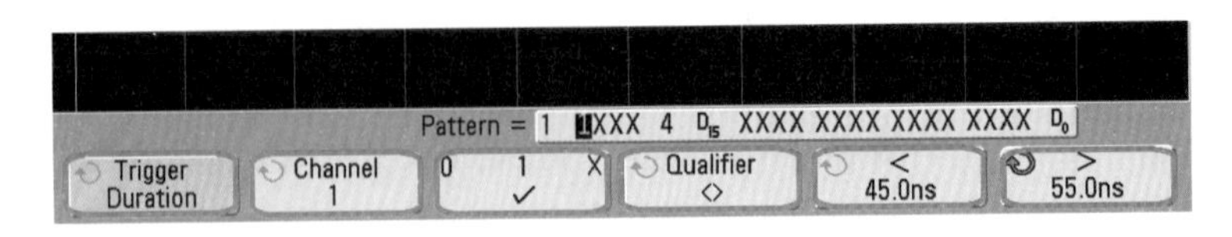

图 12.9 设置持续时间触发条件

4 设置完成后，按示波器前面板右上角的 Single 键。此时示波器应工作在等待触发的状态，如果没有满足触发条件的信号到来，示波器屏幕上方会显示 Trig'd?，表示示波器一直在等待触发。一旦有满足触发条件的异常信号到来，示波器会捕获信号并停止采集，示波器屏幕上方显示 Stop 状态，示波器上保留捕获到的异常信号波形，如图 12.10 所示。

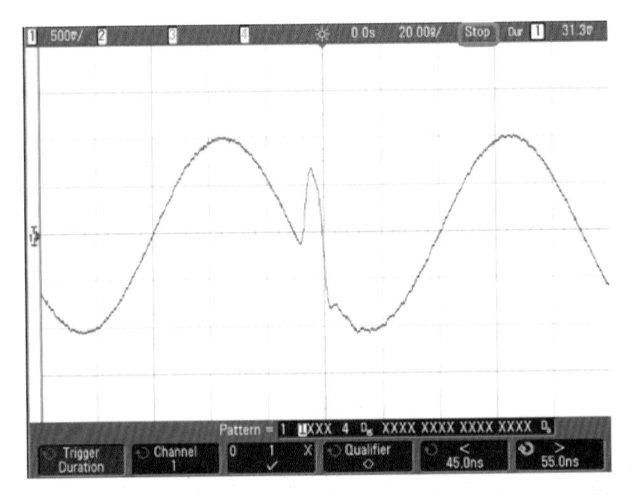

图 12.10 捕获到的异常时钟波形

问题总结：这里利用了示波器中的持续时间触发功能。正常的时钟脉冲宽度约为 50ns，不会产生触发；当时钟中有毛刺或边沿丢失时，脉冲宽度会发生变化而偏离 50ns，从而会触发示波器。

3. 光纤传感器反射信号的频率测量

某大学从事光纤传感研究的实验室需要用电力线缆中的光纤检测电力线不同位置的温度变化，检测方法是用光纤反射回来的激光信号频率随时间的变化来判断不同位置的温度变化。激光采用 1550ns 的通信波长，用户可以把反射回来的激光信号变换到约为 1GHz 载波的电信号。正常情况下，10ns 的时间分辨率对应约 1m 的距离分辨率，1MHz 的频率分辨率对应约 1°的温度分辨率。用户希望用尽可能简单、精确的方法检测到信号的频率随时间的变化情况。

问题分析：用户要测试信号的载波频率约为1GHz，使用1GHz以上带宽的示波器就可以进行捕获，主要是能否简单、方便地把频率随时间的变化信息提取出来。可以利用示波器抖动测量软件中的抖动趋势图功能，通过测量频率变化曲线并与参考信号做比较实现。测试步骤如下：

[1] 用4GHz带宽的示波器(4GHz带宽、20GSa/s采样率)把被测信号(图12.11中棕色波形)和其同步脉冲(图12.11中紫色波形)捕获下来，设置用其同步脉冲触发。同时把示波器带宽设置为2GHz，这样示波器的底噪声更低，可以提高频率的测量精度。对被测信号进行频率测量，如图12.11所示，可以看到信号的载波频率约为1GHz。

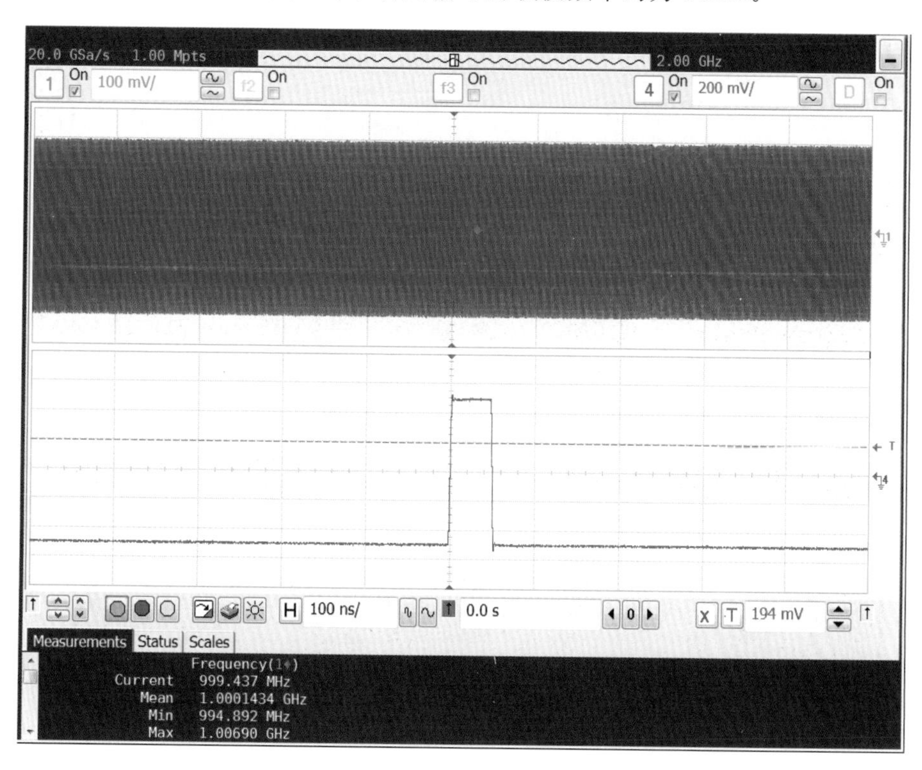

图12.11 光纤传感器的同步脉冲和载波信号

[2] 如图12.12所示，利用示波器的数学函数功能，用函数1(Measure Trend)对被测信号频率随时间的变化趋势进行测量，这样可以得到被测信号频率随时间的变化曲线。然后用函数2(Smoothing)对函数1的曲线进行平滑处理，平滑的目的是消除测量中的随机误差使曲线更光滑一些。

[3] 从函数2中(图12.13中下面绿色曲线)就可以看到被测信号的频率随时间的变化曲线。通过图中的光标测量，可以看到在同步脉冲后面200多ns的位置有一个明显的2MHz多的频率变化，用户据此推测出在距离测量点20多米的位置有2°左右的温度变化。

问题总结：这里利用了示波器数学函数的趋势测量功能，描绘出载波信号频率随时间的变化曲线，与同步脉冲对比得到用户期望的测量数据。

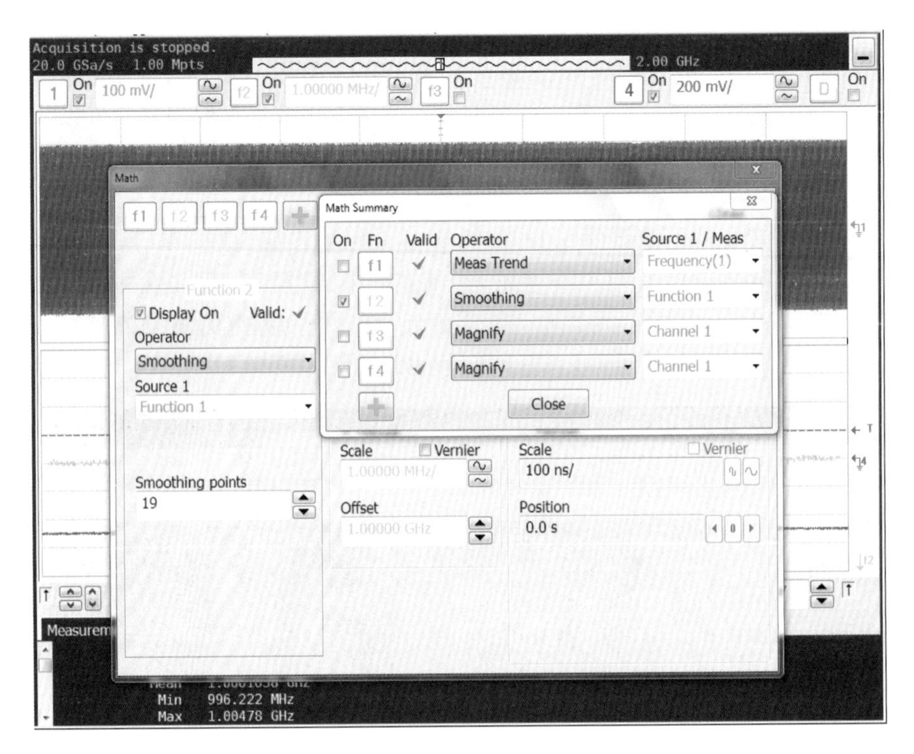

图 12.12 用数学函数测量频率变化曲线

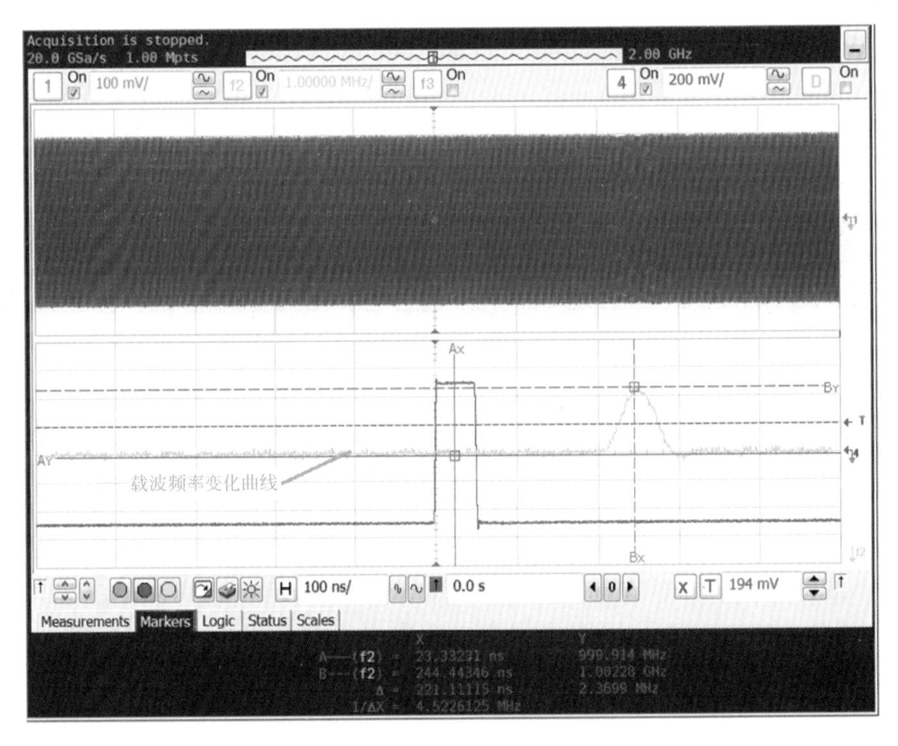

图 12.13 测量载波频率变化的范围及时刻

4. 晶体振荡器频率测量中的停振问题

某工控设备开发厂商的设备中采用单片机控制电路，单片机使用外接的两脚晶体振荡器产生 11.0592MHz 的工作时钟。用户希望能够精确测量工作时钟的频率，但用示波器测量时，一方面测量不准，另一方面还会出现晶体停振的情况，对于这种晶体的频率测量有没有好的办法呢？

问题分析：在分析晶体停振原因前，先要了解不同振荡器的区别。一般来说，晶体振荡器分为无源晶振和有源晶振两种类型。通常对外界条件比较敏感的都是无源晶振。

无源晶振一般称为 crystal（晶体），如图 12.14 所示，由石英晶体按照特定角度和尺寸切割而成，其本身相当于一个高 Q 值的选频电路，需要借助外部谐振和反相器提供能量才能起振。

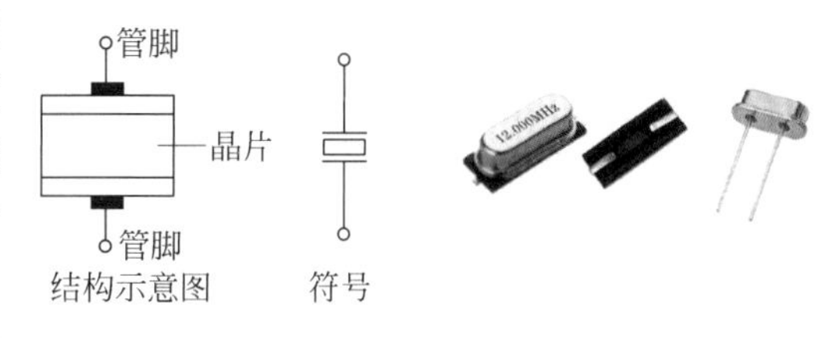

图 12.14　无源晶振

而有源晶振则称为 Oscillator（振荡器），如图 12.15 所示，其内部除了晶体外，还包含起振和驱动电路。有源晶振的内部包含了谐振和输出端（Fout）的驱动电路。有源晶振由于驱动能力强，通常不会在测量中造成停振，会造成停振的通常都是晶体。

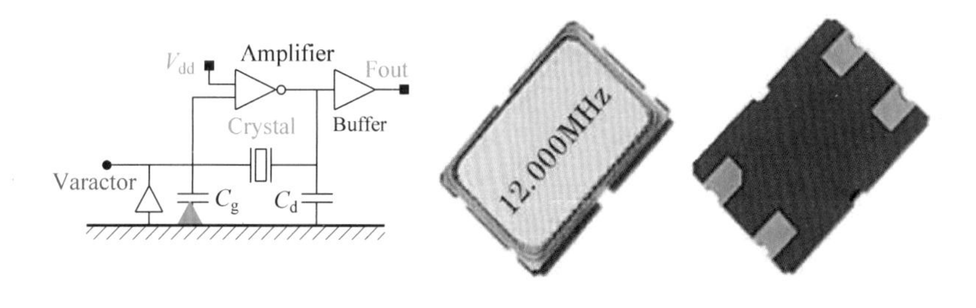

图 12.15　有源晶振

出于成本的考虑，很多单片机采用类似图 12.16 的晶体谐振电路，通过晶体和并联的起振电容振荡出需要的工作频率。一般示波器标配的无源探头的寄生电容约为 10～15pF，这样在测量时探头的电容并在谐振回路上会改变原振荡电路的电容值从而造成晶体停振。

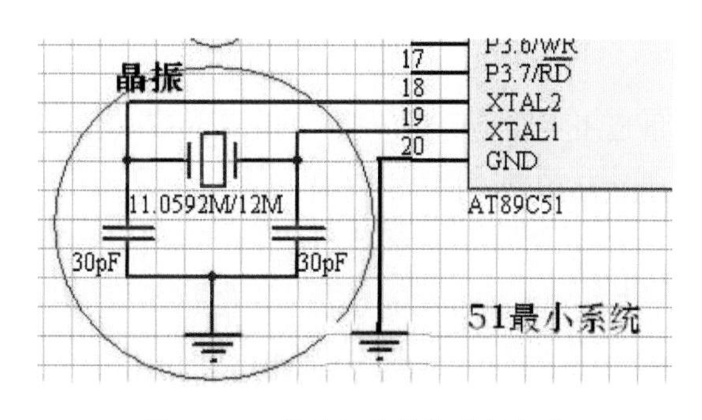

图 12.16　单片机的晶体谐振电路

一般无源探头的寄生电容都比较大，为了减小寄生电容，可以使用有源探头，有源探头的寄生电容通常在 2pF 以下，对于被测电路的影响比较小。另外，一般示波器都是基于周期测量结果反算频率，测量误差比较大，频率计测量频率是最精确的，但又没有办法直接连接示波器的有源探头，所以最好使用内置频率计功能的示波器。

测试步骤：

[1] 选择寄生电容较小的有源探头。由于用户要测试的信号频率不高，选择 1GHz 左右带宽的有源探头就足够用了，很多 1GHz 有源探头的寄生电容在 1pF 左右，不会对晶体的谐振电路产生大的影响。

[2] 选择有内置频率计功能的示波器。一般示波器做频率测量是基于周期测量的，不太准确，而一些带内置频率计的示波器其频率测量分辨率可以达到 5 位，连接外部 10MHz 的参考时分辨率可以达到 7 位。为了提高测量精度，可以从其他比较精准的信号发生器、铷钟或者频率计上引一个 10MHz 的参考信号送到示波器的外参考时钟输入端，并设置示波器使用外部参考时钟。

[3] 通过示波器探头连接被测信号，并在示波器上开启频率计数的测量功能。图 12.17 是用一款带内置频率计的示波器对晶体振荡器频率的测量结果，可以看到，这种方法可以提供到 ppm 级的测量分辨率（具体精度取决于外参考时钟的频率精度），并且避免了由于探头寄生电容对于被测电路的影响。

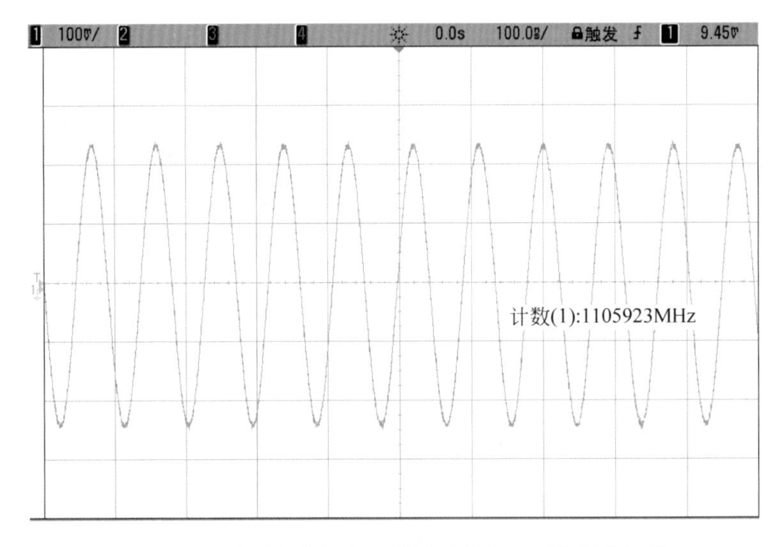

图 12.17　内置频率计的示波器对晶体频率的测量结果

问题总结：这里尽量选用容性小的有源探头，以减小探头电容对无源晶振的影响，同时通过内置频率计的示波器实现精确的频率测量。

5. PLL 的锁定时间测量

某无线通信设备开发厂商希望对电路中使用的 PLL 芯片的锁定时间进行测量，以验证在外部输入时钟频率变化时该电路对频率变化的跟踪能力。这个测量最好是使用专门的称之为信号源分析仪的测量设备，但是用户现在没有能力购置，希望能用现有的示波器进行相关测量。

问题分析：如图 12.18 所示，PLL 电路原理是给定一个参考频率 F_{in}，然后通过设置分频比 N 和 M 的值控制压控振荡器(VCO)产生需要的输出频率。当 F_{in}或 N/M 值有变化时，VCO 的输出频率应该能快速稳定到期望的输出频率，从输入变化到 VCO 稳定到新的频率点的时间就是 VCO 的锁定时间。

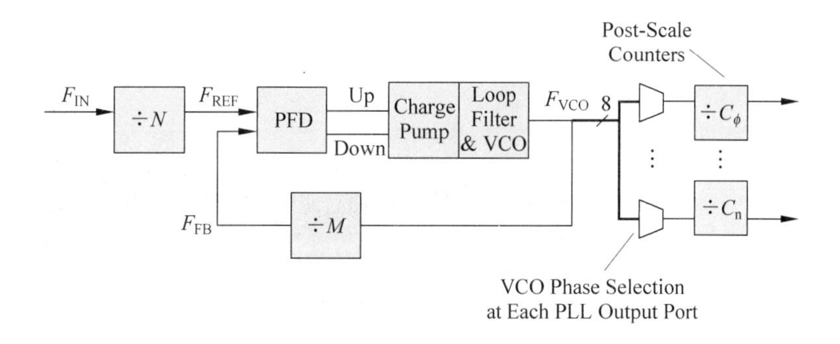

图 12.18　PLL 工作原理

PLL 的锁定时间是 PLL 的一个重要参数，它决定了 PLL 的输出从一个频点快速跳变到另一个频点的能力。锁定时间的测量有两种方法：一种是频域的方法，典型的仪器是信号源分析仪；另一种是时域的方法，典型的仪器是实时示波器，借助于示波器中的抖动分析软件可以测量信号频率的变化趋势。另外，我们需要给用户被测的 PLL 电路输入一个频率跳变的信号，这个可以借助用户现有的函数发生器(产生低频控制方波信号)和信号发生器(给被测件产生时钟输入)实现。整个测试组网如图 12.19 所示。

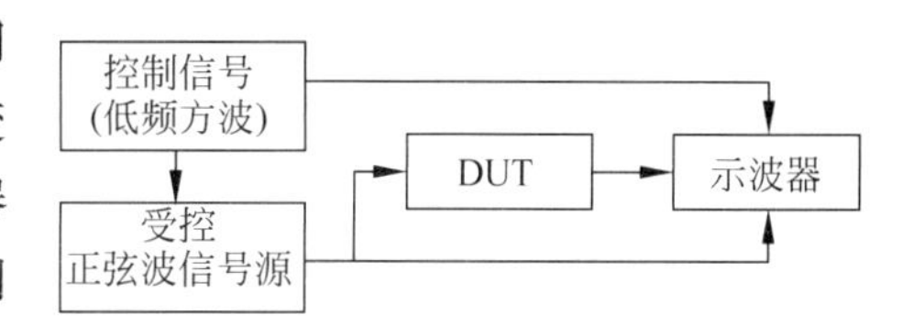

图 12.19　PLL 锁定时间测试组网

在这个测试中，函数发生器产生的控制信号的输出通过功分器分成两路，一路送给正弦波信号源控制产生频率跳变，另一路送示波器进行触发。正弦波信号源在控制信号的控制下产生频率跳变，输出信号也通过功分器分成两路，一路送被测 PLL 的输入端，另一路送示波器做参考。PLL 的输出也送入示波器的另一个通道进行比较。其测试步骤如下：

1 如图 12.20 所示，打开示波器的抖动测量功能，对 PLL 输入信号(通道 2)进行周期测量(周期的变化就反映了输入信号频率的变化)，得到输入信号周期随时间的变化曲线(通道 4)。从通道 4 的波形明显可以看到 PLL 输入信号频率随时间的变化。然后测量出从控制信号加上到 PLL 输入信号改变的时间 T_1，这是正弦波信号源本身锁相环的锁定时间。注意事项：测试中要求受控正弦波信号源本身锁相环的锁定时间最好快于被测锁相环的锁定时间。

2 用同样方法对 PLL 输出信号(通道 3)进行周期测量(周期的变化就反映了输入信号频率的变化)，得到输出信号周期随时间的变化曲线。测量出从控制信号加上到 PLL 输

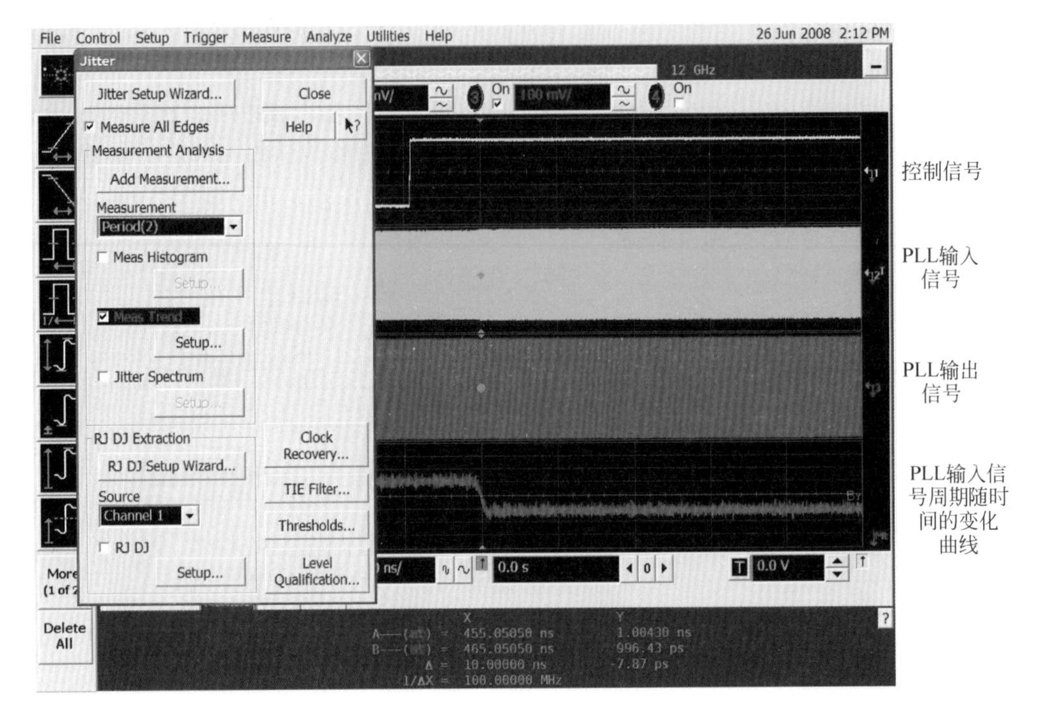

图 12.20　示波器上看到的各路信号波形

出信号改变并稳定的时间 T_2。是否稳定的判别标准是输出信号频率是否落入期望的区间内(见图 12.21)。

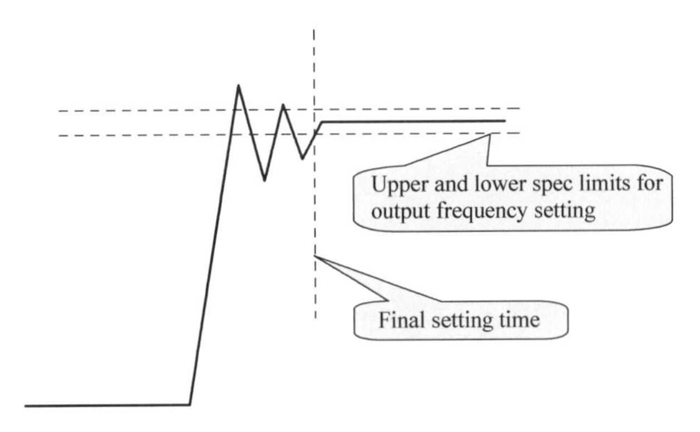

图 12.21　PLL 输出频率稳定的判决标准

[3] (T_2-T_1)就是被测锁相环的锁定时间。

问题总结：在这个测试中，我们借助大部分无线设备研发的用户都有的函数发生器和信号发生器产生跳变的频率变化，借助于示波器中的抖动测量软件得到被测 PLL 电路输入和输出信号频率随时间的变化曲线，通过比较输入和输出信号频率变化的时间差就得到该 PLL 电路的锁定时间。这是一种简单直观的方法，更精确的锁定时间的测量还是建议使用专用的信号源分析仪。

6. 时钟抖动测量中 RJ 带宽的问题

某通信设备开发商在使用 6GHz 带宽示波器测试某 100MHz 信号时钟抖动的随机抖动 RJ(rms)指标时，发现设置参数不同测试结果不一样，因此想知道是不是参数设置有问题。抖动参数选择时有如图 12.22 所示的对话框，请问 RJ Bandwidth 这里的两项分别用在什么情况下，表示什么意思？

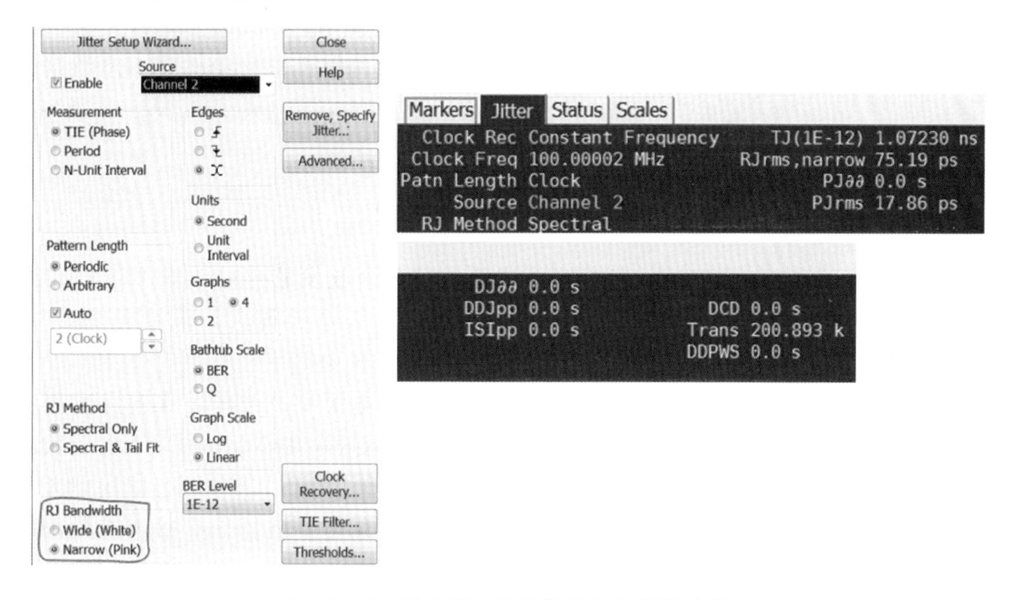

图 12.22　抖动测量的设置界面及测量结果

问题分析：RJ 带宽的设置与示波器的抖动分解方法有关，在有些情况下可能会影响到分离出的 RJ 的大小。默认情况下，在通过周期平均的方法分解出被测信号里的数据相关抖动后，对残余的 RJ 和与数据不相关的周期性抖动 PJ，示波器用 Spectrum 的方法做 RJ/PJ 的分解(如图 12.22 中 RJ Method 的设置)。在频谱上的尖峰被认为是 PJ，剩下的是 RJ，RJ Bandwidth 就是对 PJ 进行滤除时使用的滤波器的带宽(见图 12.23)。

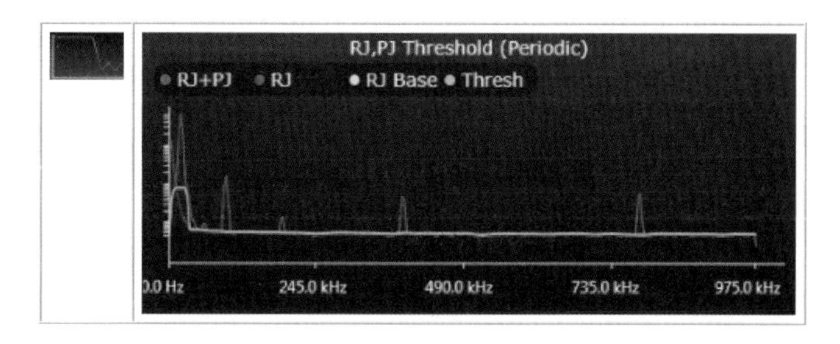

图 12.23　RJ/PJ 的频谱

如果 PJ 表现为频谱上的一个尖峰，此时使用窄的滤波器带宽就可以很好地隔离 RJ 和 PJ，否则测到的 RJ 会偏小；如果 PJ 是个比较宽的包络，则需要使用宽的滤波器进行滤除，否则测到的 RJ 结果会偏大。总之，这是一个比较复杂的抖动测试问题。关于 RJ Bandwidth 的含义可以参考示波器厂商抖动分析软件中专门的解释。

问题总结：有时用户无法判断应该如何设置 RJ 带宽的选择，此时如果发现两种设置下结果有较大差异，可以尝试把抖动分解方法设置为 Tail Fit 方法（图 12.22 中 RJ Method 下的设置）。这时测试软件会按照双狄拉克模型的理论，用直方图的方法统计 RJ，并根据直方图拖尾的情况对 RJ 进行拟合。这种测试方法由于需要大量的数据统计，测试速度会慢，但对 RJ 的测试结果会更准确一些。另外，在这个案例中，用户是用 TIE（时间间隔误差）抖动分解的方法对时钟信号做抖动测试，所以测量结果中除了有 RJ 和 PJ 的结果，其他数据相关抖动的测试结果如 DDJ、ISI 等都为 0，这是由于周期性的时钟信号中体现不出数据相关抖动。

7. 时钟抖动测量精度的问题

某通信设备开发商在用 8GHz 带宽的示波器对其高速收发芯片的 125MHz 时钟进行抖动测试时，发现测试到的抖动结果与晶振厂家标称值差异很大。厂商标称的抖动 $<1\text{ps}_{\text{rms}}$，但实测结果有 10 多个 ps_{rms}。

问题分析：对于成熟晶振厂商提供的产品，如果不是电源纹波或温度在使用过程中变化太大，通常指标不会有这么大的偏差。经检查，用户的晶振采用专门的 LDO 就近放置滤波，且温度范围也是正常室温，所以怀疑是测量方法的问题。由于用户使用 6GHz 的差分探头直接在信号末端点测量，信号波形也非常规整，所以怀疑是示波器固有噪声或抖动的影响，这需要对影响抖动测量精度的因素做深入分析计算。

通常用来衡量示波器抖动测量能力的指标有两个：固有抖动（Intrinsic Jitter）和抖动测量本底（Jitter Measurement Floor）。这两个指标间有关系但又不完全一样，下面就解释一下。

示波器的固有抖动，有时又叫采样时钟抖动，是指由于示波器内部采样时钟误差所造成的抖动。不同的示波器厂商会用不同的方式描述示波器的固有抖动，现在高带宽示波器的固有抖动可以做到 1ps_{rms} 值以内，好的示波器可以做到 $0.1\text{ps}_{\text{rms}}$ 值以内，因此如果不是做非常高数据速率的测试（例如 10Gbps 或者 25Gbps），示波器自身的固有抖动可以忽略不计。

但是固有抖动低并不代表测量中示波器的抖动测量本底低。真实的示波器测量系统都是有底噪声的（指幅度上的噪声），对于实时示波器来说普遍采用 8bit 的 ADC 采样芯片，由于采样带来的量化噪声尤其不能忽略。同时被测信号的斜率（指被测信号边沿单位时间内电压变化的速度）又不是无穷大的。因此，示波器本身的幅度噪声叠加在被测信号上，会引起被测信号边沿过阈值时刻变化。通常示波器的抖动测量本底可以用以下公式表示：

$$\sqrt{\left(\frac{\text{Noise}}{\text{Slew Rate}}\right)^2 + \text{Sample Clock Jitter}^2}$$

对于用户的 125MHz 时钟信号，由于信号边沿不够陡峭，因此示波器本底噪声带来的额外抖动分量占主要成分，以至于远远超过了示波器的固有抖动以及被测信号的抖动，因此出现测量结果的极大偏差（具体计算与前面精确频率测量章节中类似，这里不做重复描述）。

问题总结：通过前面的介绍，我们知道示波器的固有抖动指标反映的仅是示波器内部采样时钟抖动对测量的影响，是理想情况下示波器抖动测量的极限值。而抖动测量本底综合考虑了示波器采样时钟抖动、示波器当前量程下的底噪声和被测信号斜率等，可以更好地描述真实情况下示波器的抖动测量能力。示波器的固有抖动越小，同样量程下示波器底噪声越低、被测信号斜率越陡，测量结果越好。用户的 125MHz 时钟信号虽然抖动很小，但是由于时钟信号通常不太陡峭，用示波器测量时由于噪声的影响会带来很多额外的抖动，造成测量结果完全错误。此时一方面可以在不影响信号质量的情况下使用尽可能低的带宽以减小噪声，另一方面也可以借助其他分析工具（例如用频谱仪或者相噪仪）通过相位噪声的方法测量抖动。

8. 如何进行微小频差的测量

某激光测距仪厂商需要用函数发生器产生两路有微小频差（＜1mHz）的时钟信号送给被测设备进行测试，在测试前需要验证这两路信号间的频差是否如期望值一样，但不知道对这么微小的频差如何测量。

问题分析：在函数发生器等信号源中，频率分辨率是一项很重要的指标。例如有些系列的函数发生器，可以产生两路频差为 1μHz 的正弦信号。为了验证两路信号的微小频差，可以使用示波器的一些特殊功能，如余辉模式或者数学函数功能，帮助我们分辨两路正弦信号的频率差异。

如图 12.24 所示，测试中用双通道函数发生器产生两路 100MHz 的微小频差的信号，并使用一台 8GHz 带宽的示波器进行测量。

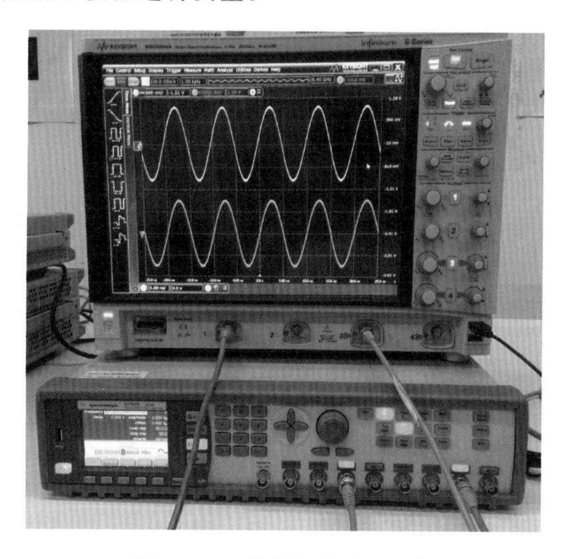

图 12.24　微小频差测试环境

首先我们用余辉的方法进行频差测试，测试步骤如下：

1 设置函数发生器两路输出信号频率为 100MHz 和 100.000000001MHz，两路信号的频率差恒定为 0.001Hz。

2 使用 BNC 电缆将信号分别接入示波器的 1 和 3 输入通道。单击 Autoscale 按钮后可以看到示波器将触发设置为边沿触发，触发来源为通道 3。示波器屏幕上可见通道 3 显示稳定的正弦波，而通道 1 显示非常缓慢平移的正弦波，如图 12.25 所示。

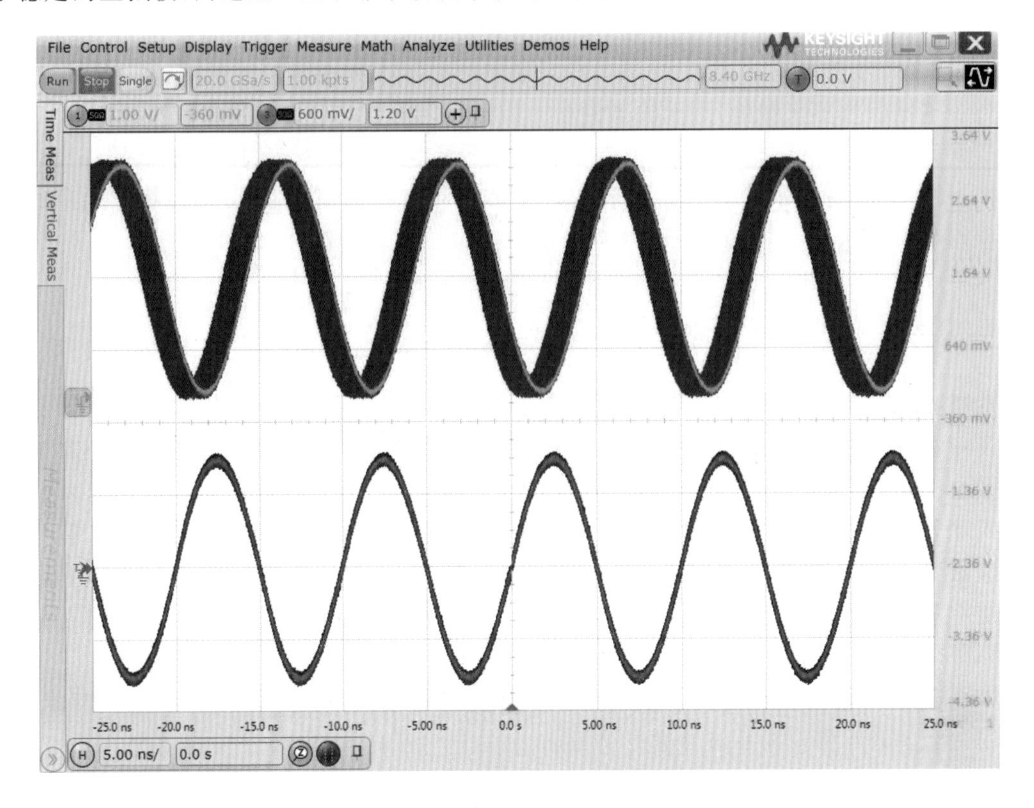

图 12.25 示波器上的余辉显示

[3] 将示波器通道 1 的显示改为无限余辉(Infinite persistence)，并按 Clear 按钮清空波形，可以看到通道 1 的波形逐渐填满整个屏幕区域。当屏幕完全填满时，表示通道 1 与通道 3 的信号正好相差一个周期。

[4] 此时测试从 Clear 开始到屏幕填满的时间，会发现 1000s 时屏幕才能完全填满，意味着两路信号正好错开 1 个周期(见图 12.26)。此时两路信号的频差＝1/1000s＝0.001Hz。也就是说，测试信号填满屏幕的时间的倒数即为两路正弦波的频率差。

通过这种方法可以测量出微小的频率差，然而它的限制是：

● 如果频率差过大(＞1Hz)，则差频信号会快速扫过屏幕，无法测量。

● 如果频率差很小，则测量时间增长。不过这种限制并不仅存在于这种测量方法中，因为观测低频的变化必然需要更长的测量时间。

接下来我们实验一下，当两路信号的频差比较大时(例如 100Hz)，如何用数学函数的方法进行两路时钟信号的频差测试。测试步骤如下：

[1] 设置函数发生器两路输出信号频率为 100MHz 和 100.0001MHz，两路信号的频率差恒定为 100Hz。

[2] 使用 BNC 电缆将信号分别接入示波器的 1 和 3 输入通道。如图 12.27 所示，选择数学函数(f2)为 Multiply，将通道 1 与通道 3 的信号相乘。

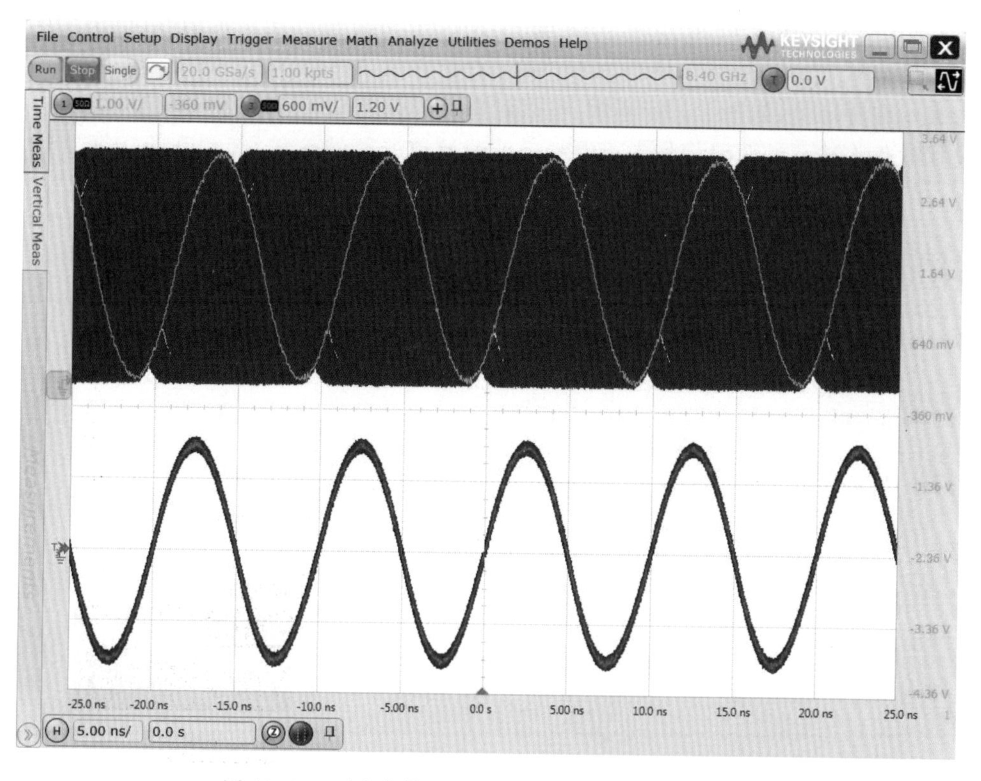

图 12.26　两路信号正好相差 1 个周期时的屏幕显示

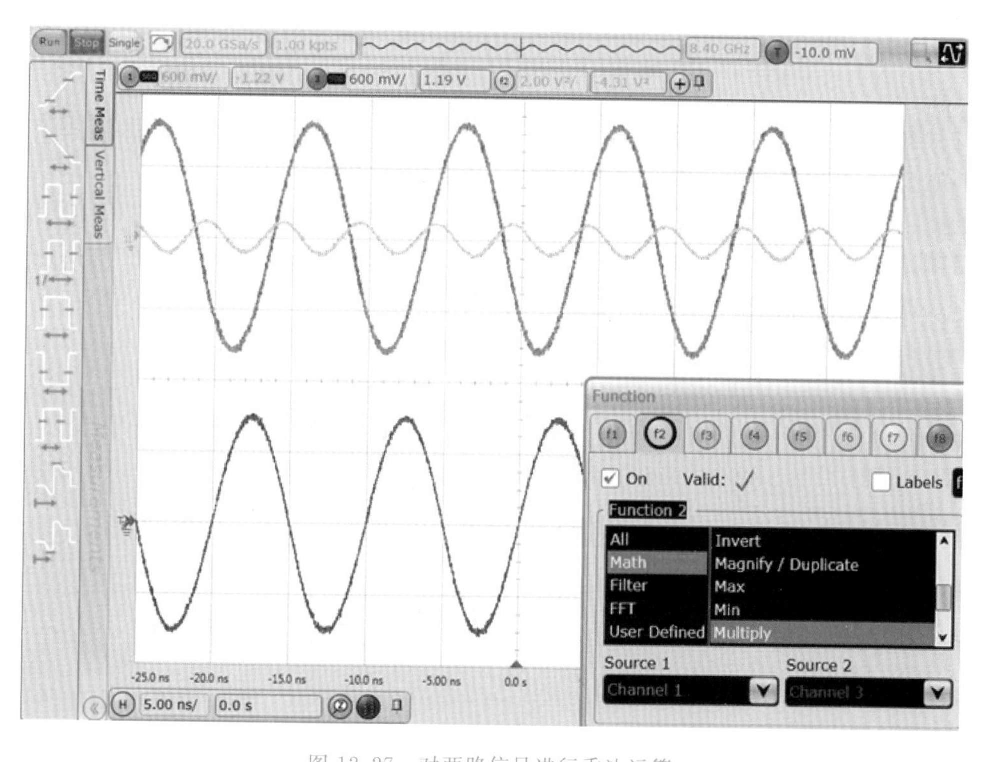

图 12.27　对两路信号进行乘法运算

3 再选择数学函数 f1 为 Low pass filter，对相乘的信号 f2 进行低通滤波，带宽设置为 30MHz。手动设置示波器的采样率为 1GSa/s，存储深度为 33MPts。调整水平时基直到整个波形显示在屏幕上，如图 12.28 所示，可以看到 f1 为频率 100Hz 的信号，这个信号可以认为是使用软件将被测的两路信号进行混频后低通滤波所得的信号，其频率等于两路信号的频率差。

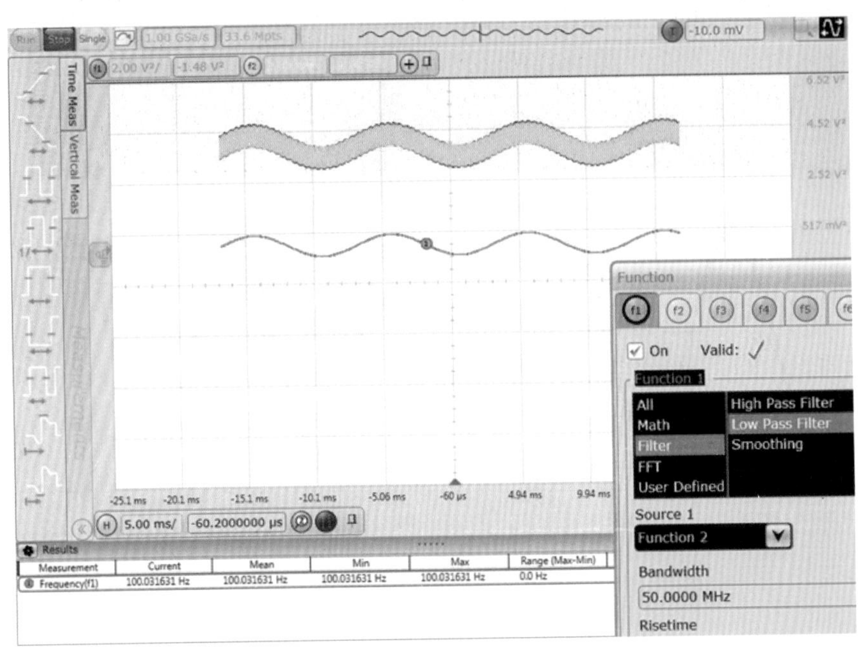

图 12.28 对两路信号相乘并滤波后得到的拍频信号

这种测试方式的优点是可以测得比较大的频率差，但是在测量较小频差时需要采集更长时间的波形，而示波器内存深度会制约能够采集的最长时间长度。

问题总结：作为功能强大的通用测试仪表，数字示波器可以测量两路信号的频率差异，并且将测试结果直观地反映在波形上。针对不同的频率差情况，可以有不同的测试方法，但总的来说测试步骤都不复杂。本书只介绍了示波器众多应用中的一个例子，但也足以说明其测量功能的灵活性。

十三、示波器能用于射频信号测试吗？

每一位做射频或者高速数字设计的工程师都会同时面临频域和时域测试的问题。例如从事高速数字电路设计的工程师通常从时域分析信号的波形和眼图，也会借用频域的 *S* 参数分析传输通道的插入损耗，或者用相位噪声指标来分析时钟抖动等。对于无线通信、雷达、导航信号的分析来说，传统上需要进行频谱、杂散、临道抑制等频域测试，但随着信号带宽更宽以及脉冲调制、跳频等技术的应用，有时采用时域的测量手段会更加有效。

现代实时示波器的性能比起十多年前已经有了大幅度的提升，可以满足高带宽、高精度的射频微波信号的测试要求。除此以外，现代实时示波器的触发和分析功能变得更加丰富、操作界面更加友好、数据传输速率更高、多通道的支持能力也更好，使得高带宽实时示波器可以在宽带信号测试领域发挥重要的作用。

在进行射频、微波信号分析之前，需要先明确的一点是，示波器传统上是用于时域测试的，而射频、微波的信号分析传统上是在频域进行的。对于同一个术语，时域和频域的分析人员可能会有不同的理解，表 13.1 是一些例子。对于这些术语的理解不同，会造成时域和频域的分析人员在做沟通时的误会和障碍，在下面的介绍中会部分涉及这些术语。

表 13.1　常用参数术语（时域、频域）

常用参数术语	时域角度的理解	频域角度的理解
带宽(Bandwidth)	从直流开始的信号带宽	以某个中心频点为中心的信号带宽
直流(DC)	恒定的电压(例如电池的输出)	某个频率(例如 300kHz 或 9kHz)以下的低频信号
通道(Channel)	一段有损耗的电传输介质如 PCB、电缆、背板等	包含了多径影响的空中传输通道
抖动(Jitter)	信号偏离理想时钟边沿位置的时间偏差	信号偏离中心频点不同位置的相位噪声
偏置(Offset)	相对于 0 电平的一个直流电压偏差	相对于中心频点的频率偏差
阻抗(Impedance)	传输线上某一点的阻抗，通常用欧姆表示	端口在某个频点的阻抗，通常用复数表示
底噪声(Noise Floor)	全带宽内噪声的总和，通常用 mV_{rms} 表示	某个频段内或单位 Hz 内的噪声能量，通常用 dBm 或 dBm/Hz 表示

1. 为什么射频信号测试要用示波器

进行射频信号的时域测量的一个很大原因在于其直观性。例如在图 13.1 的例子中分别显示了 4 个不同形状的雷达脉冲信号，信号的载波频率和脉冲宽度差异不大，如果只在频域进行分析，很难推断出信号的时域形状。由于这 4 种时域脉冲的不同形状对于最终的卷积处理算法和系统性能至关重要，所以就需要在时域对信号的脉冲参数进行精确的测量，以保证满足系统设计的要求。

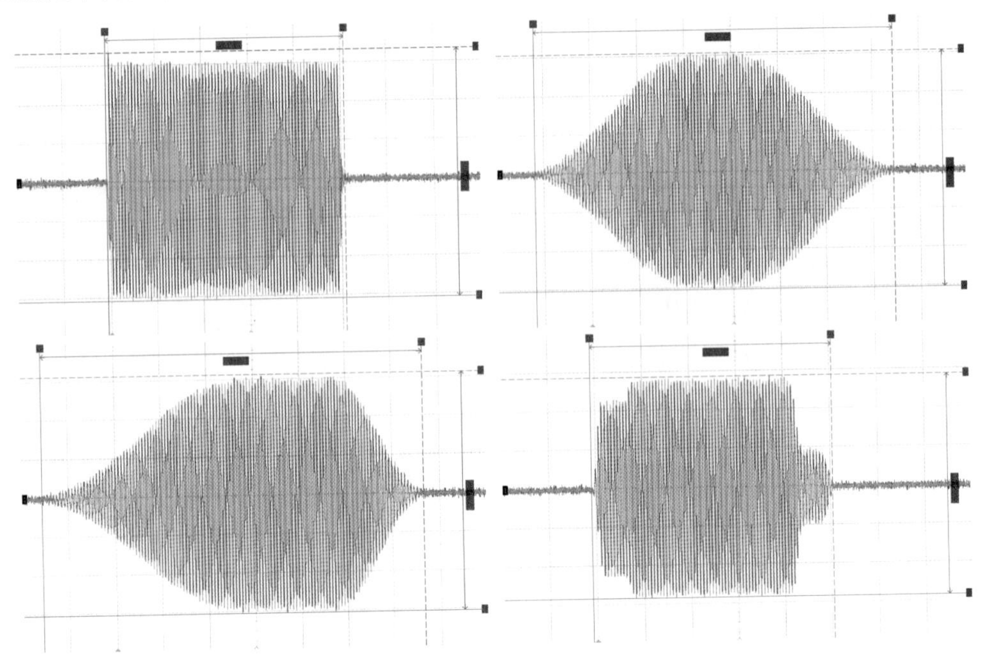

图 13.1　不同形状的雷达脉冲

使用实时示波器做射频信号测试的另一个主要原因是更高分析带宽的要求。在传统的射频微波测试中，也会使用一些带宽不太高(<1GHz)的示波器进行时域参数的测试，例如用检波器检出射频信号包络后再进行参数测试，或者对信号下变频后再进行采集等。此时由于射频信号已经过滤掉，或者信号已经变换到中频，所以对测量要使用的示波器带宽要求不高。但是随着通信技术的发展，信号的调制带宽越来越宽。例如为了兼顾功率和距离分辨率，现代的雷达会在脉冲内部采用频率或者相位调制，典型的 SAR 成像雷达的调制带宽可能会达到 2GHz 以上。在卫星通信中，为了小型化和提高传输速率，也会避开拥挤的 C 波段和 Ku 波段，采用频谱效率和可用带宽更高的 Ka 波段，实际可用的调制带宽可达到 3GHz 甚至更高。在这么高的传输带宽下，传统的检波或下变频的测量手段会遇到很大的挑战。由于很难从市面上寻找到一个带宽可达到 2GHz 以上同时幅频/相频特性又非常理想的检波器或下变频器，所以会造成测试结果的严重失真。同时，如果需要对雷达脉冲或者卫星通信信号的内部调制信息进行解调，也需要非常高的实时带宽。传统的频谱仪测量精度和频率范围很高，但实时分析带宽目前还达不到 GHz 以上。因此，如果要进行 GHz 以上宽带信号的分析解调，目前最常用的手段就是借助宽带示波器或者高速的数采系统。

2. 现代实时示波器技术的发展

传统的示波器由于带宽较低，无法直接捕获高频的射频信号，所以在射频、微波领域的应用仅限于中频或控制信号的测试，但随着芯片、材料和封装技术的发展，现代实时示波器的带宽、采样率、存储深度以及底噪声、抖动等性能指标都有了显著的提升。

以材料技术为例，磷化铟(InP)材料是这些年国际和国内比较热门的材料。相对于传统的 SiGe 材料或 GaAs 材料来说，磷化铟(InP)材料有更好的电性能，可以提供更高的饱和电子速度、更低的表面复合速度以及更高的电绝缘强度。在采用新型材料的过程中，还需要解决一系列的工艺问题。例如 InP 材料的高频特性非常好，但如果采用传统的铝基底时会存在热膨胀系数不一致以及散热效率的问题。氮化铝(AlN)是一种新型的陶瓷基底材料，其热性能与 InP 更接近且散热特性更好，但是 AlN 材料成本高且硬度大，需要采用激光刻蚀加工。

随着新材料和新技术的应用，现代实时示波器的硬件带宽已经可以达到 60GHz 以上，超过 100GHz 的实时示波器也会很快出现在市场上。此外，由于磷化铟(InP)材料的优异特性，使得示波器的频响更加平坦、底噪声更低，同时其较低的功率损耗给产品带来更高的可靠性。还有一点比较关键的是磷化铟材料的反向击穿电压更高，采用磷化铟材料设计的示波器可用输入量程可达 8V，相当于 20dBm 以上，大大提高了实用性和可靠性。

要保证高的实时的带宽，根据 Nyqist 定律，放大器后面 ADC 采样的速率至少要达到带宽的 2 倍以上(工程实现上会保证 2.5 倍以上)。目前市面上根本没有这么高采样率的单芯片的 ADC，因此高带宽的实时示波器通常会采用 ADC 的拼接技术。典型的 ADC 拼接有两种方式，一种是片内拼接，另一种是片外拼接。片内拼接是把多个 ADC 的内核集成在一个芯片内部，典型的如图 13.2 所示的高精度示波器中使用的 40GSa/s 采样率的 10bit ADC 芯片。片内拼接的优点是各路之间的一致性和时延控制可以做得非常好，但是对于集成度和工艺的挑战非常大。

图 13.2　高精度示波器中使用的 40GSa/s 采样率的 10bit ADC 芯片

所谓片外拼接，就是在 PCB 板上做多片 ADC 芯片的拼接。例如一些高带宽示波器采用 8 片 20GSa/s 采样率的 ADC 拼接实现了 160GSa/s 的采样率，保证了高达 63GHz 的硬件带宽。片外拼接要求各芯片间偏置和增益的一致性非常好，同时对 PCB 上信号和采样时钟的时延要精确控制，所以很多高带宽示波器的前端芯片中会采用先采样保持再进行信号分配和模数转换的技术，极大地提高了对于 PCB 走线误差和抖动的裕量。随着技术的发展，如图 13.2 所示的高精度示波器中使用的 40GSa/s 采样率的 10bit ADC 芯片也会逐渐应用到超过 100GHz 带宽的示波器中，使得示波器的分辨率和杂散指标都会有比较大的提升。

3. 现代示波器的射频性能指标

由于技术的发展，使得示波器高带宽、多通道的优势非常适合于各种复杂的超宽带应用，同时其时域、频域的综合分析能力也提高了测量的直观性。

但是在使用示波器做射频信号测试时，不能不对其精度和性能有一定的顾虑。因为实时示波器虽然采样率很高，但是由于普遍采用 8bit 的 ADC，所以其量化误差和底噪声较大。

而且传统示波器只会给出其带宽、采样率、存储深度等指标，可供参考的频域方面的性能指标较少。因此，下面将通过一些实际的测试和分析，认识示波器的射频性能指标。

❶ 底噪声

底噪声(Noise Floor)是测量仪器非常重要的一个指标，它会影响到测量结果的信噪比及测量小信号的能力。传统上会认为示波器的底噪声较高，因此不适用于小信号测量，其实并不完全是这样，最主要原因在于不同仪器对底噪声的定义方式不一样。

底噪声的主要来源是热噪声及前端放大器增加的噪声，这两部分噪声通常是与带宽近似呈正比的。热噪声的计算公式如下，可以看到，噪声功率与带宽是线性关系。

$$\frac{P}{B} = k_B T$$

其中，P 是功率(W)，B 是噪声测量的总带宽(Hz)，k_B 是玻尔兹曼常数(1.38×10^{-23} J/K)，T 是温度(K)。

示波器作为一台宽带测量仪器，其底噪声指标给出的是全带宽范围内噪声的总和，而且也近似与带宽呈正比。例如在图 13.3 左边是一款采用了 10bit ADC 的高精度示波器手册中给出的底噪声指标。在 50mV/div 的量程下，4GHz 带宽的示波器的底噪声为 $768\mu V_{rms}$，近似是 1GHz 带宽的示波器在相同量程下底噪声 $456\mu V_{rms}$ 的 2 倍。由于功率是电压的平方，所以 4GHz 示波器的底噪声的功率是相同条件下 1GHz 示波器底噪声功率的 4 倍，与带宽的倍数正好相当。

S系列示波器的底噪声指标

RMS noise floor (Vrms ac)

Vertical setting (Volts/div)	S-054A	S-104A	S-204A	S-254A	S-404A	S-604A	S-804A
1 mV/div	74 uV	90 uV	120 uV	130 uV	153 uV	195 uV	260 uV
2 mV/div	74 uV	90 uV	120 uV	130 uV	153 uV	195 uV	260 uV
5 mV/div	77 uV	94 uV	129 uV	135 uV	173 uV	205 uV	320 uV
10 mV/div	87 uV	110 uV	163 uV	172 uV	220 uV	256 uV	390 uV
20 mV/div	125 uV	163 uV	233 uV	254 uV	330 uV	446 uV	620 uV
50 mV/div	372 uV	456 uV	610 uV	650 uV	768 uV	1.3 mV	1.4 mV
100 mV/div	0.78 mV	0.96 mV	1.2 mV	1.3 mV	1.6 mV	2.3 mV	3.1 mV
200 mV/div	1.6 mV	2.0 mV	2.6 mV	2.8 mV	3.4 mV	4.9 mV	6.4 mV
500 mV/div	3.5 mV	4.2 mV	5.5 mV	6 mV	7.3 mV	10.0 mV	13.3 mV
1 V/div	5.1 mV	6.8 mV	9.2 mV	10.1 mV	12.5 mV	17.6 mV	24.1 mV

归一化到每Hz的噪声指标（DANL）

V/div	dBm Ref Level	dBm/Hz Noise
1mV/div	-28 dBm	-158 dBm/Hz
2mV/div	-28 dBm	-158 dBm/Hz
5mV/div	-24 dBm	-156 dBm/Hz
10mV/div	-18 dBm	-154 dBm/Hz
20mV/div	-12 dBm	-150 dBm/Hz
50mV/div	-4 dBm	-143 dBm/Hz
100mV/div	+2 dBm	-136 dBm/Hz
200mV/div	+6 dBm	-130 dBm/Hz
500mV/div	+16 dBm	-124 dBm/Hz
1V/div	+22 dBm	-118 dBm/Hz

图 13.3　示波器的底噪声和 DANL 指标

正是由于底噪声与带宽近似呈正比，所以在同样的硬件设计条件下，宽带示波器的底噪声会比窄带的大。为了公平，可以把示波器在不同量程下的底噪声归一化到每单位 Hz 进行比较，而这也正是频谱仪等射频仪器中对其底噪声 DANL(Displayed average noise level)的描述方法。

例如在每格 50mV 量程下，示波器的满量程是 8 格，相当于 400mV，对应于－4dBm 的满量程，对于 8GHz 的示波器来说，其全带宽范围内总的噪声是 $1.4mV_{rms}$，相当于－44dBm，归一化到每单位 Hz 的底噪声就相当于－143dBm/Hz。而在更小的量程下，这款示波器的底噪声可以达到－158dBm/Hz，这个指标已经好于绝大多数市面上频谱仪(在不打开前置放大器的情况下)。即使在打开前置放大器的情况下，很多频谱仪的 DANL 指标也仅比这款示波器好几个 dB 而已。图 13.4 是这款高精度示波器在最小量程下的底噪声以及对底噪声做 FFT 分析后的结果。在中心频点为 1GHz、Span 为 20MHz 时，除了在 1GHz 频点有很小的杂散以外，其在 RBW＝10kHz 下的底噪声约为－120dBm，相当于约－160dBm/Hz，与前面计算的结果非常接近。

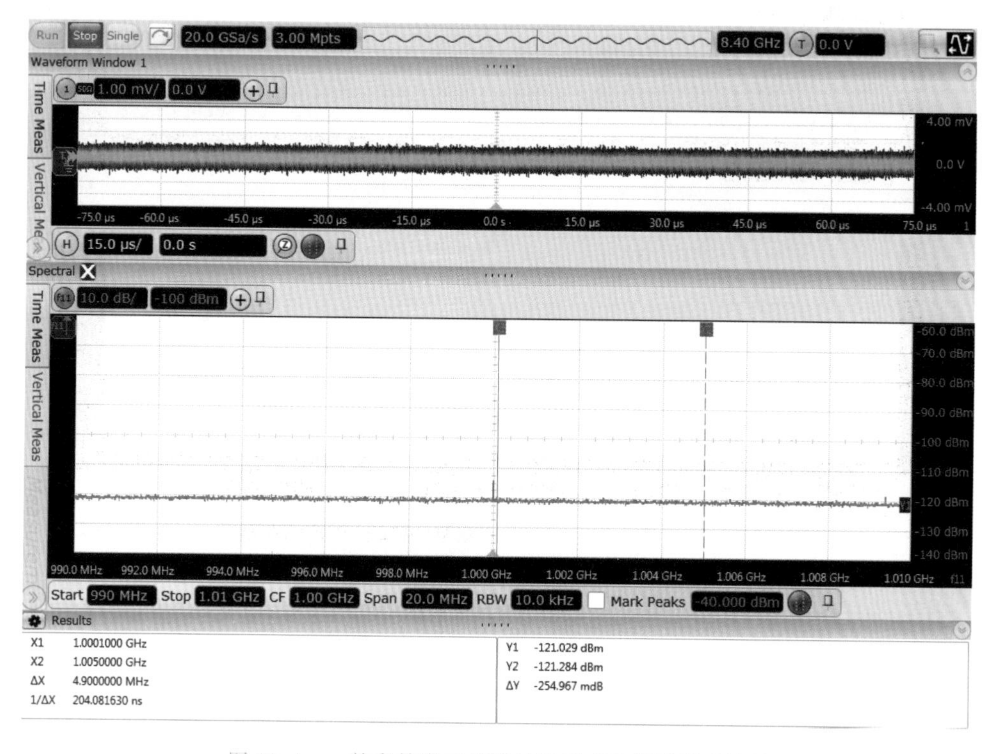

图 13.4　一款高精度示波器的底噪声和频谱测试结果

因此，归一化到每单位 Hz 后，示波器的底噪已经优于绝大多数频谱仪在不打开前置放大器时的指标，这个指标还是相当不错的。由于噪声与带宽呈正比，如果被测信号带宽只集中在某一个频段范围内，就可以通过相应的数字滤波技术滤除不必要的带外噪声以提高信噪比，例如很多示波器中的数字带宽调整功能就是一种降低示波器自身底噪声的方法。

❷ 无杂散动态范围

在射频测试中，除了底噪声以外，无杂散动态范围（Spurious-Free Dynamic Range，SFDR）也非常重要，因为它决定了在有大信号存在的情况下能够分辨的最小信号能量。对于示波器来说，其杂散的主要来源是由于 ADC 拼接造成的不理想。以 2 片 ADC 拼接为例，如果采样时钟的相位没有控制好精确的 180°，就有可能造成信号的失真，在频谱上就会出现以拼接频率为周期的杂散信号。如果失真比较严重，即使再高的采样率也无法保证采集到的信号的真实性。

对于高带宽示波器来说，不论是采用片内拼接还是片外拼接，由于拼接不理想造成的杂散都客观存在，关键是杂散能量的大小。同样以这款高精度示波器为例，其采用了单片 40GSa/s 的 ADC 芯片，通过专门的工艺优化了时钟分配和采样保持电路，可以保证很好的一致性。图 13.5 是使用高性能的微波信号源产生 1GHz 信号，经滤除谐波后送给示波器，然后在 5GHz 的 Span 范围内看到的频谱。可以看到除了 2 次和 3 次谐波失真外，其杂散指标可以达到－75dBm，相当于一台中等档次的频谱仪的水平。

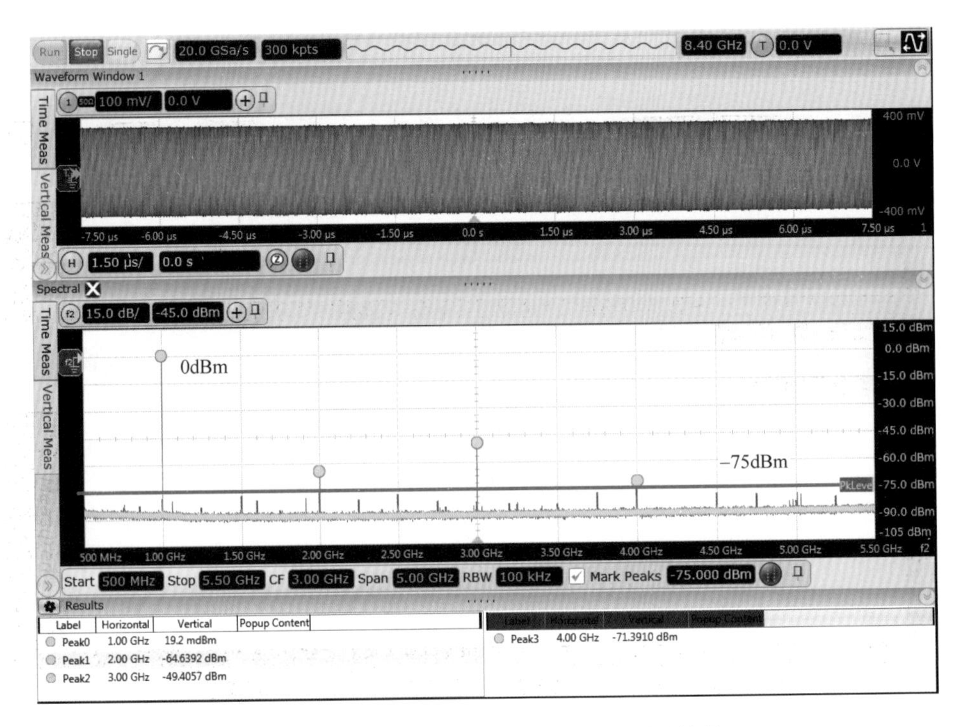

图 13.5　一款高精度示波器的 SFDR 测试结果

❸ 谐波失真

谐波失真(Harmonic Distortion)也是衡量测量信号保真度的一个重要指标。对于示波器来说,为了保证高的采样率,其 ADC 的位数(8bit 或者 10bit)相对于频谱仪中使用的 14bit ADC 有较大差异,其谐波失真主要来源于 ADC 的量化噪声造成的信号失真,典型的是 2 次和 3 次谐波失真,通常 3 次谐波的能量更大,这点与频谱仪中由于混频器造成 2 次谐波失真的来源不太一样。

在图 13.5 的测试结果中可以看到,其 2 次谐波失真约为－65dBm,比一般的频谱仪差一些。而其 3 次谐波失真约为－49dBm,比一般的频谱仪就差得多了。因此如果用户关心谐波失真指标,例如在放大器的非线性测试中,使用示波器并不是一个好的选择。

不过好在谐波造成的失真通常在带外,通过简单的数学滤波处理很容易把谐波滤除掉。所以在有些宽带信号解调的应用中,由于测量算法在解调过程中会加入数学滤波器,谐波失真对于最终的解调结果影响并不是很大。

❹ 绝对幅度精度

绝对幅度精度(Absolute Amplitude Accuracy)会影响到示波器对某个频点载波做功率测量时的准确度。对于示波器来说,绝对幅度精度指标＝ DC 幅度测量精度＋幅频响应。因此需要两部分分别分析。

DC 幅度测量精度就是示波器中标称的双光标测量精度,又由 DC 增益误差和垂直分辨率两部分构成(如图 13.6 所示是一款示波器的 DC 测量精度指标)。对于实时示波器来说,

DC 增益精度一般为满量程的 2%，而分辨率与使用的 ADC 的位数有关，如果是 10bit 的 ADC 就相当于满量程的 1/1024。由此计算得出实时示波器的 DC 幅度精度大约为 ±0.2dB。

DC voltage measurement accuracy[2]	Dual cursor：±[(DC gain accuracy)+(resolution)]
	Single cursor：±[(DC gain accuracy)+(offset accuracy)+(resolution/2)]

图 13.6　示波器的 DC 测量精度指标

至于幅频响应，传统上宽带设备的幅频响应都不会特别好，但现代的高性能示波器在出厂时都会做频率响应的校准和补偿，使得其幅频响应曲线非常平坦。图 13.7 是一款 8GHz 带宽示波器的幅频响应曲线，可以看出其带内平坦度非常好，在 7.5GHz 以内的波动不超过 ±0.5dB。

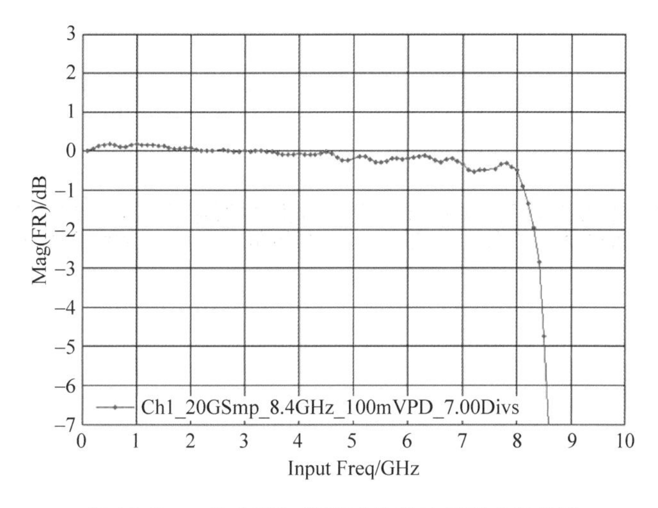

图 13.7　一款 8GHz 带宽示波器的幅频响应曲线

因此，综合考虑直流测量精度和幅频响应，这款 8GHz 带宽的示波器在 7.5GHz 以内的绝对幅度测量精度可以控制在 ±1dB 左右，这个指标与大部分中高档频谱仪的指标相当。而一些更高带宽的示波器更是可以在 30GHz 的范围内保证 ±0.5dB 的绝对幅度精度，超过了一些高档频谱仪的指标。

❺ 相位噪声

测量仪器的相位噪声(Phase Noise)反映了测试一个纯净正弦波时的近端低频噪声的大小，在雷达等应用中会影响到对于慢目标识别时的多普率频移的分辨能力。相位噪声的频域积分就是时域的抖动。对于示波器来说，相位噪声太差或者抖动太大会导致对射频信号采样时产生额外的噪声，从而恶化有效位数。

传统的示波器不太注重采样时钟的抖动或者相位噪声，但随着示波器的采样率越来越高，以及为了提高射频测试的性能，现代的很多高性能数字示波器都对其时钟电路进行了优化，甚至直接采用了一些微波信号源中的时钟电路设计，使得示波器的相位噪声指标有了很大提升。如图 13.8 所示是一款示波器在 1GHz 载波时的相位噪声曲线，测试中的 RBW 设置为 750Hz，在偏离中心载波 100kHz 处的噪声能量约为 −92dBm，归一化到单位 Hz 能量约为 −120dBm/Hz。而更高性能的一些示波器的相位噪声指标则可做到约 −130dBm/Hz @100kHz offset，这已经超过了市面上大部分中档频谱仪的指标。

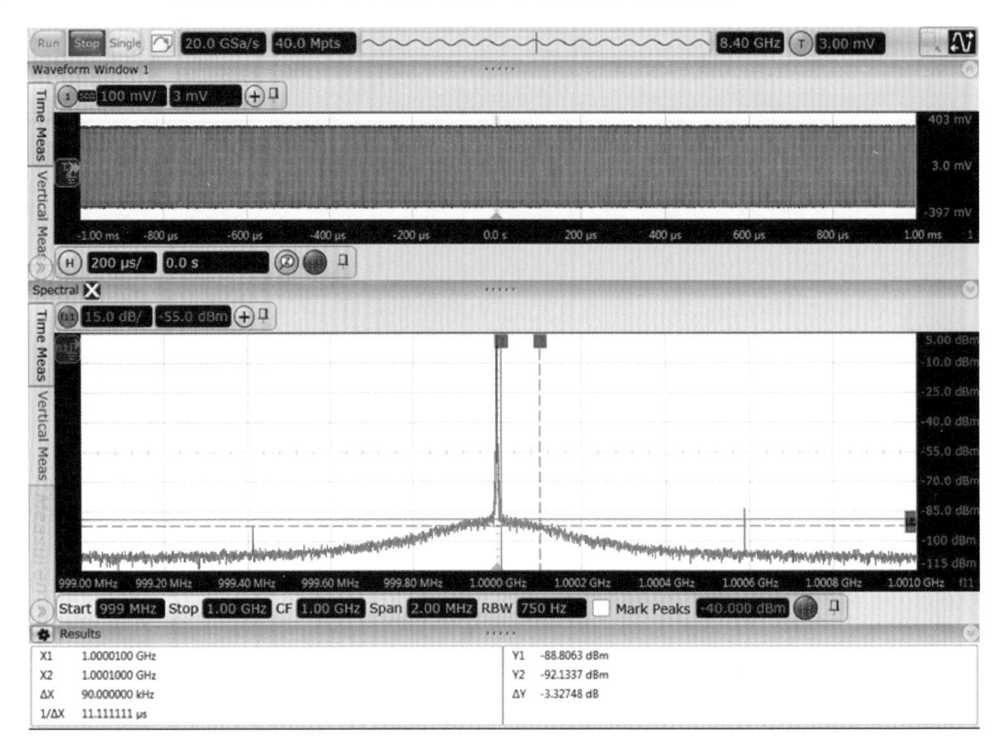

图 13.8　一款示波器在 1GHz 载波时的相位噪声曲线

4. 示波器射频指标总结

从前面的介绍可以看出，现代的高性能的实时示波器除了受 ADC 位数的限制造成谐波失真指标明显较差以外，其无杂散动态范围可以与中等档次的频谱仪相当，而底噪声、带内平坦度、绝对幅度精度、相位噪声等指标已经可以做到与中高档频谱仪类似。而且，为了满足射频测试的要求，现代的高性能示波器中除了传统的时域指标以外，也开始标注射频指标以适应射频用户的使用习惯。

当然，由于工作原理的不同，实时示波器在做频域分析时仍然还有一些局限性，例如在特别小 RBW 设置下（<1kHz 时）由于需要采集大量数据做 FFT 运算，其波形更新速度会严重变慢，因此不适用于窄带信号的测量。

正是由于实时示波器明显的高带宽、多通道优势以及强大的时域测量能力，再加上改进了的射频性能指标，使得其在超宽带射频信号的测量、时频域综合分析以及多通道测量的领域开始发挥越来越重要的作用。

十四、射频测试常用测试案例

前面章节介绍过，由于现代实时示波器高带宽、多通道以及强大的时域测量能力，使得其在满足一些特殊的射频测试需求的场合可以发挥重要的作用，同时现代实时示波器都具备了优异的射频性能指标，可以提供比较好的测量精度。因此，实时示波器在射频、微波、毫米波测试中的应用越来越广泛，本章就列举了一些用示波器做射频测试的经典案例。

1. 射频信号时频域综合分析

实时示波器性能的提升使得其带宽可以直接覆盖到射频、微波甚至毫米波的频段，因此可以直接捕获信号载波的时域波形并进行分析。从中可以清晰看到信号的脉冲包络以及脉冲包络内部的载波信号的时域波形，这使得时域参数的测试更加简洁和直观。由于不需要对信号下变频后再进行采样，测试系统也更加简单，同时避免了由于下变频器性能不理想带来的额外信号失真。

更进一步地，还可以借助示波器的时间门功能对一段射频信号的某个区域放大显示或者做 FFT 变换等。图 14.1 是在一段射频脉冲中分别选择了两个不同位置的时间窗口，并分别做 FFT 变换的结果，从中可以清晰看出不同时间窗范围内信号频谱的变化情况。

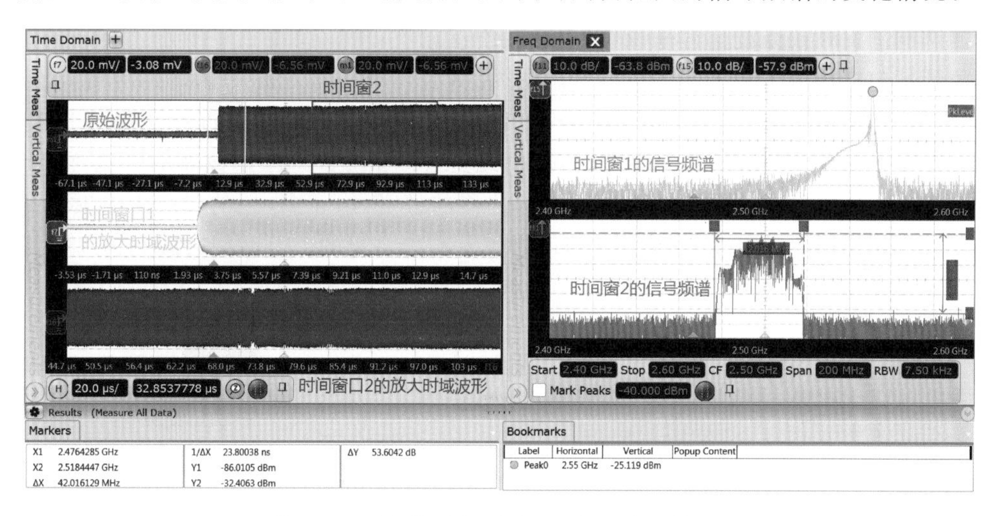

图 14.1　射频脉冲中不同时间窗口的频谱分析

2. 雷达脉冲的包络参数测量

某雷达设备开发单位希望对脉冲调制的雷达信号的脉冲包络参数进行测量，载波频率可能在 2～18GHz 之间，脉冲内部采用线性调频技术，调制带宽在 50MHz～1GHz 之间。

问题分析：对于雷达等脉冲调制信号来说，脉冲信号的宽度、上升时间、占空比、重复频率等都是非常关键的时域参数。按照 IEEE Std 181 规范的要求，一些主要的脉冲参数的定义如图 14.2 所示。

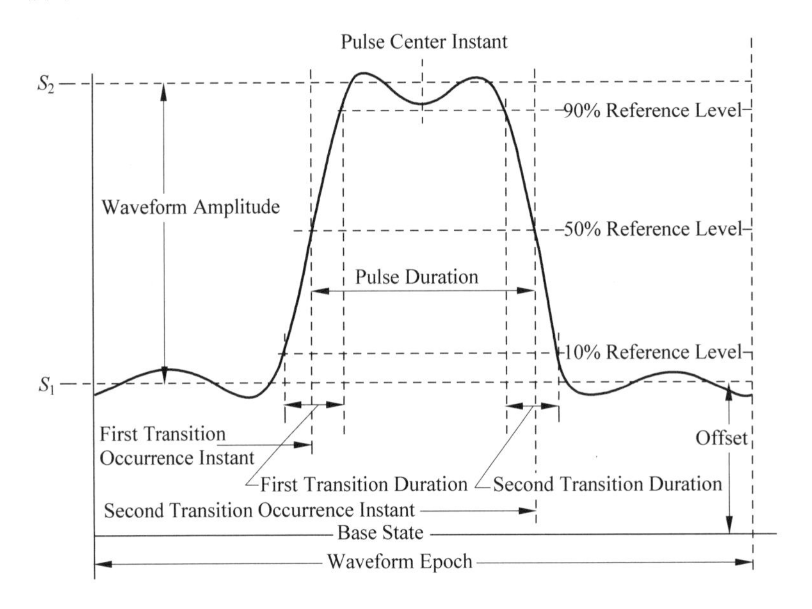

图 14.2 脉冲信号的参数定义

示波器本身可以直接对简单信号的脉冲宽度、周期、上升时间等参数进行测量，但是对于脉冲调制的射频或微波信号来说，由于脉冲中有载波，所以没法直接测量，需要先把被测信号的脉冲包络检测出来才能进行测量。图 14.3 是传统的雷达脉冲包络的测量方法。这种方法用检波器把被测雷达脉冲的包络检测出来，再连接一台示波器进行包络的时域参数测量。由于信号中的高频载波已经被滤除，所以这种测量方式对于示波器的带宽要求不高，可以根据包络的上升时间决定需要使用的示波器的带宽，对于 ns 级的包络上升时间来说，使用 1GHz 带宽的示波器也够用了（1GHz 带宽示波器自身的上升时间一般约为 350ps）。

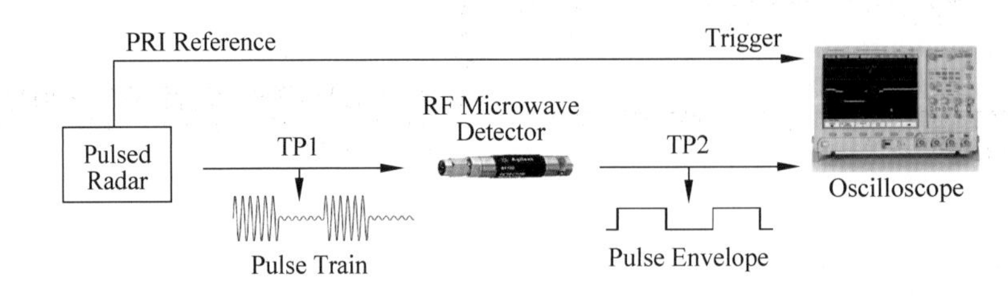

图 14.3 传统的雷达脉冲包络测试方法

但是对于现代的宽带雷达来说，普遍会使用线性调频或者其他相位或频率调制技术提高目标检测的分辨率，也就是说脉冲中的信号不是单一频点的载波信号，而是频率或相位在快速变化的宽带信号，目前很多雷达脉冲内信号的频率范围都达到甚至超过了 1GHz。对于这么宽带的信号来说，如果还使用检波后再测量的方法，需要找到一个在这么宽带的范围内频率响应都非常平坦的检波器，否则信号的包络测量就是失真的，而这么宽带的检波器是非常难找的。而且，现代的雷达测量除了包络参数以外，还需要对雷达脉冲内部的调制信息进行分析，所以借助宽带示波器直接对雷达脉冲进行采样再进行分析，就成了宽带雷达脉冲测量的主流方法。

对于脉冲的包络参数测量来说，可以用高带宽示波器直接捕获原始的带载波的信号，再借助示波器的数学函数功能检测出被测信号的脉冲包络，然后进行脉冲包络的参数测量。

测量步骤：

[1] 使用合适带宽的示波器，保证示波器带宽比被测信号的最高载波频率高，例如载波频率为 18GHz 则可以使用至少 20GHz 带宽的示波器。

[2] 利用示波器中的数学函数功能对采集到的原始信号波形进行数学处理，函数 1 对原始信号进行绝对值预算（目的是提取电压包络）或者平方运算（目的是提取功率包络），然后函数 2 对函数 1 的结果进行低通滤波（滤除载波）检出信号的包络。图 14.4 中黑色曲线就是通过函数运算检出的信号包络。

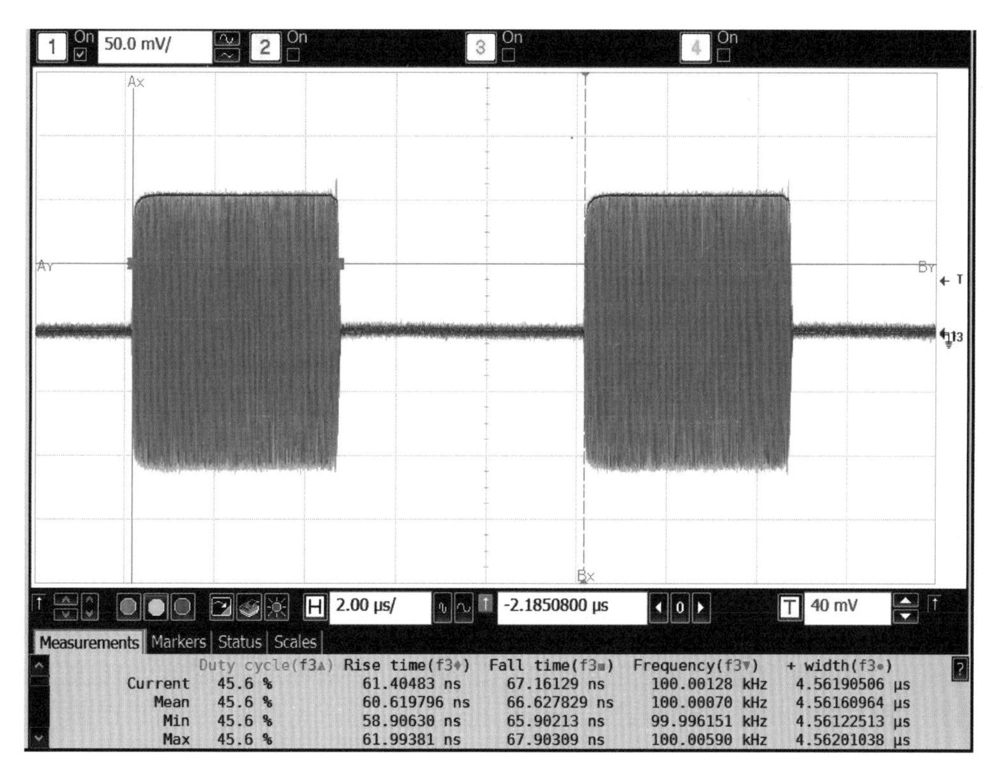

图 14.4　脉冲信号包络的提取和参数测量

[3] 利用示波器的测量功能对脉冲的功率包络参数进行上升时间、占空比、频率、脉冲宽度等测量。

更进一步地，还可以借助示波器的 FFT 功能得到信号的频谱分布，借助示波器的抖动分析软件得到脉冲内部信号频率或相位随时间的变化波形，并把这些结果显示在一起。图 14.5 显示的是一个 Chirp 雷达脉冲的时域波形、频率/相位变化波形以及频谱的结果，通过这些波形的综合显示和分析，可以直观地看到雷达信号的变化特性，并进行简单的参数测量。

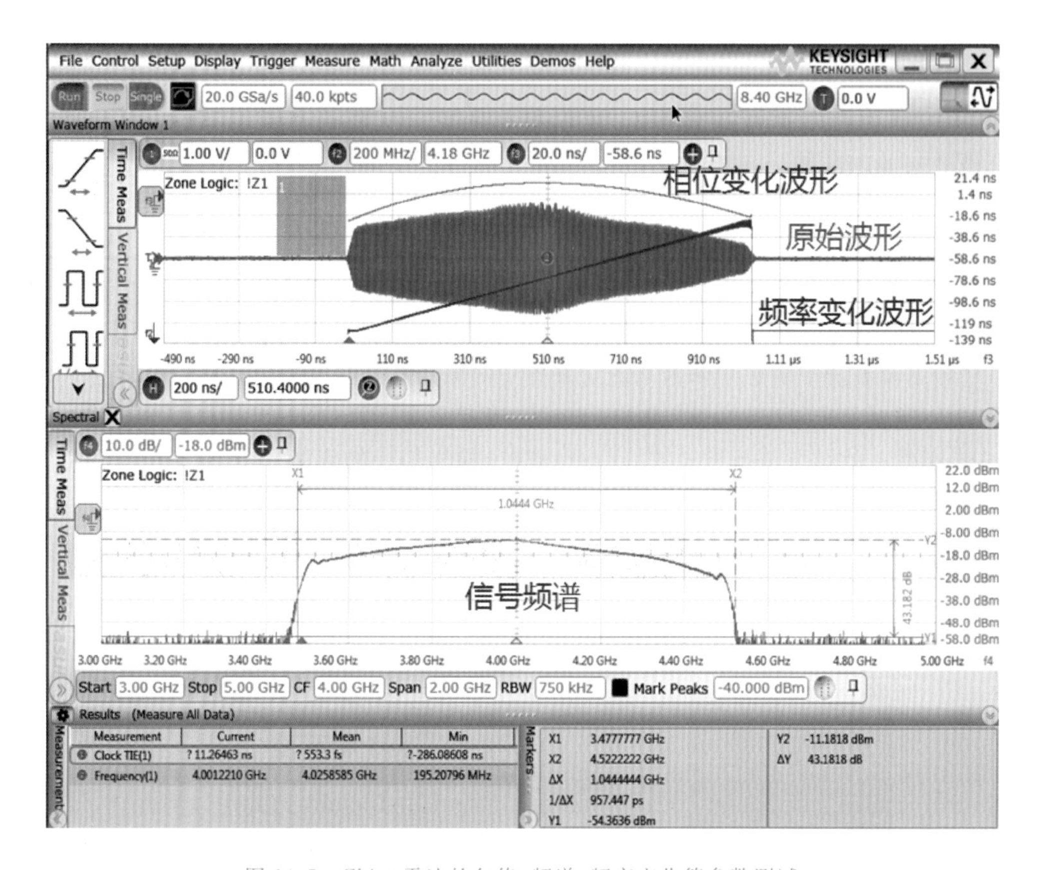

图 14.5　Chirp 雷达的包络、频谱、频率变化等参数测试

在雷达等脉冲信号的测试中，是否能够捕获到足够多的连续脉冲以进行统计分析也是非常重要的。如果要连续捕获上千甚至上万个雷达脉冲，可能需要非常长时间的数据记录能力。例如某搜索雷达的脉冲的重复周期是 5ms，如果要捕获 1000 个连续的脉冲需要记录 5s 时间的数据。如果使用的示波器的采样率是 80GSa/s，记录 5s 时间需要的内存深度＝80GSa/s×50s＝400G 样点，这几乎是不可能实现的。

为了解决这个问题，现代的高带宽示波器中都支持分段存储模式。所谓分段存储模式(Segmented Memory Mode)，是指把示波器中连续的内存空间分成很多段，每次触发到来时只进行一段很短时间的采集，直到记录到足够的段数。很多雷达脉冲的宽度很窄，在做雷达的发射机性能测试时，如果感兴趣的只是有脉冲发射时很短一段时间内的信号，使用分段存储就可以更有效利用示波器的内存。在图 14.6 的例子中，被测脉冲的宽度是 1μs，重复周期是 5ms。我们在示波器中使用分段存储模式，设置采样率为 80GSa/s，每段分配 200K 样点的内存，并设置做 10000 段的连续记录。这样每段可以记录的时间长度＝200K/80G＝2.5μs，总共使用的示波器的内存深度＝200 样点×10000 段＝2G 样点，实现的记录时间＝5ms×10000＝50s。也就是说，通过分段存储模式实现了连续 50s 内共 10000 个雷达脉冲的连续记录。

不过，虽然现在示波器技术的发展使得直接对射频、微波甚至毫米波信号采样和测量成为可能，但是要覆盖到微波、毫米波频段的示波器会非常昂贵。如果信号的带宽是有限的，

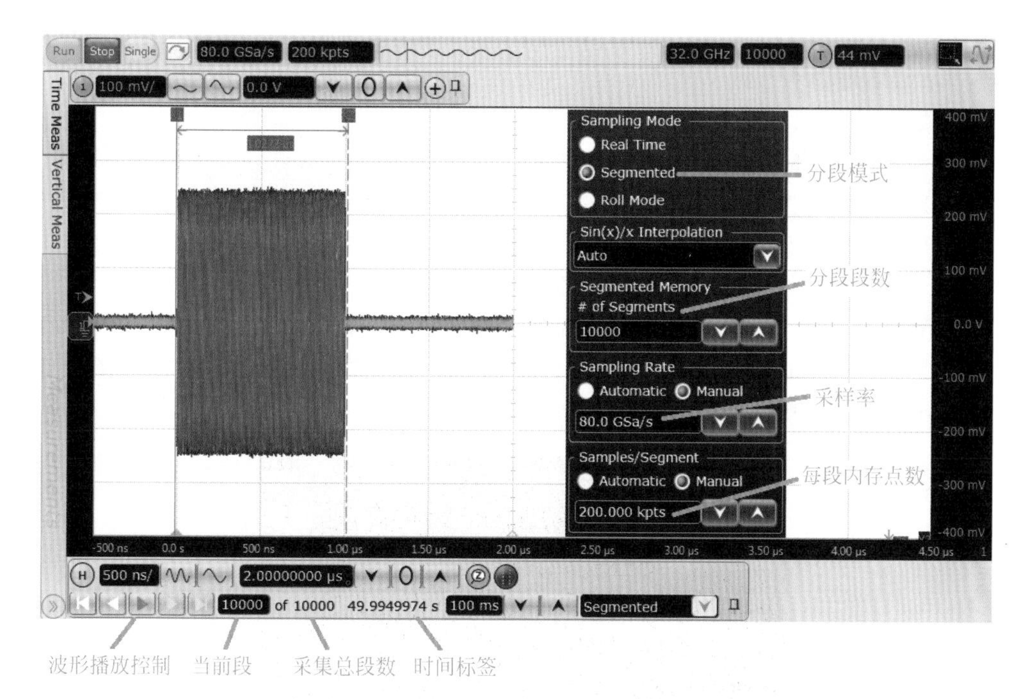

图 14.6 用分段存储连续捕获多个雷达脉冲

而且可以接受下变频对信号信噪比的影响，也可以使用宽带的下变频器配合示波器做测量。图 14.7 就是用 4GHz 带宽的高精度示波器配合 E-band 的宽带下变频器进行毫米波信号测量的例子，测试系统可以覆盖 55～90GHz 的频率范围。变频器采用波导谐波混频的方法，变频带宽达到 2GHz 以上，变频损耗约为 20dB。同时示波器还可以通过 USB 接口控制变频器并读出其频响曲线进行软件修正。

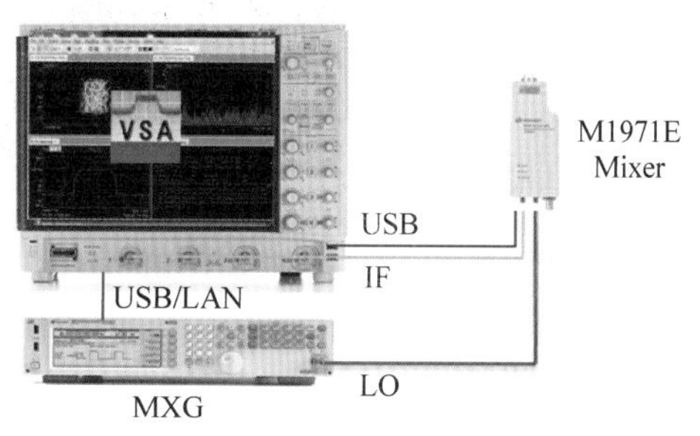

图 14.7 用示波器配合谐波混频器的 E-band 测试方案

3. 微波脉冲信号的功率测量精度

某雷达设备研发用户希望对其设备产生的微波脉冲信号的时域参数和功率做测量，脉冲信号的时间宽度可能只有几百 ns 甚至更窄。传统功率计对于过窄的脉冲测试非常不方便，而且很难得到精确的脉冲功率包络；一些称为峰值功率分析仪的设备可以很方便地分析窄脉冲功率的包络，但由于没有载波信息，所以不具备分析脉冲间相位变化的能力。用户很喜欢用示波器做分析的直观性，但不知道用示波器做功率测量是否准确。

问题分析：示波器通过幅度测量来推算功率，因此这个问题涉及示波器的幅度测量精度。绝对幅度精度会影响示波器对某个频点载波做功率测量时的准确度。对于示波器来说，绝对幅度精度指标= DC 幅度测量精度+幅频响应。上一章介绍过，对于一款高精度的 8GHz 带宽示波器来说，其在 7.5GHz 以内的绝对幅度测量精度可以控制在±1dB 左右。

为了验证示波器的功率测量精度，以一款 8GHz 带宽示波器为例，对其在连续波情况下的功率测量结果和功率计做了比较。测试中使用了 6GHz 载波信号，并与功率计进行对比实验。测试步骤如下：

1 用微波信号源产生 0dBm、6GHz 的连续波信号，用功率计配合功率探头对其输出功率进行验证。在不使用测试电缆直接连接时，功率计上显示功率为－0.17dBm。然后把微波信号源产生的信号经过测试电缆连接到功率探头上，此时由于电缆的衰减，功率计上的读数为－1.50dBm，可以认为这是电缆末端的信号功率。

2 把微波信号源产生的信号经过测试电缆连接到示波器的输入通道 1，把信号在垂直方向尽量放大显示。如图 14.8 所示，在示波器中的测量菜单下打开信号的 AC RMS 测量功能，并设置单位为 dBm。

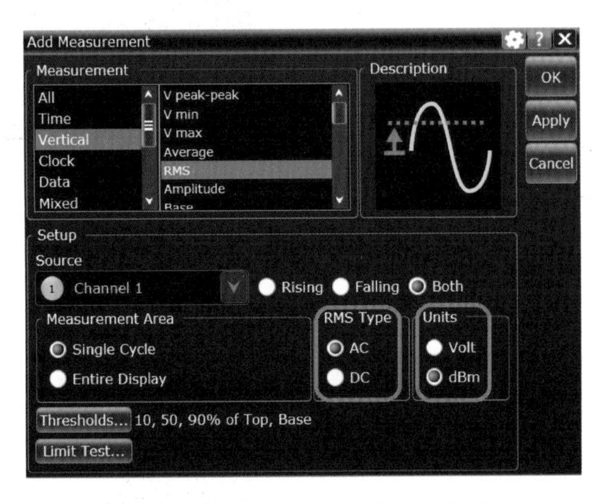

图 14.8 示波器中的功率测量功能

3 此时示波器会对屏幕上显示的波形的功率进行测量，如图 14.9 所示，其功率读数约为－1.62dBm，与功率计测量到的－1.50dBm 差异小于 0.2dBm。如果考虑到测量中增加的转接头的影响，这个差异其实更小。

用示波器做功率测量的另一个好处是可以比较方便地进行窄脉冲的功率测量。例如图 14.10 中，在被测信号上加上脉冲调制，脉冲宽度约为 500ns。可以在示波器中调整触发电平以及触发的 Holdoff 时间大于脉冲宽度，从而得到稳定的触发。

然后，如图 14.11 所示，可以对脉冲内部某个区域展开，并用上述方法进行脉冲内信号功率的测量。从测量结果看，脉冲的峰值功率为－1.58dbm，与连续波情况下的测量结果非常接近，可见加上脉冲调制后信号源的功率和示波器测量精度都没有受到太大影响。

问题总结：这里用户想借助示波器完成微波脉冲调制信号的时域参数以及功率的测量。传统示波器不会给出功率测量精度指标，但可以根据示波器的电压测量精度以及频率响应曲线推出其功率测量精度。如果示波器的频响曲线为平坦响应，现代的示波器在带宽内(最好是在 80%带宽内，因为接近带宽时频响曲线会滚降比较厉害)的功率测量精度做到±1dB 是没有问题的，比较理想的情况下可以做到±0.5dB 以内。实际上在上述的特定实验中，可以看到示波器与功率计的读数偏差做到了小于 0.2dB。当然，需要注意的是，功率测量的标准仪器还是功率计，如果用户需要做更高精度的功率测量，还是需要使用功率计。

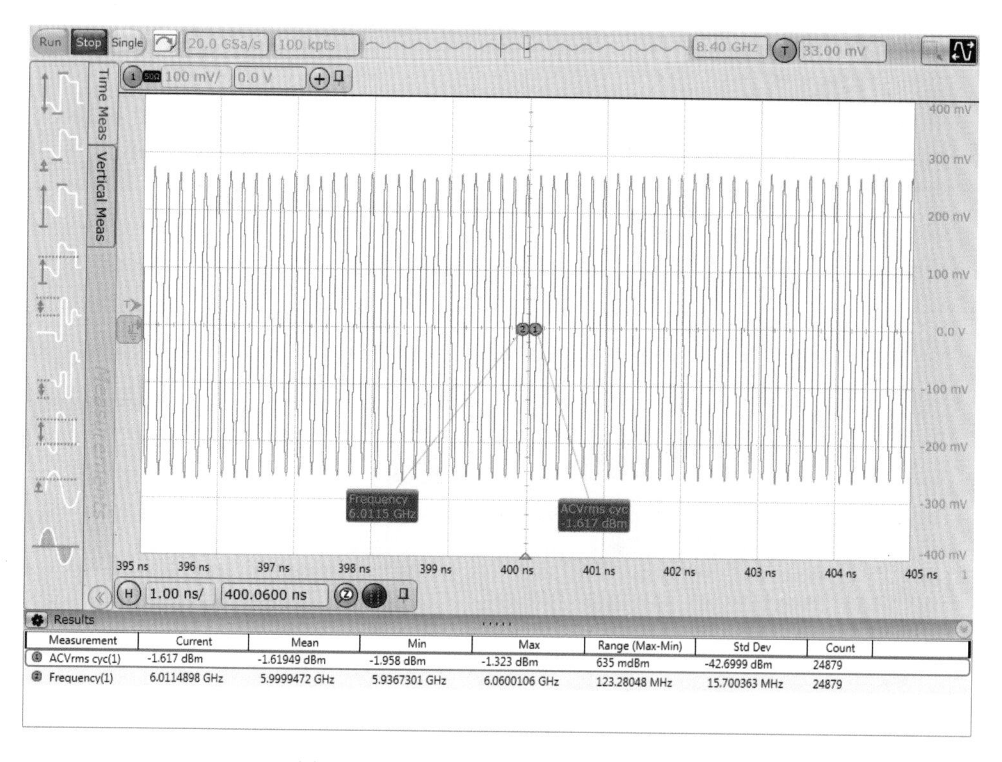

图 14.9　示波器上显示的功率测量结果

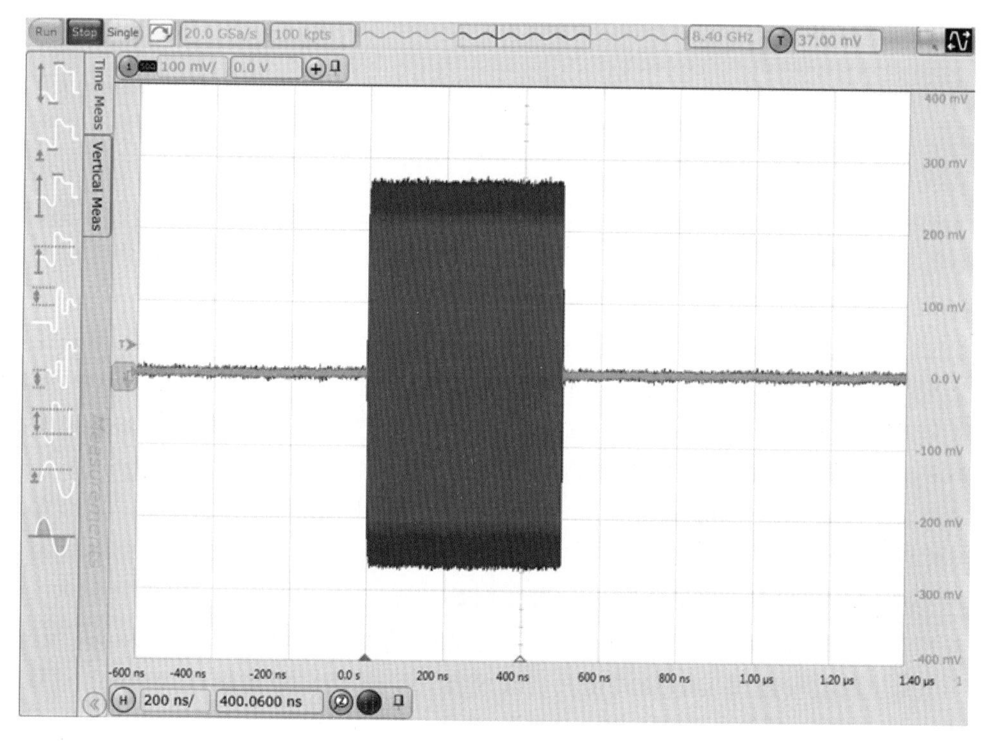

图 14.10　利用触发得到稳定的脉冲显示

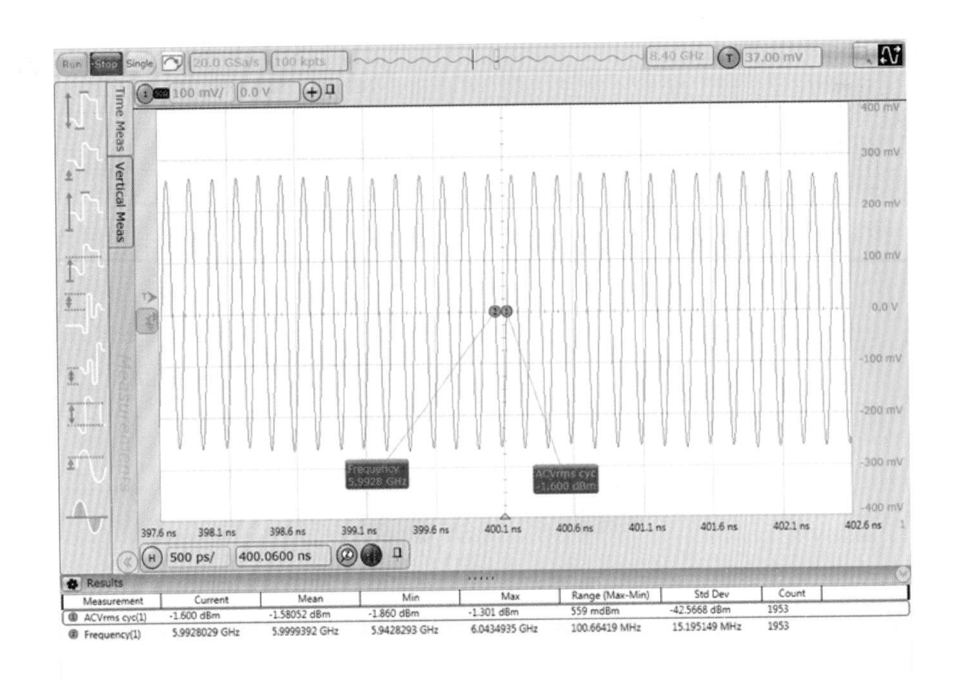

图 14.11　对脉冲展开并进行功率测量

4. FFT 分析的窗函数和栅栏效应

FFT(Fast Fourier Transform,快速傅里叶变换)是现代频谱分析的一个基本方法,很多示波器中都集成了 FFT 的数学函数功能,对采样到的时域数据可以通过 FFT 变换得到信号频谱,从而可以从频域洞察信号特征。

在使用示波器进行频谱分析时,虽然可以实现与频谱仪类似的分析结果显示,但由于示波器是先进行时域采样,再通过 FFT 变化实现频谱分析的,因此有些参数的设置方式及对测量结果的分析与频谱仪不太一样,使用时要加以注意。

首先,要注意频谱泄露的影响。在做 FFT 分析时,假定信号是周期重复的,但是在实际的情况下,捕获到的一段数据长度可能不是完全重复的。例如在图 14.12 的例子中,被测信号频率为 1GHz,示波器采样率为 20GSa/s,采集了 1024 个点做 FFT 分析。如果采集的时间长度不是被测信号周期的整数倍(只有特殊频率情况下可能是整数倍),在做 FFT 分析时在波形的起始点和终止点处就会出现信号的不连续,这会造成 FFT 的结果上出现很多其他频点的能量,通常称为频谱泄露。由于频谱泄露,除了主信号能量以外,其他较弱的频谱成分几乎都被淹没,连信号里的 2 次和 3 次谐波都看不到。

为了减小非整数周期时的频谱泄露,在进行 FFT 变换前通常会把采集到的时域波形,先和一个窗口函数相乘,常用的窗口函数有汉宁窗(Hanning)、海明窗(Hamming)、平顶窗(Flat Top)、矩形窗(Rectanglular)等。除了矩形窗(即不加窗)以外,这些窗函数的共同特点是在波形起始和终止点的系数都接近于 0,这样和原始时域波形相乘后的波形在开始和结尾处的幅度都接近于 0,从而可以保证连续性的条件。但要注意的是,通过加窗运算,避

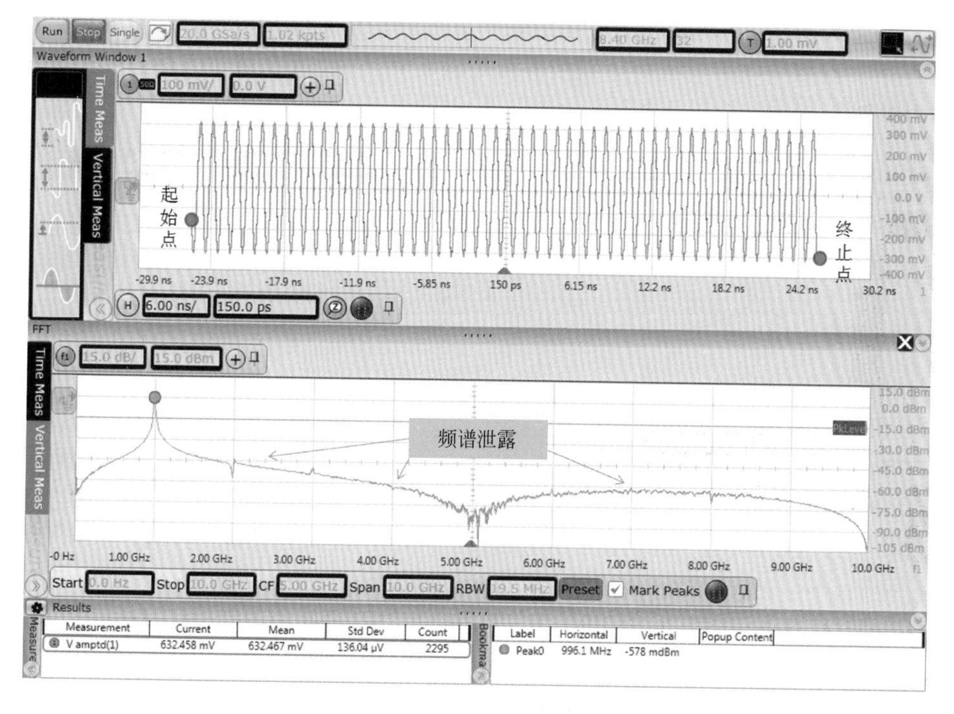

图 14.12 FFT 时的频谱泄露

免了信号波形不是整周期时的频谱泄露问题，但是对于信号的频谱形状也会有一些影响，例如会引起频谱的展宽等。图 14.13 是一些常用的窗函数的时域形状和频域形状。

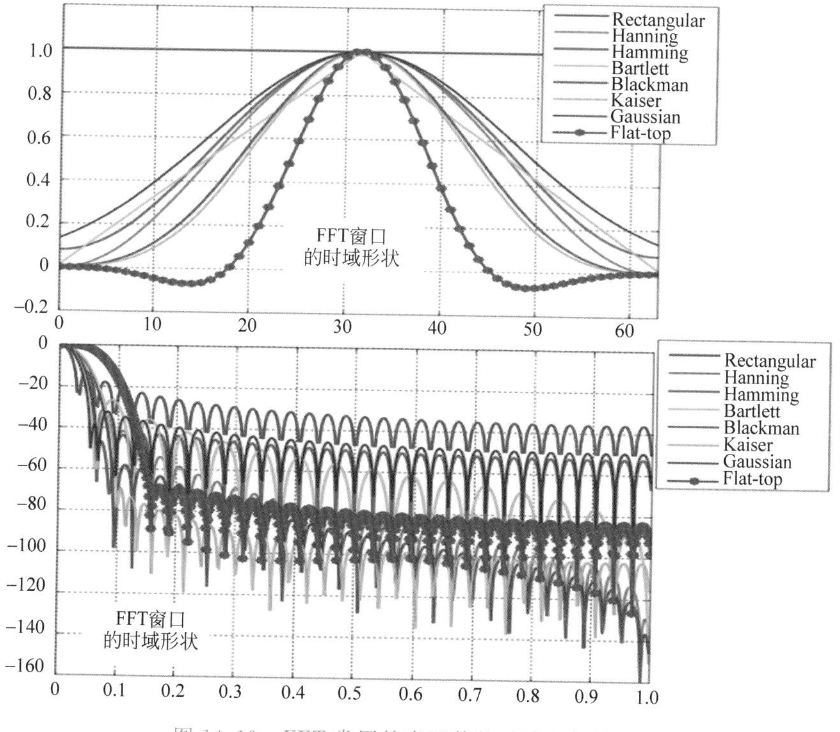

图 14.13 FFT 常用的窗函数的时域和频域形状

如图 14.14 所示，通过选择 FFT 窗口的形状（这里选择了 Hanning 窗），频谱泄露可以被有效抑制，2 次和 3 次谐波成分可以被清晰地观察到，同时可以通过光标指示出峰值点的频率和功率值。

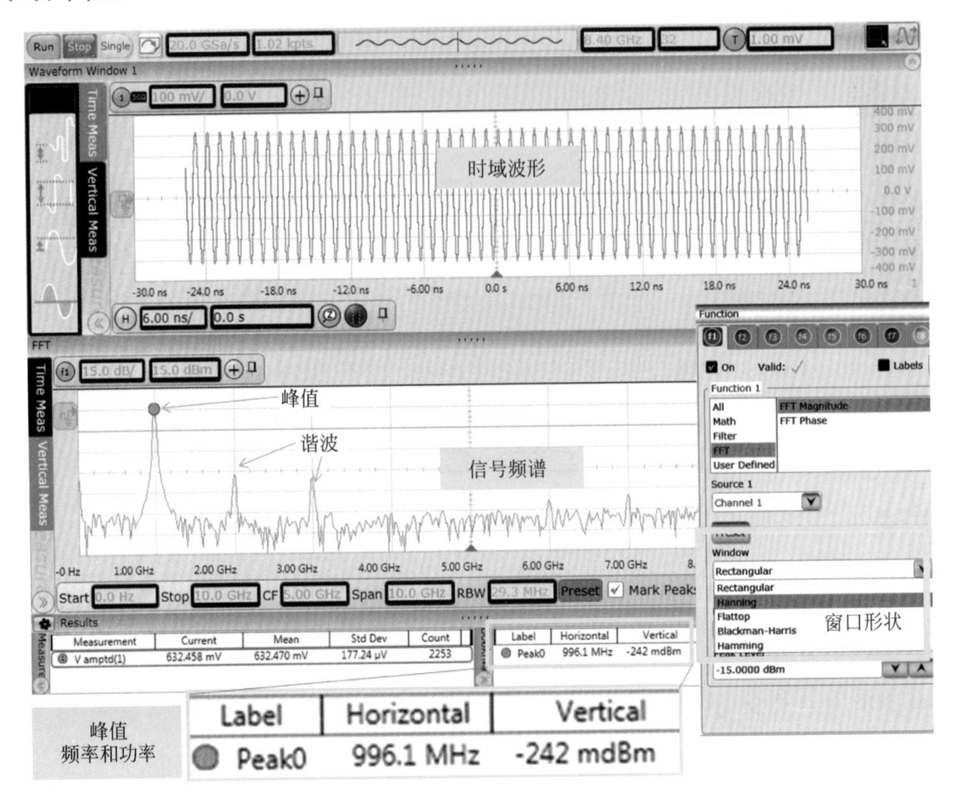

图 14.14　加窗后的 FFT 频谱

如果只是简单观察一下频谱，一般情况下做频谱分析的过程到这里就结束了。但是如果对于频谱分析的频率和幅度精度有一定的要求，还需要再做进一步的分析，特别是窗函数和采样点数的影响。在上面的例子中，被测信号的频率是 1GHz，信号的幅度从时域测量结果为 632mV，是标准的 0dBm 信号（0dBm 对应的正弦波的峰峰值为 632mV），但是从光标测量的结果看，峰值点为 996.1MHz，峰值功率为－0.24dBm，测量结果特别是频率结果与期望值有比较大的差异。

因此，如果要知道 FFT 做频谱分析时的幅度和频率测量精度，就需要知道不同窗函数对幅度和频率测量的影响，特别是栅栏效应（FFT Scalloping Loss）（这里只分析由于 FFT 变换对于频率和功率测量的影响，至于示波器本身的幅度测量精度以及频响不平坦造成的幅度测量误差，可以参考前面关于直流精度、频响曲线和功率精度的章节）。

所谓栅栏效应，与 FFT 的分析方法有关。我们知道，所有的 FFT 都是离散傅里叶变换，也就是时域上是离散的采样点，经过 FFT 变换后得到的是离散的频谱点。假设时域采样率为 f_s，采样点数为 N，则时域采样再做 FFT 变化后得到的是 N 个等间隔的离散的频谱点，频谱点之间的间隔为 f_s/N，这些离散的频谱点在频域上看就像一排栅栏一样，如图 14.15 所示。由于窗函数在频域的滚降的影响，并不是所有频点的衰减都是一样的。如果被测信号的频率正好落在栅栏的位置(即 m 为整数的频谱点的位置),测量到的幅度和频率精度是最准确的。但遗憾的是,通常情况下,被测信号的频率可能都是落在两个栅栏之间,此时对于功率和频率测量都会造成影响。

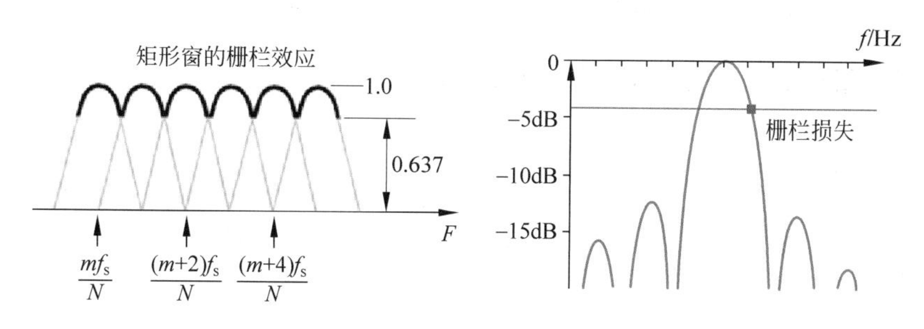

图 14.15　FFT 的栅栏效应

对于功率测量,如果信号的频点不是正好落在栅栏的位置,则实际测量到的功率会有损失,当信号的频点正好落在两个相邻的栅栏的正中间时,功率损失最大。例如对于矩形窗来说,其频域的滚降为一个 Sinc 函数,信号频点落在两个栅栏正中间时的幅度只有最大幅度时的 0.637 倍,对应−3.92dB 的功率损耗。图 14.16 是不同窗函数对应的频域的滚降曲线以及栅栏损失。从中可以看出,平顶窗的栅栏损失最小,因此无论信号的频点在什么位置,使用平顶窗时的功率测量精度最好;而在使用其他种类窗口时,只有信号正好落在栅栏位置时才能得到比较高的功率测量精度。

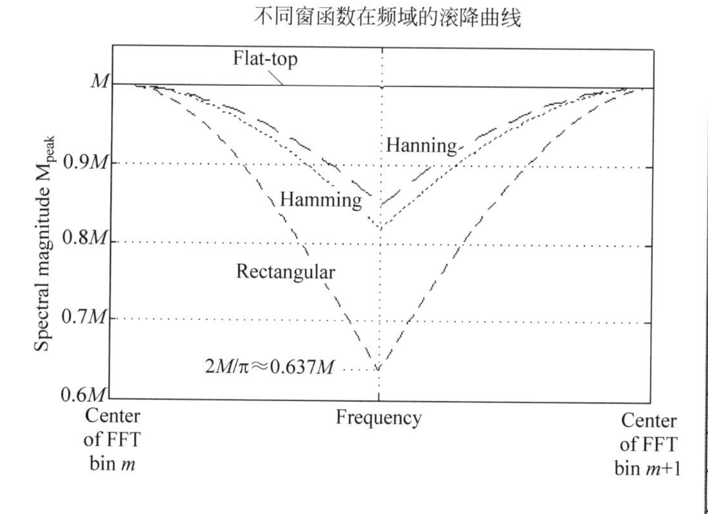

不同窗函数的最大栅栏损失/dB

Bartlett-Hann	−1.51
Blackman-Harris	−0.82
Flat top	−0.01
Hamming	−1.75
Hann	−1.42
Kaiser-Bessel	−1.02
Lanczos	−1.88
Nuttall	−0.81
Parzen	−2.57
Rectangular	−3.92
Sine	−2.09
Triangular	−1.82
Welch	−2.23

图 14.16　不同窗函数的栅栏损失

为了验证示波器做 FFT 分析时的栅栏效应,可以用信号发生器产生恒定功率的扫频正弦波信号,然后用无限余辉模式观察使用不同窗函数做 FFT 变换时测量到的信号功率的变化。在图 14.17 中,仍然使用 20GSa/s 的采样率,并且采样 1024 点进行 FFT 变换,此时栅栏的间隔=20GHz/1024≈19.5MHz。观察信号频率从 900MHz 扫频到 1.1GHz 时,经 FFT 变换后得到的信号峰值功率包络的变化,可以明显看出使用不同窗函数时的栅栏效应的区别。其中，平顶窗在改变信号频率时测量到的功率几乎没有变化，而矩形窗的栅栏效应非常明显。最常使用的汉宁窗的栅栏效应介于两者之间，但仍然有栅栏损失。

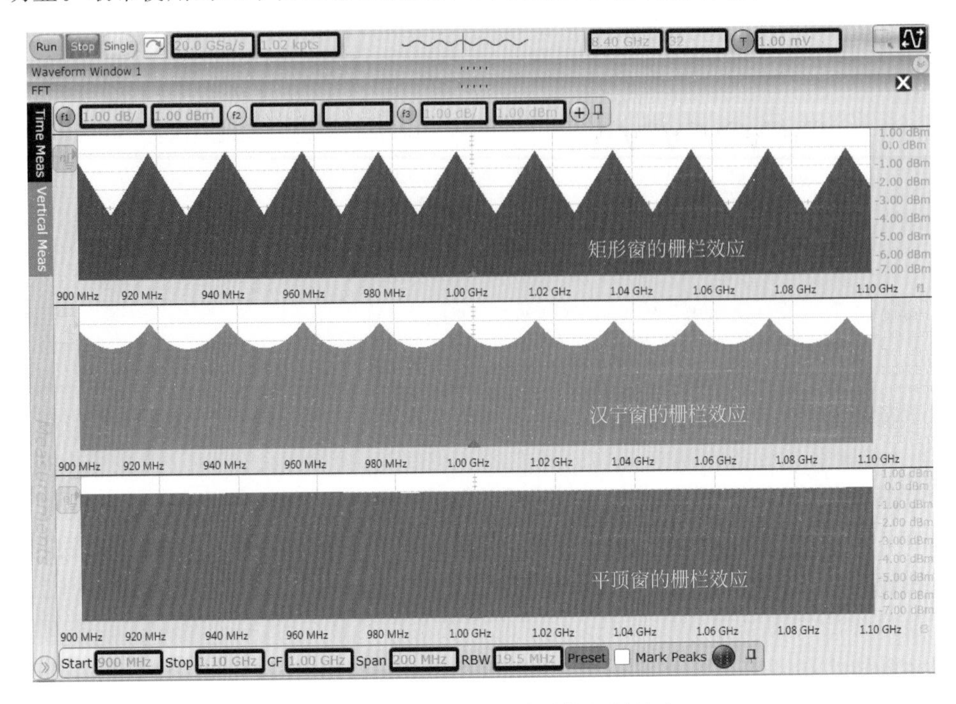

图 14.17　在示波器里看到的栅栏效应

栅栏效应还会对频率测量造成影响。当被测信号的频率正好落在栅栏频点上时，频率的测量不会有问题。但如果信号频率不是正好落在栅栏频点上，由于频谱的分辨率就是栅栏的间隔，所以最靠近信号频率的那个栅栏频点上会表现出更高的功率，最极端情况的频率测量误差为栅栏间隔的一半，也就是 $f_s/2N$。以上面的例子为例，使用 20GSa/s 的采样率做时域采样，采集了 1024 点做 FFT 变换，则最大频率测量误差为 20GHz/(2×1024)≈9.765MHz，这也就是 1GHz 的正弦波的频率被测量成了 996.1MHz 的原因。

图 14.18 是分别取平顶窗、汉宁窗、矩形窗做 FFT 时对频谱局部放大显示的结果。此时由于 FFT 的点数并不是很多，频谱分辨率比较差，但也可以清晰看出在相同的 FFT 点数下不同窗口的形状特征。由于 1GHz 的信号不是正好落在栅栏频点上，所以功率和频率测量都会存在栅栏效应。从功率测量的结果看，平顶窗的测量结果最接近信号的 0dBm 功率；而从频率的测量结果来说，不同窗口虽然形状不一样，但由于采样点数一样，所以栅栏间隔一样，在所有窗口情况下信号的峰值功率都出现在了 996.1MHz，而 996.1MHz = 20GHz/1024×51，正好是离 1GHz 频点最近的整数个栅栏频点(第 51 个)。

上述频率测量的例子是针对单频信号的，而在有多个频点存在时，除了要考虑频率测量精度以外，还要考虑窗口形状对频率分辨率的影响。例如在图 14.19 中，被测信号中包含 1GHz 和 1.050GHz 两个频点，在采样率为 20GHz 并且采样点为 1024 点时，采用矩形窗虽然有比较大的频谱泄露，但主瓣宽度最窄，因此在相同情况下其频率的分辨率最好，而汉宁窗和平顶窗由于主瓣较宽，所以此时根本无法把两个相邻的频点分辨开来。

不同窗口下频率分辨能力不同的原因在于：FFT 的频谱分辨率除了与 FFT 的点数有

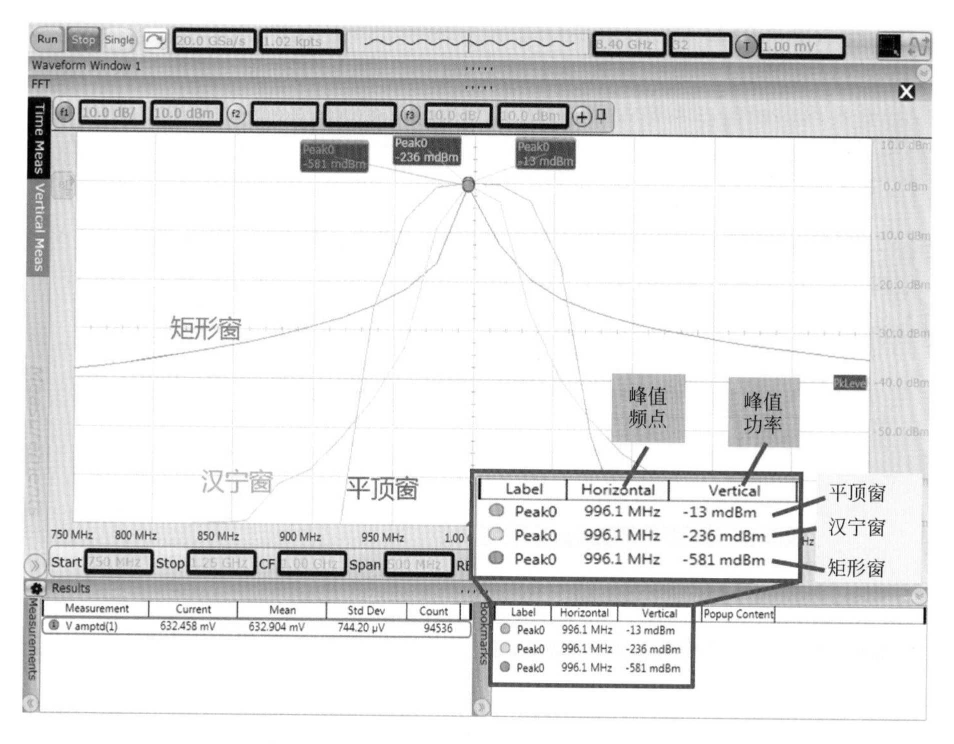

Label	Horizontal	Vertical
Peak0	996.1 MHz	-13 mdBm
Peak0	996.1 MHz	-236 mdBm
Peak0	996.1 MHz	-581 mdBm

图 14.18　不同窗函数的频率、功率测量结果

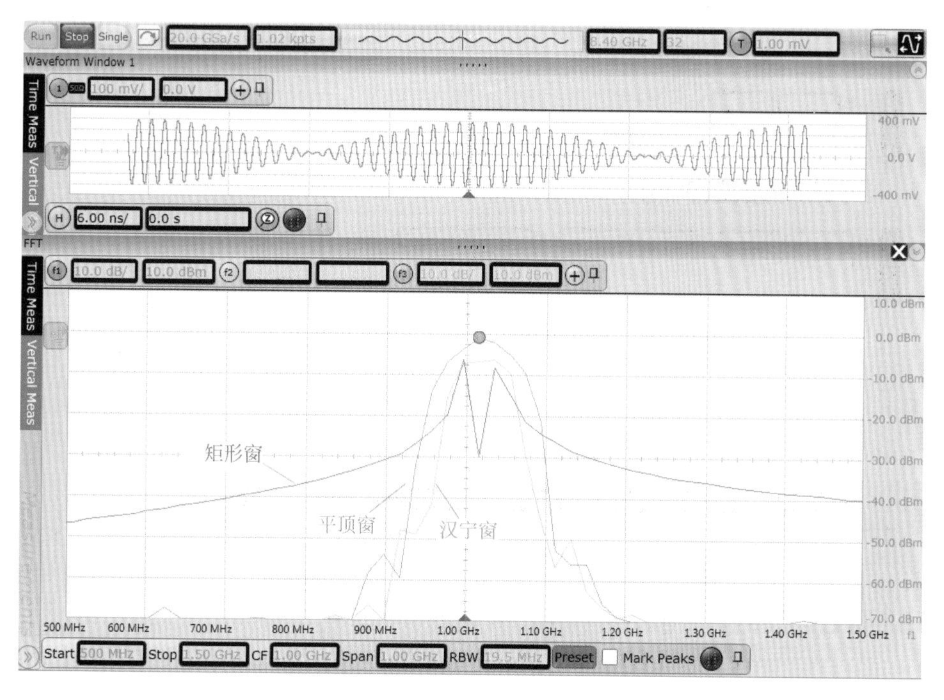

图 14.19　不同窗函数的频率分辨能力

关，还与不同窗函数下 RBW(Resolution BandWidth，分辨率带宽)有关。对于矩形窗来说，其 RBW 与栅栏的频点间隔是一样的，即为 f_s/N。而对于其他窗函数来说，其分辨率带宽

为矩形窗在相同情况下的 RBW 乘以一个窗口系数，这个系数与不同窗函数时的 ENBW(Equivalent Noise BandWidth，等效噪声带宽)有关。图 14.20 是一些常用窗函数的窗口系数，可以看到平顶窗的窗口系数最大，因此其对于相邻频点的分辨率最差。还以上面的例子为例，在 20GHz 采样率、1024 个采样点下，使用矩形窗时的频率分辨率 RBW＝20GHz/1024≈19.5MHz，使用汉宁窗时的 RBW＝19.5MHz×1.5≈29.3MHz，而使用平顶窗时的 RBW＝19.5MHz×3.8≈74.5MHz。对于这个例子中相隔 50MHz 的两个频点来说，一般情况下只有频率间隔超过 RBW 的 2 倍才能被分辨出来，这也就是为什么使用汉宁窗和平顶窗时很难分辨出两个频点的原因。

窗口类型	窗口系数
Flat-top	3.82
Gaussian	2.22
Hanning	1.50
Uniform	1.00

图 14.20　不同窗函数的窗口系数

要提高频率测量精度以及频率分辨率，一个最有效的办法就是在相同的采样率和窗口形状下增加 FFT 计算的点数。FFT 点数增加后，栅栏频点间的间隔更小，频率测量精度更高，同时 RBW 也得到改善，从而提高了频率分辨率。图 14.21 是把上例中的波形采样点数增加到 4096 点，再做 FFT 变换后的结果。可以看到，随着 FFT 点数的增加，频率分辨率得

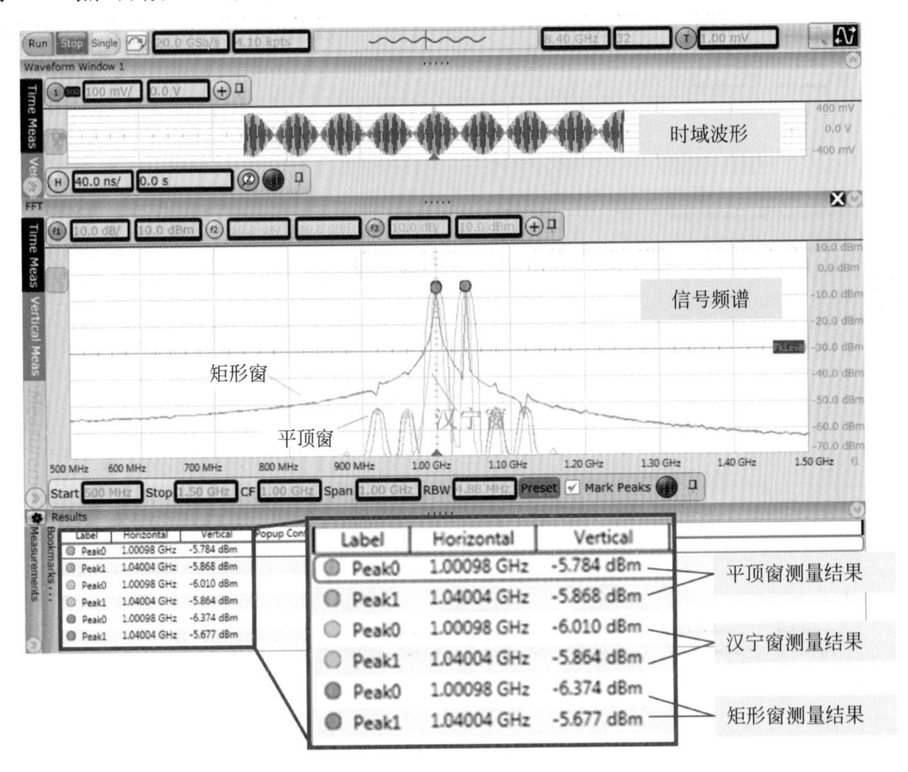

图 14.21　增加 FFT 点数后的频谱测量结果

到显著提高，几种窗口都可以有效分辨出两个不同的频点。此时不同窗口情况下，由于FFT点数一样，因此栅栏频点的间隔一样，所以对两个频点的频率测量结果和误差都是一样的（1GHz的信号频点被测量为1.00098GHz，而1.05GHz的信号频点被测量为1.04004GHz）。对于两个频点各自功率的测量来说，由于平顶窗的栅栏损失最小，所以这种情况下对于两个频点的功率测量是最准确的。

FFT分析总结：对于用示波器做FFT分析来说，如果希望频谱测量的结果相对准确，需要综合考虑FFT分析的点数以及窗函数的影响。对于频率测量来说，参与FFT分析的点数越多，其频率测量的精度和多个频点间的分辨率越好，但同时会减慢FFT分析的速度；在相同的采样率和FFT点数下，矩形窗的频率分辨率最好，平顶窗最差，而汉宁窗介于两者之间。对于功率测量来说，增加FFT点数可能有助于使被测频点靠近栅栏频点从而减小栅栏损失，但总有一些频点仍然会处在栅栏损失较大的位置，所以增加FFT点数不是必然会改善功率测量结果，这时使用平顶窗是一个比较好的选择（但要注意平顶窗对于相邻频谱的频率分辨率是比较差的）。

5. 雷达参数综合分析

除了在示波器中直接对雷达脉冲的基本参数进行测量外，也可以借助功能更加强大的矢量信号分析软件。图14.22是用矢量信号解调软件结合示波器对超宽带的Chirp雷达信号做解调分析的例子，图中显示了被测信号的频谱、时域功率包络以及频率随时间的变化曲线。被测信号由超宽带任意波发生器产生，Chirp信号的脉冲宽度为2μs，频率变化范围为1～19GHz，整个信号带宽高达18GHz！这里充分体现了实时示波器带宽的优势。

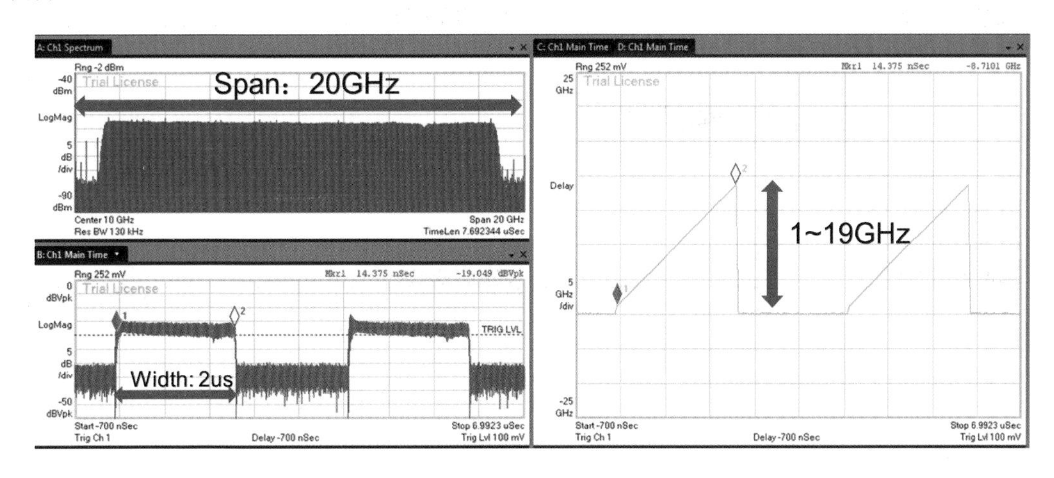

图14.22 用矢量解调软件分析超宽带Chirp信号

更严格的雷达测试不会仅测脉冲和调制带宽等基本参数。例如由于器件的带宽不够或者频响特性不理想，可能会造成Chirp脉冲内部各种频率成分的功率变化，从而形成脉冲功率包络上的跌落（Droop）和波动（Ripple）现象。因此，严格的雷达性能指标测试还需要对脉冲的峰值功率、平均功率、峰均比、Droop、Ripple、频率变化范围、线性度等参数以及多个脉冲间的频率、相位变化进行测量，或者要分析参数随时间的变化曲线和直方图分布等。这些更复杂的测试可以借助矢量解调软件中专门的雷达脉冲测量选件实现。如果把雷达脉冲测量选件和示波器的分段存储模式结合，就可以一次捕获到多个连续脉冲后再做统计分析，图 14.23 是一个实际测试的例子。

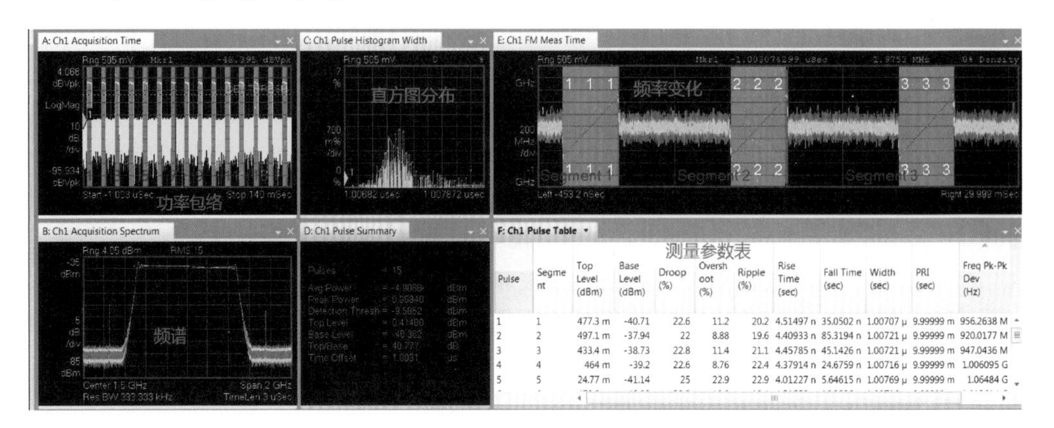

图 14.23 用雷达脉冲测量软件分析多段雷达脉冲参数

6. 跳频信号测试

除了雷达脉冲分析以外，借助示波器自身的抖动分析软件或者矢量信号解调软件，还可以对超宽带的跳频信号进行分析。图 14.24 是对一段在 7GHz 的带宽范围内进行跳频的信号的频谱、时域以及跳频图案的分析结果。

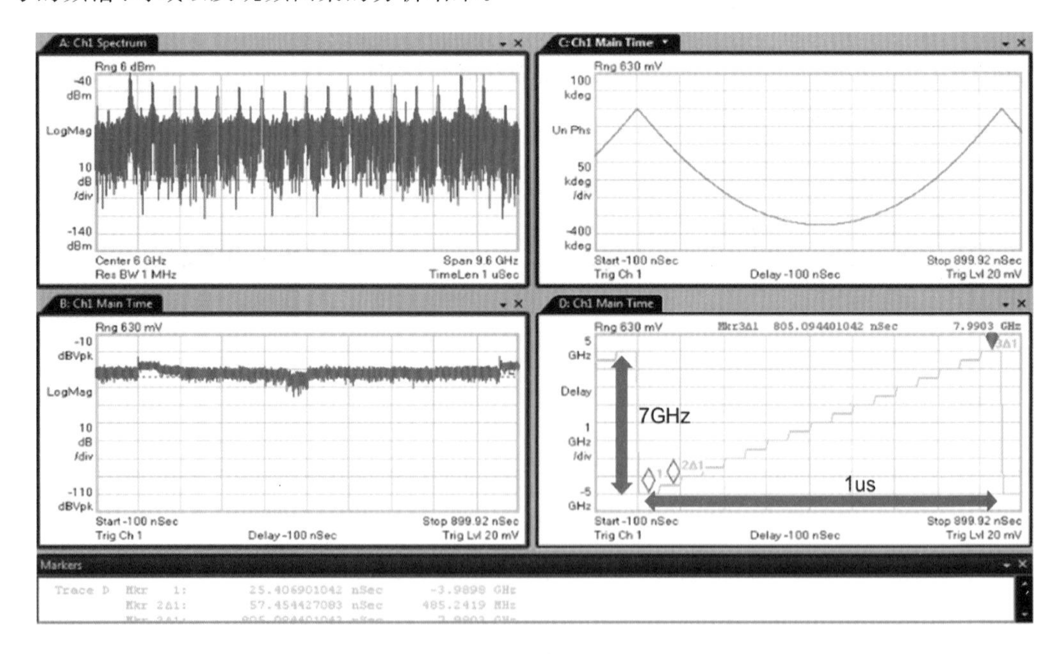

图 14.24 跳频信号分析结果

7. 多通道测量

在 MIMO(Multiple-Input and Multiple-Output)、相控阵以及很多物理学研究的场合，需要对多路的高速信号做同时测量。为了满足这种应用，现代的高带宽示波器在硬件和软件上都提供了对于多通道测量的支持能力。

图 14.25 展示的是多台示波器级联实现多通道测试的方案，以及示波器中的多通道测量软件，目前可以支持最多 10 台示波器的级联，提供 20 路同步的带宽高达 63GHz 的测量通道，或者 40 路带宽为 33GHz 测量通道。通过精确的时延和抖动校准，通道间的抖动可以控制在 200fs(rms)以内。

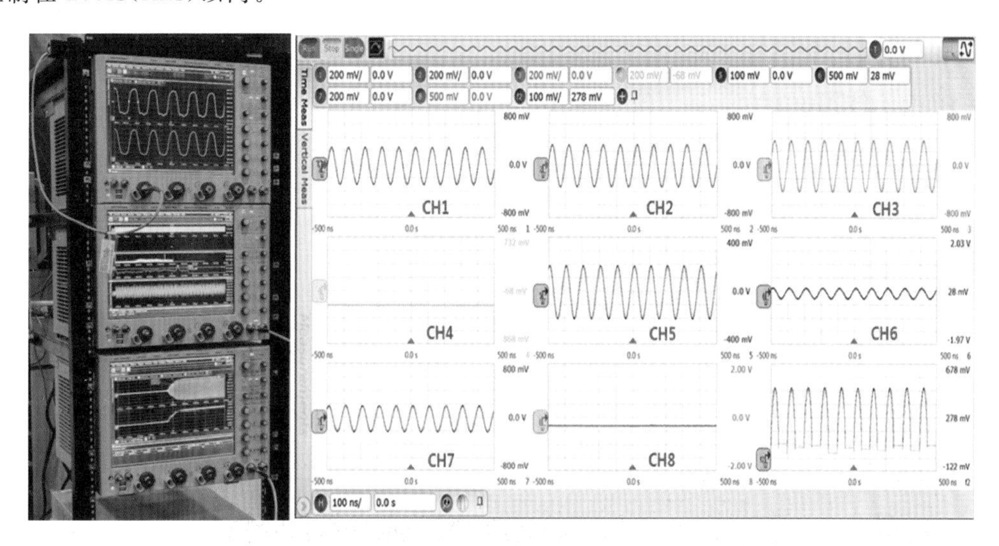

图 14.25　多示波器级联及多通道波形采集

8. 卫星调制器的时延测量

在卫星通信或者导航等领域，需要测试其射频输出(可能是射频或者 Ku/Ka 波段信号)相对于内部基带输入信号的绝对时延并进行修正，以保证定时信息的准确性。这就需要使用至少 2 通道的宽带示波器同时捕获基带输入信号和射频输出，并能进行精确可重复的测量。通常调制器的基带输入是数字信号，输出是一个经 QPSK 调制的射频信号，调制器的时延通过基带信号的第 1 个上升沿到调制信号的第 1 个过零点的时间差进行测量。用户目前只能通过手动方式拖拽光标进行测量，精度不高且测试效率较低，用户希望能够进行快速的精确测量。

问题分析：用户要快速准确测量调制器的时延，最重要的是精确检测出调制信号过零点的时刻并能够进行自动测量。这可以借助示波器的数学函数功能检出调制信号的包络并测量调制包络幅度最小点相对于定时脉冲的时间差。根据需求，我们可以设计如图 14.26 的实验对调制器的时延进行测试。测试设备包括脉冲源以及高带宽示波器，被测调制器为 QPSK 调制器。

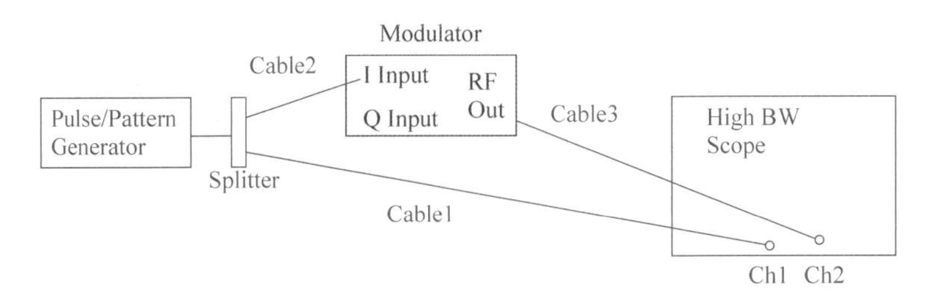

图 14.26 调制器时延测试组网

测试中，用脉冲源产生频率为 1Hz、宽度为 100ns、上升时间<10ns 的重复脉冲。脉冲幅度为±200～±500mV。然后把脉冲源的输出经功分器分成 2 路，一路经 Cable1 接示波器通道 1，另一路经 Cable2 和 Cable3 接示波器通道 2。其测试步骤如下：

[1] 首先把 Cable2 和 Cable3 直接连接在一起，暂时不连接被测调制器进行时延的校准。校准时示波器设置为通道 1 触发，确保得到稳定的波形。在示波器中比较 2 路信号的时延，并通过示波器的时延调整功能把 2 路信号间的时延差调整到 10ps 以内。这个步骤的目的是对测试电缆引入的时延进行校正。

[2] 时延校正完成后，在 Cable2 和 Cable3 中间接入被测调制器（对于 QPSK 调制器来说，有 I/Q 两路输入，只需要接在 I 端或者 Q 端就可以了）。

[3] 使用带宽比被测调制信号载波频率高一些的示波器。设置示波器用被测系统的定时脉冲触发（图 14.27 中通道 1 的蓝色阶跃波形），触发电平设置到定时脉冲幅度一半的位置。并调整时间刻度，保证屏幕上可以且只可以看到一个调制信号的过零点（图 14.27 中通道 2 的粉色射频波形）。

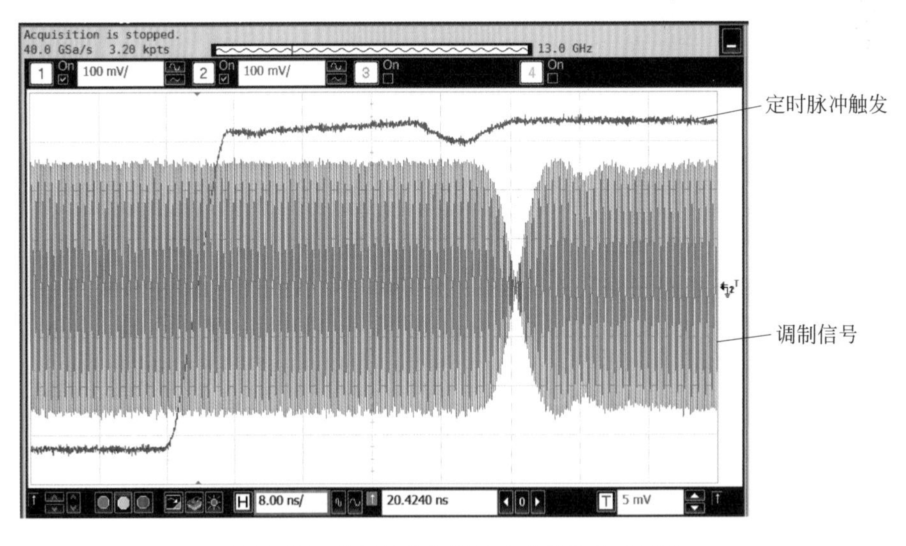

图 14.27 调制器的数字输入和射频输出波形

[4] 使用示波器的数学函数功能对被测的调制信号进行数学检波，检测出被测信号的包络信息（如图 14.28 中函数 f3 对通道 2 的调制波形进行平方得到信号的功率，然后用函数 f4 对 f3 的结果进行滤波得到功率包络，注意滤波器的带宽要远远小于信号载波频率并大于调制信号的调制带宽）。

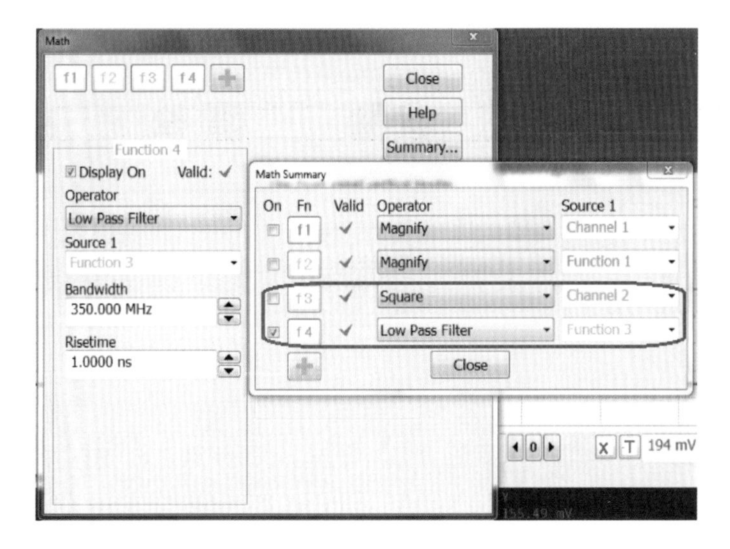

图 14.28　用数学函数检出 QPSK 的射频信号包络

5 对检测出的功率包络波形进行放大显示(见图 14.29),用作触发的定时信号到来后,射频信号功率第 1 个过零点的时刻相对于定时信号的时延就是要测量的系统时延。但此时如果仅仅通过手动光标测量,很难卡准合适的功率零点位置。这时可以用示波器的 $T_{\min}$ 的测量功能测量这个包络波形幅度最小点的时刻。此时的测量结果就是我们要测量的调制器包络过零点相对于输入的定时信号的时延,其平均值、最小值、最大值、方差等都是自动测量和统计出来的。这就实现了卫星转发器或调制器时延的精确测试。通过多次自动测试过零点时刻,还可以进行长时间的统计,以分析时延的变化范围和抖动等。

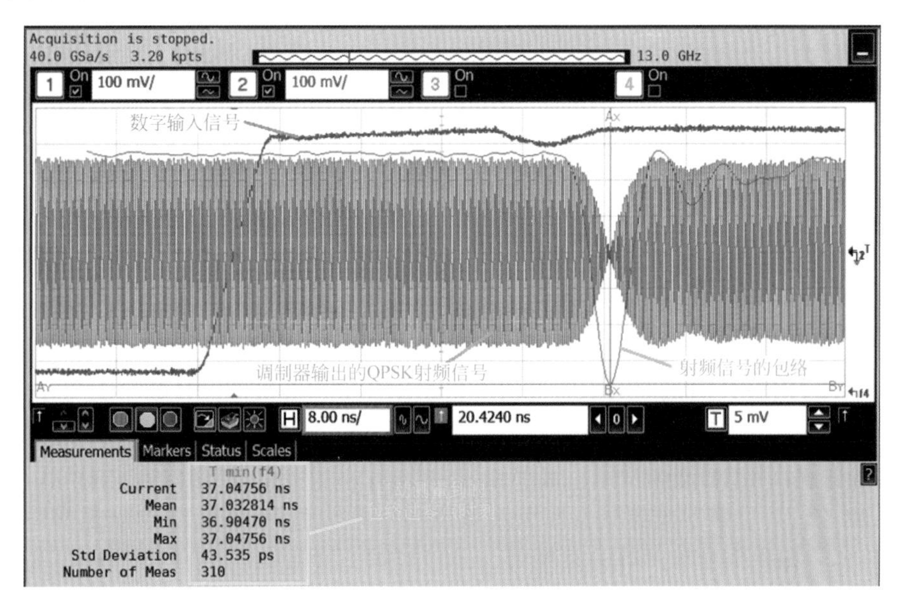

图 14.29　自动进行过零点时刻的测试和统计

用同样的方法,还可以对两路 QPSK 的调制信号进行时延差的直接比较和测量。例如可以把两路 QPSK 信号的包络都通过数学函数提取出来,然后对两路包络信号的时延差进行直接的测量(见图 14.30)。

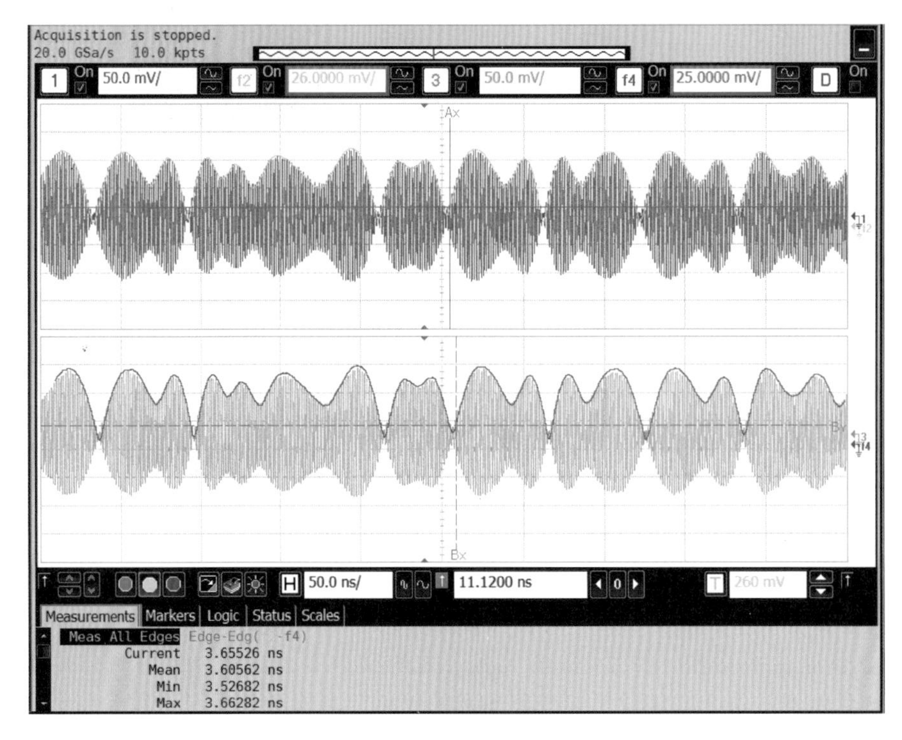

图 14.30 两路 QPSK 信号间的时延差测试

9. 移相器响应时间测试方法

移相器是现代相控阵雷达、5G 无线通信实现波束成型的关键器件之一,其基本功能是把输入的射频、微波信号按照需要进行一定程度的相位偏移,如 90°、45°、22.5°等。对于移相器的移相精度,可以使用矢量网络分析仪进行测试。但是除此以外,很多场合还需要知道移相器的响应时间,即控制信号发出到真正产生相位变换的延时。响应时间越短,则移相器的移相速度越快,移相器就可以用于更快速进行波束方向控制的场合。一般移相器的响应时间都在几十 ns 量级,矢量网络分析仪无法测量到这么快速的相位变化,必须使用高带宽的示波器。

移相器响应时间的测试组网如图 14.31 所示。测试中用微波信号源给被测移相器产生输入信号、用脉冲发生器产生移相器控制信号(控制信号同时分一路送给示波器做触发)、对移相器输入射频信号(通过耦合器)、输出射频信号、控制信号分别连接到高带宽实时示波器的 Ch1、Ch2、Ch3。注意示波器带宽应大于被测信号载波频率,输入信号幅度不要超过 4V 或者 10dBm,否则需要增加额外的衰减器。示波器的三个通道尽量使用等长电缆,如不等长需要进行校准或者在最终结果中进行修正。

借助示波器的相位测量功能,可以得到输入波形和输出波形间的相位变化曲线,如图 14.32 的测量结果,图中从上到下依次为移相器的输入信号波形、输出信号波形、控制信号以及相位变化波形。通过比较控制信号波形和相位变化波形间的时间差,就可以计算或

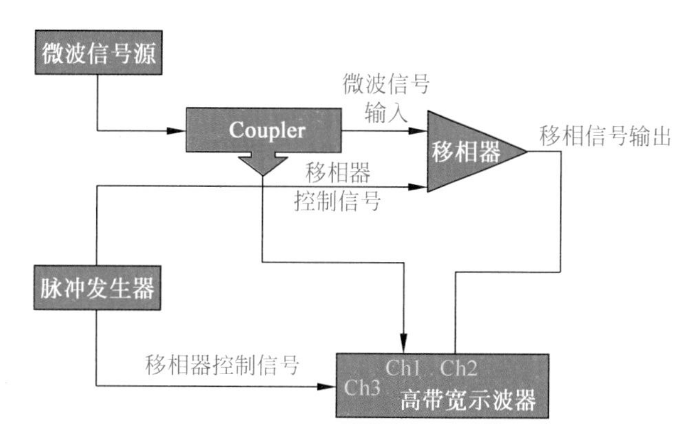

图 14.31 移相器响应时间测试方法

者自动测量出这个移相器的相应时间。在这个例子中移相器产生了 43.3°的相位变化，其响应时间在 10ns 左右。

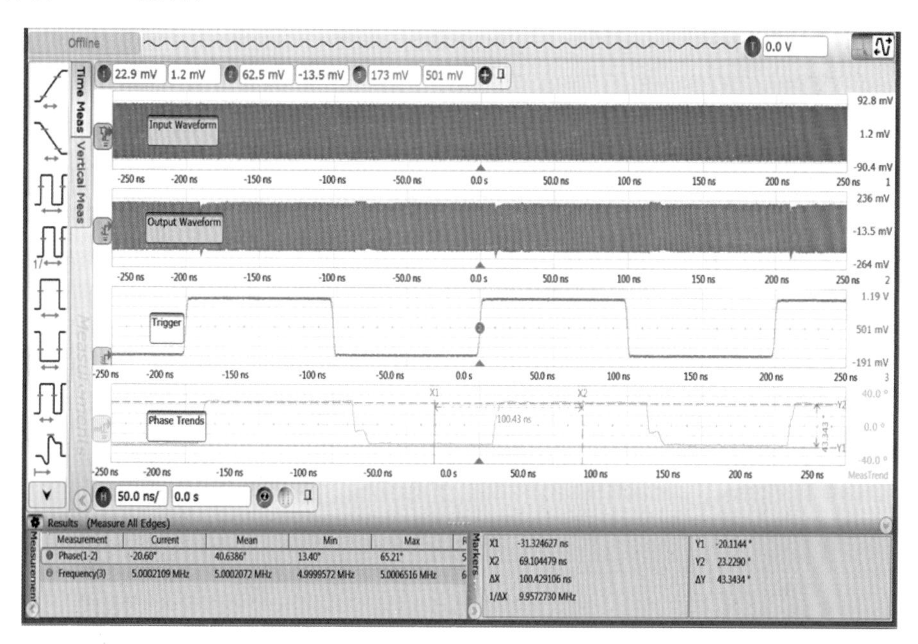

图 14.32 移相器响应时间的测量结果

10. 雷达模拟机测量中的异常调幅问题

某用户在用示波器进行雷达模拟机产生的 5GHz 载波的雷达脉冲信号的测量时发现一段脉冲串的功率有周期性变化现象。开始怀疑是雷达模拟机的问题，于是关掉脉冲调制，直接对输出信号的连续波载波进行测量。测试中发现当时基刻度打得比较小时，信号的载波形状和频率非常标准(见图 14.33)，根据图中显示的信息，当前示波器带宽为 8.4GHz，采样率为 20GSa/s，测得的信号峰峰值约为 625mV，信号频率约为 5.0GHz；但是当把时基刻度打得比较大以观察较长时间的变化时，发现信号上有周期性的幅度变化(见图 14.34)，载波

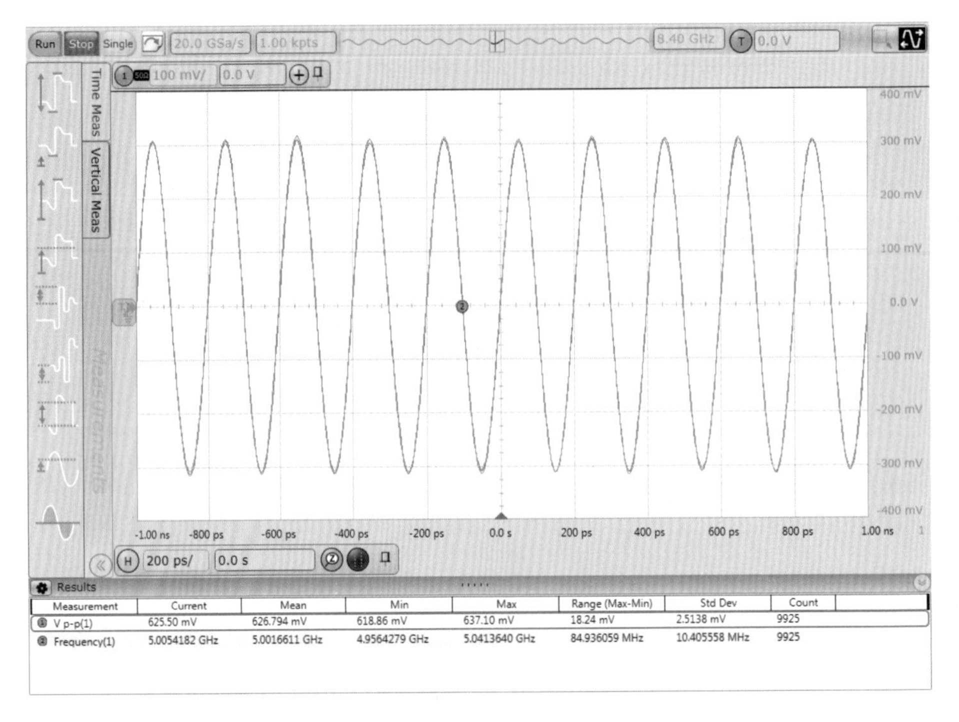

图 14.33　快时基下的信号波形

信号幅度最小的地方只有 400 多 mV，与正常的 600 多 mV 有明显差异，幅度变化周期约为 500μs。用户不太确定是模拟机的问题还是测量的问题，希望找出原因。

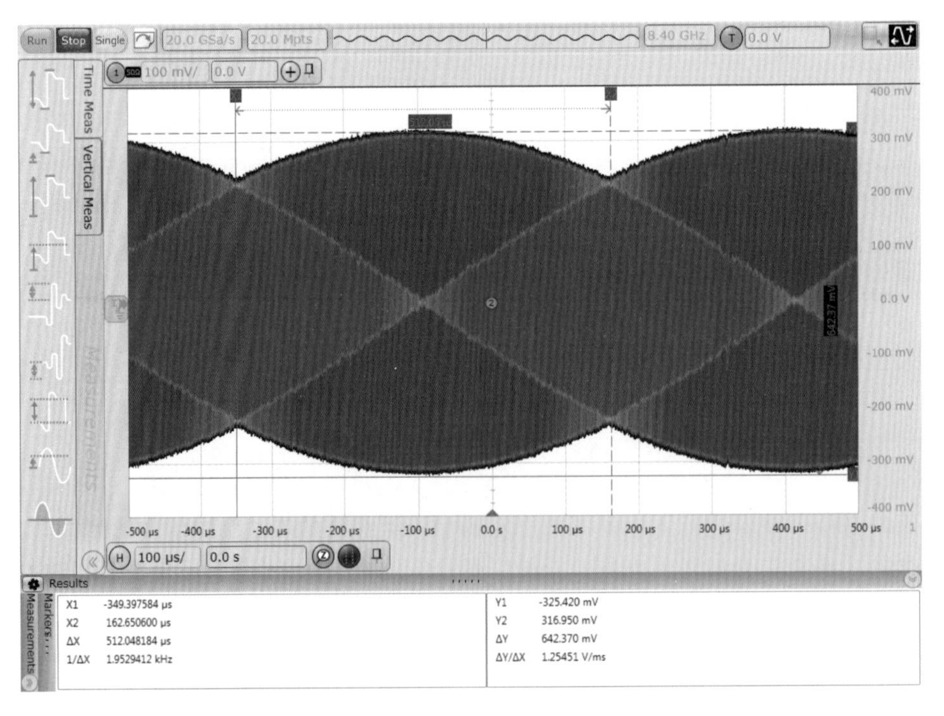

图 14.34　慢时基下的信号波形

问题分析：对于这个问题，由于信号的幅度变化的形状非常规整而且非常奇怪，不像正常的外界干扰造成的调幅现象，而且信号展开后在无限余辉模式下看信号的幅度和形状也没有明显变化，所以重点从测量方法上找问题。

一开始怀疑是由于时基刻度打大了之后，由于内存深度的限制造成的采样率下降，从而造成信号的失真。但是仔细检查设置参数，两种时基刻度下使用的采样率都是 20GSa/s，根据 Nyquist 采样定律，这对于 5GHz 的正弦信号采集时够用的，因此应该不是采样率不够的问题，于是重点从波形的重建和处理方法上分析。根据 Nyquist 采样定律，要求采样率是被测信号带宽的 2 倍以上，对于一个 5GHz 的正弦波信号来说，在不产生信号频率混叠的情况下，采样率如果在 10GHz 以上就应该可以正常地恢复信号的原始波形。但这是有前提的，就是要配合合适的波形重建算法。例如在图 14.35 的例子中，一个正弦波的周期可以采样 2 个多点，但如果直接把这些点连成线，可能得到的是非常丑陋的带有明显棱角的波形。因此，在进行采样之后，还需要对信号进行相应的波形重建，这个重建的方法，在时域叫作内插，在频域叫作滤波。

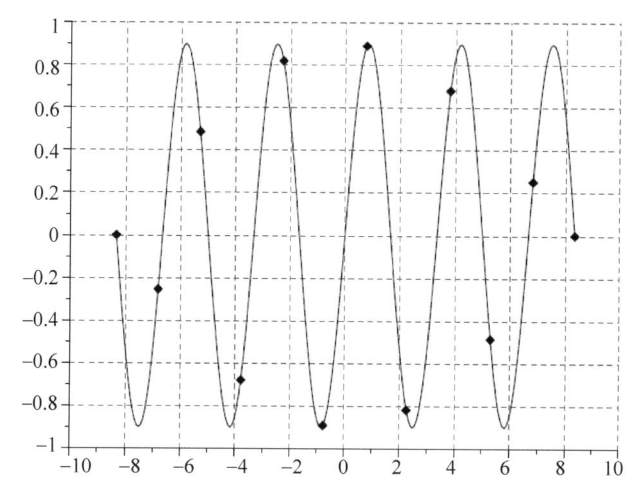

图 14.35　满足 Nyquist 条件的采样

因此，示波器在进行波形测量时，为了波形的光滑，会开启内插算法对采样到的样点进行内插以重建波形，这个内插一般是用 $\mathrm{Sin}x/x$ 的函数（即 Sinc 函数）对波形的采样点进行拟合。图 14.36 就是对采样点直接连线与进行 Sinc 内插后再连线得到的波形的对比。可以看到，在不做内插时，除非采样点非常密，否则直接连线得到的波形会有很大的棱角，也会有很大的失真；而内插之后就可以得到一个比较完美的正弦波波形。

值得注意的一点是，在示波器对被测信号进行采样时，是以一个自己的内部时钟为基准对被测信号进行采样，这个采样时钟和被测信号频率间通常是不同源的（除非特意把示波器的 10MHz 参考时钟和被测信号的参考时钟同步起来），也就是说，理论上采样点有可能采在信号波形的任何位置。例如图 14.37 是对同一个正弦波波形，在关闭 Sinc 内插的情况下，用无限余辉模式看到的信号波形的叠加。可以看到，由于采样时钟与被测信号是不同源的，每次采集的样点的时间位置是不一样的，相应的采样到的信号的幅度也是不一样的。有些采样点正好能够采到正弦波峰值附近，信号的幅度就比较大；有些采样点没有采到正弦

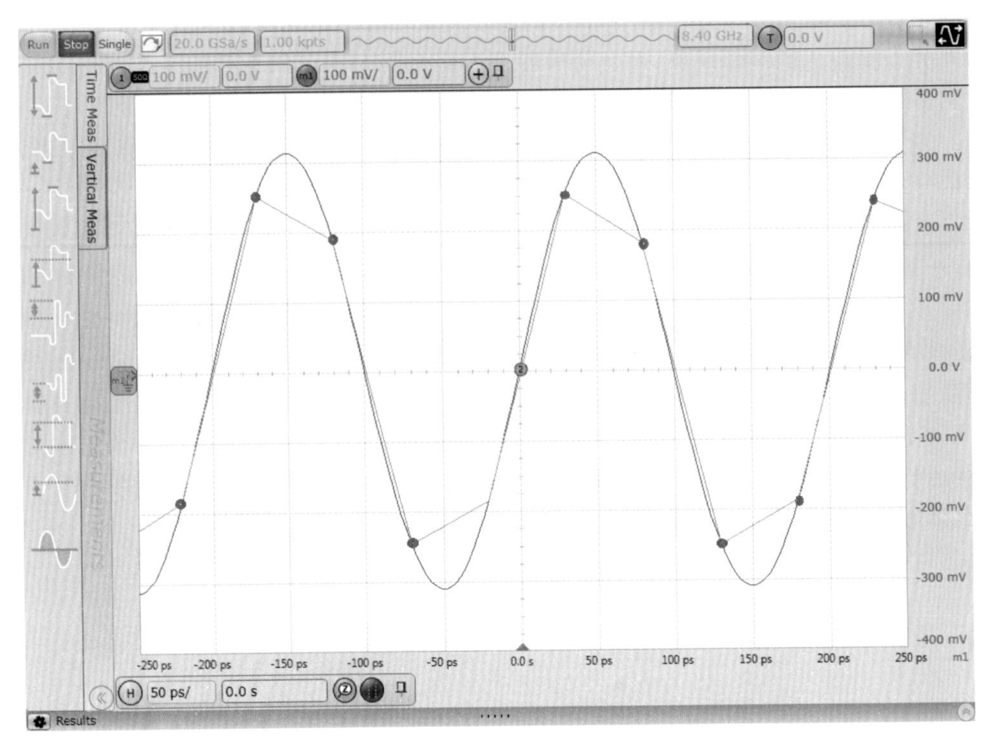

图 14.36　Sinc 内插前后的波形对比

波的峰值附近，信号的波形幅度就比较小。但是，需要注意的是，这些信号进行 Sinc 内插之后都会是同一个正弦波波形。

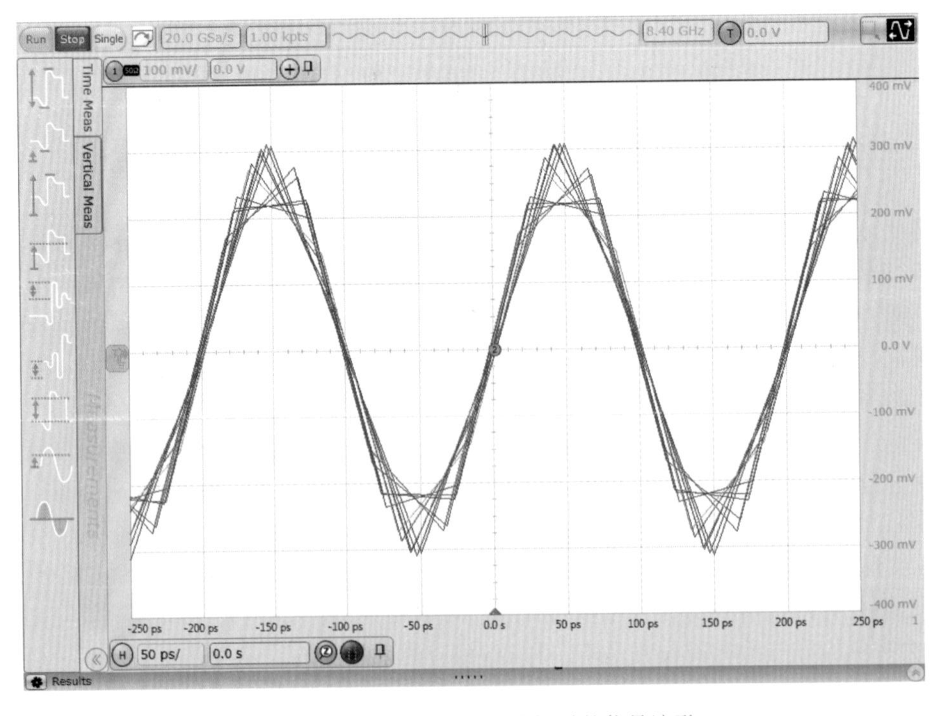

图 14.37　异步采样、没有内插时的信号波形

理解了这个问题,接下来的分析就简单了。对于一个正弦波信号的测量来说,如果采样率足够高(例如采样率超过被测信号频率的 20 倍以上),有没有内插对于最终的波形形状及测量结果影响不大;但在采样率刚超过 Nyquist 采样频率要求时(例如采样率是被测信号频率的 2~10 倍之间),是否打开 Sinc 内插功能就对波形形状有较大影响。回到这个测试案例,被测信号的频率为 5GHz,而示波器的采样率为 20GHz,也就是说一个正弦波波形可以采 4 个点。但是,示波器的采样时钟与被测信号是不同源的,可能有细微的频差。这种频差就会造成在采样时,可能有一段时间正好能够采样到正弦波的峰值位置,另一段时间又逐渐偏离峰值位置,于是在不做内插时就会出现采样到的信号幅度的周期性变化。

出于处理速度的考虑,示波器可能会在屏幕上采样点数比较多时自动关闭 Sinc 内插功能。于是,在示波器 Setup->Acquisition 菜单下把内插功能由自动模式改换为强制内插 16 个点(即每两个采样点间强制内插 16 个样点)。可以看到,如图 14.38 所示,强制内插以后信号幅度的周期性变化现象消失,与用户期望的结果一致。

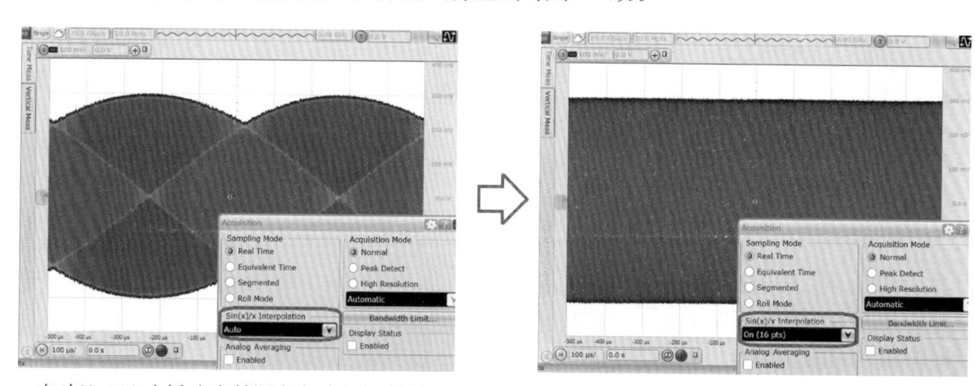

自动Sin(x)/x内插,在存储深度大时会自动关闭　　　　强制打开Sin(x)/x内插

图 14.38　强制内插前后波形的变化

问题总结:这是一个典型的由于波形重建方法造成的测试问题。一般情况下,这种整数倍的采样关系比较少,这次问题的出现是由于示波器的采样率正好是被测信号的整倍数关系,但同时又有细微的频差,因此在没有 Sinx/x 内插时出现了明显的波形幅度变化。需要注意的是,在示波器进行波形的采集、重建和显示过程中,都要对信号进行一些插值甚至抽取,在特定情况下可能会出现一些奇怪的波形,对于这些波形要特别注意,分析其产生的原因,以免造成误判。

从另一个方面来说,对于这种现象善加利用也可以产生一些意想不到的测试效果。例如在这个例子中,通过不加内插时信号幅度的变化周期可以推测被测信号和示波器采样时钟间的频差。在图 14.39 的例子中,信号的载波频率在 5GHz 左右,示波器采样率仍然使用 20GHz。在关闭 Sinx/x 内插时,可以看到信号的幅度变化周期约为 250ns,相当于 4MHz。由于采样率和被测信号频率是 4 倍的关系,也就是说,采样时钟和被测信号由于频差的关系,每经过 1/4 个波形周期会出现一个信号幅度的峰值(相当于被测信号和采样时钟的拍频)。如果假定示波器的采样时钟频率是准确的(实际上也会有误差,具体取决于其时基精度),就可以推断出被测信号的频率误差≈4MHz/4=1MHz。

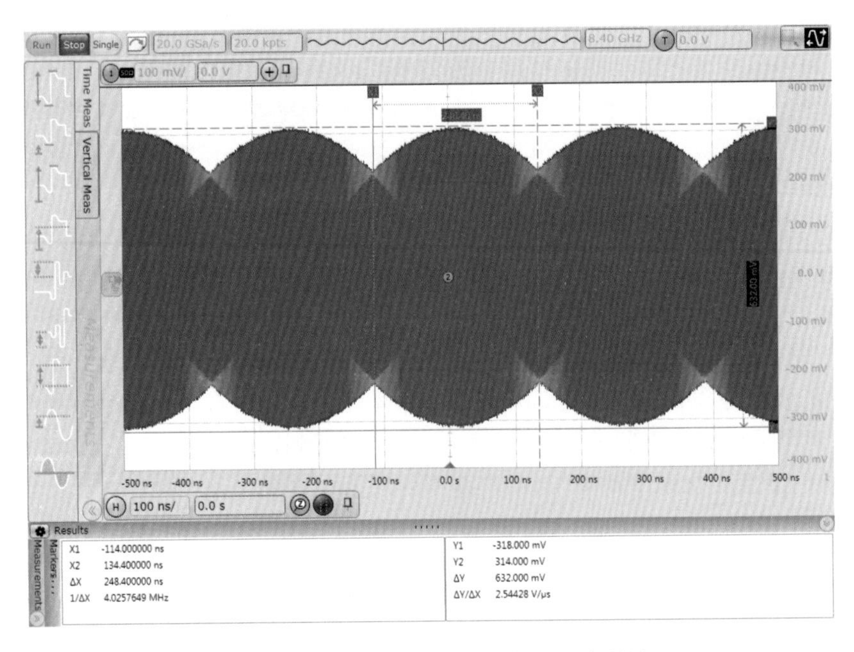

图 14.39　根据幅度变化周期推测频率误差

11. 功放测试中瞬态过载问题分析

随着 4G LTE 的应用,移动通信实现了数据吞吐量的空前增长。然而,移动终端对电池性能的要求也将随之提升,功率放大器(PA)是移动终端中耗电量最高的器件之一,因此也是功耗优化的重点。如图 14.40(a)所示,LTE 上行链路采用 SC-FDMA 调制,峰均比(PAR)较高,信号的功率电平大部分时间内都保持在较低值,极少达到峰值功率。因此,在大部分时间中,功率放大器都无法有效利用输入的功率,造成额外的功率损耗。包络跟踪方法可以根据功率放大器输入信号的"包络"动态调整直流电源电压,并仅在必要时提供元件需要的高电压,从而改进功率放大器的电池消耗和散热。图 14.40(b)是包络跟踪技术的实现原理,通过功放的输出端口耦合一部分功率后进行包络检波和 ADC 采样,然后根据包络的变化情况实时对功放的供电电压通过 DAC 电路进行调整,以实现最优的功率效率。

某用户在进行基站的包络跟踪算法调试中,发现在给功放输入射频信号打开的瞬间,基站的保护电路会出现功率过载现象,不太确定这是由于包络跟踪算法引起的还是输入信号的问题,希望对功放输入的瞬态信号进行捕获分析。

问题分析:功放对于静电、热、射频过载、输出失配等都非常敏感,针对以上情况,在设计功放时都会重点考虑如何保护功放,针对静电、浪涌、过热、过压、过流、过载采取措施,以避免功放发生故障或者失效。为了简化问题,要先了解送给功放的射频信号在打开瞬间是否有功率过冲,以及过冲会达到多大,才能进行对功放影响的分析。测试步骤如下:

[1] 先关掉调制功能,给功放输入连续波信号,通过耦合器把送给功放的信号耦合出来接示波器做测试。正常耦合出来的信号频率约为 2G 多 Hz,功率约为 −5～−4dBm,相当于 300 多 mV 的峰峰值。

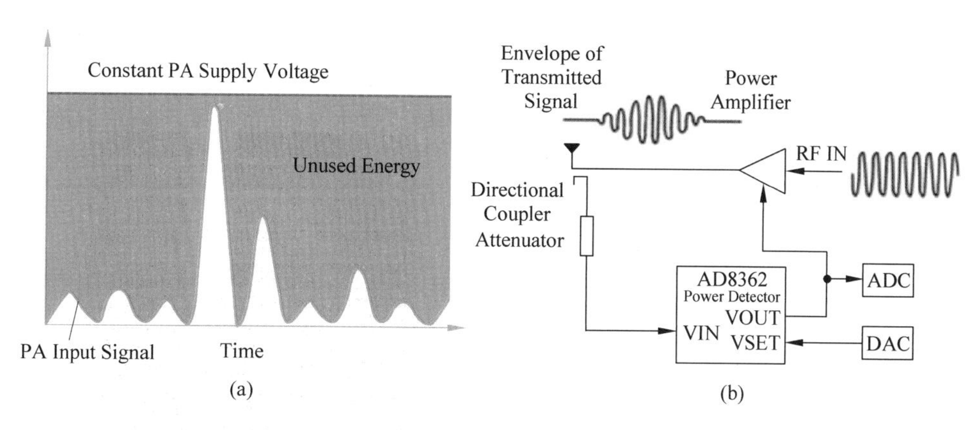

图 14.40 功放的功率电平变化及包络跟踪技术

2 根据信号的幅度，在示波器里设置触发电平约为 100mV，设置采样率为 20GSa/s，并设置单次触发模式，然后打开用户的信号源，捕获到送给功放的信号在打开瞬间的波形如图 14.41 所示。从图中可以看出，信号源的输出打开以后并不是一下就稳定在一个输出功率上，而是先有比较大的过冲和振荡，整个过程持续约 100μs 之后才逐渐稳定下来。在振荡过程中的最大输出幅度和最小幅度间差距在 2 倍以上，如果折算成功率会差 6dB 以上。正是这个过冲和振荡可能会造成功放输出功率的瞬间过载，从而引起保护电路的告警，进一步对包络跟踪算法也会产生一定影响。

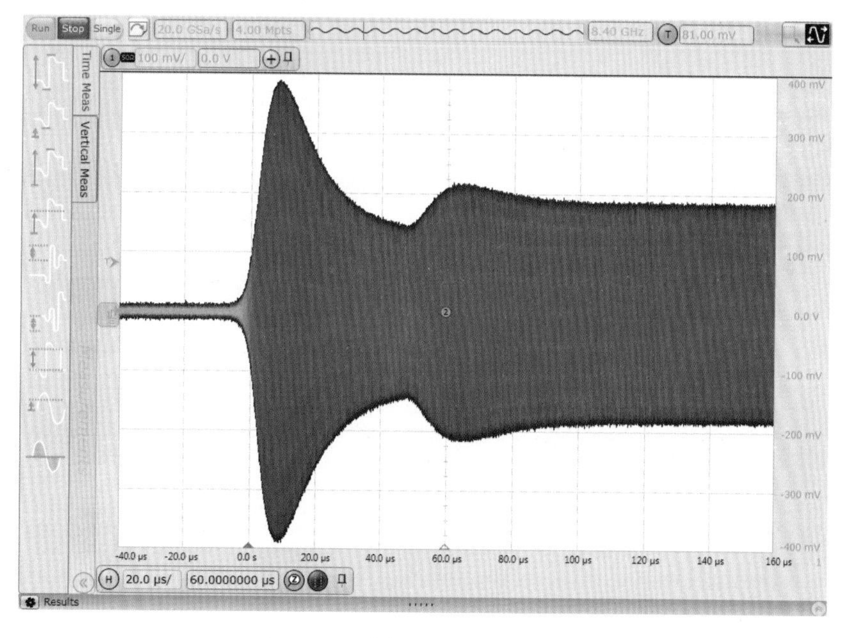

图 14.41 信号源打开瞬间的波形

3 为了进一步对这段功率变化的波形进行分析和测量，我们用示波器中的数学函数功能对这个信号的功率包络进行了提取。如图 14.42 所示，使用了两个数学函数提取信号功率包络：f1 和 f2。f1 对信号的原始波形进行平方运算，把电压波形转换成功率波形；然后 f2 对 f1 的结果进行低通滤波，以滤除载波得到平缓的功率包络。

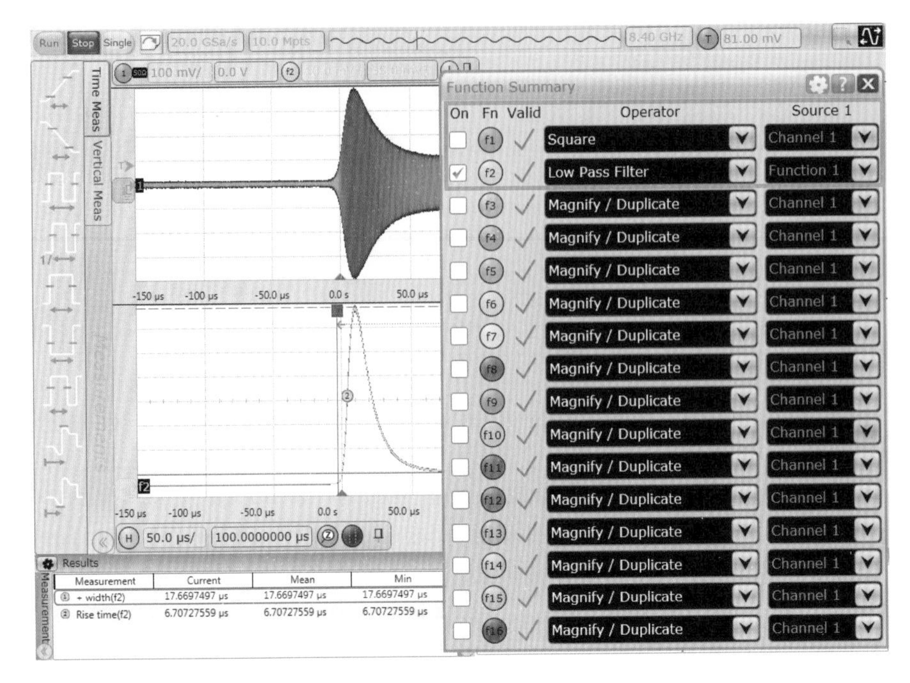

图 14.42　用数学函数提取信号功率包络

4 检出了功率包络之后，就可以对这个功率包络参数进行测量。例如在图 14.43 中，上半部分是信号的原始波形，下半部分是通过数学函数检出的功率变化包络。通过光标或者自动测量功能，就可以对功率的稳定时间、功率的变化范围(相对值)、过冲的上升时间、过冲的半宽度等参数进行准确测量，并进一步衡量对于功放保护电路和包络跟踪算法的影响。

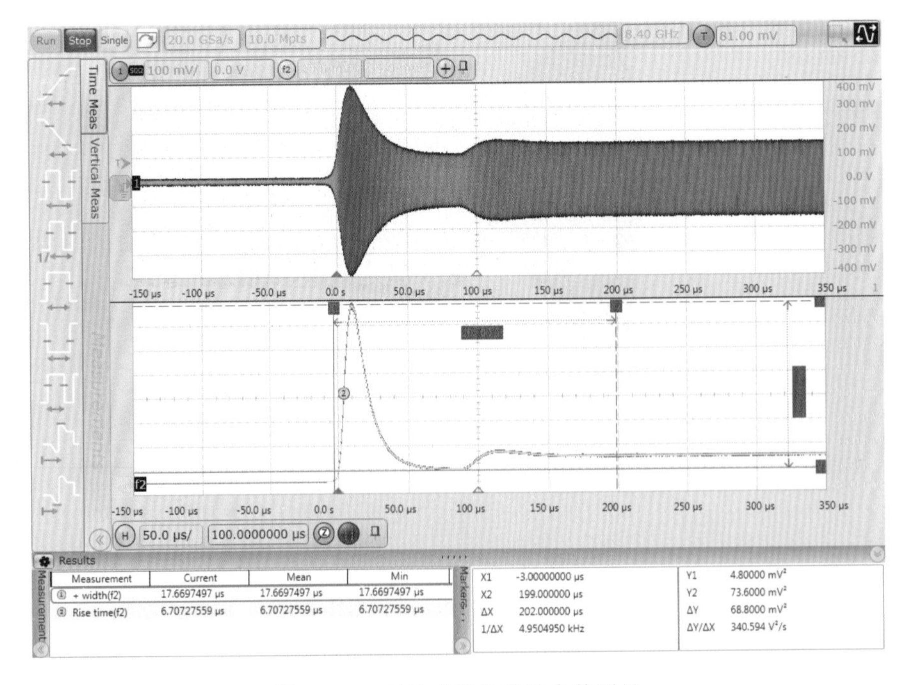

图 14.43　过冲功率包络的参数测量

12. 复杂电磁环境下的信号滤波

很多复杂电磁环境下的射频、微波信号分析中，除了感兴趣的频谱成分外，可能还存在着很多其他频率的干扰。这些干扰如果比较大，可能会严重影响到正常的测试分析。例如在图 14.44 的例子中，需要对载波频率为 5.6GHz 左右的射频脉冲进行分析，而在环境中存在着强度更强的载波频率为 1.7GHz 的射频脉冲干扰，干扰信号的幅度强度和脉冲宽度都超过我们感兴趣的信号脉冲。可以看到，在有干扰信号存在的情况下，被测信号的幅度和频率测量都几乎无法进行，必须对干扰脉冲进行有效滤除。

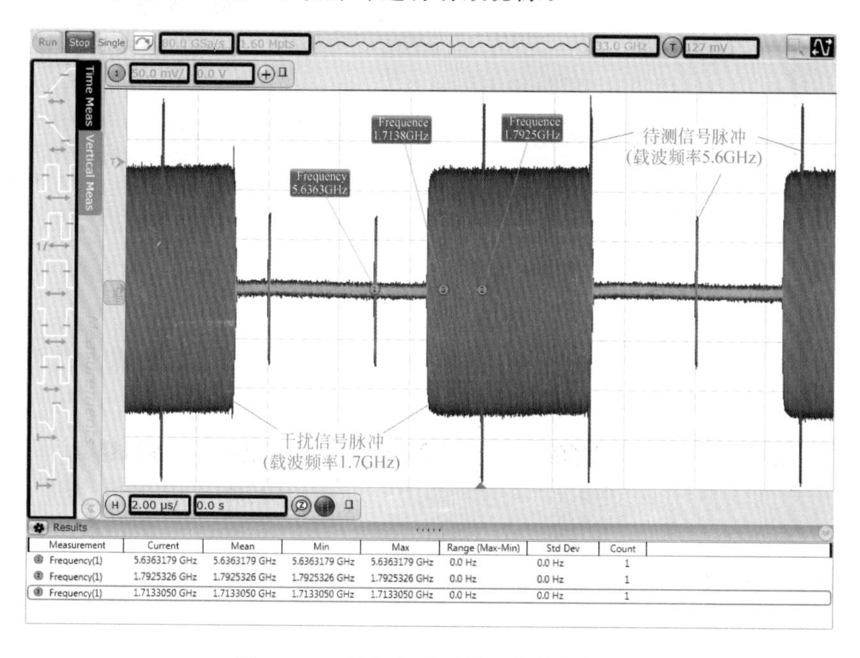

Measurement	Current	Mean	Min	Max	Range (Max-Min)	Std Dev	Count
Frequency(1)	5.6363179 GHz	5.6363179 GHz	5.6363179 GHz	5.6363179 GHz	0.0 Hz	0.0 Hz	1
Frequency(1)	1.7925326 GHz	1.7925326 GHz	1.7925326 GHz	1.7925326 GHz	0.0 Hz	0.0 Hz	1
Frequency(1)	1.7133050 GHz	1.7133050 GHz	1.7133050 GHz	1.7133050 GHz	0.0 Hz	0.0 Hz	1

图 14.44　复杂电磁环境下的射频信号

问题分析：由于干扰信号的频率与被测信号频率不同，要滤除干扰信号，直接想到的方法就是对信号进行滤波。如果要分析的信号的频点是固定的，可以在示波器的输入端增加一个物理的带通滤波器，但如果经常要对不同频点的信号进行分析，这种方法使用起来不太灵活。另一种方法是使用示波器中的带宽限制功能或者数学函数对信号进行滤波，但是示波器中的带宽限制功能只能把带宽限制到某个频点以下，不能实现高通或者带通的滤波，而示波器中标配的数学函数虽然可以实现高通滤波，但是滤波器的滚降太缓慢，不能实现对干扰信号的充分抑制。例如，图 14.45 是使用示波器中标配的高通滤波器函数对信号进行滤波的效果，我们把高通滤波器的频点设置为 3GHz，但是由于滤波器的滚降太缓，对 1.7GHz 的干扰信号虽然有些抑制，但是还不能完全滤除。因此，必须考虑其他滤波方法。

为了用简单的方法实现信号的带通滤波，可以首先用 S 参数的方式定义一个需要的带通滤波器，S 参数是描述器件对不同频点信号的反射和传输系数的文本文件。这个 S 参数文件可以来源于用矢量网络仪真实测量到的一个带通滤波器的结果，也可以是手动编辑的一个特定频响的滤波器文件。例如图 14.46 就是手动编辑的一个带通滤波器的 S 参数文件

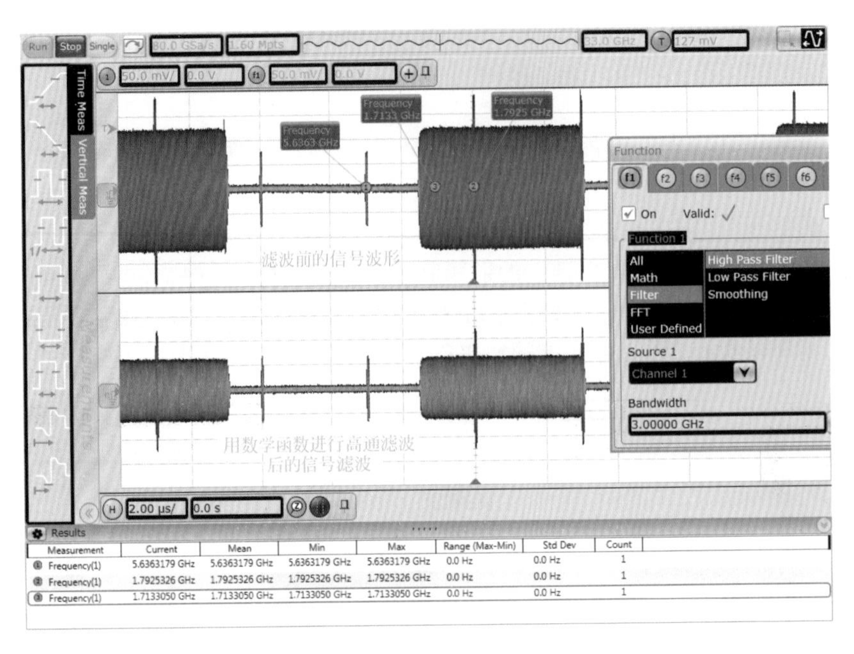

图 14.45　用标配数学函数滤波后效果

的一部分，其 S21 的传输参数在 5～6GHz 间几乎没有衰减，而在其他频点则有非常强的衰减。

频点	S11幅度	S11相位	S21幅度	S21相位
4500000000	-2.00E+02	0.00E+00	-5.00E+01	0.00E+00
4550000000	-2.00E+02	0.00E+00	-4.50E+01	0.00E+00
4600000000	-2.00E+02	0.00E+00	-4.00E+01	0.00E+00
4650000000	-2.00E+02	0.00E+00	-3.50E+01	0.00E+00
4700000000	-2.00E+02	0.00E+00	-3.00E+01	0.00E+00
4750000000	-2.00E+02	0.00E+00	-2.50E+01	0.00E+00
4800000000	-2.00E+02	0.00E+00	-2.00E+01	0.00E+00
4850000000	-2.00E+02	0.00E+00	-1.50E+01	0.00E+00
4900000000	-2.00E+02	0.00E+00	-1.00E+01	0.00E+00
4950000000	-2.00E+02	0.00E+00	-5.00E+00	0.00E+00
5000000000	-2.00E+02	0.00E+00	-3.00E+00	0.00E+00
5050000000	-2.00E+02	0.00E+00	-2.00E+00	0.00E+00
5100000000	-2.00E+02	0.00E+00	-1.00E+00	0.00E+00
5150000000	-2.00E+02	0.00E+00	0.00E+00	0.00E+00
5200000000	-2.00E+02	0.00E+00	0.00E+00	0.00E+00
5250000000	-2.00E+02	0.00E+00	0.00E+00	0.00E+00
5300000000	-2.00E+02	0.00E+00	0.00E+00	0.00E+00
5350000000	-2.00E+02	0.00E+00	0.00E+00	0.00E+00
5400000000	-2.00E+02	0.00E+00	0.00E+00	0.00E+00
5450000000	-2.00E+02	0.00E+00	0.00E+00	0.00E+00
5500000000	-2.00E+02	0.00E+00	0.00E+00	0.00E+00
5550000000	-2.00E+02	0.00E+00	0.00E+00	0.00E+00
5600000000	-2.00E+02	0.00E+00	0.00E+00	0.00E+00
5650000000	-2.00E+02	0.00E+00	0.00E+00	0.00E+00
5700000000	-2.00E+02	0.00E+00	0.00E+00	0.00E+00
5750000000	-2.00E+02	0.00E+00	0.00E+00	0.00E+00
5800000000	-2.00E+02	0.00E+00	0.00E+00	0.00E+00
5850000000	-2.00E+02	0.00E+00	0.00E+00	0.00E+00
5900000000	-2.00E+02	0.00E+00	-1.00E+00	0.00E+00
5950000000	-2.00E+02	0.00E+00	-2.00E+00	0.00E+00
6000000000	-2.00E+02	0.00E+00	-3.00E+00	0.00E+00
6050000000	-2.00E+02	0.00E+00	-5.00E+00	0.00E+00
6100000000	-2.00E+02	0.00E+00	-1.00E+01	0.00E+00
6150000000	-2.00E+02	0.00E+00	-1.50E+01	0.00E+00
6200000000	-2.00E+02	0.00E+00	-2.00E+01	0.00E+00
6250000000	-2.00E+02	0.00E+00	-2.50E+01	0.00E+00
6300000000	-2.00E+02	0.00E+00	-3.00E+01	0.00E+00
6350000000	-2.00E+02	0.00E+00	-3.50E+01	0.00E+00
6400000000	-2.00E+02	0.00E+00	-4.00E+01	0.00E+00
6450000000	-2.00E+02	0.00E+00	-4.50E+01	0.00E+00
6500000000	-2.00E+02	0.00E+00	-5.00E+01	0.00E+00

图 14.46　手动编辑的带通滤波器 S 参数文件

接下来，如图 14.47 所示，可以在示波器的嵌入/去嵌入软件中选择把这个 S 参数文件嵌入到相应的测量通道中。设置完成后，示波器会根据这个 S 参数计算出一个传输函数，然后对相应通道的波形进行运算。

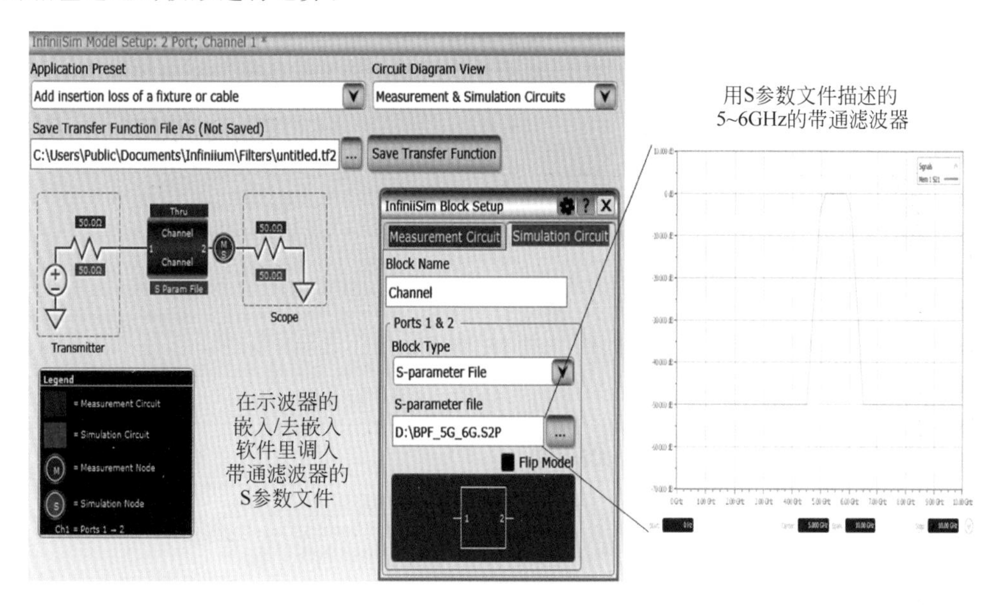

图 14.47 把 S 参数文件嵌入到测量通道

图 14.48 是原始信号的波形和经加载带通滤波器 S 参数文件后的信号波形。从时域来看，1.7GHz 的干扰脉冲完全被滤除掉，只剩下干净的 5.6GHz 载波的信号脉冲。从频域来看，原始信号中包含 1.7GHz 和 5.6GHz 的频谱成分（甚至 1.7GHz 的频谱成分更高），而经过带通滤波后只剩下了 5～6GHz 的频谱成分。由于这个运算是通过示波器内部的 FPGA 硬件电路处理完成的，所以相对于使用数学函数，其波形处理和更新速度也更快。

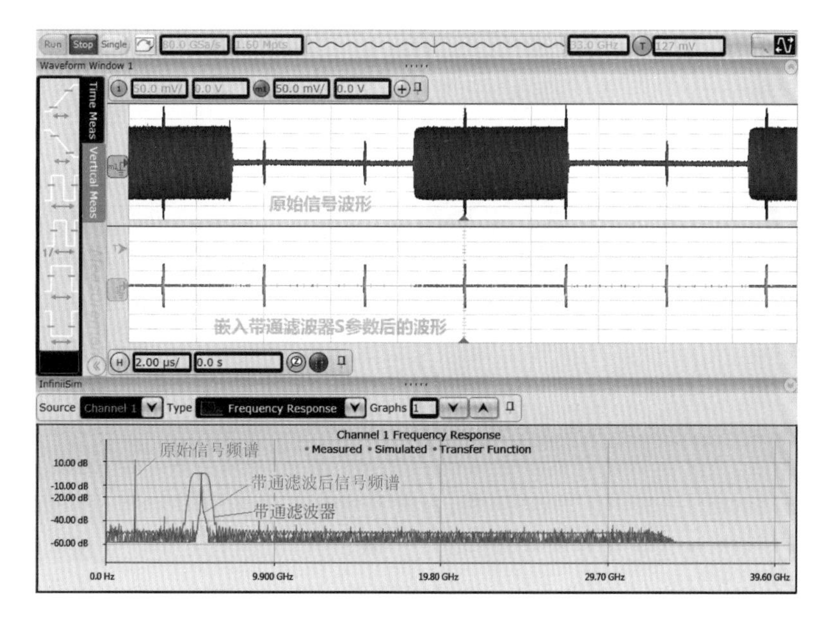

图 14.48 带通滤波器滤波前后的波形

如果选择对其中的一个脉冲进行时域展开，可以更清楚地对比带通滤波前后的波形。图 14.49 中上半部分是原始信号波形，此时 5.6GHz 载波的窄脉冲和更宽的 1.7GHz 载波的脉冲叠加在一起，几乎无法分辨，同时由于两种载波信号叠加在一起，几乎无法对脉冲的参数进行测量；而下半部分是带通滤波后的信号波形，1.7GHz 的干扰信号完全被滤除，可以清晰看出载波为 5.6GHz 的脉冲的时域轮廓，对于脉冲内载波频率的测量也非常准确。

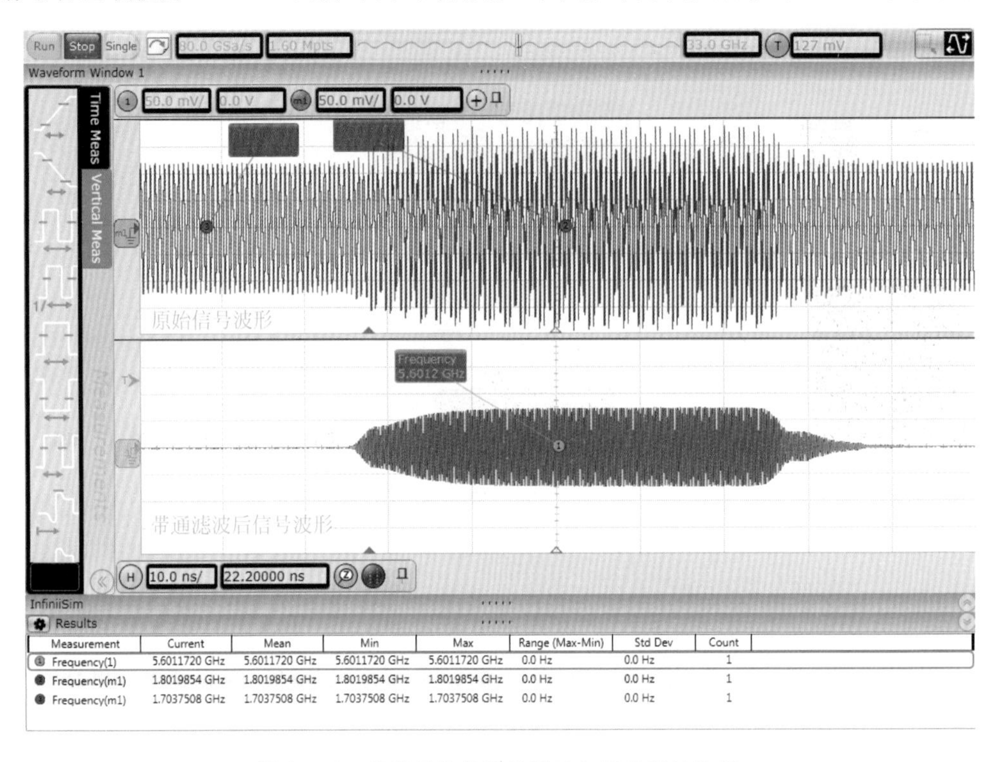

图 14.49　带通滤波前后的脉冲包络及载波波形

13. 毫米波防撞雷达特性分析

自动驾驶技术是目前汽车上最热门的技术之一，而自动驾驶信息的来源就是车身周边一系列的防撞雷达和图像识别技术。以 Tesla 为例，前方最重要的防撞系统由安装在挡风玻璃上的摄像头和车头的防撞雷达构成。自动驾驶系统通过对摄像头和雷达的资料处理分析，汽车就能够识别交通信号，观测其他车辆以及行人，并根据车道信息对驾驶情况做出调整。

非成像的汽车防撞雷达采用激光、超声波、红外线、毫米波等方式。毫米波雷达穿透性强，测距精度受雨、雪、雾灯天气因素影响小，除了测距外还可以测速和测方位角，且天线体积小、尺寸小，因此是汽车防撞雷达的主流研究方向。目前国际上汽车防撞雷达的主要工作频段为 24GHz、36GHz、60GHz、77GHz 等，而汽车防撞雷达的信号特征是总体设计的一个非常重要参数。为了对其毫米波雷达特性进行分析，可以采用如图 14.50 所示的测试系统，主要包括高性能信号分析仪、110GHz 下变频模块、8GHz 带宽的高精度示波器、矢量信号解调软件等。

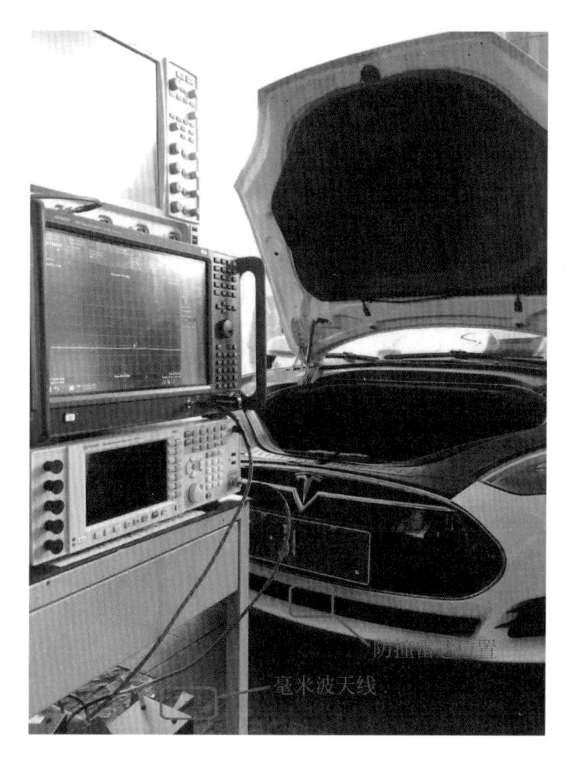

图 14.50 毫米波防撞雷达特性测试系统

通过高带宽的信号捕获以及解调软件的分析可以分析出防撞雷达的频点、带宽、频率调制方式、扫描周期等参数。很多高级的防撞雷达没有采用传统的调频连续波(FMCW)调制方式,而是采用比较复杂的线性调频。线性调频信号是一种带宽大、分辨率高的信号,在军工领域有广泛应用,用于汽车防撞雷达时,信号处理算法复杂度低,降低了硬件成本。很多高级防撞雷达的脉冲串通常由多组线性调频的 Chirp 脉冲信号组成,信号带宽达到几百 MHz。多组 Chirp 信号可以构成类似三角波的线性调频扫描方式,每个周期都有正、负调频斜率两部分。三角波的线性调频扫描雷达通过上、下扫频段的差拍频谱进行配对处理,能够消除距离和速度的耦合,可以更方便实现多目标环境中运动目标的检测与参数估计。

十五、宽带通信信号的解调分析

1. I/Q 调制简介

无线通信是现在应用最为广泛的通信技术之一，其核心是把要传输的数据调制在载波上发射出去，载波状态的变化承载了不同的信息。如图 15.1 所示，载波信号的状态变化可以分为幅度变化、频率变化以及相位变化，因此对应的就有 AM(Amplitude Modulation)或 ASK(Amplitude Shift Keying)调制、FM(Frequency Modulation)或 FSK(Frequency Shift Keying)调制、PM(Phase Modulation)或 PSK(Phase Shift Keying)调制，更复杂的调制中可能同时会改变 1 个以上的状态量，例如同时改变幅度和相位。早期的无线通信是把模拟量(如语音信息)直接调制在载波上，传输过程中信噪比的恶化会造成传输信息的严重失真。现代的无线通信都普遍采用数字调制技术，即把数字化后的信息调制到载波上。这样只要信噪比的恶化控制在一定程度以内，就可以大大减小接收端的误判。再加上数字信号可以采用大量的信号编码和纠错技术，使得数字调制成为了现代无线通信的绝对主流技术。

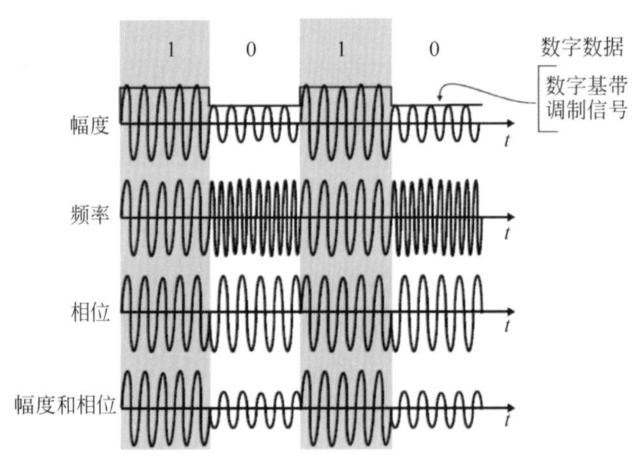

图 15.1　不同的调制方式

在数字移动通信、无线网络、卫星通信等应用中，为了提高频谱利用效率，普遍采用 I/Q 调制技术来实现数字调制。I/Q 调制技术是把要传输的数字信息分为 I(In-phase component)支路和 Q(Quadrature component)支路，通过 I/Q 调制器(I/Q Modulator)分别改变载波信号及正交信号(相对于载波信号有 90°相位差)的幅度，然后再合成在一起。I/Q 调制技术通过控制加载在 I 路和 Q 路信号载波上的不同幅度，就可以控制合成后载波信号的幅度以及相位的变化，从而可以承载更多信息。这种调制方式具有实现简单、调制方式灵活、频谱利用效率高等特点，因此在现代移动通信技术中广泛使用。图 15.2 是 Linear 公司的一款 I/Q 调制器产品(参考资料：www.linear.com)。

I/Q 调制可以控制合成后载波信号的幅度以及相位状态，并用不同的状态代表不同的数据含义。每次信号变化可以表示的状态越多，调制越复杂，但同时每个状态可以表示更多的数据 bit，从而在有限的状态跳变速度下可以承载更多的信息内容。为了更好地对载波在某个时刻的幅度和相位信息进行描述，通常用如图 15.3 所示的极坐标的方式，其相位的变化可以表示为在极坐标上的旋转，其幅度的变化可以表示为其离原点的距离。对于数字调制来说，采用的是离散的数字量来控制载波相位和幅度的变化，因此其在极坐标上的状态表示为一个个离散的点，这些点根据不同的调制方式而组成不同的图案，这些图案有时又称为星座图(Constellation)。

图 15.2　I/Q 调制器

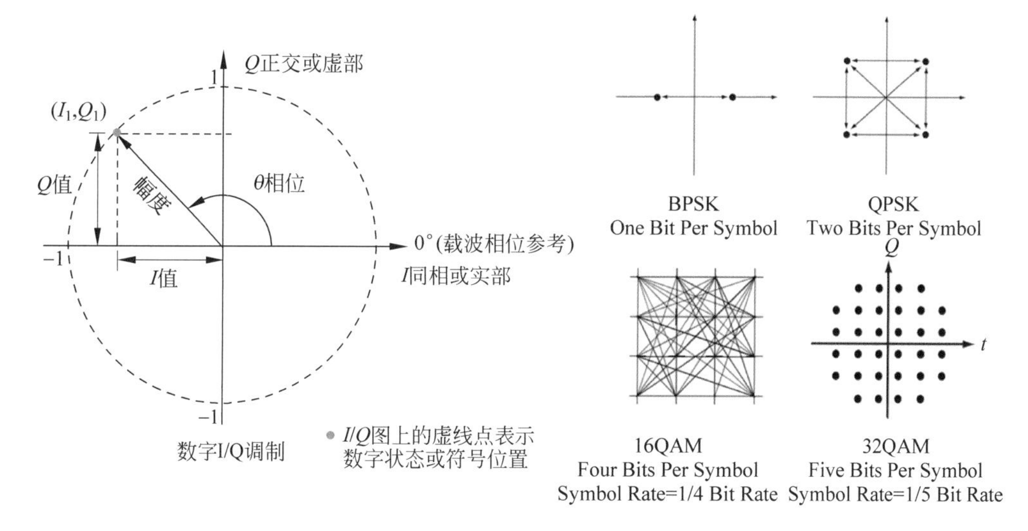

图 15.3　I/Q 调制的极坐标表示及星座图

例如，对于 BPSK(Binary Phase Shift Keying，二进制相移键控)的调制方式来说，采用相差 180°的两个相位状态进行数据的传输，在星座图上就表示为两个相位差 180°的点；对于 QPSK(Quadrature Phase Shift Keying，四相移键控)的调制方式来说，采用相差 90°的四个相位状态进行数据的传输，在星座图上就表示为四个相位差 90°的点；而对于 16QAM (16-state Quadrature Amplitude Modulation，16 状态幅相调制)的调制方式来说，除了改变载波相位外，还会改变载波的幅度，共使用了 16 个不同的状态进行数据的传输，其在星座图上就表示为 16 个不同幅度和相位的点。

一般情况下，把信号在星座图上每个状态承载的数据内容叫作 1 个符号(Symbol)，每个符号对应星座图上的一个状态，不同状态间的变化速率就叫作符号速率(Symbol Rate)，有时又称为波特率(Baud Rate)。

在采用 I/Q 调制的发射机中，要提高信号的传输速率，主要有两种方式：提高波特率或采用更复杂的调制方式。波特率越高，其在无线传输时占用的频谱带宽越宽。而通常情况下在民用无线通信中，频谱资源是非常宝贵的，因此很多时候不可能使用非常高的波特率，除非开发新的频谱资源(例如在未来的5G移动通信中会考虑6GHz以及毫米波频段的频谱资源)或者频谱资源是独占的(例如在有些军用或者卫星通信中)。如果波特率或者频谱带宽已经不能再提高了，要提高信号传输速率，就需要采用更复杂的调制方式。例如在前面的例子里，BPSK调制只有两个状态，每个状态可以传输1bit信息；QPSK调制有四个状态，每个状态可以传输2bit信息；而16QAM调制有16个状态，每个状态可以传输4bit信息。调制方式越复杂，则每个状态就可以传输更多的数据bit，单位带宽下的数据传输速率越高。但要注意的是，调制方式也不能无限复杂，调制方式越复杂，对于信噪比的要求也越高，如果信噪比不能提高而单方面采用更复杂的调制方式，则误码率可能会大到不可接受的程度。

2. I/Q调制过程

为了实现I/Q调制，现代的数字调制发射机主要由图15.4所示的几部分组成：符号编码器(Symbol Encoder)、基带成型滤波器(Baseband Filter)、I/Q调制器(I/Q Modulator)以及相应的变频及信号放大电路。

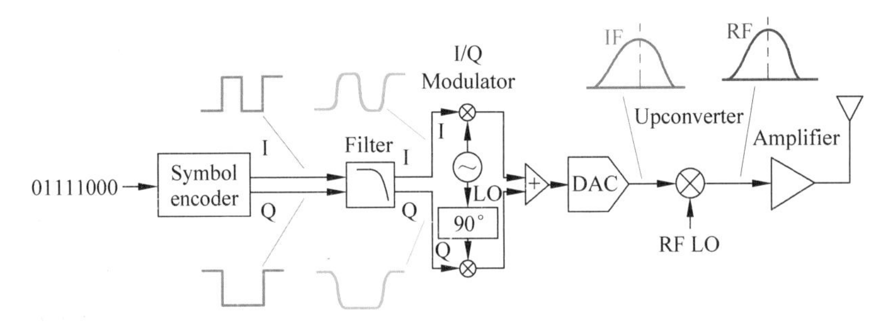

图15.4 数字发射机的结构

其中，符号编码器用于把要传输的数字码流信号根据采用的调制方式，而分别映射到I路和Q路上。每种调制方式都有一个对应的数据编码表，以图15.5所示的16QAM符号编码器为例，在星座图上共有16个星座点，也就是16个可能的状态，这样其I路或Q路上就各有4个可能的电平选择。

经过符号编码器编码后的波形还不能直接送给I/Q调制器，因为这样的信号边沿跳变太陡峭，包含的高次谐波成分比较多，如果直接调制到I/Q调制器上，会产生很宽的频谱对相邻频带的通信信号产生干扰，同时很宽的频谱也会对后级的功放和天线设计提出很大的挑战。因此，除非整个频带是自己独占的，在把I/Q编码后的数据送给调制器之前，一般都会进行低通滤波，以使信号的频谱成分限制在一定范围之内。这个滤波器通常称为基带成型滤波器，在现代移动通信中一般都是通过数字处理芯片进行内插和FIR(Finite Impulse Response)滤波来实现。

在早期的数字移动通信中，例如GSM标准中，成型滤波器使用的是如图15.6所示的高斯滤波器。高斯滤波器在频域和时域的形状都是高斯曲线，其优点是占用带宽小、带外抑制好，但是会对其前后相邻的符号产生码间干扰，因此当符号速率比较高时会对传输质量造

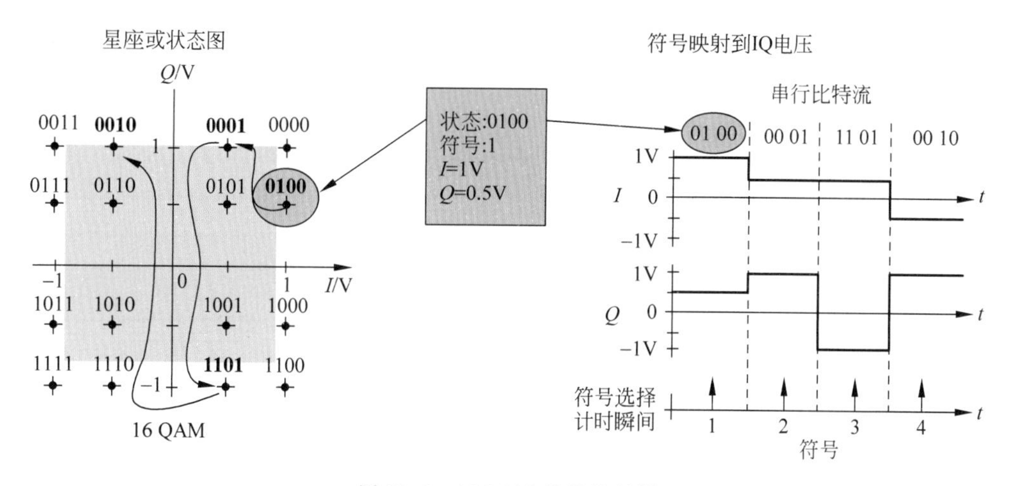

图 15.5 16QAM 符号编码器

成一定影响。

现代移动通信中比较常用的基带成型滤波器是 Nyquist 滤波器，Nyquist 滤波器又称为升余弦(Raised Cosine)滤波器。升余弦滤波器在时域的冲激响应是如图 15.7 所示的一个 Sinc 函数，这种滤波器由于每隔整数个符号周期会有一个过零点，因此其对相邻以及后续符号采样点时刻的码间干扰为零，可以有效地减小码间干扰问题。需要注意的是，升余弦滤波器由于时域拖尾的存在，其对于相邻符号的波形形状仍然是有干扰的，只不过仅仅在符号采样时刻的干扰为零而已。

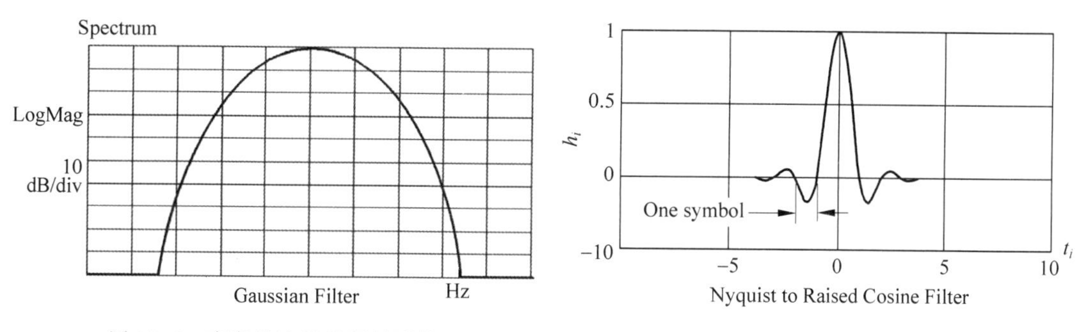

图 15.6 高斯滤波器的频域形状

图 15.7 升余弦滤波器的时域冲激响应

通过升余弦滤波器，可以把信号的频谱限制在一定频宽范围内，同时又避免了从发送端到接收端的通道带宽限制造成的码间干扰对信号判决的影响。在实际应用中，需要对发射机发射的信号进行滤波和带宽限制以避免对其他频段信号的干扰，同时在接收机这一侧也需要对进入的信号进行滤波以避免带外信号的干扰。为了保证发射端的滤波器和接收端的滤波器组成的系统的响应是一个升余弦滤波器，一般会把这个这个升余弦滤波器分解成两个根升余弦的滤波器(即升余弦滤波器的开根号)，这样不但保证了发射机和接收机端都各自具备独立的带外信号抑制能力，而且这两个滤波器相叠加以后的频响是升余弦滤波器，达到了避免码间干扰的目的(见图 15.8)。

理想情况下，信号占用的带宽就等于信号的符号速率，但是这在真实情况下是不容易实现的。对于升余弦滤波器来说，一般用 α 值来表示额外占用的带宽和数据符号速率间的关

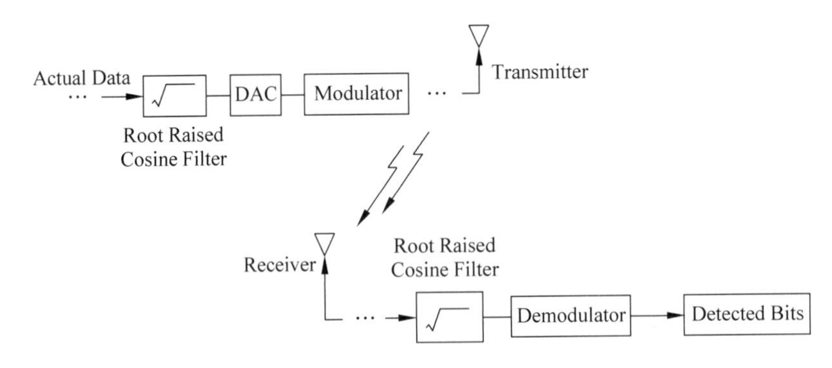

图 15.8 发射机和接收机的根升余弦滤波器

系，这个值反映了滤波器在频域滚降的快慢（见图 15.9）。如 $\alpha=0$ 表示占用的带宽与信号符号速率一样；$\alpha=1$ 表示占用的带宽是信号符号速率的两倍。考虑到工程实现的可行性以及占用带宽尽可能小，通常情况下升余弦滤波器的 α 值会在 0.2～0.5 之间选择。

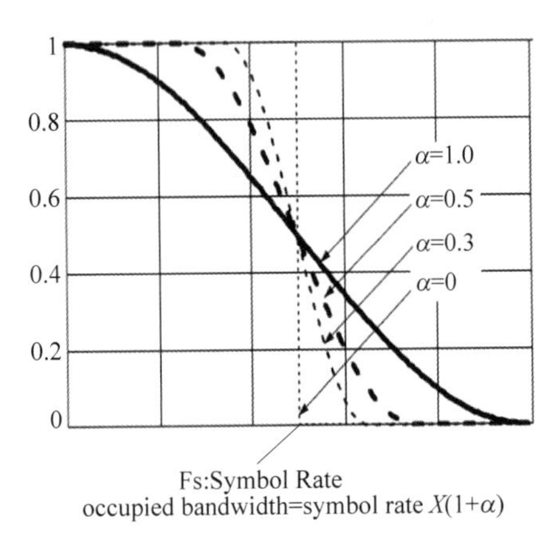

图 15.9 升余弦滤波器的滚降系数

基带信号经过符号编码和成型滤波后，就可以送给 I/Q 调制器进行调制。I/Q 调制器内部包括两个调制器、一个实现 90°相位延迟的调相器以及实现 I/Q 信号合成的合路器。为了保证 I、Q 两路信号间幅度、相位的一致性，有些 I/Q 调制器内部还会包含增益控制（用于分别调整两路信号的幅度）、相位控制（用于调整两路载波信号间正交性）电路等。在真实情况下，这个 I/Q 调制器可能是个专门的器件，也可能是直接在 DSP 或 FPGA 中用数字方法实现。

3. 矢量信号解调步骤

现代的卫星通信、5G 移动通信、无线局域网的通信带宽都非常宽，可能超过 500MHz 甚至达到 2GHz 左右。对于这么宽带的信号来说，传统频谱仪虽然可以看到信号频谱，但受限于实时分析带宽，已经很难再对信号的调制质量进行有效的解调分析，这时就可以使用宽带示波器配合矢量解调软件来做信号解调分析。为了简化问题的分析，在后面的章节中以一个载波频率为 5.2GHz，数据速率为 50MBaud 的 QPSK 调制信号为例，来介绍如何用示波器进行射频、微波信号的解调分析。

首先，在示波器上可以直接观察被测信号的时域波形（见图 15.10）。信号的包络形状与发射端成型滤波器的类型和滚降因子有关，有经验的工程师通过信号的包络形状可以大概估算出信号的功率、调制速率以及调制方式。但除此以外，对于信号调制质量的好坏则很难进行定量的评估。

为了对这个信号进行进一步的解调和调制质量分析，可以借助相应的 VSA（Vector Signal Analyzer，矢量信号分析）软件。这个软件可以安装在示波器上，也可以安装在一台

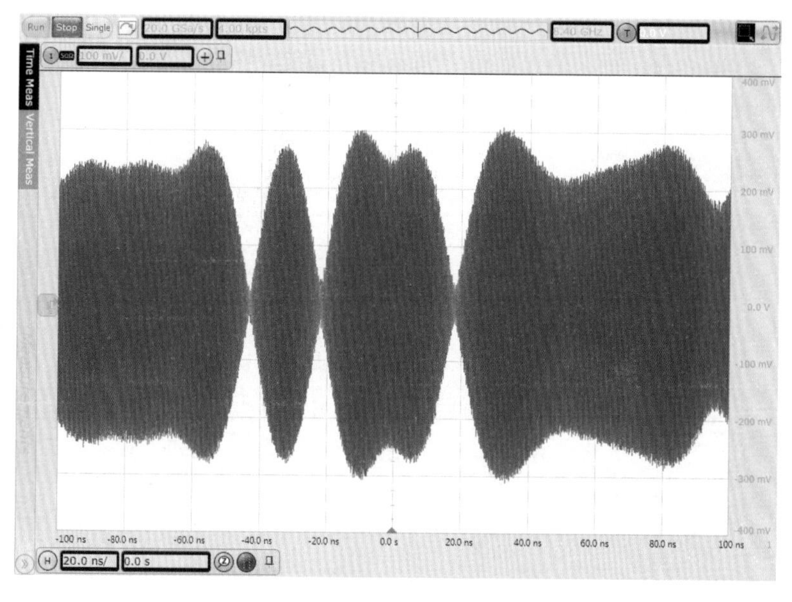

图 15.10　调制信号的原始时域波形

外部 PC 上并通过网线或 USB 线对示波器进行控制。在和示波器的地址设置连接完成后，VSA 软件可以控制示波器，并把示波器采集到的波形数据送到软件中进行重采样和信号分析，其主要的工作原理如图 15.11 所示。可以看到，VSA 软件主要是借助高带宽示波器把射频甚至微波频段的信号直接采样下来，并按照与信号调制完全相反的流程对信号进行解调，然后从时域（解调后的时域波形）、频域（信号频谱）、码域（解调后的数据）、调制域（调制质量）等各个角度对信号进行分析。

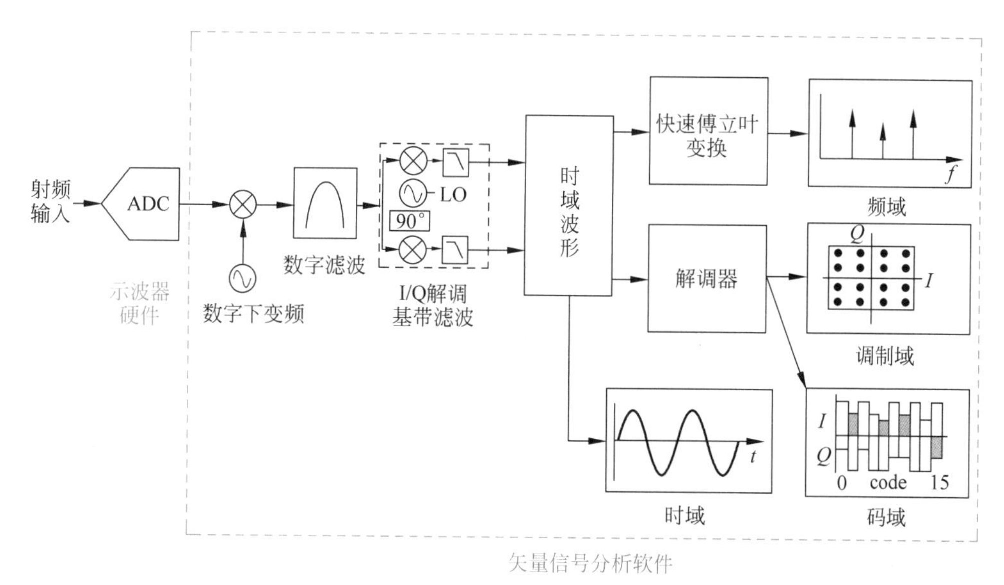

图 15.11　矢量信号分析软件工作原理

一般情况下，通过设置中心频点、扫频带宽、参考功率电平等可以大概看到信号的频谱以及重采样后的时域波形。通过这步设置也可以确认在要分析的频段内是否有足够强的信号成分存在，例如在图 15.12 中把频谱的中心频点设置为 5.2GHz，Span 设置为 100MHz，参考电平设置为 0dBm 后，可以看到频谱中间有明显隆起，整个占用带宽在60～70MHz，因此可以确认频点等信息设置正确，而且信号已经正常发出。

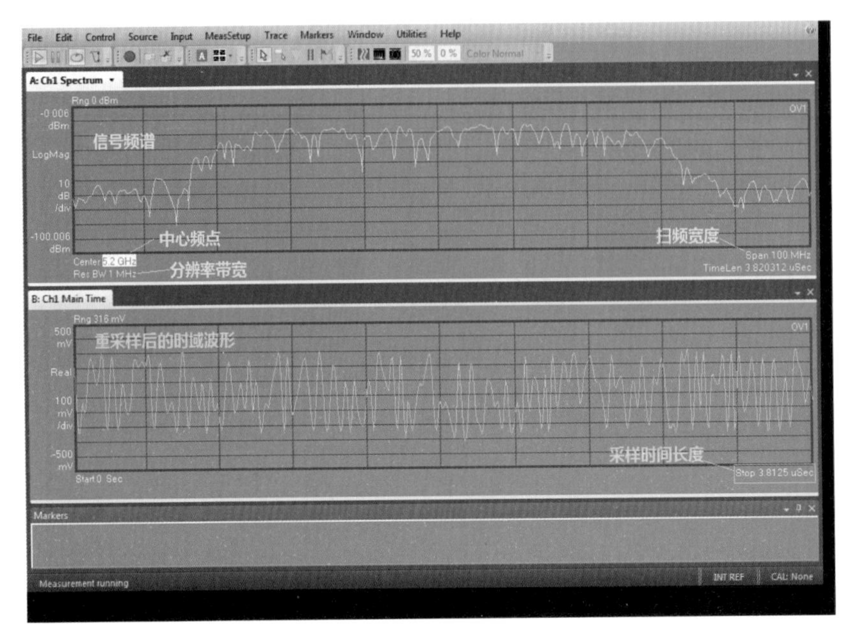

图 15.12　设置中心频点、扫频带宽、参考功率电平

在图 15.12 中，频谱跨度 Span＝100MHz，分辨率带宽 ResBW＝1MHz，采样的时间长度约为 3.8μs。为了更好观察频谱的细节，通常会对分辨率带宽 ResBW 进行调整，或者需要采集更长的时间长度进行信号分析。我们可以通过增加参与频谱分析的点数，来减小能够设置的最小分辨率带宽 ResBW。而由于时域的采集长度又与 ResBW 呈反比关系，所以通过调整频谱点数及 ResBW 的设置就可以间接控制时间采集的长度。在调整过程中，需要注意的是，当 FFT 过程中采用不同的加窗类型时，由于窗口系数不同，相同的 ResBW 下对应的采集时间长度可能是不一样的。采样时间长度和窗口类型、ResBW、频谱点数间的关系如图 15.13 所示。

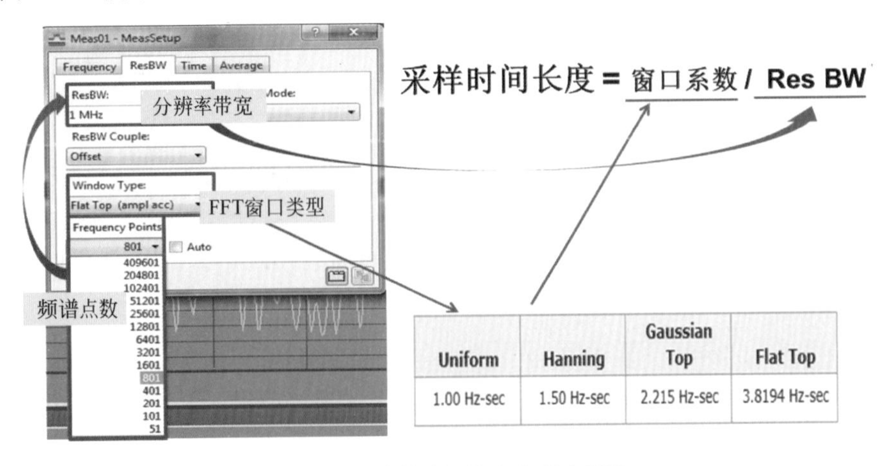

Uniform	Hanning	Gaussian Top	Flat Top
1.00 Hz-sec	1.50 Hz-sec	2.215 Hz-sec	3.8194 Hz-sec

图 15.13　采样时间长度的影响因素

图 15.14 是增加频谱分析点数,并减小分辨率带宽后看到频谱和时域波形。可以看到,由于分辨率带宽 ResBW 减小到 30kHz,所以频谱的分辨率和细节更加清楚,同时采样到的时域波形的长度也更长。

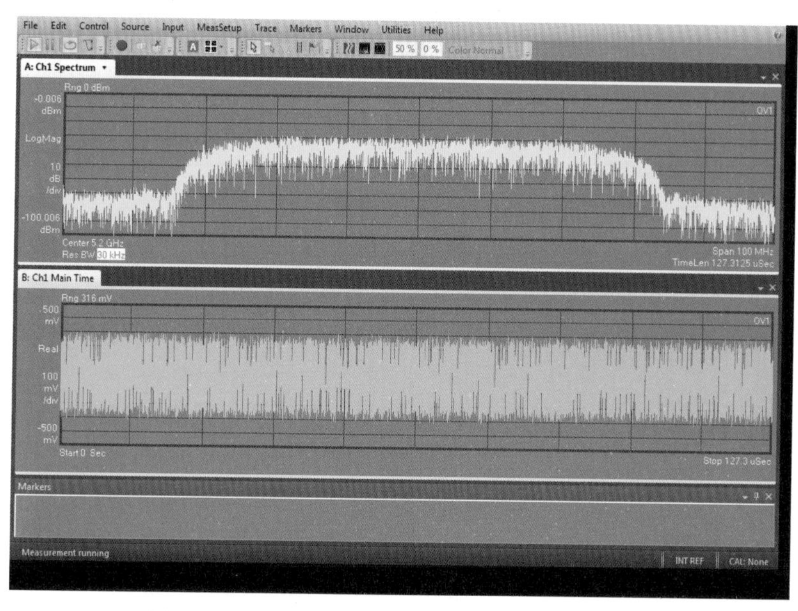

图 15.14　通过增加频谱分析点数减小分辨率带宽

如果信号的频谱和时域波形都没有问题,就可以打开数字调制功能对信号进行矢量解调分析,矢量解调分析的信号处理流程如图 15.15 所示。

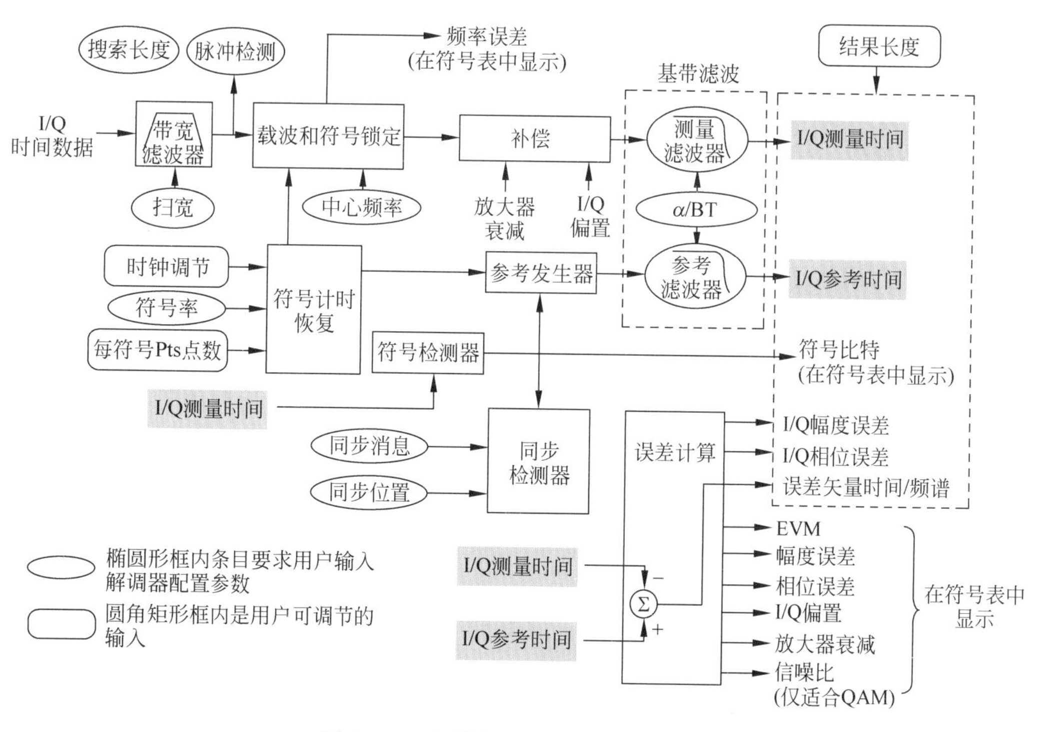

图 15.15　矢量解调分析信号处理流程

关于各个关键步骤的功能和作用描述如下：

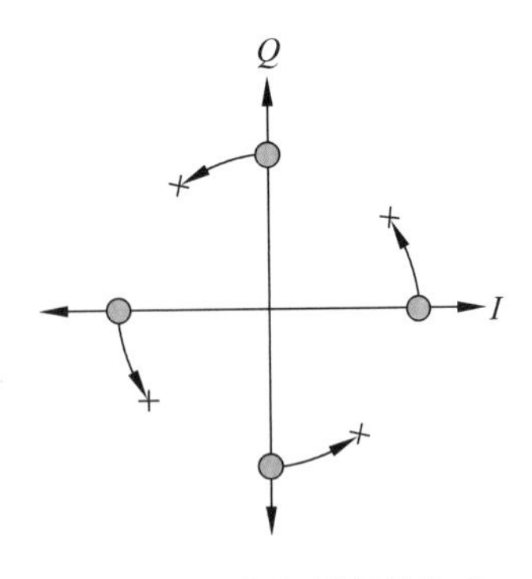

图 15.16　收发端频差造成的星座图旋转

●**频差补偿**：在进行矢量信号解调的过程中，对于 ADC 采样到的信号，首先通过数字滤波器把关心频段内的信号滤除出来，然后根据设置的中心频点和符号速率进行载波和符号的锁定，并对发端和收端的频率误差进行测量和补偿。收发端的频差可能造成持续的相位偏差，从而在解调的结果上表示为星座图的旋转(见图 15.16)。

●**I/Q 滤波**：经过频差补偿，已经可以得到初步的 I 路和 Q 路的时域波形。I 路和 Q 路波形经衰减和偏置补偿后，通过相应的测量滤波器，可以得到最终的 I 路和 Q 路波形(在解调软件中称为 IQ Measure Time)。这个测量滤波器用来模拟接收端的成型滤波器的形状，当发射端采用根升余弦滤波器时，这个测量滤波器也使用根升余弦滤波器。

●**符号解调**：得到 I/Q 的时域波形后，就可以根据符号速率在相应的时间点对 I/Q 波形进行采样，从而得到 I 路和 Q 路的电压值。根据相应的电压值再对应 I/Q 符号编码表进行解码，就可以恢复出传输的符号数据信息，从而完成了数据的解调过程。

●**生成参考波形**：获得传输的符号数据并不是最终目的，因为调制质量只要不是特别差，应该都可以获得正确的数据，所以仅仅获得解调数据还不够，还需要对其调制质量进行量化分析。为了对实际的调制质量进行分析，VSA 软件会以解调到的数据为基准，在数学上再模拟出这些数据经过一个理想的无失真发射机和理想的接收机后的时域波形。需要注意的是，在这步重建时域波形时使用的成型滤波器通常称为参考滤波器，与第 2 步中使用的测量滤波器不太一样。测量滤波器只是模拟了接收端的滤波器，而这个参考滤波器则包含了发送端滤波器和接收端滤波器共同的影响。因此，如果发送端和接收端都是使用根升余弦滤波器，则测量滤波器为根升余弦滤波器，而参考滤波器则就是一个升余弦滤波器。

●**误差计算**：当得到实际测量到的 I/Q 信号波形，以及基于相同数据用理想发射机和接收机生成的参考波形后，就可以对两个波形进行比较并计算误差。例如可以得到误差的时域波形，也可以把误差分解为幅度误差和相位误差，还可以对误差的时域波形再进行频谱分析等。

在测量结果的误差分析方法中，最直观的是 EVM(Error Vector Magnitude，误差矢量幅度)指标。EVM 的定义如图 15.17 所示，把参考信号在星座图上的位置作为参考点，把实际测量到 I/Q 信号在星座图上相对于参考点的距离作为误差矢量，然后把这个误差矢量与最大符号幅度的比值的百分比称为 EVM。每个符号都有对应的 EVM 结果，通常会对多个符号 EVM 的结果取方差，用其均方根值作为当前调制信号的 EVM 测量结果。

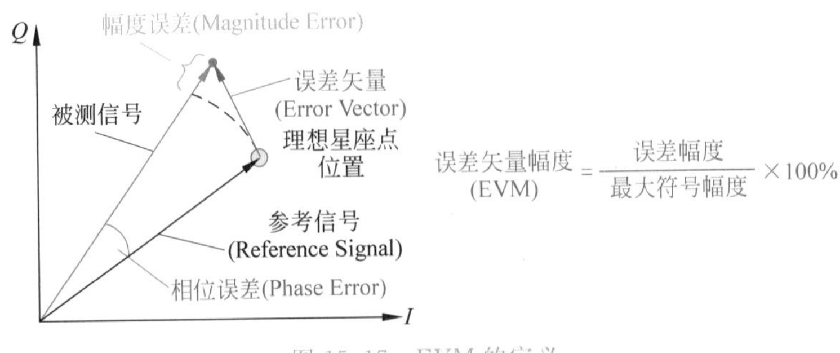

图 15.17　EVM 的定义

因此，在对信号解调过程中，除了设置正确的中心频点、频谱跨度、参考功率电平外，最重要的是调制方式、符号速率、测量滤波器类型、参考滤波器类型以及滤波器滚降因子的设置。通过前面的介绍，应该可以很容易理解并进行这些参数的设置(见图 15.18)。

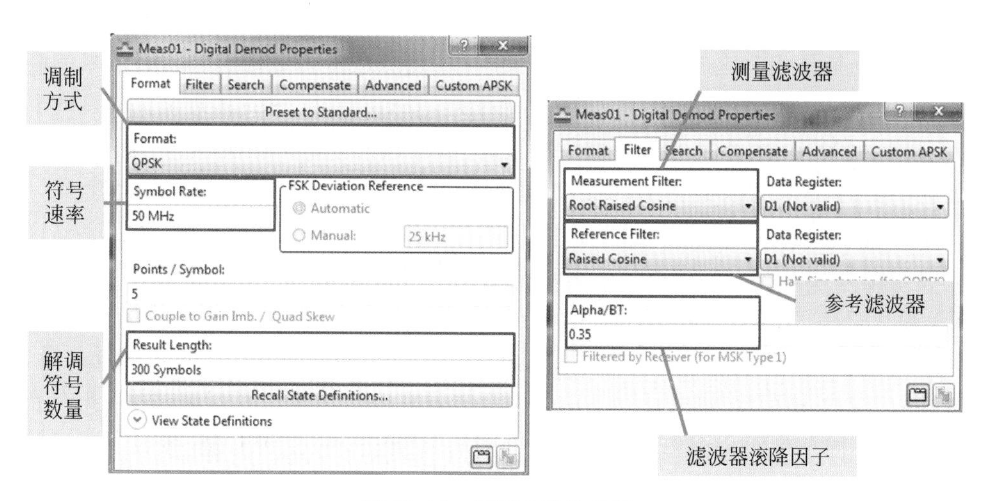

图 15.18 解调参数的设置

通过设置解调参数，并对解调结果的窗口略作调整后，可以看到如图 15.19 所示的信号解调分析结果。从中可以显示原始信号的频谱、I/Q 信号矢量形成的星座图、误差矢量结果、误差矢量的统计分析、解调出的原始数据信息以及 I 路和 Q 路的信号眼图等信息。根据不同的需要，可以增加或者减少显示窗口的数量，也可以更改每个窗口显示不同的信息，这些在后面会陆续介绍。

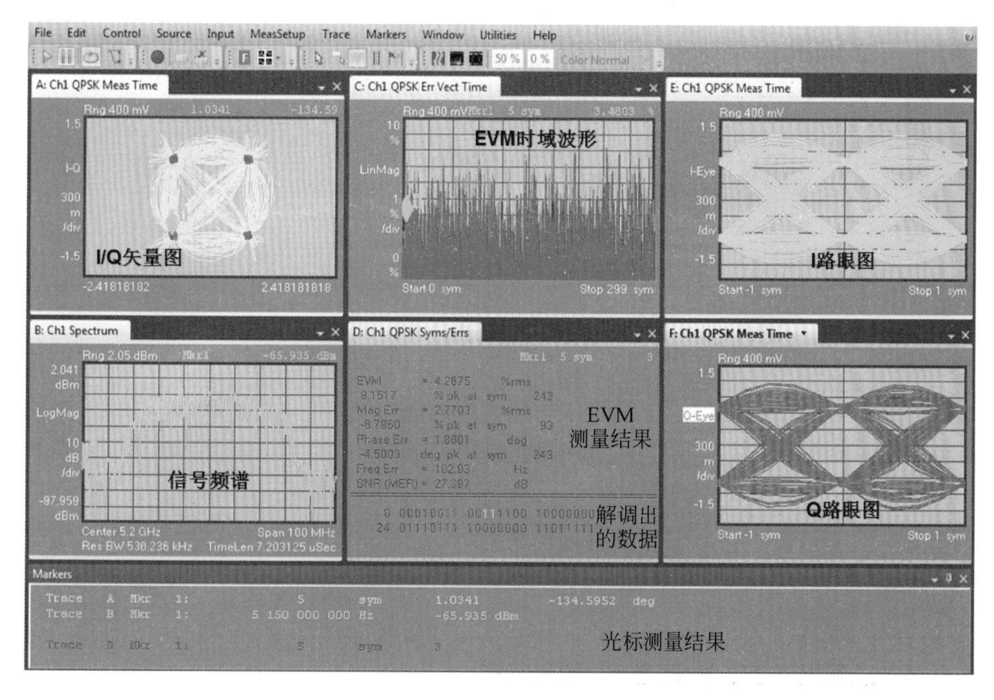

图 15.19 信号解调分析结果

在上面的解调结果中，可以从不同角度对信号的调制质量进行分析。例如从 EVM 测量结果来看，EVM 值约为 4%，算是比较正常的一个发射机的指标；从信号频谱上看，信号的主要功率集中在中心频点附近 70MHz 左右的范围内，这主要是基带成形滤波器的效果；从 I/Q 矢量图上看，在 QPSK 的四个星座点上，采样时刻矢量点的聚集还比较密集，这与 EVM 的测量结果是相对应的；从 I 路和 Q 路的眼图看，在中间采样时刻两路信号的高低电平区分也比较明显，说明采样时刻的码间干扰很小，但同时在眼图的其他位置幅度的上下波动很大，这是由 Nyquist 滤波器的特性所决定的。

更进一步地，还可以打开光标，对各个显示窗口的结果进行测量，并且把各个窗口的光标耦合在一起实现联动。例如在图 15.19 的例子中，我们打开了一个光标，从 Trace D 窗口(EVM 测量结果)的显示看，当前光标卡在第 5 个符号的位置，对应数据是“11”；从相应的 Trace A 窗口(I/Q 矢量图)的结果看，当前光标对应的是左下角那个符号的位置，其归一化后的矢量幅度为 1.034，角度为−134.59°；而从 Trace C (EVM 时域波形)窗口来看，当前符号对应的误差矢量幅度为 3.48%。由于各个显示窗口间的光标可以联动，因此在光标移动时，可以从不同角度对每个符号的调制问题进行仔细分析。这种时域、频域、符号域、调制域的联动功能，可以大大提高分析调制信号时对于问题的洞察能力。

4. 突发信号的解调

在通信中，除了连续模式外，有些场合还会使用突发模式(Burst Mode)进行信号传输。例如在一些宽带多媒体卫星通信中，会给不同用户分配不同的时隙分时进行通信，这时传输的信号就不是连续的而是突发的。例如在图 15.20 的例子中，调制信号以 20μs 为周期，每次传输 4μs 的时间，突发信号内部仍然采用 QPSK 的调制方式。

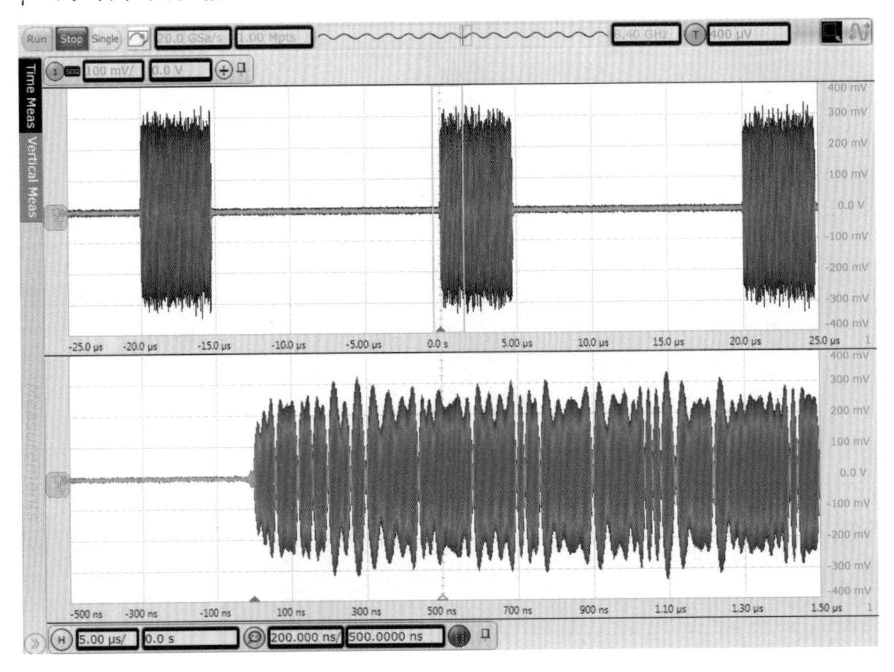

图 15.20　突发模式下的通信信号波形

如果希望对上述信号进行正确解调，除了设置中心频点、扫频带宽、参考电平、调制方式、符号速率、测量及参考滤波器形状外，还需要设置软件对信号波形进行搜索，并且只对Burst突发脉冲中的信号进行解调分析。在解调时的搜索时间设置中，可以设置软件对一段时间内的波形进行搜索，例如这里设置为200μs的时间长度，一旦软件在这个时间窗口中发现有信号脉冲，就对其进行相应的解调分析。如图15.21所示，是对信号进行Search后再对脉冲中的信号进行解调的结果。

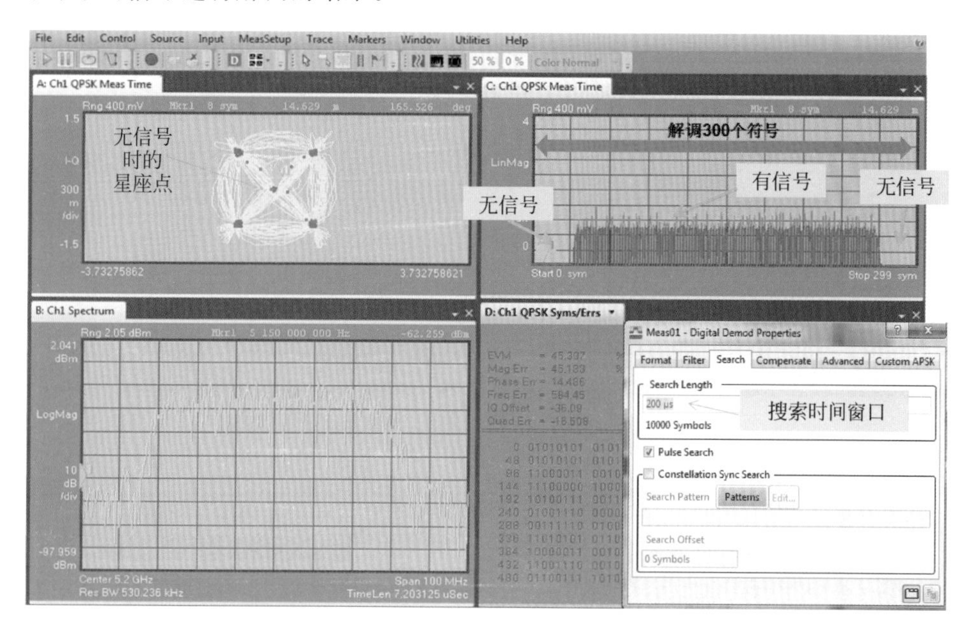

图15.21　突发模式下的信号解调搜索窗口设置

但是在图15.21的结果中，EVM的测量结果非常差。原因是信号持续时间只有4μs，在50MBaud的符号速率时，对应是200个符号的传输，而原先在信号解调的设置中，设置了每次要解调300个符号。此时软件除了把脉冲中的200个符号解调出来外，对脉冲前面和后面没有信号传输时的波形也强制进行解调分析了，这就造成星座图的中心位置出现很多星座点(对应矢量幅度为零的符号)，从而严重影响EVM结果。

为了解决这个问题，需要减少要解调的符号数量。例如在这个例子中，每个Burst中包含的符号数量只有200个，所以可以把每次解调的符号数量减少到200个。这样由于不会再对无信号时的波形进行解调，所以可以得到与连续信号传输时几乎一样的EVM测量结果(见图15.22)。

对于这种突发信号的观察，还可以使用解调软件的记录模式(Recording)模式。在正常模式下，解调软件是根据频域RBW或者解调符号数量的要求直接控制仪器采集一段数据，并进行分析处理；而在Recording模式下，是先根据记录时间的设置强行记录一段连续的波形长度(这段波形的长度可能超过RBW或者解调符号数量要求的时间，但最大长度取决于当前使用仪器的采样率和最大内存深度)，然后再对信号进行回放和解调分析，在回放过程中可以通过播放器控制回放的速度与波形的位置。图15.23是对上述突发信号进行50段波形的记录并进行回放的例子，在回放过程中可以清晰看到解调的结果以及信号的功率包络变化。

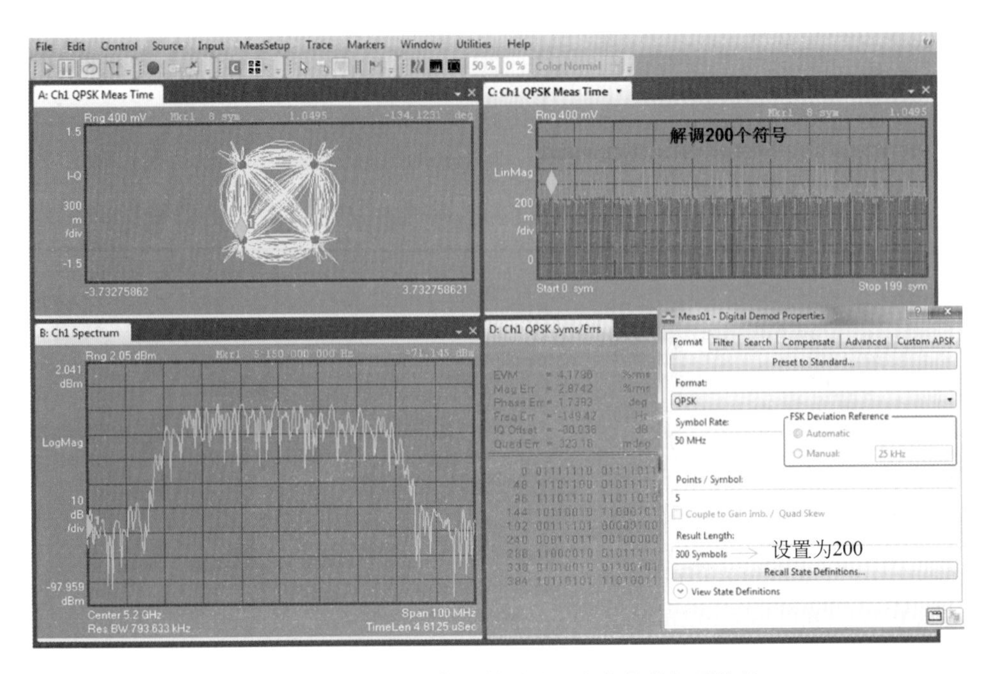

图 15.22　修改解调符号数量后突发信号的解调结果

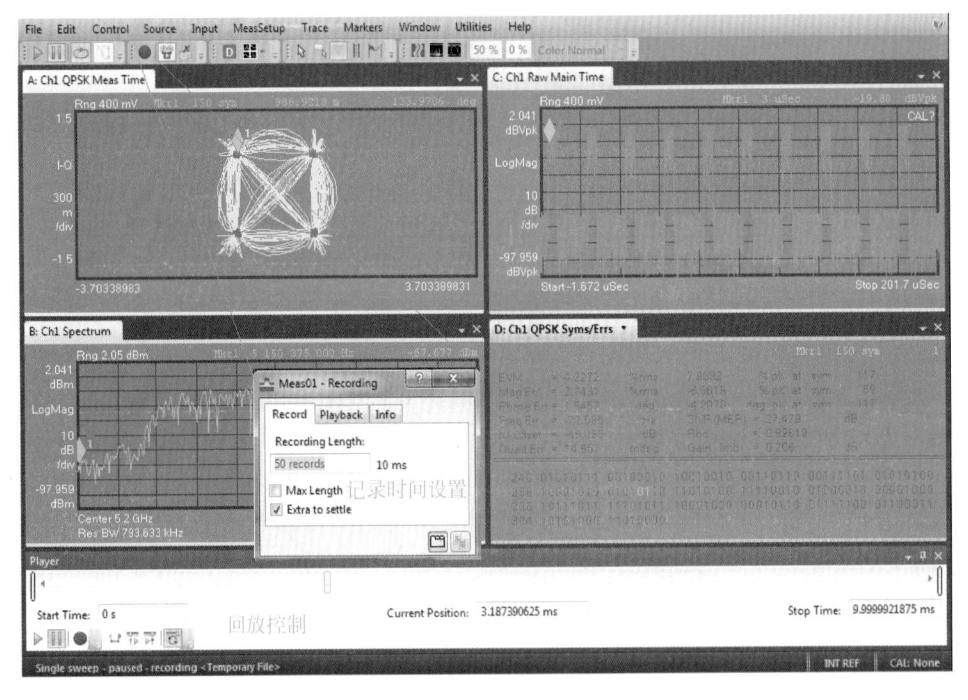

图 15.23　信号的记录和回放

这种记录再回放的方式不仅适用于突发信号的分析，也适用于其他复杂信号的分析。现场测试时，设置完中心频点和分析带宽后，就可以使用记录功能进行一段时间的连续波形记录。这种方式一方面充分利用了测量仪器的存储深度，另一方面也方便了信号的后分析和处理。

5. 矢量解调常见问题

在通过矢量解调软件对无线调制信号进行分析解调的过程中，一般情况下将中心频点、分析频宽、参考功率电平、调制格式、符号速率设置合适，就可以正常解调出信号。但仅仅这样对于信号的深入分析还是不够的，有时被测信号没有那么理想，这时就需要从更多的角度对信号进行分析。

在进行解调分析时，如图 15.24 所示，可以根据需要，灵活增加或者调整显示子窗口的数量。对于每个子窗口里显示的内容(如时域、频域、解调结果)以及显示方式(如波形、眼图、星座图)等都可以根据需要进行调整，从而可以更全面了解信号特征。

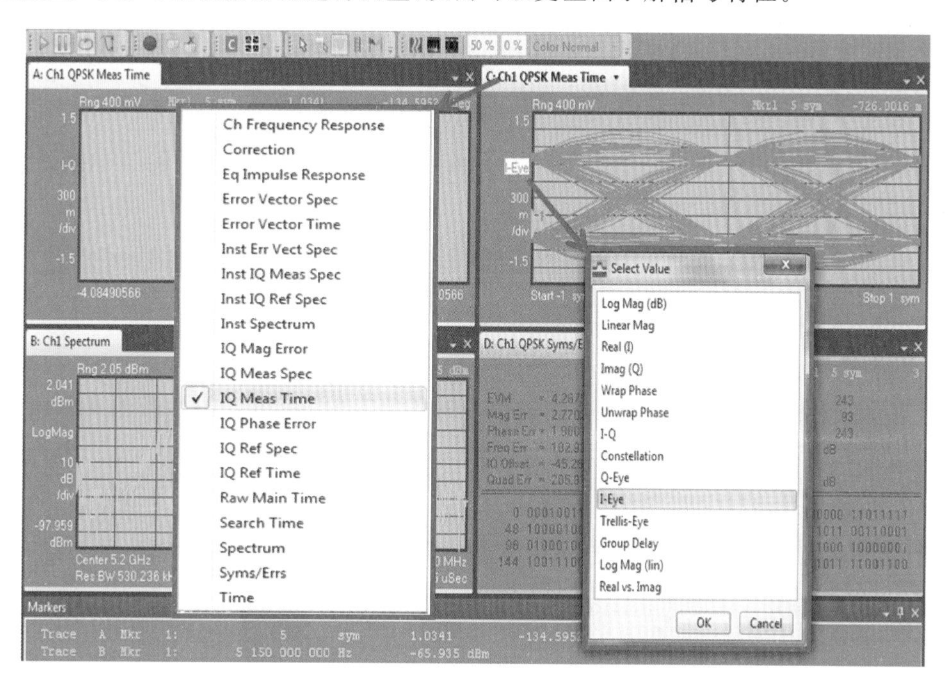

图 15.24　矢量解调软件的窗口和测量功能设置

以下是一些常见的问题的举例分析。

●**滤波器设置不当**：如图 15.25 所示，测试中使用了错误的测量滤波器和参考滤波器，使得恢复出的信号中有比较大的码间干扰，造成星座图上的离散采样点以及眼图的闭合，EVM 结果必然很差。这时需要根据系统实际使用的滤波器情况调整设置。

●**频响不平坦的补偿**：对于宽带调制信号来说，由于带宽较宽，而实际的放大器、滤波器、混频器、传输通道的频率响应在很宽的频率范围内不可能做得非常平坦，因此信号中的不同频率成分到达接收端后的幅度衰减可能是不一样的，相位的延时也可能不是线性的，这会造成信号的失真以及 EVM 的恶化。为了补偿频响的不平坦，很多接收机内部都有均衡器对其进行补偿。在解调软件中，也提供了自适应的均衡器功能，可以计算出接收到的信号的频响曲线并对其进行补偿，以模拟接收端均衡器对信号的改善效果。用户在打开均衡器后，可以让软件自动设置也可以手动设置均衡的符号长度，此时软件会自动进行均衡器的优

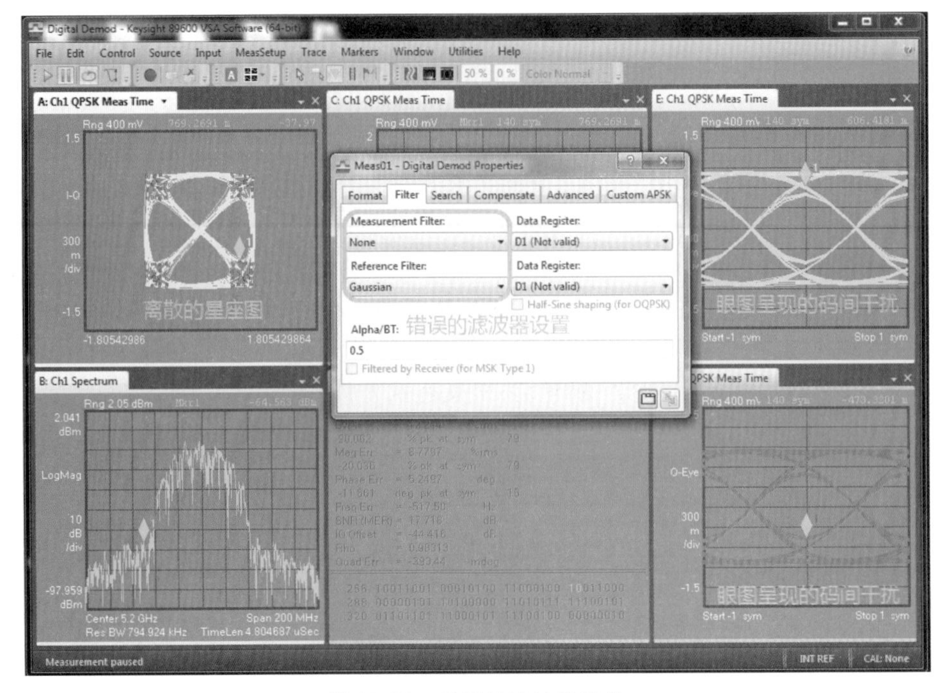

图 15.25　错误的滤波器设置

化。如果最终的优化结果能够收敛，就可以得到一个稳定的均衡后的结果。图 15.26 显示的是解调软件中的均衡器设置、均衡后的星座图、均衡后的 EVM 结果以及均衡器的频域响应和时域冲激响应结果。

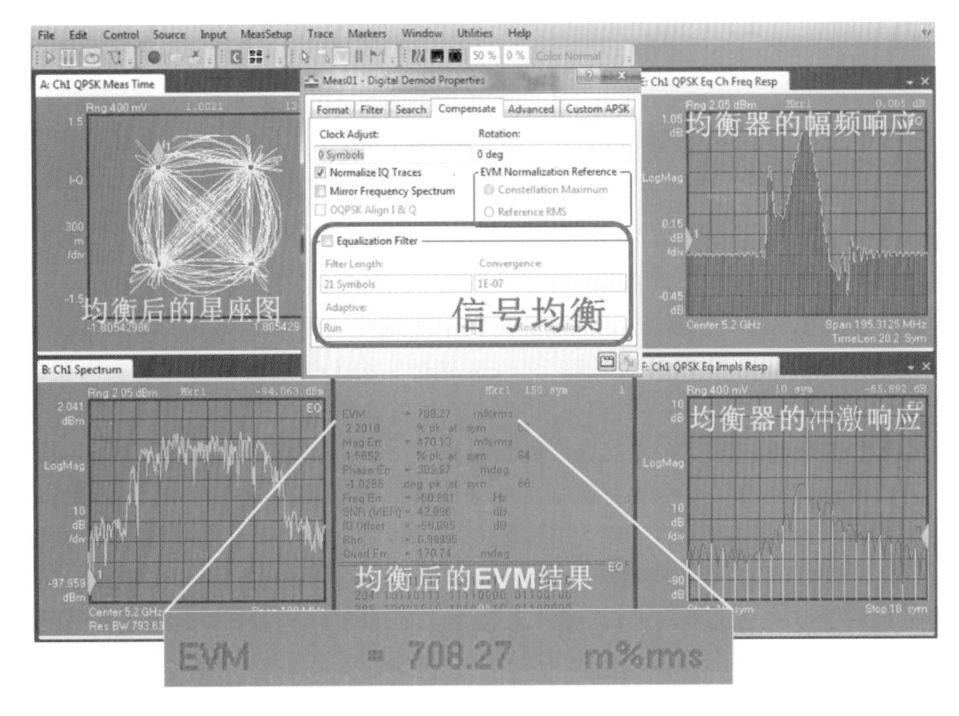

图 15.26　信号均衡

●**单音干扰定位**：有时被测信号中会叠加上干扰信号，最常见的就是一些载波的单音干扰。如果这些干扰信号的频点在分析频段之外，对于解调结果的影响不大；但如果这些干扰信号是落在分析带宽之内，则会对信号解调产生较大的影响。在图 15.27 的例子中，左上图解调出的 I/Q 星座图是围绕着中心星座点的一个个旋转的圆环，这通常意味着信号上叠加有单音干扰。但是在左下图信号的频谱分析中，并不能明显观察到这个形成干扰的单音信号，这是由于干扰信号的功率并不是特别大，从而被淹没在正常信号中。为了更好地分析这个信号，可以选择对矢量误差的结果进行频谱分析(图 15.27 中上部分)，在这里可以清晰看出干扰信号的频点并用光标标注出来。同时从右上和右下两张 I 路和 Q 路波形的时域图中，也可以明显看到由于干扰信号造成的信号包络的周期性变化。

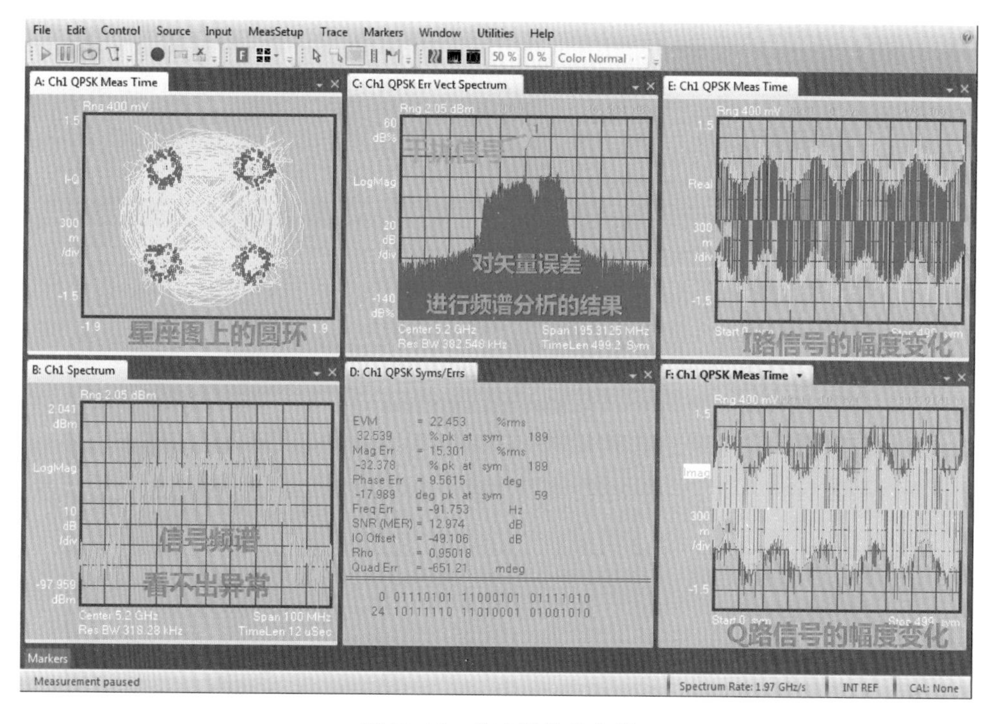

图 15.27　单音干扰的分析

●**I/Q 信号幅度不对称**：在发射机对信号进行 I/Q 调制时，需要把 I 路信号和 Q 路信号分别送到 I/Q 调制器进行放大、调制和合成，如果这两条路径上的信号增益不完全一样，就会在解调结果中呈现出 I/Q 信号幅度的不对称。图 15.28 中，QPSK 的星座图本应是正方形的四个对称的星座点，但是明显呈现为长方形；从 I 路和 Q 路的时域波形来看，也能明显看出 I 路信号的幅度偏大；同时，在 EVM 的统计结果中也可以计算出 I、Q 信号幅度不对称的程度(在这个例子中约为 1.9dB)。

●**I/Q 信号不正交**：在进行 I/Q 调制时，正常情况下，与 I 路信号进行调制的载波信号和与 Q 路信号进行调制的载波信号相位差应该正好是 90°，这样才能保证良好的正交性。但如果这两路载波信号的相位控制或者路径延时控制稍有偏差，如图 15.29 所示，就会造成 I、Q 两路信号载波的不正交。而在对这种信号解调时，呈现出的就是倾斜的星座图，同时在 EVM 的统计结果中也可以计算出载波不正交的程度(在这个例子中约为 9.7°)。

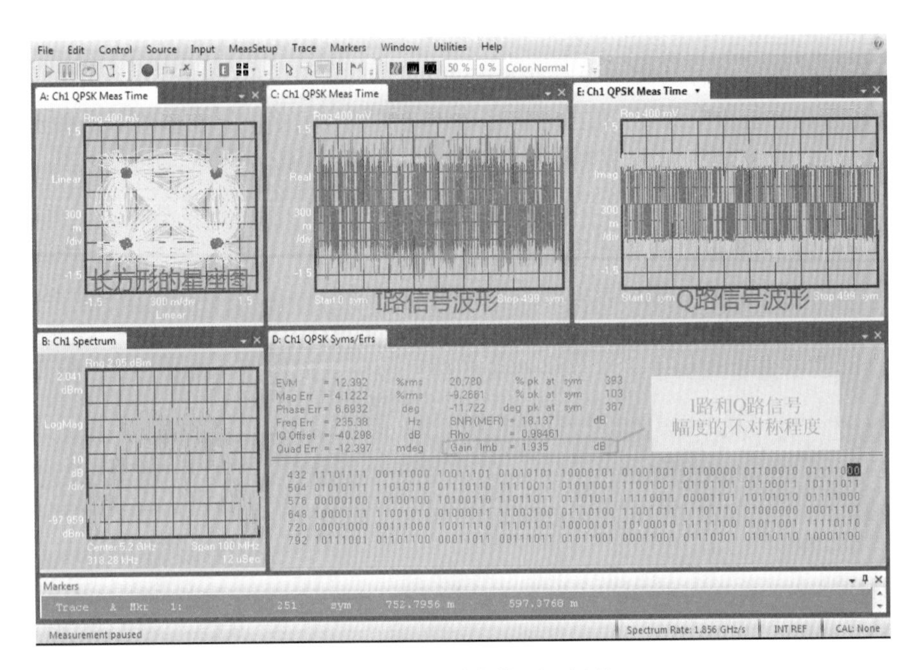

图 15.28　不对称的 I/Q 幅度

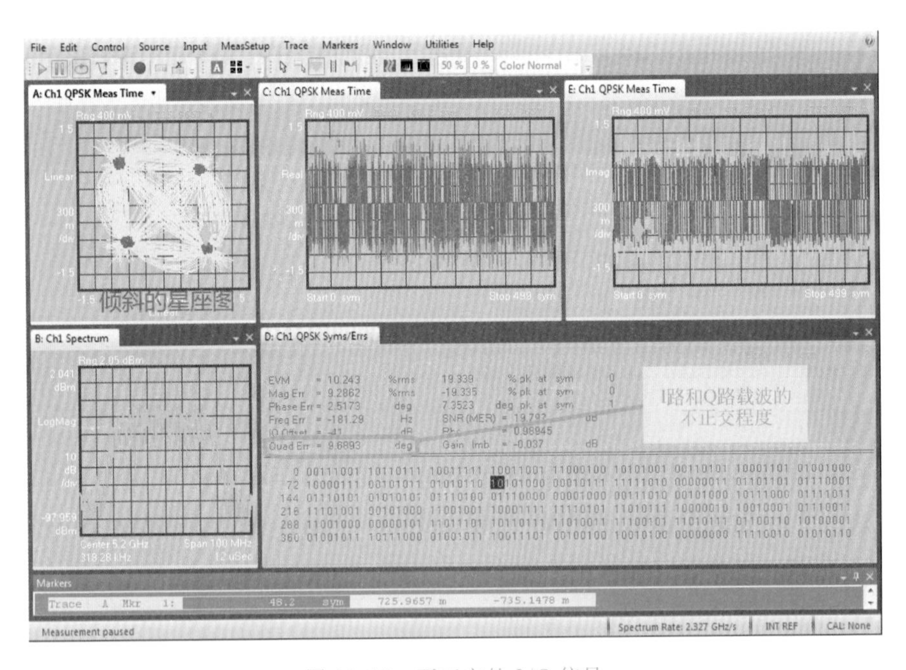

图 15.29　不正交的 I/Q 信号

6. 超宽带信号的解调分析

在 WLAN、卫星通信、光通信领域，可能需要对非常高带宽的信号(>500MHz)进行性能测试和解调分析，这对于测量仪器的带宽和通道数要求非常高。例如在光纤骨干传输网上，已经实现了单波长 100Gbps 的信号传输，其采用的技术就是把 2 路 25Gbps 的信号通过 QPSK 的调制方式调制到激光器的一个偏振态，并把另 2 路 25Gbps 的信号通过同样的方式调制到激光器一个偏振态上，然后把两个偏振态的信号合成在一起实现 100Gbps 的信号传输。而在下一代 200Gbps 或者 400Gbps 的技术研发中，可能会采用更高的波特率以及更高阶的调制，如 16QAM、64QAM 甚至 OFDM 等技术，这些都对测量仪器的带宽和性能提出了非常高的要求。

如图 15.30 所示是基于高带宽实时示波器的 100G/400G 光相干通信分析仪：仪器下半部分是一个相干光通信的解调器，用于把输入信号的 2 个偏振态下共 4 路 I/Q 信号分解出来并转换成电信号输出，每路最高支持的信号波特率可达 60GBaud 以上；而上半部分就是一台高带宽示波器，单台示波器可以实现 4 路 33GHz 的测量带宽或者 2 路 63GHz 的测量带宽。示波器中运行 VSA 矢量信号分析软件，可以完成信号的偏振对齐、色散补偿以及 4 路 I/Q 信号的解调和同时显示等。

图 15.30　光相干通信分析仪

图 15.31 中还显示了用示波器做超宽带信号解调分析的结果，被测信号是由超宽带任意波发生器发出的 32GBaud 的 16QAM 调制信号。由于 16QAM 调制格式下每个符号可以传输 4bit 的有效数据，所以实际的数据传输速率达到 128Gbps。通过宽带的频响修正和预失真补偿，实现了 20dB 以上的信噪比以及＜4%的 EVM（矢量调制误差）指标。这些超宽带信号的解调分析，充分发挥了实时示波器高带宽、多通道、实时性好的能力。

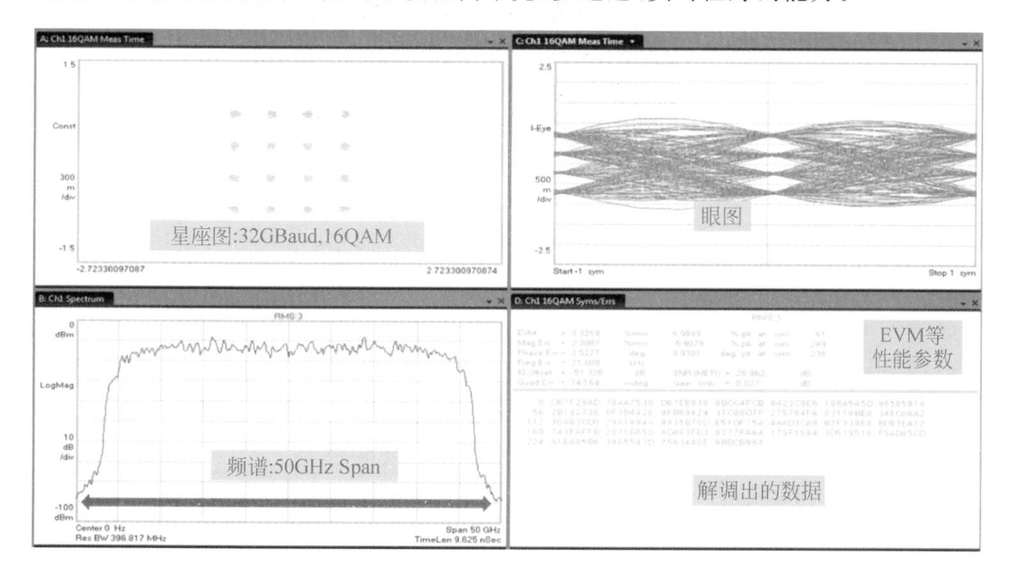

图 15.31　32GBaud/16QAM 超宽带信号的解调分析

十六、高速数字信号测试中的射频知识

随着人们对于海量数据传输和存储的需要，越来越多的数字总线数据速率达到了 Gbps 以上，例如 HDMI 的数据速率达到 6Gbps，USB 3.1 的数据速率达到 10Gbps，SAS 的数据速率达到 12Gbps，PCIE 4.0 的数据速率将达到 16Gbps，数据通信和背板传输也越来越多采用 25Gbps 甚至更高速率进行信号传输。这些数字信号的数据速率已经达到甚至超过了我们传统上所说的射频或微波的频段，真实的数字信号在传输过程中，也越来越多地表现出微波电路的特性。

在对这些高速信号进行分析时，传统的时域分析方法面临精度不够以及分析手段欠缺等问题，而射频微波的频域分析手段则非常成熟和完善。因此，对于高速数字信号的分析和测量，也越来越多地开始采用一些射频或微波的分析方法。

1. 数字信号的带宽

之所以要对数字信号的质量进行分析，原因是真实传输的高速数字信号已经远远不是教科书中理想的 0/1 电平。真实的数字信号在传输过程中可能会有一些很严重的失真和变形。图 16.1 对比了理想数字信号和真实数字信号的差异。

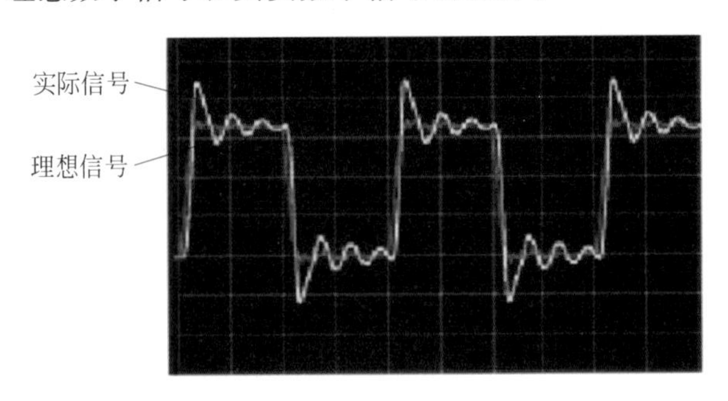

图 16.1　理想数字信号和真实数字信号的差异

要进行数字信号的研究，首先要得到真实的数字信号波形，这就涉及使用的测量仪器问题。观察电信号波形的最好工具是示波器，当信号速率比较高时，一般所需的示波器带宽也更高。如果使用的示波器带宽不够，信号里的高频成分会被滤掉，观察到的数字信号也会产生失真。很多数字工程师习惯用谐波来估算信号带宽，但是这种方法并不太准确。

对于一个理想的方波信号，其上升沿是无限陡的，从频域上看它由无限多的奇数次谐波构成，因此一个理想方波可以认为是无限多奇次正弦谐波的叠加。

$$\text{Square Wave}(t) = V_{\text{pp}} \sum_{odd\ n} \frac{4}{n\pi} \sin(n\pi f_{\text{d}} t)$$

但是对于真实的数字信号来说，其上升沿不是无限陡，因此其高次谐波的能量会受到限制。图 16.2 是用同一个时钟源分别产生的 50MHz 和 250MHz 的时钟信号的频谱，可以看到虽然输出时钟频率不一样，但是信号的主要频谱能量都集中在 5GHz 以内，并不见得

250MHz 的频谱就一定比 50MHz 的频谱大 5 倍。

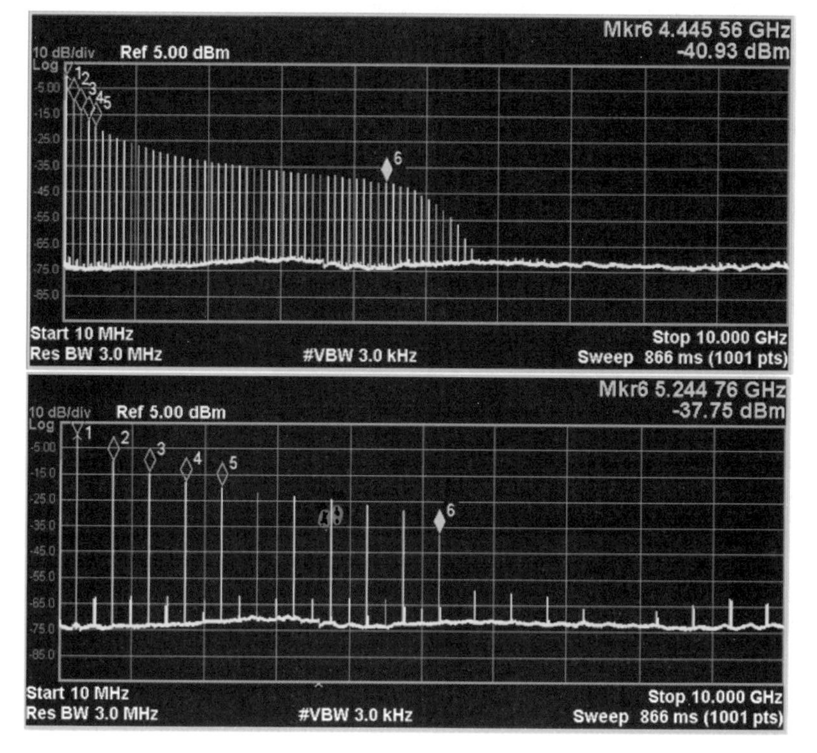

图 16.2 同一信号源产生的不同频率时钟信号的频谱

对于真实的数据信号来说，其频谱会更加复杂一些。例如伪随机序列(PRBS)码流的频谱包络是一个 Sinc 函数。图 16.3 是用同一个发射机分别产生的 800Mbps 和 2.5Gbps 的 PRBS 信号的频谱，可以看到虽然输出数据速率不一样，但是信号的主要频谱能量都集中在 4GHz 以内，也并不见得 2.5Gbps 信号的高频能量就比 800Mbps 的高很多。

频谱仪是对信号能量的频率分布进行分析的最准确的工具，所以数字工程师可以借助频谱分析仪对被测数字信号的频谱分布进行分析。当没有频谱仪可用时，通常根据数字信号的上升时间去估算被测信号的频谱能量：信号最高频率分量$=0.4/R_t$(其中 R_t 是信号从幅度 20%到 80%的最快上升时间)。

2. 传输线对数字信号的影响

通过前面的研究我们知道数字信号的频谱分布很宽，其最高的频率分量范围主要取决于信号的上升时间而不仅是数据速率。当这样高带宽的数字信号在传输时，所面临的第一个挑战就是传输通道的影响。

真正的传输通道如 PCB、电缆、背板、连接器等的带宽都是有限的，这就会把原始信号中的高频成分削弱或完全滤掉，高频成分丢失后在波形上的表现就是信号的边沿变缓、信号上出现过冲或者振荡等。

另外，根据法拉第定律，变化的信号跳变会在导体内产生涡流以抵消电流的变化。电流

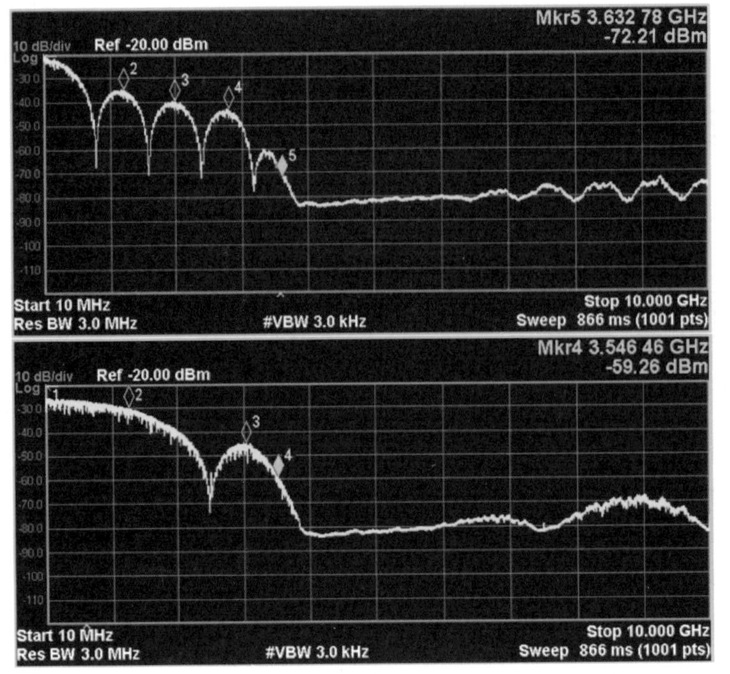

图 16.3 同一信号源产生的不同速率数字信号的频谱

的变化速率越快(对数字信号来说相当于信号的上升或下降时间越短),导体内的涡流越强烈。当数据速率达到 1Gbps 以上时,导体内信号的电流和感应的电流基本完全抵消,净电流仅被限制在导体的表面上流动,这就是趋肤效应。趋肤效应会增大损耗并改变电路阻抗,阻抗的改变会改变信号的各次谐波的相位关系,从而造成信号的失真。

除此以外,最常用来制造电路板的 FR-4 介质是由玻璃纤维编织成的,其均匀性和对称性都比较差,同时 FR-4 材料的介电常数还与信号频率有关,所以信号中不同频率分量的传输速度也不一样。传输速度的不同会进一步改变信号中各个谐波成分的相位关系,从而使信号更加恶化。

因此,当高速的数字信号在 PCB 上传输时,信号的高频分量由于损耗会被削弱,各个不同的频率成分会以不同的速度传输并在接收端再叠加在一起,同时又有一部分能量在阻抗不连续点(如过孔、连接器或线宽变化的地方)产生多次反射,这些效应的组合都会严重改变波形的形状。要对这么复杂的问题进行分析是一个很大的挑战。

值得注意的是,信号的幅度衰减、上升/下降时间的改变、传输时延的改变等很多因素都与频率分量有关,不同频率分量受到的影响是不一样的。对数字信号来说,其频率分量又与信号中传输的数字符号有关(例如 0101 的码流和 0011 的码流所代表的频率分量就不一样),所以不同的数字码流在传输中受到的影响都不一样,这就是码间干扰(Inter-Symbol Interference,ISI)。如图 16.4 显示了一个 3Gbps 的受到严重码间干扰的信号。

为了对这么复杂的传输通道进行分析,可以通过传输通道的冲激响应来研究其对信号的影响。电路的冲激响应可以通过传输一个窄脉冲得到。理想的窄脉冲应该是宽度无限窄、非常高幅度的一个窄脉冲,当这个窄脉冲沿着传输线传输时,脉冲会被展宽,展宽后的形

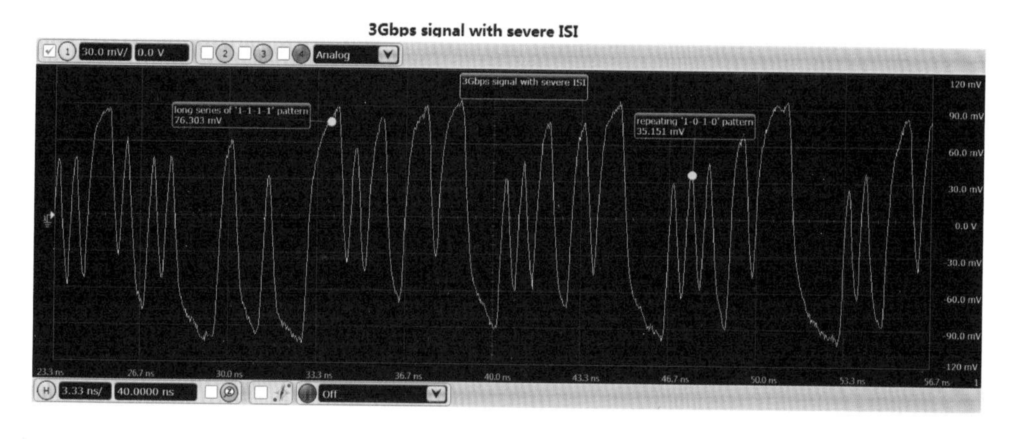

图 16.4　受到严重码间干扰的高速数字信号

状与线路的响应有关。从数学上来说，可以把通道的冲激响应和输入信号卷积得到经通道传输以后信号的波形。冲激响应还可以通过通道的阶跃响应得到，由于阶跃响应的微分就是冲激响应，所以两者是等价的。

看起来好像找到了解决问题的方法，但是，在真实情况下，理想窄的脉冲或者无限陡的阶跃信号是不存在的，不仅难以产生而且精度不好控制，所以在实际测试中更多的是使用正弦波进行测试得到频域响应，并通过相应的物理层测试系统软件得到时域响应。相比其他信号，正弦波更容易产生，同时其频率和幅度精度更容易控制。矢量网络分析仪 VNA(Vector Network Analyzer)可以在高达几十 GHz 的频率范围内通过正弦波扫频的方式精确测量传输通道对不同频率的反射和传输特性，动态范围达 100dB 以上，所以在进行高速传输通道分析时主要使用矢量网络分析仪进行测量。

被测系统对于不同频率正弦波的反射和传输特性可以用 S 参数表示。因为真实的数字信号在频域上看可以认为是由很多不同频率的正弦波组成的，所以如果能够得到传输通道对于不同频率的正弦波的反射和传输特性，理论上就可以预测真实的数字信号经过这个传输通道后的影响。

对于一个单端的传输线来说，其包含 4 个 S 参数：S11、S22、S21、S12。S11 和 S22 分别反映 1 端口和 2 端口对于不同频率正弦波的反射特性，S21 反映从 1 端口到 2 端口的不同频率正弦波的传输特性，S12 反映从 2 端口到 1 端口的不同频率正弦波的传输特性。对于差分的传输线来说，由于共有 4 个端口，所以其 S 参数更复杂一些，一共有 16 个，如图 16.5 所示。一般情况下会使用 4 端口甚至更多端口的矢量网络分析仪对差分传输线进行测量以得到其 S 参数。

如果得到了被测差分线的 16 个 S 参数，这对差分线的很多重要特性就已经得到了，例如说 SDD21 参数就反映了差分线的插入损耗特性、SDD11 参数就反映其回波损耗特性。

还可以进一步对这些 S 参数做 FFT 逆变换以得到更多时域信息。例如对 SDD11 参数变换得到时域的反射波形(Time Domain Reflection，TDR)，通过时域反射波形可以反映出被测传输线上的阻抗变化情况。还可以对传输线的 SDD21 结果做 FFT 逆变换得到其冲激响应，从而预测不同数据速率的数字信号经过这对差分线以后的波形或者眼图，如图 16.6

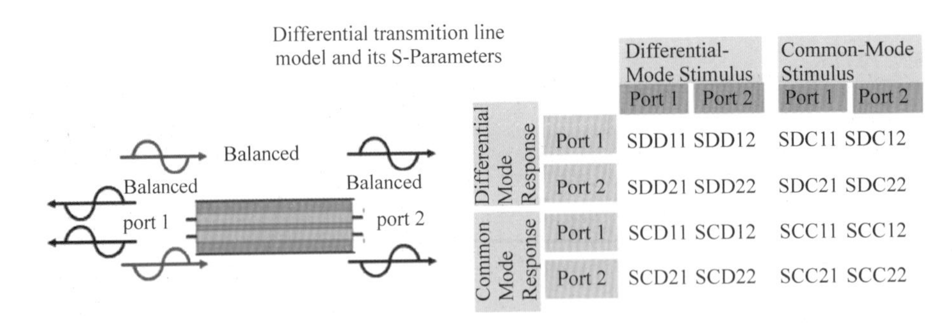

图 16.5　差分传输线的 S 参数模型

所示。这对于数字设计工程师来说是非常直观和实用的信息。

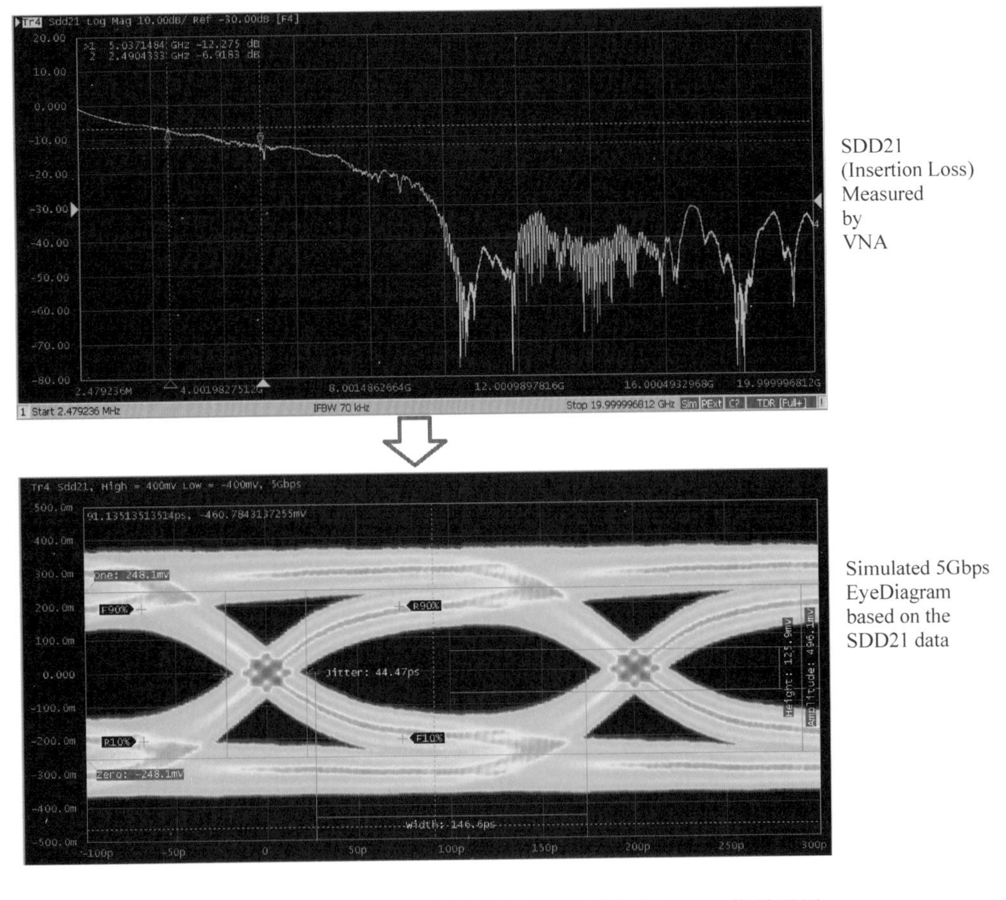

图 16.6　矢量网络分析仪测到的通道插损及分析出的信号眼图

用矢量网络分析仪(VNA)对数字信号的传输通道进行测量,一方面借鉴了射频微波的分析手段,可以在几十 GHz 的频率范围内得到非常精确的传输通道的特性;另一方面,通过对测量结果进行一些简单的时域变换,就可以分析出通道的阻抗变化、对真实信号传输的影响等,从而帮助数字工程师在前期阶段就可以判断出背板、电缆、连接器、PCB 等的好坏,而不必等到调试阶段信号出问题时再去匆忙应对。

3. 信号处理技术

既然传输通道的ISI的影响可以通过事先对传输通道的特性进行精确测量而预测出来，那么就有可能对其进行修正。发送端的预加重和接收端的均衡电路就是两种最常见的对通道传输损耗进行补偿的方法。传输通道最明显的影响是其低通的特性，即会对高频信号进行比较大的衰减。对于一个方波信号来说，其高次谐波对于信号形状的影响很大，如果所有高次谐波全部被衰减掉了，方波看起来就像一个正弦波了。

预加重(Pre-emphasis)是一种在发送端事先对发送信号的高频分量进行补偿的方法。最简单的预加重方法是增大信号跳变边沿后第一个bit(跳变bit)的幅度(预加重)。例如对于一个00111的序列来说，做完预加重后序列中第一个1的幅度会比第二个和第三个1的幅度大。由于跳变bit代表了信号中的高频分量，所以这种方法有助于提高发送信号中的高频分量。在实际实现时，有时并不是增加跳变bit的幅度，而是相应减小非跳变bit的幅度，这种方法有时又叫去加重(De-emphasis)，如图16.7所示。在一些高速、更长距离的信号传输场合，例如PCIe 3.0以及10G/100G背板的应用中，仅仅改变跳变沿后第一个bit的幅度已经不够，可能会对跳变沿前面的bit以及跳变沿后面第二个甚至第三个bit的幅度进行调整，以精确控制信号的频率成分。

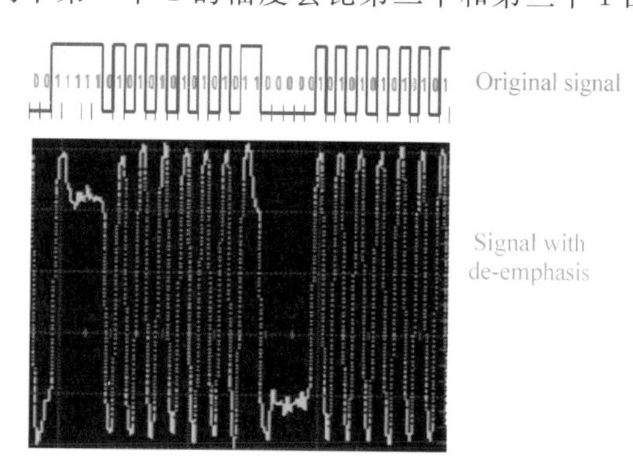

图16.7　预加重对信号的影响

当信号速率进一步提高或者传输距离较长时，仅仅使用发送端的预加重技术已不能充分补偿传输通道带来的损耗，这时就需要在接收端同时使用均衡技术来提高信号的高频分量，以保证正确的0/1判决。常见的信号均衡技术有3种：CTLE(Continuous Time Linear Equalizer)、FFE(Feed Forward Equalization)和DFE(Decision Feedback Equalizer)。

CTLE是在接收端提供一个高通滤波器，这个高通滤波器可以对信号中的主要高频分量进行放大，这与发送端的预加重技术带来的效果是类似的。FFE则是根据相邻bit的电压幅度的加权值来进行幅度的修正，每个相邻bit的加权系数直接与通道的冲激响应有关。如图16.8是通过CTLE或FFE改善信号眼图的例子。CTLE和FFE都是线性均衡技术，而DFE则是非线性均衡技术。DFE技术是通过相邻bit的判决电平对当前bit的判决阈值进行修正，设计合理的DFE可以有效补偿ISI对信号造成的影响。但是DFE正确工作的前提是相邻bit的0/1电平是判决正确的，所以对于信号的信噪比有一定要求。一般情况下是先用CTLE或FFE打开信号眼图，然后再用DFE进一步优化。

4. 信号抖动分析

抖动(Jitter)反映的是数字信号偏离其理想位置的时间偏差，如图16.9所示。高频数

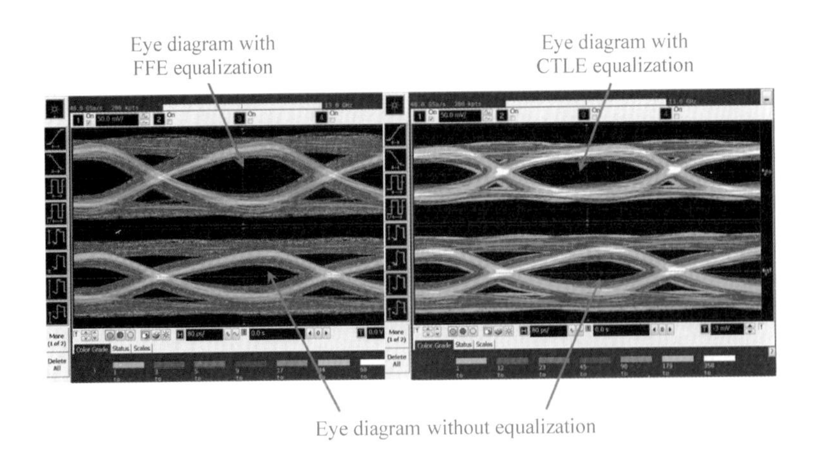

图 16.8　均衡对信号眼图的改善

字信号的 bit 周期都非常短，一般在几百 ps 甚至几十 ps，很小的抖动都会造成信号采样位置电平的变化，所以高频数字信号对于抖动都有严格的要求。

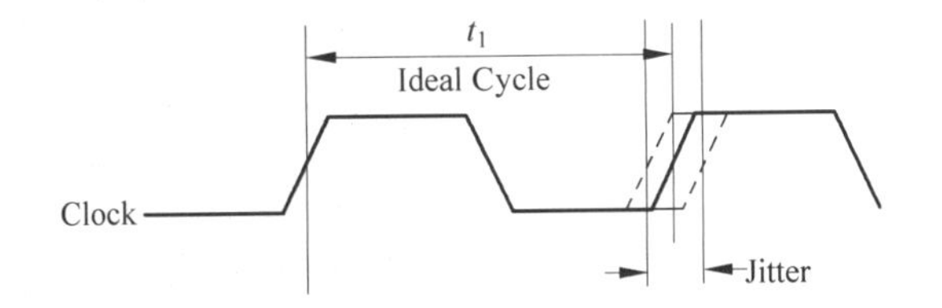

图 16.9　抖动的定义

实际信号的抖动很复杂，可能同时包含有随机抖动成分(RJ)和确定性抖动成分(DJ)。确定性抖动可能由于码间干扰或一些周期性干扰引起，而随机抖动很大一部分来源于信号上的噪声。图 16.10 反映的是一个带噪声的数字信号及其判决阈值。一般把数字信号超过阈值的状态判决为"1"，把数字信号低于阈值的状态判决为"0"，由于信号的上升沿不是无限陡的，所以垂直的幅度噪声就会造成信号过阈值点时刻的左右变化，这就是噪声造成信号抖动的原因。

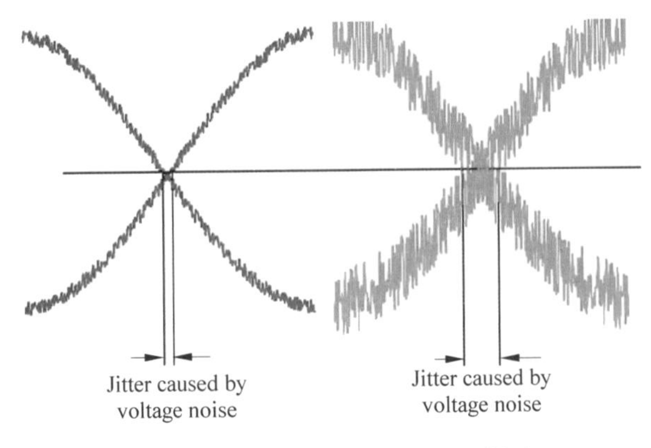

图 16.10　幅度噪声带来的随机抖动

要进行信号抖动的分析，最常用的工具是宽带示波器配合上响应的抖动分析软件。示波器中的抖动分析软件可以方便地对抖动的大小和各种成分进行分解，但是示波器由于噪声和测量方法的限制，很难对亚 ps 级的抖动进行精确测量。现在很多高速芯片对时钟的抖动要求都在 1ps 以下甚至更低。这就需要借助其他的测量方法，例如相位噪声（Phase Noise）的测量方法。

抖动是时间上的偏差，它也可以理解成时钟相位的变化，这就是相位噪声。对于时钟信号，我们观察其基波的频谱分布。理想的时钟信号其基波的频谱应该是一根很窄的谱线，但实际上由于相位噪声的存在，其谱线是比较宽的一个包络，这个包络越窄，说明相位噪声（抖动）越小，信号越接近理想信号。图 16.11 是一个真实时钟信号的频谱，信号的基波在 2.5GHz，我们观察 2.5GHz 附近 10MHz 带宽的频谱。可以看到，首先信号的频谱不是一根很窄的谱线，其谱线有展宽（随机噪声的影响），其次上面叠加的还有一些特定频率的干扰（确定性抖动的影响）。

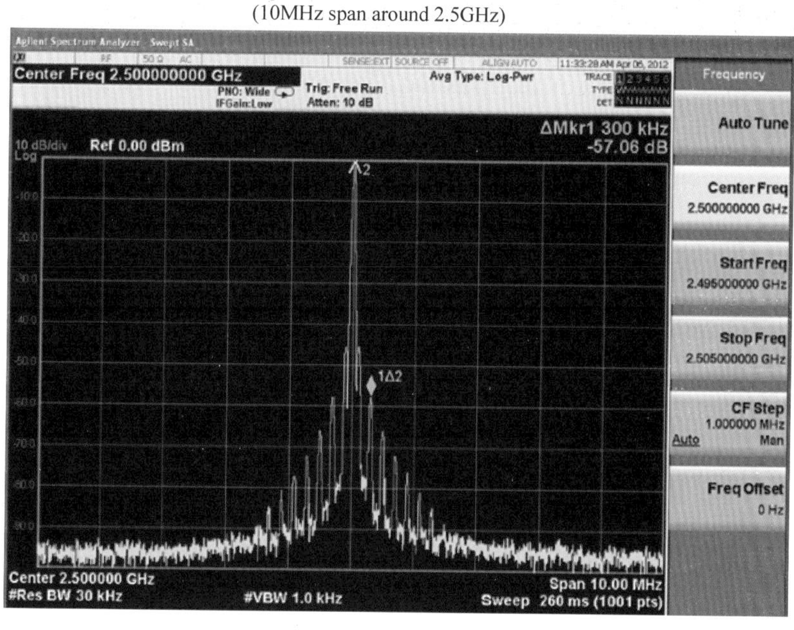

图 16.11　频谱仪上看到的时钟载波信号附近的频谱

为了更方便观察低频的干扰，在相位噪声测量中通常会以信号的载波频率为起点，把横纵坐标都用对数显示，其横坐标反映的是离信号载波频率的远近，纵坐标反映的是相应频点的能量与信号载波能量的比值。这个比值越小，说明除了载波以外其他频率成分的能量越小，信号越纯净。要进行时钟信号的相位噪声精确测量使用的仪器是信号源分析仪，信号源分析内部有特殊的电路，通过两个独立本振的多次相关处理可以把自身本振的相位噪声压得非常低，从而可以进行精确的相位噪声测量。图 16.12 是信号源分析的相位噪声测量结果。

对于很多晶振产生的时钟来说，其抖动中的主要成分是随机抖动。通过信号源分析仪对相位噪声测量，然后对一定带宽内的能量进行积分，就可以得到精确的随机抖动测量结

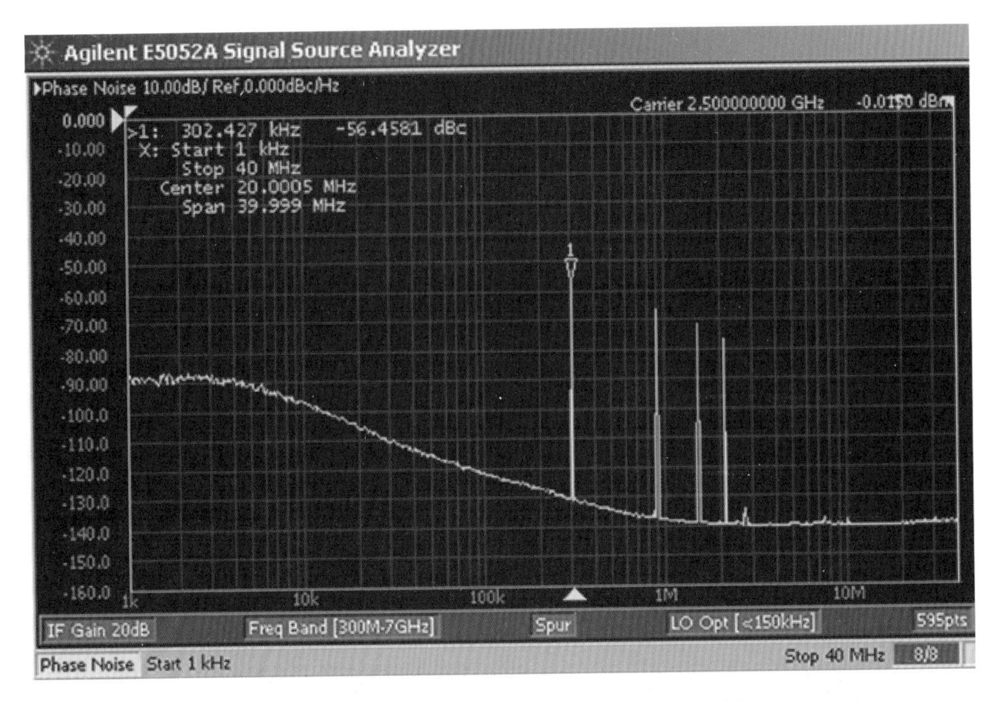

图 16.12　信号源分析测到的时钟信号的相位噪声

果。信号源分析仪能测量到的最小抖动可以到 fs 级。

5. 数字信号测试中的射频知识总结

综上论述可见，作为高速数字电路设计或测试工程师，仅仅借助传统的时域方法对信号和传输通道进行研究会面临很多问题。但如果掌握一些射频微波的知识，工程师就可以借助频谱仪分析信号频谱，从而了解信号的频率分布及对带宽的要求；可以借助矢量网络分析仪分析传输通道的 S 参数从而了解通道的阻抗变化、对不同频率的反射和损耗情况，并且预测对信号的影响；可以了解预加重、均衡等技术对高频损耗的补偿效果；可以借助信号源分析仪进行更精确的时钟抖动测量。这些射频微波领域成熟的分析方法和测量手段，可以为工程师深刻了解高速信号提供更多有用信息，进一步拓展了工程师对高速信号的分析能力。

十七、高速总线测试常见案例

1. 卫星通信中伪随机码的码型检查

某卫星通信设备开发厂商设计的数传接收机在和其他设备对接进行联调，测试中的数据速率为100Mbps，测试码型为伪随机码 PRBS9 的码型，联调过程中两方设备自己环回进行误码测试都正常，但是和对端通信时会有较大误码产生。用户希望先检查一下对端是否发出了正确的 PRBS9 码型。

问题分析：如果用户希望对 PRBS 的码型进行检查，一种简单快速的方法是使用误码仪接收并进行误码率比较，但由于用户手头没有误码仪，所以可以先用示波器进行简单的检查。要对串行的码流内容进行检查，需要首先在示波器中触发到稳定的波形并找到信号码流的起始位置。

PRBS(Pseudo Random Binary Sequence，伪随机码)是数字通信中常用的一种测试码型。PRBS 码的产生非常简单，图 17.1 是 PRBS7 码型的产生原理，只需要用到 7 个移位寄存器和简单的异或门就可以实现。

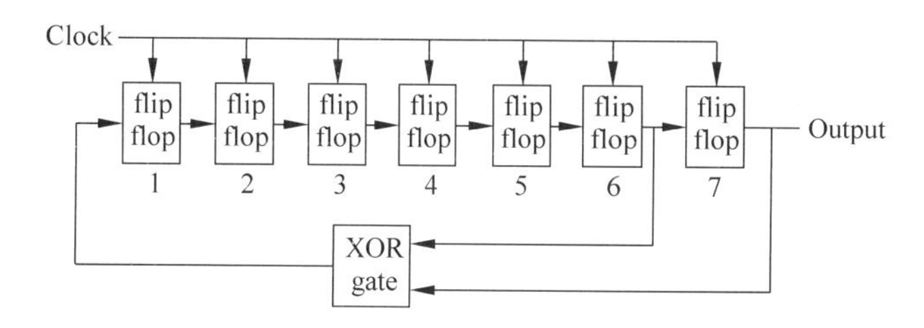

图 17.1 PRBS 码型产生原理

如果把移位寄存器的数量增加到 9 个，就可以产生 PRBS9 的码流，即以 511 个 bit 为周期重复发送的数据码流。下面是 PRBS9 码流中 511 个 bit 周期的内容：

1111111110000011110111110001011100110010000010010100111011010001111001111
10011011000101010010001110001101101010111000100110001000100000000100001000110
00010011100101010110000110111101001101110010001010000101011010011111101100100
1001011011111100100110101001100110000000011000110010100011010010111111110100010
11000111010110010110011110001111101110100000110101101101110110000010110101111
10101010100000001010010101111001011101110000001110011101001001111010111010100 0
1001000001100111000001011110110110011010000111011110000

从以上的数据流中可以看到，整个周期内的 0、1 数据流看起来是随机的，满足了我们对于数据随机性的要求。但是同时其数据流中会有大的重复周期，例如 PRBS7 的码流的重复周期是 127bit，PRBS9 的码流的重复周期是 511bit，并不是真正的随机码流，所以这种码流被称为伪随机码。PRBS 码还有一个特点，就是码流越长，码流中连续的 1 或连续的 0 的数量越多。例如对于 PRBS9 码来说,其码流中最多有 9 个连续的 1 和 8 个连续的 0;而对于 PRBS31 码流来说,其码流中最多有 31 个连续的 1 和 30 个连续的 0。这种特性用在测量中可以很方便地找到码流的起始点。

针对这种特点,我们可以利用示波器的脉冲宽度触发功能。例如对于 100Mbps 的数字信号,每个 bit 的宽度为 10ns,对于 PRBS9 的码型来说,连续的 9 个高电平的宽度是 90ns,这是 PRBS9 的码型中最宽的脉冲,也正好是 PRBS9 码型的起始码型。于是我们可以利用示波器做如图 17.2 所示的脉冲宽度触发。

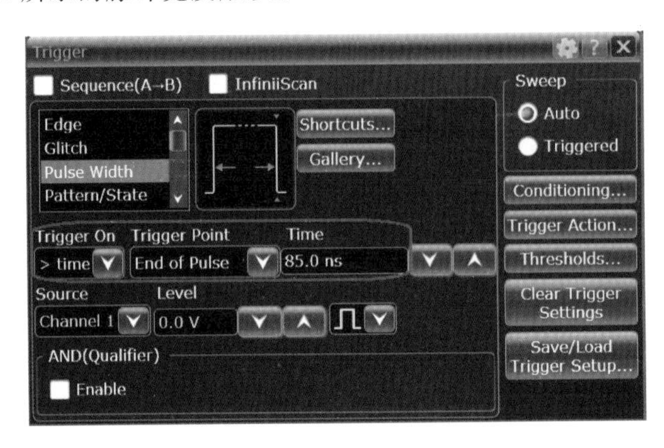

图 17.2　设置捕获>85ns 的脉冲宽度

设置触发完成后运行示波器,如果可以捕获到对端发过来的如图 17.3 所示的稳定的信号波形,且其触发点对应的是连续的 9 个高点平的问题,则对端发过来的码型很有可能是正确的 PRBS9 的码型。用户用这种方法检查了双方各自发送的 PRBS9 码型的数字码流,发现码流都没有问题,都是标准的 PRBS9 码流。

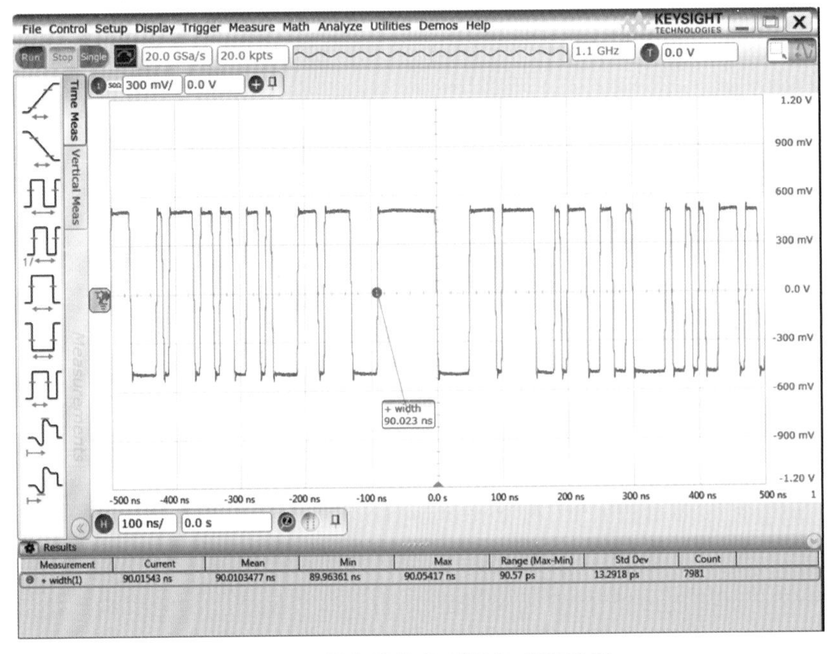

图 17.3　触发捕获的 PRBS9 信号波形

由于双方发出的码流都是标准的 PRBS9 码流，而且自环都没有问题，所以进一步怀疑是时钟同步的问题。从时钟的角度来看，如果双方的时钟是同源的，以一方发出的 PRBS9 码流为基准进行触发，如果触发稳定后，则以此为基准看到的另一方发出的 PRBS9 的码流也应该是稳定的。于是同时接入双方设备发出的 PRBS9 数据，以一路 PRBS9 信号为基准，触发稳定后，在无限余辉模式下观察另一路 PRBS9 码流。发现另一路信号相对于基准信号随着时间变化会有缓慢的左右漂移，这种长期的缓慢的漂移虽然能够被接收端的锁相环跟踪上，但是长期的累积效应会使得接收端的缓存溢出从而造成误码，因此需要对双方设备的时钟锁相电路进行改进。

问题总结：这里用户希望用示波器检查对端设备发来的 PRBS9 码型是否正确。我们利用 PRBS9 码型中最长会有 9 个连续高电平的特点，在示波器中设置脉冲宽度触发来捕获码流中这个最宽的脉冲，得到稳定的触发并找到了码流的起始位置，从而方便了码型的检查和分析。

2. 3D 打印机特定时钟边沿位置的数据捕获

某 3D 打印机设备开发厂商用 FPGA 芯片产生打印机的控制时序，发现在某特定位置会有打印错误，用户怀疑总线上特定时刻有数据传输的错误。在其总线上主要起作用的有使能信号、时钟信号和数据信号，用户希望能够捕获到当使能信号变高后第 101 个时钟上升沿时数据线上的状态。

问题分析：这个问题有很简单的触发方法，例如可以用总线的使能信号变高作为触发，然后捕获一段时间的波形，并人工数一下时钟信号的边沿数量，直到看到第 101 个时钟上升沿的时候。但这种方法效率比较低，人工数边沿时很容易数错，所以考虑用示波器的连续边沿触发功能，直接触发到用户感兴趣的使能信号变高后第 101 个时钟边沿的时刻。

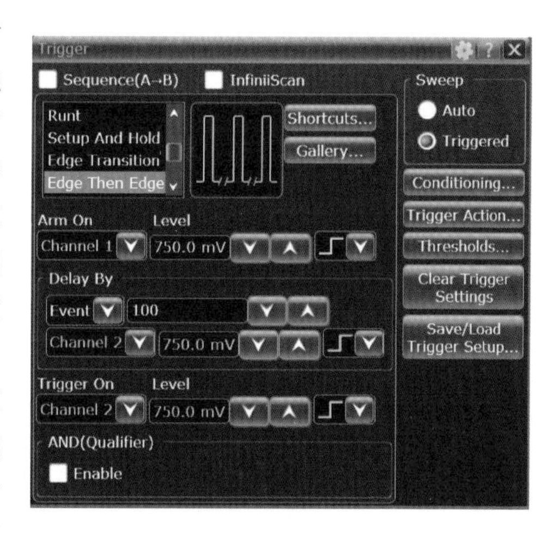

图 17.4　连续边沿触发的设置

如图 17.4 所示，把总线使能信号接到通道 1，时钟信号接到通道 2。设置当通道 1 的使能信号上升沿到来、信号变高之后对通道 2 的时钟信号延时 100 个边沿，然后在下一个边沿（即第 101 个边沿）时触发。

运行测试，可以捕获到如图 17.5 的波形。最上面的通道 1 是使能信号，中间的通道 2 是时钟信号，下面的通道 3 是数据信号。水平时间刻度的正中间是触发点的位置，也就是使能信号变高后第 101 个时钟边沿的位置。可以清楚看到此时数据信号（通道 3）上为高电平状态。

问题总结：这里是利用示波器的连续边沿触发功能实现对某个状态后特定边沿数量的延时，从而准确地触发到关心的时钟边沿位置，避免了需要人工计算边沿数量的麻烦。

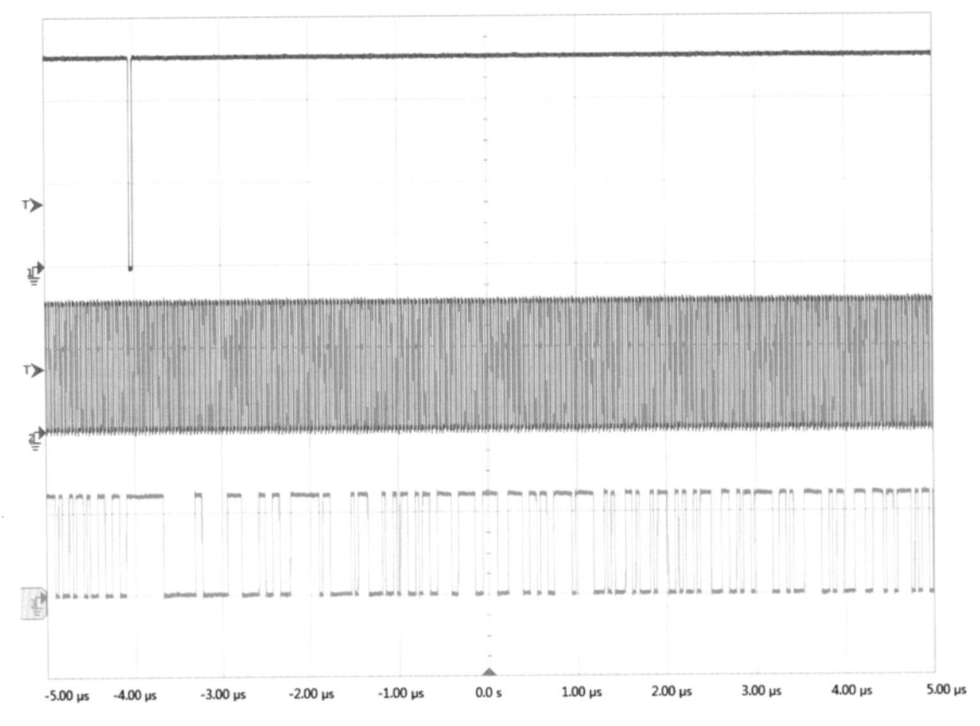

图 17.5　示波器触发到的第 101 个时钟边沿的信号波形

3. VR 设备中遇到的 MIPI 信号测试问题

VR(Virtual Reality,虚拟现实)是一种可以创建和体验虚拟世界的计算机仿真技术，VR 技术主要通过左右眼看到略有视差的两幅图像,以及互动式的重力和姿态传感器来使人产生身临其境的感觉。目前市面上的 VR 设备有些是基于手机加上专用的透镜眼镜,如三星公司的 Gear VR,Google 公司的 Cardboard VR;还有一些是基于专用的头戴式的视频显示设备,如 Sony 公司的 PlayStation 的 VR,Facebook 公司收购的 Oculus Rift 产品,Valve 公司与 HTC 公司合作推出的 Vive;另外还有一些光学 3D 产品,如微软公司、Magic Leap 公司的 VR 眼镜等。图 17.6 是 HTC 公司的 Vive 产品。

图 17.6　HTC 公司的 VR 设备

对于头戴式 VR 设备来说,由于离人眼非常近,为了消除颗粒感,对 VR 设备的分辨率和刷新率要求都很高。以 HTC 公司的 Vive 产品为例,其显示屏幕采用的是两块三星公司的 AMOLED,分辨率为 2160×1200,刷新率为 90Hz,显示密度为 447ppi。为了支持高的分辨率和数据传输速率,其显示屏接口必须能够提供非常高的传输带宽。考虑到头戴的需要,重量是一个很关键的因素,为了减小设备电缆的重量和体积,并兼顾功耗和性能的考虑,无论是HTC公司的Vive，还是Oculus公司的Rift，其内部都是采用了ST公司的32位ARM处理器STM32F072R8作为核心控制芯片，并采用Toshiba公司的TC358870XBG视频转换芯片把HDMI格式的输入视频信号转换成可以直接驱动显示屏的MIPI信号。图17.7是网上拆解后的Oculus公司的Rift的电路板，图中最左边正方形的芯片就是HDMI到MIPI的视频转换芯片。

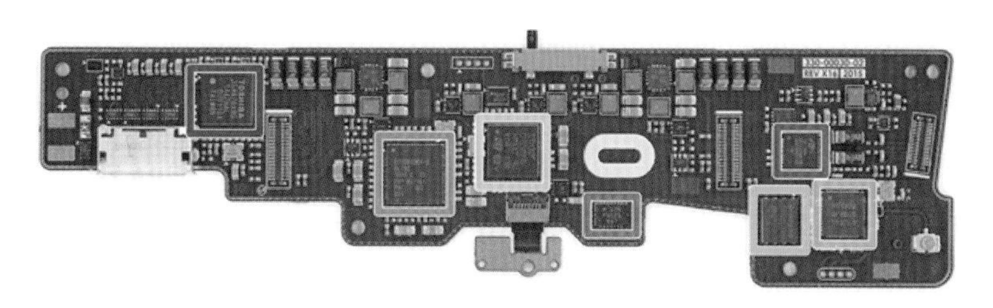

图17.7　一款VR设备内部的电路板(来源：网络图片)

通过研究Toshiba公司这款芯片的资料，我们看到其主要功能是把3D格式输入的HDMI信号分别转换到两组MIPI DSI的接口上，并分别驱动两块显示屏幕，如图17.8所示。

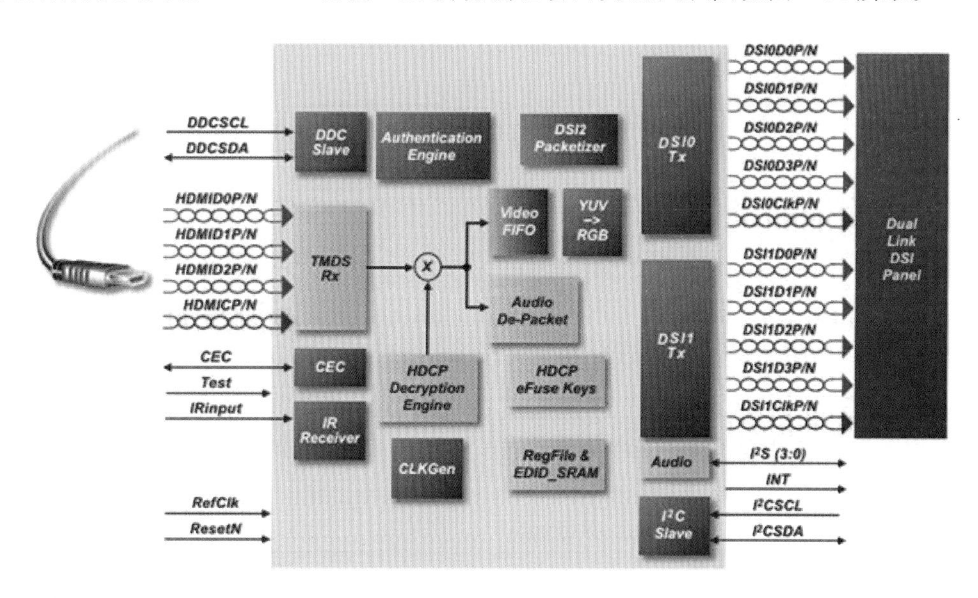

图17.8　VR设备内部的显示驱动芯片

那么MIPI是什么？DSI又是什么呢？

MIPI (Mobile Industry Processor Interface)是2003年由ARM、Nokia、ST、TI等公司成立的一个联盟(www.mipi.org)，目的是把手机内部的接口(如摄像头、显示屏接口、射频/基带接口等)标准化，从而减少手机设计的复杂程度和增加设计灵活性。MIPI联盟下面有不同的WorkGroup，分别定义了一系列的手机内部接口标准，如摄像头接口CSI、显示接口DSI、射频接口DigRF、麦克风/喇叭接口SLIMbus等。统一接口标准的好处是整机厂商根据需要可以从市面上灵活选择不同的芯片和模组，更改设计和功能时更加快捷方便。MIPI组织主要致力于把移动通信设备内部的接口标准化从而减少兼容性问题并简化设计。

目前已经比较成熟的MIPI应用有摄像头的CSI接口、显示屏的DSI接口以及基带和射频间的 DigRF 接口。UFS、LLI 等规范正在逐步制定和完善过程中。CSI/DSI 的物理层(Phy Layer)由专门的 WorkGroup 负责制定,其目前采用的物理层标准是 D-PHY。如图 17.9 所示,D-PHY 采用 1 对源同步的差分时钟和 1～4 对(最新标准支持到 8 对)差分数据线来进行数据传输。

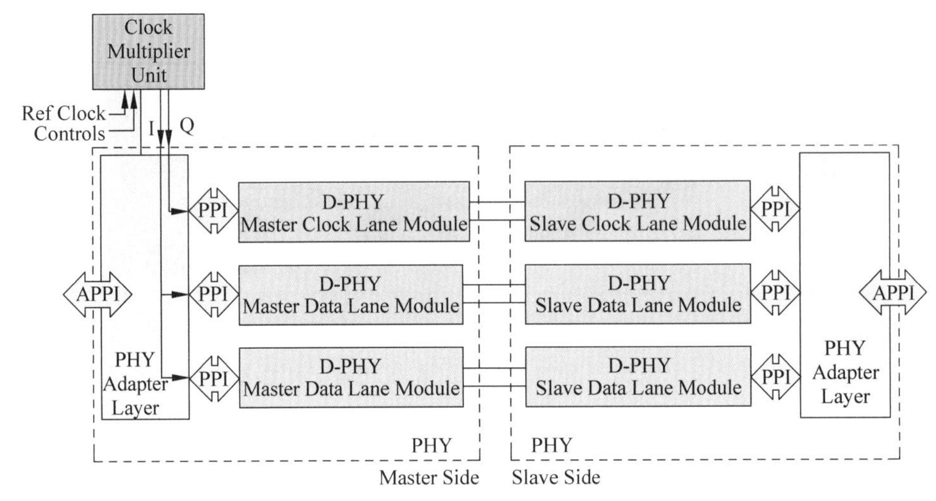

图 17.9　D-PHY 的总线结构

D-PHY 的信号传输采用 DDR 方式,即在时钟的上下边沿都有数据传输。D-PHY 的物理层支持 HS(High Speed)和 LP(Low Power)两种工作模式。HS 模式下采用低压差分信号,功耗较大,但是可以传输很高的数据速率(数据速率为 80M～1Gbps,最新的标准可以支持到 3.5Gbps);LP 模式下采用单端信号,数据速率很低(<10Mbps),但是相应的功耗也很低。两种模式的结合保证了 MIPI 总线在需要传输大量数据(如图像)时可以高速传输,而在不需要大数据量传输时又能够减少功耗。正因为这些特点,MIPI 在智能手机和 VR 设备中已经成为视频传输显示的主流接口技术。

目前国内做 VR 设备开发的厂商很多,某 VR 设备研发厂商用示波器中的 MIPI D-PHY 信号自动测试软件进行信号质量测试,之前测试一直正常,但现在测试时软件报错无法进行正常测试。其测试软件的设置如图 17.10 所示。

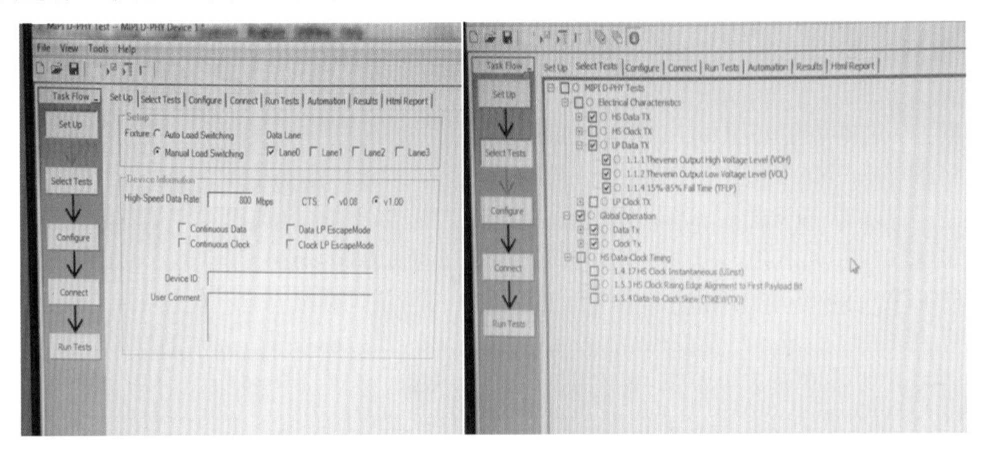

图 17.10　D-PHY 测试软件的设置

测试中按照测试软件的推荐连接被测信号,如图 17.11 所示,其中 Clk 信号用差分探头连接,其中一条 Data 线的 Dp 和 Dn 分别用两个探头连接。

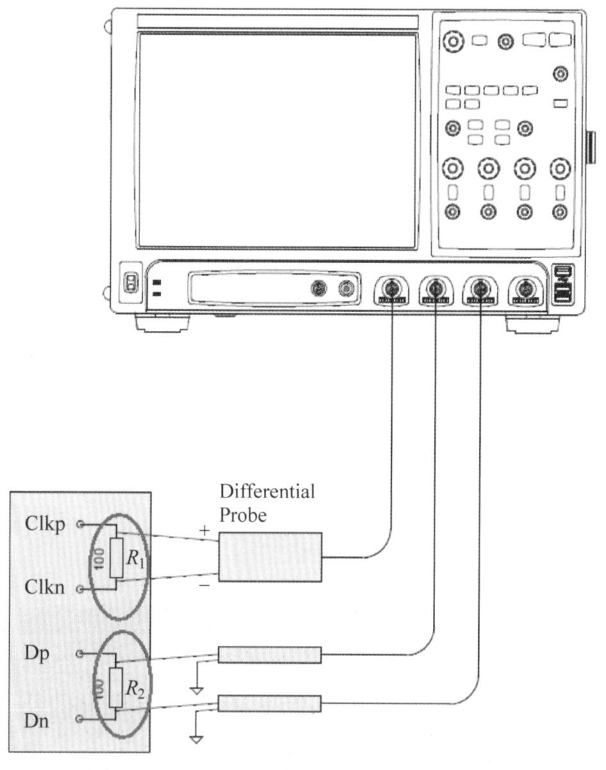

图 17.11 D-PHY 信号测试中的探头连接

被测件发出正常信号,示波器中的测试软件在运行中发生以下报错,无法进行后续测试。报错信息如图 17.12 所示。

图 17.12 D-PHY 测试软件的报错信息

问题分析：由于用户之前曾经正常完成过 MIPI D-PHY 信号的测试和测试报告的生成，所以重点检查用户发过来的测试拷屏以及测试连接。从测试报错信息看，是无法找到 HS 信号的起始点，但从测试波形看到是有 HS 信号发出来的，所以可能是判决起始点的条件有问题。如图 17.13 所示，根据 MIPI D-PHY 的规范要求，为了兼顾功耗和传输速度，总线会根据需要在 LP(Low Power，低功耗)模式和 HS(High Speed，高速传输)模式间切换。数据线 Dp 和 Dn 在由 LP 模式进入 HS 模式时，应该经过 11-01-00 的时序。(参考资料：www. mipi. org)

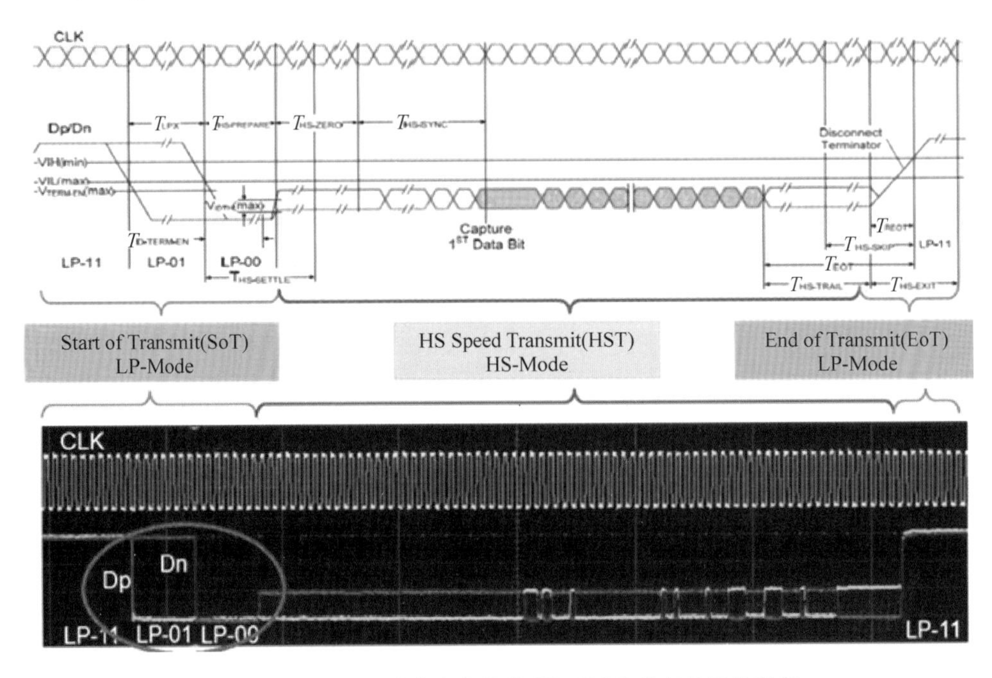

图 17.13　D-PHY 规范定义的从 HS 到 LP 状态的切换时序

由于数据线 Dp 和 Dn 信号有同时为正或者同时为负的情况，所以测试中必须使用两个探头分别测试 Dp 和 Dn 线才能测到完整的总线状态。在测试过程中，示波器中的测试软件会用数学函数对 Dp 和 Dn 进行相减以得到差分的波形，因此在 LP-01 阶段差分相减后的波形上应该出现一个明显的－1.2V 左右的负脉冲(正常 LP 信号的单端摆幅在 1.2V 左右)，测试软件以此标志作为判决 HS 信号的起始点。

从用户发来的报告看，有可能用户的信号时序不对，从而造成软件无法找到信号 LP 和 HS 的边界进行信号分离和下面的测试。经过检查，发现是由于疏忽，用户连接数据线的 Dp 和 Dn 信号的探头接反了，经调整后测试一切正常。

问题总结：MIPI D-PHY 总线的时序比较复杂，所以通常会用示波器中的自动测试软件测试来提高测试效率。自动测试软件会根据 LP 和 HS 状态切换过程中的信号变化来判断正确的 HS 信号的起始点位置并做进一步的信号分析。用户由于数据线的 Dp 和 Dn 连接接反了，所以造成软件无法寻找到合适的信号位置。由于 Dp 和 Dn 信号线的波形除了相位相反，乍一看是非常相近的，只是在状态切换时有所区别，所以用户没有发现这个连接的错误造成测试问题。这虽然是一个低级的错误，但也从侧面反映了 MIPI 信号的复杂性。

4. AR 眼镜 USB 拔出时的瞬态信号捕获

自从谷歌公司在几年前推出了 Google Glass，使得 AR 眼镜来到了大众的视野，其新颖的产品形态和体验方式使得大众对其充满了期待。2015 年，微软公司发布了全息智能眼镜 Hololens，又一次引发了 AR 界的一阵骚动。目前，AR 眼镜也逐步成为国际国内投资人、开发者、消费者所关注的焦点，比较有代表性的有微软公司的 Hololens、Meta 公司的 Meta 2、影创科技的 AIR 智能眼镜、枭龙科技的 XLOONG 运动眼镜等（见图 17.14）。

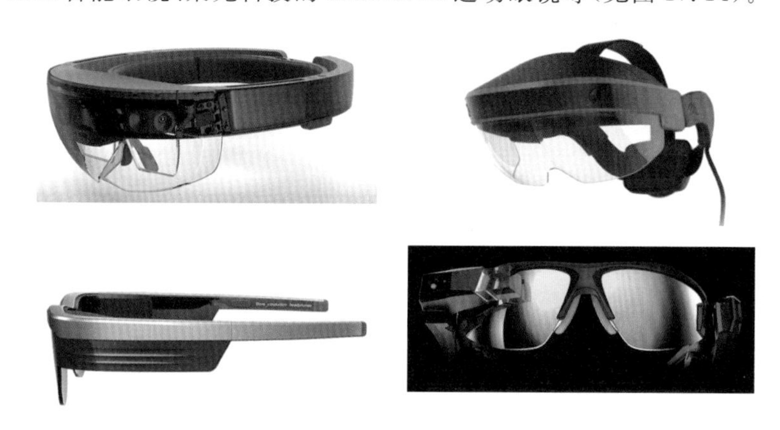

图 17.14　市面上典型的 AR 眼镜

AR 设备通常通过 WiFi 或蓝牙和手机或其他终端连接，其唯一的有线数据接口就是 USB 接口，AR 眼镜的设备通常使用 USB 2.0 接口充电并与计算机交换信息。某 AR 设备厂商在测试过程中，发现设备从计算机上拔出时偶尔会造成系统的死机，怀疑与设备拔出瞬间的信号或者电源变化有关，用户希望捕获到设备从计算机上拔出瞬间的 USB 2.0 信号波形，并且做分析。

问题分析：当 USB 设备插在计算机上时，总线上会有一定的信号传输；而当设备完全拔出后，总线上应该是没有信号的。所以如果要捕获设备拔出瞬间的信号就需要针对这个状态变化做触发。

首先研究 USB 2.0 的协议。如图 17.15 所示，按照 USB 2.0 的规范的要求，即使没有任何数据传输，主机也会定期发出周期性的 SOF（Start of Frame）的数据包。SOF 数据包的时间间隔在高速模式下为 125μs（参考资料：www.usb.org）。

正常的 USB 2.0 高速信号的信号摆幅为±400mV，我们把示波器探头点在 USB 接口的差分信号上，设置触发电平为 200 多 mV，设置示波器采样率为 10GSa/s，内存深度为 10M 样点。可以捕获到如图 17.16 所示的信号波形。从图中上面的窗口可以看到，即使在 USB 总线空闲时也会有周期性的 125μs 的数据包发送；图中下面的窗口是其中一个数据包的波形展开，通过 USB 2.0 的总线解码功能可以看到发送的确实是 SOF 包。

因此，在 USB 2.0 的高速总线上，即使空闲状态也会有至少 125μs 间隔的信号发送，而当有数据传输时信号的间隔只会更密集。但如果 USB 设备拔出后，总线上应该是长时间没有任何信号传送的，因此，可以利用示波器的信号超时（Timeout）触发来捕获设备拔出瞬间

8.4.3 Start-of-Frame Packets

Start-of-Frame (SOF) packets are issued by the host at a nominal rate of once every 1.00 ms ±0.0005 ms for a full-speed bus and 125 μs ±0.0625 μs for a high-speed bus. SOF packets consist of a PID indicating packet type followed by an 11-bit frame number field as illustrated in Figure 8-13.

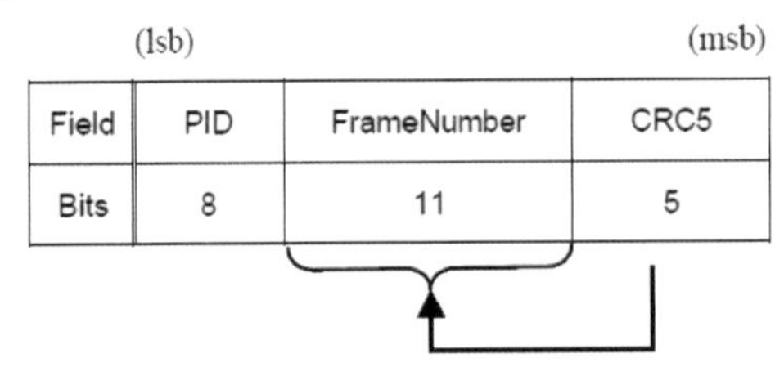

Figure 8-13. SOF Packet

The SOF token comprises the token-only transaction that distributes an SOF marker and accompanying frame number at precisely timed intervals corresponding to the start of each frame. All high-speed and full-speed functions, including hubs, receive the SOF packet. The SOF token does not cause any receiving function to generate a return packet; therefore, SOF delivery to any given function cannot be guaranteed.

图 17.15　USB 2.0 总线上的 SOF 包

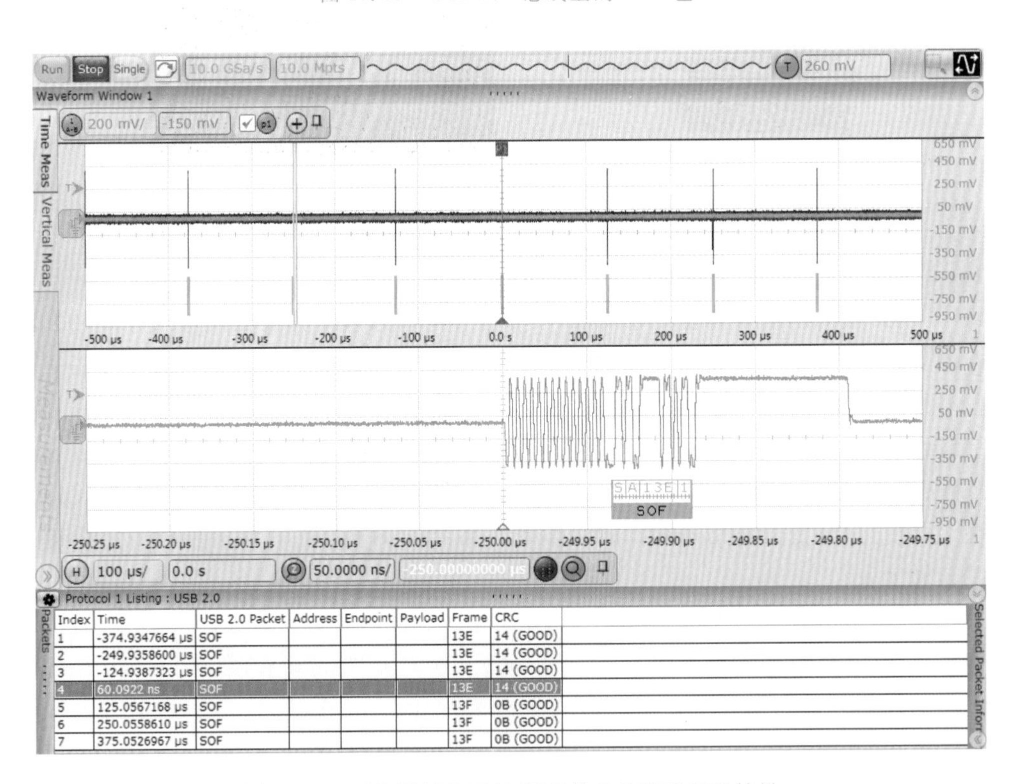

Index	Time	USB 2.0 Packet	Address	Endpoint	Payload	Frame	CRC
1	-374.9347664 μs	SOF				13E	14 (GOOD)
2	-249.9358600 μs	SOF				13E	14 (GOOD)
3	-124.9387323 μs	SOF				13E	14 (GOOD)
4	60.0922 ns	SOF				13E	14 (GOOD)
5	125.0567168 μs	SOF				13F	0B (GOOD)
6	250.0558610 μs	SOF				13F	0B (GOOD)
7	375.0526967 μs	SOF				13F	0B (GOOD)

图 17.16　示波器捕获到的 SOF 信号波形及解码结果

的信号波形。于是在示波器中设置如图 17.17 所示的触发，其含义为当 Channel1 上的信号超过 200μs 没有变化时触发。

然后把示波器设置为 Triggered 模式并设置单次触发。此时，当 USB 设备没有拔出时，总线上至少 125μs 就会有信号变化，由于 200μs 的时间阈值设置大于 125μs，所以示波器不会触发。而当 USB 设备拔出后，由于总线上不再有信号跳变，此时示波器被触发，并捕

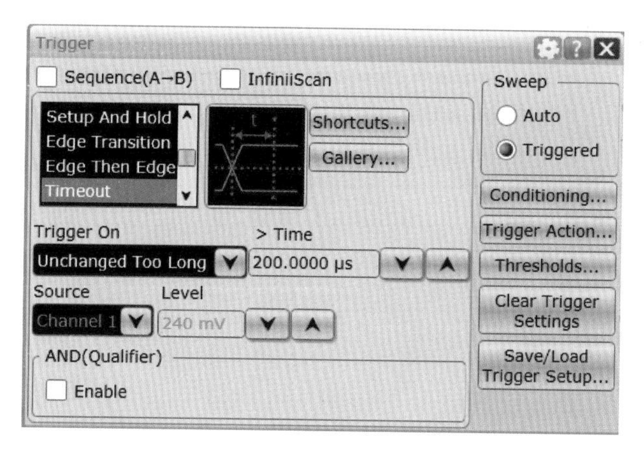

图 17.17　示波器上设置的超时触发

获到如图 17.18 的信号波形。从图 17.18 中我们可以清晰看到 SOF 包从有到无的过程，以及设备拔出过程中信号幅度的变化(由于设备被拔出，所以其挂在总线上的端接电阻不存在了，从而造成信号幅度的变化)，也可以展开波形观察每个包的细节。重复以上插拔过程，可以再抓到一次设备拔出时的信号波形，可以看到每次波形都不太一样。而如果在有实际数据读写时进行上述插拔过程，信号会更加复杂。用户通过重复插拔，成功捕获到了设备出问题时总线上的信号波形。

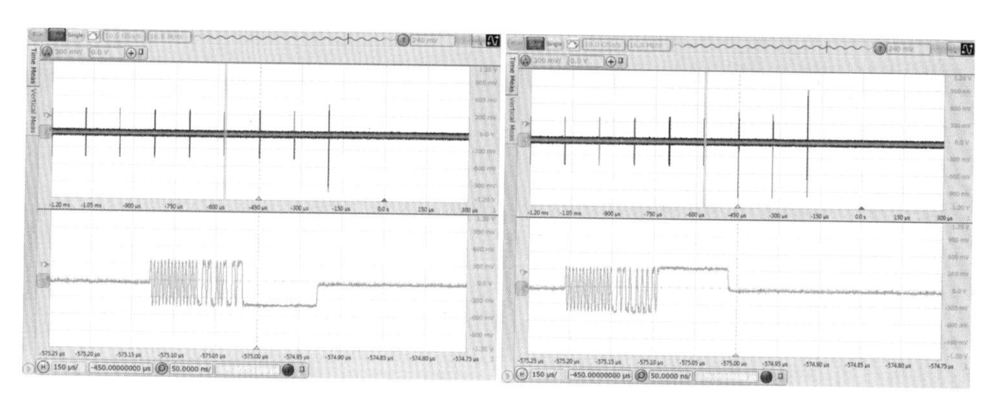

图 17.18　两次 USB 设备拔出瞬间总线上的波形

问题总结：这个问题的解决实际上是用到了大多数示波器都有的一个超时触发功能，来捕获 USB 设备从正常工作到拔出瞬间的信号波形。USB 总线上的信号在读写和空闲等状态时发送的数据内容和波形变化较大，通过研究 USB 的规范发现总线上即使空闲时也至少每 125μs 就必须有信号传输，因此设置超时触发的时间阈值为 200μs(只要大于 125μs 其实都可以)，结合单次触发捕获到了期望的信号波形。

5. 区分 USB 总线上好的眼图和坏的眼图

某移动硬盘开发商在做一款 USB 设备的故障调试，调试中会通过示波器验证 USB 的信号质量，示波器中的 USB 信号质量测试软件可以自动生成眼图并显示 Pass/Fail 的结果，如图 17.19 所示。

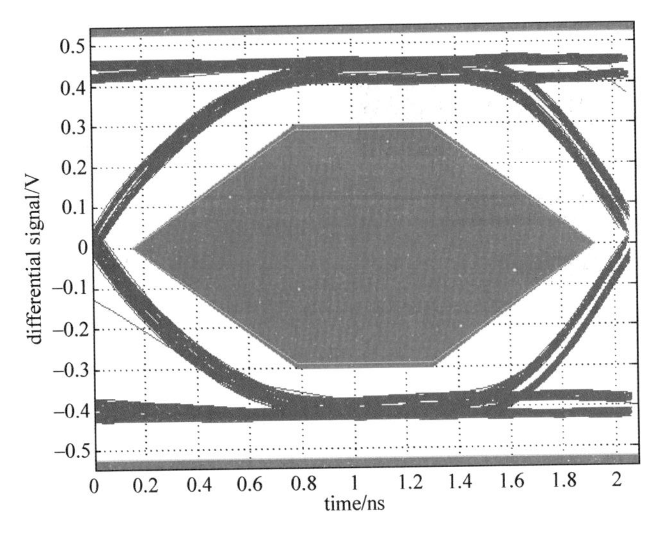

图 17.19　USB 2.0 测试中的信号眼图

在测试中有一个很困扰的问题就是如何区分“好的”眼图和“坏的”眼图。在很多测试中，客户发现设备工作不正常，但是眼图测试的结果与工作正常的设备差不多。客户希望知道除了可以通过眼图横向和纵向的张开程度判断眼图的好坏外，是否还有其他的判决因素？

问题分析：其实有很多参数可以判决眼图的好坏，除了横向和纵向的张开度以外（分别称为眼宽和眼高），还会考虑眼皮的厚度（噪声的影响或码间干扰）、交叉点的抖动以及对称性等。为了对眼图的结果进行定量判断，通常会把眼图与一个规定好的模板进行比较（如图 17.19 中上下部分的矩形区域和中间的六边形区域，不同总线定义的模板可能会不太一样）。只要眼图没有压上模板，就可以认为信号质量是符合要求的。

图 17.20 显示了另外两种质量稍差的 USB 2.0 信号的眼图：左边的眼图中噪声大一些，但还没有压上中间的模板区域，这个信号质量虽然差些，但我们仍然认为信号质量是满足规范要求的，所以仍判决为 pass；右边的眼图不但上下都压了模板，中间也有信号压上中间模板，这种信号明显不满足规范要求，判决为 fail。

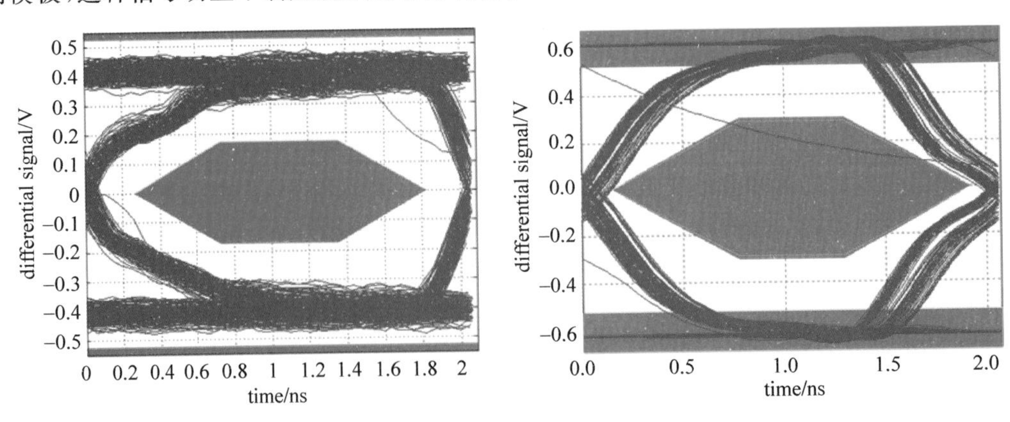

图 17.20　信号质量稍差的另两种 USB 信号眼图

问题总结：回到具体的问题，用户测试工作正常的设备和不正常的设备时得到的眼图结果都差不多。如果眼图形状不错，离模板还有比较大的裕量，可以认为信号质量方面的问题应该不大。而其设备工作不正常可能是由于其他原因造成的，如接收端灵敏度、速率协商过程、插拔瞬间的冲激电流过大、数据包的应答时间或者协议层面的一些问题等，需要借助其他分析工具进一步定位。

6. 4K 运动相机的 HDMI 测试问题

运动相机是一种小型可携带的防水防震相机，由于可以自由固定，摆脱了那些烦琐的固定支架，也不用时时刻刻用手“举着”，简单方便，所以这种相机在冲浪、滑雪、极限自行车及跳伞等极限运动中广泛运用，也可以应用于无人机航拍及日常户外活动的场景记录。目前市面上流行的运动相机有 Gopro 公司的 Hero，国产的小蚁运动相机，Sony 公司的 HDR-AS50，宝丽来公司的 Cube＋，Ricoh 公司的 WG-M1 以及可拍摄 360°全景的相机 Theta S 360 等(见图 17.21)。

图 17.21　形态各样的运动相机

对于运动相机来说，除了防水、防震、小巧、待机时间长外，最重要的是视频记录的分辨率以及帧频。因为运动相机通常是广角的，可以录像的画面范围比较大，如果分辨率不够则图像会出现颗粒感，而如果帧频不够，在高速运动如滑雪、跳伞等过程中会出现关键信息的丢失。因此，市面上很多新的运动相机都号称支持 4K 分辨率。所谓 4K，是指图像的分辨率可以达到 3840×2160 或者 4096×2160，由于在水平方向大概有 4000 个像素点，所以简称为 4K 的分辨率。为了支持 4K 的分辨率以及至少 30Hz 的帧频，就需要几方面的技术，首先是镜头质量以及传感器的像素，然后是图像处理器的速度，最后是图像输出接口的传输带宽。

以运动相机的发起者 Gopro 公司为例，其旗舰产品 Hero4 采用了安霸半导体(Ambarella)公司专为高清运动相机打造的 SoC(system-on-chip)芯片 A9。A9 这款芯片包含了双核的 ARM 处理器，802.11n 无线局域网和 4G/LTE 的网络连接接口，以及高清 CMOS 传感器和 HDMI 接口输出(见图 17.22)。值得一提的是，这款芯片的处理速度可以支持 1080p 分辨率下 120Hz 帧频或者 720p 分辨率下 240Hz 帧频的高速图像记录，对于高速运动场景的记录非常合适。

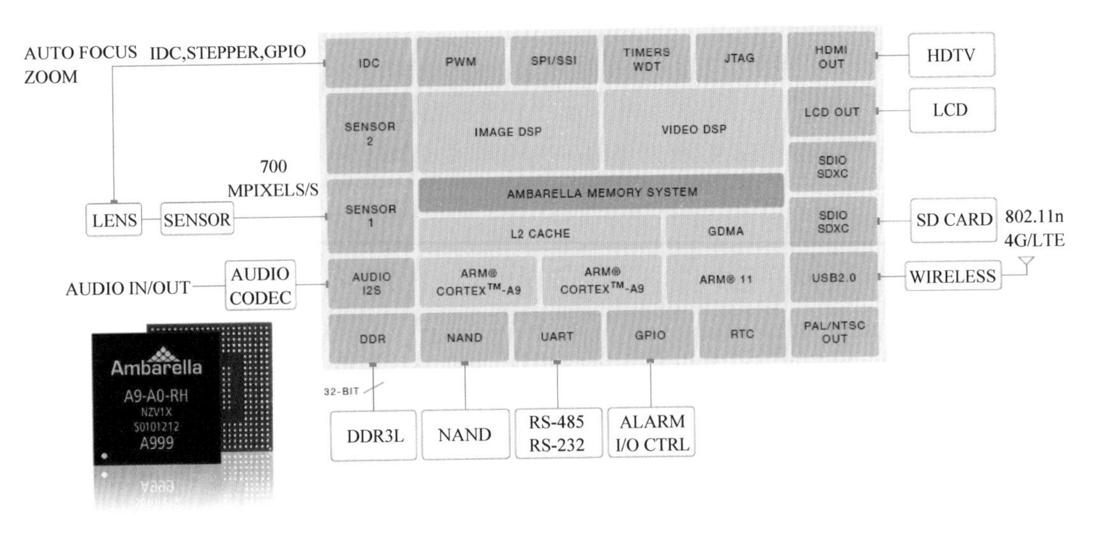

图 17.22　运动相机里的处理器

目前国内从事运动相机和无人机航拍相机生产的厂商非常多，在测试过程中也遇到很多问题。某厂商一款即将上市的运动相机采用 mini HDMI（即 C 型 HDMI 连接器），支持 4K×2K(3860×2160 分辨率，30Hz)的视频信号输出。用户在自行测试 4K×2K 信号的眼图时，发现信号的眼图形状与在认证中心测试到的眼图形状有很大差异，希望找到问题的原因。

问题分析：HDMI 是专用于数字音视频传输的数字显示接口标准，其最大特点是可以以极高带宽同时传送高分辨率的数字视频/音频/控制信号。HDMI 1.4 版本规范信号速率已经高达 3.4Gbps，三对信号线同时传输时带宽高达 10.2Gbps。在 2013 年 9 月，HDMI2.0 标准也已经推出，每对线上的信号速率可达 6Gbps，三对差分线提供最高到 18Gbps 的传输速率，可以在 60Hz 的帧频下支持 4096×2160p 的分辨率。HDMI 的测试可以使用示波器中的 HDMI 测试软件配合探头及相应夹具完成，用户使用的示波器带宽、探头类型、测试夹具都没有问题，测试连接如图 17.23 所示。

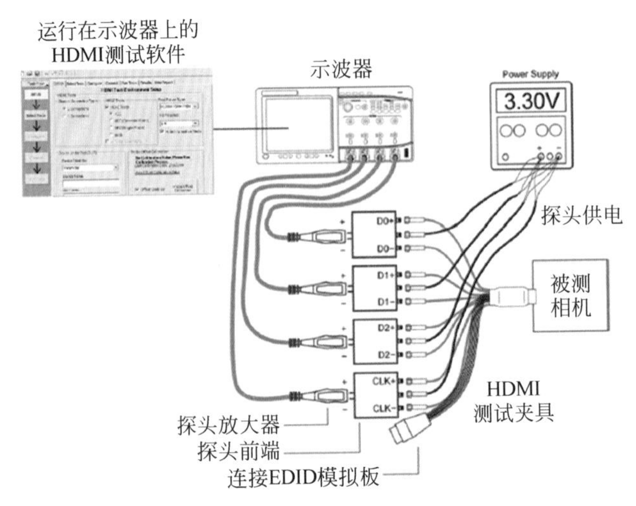

图 17.23　HDMI 信号测试的连接

检查用户发来的两份测试报告(认证中心的测试报告和用户自己的测试报告),发现两份报告中的眼图形状确实有较大差异。进一步检查测试报告中的详细信息,发现认证中心的测试报告是在约297MHz的频率下测试的,而用户自己的报告是在约148.5MHz的频率下测试的(见图17.24),问题可能在于被测件的状态不同。

认证中心的测试报告

✓7-10: D0 Mask Test Reference: Test ID 7-10
Test Summary: Pass Test Description: For all channels under all operating conditions specified in Table 4-11 . The Source shall have output levels at TP1, which meet the normalized eye diagram requirements.
Pass Limits:No Mask FailuresTotal # failures0.000
Result Details:
Result Details
HDMIAutomationConfigTiming 100**Eye Width(ps)**272.710**Eye Height(mV)**756.000**Data Lane** AD0**Test Frequency(MHz)**296.706**Mask Moved(ps)**0.000**# Acquisitions Point**16.000000000 M**Tbit(ps)**337.032**RightJitterData(Tbit)**191 m**LeftJitterData(Tbit)**189 m**RightJitterData(ps)**64.380**LeftJitterData(ps)**63.860**Maximum Margin**NA**Left Margin**NA**Right Margin**NA**Maximum Margin (Vertical)**NA**Upper Margin (Vertical)**NA**Lower Margin (Vertical)**NA**Differential Swing Voltage, VH(V)**454 m**Differential Swing Voltage,VL (V)**-463 m**Differential Swing Voltage(V)**917 m**Acquisition**

用户自己的测试报告

☒ 7-10: D1 Mask Test Reference: Test ID 7-10
Test Summary: FAIL Test Description: For all channels under all operating conditions specified in Table 4-11 . The Source shall have output levels at TP1, which meet the normalized eye diagram requirements.
Pass Limits:No Mask FailuresTotal # failures1.239544000 M
Result Details:
Result Details
HDMIAutomationConfigTiming 100**Eye Width(ps)**609.609**Eye Height(mV)**1.240000 k**Data Lane** AD1**Test Frequency(MHz)**148.354**Mask Moved(ps)**0.000**# Acquisitions Point**16.000000000 M**Tbit(ps)** 674.067**RightJitterData(Tbit)**95 m**LeftJitterData(Tbit)**94 m**RightJitterData(ps)**64.336**LeftJitterData(ps)** 63.281**Maximum Margin**NA**Left Margin**NA**Right Margin**NA**Maximum Margin (Vertical)**NA**Upper Margin (Vertical)**NA**Lower Margin (Vertical)**NA**Differential Swing Voltage, VH(V)**744 m**Differential Swing Voltage,VL (V)**-748 m**Differential Swing Voltage(V)**1.492**Acquisition Bandwidth (GHz)**13.000

图17.24 两份不同测试报告中的信息

接下来,进一步分析哪些因素可能会影响到被测件输出速率。如图17.25所示,在HDMI的总线上,主要用于进行音视频信号传输的是4对TMDS的差分信号,包括1对差分时钟信号和3对差分的数据信号。通常情况下,时钟线上的时钟频率为数据线上数据传输速率的1/10,例如每对数据线上的数据速率为1.485Gbps时,时钟线上传输的时钟信号的频率为148.5MHz。时钟线上的时钟频率与传输的像素的频率一致,所以有时又称为像素频率。除了TMDS信号以外,在HDMI总线上还有Hot Plug(HPD信号,热插拔控制)用于设备插入检测,DDC通道(Display Data Channel)用于接收设备的EDID信息读取。DDC通道本身是一个I^2C通道,当显示器等接收设备插入时,源设备应该读取接收设备支持的EDID信息并调整到最优的分辨率输出。

在这个案例中,认证中心的测试中,被测件输出的时钟速率是297MHz(对应3860×2160@30Hz的分辨率),而用户自己的测试中,被测件输出的时钟速率是148.5MHz(对应1920×1080p@60Hz的分辨率),所以怀疑是测试中被测件读取到的EDID信息不同所致。经询问,认证中心使用的是HDMI的EDID模拟器,即一台可以模拟任意EDID信息的设备,如VPrime公司的FlexEDID控制器。而用户使用的是如图17.26所示的测试夹具自带

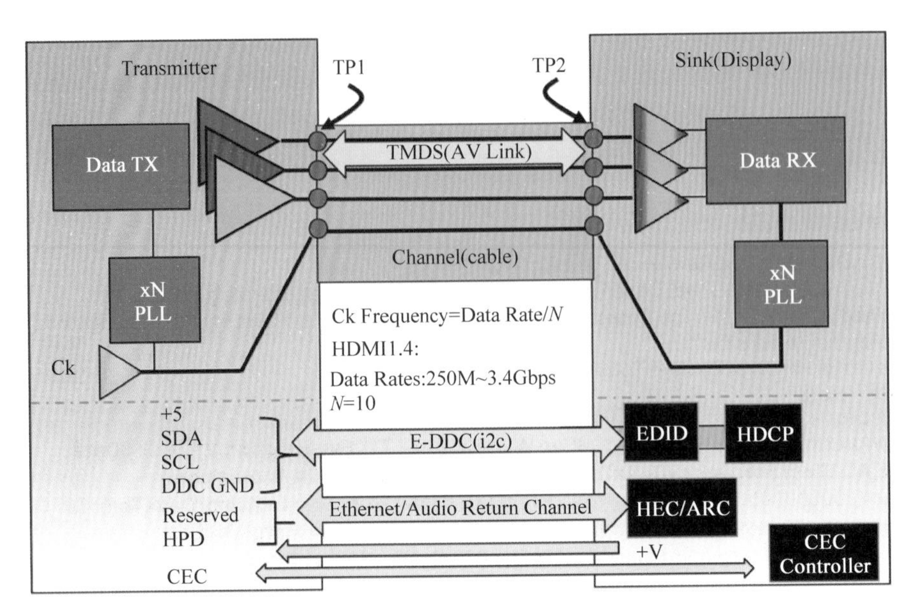

图 17.25　HDMI 的总线结构

的 EDID 模拟板并插入了一片 Atmel 公司的 AT24C02 的 E2PROM 芯片。所以怀疑是 E2PROM 中的 EDID 信息不支持 4K×2K 的分辨率。

图 17.26　用于模拟 EDID 信息的 E2PROM 芯片

为了确认这个问题，我们找来一根 HDMI 线，将线的一头插入到一台支持 4K×2K 分辨率的显示器上，将线的另一头剥开，根据电缆定义（见图 17.27）将 HDMI 线上的＋5V、GND、SCL、SDA、Hot Plug Detect 共 5 根线连接到上述的 EDID 模拟板上（需要拔掉模拟板上的 E2PROM 芯片）。此时连接测试夹具并对被测件上电，被测件会直接读取显示器中的 EDID 信息。用示波器检查，发现被测件可以正常输出 297MHz 的时钟信号，于是确认是适配器上 E2PROM 中写入的 EDID 文件有问题。

上述方法虽然可以使被测件输出正确的信号速率，但需要一直连接显示器才能进行正常测试，比较麻烦。使用 E2PROM 编程器通过上述的 HDMI 线直接读出显示器中的 EDID 信息，并烧录到 E2PROM 中。然后把烧录好的 E2PROM 芯片重新插入 EDID 模拟板，连接夹具及被测件，被测件上电后在示波器上检查时钟输出频率为 297MHz，问题解决。

问题总结：HDMI 接收设备中的 EDID 文件中包含了接收设备的类型、支持的分辨率、格式等信息，源设备会根据读到的接收设备的能力自动调整输出的分辨率和数据速率。在 HDMI 的测试中，由于示波器通过测试夹具直接连接源设备的输出，所以需要相应的 EDID

PIN	Signal Assignment
1	TMDS Data2+
3	TMDS Data2–
5	TMDS Data1 Shield
7	TMDS Data0+
9	TMDS Data0–
11	TMDS Clock Shield
13	CEC
15	SCL
17	DDC/CEC Ground
19	Hot Plug Detect

PIN	Signal Assignment
2	TMDS Data2 Shield
4	TMDS Data1+
6	TMDS Data1–
8	TMDS Data0 Shield
10	TMDS Clock+
12	TMDS Clock–
14	Reserved (N.C. on device)
16	SDA
18	+5V Power

图 17.27　HDMI 电缆上的信号定义

模拟器来模拟接收设备的 EDID 信息。本案例中由于 EDID 模拟器上的 E2PROM 中写入的文件信息不支持 4K×2K，造成测试中被测源设备输出的信号分辨率和时钟频率不对，本该是 297MHz 的时钟频率变成了 1080p 的 148.5MHz 时钟频率。通过读取一台支持 4K×2K 的显示器的 EDID 文件信息，并写入到模拟器上的 E2PROM 芯片中，解决了这个问题。

EDID 文件通常是 128Byte 长度，其典型格式如图 17.28 所示。如果支持 Extention 扩展，可能是 256Byte 长度。

Address (Decimal)	Data	General Description
0-7	Header	Constant fixed pattern
8-9	Manufacturer ID	Display product identification
10-11	Product ID Code	
12-15	Serial Number	
16-17	Manufacture Date	
18	EDID Version #	EDID version information
19	EDID Revision #	
20	Video Input Type	Basic display parameters, Video input type (analog or digital), display size, power management, sync, color space, and timing capabilities and preferences are reported here.
21	Horizontal Size (cm)	
22	Vertical Size (cm)	
23	Display Gamma	
24	Supported Features	
25-34	Color Characteristics	Color space definition
35-36	Established Supported Timings	Timing information for all resolutions supported by the display are reported here
37	Manufacturer's Reserved Timing	
38-53	EDID Standard Timings Supported	
54-71	Detailed Timing Descriptor Block 1	
72-89	Detailed Timing Descriptor Block 2	
90-107	Detailed Timing Descriptor Block 3	
108-125	Detailed Timing Descriptor Block 4	
126	Extension Flag	Number of (optional) 128-byte extension blocks to follow
127	Checksum	

图 17.28　EDID 文件的内容格式

用类似的方式,也可以实现 VR 头盔等特殊格式的 HDMI 信号测试。以 HTC 公司的虚拟现实设备 Vive 为例,其显示屏幕采用的是两块三星公司的显示屏,分辨率为 2160×1200,刷新率为 90Hz。Vive 产品的视频信息需要从专用的游戏级计算机通过 HDMI 线缆传输到头盔上进行显示。这个视频格式比较特殊,一般的显示器里的 EDID 信息不能支持这种格式或者分辨率的视频格式信息。如果直接连接含有高清电视 EDID 信息的控制板,主机输出的是 HDMI2.0 格式的视频信号(时钟频率为 148.5MHz,数据速率为时钟频率的 40 倍),与实际应用场景不一致。通过测试夹具转接使得主机直接读取头盔中的 EDID 信息,如图 17.29 所示,使得主机输出了真实工作场景下的信号(时钟频率为 297MHz,数据速率为时钟频率的 10 倍)。

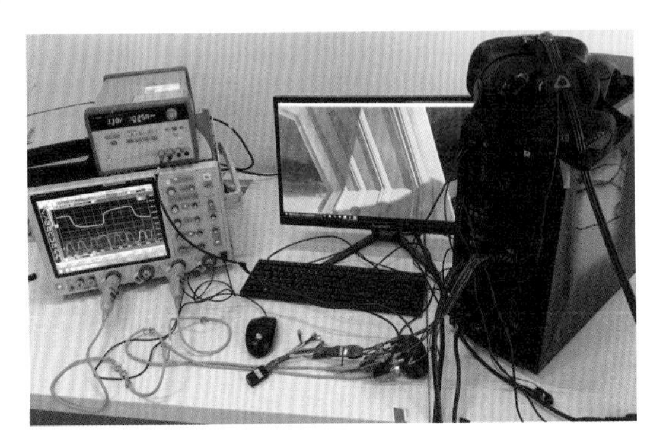

图 17.29 VR 设备的 HDMI 接口测试环境

7. SFP+测试中由于信号边沿过陡造成的 DDPWS 测试失败

某以太网交换机研发厂商的以太网交换机上有大量 SFP+的接口要进行测试。用户测试使用了 25GHz 带宽的示波器,示波器中安装有 SFP+的自动测试软件,配合相应的 SFP+的测试夹具完成信号质量的测试。在测试软件生成的报告中,发现 DDPWS 一项测试失败,如图 17.30 所示。

Pass	# Failed	# Trials	Test Name	Actual Value	Margin	Pass Limits
✓	0	1	Signal Rise Time (20%-80%)	35.98 ps	5.8 %	VALUE >= 34.00 ps
✓	0	1	Signal Fall Time (80%-20%)	36.21 ps	6.5 %	VALUE >= 34.00 ps
✓	0	1	Transmitter Qsq	53.13	6.3 %	VALUE >= 50.00
✓	0	1	Data Dependent Jitter (DDJ)(p-p)	71.2 mUI	28.8 %	VALUE <= 100.0 mUI
✗	1	1	Data Dependent Pulse Width Shrinkage (DDPWS)(p-p)	57.0 mUI	-3.6 %	VALUE <= 55.0 mUI
✓	0	1	Uncorrelated Jitter (UJ)(RMS)	14.5 mUI	37.0 %	VALUE <= 23.0 mUI
✓	0	1	Output AC Common Mode Voltage (rms)	2.37 mV	84.2 %	VALUE <= 15.00 mV
✓	0	1	Single Ended Voltage Range (Positive)	-155 mV	3.4 %	-300 mV <= VALUE <= 4.000 V
✓	0	1	Single Ended Voltage Range (Negative)	-154 mV	3.4 %	-300 mV <= VALUE <= 4.000 V
✓	0	1	Total Jitter (TJ)(p-p)	134.7 mUI	51.9 %	VALUE <= 280.0 mUI
✓	0	1	Eye Mask Hit Ratio	0.0000000	100.0 %	VALUE <= 50.0 μ

图 17.30 SFP+软件的测试报告

问题分析:SFP+是可插拔的 10G 光模块接口,如图 17.31 所示,承载以太网时采用 10.3125Gbps 的差分电信号,可以通过插入 SFP+的光模块转成光信号进行远距离传输,电接口的信号质量对于最终的光口的信号质量以及传输距离至关重要。

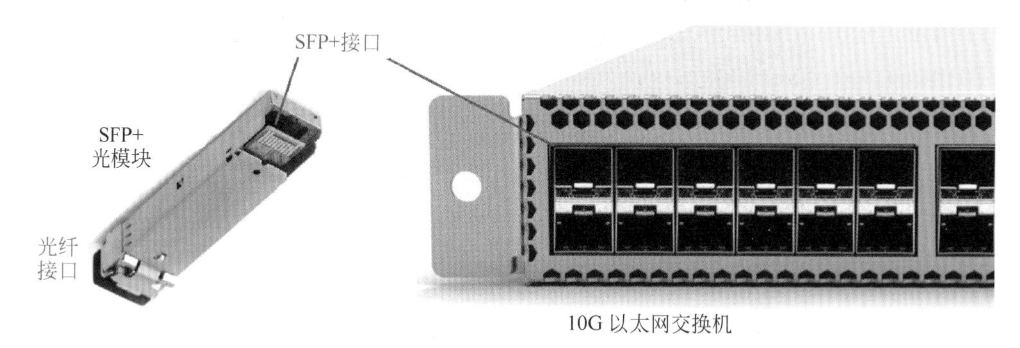

图 17.31 SFP+接口应用场合

SFP+的接口规范由 SFF 协会(Small Form Factor Committee)制定,参考规范文档为 SFF-8431。DDPWS 是 Data Dependent Pulse Width Shrinkage 的缩写,目的是为了衡量信号传输过程中码间干扰造成的数据 bit 宽度的变化。如图 17.32 所示,方波波形为信号理想波形,圆滑一些的是信号的实际波形,由于码间干扰造成的抖动会使得实际波形的边沿偏离理想位置,这就是数据相关抖动(Data Dependent Jitter,DDJ)。

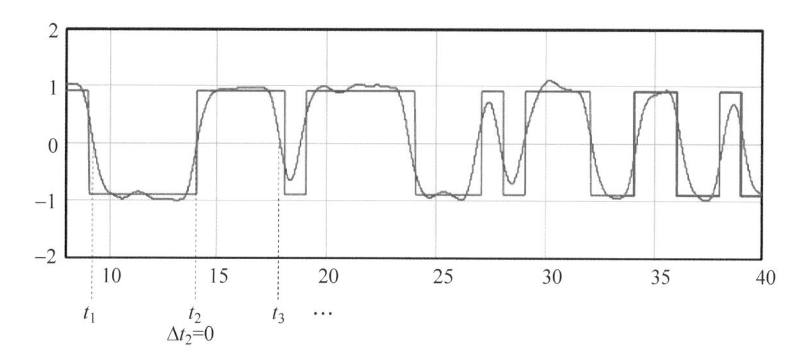

图 17.32 码间干扰造成的数据 bit 宽度变化

由于信号边沿位置的变化,也会间接造成信号脉冲宽度的变化。为了衡量这个变化,假设信号的理想 bit 宽度为 T,则 DDPWS 的定义如下:

$$\text{DDPWS} = T - \min(t_2 - t_1, t_3 - t_2, \cdots, t_{n+1} - t_n)$$

其中,T 是一个 bit 的周期,t_n 是第 n 个边沿的时刻。

在上面的公式中,每相邻两个边沿时刻相减就是这两个边沿间形成的正脉冲或者负脉冲的宽度,通过寻找最窄的那个脉冲并与理想的 bit 宽度相比较,就可以得到 DDPWS 的结果。在测试中为了保证结果的可重复性,SFF-8431 的规范还定义了使用 PRBS9(总长度为 511bit)的码型来进行这个测试。其要求最差的 DDPWS 结果不要超过 55mUI,也就是最窄的脉冲宽度偏离 97ps 不要超过 5.3 个 ps,即不要小于 91.3ps。

为了定位这个问题,首先关掉 SFP+的自动测试软件,把示波器恢复到默认设置。手动设置示波器的触发。由于 10.3125Gbps 的数据速率下,一个正常 bit 宽度约为 97ps,在被测件发 PRBS9 码型时,信号中最多有 9 个连续的高电平,对应脉冲宽度约为 873ps,所以在示波器中设置对超过 850ps 宽度的正脉冲触发(见图 17.33)。

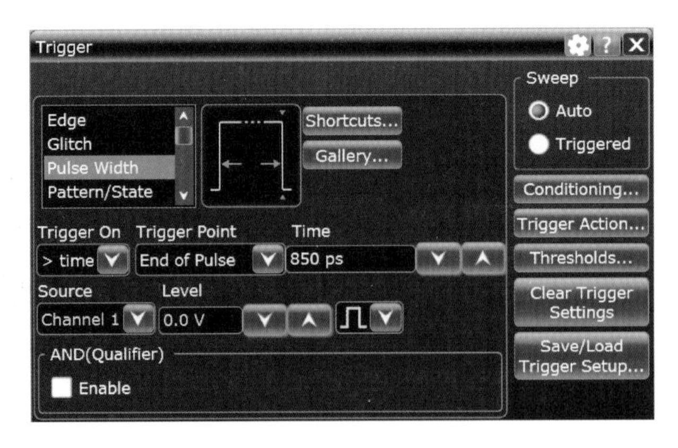

图 17.33　设置脉冲宽度触发

此时示波器上可以得到稳定的触发波形。然后手动设置示波器的采样率为 80GSa/s，内存深度为 100k 点，这个设置的目的是保证可以至少抓到多个完整的 PRBS9 码型的重复周期。接着打开正脉冲宽度测量功能、负脉冲宽度测量功能以及上升时间测量功能，并在测试菜单下设置 Measure All Edges，即对内存中的所有信号边沿都做测量，以保证测量结果不会遗漏任何一个脉冲。此时可以得到如图 17.34 的结果，从所有脉冲的测量结果看，最小的脉冲宽度约为 93.6ps，并不会造成测试结果的失败。

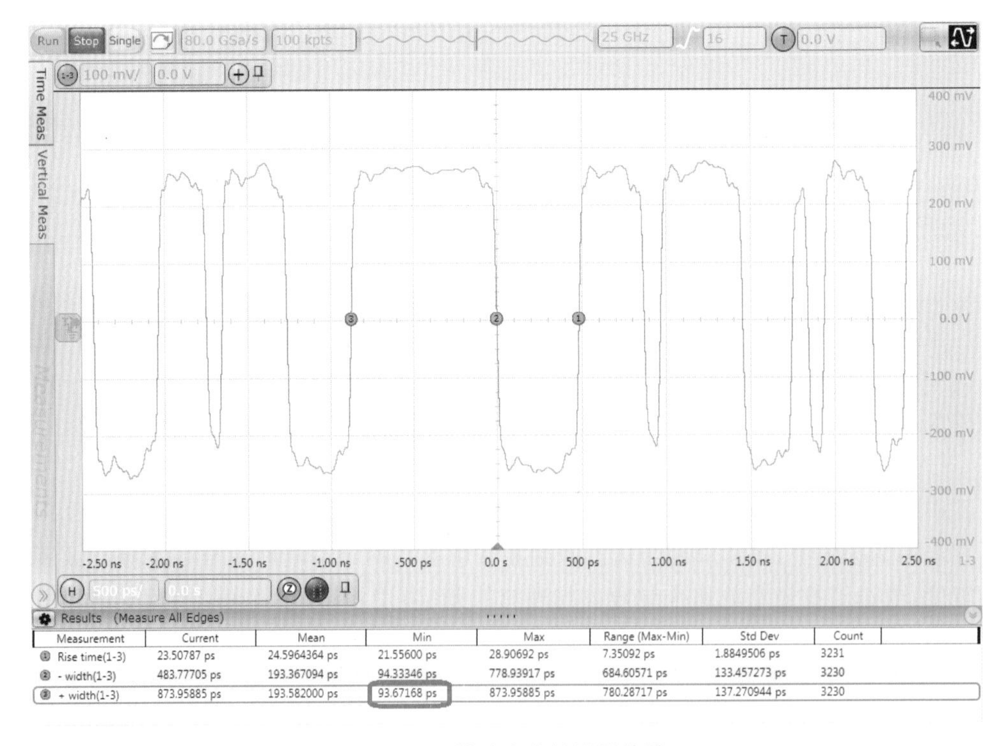

Measurement	Current	Mean	Min	Max	Range (Max-Min)	Std Dev	Count
Rise time(1-3)	23.50787 ps	24.5964364 ps	21.55600 ps	28.90692 ps	7.35092 ps	1.8849506 ps	3231
- width(1-3)	483.77705 ps	193.367094 ps	94.33346 ps	778.93917 ps	684.60571 ps	133.457273 ps	3230
+ width(1-3)	873.95885 ps	193.582000 ps	93.67168 ps	873.95885 ps	780.28717 ps	137.270944 ps	3230

图 17.34　脉冲宽度的测量结果

进一步研究，从测试结果发现信号的上升沿只有 24ps 左右，远远小于规范要求的 34ps。而自动测试软件测试的结果为 36ps，因此怀疑是否测试软件的带宽设置与实际手动测试时不一致。

进一步检查 SFP＋自动测试软件的设置，发现测试时软件会自动把示波器带宽设置到 12GHz。于是在软件的 Debug 模式下把示波器带宽改为 25GHz，如图 17.35 所示。

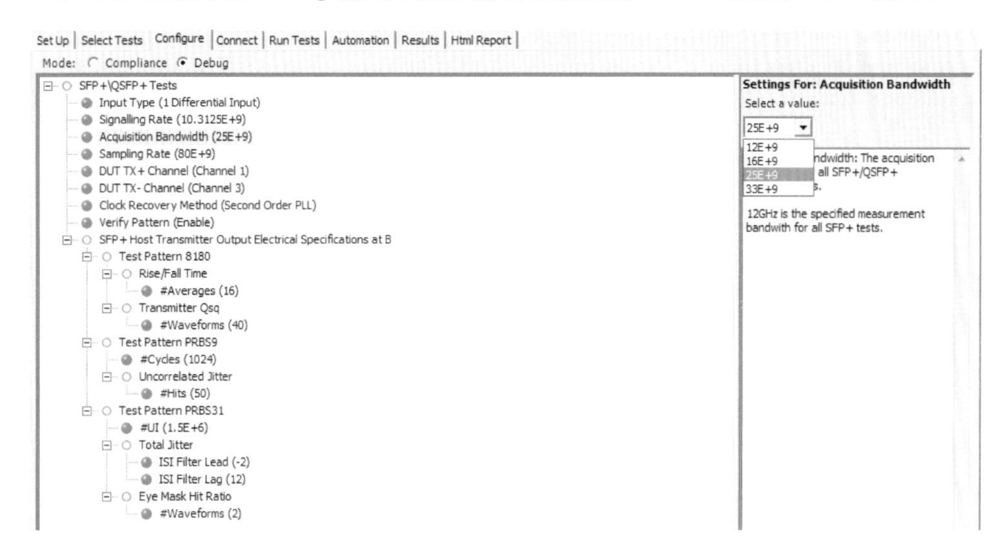

图 17.35 手动更改测试软件使用的带宽

再运行 SFP＋自动测试软件，得到如下结果，如图 17.36 所示。

Pass	# Failed	# Trials	Test Name	Actual Value	Margin	Pass Limits
✓	0	1	Output AC Common Mode Voltage (rms)	2.56 mV	82.9 %	VALUE <= 15.00 mV
✓	0	1	Single Ended Voltage Range (Positive)	-154 mV	3.4 %	-300 mV <= VALUE <= 4.000 V
✓	0	1	Single Ended Voltage Range (Negative)	-152 mV	3.4 %	-300 mV <= VALUE <= 4.000 V
✓	0	1	Total Jitter (TJ)(p-p)	81.8 mUI	70.8 %	VALUE <= 280.0 mUI
✓	0	1	Eye Mask Hit Ratio	0.0000000	100.0 %	VALUE <= 50.0 μ
✓	0	1	Data Dependent Jitter (DDJ)(p-p)	24.7 mUI	75.3 %	VALUE <= 100.0 mUI
✓	0	1	Data Dependent Pulse Width Shrinkage (DDPWS)(p-p)	17.7 mUI	67.8 %	VALUE <= 55.0 mUI
✓	0	1	Uncorrelated Jitter (UJ)(RMS)	14.0 mUI	39.1 %	VALUE <= 23.0 mUI
✗	1	1	Signal Rise Time (20%-80%)	25.61 ps	-24.7 %	VALUE >= 34.00 ps
✗	1	1	Signal Fall Time (80%-20%)	25.92 ps	-23.8 %	VALUE >= 34.00 ps
✓	0	1	Transmitter Qsq	74.00	48.0 %	VALUE >= 50.00

图 17.36 更改测试软件使用带宽后的测试报告

从这个结果看，与前述的测试报告完全不一样：信号的 DDPWS 测试项目通过了，但是上升/下降时间的测试失败了，原因是信号的边沿过陡。于是问题的原因找到，其实不是 DDPWS 有问题，而是信号的上升时间过陡，且远远超过规范要求。SFP＋的测试规范中要求使用 12GHz 带宽的示波器进行测量，因此测试软件也按照规范设置了 12GHz 的带宽限制。但是现在高带宽实时示波器大部分是平坦响应，当型号频率成分远远超过限制带宽时会有很大的过冲，造成信号变形，从而影响了 DDPWS 的测量结果。

8. USB 3.1 TypeC 接口测试中的信号码型切换问题

USB 是目前 PC 上最成功的接口标准，而 USB3.1 是其最新版本。在 USB 3.1 的标准中，革命性地融合了3种最新的现代技术，分别是：数据速率从5Gbps提高到10Gbps；TypeC接口实现PC外设接口的统一；Power Delivery技术实现更智能强大的充电能力。下面简单分别介绍3种技术。

●**数据速率提升到10Gbps**：USB接口的标准最早于20世纪90年代推出，数据速率为1.5Mbps(Low Speed)，后来提高到了12Mbps(Full Speed)，在2000年又提高到了480Mbps(High Speed)，从此开始了USB接口一统PC外设接口的时代。到2008年时，面对大量数据传输的挑战以及eSATA的竞争，USB协会又推出3.0标准，把接口速率提高到了5Gbps，目前在PC及移动硬盘上已经普及。由于原先的USB 2.0的信号线缆以及芯片的限制已经不能实现从1.5Mbps到5Gbps这么大跨度范围的信号传输，所以USB 3.0是在原来的USB 2.0的接口上另外增加了2对高速的差分线，采用类似PCIe的预加重、均衡和8b/10b编码技术。到2013年时，随着对于数据传输速率要求的进一步提升，USB协会又通过USB 3.1标准的推出把数据速率提高到10Gbps，同时采用了效率更高的128b/132b编码方式。不过随着速率的提高，除了芯片做得更加复杂以支持链路协商和克服损耗以外，能够支持的电缆的最长长度也从USB 2.0时代的5m降到了USB 3.0时代的3m，到USB 3.1时代就只有2m了。

●**TypeC统一了PC外设接口**：对于USB 3.1标准来说，最让业界兴奋的还不是数据速率的提升，而是对TypeC接口的采用。目前使用的USB接口主要为扁形的A型口和方形的B型口，以及在手机等移动设备上广泛使用的MicroB的接口。而TypeC接口的推出真正改变这一切。TypeC之所以引起业界的关注和积极采用主要有几个原因：更轻、更小，适合手机、PAD、笔记本等轻薄应用，同时信号的屏蔽更好；采用类似苹果Lightning接口的正反插模式，正反面的信号定义是对称的，通过CC1/CC2(Control Channel)管脚可以自动识别，用户可以不区分方向盲插拔；正常情况下，根据插入的是正面还是反面可以用TX1+/TX1-/RX1+/RX1-或者TX2+/TX2-/RX2+/RX2-这两对差分线进行USB 3.1的信号传输，但如果支持Alt Mode，则可以四对差分线一起传输用来支持Displayport、MHL、Thunderbolt视频或存储格式信号输出，并通过SBU1/SBU2(Secondary Bus)管脚来实现Alt Mode下一些低速视频控制信号的传输；支持更智能、灵活的通信方式，通过CC1/CC2的上下拉电阻设置可以区分主机(Downstream Facing Port，DFP接口)还是外设(Upstream Facing Port，UFP接口)，也可以通过CC管脚去读取外设或电缆支持的供电能力。图17.37是TypeC接口的信号定义以及与传统USB接口的比较。

●**Power Delivery技术实现更智能强大的充电能力**：即插即用、数据传输与充电合一是USB接口的一个重要特征。在USB 2.0时代，USB接口可以支持2.5W的供电能力(5V/500mA)，到USB 3.0时代提高到了4.5W(5V/900mA)，但这样的供电能力对于笔记本或者一些稍大点的电器供电都是不够的，而且由于一些产品的质量问题，也出现过充电过程中起火烧毁的事故。为了支持更强大的充电能力，同时避免安全隐患，USB 3.1标准中引入了Power Delivery的协议(即PD2.0协议)，一方面允许更大范围的供电能力(如5V/2A、12V/1.5A、12V/3A、12V/5A、20V/3A、20V/5A)，另一方面会通过CC线进行PD的协商以了解线缆和对端支持的供电能力，只有通过协商成功后才允许提供更高的电压或工作电流。图17.38是PD协商的原理，以及实测到的一个被测件插入过程中通过CC协商后把输出电压从5V提高到20V的信号波形。

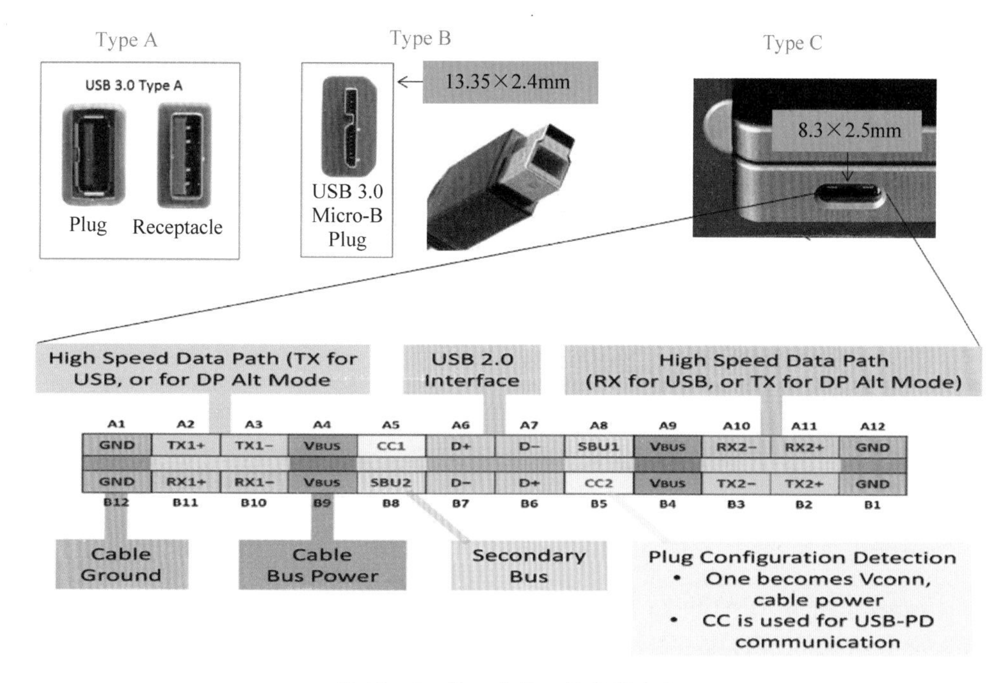

图 17.37　TypeC 接口的信号定义

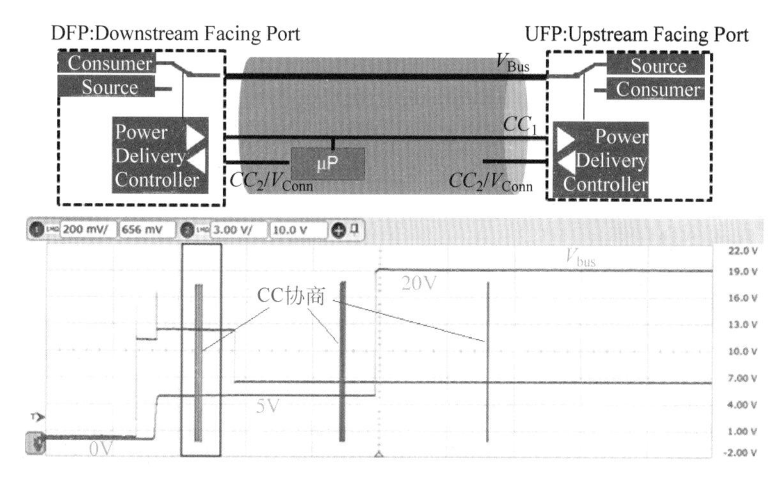

图 17.38　PD 协商的原理和波形

某用户在对 USB 3.1 TypeC 接口的设备进行信号质量测试时，需要被测件发出不同的测试码型，但是用户不知如何完成码型的切换，这里就来进行一下分析。

问题分析：首先，TypeC 的接口是双面的，也就是同一时刻只有 TX1＋/TX1－或者 TX2＋/TX2－管脚上会有 USB 3.1 信号输出，至于哪一面有信号输出，取决于插入的方向。如图 17.39 所示，默认情况下 DFP 设备在 CC 管脚上有上拉电阻 R_p，UFP 设备在 CC 管脚上有下拉电阻 R_d，根据插入的电缆方向不同，只有 CC1 或者 CC2 会有连接，通过检测 CC1 或者 CC2 上的电压变化，DFP 和 UFP 设备就能感知到对端的插入从而启动协商过程。

在信号质量的测试过程中，由于被测件连接的是测试夹具，并没有真实地对端设备插入，这就需要人为在测试夹具上模拟电阻的上下拉来欺骗被测件输出信号。对于 DFP 设备

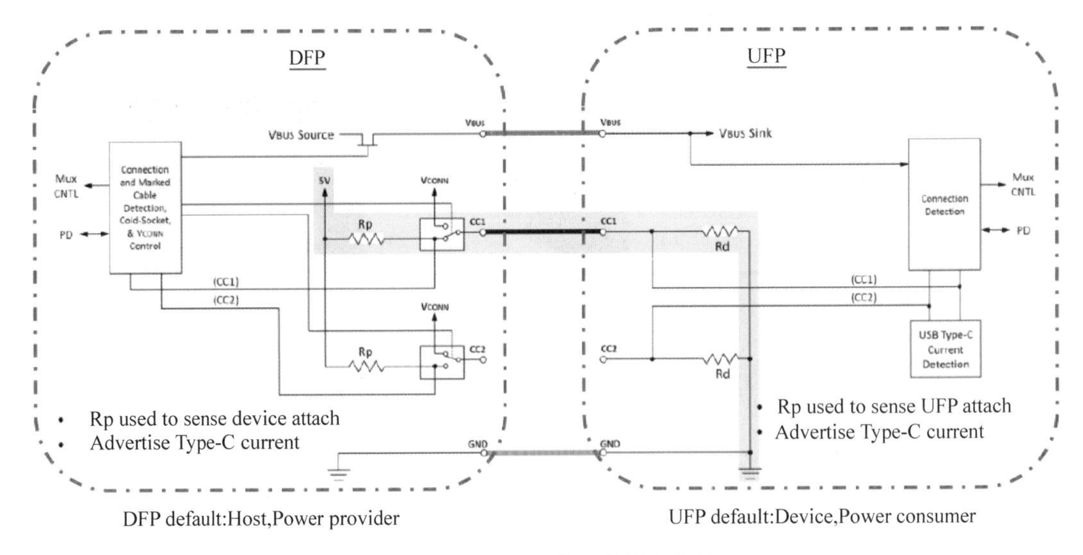

图 17.39 TypeC 接口的插入检测

的测试,需要模拟对端 R_d 的下拉;对于 UFP 设备的测试,需要模拟对端 R_p 的上拉。根据使用的测试夹具不同,其设置上下拉的方法也不一样。

如果使用如图 17.40 所示的 USB 协会的 TypeC 测试夹具,其套件包含 16 块不同功能的夹具,要区分使用的是做 Host 测试夹具还是 Device 测试夹具,其上面的跳线与上下拉设置情况也不太一样。

图 17.40 USB 协会提供的 TypeC 测试夹具

而如果使用的是示波器厂商提供的通用 TypeC 测试夹具,如图 17.41 所示,其夹具本身不做 Host 或 Device 的区分,而是通过低速控制器来设置是上拉、下拉还是开路。低速控制器的状态可以通过软件来配置。

接下来看在 USB 3.1 的 TypeC 测试中如何使被测件发出测试码型。根据 USB 3.1 的 LTSSM(Link Training and Status State Machine)状态机的定义(见图 17.42),在通过上下拉电阻检测到对端插入,并且对端有 50Ω 负载端接后,就进入 Polling 协商阶段。在这个阶段,被测件会先发出 Polling. LFPS 的码型和对端协商(LFPS 的测试后面还会提到),如果

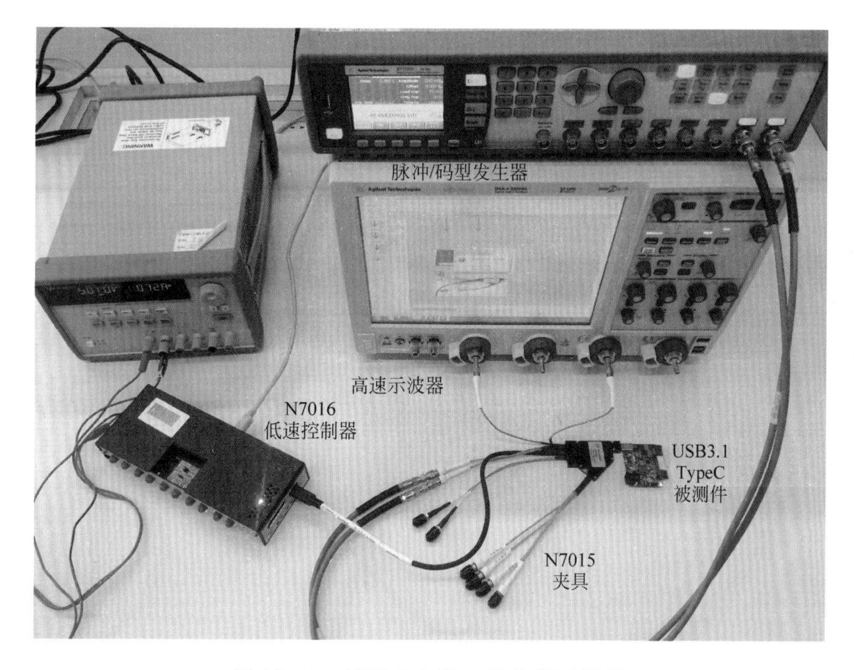

图 17.41　USB 3.1 TypeC 的测试环境

对端有正常回应，就可以继续协商直至进入 U0 的正常工作状态；但如果对端没有回应（如连接示波器做测试时），则被测件内部的状态机就会超时并进入一致性测试模式（Compliance Mode），在这种模式下被测件可以发出不同的测试码型以进行信号质量的一致性测试。

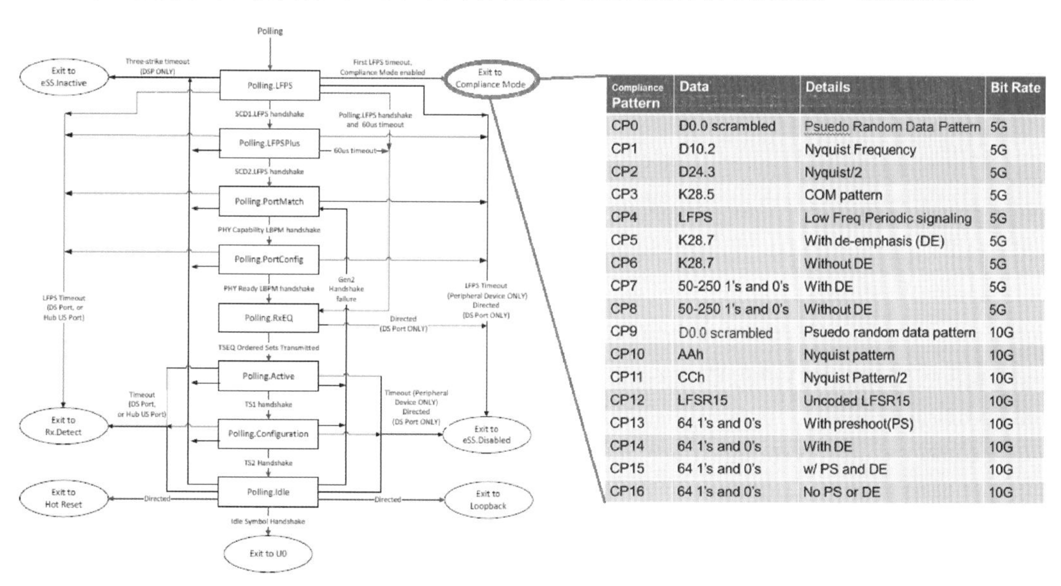

Compliance Pattern	Data	Details	Bit Rate
CP0	D0.0 scrambled	Psuedo Random Data Pattern	5G
CP1	D10.2	Nyquist Frequency	5G
CP2	D24.3	Nyquist/2	5G
CP3	K28.5	COM pattern	5G
CP4	LFPS	Low Freq Periodic signaling	5G
CP5	K28.7	With de-emphasis (DE)	5G
CP6	K28.7	Without DE	5G
CP7	50-250 1's and 0's	With DE	5G
CP8	50-250 1's and 0's	Without DE	5G
CP9	D0.0 scrambled	Psuedo random data pattern	10G
CP10	AAh	Nyquist pattern	10G
CP11	CCh	Nyquist Pattern/2	10G
CP12	LFSR15	Uncoded LFSR15	10G
CP13	64 1's and 0's	With preshoot(PS)	10G
CP14	64 1's and 0's	With DE	10G
CP15	64 1's and 0's	w/ PS and DE	10G
CP16	64 1's and 0's	No PS or DE	10G

图 17.42　USB 3.1 的状态机及测试模式

在一致性测试模式下，被测件可能发出 16 种不同的测试码型以进行不同项目的测试，例如 CP0～CP8 是 5Gbps 速率的测试码型，CP9～CP16 是 10Gbps 速率的测试码型，CP0 和 CP9 用于眼图测试，CP1 和 CP10 用于随机抖动测试等。刚刚进入一致性测试模式时，被测件会停留在 CP0 状态，如果收到 Ping. LFPS 的码型输入，就会切换到下一个测试码型，依次往复循环。Ping. LFPS 是频率约为几十 MHz 的低速脉冲串，可以借助函数发生器、码型发生器或者误码仪等设备生成，图 17.43 是用示波器捕获到的被测件接收到 Ping. LFPS 的脉冲串并进行码型切换的例子。

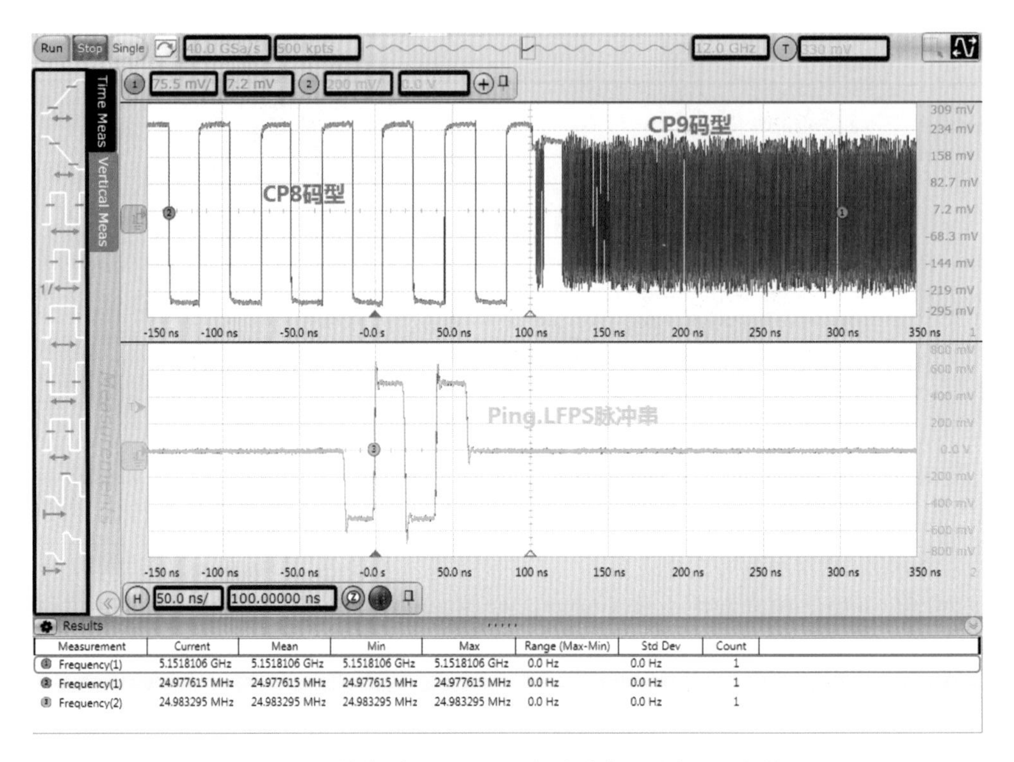

图 17.43 接收到 Ping. LFPS 的脉冲串后进行码型切换

除了 5Gbps 和 10Gbps 的正常信号的测试外，在信号质量的测试中还需要对 SCD1（Superspeed Capability Declaration 1）、SCD2（Superspeed Capability Declaration 2）和 LBPM（LFPS Based Pulse Width Modulation Messaging）的信号波形进行测量。

在 USB 3.0 时，只有统一的 LFPS（Low Frequency Periodic Signaling）信号（见图 17.44），用于上电阶段向对方声明自己支持 USB 3.0 的能力。LFPS 是特殊的低速脉冲串，其宽度和周期分别代表不同含义，用于总线的控制，因此其时间和幅度参数的准确性对于系统工作非常重要。

在 USB 3.1 的标准中，进一步扩展了 LFPS 信号的功能，它不再像 USB 3.0 那样使用等间隔周期的脉冲串，而是用脉冲串间隔的宽窄编码来代表不同的含义，最典型的就是 SCD1 和 SCD2 信号。在 USB 3.1 的设备上电阶段，会先发出 SCD1 的信号，如果对端有 SCD1 的信号回应，则会进入下一阶段发出 SCD2 的信号；如果对端再有 SCD2 的信号回应，则会又进入下一阶段用 LBPM 信号进行链路速率和其他参数的协商。图 17.45 和图 17.46 分别显示了 SCD1 到 SCD2 信号的切换，以及 SCD2 到 LBPM 的信号切换过程。

因此，在测试中，如果要进行 SCD1 以及后续的 SCD2、LBPM 等相关参数的测试，就也需要一台信号发生器能够发出 SCD1、SCD2 甚至 LBPM 的信号和被测件进行交互，以欺骗被测件进入后续的状态，这台信号发生器可以使用与前面做一致性码型切换一样的设备。

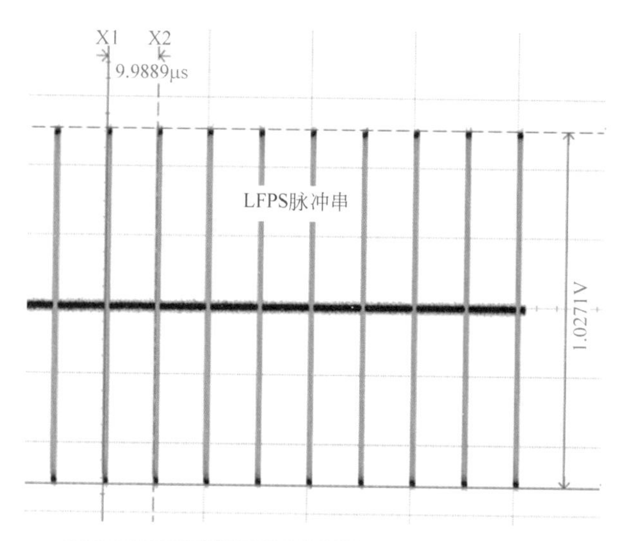

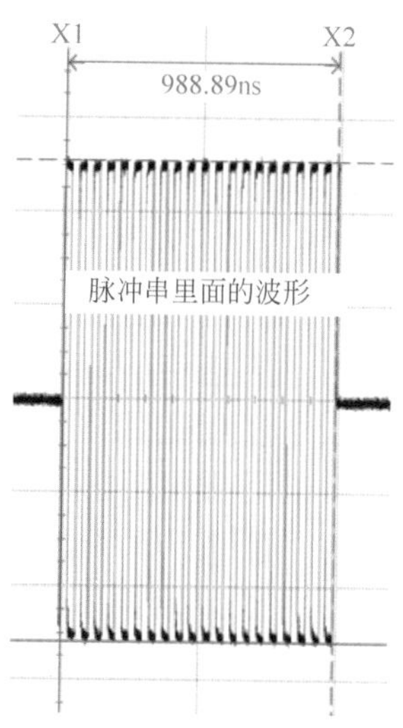

	tBurst				tRepeat		
	Min	Typ	Max	Minimum Number of LFPS Cycles[2]	Min	Typ	Max
Polling.LFPS	0.6 µs	1.0 µs	1.4 µs		6 µs	10 µs	14 µs
Ping.LFPS[8]	40 ns		200 ns	2	160 ms	200 ms	240 ms
Ping.LFPS for SuperSpeedPlus[9]	40 ns		160ns	2			
tReset[3]	80 ms	100 ms	120 ms				
U1 Exit[4,5]	600 ns[7]		2 ms				
U2 / Loopback Exit[4,6]	80 µs[7]		2 ms				
U3 Wakeup[4,5]	80 µs[7]		10 ms				

图 17.44　USB 3.0 的 LFPS 信号定义

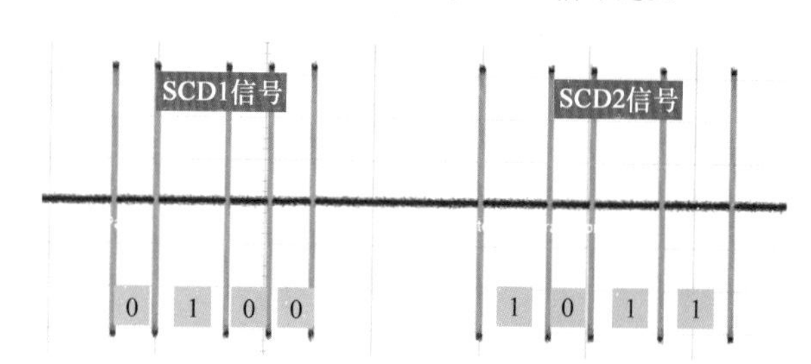

图 17.45　SCD1 到 SCD2 信号的切换

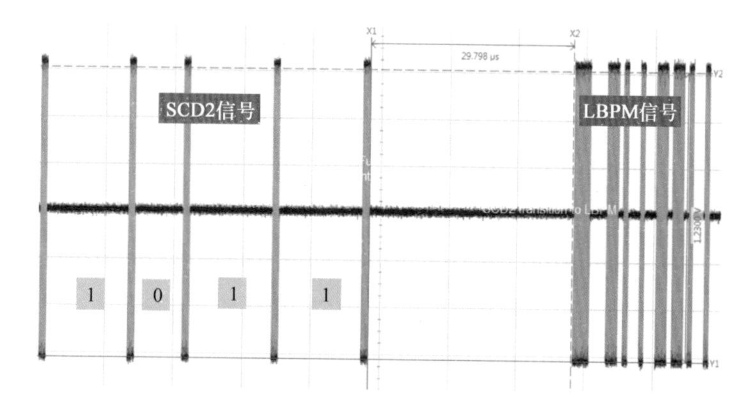

图 17.46　SCD2 到 LBPM 的信号切换

具备了高速示波器、测试夹具以及做信号码型切换的信号发生器后，再配合上示波器中的针对 USB 3.1 的信号一致性测试软件，就可以在软件的提示下切换被测件的状态，然后完成相应的测试项目，并生成测试报告。图 17.47 是一个 USB 3.1 设备的信号测试报告的一部分。

Pass	# Failed	# Trials	Test Name	Actual Value	Margin	Pass Limits
✓	0	1	10G LBPS tPWM	2.039000 Âµs	9.7 %	2.000000 Âµs <= VALUE <= 2.400000 Âµs
✓	0	1	10G LBPS tLFPS_0	720.000 ns	26.7 %	500.000 ns <= VALUE <= 800.000 ns
✓	0	1	10G LBPS tLFPS_1	1.600000 Âµs	42.6 %	1.330000 Âµs <= VALUE <= 1.800000 Âµs
✓	0	1	10G SCD Rise Time	76 ps	98.1 %	VALUE <= 4.000 ns
✓	0	1	10G SCD Fall Time	75 ps	98.1 %	VALUE <= 4.000 ns
✓	0	1	10G SCD Duty Cycle	50.7000 %	46.5 %	40.0000 % <= VALUE <= 60.0000 %
✓	0	1	10G SCD Period	39.982 ns	33.3 %	20.000 ns <= VALUE <= 80.000 ns
✓	0	1	10G SCD tRepeat	12.237 Âµs	22.0 %	6.000 Âµs <= VALUE <= 14.000 Âµs
✓	0	1	10G SCD tBurst	1.040 Âµs	45.0 %	600 ns <= VALUE <= 1.400 Âµs
✓	0	1	10G SCD Differential Voltage	1.052 V	37.0 %	800 mV <= VALUE <= 1.200 V
✓	0	1	10G SCD Common Mode Voltage	47 mV	47.0 %	0.000 V <= VALUE <= 100 mV
✓	0	1	10G LFPS Peak-Peak Differential Output Voltage	1.0568 V	35.8 %	800.0 mV <= VALUE <= 1.2000 V
✓	0	1	10G LFPS Period (tPeriod)	39.9557 ns	33.3 %	20.0000 ns <= VALUE <= 80.0000 ns
✓	0	1	10G LFPS Burst Width (tBurst)	1.0398 Âµs	45.0 %	600.0 ns <= VALUE <= 1.4000 Âµs
✓	0	1	10G LFPS Repeat Time Interval (tRepeat)	11.1978 Âµs	35.0 %	6.0000 Âµs <= VALUE <= 14.0000 Âµs
✓	0	1	10G LFPS Rise Time	62.4 ps	98.4 %	VALUE <= 4.0000 ns
✓	0	1	10G LFPS Fall Time	62.9 ps	98.4 %	VALUE <= 4.0000 ns
✓	0	1	10G LFPS Duty cycle	50.1938 %	49.0 %	40.0000 % <= VALUE <= 60.0000 %
✓	0	1	10G LFPS AC Common Mode Voltage	42.6 mV	57.4 %	VALUE <= 100.0 mV
✓	0	1	10G Far End Random Jitter (CTLE ON)	77 mUI	45.4 %	VALUE <= 141 mUI
ⓘ		1	10G Far End Maximum Deterministic Jitter (CTLE ON)			Information Only
ⓘ		1	10G Far End Total Jitter at BER-12 (CTLE ON)			Information Only
✓	0	1	10G Far End Template Test (CTLE ON)	0.000	100.0 %	VALUE = 0.000
✓	0	1	Extrapolated Eye Height	125.3 mV	79.0 %	VALUE >= 70.0 mV
✓	0	1	Minimum Eye Width	57.2909 ps	19.4 %	VALUE >= 48.0000 ps
✓	0	1	10G SuperSpeedPlus Capability Declaration (SCD1)	Pass	100.0 %	Pass/Fail
✓	0	1	10G SuperSpeedPlus Capability Declaration (SCD2)	Pass	100.0 %	Pass/Fail
✓	0	1	Deemphasis	-3.047274 dB	47.4 %	-4.100000 dB <= VALUE <= -2.100000 dB
✓	0	1	Preshoot	2.1 dB	45.0 %	1.2 dB <= VALUE <= 3.2 dB
✓	0	1	10G TSSC-Freq-Dev-Min	-3.716139 kppm	1.0 %	-5.300000 kppm <= VALUE <= -3.700000 kppm
✗	1	1	10G TSSC-Freq-Dev-Max	343.118 ppm	-7.2 %	TSSCMin ppm <= VALUE <= TSSCMax ppm
✓	0	1	10G SSC Modulation Rate	31.275020 kHz	42.5 %	30.000000 kHz <= VALUE <= 33.000000 kHz
✓	0	1	10G SSC df/dt	503.5 ppm/us	59.7 %	VALUE <= 1.2500 kppm/us

图 17.47 USB 3.1 信号质量测试报告

十八、芯片测试常用案例

芯片是很多电子系统的关键零部件，也是制约系统性能和成本的关键因素。因此，芯片的评估和验证不仅仅是芯片设计厂商的事情，很多系统设计厂商对于关键芯片的评估和验证都提出了很高的要求。本章介绍几种典型的关键芯片的功能测试和性能验证方法，帮助读者理解一些系统关键元器件的工作原理和验证机制，具体的实施方法根据不同的关注点可能会有区别。

1. 高速 Serdes 芯片功能和性能测试

并行总线是数字电路中最早也是最普遍采用的总线结构。为了解决并行总线占用尺寸过大且对布线等长要求过于苛刻的问题，随着芯片技术的发展和速度的提升，越来越多的数字接口开始采用串行总线。所谓串行总线，就是并行的数据在总线上不再是并行地传输，而是时分复用在一根或几根线上传输。采用串行总线以后，就单根线来说，由于上面要传输原来多根线传输的数据，所以其工作速率一般要比相应的并行总线高很多。采用串行总线的另一个好处是在提高数据传输速率的同时节省了布线空间，同时芯片的功耗也降低了，所以在现代的电子设备中，当需要进行高速数据传输时，使用串行总线的越来越多。

为了便于把多路并行的数字信号用尽可能少的电缆传输出去，并提供更好的噪声抑制能力及传输距离，一般会通过高速 Serdes 芯片把多路并行数据复用在一起并通过高速低压差分信号进行传输。图 18.1 是 Serdes 芯片的典型应用场合。

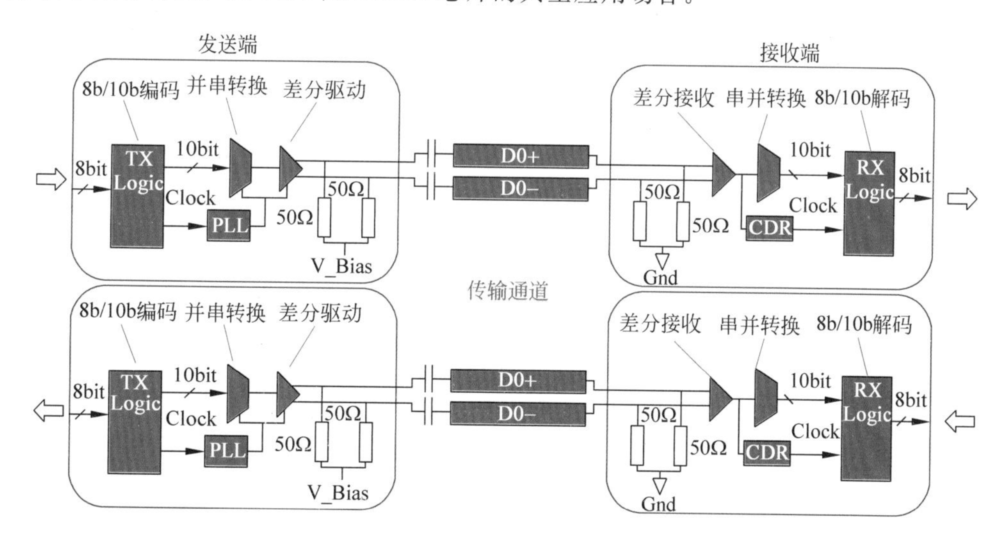

图 18.1　Serdes 芯片典型应用场合

数据速率提高以后，对于阻抗匹配、线路损耗和抖动的要求就更高，稍不注意就很容易产生信号质量的问题。对于高速串行收发芯片的测试，主要涉及以下几个方面：

●高速串行芯片发送端信号质量测试：包括输出幅度、眼图、抖动、上升时间、下降时间等。

●高速串行芯片接收端抖动容限、噪声容限、灵敏度、系统误码率测试，用于验证系统实际传输的误码率、接收容限等。

●Serdes 接口以及高速互连电缆和 PCB 的阻抗测试：包括通道阻抗、回波损耗、串扰、插入损耗等。

●并行侧信号的逻辑功能和时序测试等。

●芯片工作电压、电流、功耗等。

图 18.2 是高速收发芯片传输系统的测试平台构成。

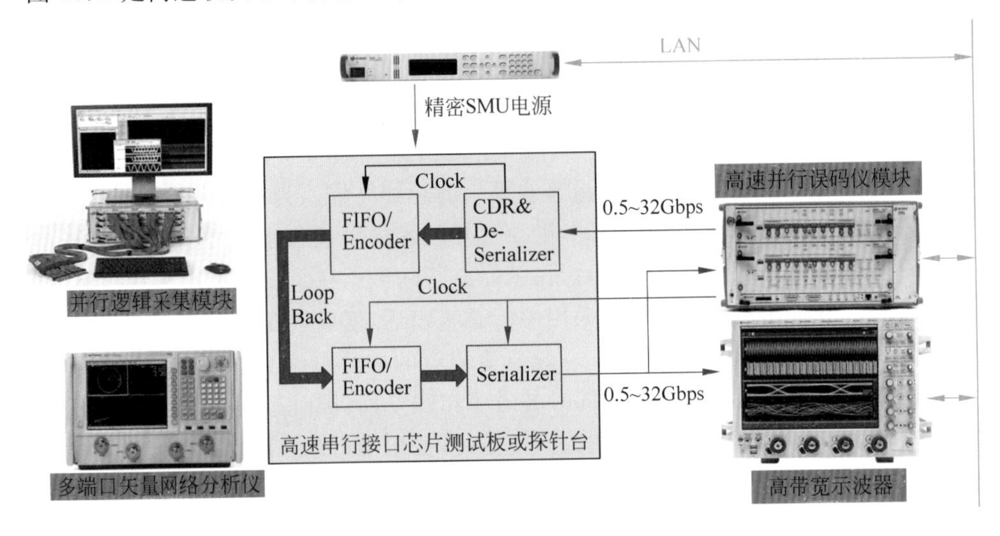

图 18.2　高速 Serdes 测试平台

首先需要研究的是高速 Serdes 芯片发送出来的信号的质量。高速串行接口采用多对高速差分信号传输数据，数据速率可以从几百 Mbps 至 25Gbps 甚至更高。为了保证高速信号的传输，高速串行接口使用差分线提供双向数据收发，因此可以用比较小的信号摆幅提供更高的传输速率，而且差分线本身具有更好的抗干扰能力和更小的 EMI，可以支持更长的电缆传输。由于高速串行信号速率比较高，因此要对信号进行可靠的探测，对于示波器和探头的要求也非常高，例如对于 10Gbps 高速串行信号的测试，通常测量要求使用 25GHz 带宽或以上的示波器。由于高速信号经传输后的摆幅较小，信号 bit 宽度很窄，因此对于测试仪器的噪声和抖动都要求比较高。为了验证高速串行接口芯片的信号质量，通常会要求进行眼图、模板的测试，这就还需要借助高速串行数据分析软件，它可以灵活设置时钟恢复所需要的锁相环形状及带宽，以及提供信号的眼图和模板测试功能。对于模板测试失败的波形，可以将模板测试的波形展开，看到造成模板测试的各个特定的 bit，以定位问题的原因。另外，高速信号产生问题的原因很多时候都是由于抖动造成的，信号中抖动的成因是很复杂的，总的抖动成分 TJ 中包含了确定性抖动 DJ 和随机抖动 RJ，而 DJ 和 RJ 又分别由很多因素构成。因此测试中应包含各抖动分量的测量项目。图 18.3 是进行高速串行接口的发送端眼图和抖动测试的例子。

对于 Serdes 的接收端容限测试，主要使用高性能的误码率分析仪。误码率分析仪(BERT)由码型发生模块和误码检测模块构成，测试时码型发生模块产生 PRBS 或将

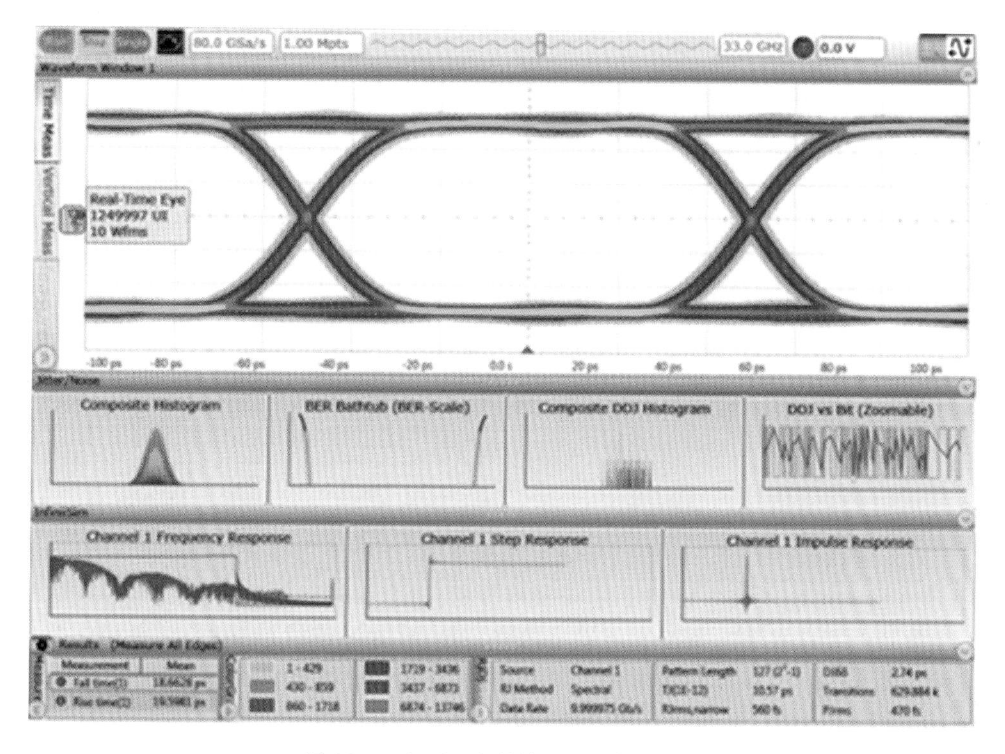

图 18.3 Serdes 发送端眼图和抖动测试

8b/10b 编码的测试码型发送到被测系统，经被测系统传输后送回给误码接收模块，误码接收模块可以实时比较并统计误码个数，从而得出误码率显示。在测试 Serdes 芯片时，要求误码仪能产生精确可控的高速数字信号，其固有抖动应尽可能小，其数据速率、输出幅度、电平偏置等应在测试需要的范围内连续可调以满足不同的测试场合需求。对于有多个传输通道的场合，误码仪应该同时产生多路的高速数字信号并可以精确调整多路信号间的时延关系以满足系统时序要求或模拟串扰的影响。在高速串行接口芯片的接收端容限测试中，需要验证系统在恶劣工作环境下的系统容限。这些测试需要误码仪能够模拟出实际信号的速率、预加重、抖动、噪声、时钟恢复、数据均衡等。传统的测试方案需要很多功能模块级联搭建复杂的测试系统，测试效率不高，过多的连接线也会造成系统性能的恶化和错误操作，因此需要一台能够集成多种功能于一身的高性能误码仪。图 18.4 是用误码仪进行高速 Serdes 的接收容限测试的例子。

除了高性能示波器用于发送端性能评估，高性能误码仪用于接收端容限测试以外，矢量网络分析仪和逻辑分析仪也是很重要的辅助工具。

在较低数据速率时，驱动器和接收机一般是导致信号完整性问题的主要因素。以往人们通常把印刷电路板、连接器、电缆和过孔当成是简单的部件，稍加考虑或者无须考虑其他因素就可以很容易地把它们组成一个系统。但是在高速数据传输时，从逻辑电平 0 到逻辑电平 1 的数据上升时间已不到 50ps，这么高速的信号在传输线路上传输时会形成微波传输线效应，这些传输线效应对于信号的影响会更加复杂。很多系统内的传输路径上有许多线性无源元件，它们会因阻抗不连续而产生反射，或者对于不同频率成分有不同的衰减，因此作为互连的物理层特性检验正变得日益关键。通常情况下，会用时域分析来描述这些物理

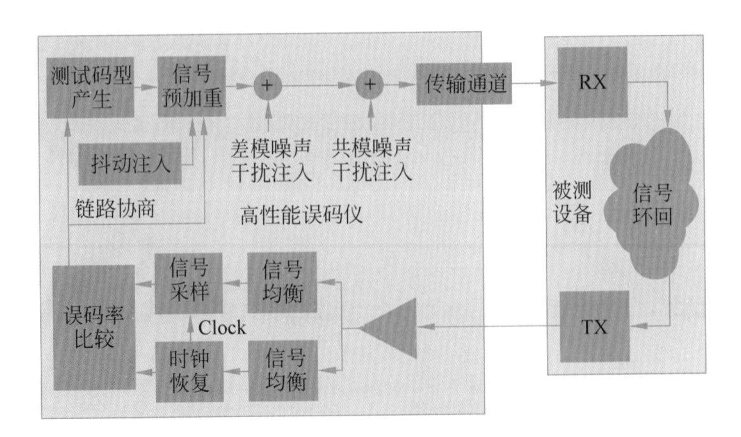

图 18.4 Serdes 接收端的容限测试

层结构和阻抗的变化情况，为了获得一个完整的时域信息，必须要测试反射和传输（TDR 和 TDT）中的阶跃和脉冲响应。随着信号频率的提高，对于损耗和串扰的关注度日趋增加，因此还必须在所有可能的工作模式下进行频域分析，以全面描述物理传输通道的频域特征。S 参数模型说明了这些数字电路所展示出的模拟特点，如不连续点反射、频率相关损耗、串扰和 EMI 等。传统 PCB 板的阻抗测试方法不能完全描述信号经过传输线路后的行为特点，因此对于这些高速传输线和连接器的分析也要把时域和频域结合起来，采用更高级的分析方法，其中一种很有效的工具就是物理层测试系统（PLTS）分析软件。这个软件可以很方便完成时域/频域的转换、单端/差分特性的转换、阻抗分析、眼图仿真、夹具嵌入/去嵌入等，图 18.5 是多端口的矢量网络分析仪及物理层测试系统软件。

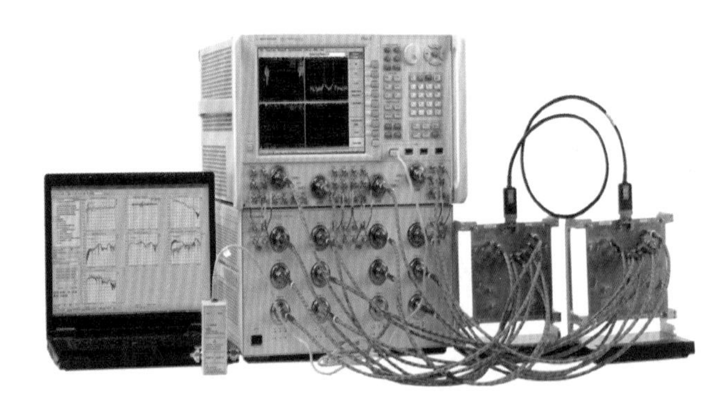

图 18.5 多端口的矢量网络分析仪及物理层测试系统软件

对于 Serdes 芯片的并行侧来说，信号已经转换成并行数据，通道数量很多，多通道的时序分析以及功能测试对于调试和洞察其内部逻辑错误非常重要。其功能和性能验证主要涉及几方面的内容：并行数据处理功能逻辑的验证；并行数据时序的验证；编解码功能验证；串行侧和并行侧数据对应的一致性验证。为了验证被测系统在空间环境下功能、性能、时序余量的变化，必须用到高速的逻辑分析仪。高速逻辑分析仪可以对多达上百路速率超过 1Gbps 的高速数字信号进行采样，并通过后处理软件分析输出数据的正确与否。对于一台逻辑分析仪来说，状态时钟和数据采集速率是最关键的，状态采集就是用被测系统时钟进行数据同步采样，它决定了这台逻辑分析仪真正能够分析多高工作频率的并行数字总线，现代逻辑分析仪的状态分析时钟速率可以达到2.5GHz，或者在双边沿采样下支持到4Gbps的数据速率。除了状态采集模式以外，有时还需要用逻辑分析仪的定时采集模式，定时采集模式是用逻辑分析仪的内部高速时钟对外部数据进行异步采样，一般用于信号间时序关系的记录。有些逻辑分析仪支持一种特殊的眼图扫描模式，在这种模式下仅仅借助逻辑分析仪就可以迅速完成上百个通道的眼图的扫描，从而快速发现信号中的信号质量问题。眼图扫描时水平采样点分辨率是5ps，相当于200GHz的等效采样率；眼图扫描时水平采样点分辨率是5mV，可以很精确地描绘出信号幅度的变化。图18.6是一款高速的逻辑分析仪。

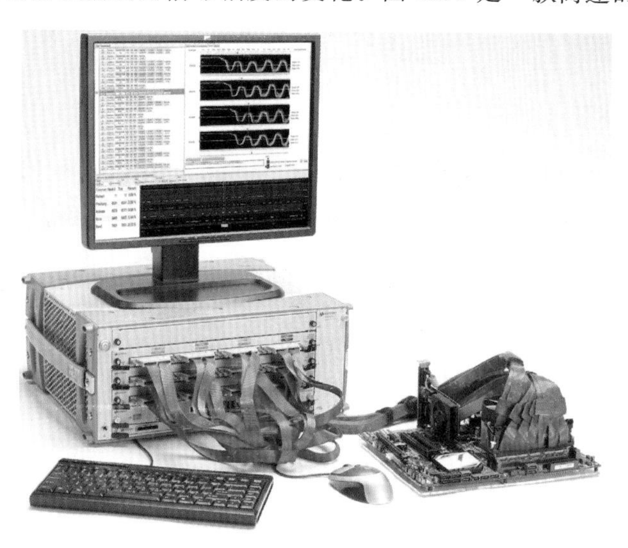

图18.6 高速逻辑分析仪用于并行数据分析

总结：高速Serdes由于速率高，对于抖动、阻抗匹配、噪声、时序裕量的要求都比较高，其功能验证和性能测试是非常复杂的工作。在测试中，会使用高带宽示波器对其发送端的幅度、眼图、模板、随机抖动、码间干扰、预加重、共模噪声等进行信号质量的分析。对于接收端的测试，会使用高性能的误码仪注入带有随机抖动、确定性抖动、共模噪声、差模噪声、ISI码间干扰的恶劣信号，并通过误码率来验证接收端的容限和CDR的能力。同时，还会使用高速逻辑分析仪进行并行侧数据时序、编解码、逻辑功能分析；使用多端口矢量网络分析仪进行端口阻抗匹配测试、传输线的评估、系统建模等。

2. 高速ADC技术的发展趋势及测试

随着数字信号处理技术的发展和数字电路工作速度的提高，以及系统灵敏度等要求的不断提高，对于高速、高精度的ADC(Analog to Digital Converter)、DAC(Digital to Analog Converter)的指标都提出了很高的要求。高速ADC芯片是现代高带宽示波器的核心技术之一，而高速DAC芯片则是任意波形发生器的核心技术之一。因此，了解高速ADC芯片的关键指标定义、性能测试方法对于更好理解示波器的性能指标非常有帮助。本节以一些商用的高速ADC芯片的测试方法为例，阐述了其性能验证的基本方法和原理。对于仪表中使用的专用ADC芯片，其测试原理类似，只不过可能性能和指标要求更高而已。

❶ 高速 ADC/DAC 技术的发展

目前，在雷达和卫星通信中，所需要的信号带宽已经达到 2GHz 以上，而下一代的 5G 移动通信技术在使用毫米波频段时也可能会用到 2GHz 以上的信号带宽。虽然有些场合(例如线性调频雷达)可能采用频段拼接的方式去实现高的带宽，但是毕竟拼接的方式比较复杂，而且对于通信或其他复杂调制信号的传输也有很多限制。

根据 Nyquist 采样定律，采样率至少要是信号带宽的 2 倍以上。为了支持灵活的制式、相控阵或大规模 MIMO 的波束赋形，现代的收发机模块越来越普遍采用数字中频直接采样，这其实进一步提高了对于高速 ADC/DAC 芯片的性能要求。图 18.7 是一个典型的全数字雷达收发信机模块的结构。

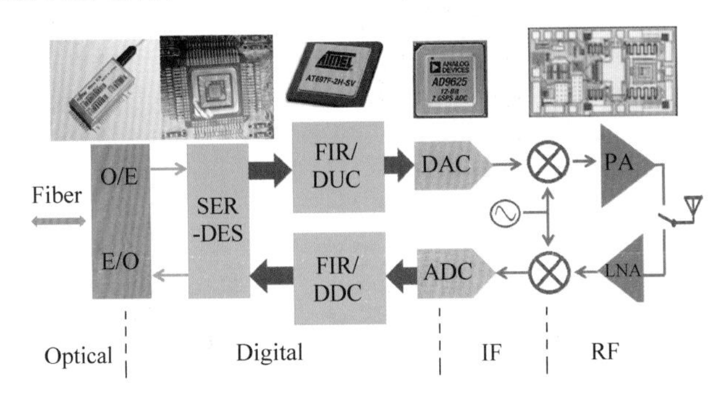

图 18.7 高速 ADC/DAC 在现代全数字雷达中的应用

可以看到，ADC/DAC 芯片是模拟域和数字域的边界。一旦信号转换到数字域，所有的信号都可以通过软件算法进行处理和补偿，而且这个处理过程通常不会引起额外的噪声和信号失真，因此把 ADC/DAC 芯片前移、实现全数字化处理是现代通信、雷达技术的发展趋势。

在全数字化的发展过程中，ADC/DAC 芯片需要采样或者输出越来越高频率、越来越高带宽的信号。而在模拟到数字或者数字到模拟的转换过程中造成的噪声和信号失真通常是很难补偿的，并且会对系统性能造成重大影响。所以，高速 ADC/DAC 芯片在采样或者产生高频信号时的性能对于系统指标至关重要。

目前在很多专用领域，使用的 ADC/DAC 的采样率可以达到非常高的程度。一些公司已经可以提供 110～130GHz 的 IP 核，有些高精度示波器中用到了单片 40GHz 采样率、10bit 的 ADC 芯片，而高带宽任意波发生器中也已经用到了 92GHz 采样率、8bit 的 DAC 芯片等。这些专用的芯片通常用于特殊应用，如光通信或者高端仪表等，比较难以单独获得。

在商用领域，很多 ADC/DAC 芯片的采样率也已经达到了 GHz 以上(见图 18.8)，例如 TI 公司的 ADC12J4000 是 4GHz 采样率、12bit 分辨率的高速 ADC 芯片(参考资料：www.ti.com)；而 ADI 公司的 AD9129 是 5.6GHz 采样率、14bit 分辨率的高速 DAC 芯片(参考资料：www.analog.com)。这一方面要求 ADC 有比较高的采样率以采集高带宽的输入信号，另一方面又要有比较高的位数以分辨细微的变化。

随着 ADC/DAC 采样率的提高，高速 ADC/DAC 的数字侧的接口技术也在发生比较大的变化，主要有三种类型的数字接口。

12bit/4GSPS ADC

图 18.8　商用的高速 ADC/DAC 芯片

●**低速串行接口**：很多低速的 ADC/DAC 芯片采用 I^2C 或 SPI 等低速串行总线把多路并行的数字信号复用到几根串行线上进行传输。由于 I^2C 或 SPI 总线的传输速度大部分在 10Mbps 以下，所以这种接口主要适用于 MHz 以下采样率的 ADC/DAC 芯片。

●**并行 LVCMOS 或 LVDS 接口**：对于几 MHz 甚至几百 MHz 采样率的芯片来说，由于信号复用后数据速率太高，所以基本上采用并行的数据传输方式，即每位分辨率对应 1 根数据线（例如 14 位的 ADC 芯片就采用 14 根数据线），然后这些数据线共用 1 根时钟线进行信号传输。这种方法的好处是接口时序比较简单，但是由于每 1 位分辨率就要占用 1 根数据线，所以占用芯片管脚较多。

●**JESD204B 串行接口**：对于更高速率的 ADC/DAC 芯片来说，由于采样时钟频率更高，时序裕量更小，采用并行 LVCMOS 或 LVDS 接口的布线难度很大，而且占用的布线空间较大。为了解决这个问题，目前更高速和小型化的 ADC/DAC 芯片都开始采用串行的 JESD204B 接口。JESD204B 接口是把多位要传输的数据合并到一对或几对差分线上，同时采用现在成熟的 Serdes（串行-解串行）技术通过数据帧的方式进行信号传输，每对差分线都有独立的 8b/10b 编码和时钟恢复电路。采用这种方法有几个好处：首先数据传输速率更高，每对差分线按现在的标准最高可以实现 12.5Gbps 的信号传输，可以用更少的线对实现高速数据传输；其次各线对不再共用采样时钟，这样对于各对差分线间等长的要求大大放宽；借用现代 Serdes 芯片的预加重和均衡技术可以实现更远距离的信号传输，甚至可以直接把数据调制到光上进行远距离传输；可以灵活更换芯片，通过调整 JESD204B 接口中的帧格式，同一组数字接口可以支持不同采样率或分辨率的 ADC 芯片，方便了系统更新升级。图 18.9 是采用 LVDS 接口与采用 JESD204B 接口的芯片的布线面积的对比（参考资料：https://e2e.ti.com/），可以看出，采用 JESD204B 接口后布线更加简洁，而且不需要通过绕线来保证等长。

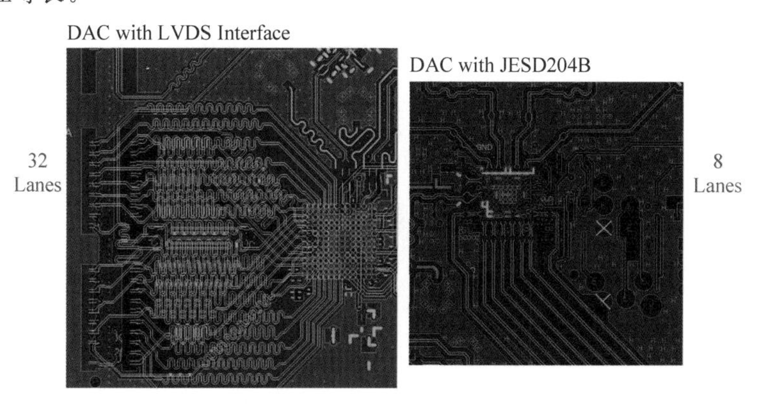

图 18.9　LVDS 和 JESD204B 接口布线面积的对比

目前国内对于高速 ADC/DAC 的技术发展非常重视，很多国内研究所和大学都在开展相关课题的研究。在面向新一代宽带无线移动通信网的国家科技重大专项中，也明确提出了把分辨率不低于 12bit，采样率不低于 3GSa/s 的基站所需的大宽带、高动态范围 ADC/DAC 芯片作为关键的核心技术之一。因此，如何对如此高带宽、高采样率、高分辨率和大动态范围的 ADC/DAC 芯片进行有效的测试，验证其在高速采样情况下的性能指标是一个很关键的问题。

❷ 高速 ADC 性能测试原理

对于高速的 ADC 芯片(>10MHz)测试来说，其主要指标分为静态指标和动态指标两大类。静态指标主要有：

- Differential Non-Linearity (DNL)
- Integral Non-Linearity (INL)
- Offset Error
- Full Scale Gain Error

动态指标主要有：

- Total Harmonic Distortion (THD)
- Signal-to-Noise plus Distortion (SINAD)
- Effective Number of Bits (ENOB)
- Signal-to-Noise Ratio (SNR)
- Spurious Free Dynamic Range (SFDR)

要进行 ADC 这些众多指标的验证，可用的方法很多。最常用的方法是给 ADC 的输入端提供一个理想的正弦波信号，然后对 ADC 输出的这个信号采样后的数据进行采集和分析。因此，ADC 的性能测试需要多台仪器的配合并用软件对测试结果进行分析。图 18.10 是最常用的进行 ADC 性能测试的方法。

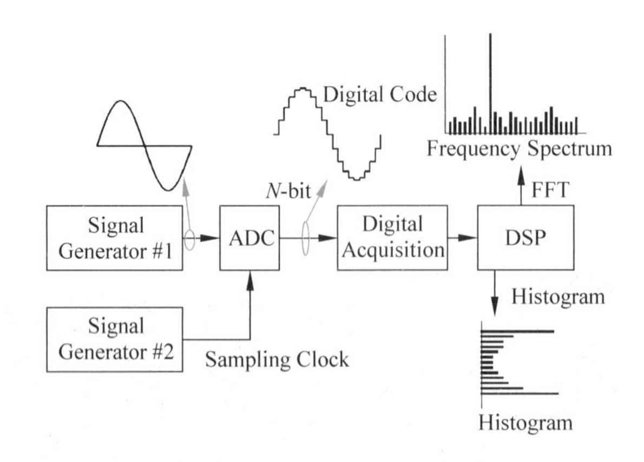

图 18.10 高速 ADC 测试方法

在测试过程中，一个信号发生器用于产生正弦波被测信号，另一个信号发生器用于产生采样时钟，采样后的数字信号经 FFT 处理进行频谱分析和计算得到动态指标，经过直方图统计得到静态指标。

静态指标是对正弦波的采样数据进行幅度分布的直方图统计，然后间接计算得到。如图 18.11 所示，理想正弦波的幅度分布应该是左面的形状，由于非线性等的影响，分布可能会变成右边的形状，通过对实际直方图和理想直方图的对比计算，可以得出静态参数的指标。

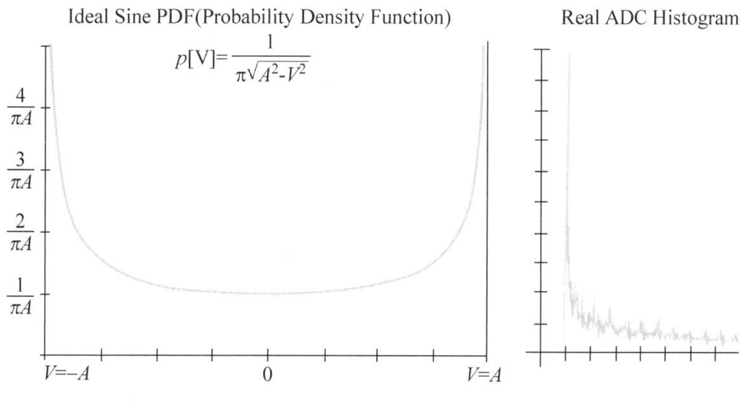

图 18.11 通过直方图测试静态参数

以下是 DNL 和 INL 的计算公式：

$$\mathrm{DNL}(n)=\frac{\mathrm{actual\_P}(n^{\mathrm{th}}-\mathrm{code})}{\mathrm{Ideal\_P}(n^{\mathrm{th}}-\mathrm{code})}-1$$

$$\mathrm{INL}(n)=\sum_{i=1}^{n}\mathrm{DNL}(i)$$

动态指标是对正弦波的采样数据进行 FFT 频谱分析，然后计算频域的失真间接得到。一个理想的正弦波经 A/D 采样，再做频谱分析可能会变成如图 18.12 的形状。除了主信号以外，由于 ADC 芯片的噪声和失真，在频谱上还额外产生了很多噪声、谐波和杂散，通过对这些分量的运算，可以得到 ADC 的动态参数。

下面是动态参数的计算公式：

$$\mathrm{ENOB}=\frac{\mathrm{SINAD[dB]}-1.76}{6.02}$$

$$\mathrm{SFDR}=\mathrm{Signal\ Level[dB]}-\mathrm{Max.\ Spurious\ Level[dB]}$$

$$S/(N+D)=10\log_{10}\frac{\mathrm{Signal\ Power}}{\mathrm{Total\ Noise\ Power}}$$

$$S/N=10\log_{10}\frac{\mathrm{Signal\ Power}}{\mathrm{Total\ Noise\ Power}-\mathrm{Total\ Harmonics\ Power}}$$

$$\mathrm{THD}=10\log_{10}\frac{\mathrm{Total\ Harmonics\ Power}}{\mathrm{Signal\ Power}}$$

对于产生被测信号和采样时钟的信号发生器来说，为了得到比较理想的测试效果，要求其时间抖动（或者相位噪声）要足够小，因为采样时钟的抖动会造成采样位置的偏差，而采样位置的偏差会带来采样幅度的偏差，从而带来额外的噪声，这会制约信噪比的测量结果。图 18.13 是时钟或者信号抖动引起信噪比恶化的示意图，以及根据信噪比要求及输入信号频率计算信号抖动要求的公式。

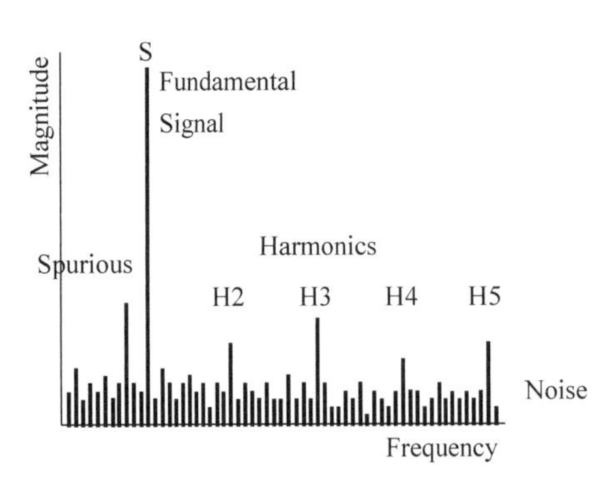

图 18.12 通过 FFT 频谱分析测试动态参数

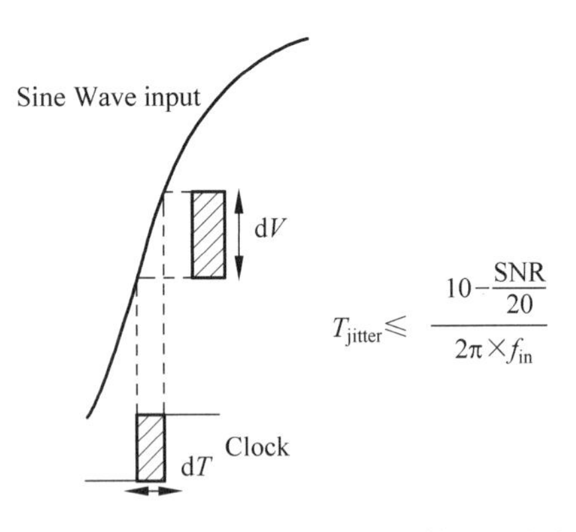

图 18.13 抖动对于信噪比测试结果的影响

❸ 高速 ADC 性能测试系统

通过前面介绍可以知道，要进行高速 ADC 芯片的性能验证，需要两台足够纯净的信号发生器分别产生正弦波输入和采样时钟，另外需要有数字采集设备同步采集 ADC 的数字输出，最后用软件进行后分析数据处理。图 18.14 是一个典型可以支持到 2.5GHz 采样率、14bit 分辨率 ADC 的测试系统。

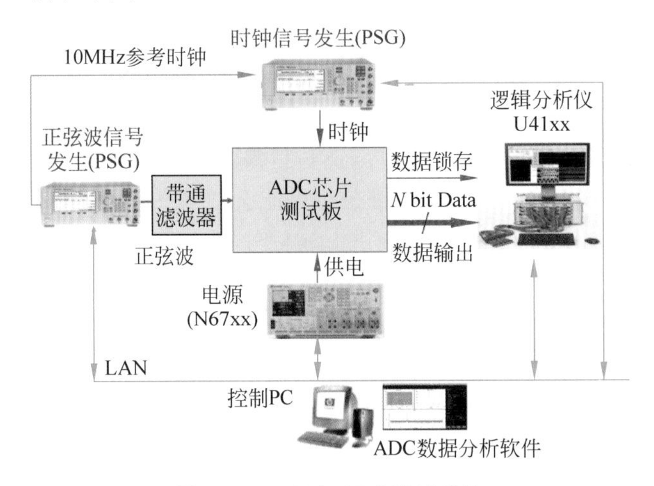

图 18.14 高速 ADC 测试系统

测试中需要使用高性能的微波信号源产生高精度、高纯净度的正弦波信号送给被测的 ADC 作为基准信号，ADC 会在采样时钟的控制下对这个正弦波进行采样，变换后的结果用逻辑分析仪采集下来。各测试设备的主要功能和要求如下：

●时钟信号产生和 ADC 输入信号产生要求使用非常纯净的微波信号源，其相噪特性要非常优异，因此可以产生非常纯净的正弦波和采样时钟。对于高精度 ADC 的测试来说，测试中信号源产生的信号还需要用带通滤波器进一步滤去谐波和杂散信号，滤波器的中心频点等参数要根据实际使用的测试频率组合选择。

●由于 ADC 的模拟部分对于数字噪声非常敏感，因此 ADC 的供电要模拟和数字部分分开，PCB 板上还要对模拟部分电源做充分滤波。测试中要采用高质量的电源或板上的

LDO 供电，电源的噪声最好小于 $1mV_{rms}$。一些电源在供电的同时，还可以做不同工作状态和采样率下的电流、功耗记录。另外，如有需要，有些电源还可以模拟电源的波动或者异常以检验对于 ADC 性能的影响。

●ADC 转换后的结果要通过逻辑分析仪采集下来，逻辑分析仪工作在状态采样模式，需要使用的通道数取决于 ADC 的位数，状态采样率取决于 ADC 的采样率，存储深度取决于采样率和 FFT 分析的频率以及直方图统计需要的数据量。同时，逻辑分析仪还要能在高速数据传输率下提供可靠灵活的连接。现代的逻辑分析仪可以支持单边沿到 2.5Gbps 或者双边沿到 4Gbps 的状态采样速率，以及到每通道 200M 点的存储深度。

如果要测试的 ADC 芯片的位数没有那么高，也可以采用任意波发生器作为被测信号和时钟信号产生的设备。例如某款 8G 采样率、14bit 分辨率 DAC 技术的高精度、高带宽任意波发生器，其在输出 1GHz 以内频率信号时的等效位数为 10.4bit 以上，在输出 600MHz 以内频率信号时的等效位数为 11bit 以上，因此可以测试采样率在 2.5GHz 以内、标称位数在 12bit 以内、等效位数在 10bit 以内的高速 ADC 芯片。采用这种方案的好处是用于信号产生的任意波发生器和数据采集的逻辑分析仪可以放置于同一个 AXIe 机箱内，体积非常紧凑；而且任意波发生器还可以用于产生宽带调制信号，用于带调制信号的性能验证。

对于采用了 JESD204B 接口的 ADC 芯片来说，其数字接口的输出不再是并行接口，而是高速的串行接口。对于其数据捕获，可以采用高速的多通道误码仪的接收端作为接收设备，误码仪需要具备至少 4 个通道，同时每个通道都要内置相应的信号均衡和独立的时钟恢复能力才能正常恢复数据。有些误码仪除了能用于数据捕获以外，还能够模拟出实际信号的速率、预加重、抖动、噪声等用于 JESD204B 接口的 DAC 芯片的测试。图 18.15 是一个采用了 JESD204B 接口的高速 ADC 测试系统。

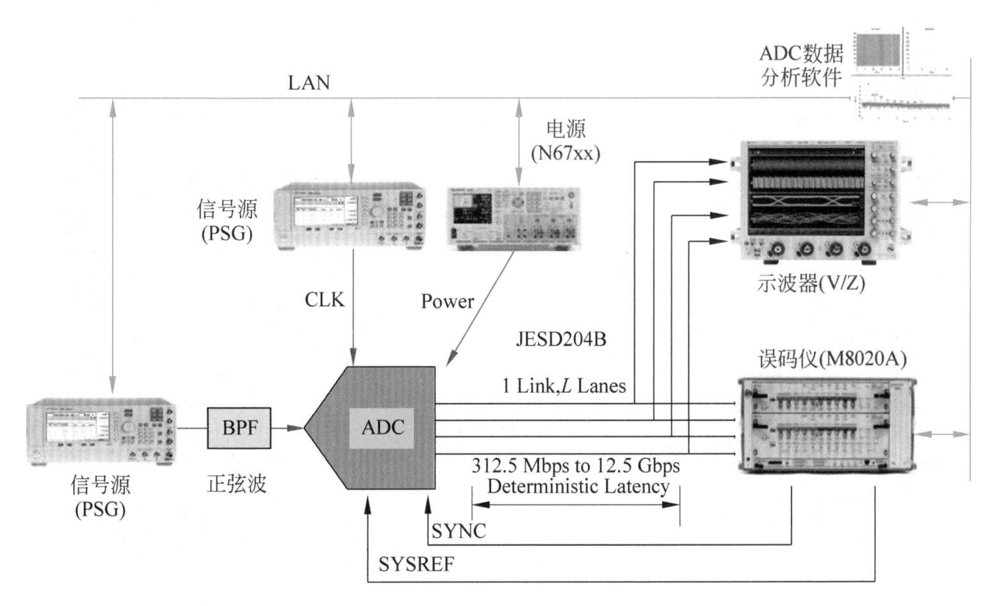

图 18.15　采用 JESD204B 接口的高速 ADC 测试系统

对于 JESD204B 接口的芯片，除了捕获数据进行 ADC 的性能分析，JESD204B 接口本身的信号质量验证也非常重要。JESD204B 接口的电气层面参考的是 OIF 组织的 CEI

(Common Electrical Interfaces)规范，目前最高速率为 12.5Gbps，但也不排除未来提高到 28Gbps 的可能性。对于发送端信号质量的测试，主要是用宽带示波器捕获其发出的信号，并验证其信号质量满足规范要求。按照目前规范中的要求，12.5Gbps 信号的最快上升时间在 24ps，需要至少 20GHz 以上带宽的示波器来进行信号质量测试。同时，示波器中还要配合上相应的眼图、模板、时钟恢复、抖动分析等测试软件。图 18.16 是 JESD204B 信号质量测试报告的一部分。

User Defined JESD204B Test Report

✓	0	1	11G-SR-TX_UI_min	114.75 ps	43.4 %	VALUE >= 80.00 ps
✓	0	1	11G-SR-TX_UI_max	132.46 ps	15.6 %	VALUE <= 156.90 ps
✓	0	1	11G-SR-TX_Trise	45.86 ps	91.1 %	VALUE >= 24.00 ps
✓	0	1	11G-SR-TX_Tfall	43.20 ps	80.0 %	VALUE >= 24.00 ps
✓	0	1	11G-SR-TX_T_Vcm_AC_Ztt>=1kOhm	217.4 mV	12.1 %	0.0000 V <= VALUE <= 1.8000 V
✓	0	1	11G-SR-TX_Vdiff	769.58 mV	0.1 %	360.00 mV <= VALUE <= 770.00 mV
✗	1	1	11G-SR-TX_Transmitter Eye Mask	1	-100.0 %	VALUE = 0
✓	0	1	11G-SR-TX_TJ (p-p UI)	240.20 mUI	19.9 %	VALUE <= 300.00 mUI
✓	0	1	11G-SR-TX_T_DCD (p-p UI)	3.40 mUI	93.2 %	VALUE <= 50.00 mUI
✓	0	1	11G-SR-TX_T_UBHPJ (p-p UI)	40.90 mUI	72.7 %	VALUE <= 150.00 mUI
✓	0	1	11G-SR-RX_T_Vrcm_AC_Ztt>=1kOhm	210.2 mV	13.7 %	-50.0 mV <= VALUE <= 1.8500 V
✓	0	1	11G-SR-RX_Vdiff	433.46 mV	34.4 %	110.00 mV <= VALUE <= 1.05000 V
✓	0	1	11G-SR-RX_Transmitter Eye Mask	0	100.0 %	VALUE = 0
✓	0	1	11G-SR-RX_TJ (p-p UI)	218.00 mUI	68.9 %	VALUE <= 700.00 mUI
✓	0	1	11G-SR-RX_R_BHPJ (p-p UI)	126.90 mUI	71.8 %	VALUE <= 450.00 mUI
✓	0	1	11G-SR-RX_R_SJ_hf (p-p UI)	10.50 mUI	79.0 %	VALUE <= 50.00 mUI

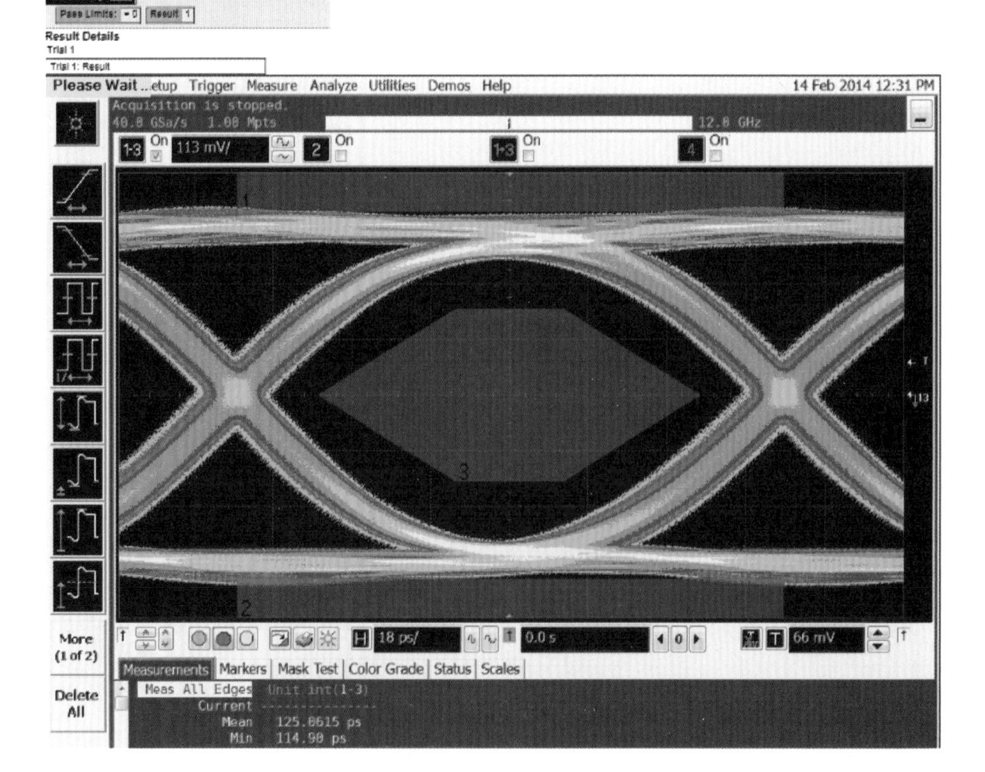

图 18.16 JESD204B 接口信号质量测试报告

根据不同的测试精度、频率、采样率需求，上述测试方案可能会有相应变化，也有可能会有不同的选件。测试中的 ADC 测试板、滤波器、时钟变换电路、电缆等附件需要另行设计或专门选购。

❹ 测试结果分析

ADC 产生的测试数据被逻辑分析仪或者误码仪捕获下来后，需要送到测试软件进行分析。测试结果可以通过相应的软件对 ADC 的采集结果进行分析，这个测试软件可以通过软件开发实现全自动测试，也可以手动控制仪器采集数据后用 MATLAB 做后处理。图 18.17 是静态参数的分析结果举例。

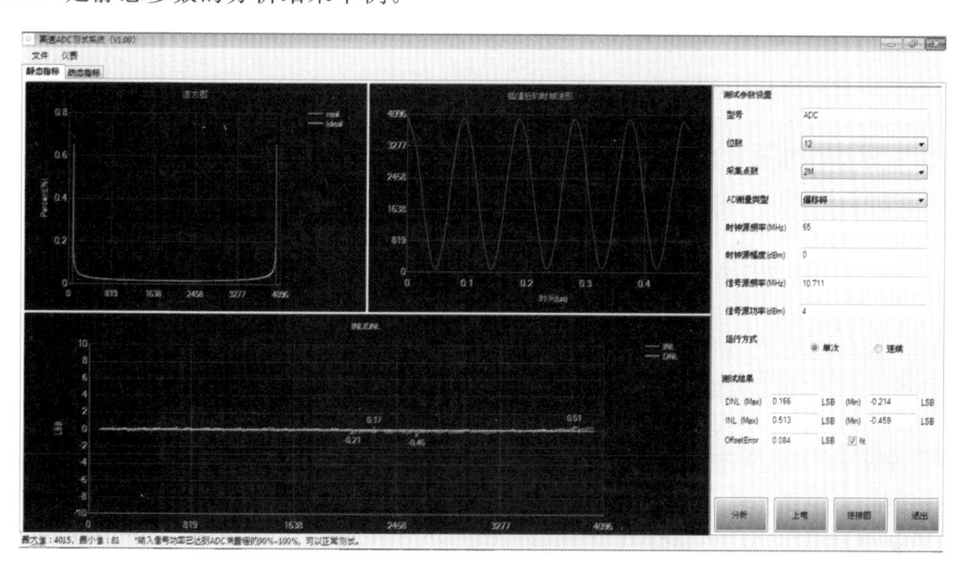

图 18.17　ADC 静态参数测试结果举例

图 18.18 是一个 ADC 动态参数测量的结果举例。

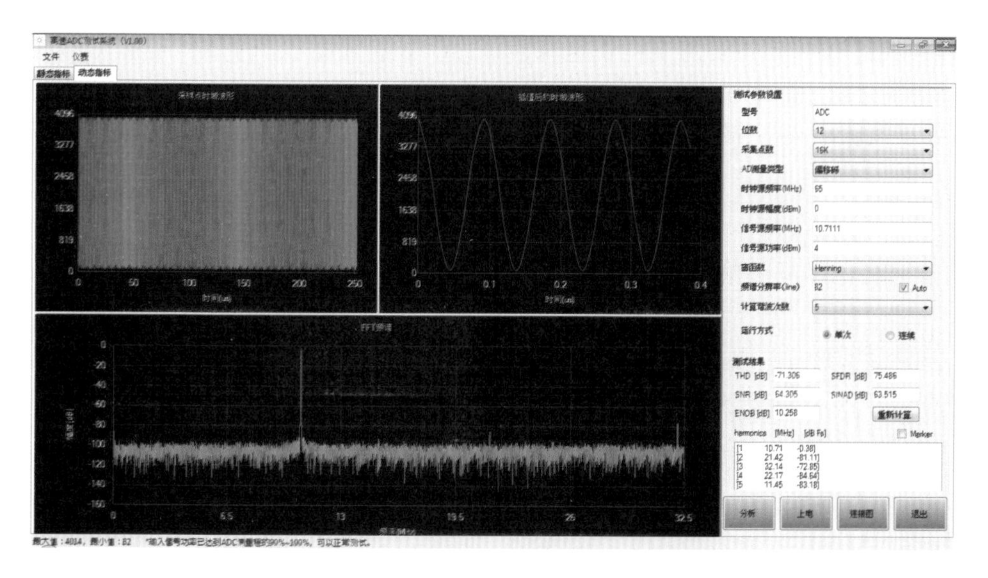

图 18.18　ADC 动态参数测试结果举例

3. 二极管反向恢复时间测试

二极管是使用非常普遍的一种电路元器件，其很大的一个作用就是防止电流的反向流动。当二极管处于正向电压偏置时，在二极管 PN 结两端的空穴和电子相互抵消，通过的电流比较大，属于导通状态；而当二极管处于反向电压偏置时，在二极管 PN 结两端的空穴和电子不接触，通过的电流接近于 0，PN 结形成了一个结电容，属于截止状态。

但是，二极管从导通到截止状态的转换需要时间。当给二极管施加一个反向脉冲电压，二极管从导通状态过渡到截止状态，由于结电容的电荷存储效应，需要一个充电的过渡过程，这个过渡过程所需要的时间就是反向恢复时间 T_{rr}。图 18.19 是二极管反向恢复时间的示意。对于快速开关用途的二极管，如果施加的反向脉冲持续时间比反向恢复时间还要短，那么就起不到截止作用，二极管会一直导通。因此测量二极管的反向恢复时间对正确选择二极管和电路设计都很重要。

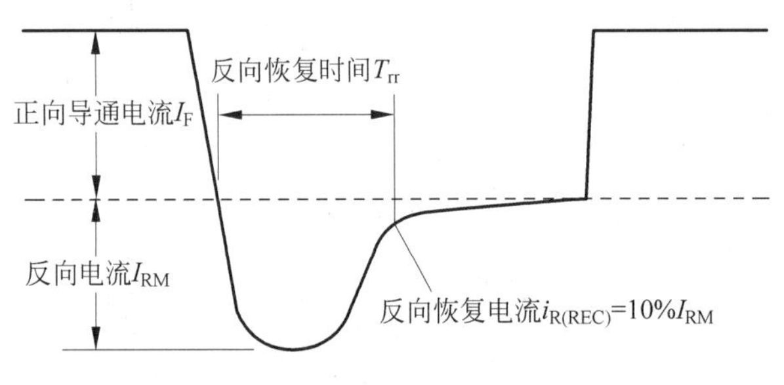

图 18.19　二极管反向恢复时间

当二极管的反向恢复时间超过 200ns 时，可以使用半导体参数分析仪进行测试。图 18.20 显示了半导体参数分析仪的结构原理图，包括 WGFMU 和 RSU 两部分。通过 WGFMU 中的任意波形发生器输出电压波形，通过 RSU 端口到达样品，同时 RSU 也是实时测量电压和电流的地方。WGFMU 有两种任意波形输出模式：PG 模式和 Fast I/V 模式。PG 模式能够产生 50ns 脉宽的快速脉冲，Fast IV 模式能够产生 145ns 脉宽的快速脉冲，并同时测量脉冲的电压波形、电流波形。在测试中，可以用半导体参数分析仪给二极管正极施加反向脉冲，给二极管负极 0V 设置，同时测试负极的电流波形，从而表征二极管的反

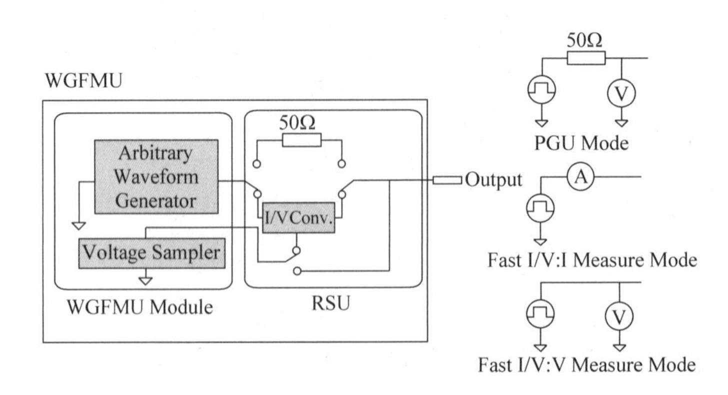

图 18.20　半导体参数分析仪的结构原理图

向恢复时间 T_{rr}。使用半导体参数分析仪的方法可以达到范围±10V、±10mA、最小反向恢复时间 120ns 的高精度测试。同时半导体参数分析仪还能够在不改变连接状态的情况下做 IV 扫描，得到器件的直流和交流参数，包括阈值电压、导通电阻、电容、1/f 噪声、NBTI、TDDB 等。

当被测二极管的反向恢复时间快于 200ns 时，半导体参数分析仪的工作速度就不够了，这时就必须用驱动能力较强的脉冲发生器输出快速反向脉冲，同时通过示波器测试电流波形。

当反向电流≤100mA，根据美军标 MIL-STD-750-4 要求，如图 18.21 利用高驱动能力的脉冲发生器输出脉冲，给二极管正极，负极输出给示波器。通过将 50Ω 端口阻抗的示波器串联进测试系统就可以测到 50Ω 电阻上的电压波形，将该电压波形除以 50，可以得到二极管电流波形，通过该电流波形就能够得到反向恢复时间 T_{rr}。

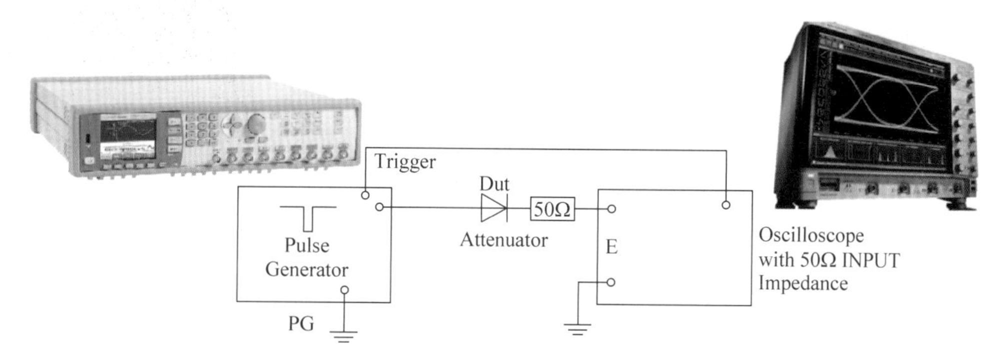

图 18.21　反向电流≤100mA 时的二极管测试连接图

测试中要求：脉冲发生器输出上升沿 $T_r < 20\% T_{rr}$，可以通过测试标准电阻得到；示波器上升沿要 $< 20\% T_{rr}$，反向脉冲宽度大于 2 倍 T_{rr}。通过调节脉冲发生器正向电压 V_F 和反向电压，观察示波器使二极管达到正向导通电流 I_F 和反向电流 I_{RM}，测试结果如图 18.22 所示。

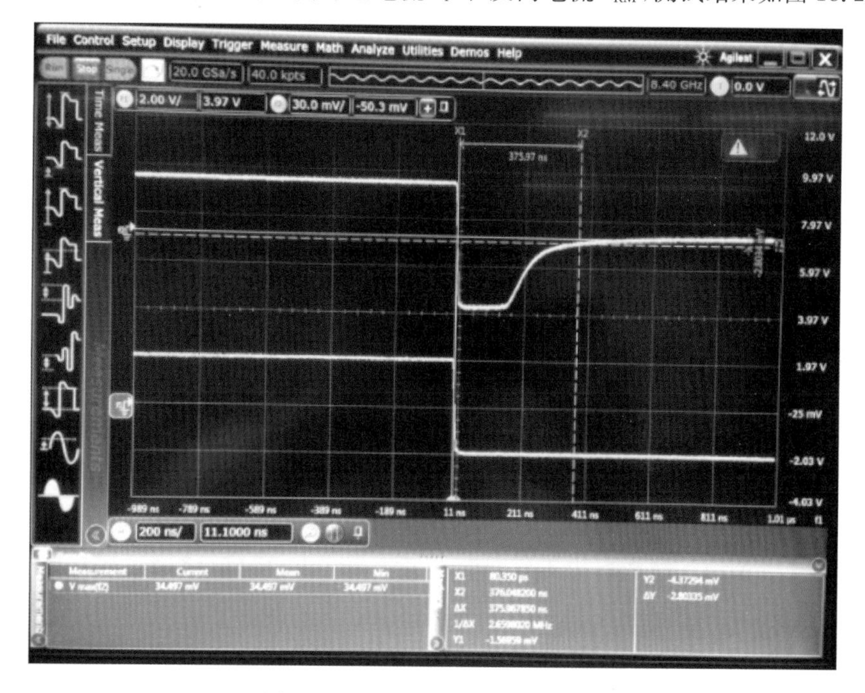

图 18.22　反向恢复时间实测结果

当反向电流超过 100mA 时，很多脉冲发生器已经无法直接提供很大的驱动电流。根据美军标 MIL-STD-750-4 的要求需要自制驱动网络，如图 18.23 利用 MOS 管输出大电流大电压，供给二极管正极，负极接 1Ω 小电阻 R_4（R_4 有寄生电感 L_1）。双通道的脉冲发生器可以分别从两个独立的通道输出驱动 MOS 管的 V_1 和 V_2 电压信号。示波器并联到 R_4，通过将示波器观察到的电压波形除以 1Ω，就可以得到二极管电流波形。通过调节脉冲发生器正向电压 V_F 和反向电压，观察示波器使二极管达到正向导通电流 I_F 和反向电流 I_{RM}，从而得到反向恢复时间 T_{rr}。

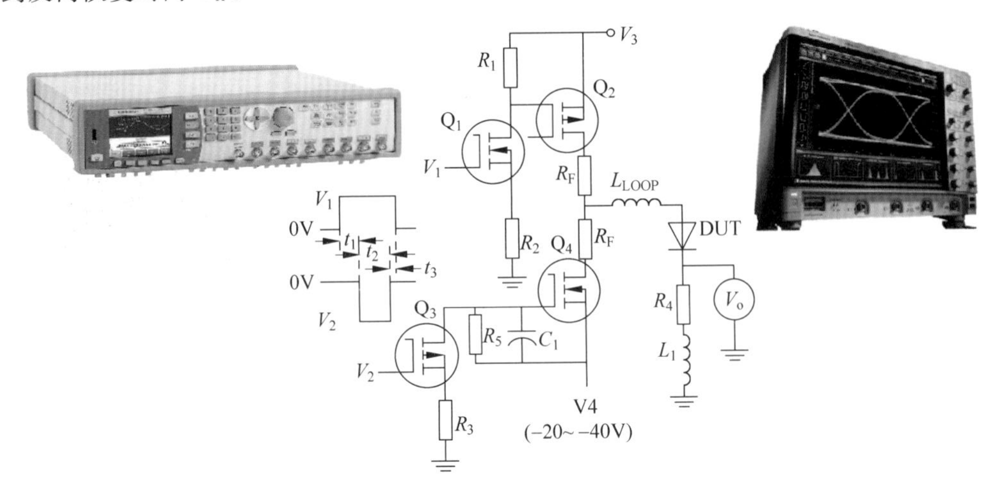

图 18.23　自制驱动电路时测试连接图

4. 微封装系统设计及测试的挑战

随着航空航天系统对于小型化、低功耗、高性能、高可靠性要求的不断提高，传统板上系统（System On Board，SOB）设计方案的缺点越来越明显。由于芯片、模块的体积和功耗的限制，PCB 板尺寸和功耗不能无限制减小。单个芯片的封装尺寸通常在毫米到厘米量级，但 PCB 板上的走线长度通常在 1～50cm，过大的封装和走线造成损耗大、寄生参数多，限制了系统性能的提升。同时由于系统功能复杂，使用大量分立器件造成系统故障点多，整机可靠性降低。

为了解决传统板上系统设计的弊端，现在无论是通信、计算机、消费电子还是航空航天领域，都开始用微封装、微组装技术来提高系统的集成度和可靠性。典型的微封装、微组装技术有 SOC、MCM、SIP、SOP 等。

SOC（System On Chip）技术最早出现于 20 世纪 80 年代，用于把多个功能模块集成到一个晶片上，主要用于通信、计算机、网络等高性能领域，典型的如 NVIDIA 公司的 Tegra，Freescale 公司的 Vybrid 以及图 18.24 所示 Intel 公司的 Core 系列多核处理器等。SOC 的特点是把相同工艺的多个功能模块集成到一个单一晶片上，系统性能高、功耗低，但是开发周期长、工艺难度大，通常只有大型芯片厂商有这个实力。而且由于 SOC 只能集成相同材料工艺的模块，不太适合开发模拟、数字、射频的混合系统。

MCM（Multi-Chip Module）也是 20 世纪 80 年代出现的一种封装技术，其特点是把多

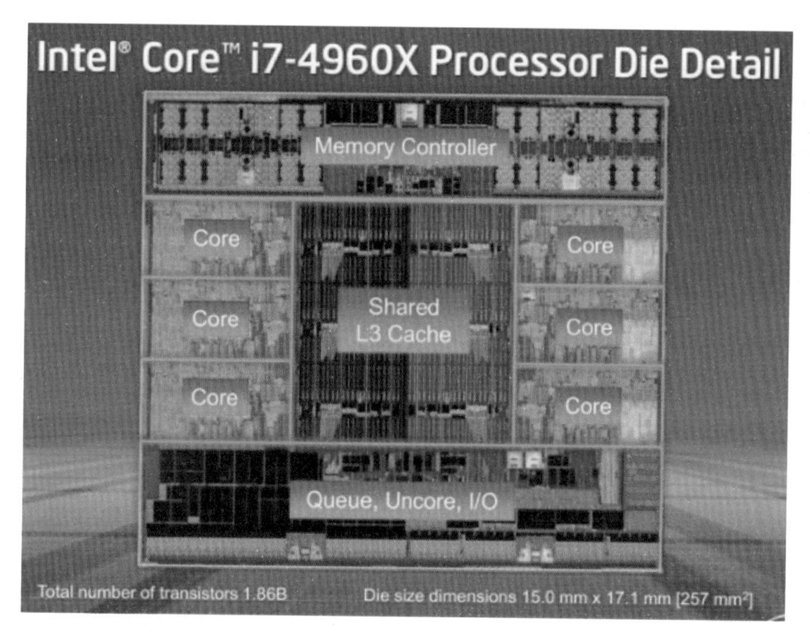

图 18.24 Intel公司的Core系列SOC芯片

个芯片甚至裸Die通过金丝键合线以及基底材料集成到一个封装中(见图18.25)。MCM封装后的模块尺寸和成本可以降低很多,同时由于模块内的各个芯片不需要单独封装,且芯片间走线更短,所以可以提供更好的传输性能。另外由于集成度高,容易进行集中的屏蔽和保护,所以比起采用分立器件系统可靠性更高。

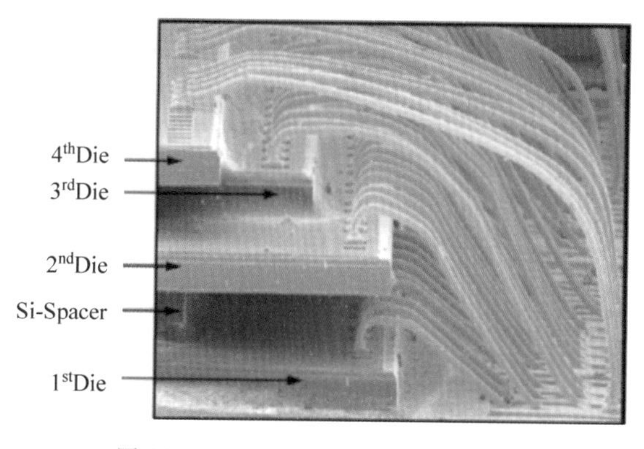

图 18.25 MCM芯片的金丝键合线

MCM技术可以把不同工艺的晶片集成在一个封装中,因此使用非常灵活,可以构建模拟、数字、射频以及电阻、电容等无源器件的混合系统。图18.26分别是IBM公司和波音公司开发的两款MCM芯片。

SIP(System In Package)是20世纪90年代出现的封装技术,可以认为是MCM技术的升级版。SIP封装技术除了像MCM一样可以进行多个不同工艺晶片的平面封装以外,还可以进行裸Die或者封装的立体3D堆叠,进一步提高了封装密度。目前广泛应用于手机、PAD等便携式消费电子设备中,典型的如图18.27所示的Apple公司在iWatch中的核心模块以及相控阵雷达中使用的T/R模块等。

IBM POWER5 MCM

4 processors and 4*36 MB external L3 cache dies on a ceramic multi-chip module

Rocket Control and Monitoring Hybrid

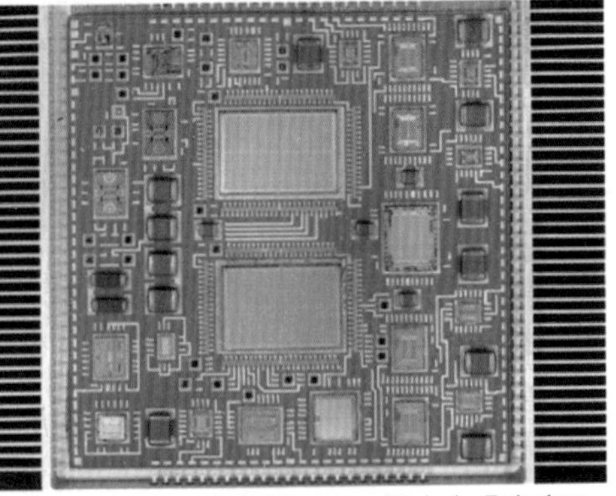

Source:Boeing Microelectronics/ICE Roadmaps of Packaging Technology

图 18.26 IBM Power5 处理器和波音公司的 MCM 控制芯片

Apple S1 System in Package

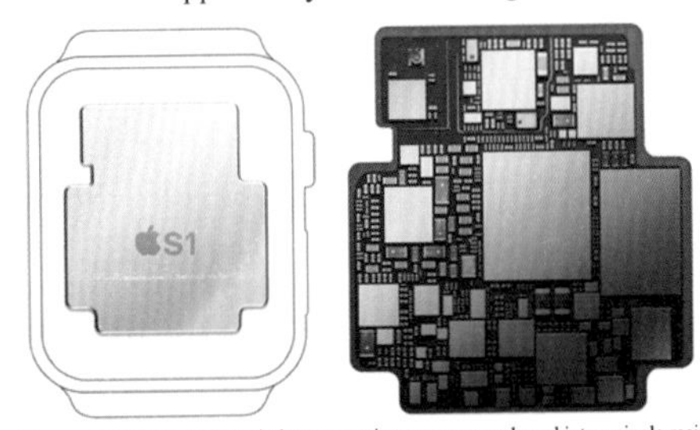

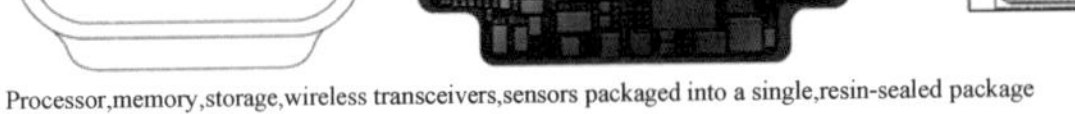

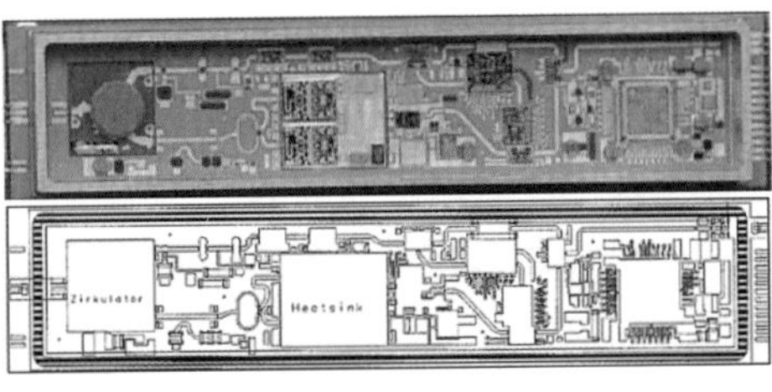

TR module in a"brick"form factor

图 18.27 iWatch 中的 SIP 模块及雷达中的射频 T/R SIP 模块

SOP(System On Package)是 21 世纪初出现的一种封装技术,可以认为是 SIP 技术的进一步升级。除了像 SIP 一样可以完成多种晶片、无源器件的 3D 堆叠和封装以外,还采用了薄膜技术和纳米材料把一些常用的无源器件如电阻、电容、滤波器、波导、耦合器、天线甚至生物传感器等直接集成到封装基底上。这使得基底上的走线长度从毫米量级减小到了微米甚至纳米量级,进一步提高了系统性能和集成度。图 18.28 是一个 SOP 芯片应用的例子。

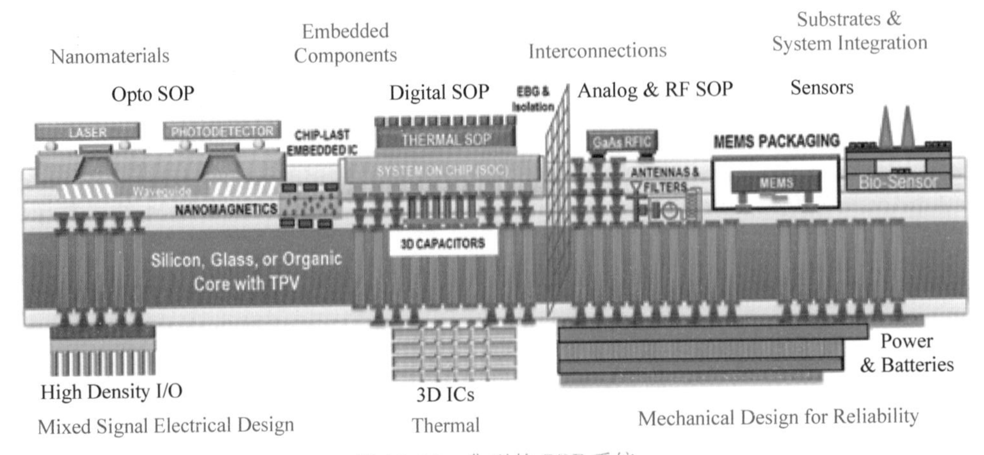

图 18.28 典型的 SOP 系统

由此可见，SOC、MCM、SIP、SOP 等技术各有自己的特点和应用领域。为了实现电子系统的小型化并提高可靠性，MCM 和 SIP 是特别适合系统级小型化设计的微封装、微组装技术，同时可以重点关注 SOP 技术的发展并做相应的技术储备。

对于典型的电子微封装模块来说，可能由射频电路、放大器、驱动芯片、高速 ADC/DAC 芯片、数字 FPGA 芯片、高速并串转换芯片以及相应的电源、时钟、控制电路组成。测试系统需要完成对各主要芯片裸片性能以及系统功能的整体测试。根据不同的目的和关注点，测试系统需要可以满足裸片测试、封装测试、老化后测试三个阶段的测试要求。

- **裸片测试**：在进行封装前，需要对厂商提供的芯片或者裸片进行功能和性能的检测，以避免单个芯片质量问题造成整个微封装模块的功能失效。这个测试需要测试设备配合相应的探针台系统进行。
- **封装测试**：微封装模块封装完成后，需要对其功能和性能进行全面测试，以确保封装连线后模块功能的正确以及最终的系统性能。这个阶段是微封装最后的检测阶段，有可能还要在实际加电老化以及环境试验过程中验证芯片的功能、主要的性能以及对于外界条件变化的容忍能力。
- **老化后测试**：在老化之前和之后进行微封装模块的性能对比，可以用于验证老化过程有没有引起芯片性能的漂移，这一过程主要用于清除含有潜在失效的芯片。对于一些军品芯片，可能需要执行更为严格的老化测试标准，如扩大温度范围和辐照测试等。

十九、其他常见测试案例

在本章中，将继续展示一些用户在使用示波器过程中的测试需求或者使用误区，供读者参考应用和避免错误。

1. 如何显示双脉冲中第2个脉冲的细节

问题：用户要测试的信号是单次出现的两个连续脉冲波形，每个波形宽度为300ns，两个波形之间间隔为100ms。通过单次触发可以同时捕获2个脉冲，但由于存储深度不够，展开后没有细节。现在想只看第2个脉冲的展开细节，应怎么设置？

问题分析：对于数字示波器来说，其存储深度、采样率和采集时间之间应满足一个最基本的关系：采集时间＝存储深度/采样率。当采集时间增加时，存储深度也需要随着增加，但如果存储深度有限，就需要降低采样率才能保证满足这个关系，这个降低后的采样率可能远小于示波器标称的采样率。在这个例子中，要把两个脉冲都采集下来，采集时间至少要有100ms以上。如果使用的示波器存储深度能有100M样点，采样率就可以保持在1GHz，采集后的波形展开后应该可以看到细节。但如果使用的示波器存储深度只有1M样点，采样率就必须降到10MHz以下，对于用户要分析的300ns宽度的脉冲信号来说，波形的细节肯定看不清楚。因此必须改变采集波形的方式或者触发方式。

如果要解决这个问题，可以采用分段存储或多种触发方式。

分段存储：现代很多示波器都支持分段存储模式。所谓分段存储模式（Segmented Memory Mode），如图19.1所示，是指把示波器中连续的内存空间分成很多段，每次触发到来时只进行一段很短时间的采集，直到记录到足够的段数。如果感兴趣的只是有脉冲发射时很短一段时间内的信号，使用分段存储就可以更有效利用示波器的内存，因为没有信号时示波器可以不做采集，不会浪费内存。

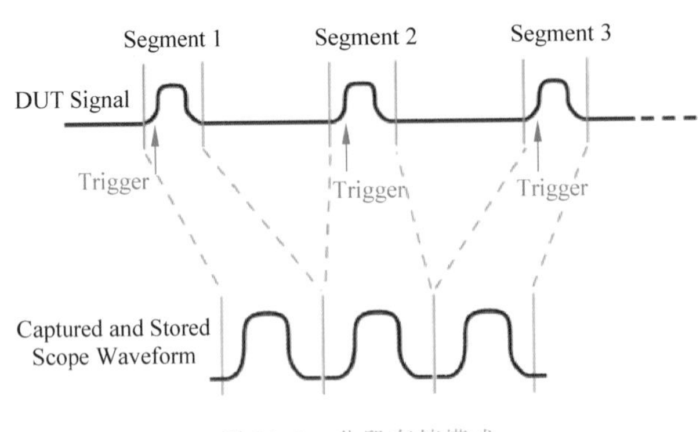

图19.1 分段存储模式

序列触发：现代很多示波器中可以支持序列触发。所谓序列触发，是指可以先判断一个起始条件（如图19.2中Find：？的条件），然后当下一个条件到来时再触发（如图19.2中Trigger On：？的条件）。这样可以让示波器在第1个脉冲到来时先不触发，在第2个脉冲到来时再真正触发。

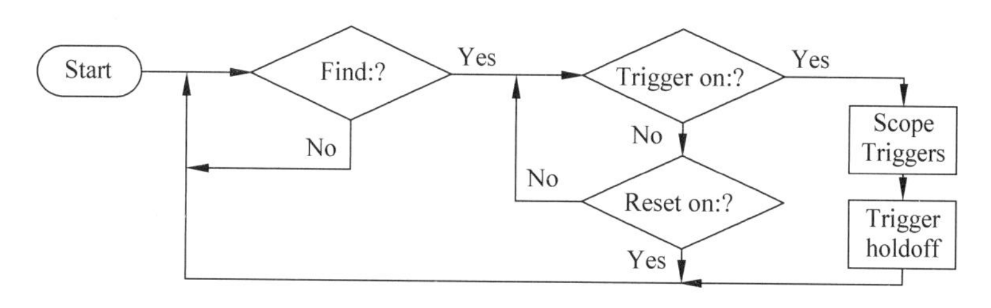

图 19.2　序列触发的设置

脉冲宽度触发：几乎所有的现代数字示波器都支持脉冲宽度触发。所谓脉冲宽度触发是发现信号中一个宽度异常的脉冲。在这个例子中，可以调节触发阈值电平到约信号幅度一半的位置。此时，当没有信号时，在触发电路看来输入信号是个常低的信号；而当两个脉冲相继到来时，触发电路看到的是2个窄的约300ns的正脉冲之间夹着1个约100ms的负脉冲。如图19.3所示，如果设置对这个唯一的负脉冲的宽度进行触发(例如负脉冲宽度<150ms)，并且触发点设置为负脉冲的结束点(End of Pulse)，就可以触发到第2个脉冲了。

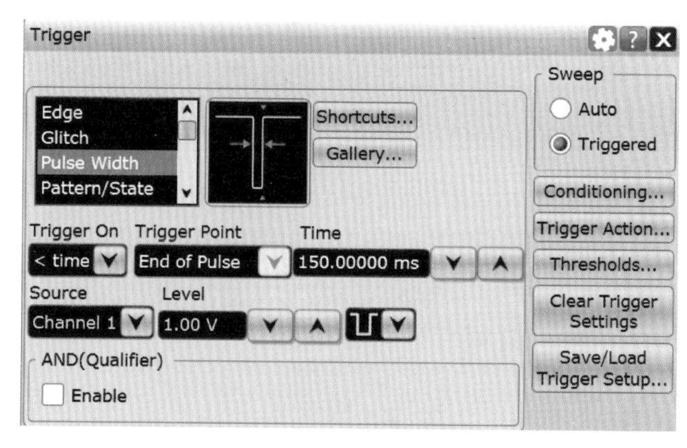

图 19.3　设置脉冲宽度触发

综合前述方法，如果这位工程师使用的示波器内存深度能够达到1M点或以上，只要调节内存深度就可以很好捕获到所需的全部波形并且保持细节。如果内存深度非常有限，可以根据使用的示波器支持的功能选择使用分段存储、序列触发或者脉冲宽度触发的方式来捕获第2个脉冲信号的细节。

2. 示波器的电压和幅度测量精度

问题：用户使用4GHz带宽的示波器测量一个频率为100kHz、摆幅为50mV、偏置电压为1V的正弦波信号，测量结果如图19.4所示。电压平均值的测量结果为1.01V，电压峰峰值的测量结果约为104mV。其峰峰值的测量结果与用户期望偏差很大，用户希望知道示波器在这种情况下的平均值和幅度的测量精度有多少，如何改善？

问题分析：关于平均电压和幅度的测量精度计算，需要考虑很多因素，如当前的量程、偏置、是否使用了平均等数学处理等。以下是从这款示波器中摘录的关于电压和幅度测量的计算公式(见图19.5)。

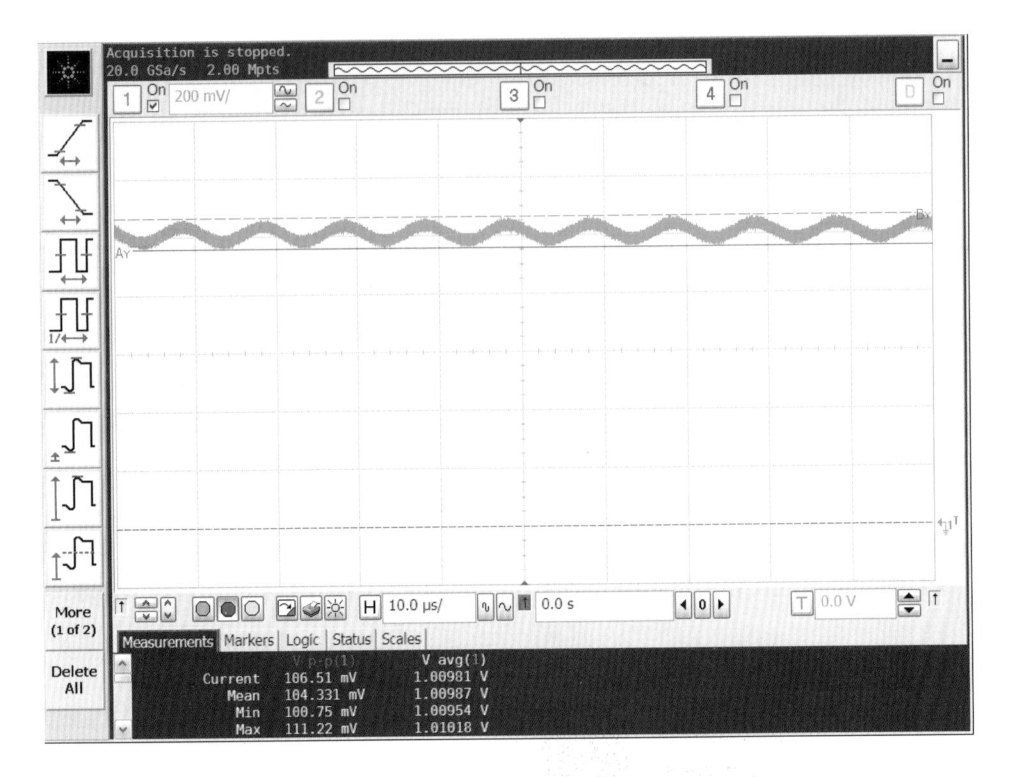

图 19.4 用户的电压测量结果

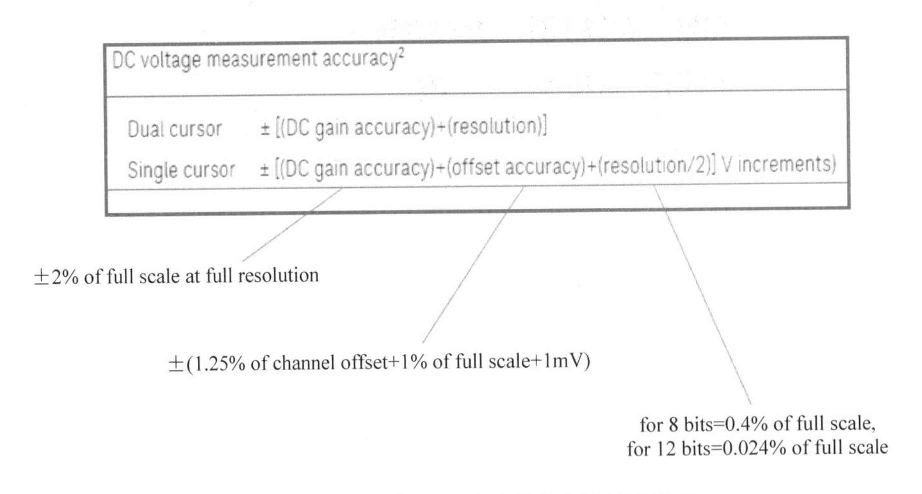

图 19.5 用户所使用的示波器的电压精度指标

其中的单光标(Single Cursor)指对绝对电压的平均值的测量参数，如高电平、低电平、最大值、最小值、平均值等都与单光标测量精度有关。而双光标(Dual Cursor)是指两个绝对电压的平均值相减后的测量参数，信号幅度(高电平减去低电平)、峰峰值(最大值减去最小值)的测量结果都与双光标测量精度有关。由于双光标参数是两个单光标参数的相减，所以偏置误差造成的影响被抵消掉。公式中关于各部分参数的含义如下：

●**满量程(Full Scale)**：所谓满量程，就是当前刻度下屏幕上显示的满刻度电压范围。例如在图 19.4 的结果中，垂直方向是每格 200mV，满屏幕 8 格的情况下满量程＝200mV×

8=1.6V。直流增益精度与示波器前端放大器和 ADC 芯片的线性度有关，相同信号情况下使用尽可能小的量程可以提高直流增益精度造成的电压测量误差。

●**通道偏置（Channel Offset）**：这是指示波器屏幕正中间那条横向坐标线对应的直流电压。默认中间的坐标线对应的是 0V 电压的位置，但有时被测信号上有直流偏置，通常会调整直流偏置把波形放到屏幕上适合观测的区域。在图 19.4 的例子中，直流偏置为 600mV。通道偏置精度由示波器内部的偏压提供电路的线性度决定。

●**分辨率（Resolution）**：分辨率是指在当前量程下示波器能够分辨的最小的电压变化。大部分实时示波器使用 8bit 的 ADC，能够对其满量程进行 256 级的量化，因此分辨率约等于满量程的 1/256。如果使用波形平均或高分辨率模式的数学处理功能，可以提高示波器的有效分辨率，例如一些 8bit 示波器在平均或高分辨率模式下等效分辨率可能达到 12bit 左右。

按照上面公式计算，用户测量时设置满量程为 1.6V，通道偏置为 600mV，据此可以计算出用户当前设置下的电压测量精度：

●单光标精度=1.6V×2% +(0.6V×1.25% +1.6V×1% +1mV)+ 1.6V×0.4/2 = 59.7mV；

●双光标精度= 1.6V×2% + 1.6V×0.4 = 38.4mV。

回到用户的需求，也就是说在当前的设置挡位下，对于 1V 信号平均值的测量结果绝对精度约为±60mV，这个结果实际上并不是太好，一般手持式的万用表的测量精度都要好于这个值，这也是为什么在对直流电压精度有严格要求时一般不推荐使用示波器的结果作为标准的原因。当然，上面公式只是理论情况下考虑了所有误差最大的可能下相互叠加的结果，实际的测量结果一般要好于这个。例如在用户的测试中，实际测量到的电压约为 1.01V，偏离其期望值约为 10mV。

最大的问题出现在信号摆幅的测量上。在这个例子中，虽然由于偏置精度的互相抵消，计算出的双光标精度会比单光标精度好，但是由于信号摆幅只有 50mV，±38.4mV 的误差是完全不能接受的。而且更恶劣的是，用户实际测量到的结果的误差甚至还要大于这个理论计算值。这是由于双光标精度的计算结果中并没有计入噪声的影响，对于这种 50mV 的小信号来说，示波器的底噪声也会对测量结果产生很大的影响。用户使用的这款示波器的底噪声指标如图 19.6 所示。

RMS Noise Floor ($V_{RMS\ AC}$)

	9064A		9104A		9254A		9404A	
Volts/div	full BW	500 MHz filter	full BW	1 GHz filter	full BW	2 GHz filter	full BW	4 GHz filter
10 mV	213 uV	138 uV	240 uV	120 uV	273 uV	210 uV	402 uV	263 uV
20 mV	470 uV	175 uV	481 uV	154 uV	445 uV	330 uV	627 uV	424 uV
50 mV	1.15 mV	.464 mV	1.24 mV	.415 mV	1.22 mV	.780 mV	1.67 mV	1.12 mV
100 mV	2.37 mV	.895 mV	2.43 mV	.786 mV	2.54 mV	1.50 mV	3.17 mV	2.16 mV
200 mV	4.65 mV	1.75 mV	4,85 mV	1.50 mV	5.06 mV	2.86 mV	6.18 mV	4.15 mV
500 mV	11.8 mV	4.60 mV	12.3 mV	4.15 mV	12.2 mV	7.61 mV	15.8 mV	11.26 mV
1 V	23.9 mV	8.91 mV	24.3 mV	7.85 mV	25.2 mV	14.9 mV	31.5 mV	21.9 mV

图 19.6　用户示波器的底噪声指标

例如对于4GHz带宽的示波器来说，其在200mV/格量程下全带宽噪声为6.18mV RMS，而其峰峰值可能是RMS值的4～8倍。所以要保证准确的幅度测量，除了要考虑直流测量精度以外，还要考虑噪声的影响。而要减小噪声的影响，最有效的方法就是使用尽可能小的量程并采用平均的方法。

为了使用尽可能小的刻度，在示波器中设置通道耦合模式为AC耦合，这样信号上的直流成分被滤掉，可以使用更小的量程把信号在垂直方向充分展开。同时，为了减小噪声的影响，在示波器的采集设置菜单下把采样模式设置为High Resolution（高分辨率）模式，如图19.7所示，在这种模式下示波器会对相邻的采样点做平均从而减小噪声的影响。另外，把示波器的采样点数设置为10k样点，这样在调整时基刻度时示波器会自动调整平均的样点的个数并保证屏幕上永远有10k的样点做波形显示。

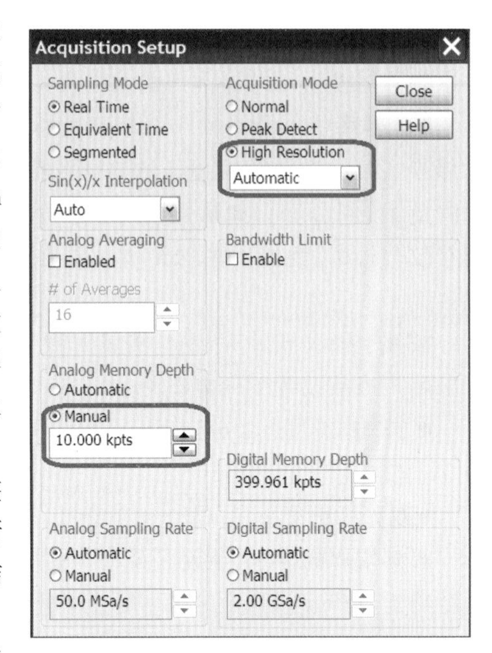

图19.7　高分辨率模式设置

经过上述设置并对水平和垂直刻度进行调整后，示波器上显示的波形和测量结果如图19.8所示。可以看到波形变得非常清晰，幅度测量的结果也在50mV左右，达到了期望的幅度测量结果。

在使用示波器的高分辨率模式时要注意的是，由于示波器会对相邻的样点做平均，所以会减小等效的采样率和带宽。在调整示波器的水平刻度时，示波器会自动调整平均的样点的个数，所以其有效带宽也在变化，要确保这个带宽不会造成信号的额外失真。在图19.8中，在示波器界面的右上角可以看到当前设置时的带宽为11.1MHz，远超过要测量的100kHz的正弦波信号频率，所以才能确认测量结果是可信的。

3. 不同宽度的脉冲信号形状比较

问题：某大学物理系研究室用自己的设备可以产生两种不同宽度的脉冲信号（如图19.9和图19.10所示）。用户期望不管脉冲宽度如何变化，其产生的波形的几何形状应该保持一致。所以希望能把两次采集到的波形的时基刻度调整成不一样的，并叠加在一起，从而可以只比较两次波形的几何形状的差异。

问题分析：在示波器把两次波形叠加在一起进行比较是很简单的事情。但如果不调整时基把两次波形直接叠加，由于脉冲宽度不一样，很难直接比较形状，所以问题的关键在于如何把两次波形设置成不同的时基宽度并叠加在一起。可以把其中一个波形暂存在临时内存中，再调整成不同的时基刻度与另一脉冲进行形状比较。

首先，第一个脉冲采集完成后，把通道1的波形保存在内部临时Memory中，如图19.11所示。很多示波器都有几个可以临时存储波形的Memory，这里把通道1的波形保存在Memory2中。

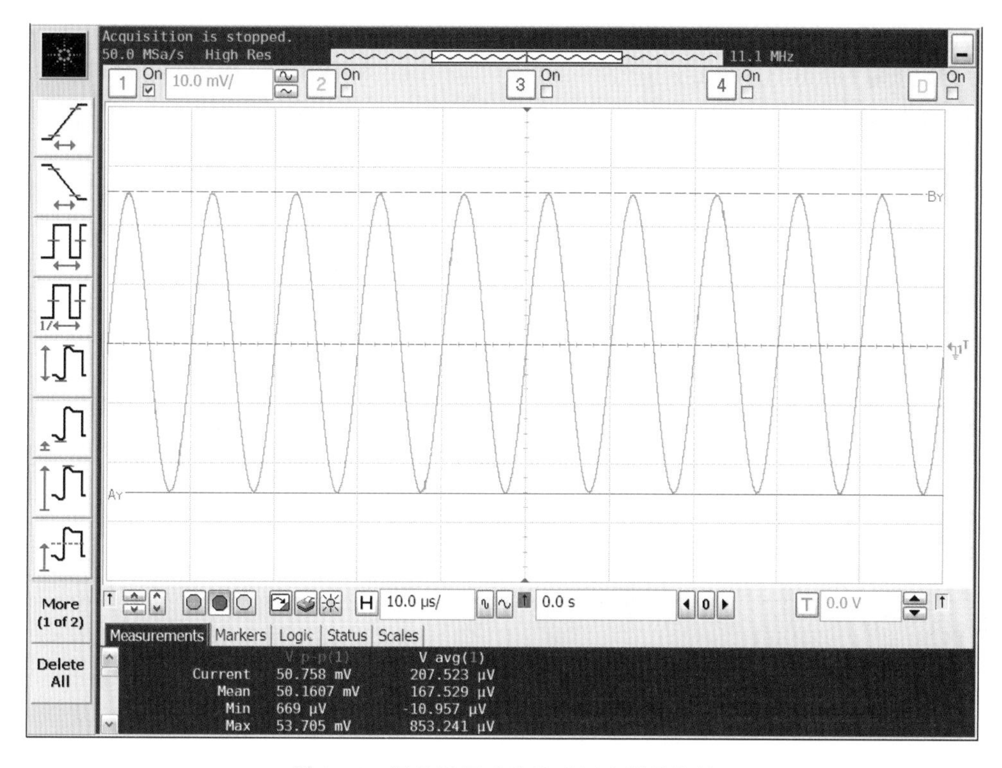

图 19.8　调整设置后的波形幅度测量结果

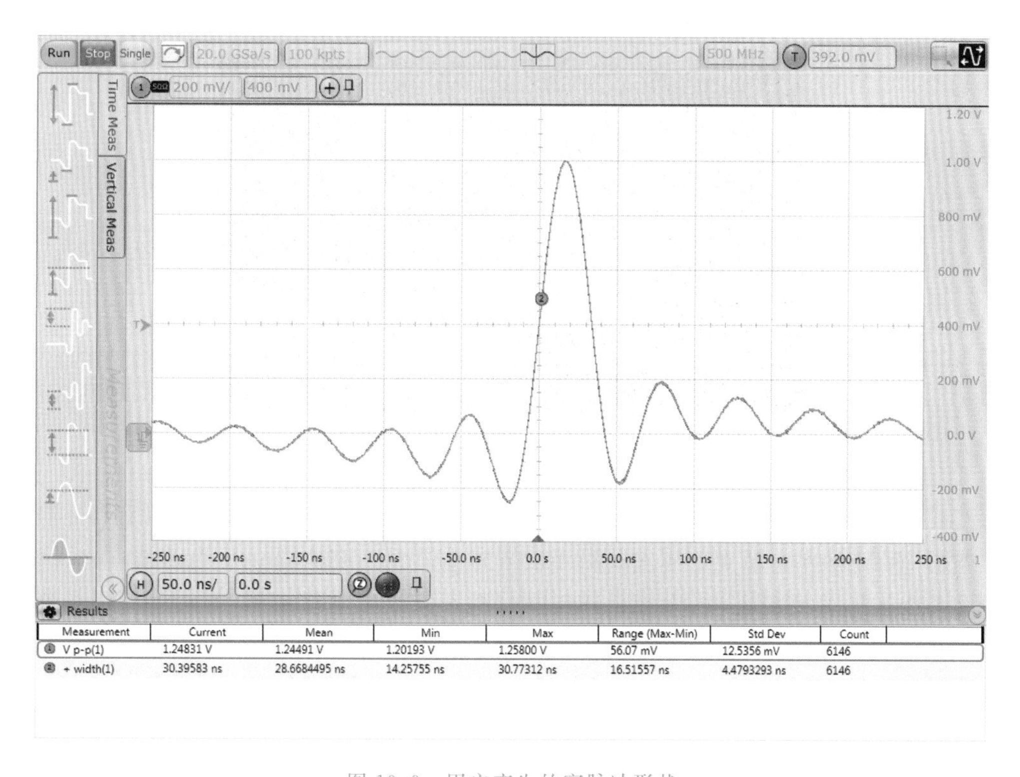

图 19.9　用户产生的宽脉冲形状

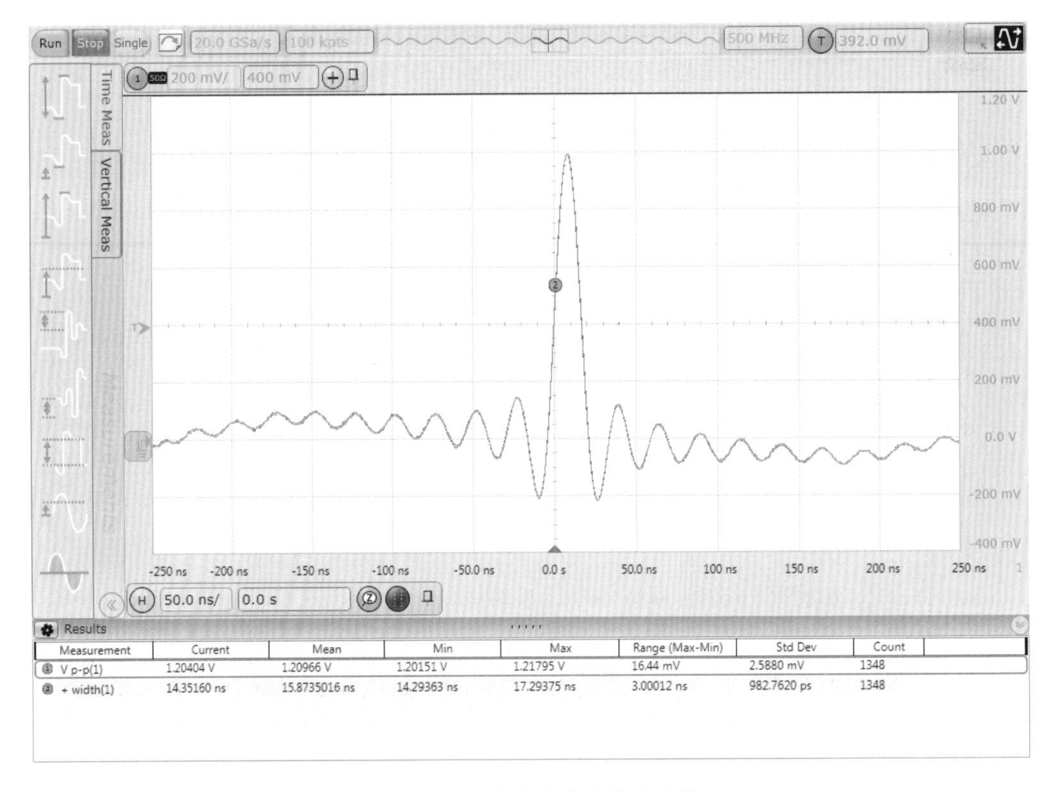

图 19.10　用户产生的窄脉冲形状

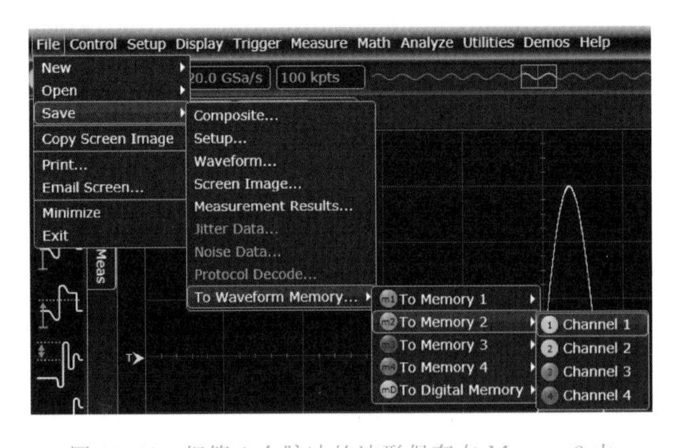

图 19.11　把第 1 个脉冲的波形保存在 Memory2 中

然后，改变被测信号的脉冲宽度，示波器进行第 2 次波形采集。此时可以看到屏幕上的波形如图 19.12 所示。较宽的脉冲是第 1 次采集到并保存在 Memory 中的波形，较窄的脉冲是第 2 次采集到的波形。两个波形的时基刻度一致并叠加在一起，此时可以对各个波形的参数做测量，但由于脉冲宽度不一样，无法直接比较几何形状的差异。

这时，可以进入 Memory 的设置菜单，如图 19.13 所示，把 Memory2 设置菜单右上角的 Tie To Timebase 选项去掉。此时意味着不管示波器的主时基如何调整，Memory2 通道的波形在屏幕上的实际时基刻度保持 50ns/格不变。

然后就可以用示波器自身的时基调整旋钮对通道 1 的时基刻度和水平位置进行调整，

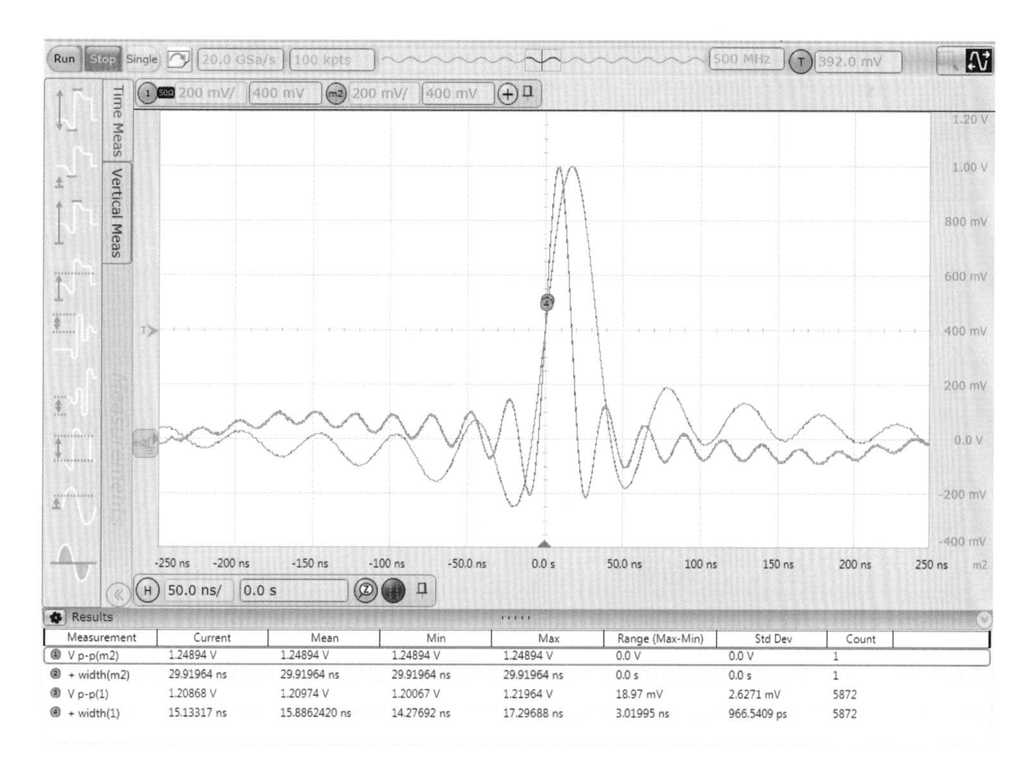

Measurement	Current	Mean	Min	Max	Range (Max-Min)	Std Dev	Count
① V p-p(m2)	1.24894 V	1.24894 V	1.24894 V	1.24894 V	0.0 V	0.0 V	1
② + width(m2)	29.91964 ns	29.91964 ns	29.91964 ns	29.91964 ns	0.0 s	0.0 s	1
③ V p-p(1)	1.20868 V	1.20974 V	1.20067 V	1.21964 V	18.97 mV	2.6271 mV	5872
④ + width(1)	15.13317 ns	15.8862420 ns	14.27692 ns	17.29688 ns	3.01995 ns	966.5409 ps	5872

图 19.12　两次采集到的脉冲的叠加显示

图 19.13　设置 Memory 波形显示的时基刻度固定为 50ns 每格

此时只有通道 1 的波形会随着调整改变，而 Memory2 的波形在屏幕上位置和形状保持不变，直到把两个波形近似重合在一起(见图 19.14)。此时两个通道的主脉冲几乎重合在一起，但两边信号振荡波形的差异非常明显凸显出来，满足了用户仅仅比较波形的几何形状的目的。

此时虽然两个波形通过一个通道水平时基的缩放叠加在一起，但测量参数并没有变化。例如脉冲宽度的测量项目中，可以看到两个波形的脉冲宽度实际是不一样的，一个是 30ns 左右，一个是 14ns 左右。

问题总结：用户这是一个比较特殊的需求，希望能够把两次波形按照不同的时基刻度叠加在一起比较。虽然把波形存储下来做数据后处理再对比也可以，但比较麻烦。这里利

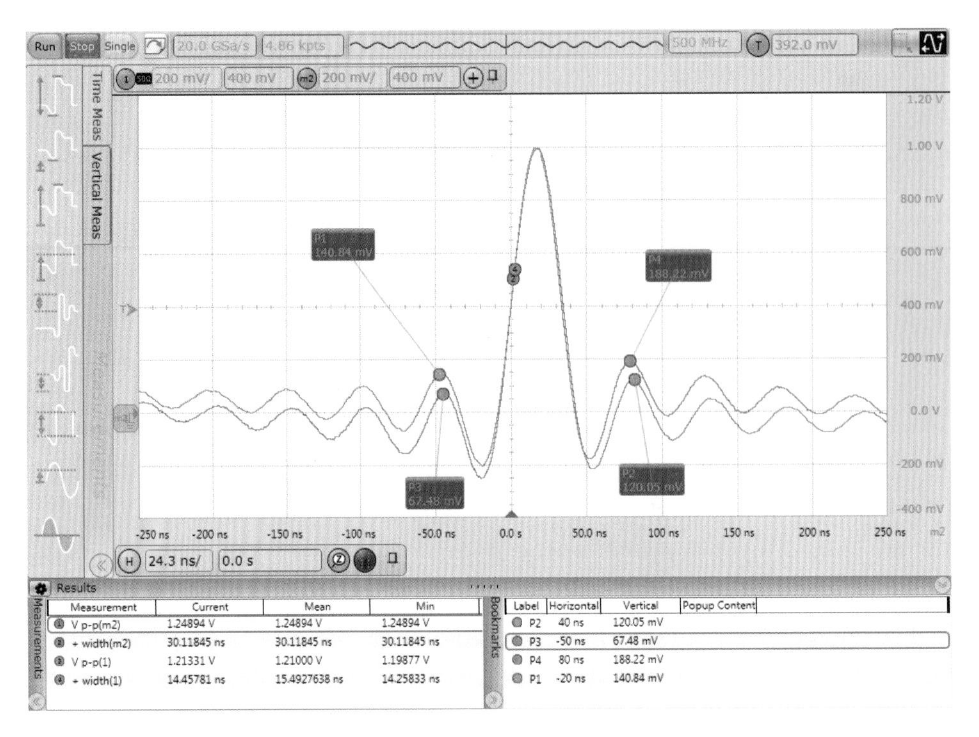

图 19.14　调整时基刻度后两个脉冲的叠加显示

用了 Memory 内存中的波形的时间刻度可以与主时基刻度不一样的特点，实现了两个不同时基刻度下的波形的叠加和形状对比。

4. 超宽带雷达的脉冲测量

问题：某雷达设备研发用户希望对其设备发出的超宽带脉冲进行波形捕获和测量，其脉冲宽度<50ps，重复频率在几千赫左右，信号脉冲幅度的峰值可能会在 20～40V。

问题分析：由于用户要测试的脉冲宽度很窄，因此对于示波器带宽的要求比较高。根据信号的脉冲宽度估算，信号的跳变时间应<25ps（如果是高斯脉冲，其上升时间和脉冲半宽度间有固定约 0.9 倍的时间关系，但由于不确定是否高斯脉冲，所以按严格一些的要求估算）。如果用带宽＝0.5/上升时间来估算，信号的带宽应在 20GHz 左右，所以测量使用的示波器带宽至少应在 25GHz。但这么高带宽下示波器的输入阻抗都是 50Ω，一般能够承受的最大信号为 5V 左右，不能直接测量几十伏的信号，必须进行信号的衰减。经过仔细的研究和对比，最终选定了用 25GHz 的示波器配合如图 19.15 的衰减器进行信号的测试。

选择这款衰减器基于以下几个理由：

●**带宽**：带宽可以达到 26.5GHz，而且是从直流开始的，不会因为衰减器而影响信号质量。

●**衰减比**：衰减可以达到 20dB 或者 30dB（指功率衰减），如果选择 20dB 就意味着电压幅度衰减 10 倍，这样 40V 信号衰减到 4V，已经可以落在示波器的正常量程中了（实际测试中为了保险起见，使用了 30dB 的衰减器）。

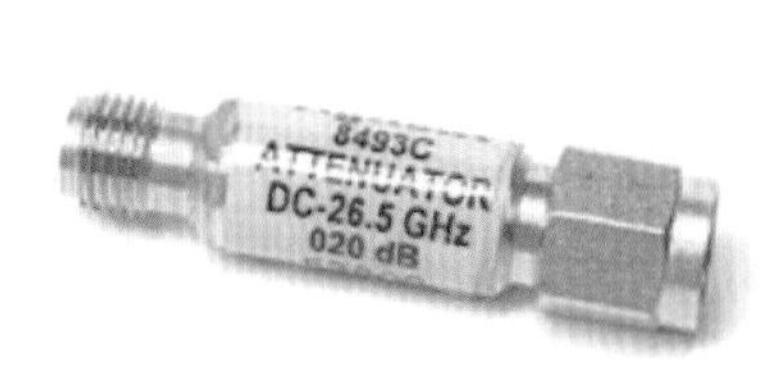

	8493C
	DC to 26.5 GHz
3dB	±0.5 dB / ±1.0 dB
6 dB	±0.6 dB
10 dB	±0.3 dB / ±0.5 dB
20 dB	±0.5 dB / ±0.6 dB
30 dB	±0.7 dB / ±1.0 dB

Maximum input power: 2 W avg., 100 W peak[3]
Power sensitivity: 0.001 dB/dB/W (all except 8943) 0.001 dB/W (8493C)

图 19.15　高带宽衰减器

● **功率**：由于信号的最大幅度可能会到 40V，按照加在 50Ω 电阻上的功率计算（高频示波器和衰减器大部分都是 50Ω 的输入阻抗），信号功率 $=40^2/50=32$W。如果信号是连续的 40V 电压，这个功率远远超过了衰减器的最大输入功率 2W，会把衰减器烧坏。但是由于要测量的信号是脉冲的，信号的重复频率很低，所以其平均功率会非常低。又由于这款衰减器能承受的峰值功率可以到 100W，测试 40V 峰值电压的脉冲信号是可以的。

把 30dB 的衰减器连接示波器，并在示波器中设置好外置衰减器的衰减比后，测得的信号波形如图 19.16 所示。从中可以看到被测脉冲是一个 −30V 左右的负脉冲信号（已经在示波器中对衰减器的衰减比补偿以后的结果），信号的半宽度约为 29ps，脉冲发出后的振荡波形清晰可见，其测量结果达到了用户期望的要求。

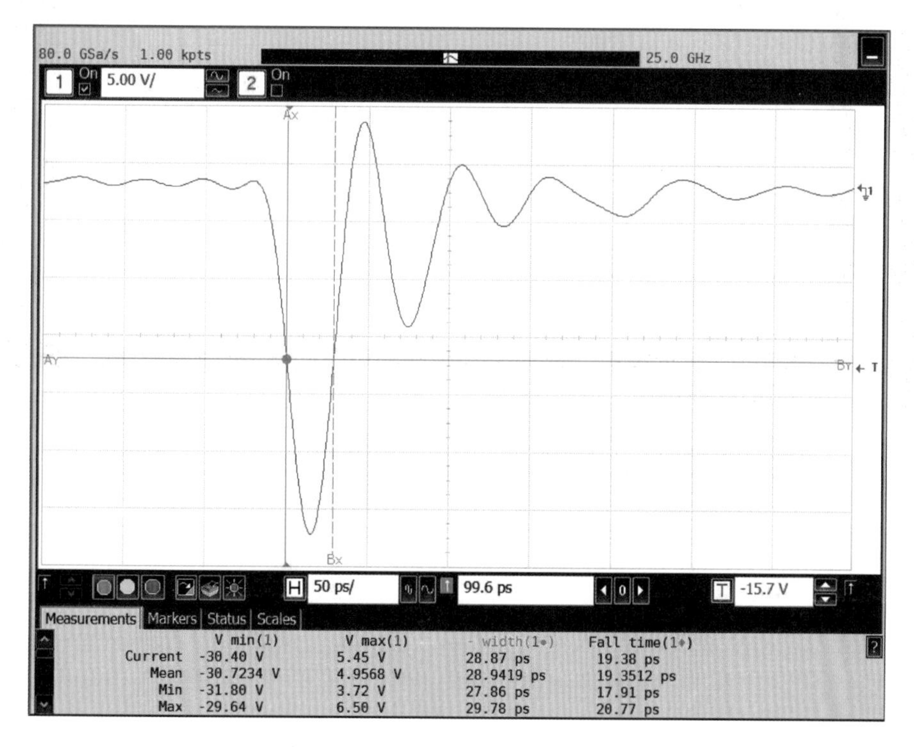

图 19.16　实测得到的大幅度窄脉冲

问题总结：高带宽、高压信号的测试是一个比较大的挑战。在这个测试中，我们是通过高带宽的示波器配合合适的衰减器来完成这个峰值约为30V、脉冲半宽度约为30ps的信号的测试。除了示波器带宽要满足用户带宽要求外，还要选择合适衰减比和功率承受能力的衰减器。比较好的一点是用户的被测件也是50Ω输出的，可以直接用50Ω的衰减器和示波器进行测试；如果被测件不是50Ω输出，这个测试难度更大一点，可能需要用户自己搭建额外的分压和阻抗匹配电路。

5. 通道损坏造成的幅度测量问题

问题：某无线设备研发厂商在用8GHz带宽的示波器的不同通道测试同一路射频信号时发现幅度有几倍的明显差异，希望找出问题原因。

问题分析：首先用信号源产生一路1GHz频率、约－3dBm的射频信号，通过同轴电缆依次接入到示波器1、2、3、4各个通道，把示波器量程都设置为100mV/格，发现各通道测到的幅度基本一致，如图19.17所示，都约为400mV，与－3dBm信号的实际幅度也能对应上。

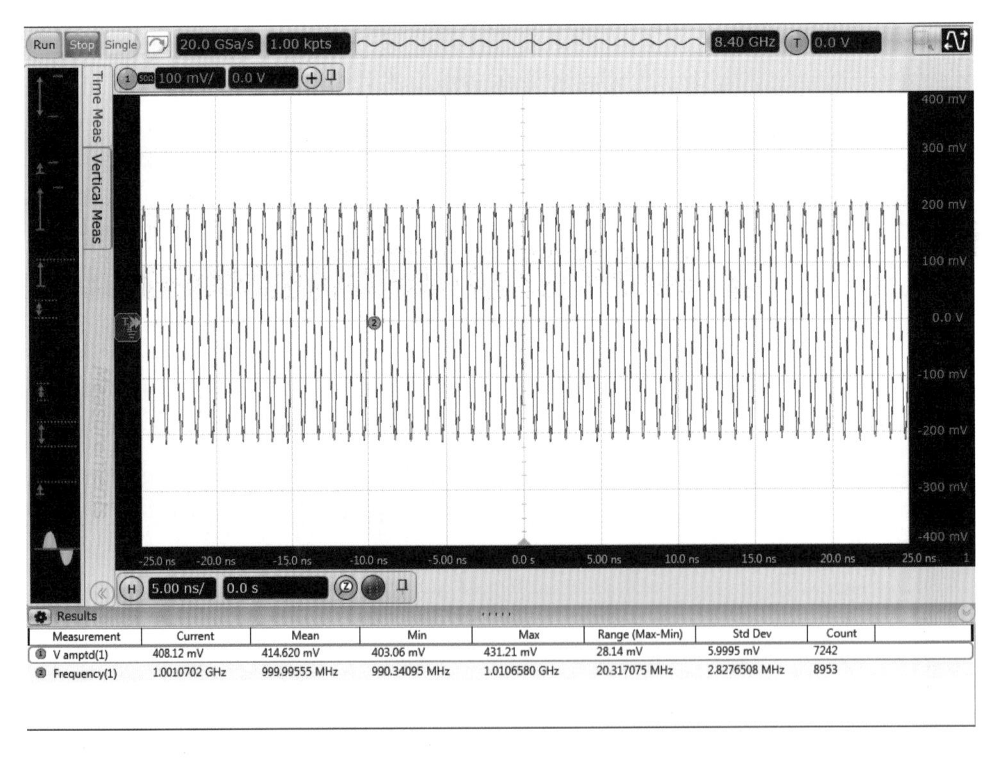

图19.17 在量程100mV/格下的信号测量结果

为了重现用户问题，各通道输入信号后都按Autoscale按键让示波器进行自动的量程设置，发现通道2、3、4都可以把通道刻度自动设置为100mV/格，而通道1的自动设置非常不稳定，且测得的信号幅度明显不对。如图19.18所示是在500mV/格时测得的信号结果，测得信号幅度约为1.2V，明显不对。

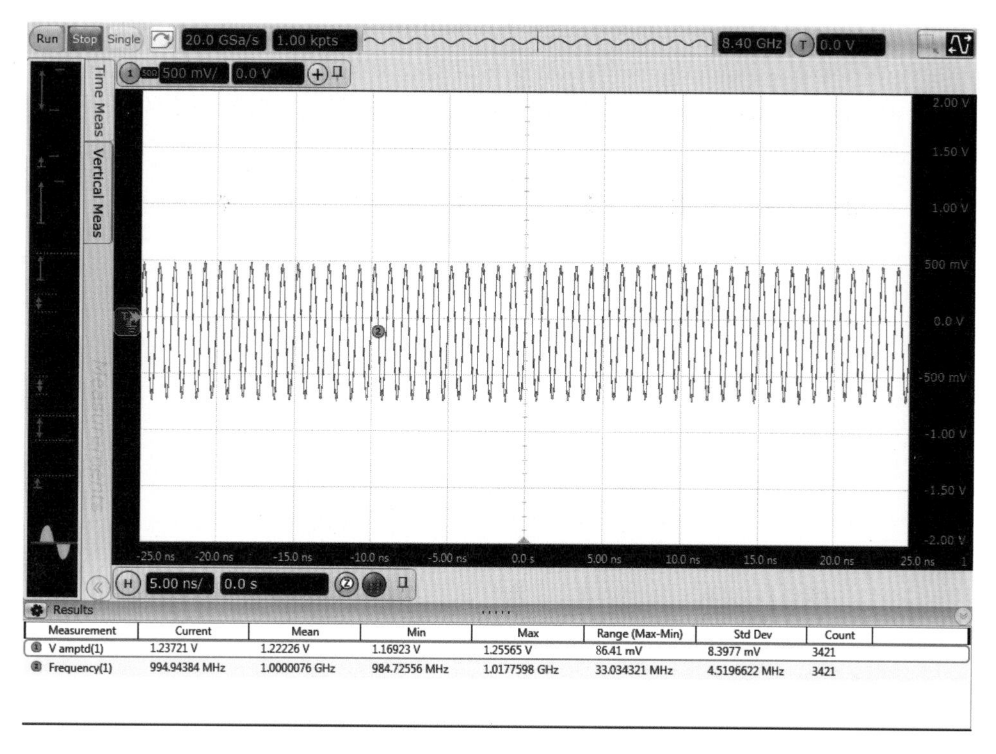

图 19.18　在量程 500mV/格下的信号测量结果

进一步检查通道 1 的其他量程，发现在 200mV/格和 1V/格这几个挡位时，测得的信号幅度也明显不对。由于通道 1 的 100mV 量程挡正常，而 200mV、500mV、1V 挡测量结果都不对，所以判断是示波器的通道 1 内部衰减器损坏，需要进行维修处理。为了确认问题，重新进行了一下示波器的通道的自校准，发现通道 1 不能正常通过自校准，证实了前述判断，需要对示波器通道 1 进行维修。

6. 对脉冲进行微秒级的精确延时

问题：某大学光学实验室希望对一个脉冲信号进行延时，脉冲的幅度约为 3V，脉冲的重复频率在几赫到几千赫。用户希望对该脉冲进行最多到几百微秒的延时，延时的调整分辨率要能到纳秒级。

问题分析：用户可以选择机械延时线或者电缆对信号进行延时，但是对于微秒级的时延来说，需要的机械延时线或电缆的长度很长，而且无法方便地进行精确的时延调整，所以可以考虑借助一些函数发生器或者脉冲码型发生器的延时输出功能对脉冲进行延时。

以用户手中的 33250A 函数发生器为例，其带宽最高到 80MHz，可以产生正弦、方波、脉冲的信号输出，很多类似的函数发生器都可以实现类似功能。其设置步骤如下：

1 把用户的脉冲输出连接到函数发生器的外触发输入端，确保脉冲的幅度满足函数发生器对于外触发信号电平的要求，并设置函数发生器的触发模式为外触发。

2 按照需要设置函数发生器输出脉冲的幅度、宽度、重复周期等参数。

3 打开函数发生器的 Burst 模式，设置只输出 1 个重复周期的脉冲。

此时，一旦有满足外触发电平要求的脉冲到来，在函数发生器的输出接口上就可以产生一个相应的脉冲输出。如图 19.19 所示是在示波器上看到的输入脉冲和输出脉冲间的关系，两者间的时间差 85ns 是由于测试电缆和函数发生器触发输出时延造成的一个固有的时间差。

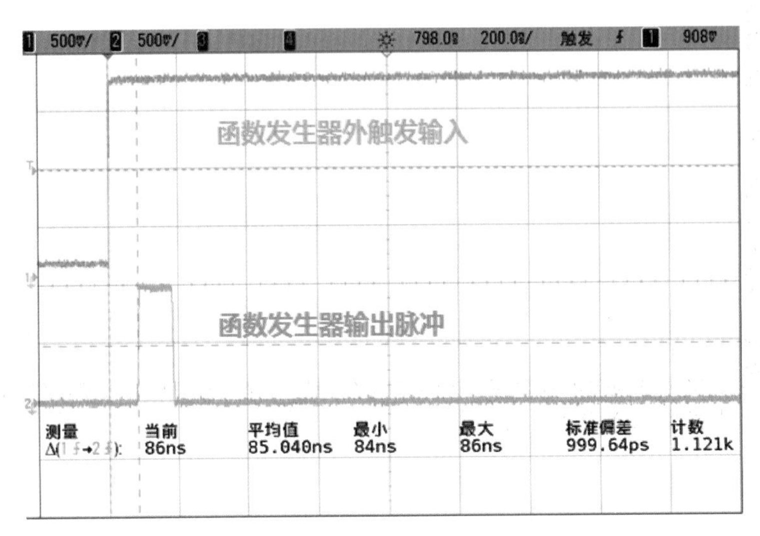

图 19.19 函数发生器的输入和输出脉冲波形

此时，可以在函数发生器的 Burst 模式下设置相应的时延。图 19.20 和图 19.21 分别是把时延设置为 75ns 和 915ns 时测到的实际时延。请注意这时测到的时延是设置值加上前面 85ns 的固有时延的总和。

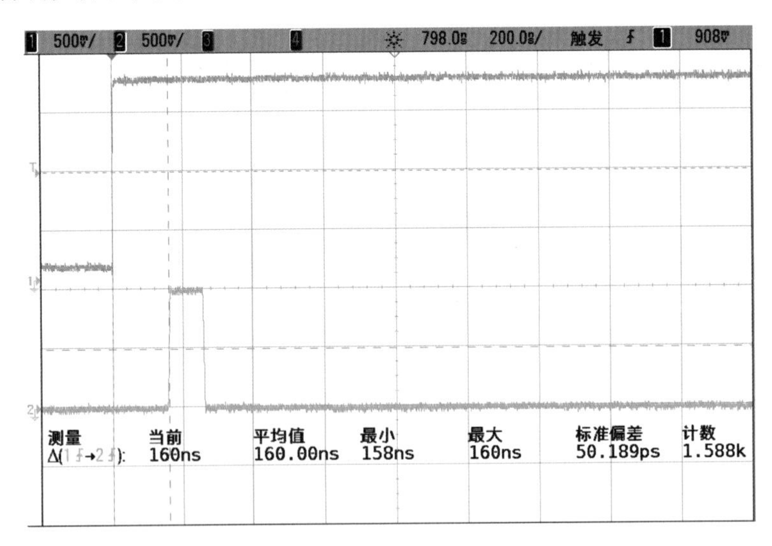

图 19.20 设置函数发生器产生 75ns 延时

问题总结：这里把用户的脉冲作为函数发生器的外触发输入，利用函数发生器的通道延时功能，实现了对用户脉冲的大时间范围精确延时。

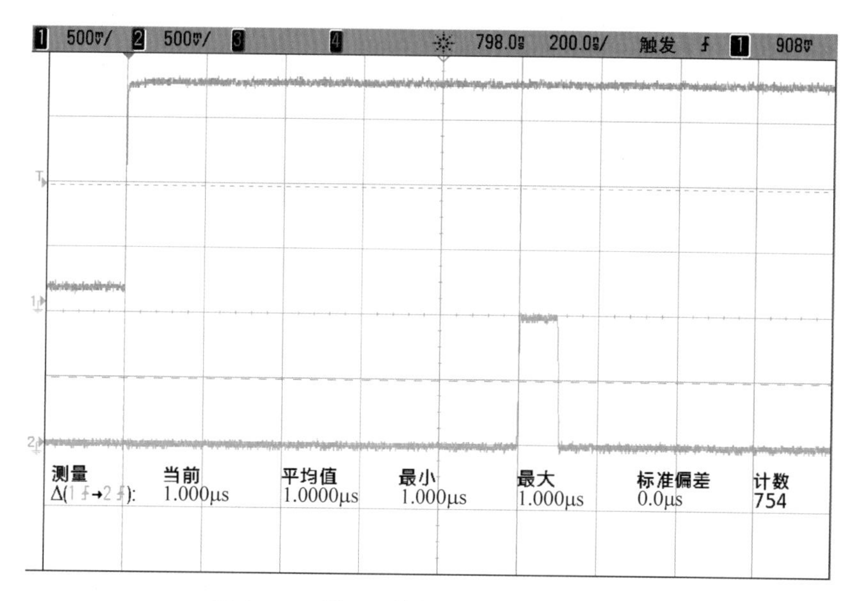

图 19.21 设置函数发生器产生 915ns 延时

7. 探头地线造成的信号过冲

问题：某基站设备研发厂商在进行单板上 FPGA 的 61.44MHz 的时钟信号测试时，发现有明显的信号过冲，如图 19.22 所示。测试使用的是 2.5GHz 带宽的示波器以及 500MHz 的无源探头。用户希望找出问题的原因是信号问题还是测试问题。

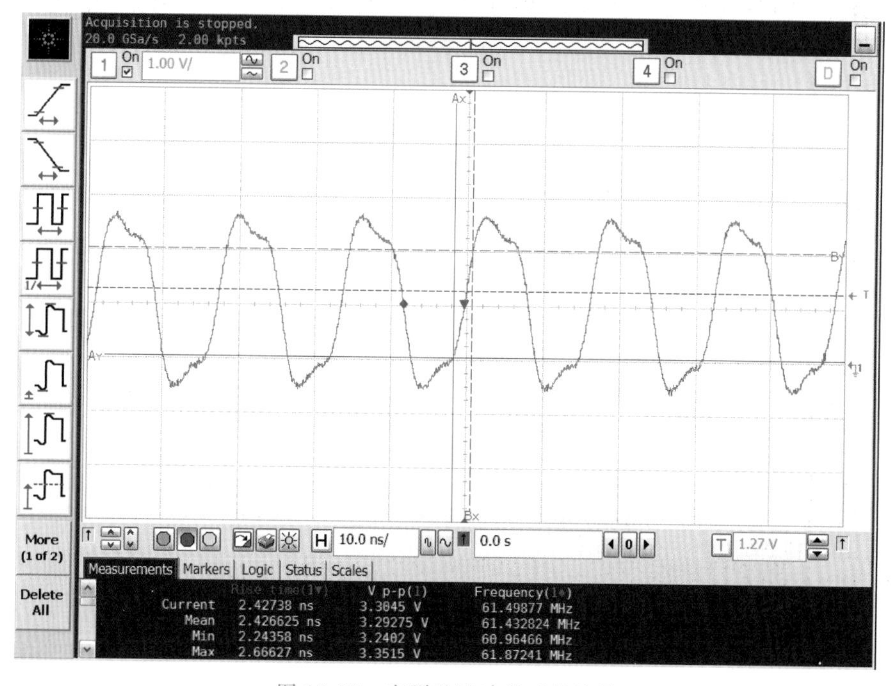

图 19.22 有严重过冲的时钟信号

问题分析：理论上使用500MHz的探头加上2.5GHz带宽的示波器其系统带宽应该约为500MHz，其系统上升时间(10%～90%)为700ps。图中61.44MHz的时钟信号测得的上升时间约为2.4ns(尽管图中测试的是20%～80%的上升时间，但可以大概估计其10%～90%的上升时间应该更长一些)。所以系统上升时间远大于被测信号上升时间，系统带宽对于这个测试应该足够，过冲应该不是带宽不够造成的，可能是信号连接的问题。

进一步询问后，发现用户使用的是如图19.23所示的探头地线。

这种黑色鳄鱼夹的地线是无源探头最常用的接地方式。但是由于引线较长，地线电感较大，所以在被测信号边沿比较陡(上升时间<5ns)时容易产生信号的振荡和过冲。于是建议用户换用如图19.24所示的短弹簧针地线(一般示波器的无源探头都会有一些类似的小附件)。

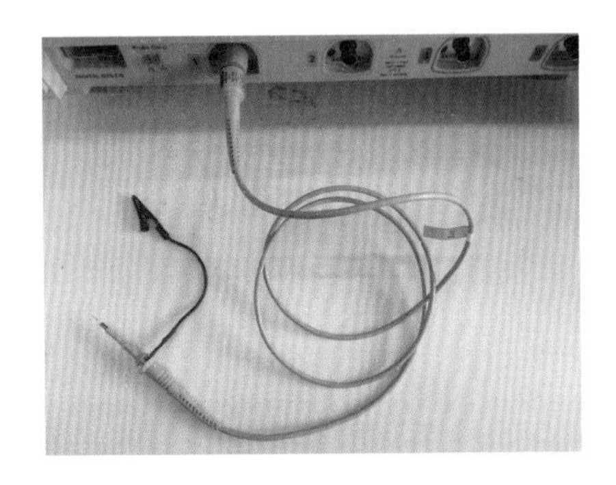

图19.23　无源探头的长接地线

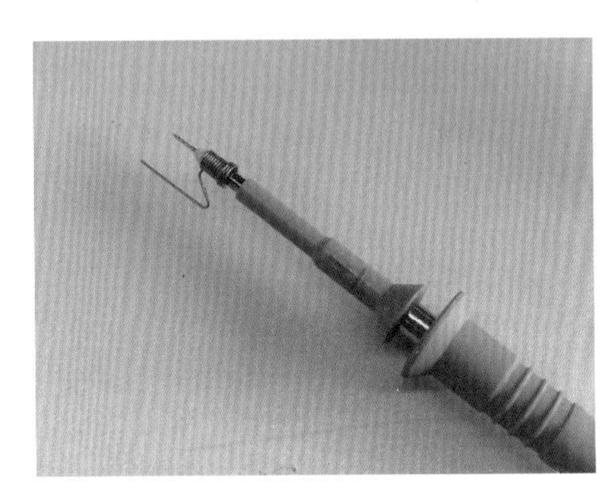

图19.24　短弹簧针地线

换用短地线后，时钟信号的测试波形如图19.25所示。信号上的过冲消失，虽然信号还不是非常理想，但已经达到用户的设计要求，问题解决。

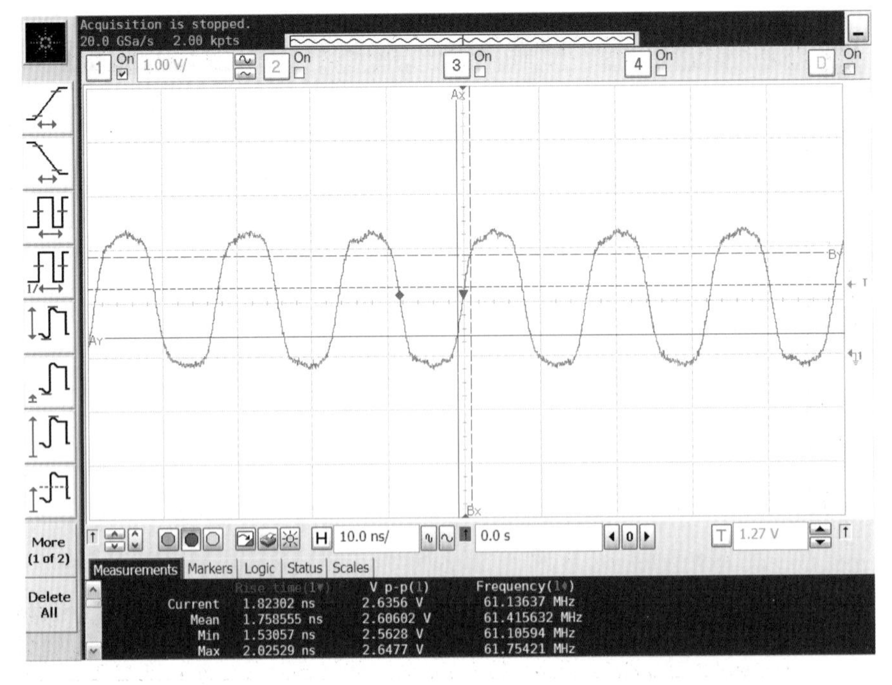

图19.25　换用短地线后的时钟测试波形

问题总结：这个案例是用户使用无源探头时常见的一个问题。一般示波器标配的高阻无源探头带宽可以做到500MHz或者700MHz，甚至有做到1GHz的。出于历史的原因以及为了通用信号测试的方便，很多人习惯于使用黑色鳄鱼夹做地线连接。这样虽然方便了地线的连接，但此时探头的带宽远远达不到标称带宽。具体解释如下。

无源探头的等效输入电路如图19.26所示。对于500MHz的无源探头，其典型输入电阻R为10MΩ，典型输入电容C为10pF，而其等效地线电感L则取决于地线的长度，一般情况下为每毫米长度约为1nH。如果使用10cm长的鳄鱼夹地线，其典型长度为10cm，等效地线电感约为0.1μH。

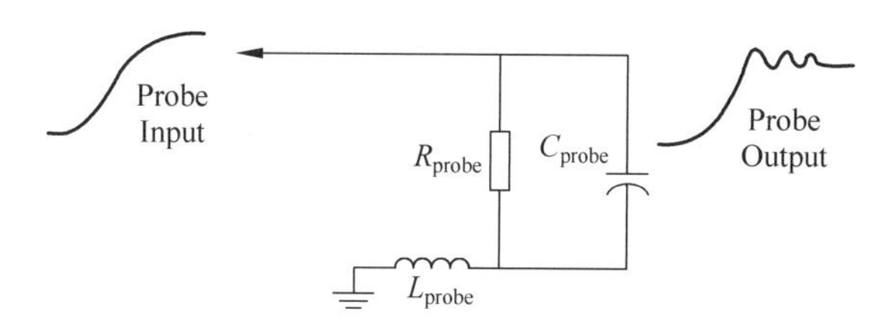

图19.26　探头的输入等效模型

上述电路构成了一个RLC的谐振电路，由于等效输入电阻R很大。所以这个电路的谐振频率为

$$f_0(\mathrm{MHz}) = \frac{1000}{2\pi\sqrt{L(\mu\mathrm{H}) \times C(\mathrm{pF})}}$$

对于10cm的地线，其电感$L \approx 0.1\mu$H，输入电容$C \approx 10$pF，由此计算出来的电路谐振频率$f \approx 160$MHz。也就是说，虽然探头标称的带宽为500MHz或者更高，但如果使用长的鳄鱼夹地线，当输入信号的频率接近或超过160MHz时，就有可能产生信号的谐振，直接表现就是信号上的过冲。

对于用户的上述信号，使用短地线时测试到的信号20%～80%实际上升时间约为1.8ns，计算其带宽约为0.4/1.8ns ≈ 220MHz，已经超过了探头的谐振频率，所以测试中会出现明显的信号过冲。判断探头地线谐振造成信号过冲的另一个特点是：测试中晃动地线时信号过冲的形状会出现明显的变化。

要解决这个问题，只能使用尽可能短的接地线，以减小寄生电感从而避免信号谐振产生的过冲。当然，如果信号的上升沿没有这么陡(如>5ns)，采用鳄鱼夹的地线连接一般没有太大问题。

8. 探头地线造成的短路

问题：某家电设备开发商想测量单片机的功耗，于是在3.3V电源的输出端和后面的电路间串联了一个1Ω的电阻，想通过测量电阻两端的压降来计算流过的电流并计算功耗。电阻串联进去后电路工作正常，但是当用示波器探头点在电阻两端测量压降时，3.3V电源的输出变成了0V左右，看起来是示波器把电源短路了。请问这是什么原因？有什么方法可以避免吗？

问题分析：这种情况最大的可能是探头的地线把被测电源短路了。对于示波器常用的单端探头来说，通常其负极就是地线，和示波器的机壳连接在一起，而机壳又通过 AC 供电的电源线的地线和大地连接在一起。如图 19.27 所示，如果把探头的正负极分别接在电阻的两端，则负端被示波器的地线强行接地了。

还有一个选择是把串联电阻连接在地回流的路径上，这样串联电阻的一端是大地，可以和单端探头的地线直接连接。但这种方法的局限性是：一般的电路地回流路径都是地平面，很难单独断开，而且地回流路径上的串联电阻会抬升被测电路地平面的电位。

对于这个测试来说，最好的方法是使用差分探头，差分探头的正、负端都是与大地隔离的，测试中不会被被测系统的负端强行接地，只要带宽、量程、衰减比、支持的共模电压范围选择合适，就可以进行正常测量。如果只是做静态电流的测量，用万用表也可以。

9. 阻抗匹配造成的错误幅度结果

问题：某电工实验室用户用函数发生器产生 20MHz、1V 峰峰值的方波信号送到其自己设计的单板上，发现信号幅度不对。用户用示波器探头直接点到函数发生器输出端，发现信号输出幅度也不对。用户再把函数发生器按如图 19.28 所示的方式用 BNC 电缆直接连接示波器通道测量，发现幅度仍然不对，如图 19.29 所示。函数发生器里设置的信号幅度为 1V 峰峰值，示波器实际测试到的信号幅度约为 2V 峰峰值，用户怀疑函数发生器被损坏了。

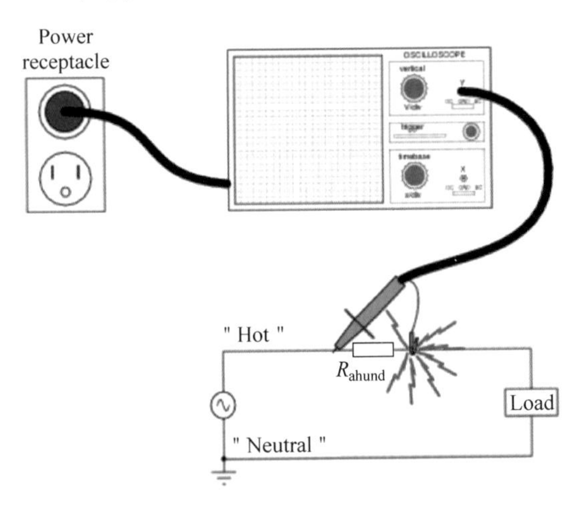

图 19.27 错误的地线连接

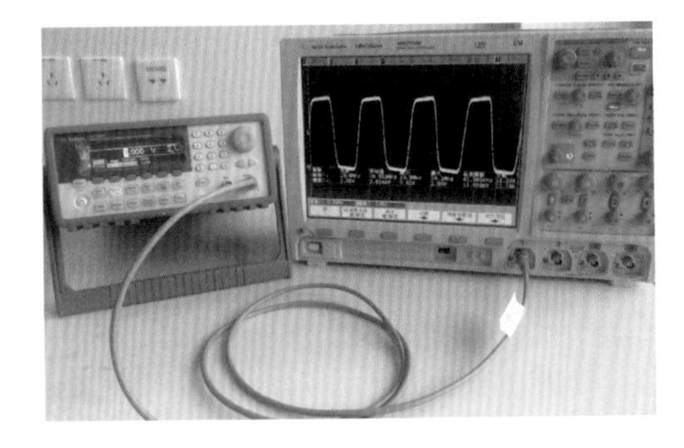

图 19.28 函数发生器的输出幅度测试

问题分析：用户把函数发生器接示波器探头和用电缆测试时测到的信号幅度几乎都正好是设置值的两倍，一开始怀疑示波器通道损坏。但经示波器自校准和连接标准电压信号测试都没有问题，所以基本排除示波器问题。检查函数发生器设置，发现设置的默认负载阻抗为 50Ω，如图 19.30 所示，而此时示波器端的输入阻抗设置为 1MΩ 输入，应该是阻抗不匹配造成的。

于是在示波器中设置输入阻抗为 50Ω，再测量信号的幅度，约为 1V（见图 19.31），问题解决。或者示波器输入阻抗保持 1MΩ，在函数发生器中把负载阻抗设置为高阻“HighZ”，此时设置的电压幅度与在示波器上测量的读数也可以很好对应。

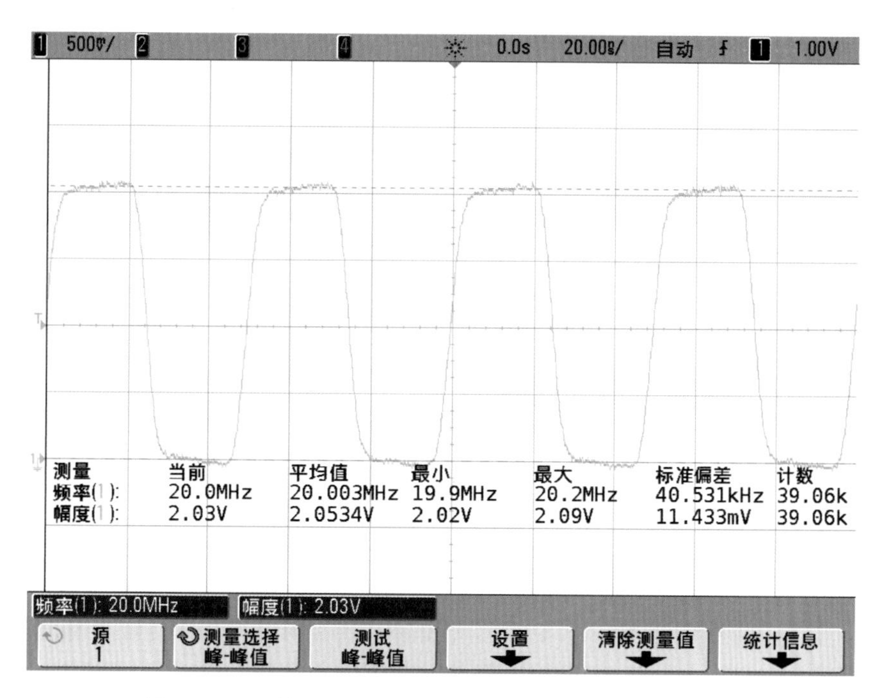

图 19.29　函数发生器输出幅度设置为 1V 时示波器上波形

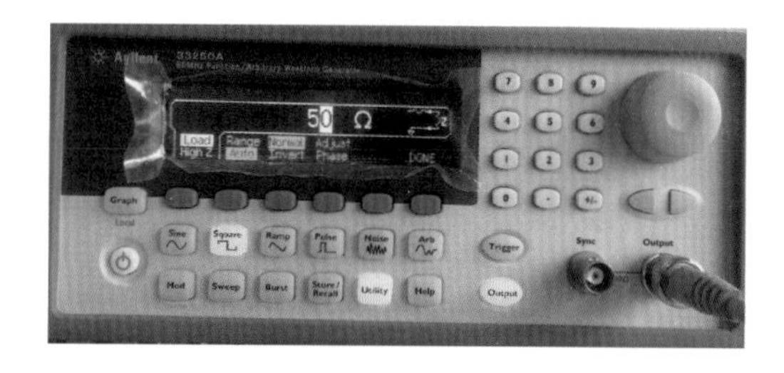

图 19.30　函数发生器中的负载阻抗设置

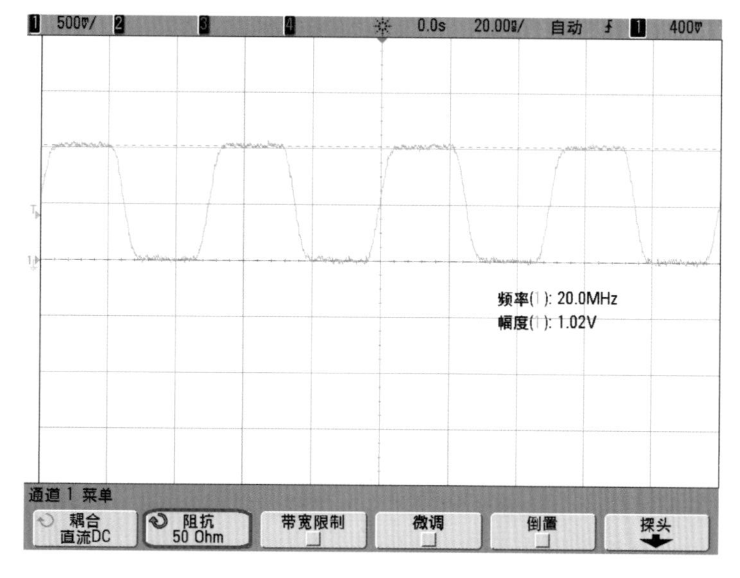

图 19.31　更改示波器输入阻抗为 50Ω 后测试的波形

问题总结：这是一个典型的阻抗不匹配造成的测量错误的案例，这个问题可以等效地用图 19.32 来理解。很多函数发生器都采用固定 50Ω 的输出阻抗，假设负载阻抗也是 50Ω，如果要在负载上得到 1V 的信号，源端内部实际产生的是 2V 的电压幅度。此时由于源端阻抗和负载阻抗的分压，正好可以在负载上得到需要的 1V 电压信号。但如果负载阻抗并不是 50Ω，而是远大于源端阻抗（例如 1MΩ），此时源端内部的 2V 电压信号都加在了负载阻抗上，因此造成测试到的信号幅度比函数发生器中的实际设置值正好大两倍。如果用示波器探头直接点在函数发生器输出口上进行测试，由于示波器探头输入也是高阻的，所以情况一样，测到的电压幅度是实际设置值的 2 倍。

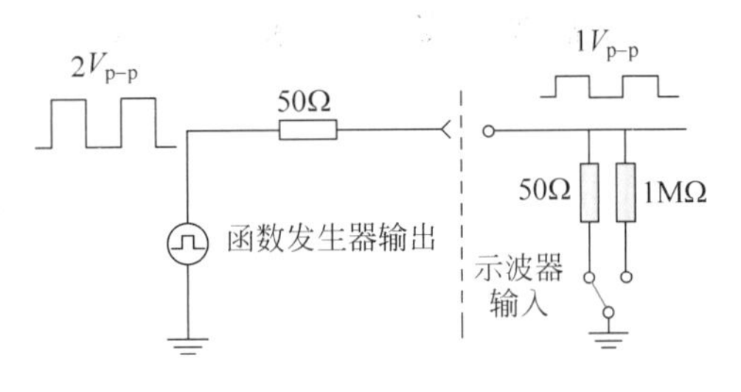

图 19.32 阻抗匹配和电压的关系

如果希望函数发生器中的设置值与在负载上测得的电压值一致，需要调整负载的输入阻抗为 50Ω，或者在函数发生器中设置实际的负载阻抗。在函数发生器中的设置实际是告诉函数发生器此时负载阻抗是多大，函数发生器就可以自动根据实际负载和其源端 50Ω 的分压关系对输出信号幅度做调整，使得在负载上得到与设置值一样的电压幅度。最初出现在板上测得的电压与函数发生器设置值不一样的问题，也是由于没有注意到负载阻抗会影响信号的分压关系。

当然，并不是所有的信号发生器都是类似的设置。有些更高频率的信号发生器都是必须在 50Ω 或 75Ω 阻抗负载下工作的，阻抗严重不匹配造成的信号反射甚至可能损坏信号发生器；还有些函数发生器可以有几挡不同输出阻抗可以设置，例如可以把其实际输出阻抗由 50Ω 改为 5Ω，以提供更大的驱动能力。

10. 外部和内部 50Ω 端接的区别

问题：某计量研究院用户对于示波器的输入阻抗匹配问题比较关注。当示波器的输入阻抗为 1MΩ 时，可以通过在外面并联一个 50Ω 的 BNC 端接器把输入阻抗调整到 50Ω。同样地，也可以在示波器中直接把输入阻抗设置为 50Ω。这两种方法有什么区别吗？

问题分析：理论上，这两种方法没有本质区别。不过在实际使用中根据应用场合稍有不同。例如有些低带宽的示波器（如＜300MHz 带宽的）可能出于成本的考虑只有 1MΩ 的输入阻抗，此时如果希望通过 BNC 电缆直接连接 50Ω 输出的电路并且阻抗匹配，就需要在外部并联一个 50Ω 的端接电阻，如图 19.33 所示。

另外，示波器内置的电阻为了保证在全频段内都接近 50Ω 的匹配，其直流电阻可能会有 1％～3％的偏差，如果有些信号计量的场合希望示波器提供精确的 50Ω 直流匹配，这时就可以借助精度更高的外部电阻。

还有一点是功率的考虑。示波器内置的 50Ω 匹配能够承受的功率有限，通常不超过 0.5W，所以示波器在切换到 50Ω 输入阻抗时，能够承受的最大输入电压一般都只有几伏。如果希望示波器在 50Ω 输入阻抗下能够测量更大功率的信号，就需要额外增加衰减器或者使用更大功率的外部 50Ω 匹配电阻。

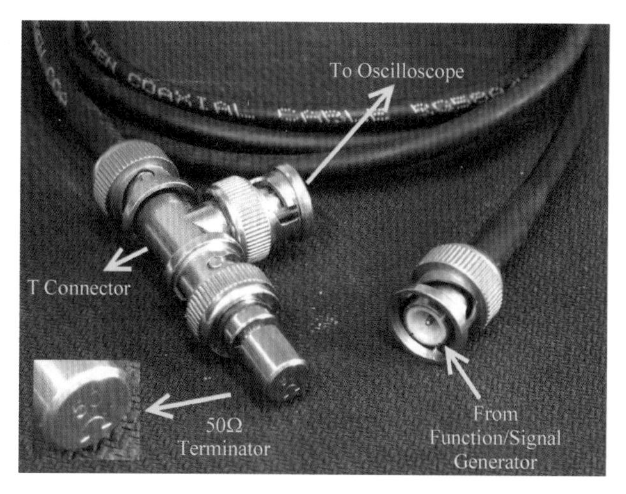

图 19.33 外部并联 50Ω 端接电阻的连接方式

11. 低占空比的光脉冲展宽问题

问题：某光通信用户在进行光脉冲传输实验，其产生的电脉冲的宽度约为 200ps，经过电光转换变成光脉冲，接收端再经光电转换回电脉冲后发现脉冲宽度有明显展宽（变成约 400ps）。用户不太确定是其使用的电光和光电器件带宽问题，还是电光或者光电转换器件在传输这种占空比极低的脉冲时理论上就会出现这种现象，想通过实验验证一下。

问题分析：为了验证这个问题，可以选用高带宽的任意波发生器（作为电脉冲信号生成）、高带宽电光转换器（作为理想的光信号参考发射机）、高带宽采样示波器（采样示波器可以同时有电口和光口测量通道，另外其光测量通道内部也是光信号转成电信号进行采样，所以可以作为理想的光信号的参考接收机）进行验证，如图 19.34 所示，看是否在光电和电光转换过程中确实会出现脉冲展宽的问题。

测试思路是用高带宽任意波发生器产生约 200ps 的极低占空比的电脉冲，先用采样示波器的电口测量电脉冲的宽度。然后把该电脉冲调制到高带宽的电光转换器上变成 1550nm 波长的光脉冲，再用采样示波器的光口测量光脉冲的宽度。如果光口测量到的光脉冲宽度相对于电脉冲宽度有明显展宽，就说明理论上在电光和光电转换过程中就会产生窄脉冲的展宽，反之可能就是用户使用的电光或者光电转换器件带宽不够或者其他设计问题。测试的实际连接如图 19.35 所示。

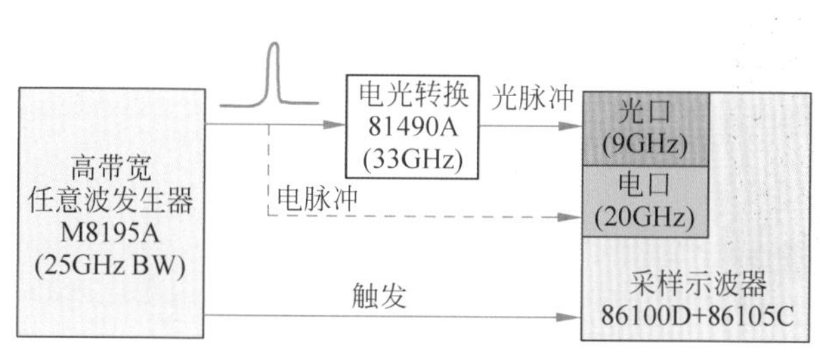

图 19.34 光脉冲传输实验

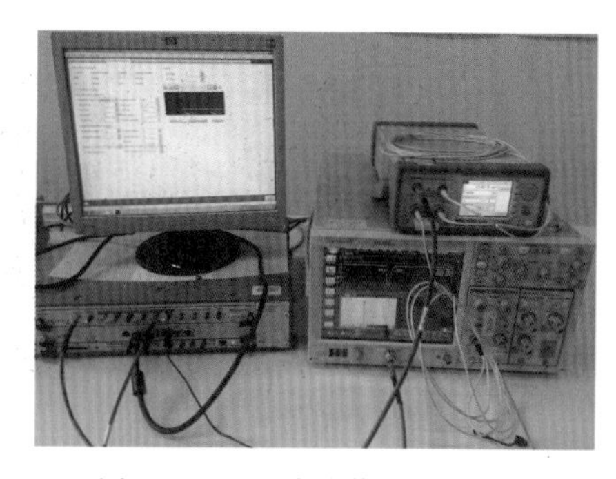

图 19.35 光脉冲传输实验设备

按照前述设计，首先用任意波发生器产生电脉冲，并用采样示波器的电口测量，测得的脉冲宽度约为 198ps，脉冲的上升/下降时间（20%～80%）约为 21ps，如图 19.36 所示。

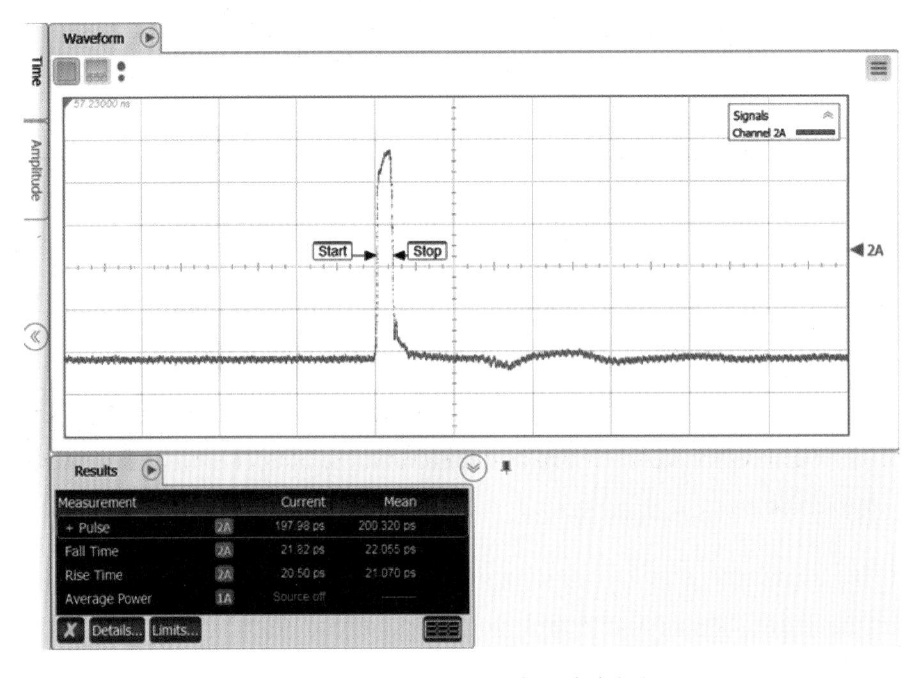

图 19.36　直接产生的电信号脉冲宽度

然后把任意波发生器产生的电脉冲送到电光转换器变成光信号脉冲，并用采样示波器的光口测量，测得的脉冲宽度几乎仍然约为 200ps，脉冲的上升/下降时间（20%～80%）约为 40ps，如图 19.37 所示。

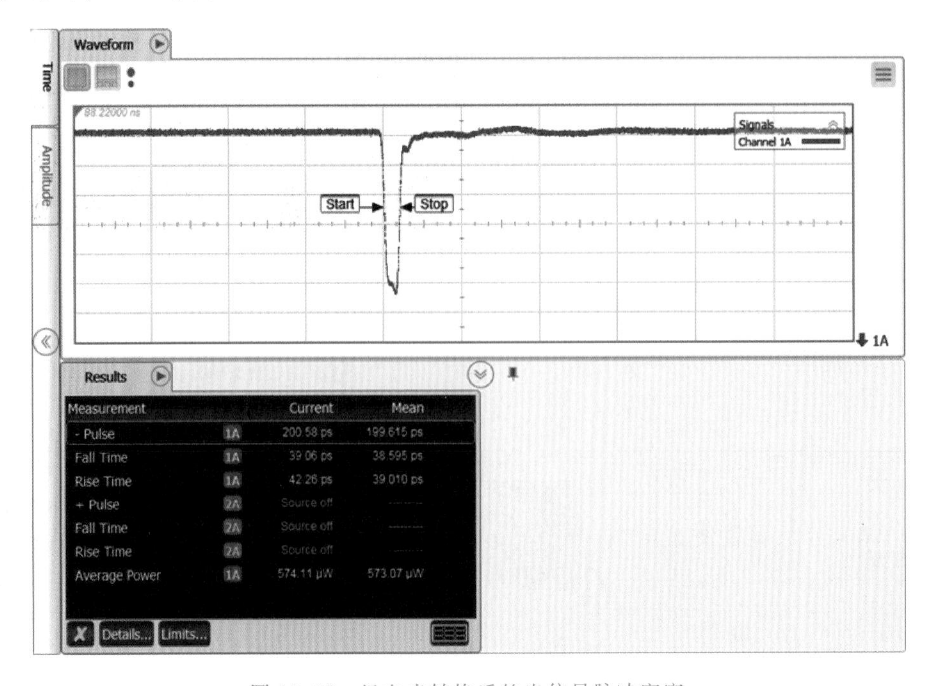

图 19.37　经电光转换后的光信号脉冲宽度

问题总结：由此可见，如果电光转换器和光电转换器的带宽足够且足够理想，对于上述的电脉冲在转换过程中信号的脉冲宽度几乎没有变化，仅仅由198ps变成了200ps（由于电光转换器和采样示波器的带宽还不是理想的无穷大，所以信号通过后边沿会变缓一些，但几乎没有特别影响到脉冲宽度）。

为了进一步研究用户脉冲宽度展宽的原因，我们又利用采样示波器中的数学函数功能模拟了不同带宽下的测量情况。图19.38中F1、F2、F3这三个波形是上述光脉冲分别经过5GHz带宽、2GHz带宽、1GHz带宽的四阶贝塞尔函数滤波器后的形状。可以看到，5GHz带宽对于上述200ps脉冲的形状有一定影响，但对脉冲宽度影响不大；而在2GHz和1GHz带宽下，200ps宽度的脉冲分别展宽到了240ps和393ps左右。可见电光转换本身并不会造成脉冲展宽，但是如果电光或者光电转换器带宽严重不足，低占空比的窄脉冲是有可能被展宽的。

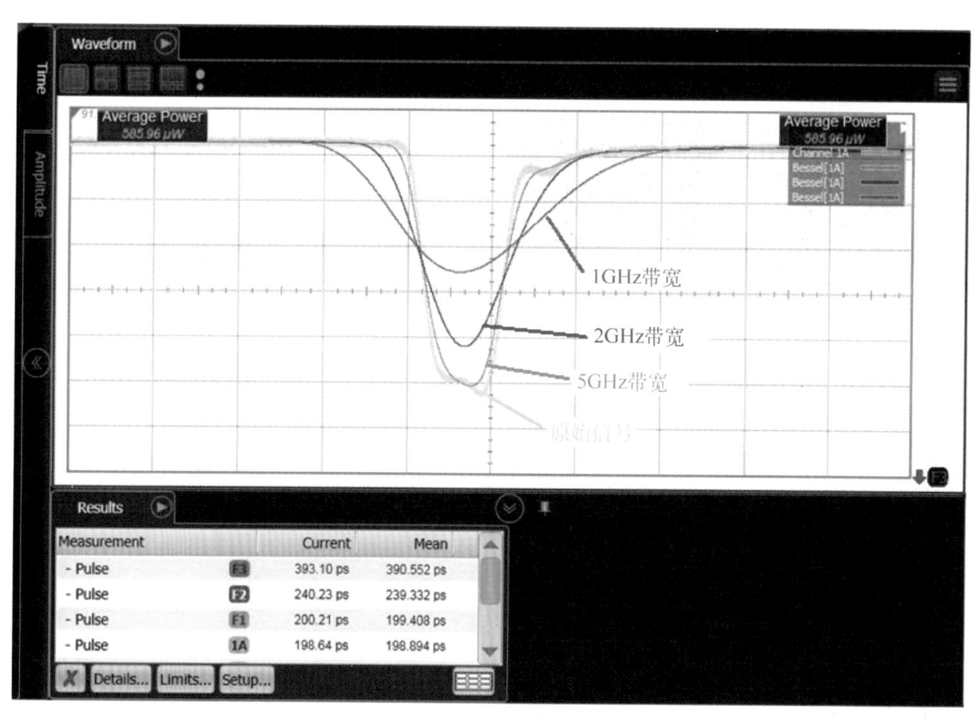

图19.38　经过不同带宽滤波器后的光脉冲波形

12. 如何提高示波器的测量速度

问题：示波器是用来显示信号波形的，为了精确判断波形是否符合要求，我们会用到示波器的测量功能对波形的参数进行测量，如测量波形的上升时间、周期、幅度等。很多时候我们可能只是从示波器的测量结果中读一个数就完事了，但是这个测量结果有多大的可信度呢？怎么能够提高测量结果的置信度？

问题分析：做过测量的人都知道，任何一次测量都是一个抽样。测量中有很多不确定的因素（最典型的就是噪声的影响），因此如果多做几次测量，这些结果通常都不太一样。为了提高测量结果的可信程度，就需要多测量一些数据，再对这些测量结果做统计，才能得出更可靠的结果。最常用的统计方法就是求平均，如做10次或100次测量，把这些数据的平均值作为测量结果。从统计的意义上说，任何测量结果都不是绝对准确的，不同结果的区别在于测量结果的可信程度或者说置信度不一样，上面提到的平均的方法实际上是通过增加样本数量来提高测量结果的置信度。从统计的意义上说，测量的样本数越多，结果就越可靠。例如在做高速数字信号的眼图测试时，很多标准都要求累积1Mbit数据；在做系统误码率测试时，如果希望被测系统的误码率小于1×10^{-12}，则至少要测量3×10^{12}bit才能保证95%以上的置信度。因此，对于测量人员来说，如果能在单位时间里得到尽可能多的有意义的测量结果，也就意味着测量结果的置信程度更高，所以这就会涉及示波器的测量速度。

示波器的测量速度是指示波器单位时间内能够完成的有效测量的次数，它与示波器的波形捕获率以及在每个波形内能做的有效测量的个数都有关系。

以上升时间的测量为例。对于绝大部分示波器来说，捕获到一个波形就进行一次有效测量，因此示波器的测量速度直接等同于示波器的波形捕获率。在图19.39中可以看到，示波器测量结果中有测量样本数的统计(number of measure)，每捕获1个波形，测量样本数也增加1个计数。

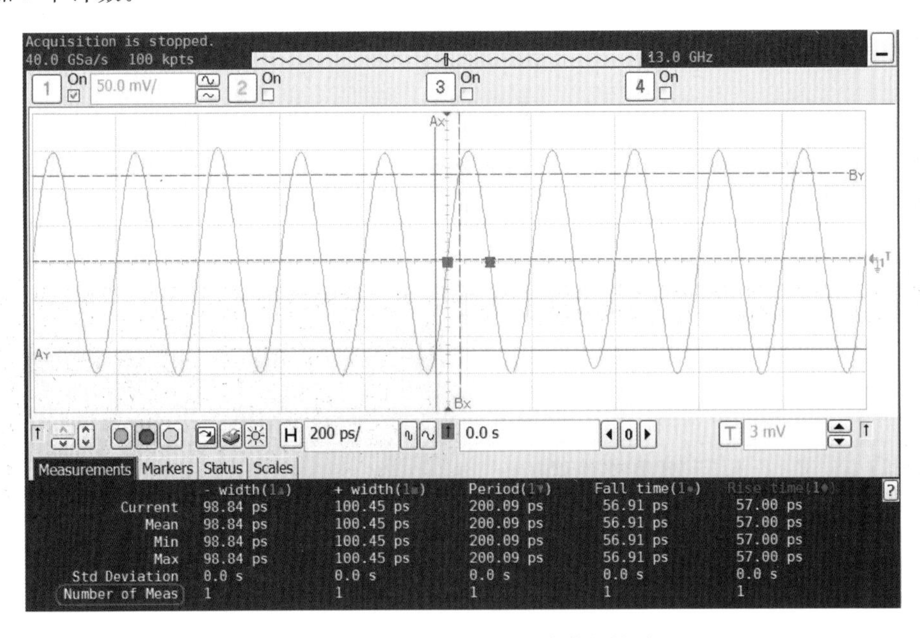

图19.39 示波器对测量样本数的统计

但是对于需要快速获得大量数据以进一步提高测量结果置信度的场合来说，这种测试方法的效率显得不是特别理想。从图19.39中可以看到，示波器捕获到了多个波形的周期，每个周期中都有一个自己的上升沿。如果示波器只是对这个波形中的某一个上升沿(通常是屏幕正中心的那个)进行测量，显然没有有效利用捕获到的波形中其他部分的信息。

为了充分利用捕获到的波形里的信息，在有些高端示波器中，可以选择Measure All Edge的功能。在这种模式下，示波器对捕获到的波形中所有有效边沿进行测量。例如一个波形中如果包含了1000个周期，以前只能得到1个上升时间的测量结果，现在则可以一次得到1000个上升时间的测量结果，测量效率大大提高了。图19.40是对一个5GHz信号同时打开5个测量功能，使用40GSa/s的采样率和100k样点的内存深度进行10s的测量统计以后的结果。从统计结果可以看到，在短短的10s内对每个测量参数都得到了20多万次以上的测量结果。

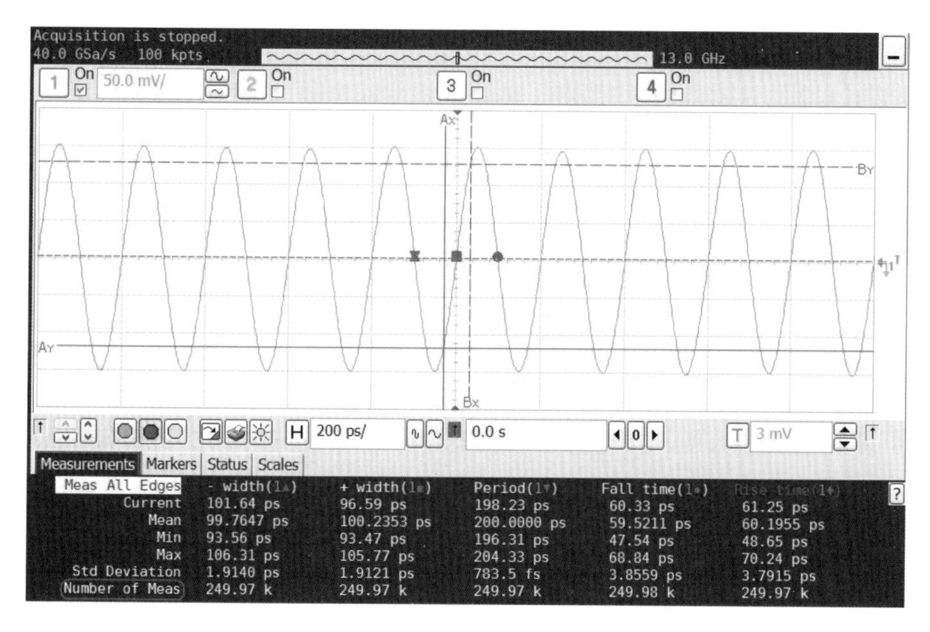

图19.40　快速测量的例子

因此可以看到，通过一些简单的设置（当然需要示波器支持这个功能），就可以充分利用示波器捕获到的波形信息大大提高测量速度，进而提高了测量结果的置信度。

13. 计算机远程读取示波器的波形数据

问题：某汽车电子测试系统开发厂商在用示波器做波形数据采集，测试中需要用计算机控制从示波器读出测试波形数据，希望了解数据格式的类型以及如何使用。

问题分析：很多示波器支持通过LAN/USB等端口将波形数据读回远程计算机以进行进一步的分析与处理，在进行数据读取时不同的数据格式的传输速度、精度、数据后处理的要求都不一样，需要知道各种格式的特点。

在通过上位机软件从示波器进行波形数据读回时，支持的数据格式包括ASCII、WORD、BYTE及BINARY。关于各种数据格式的含义解释如下：

● **ASCII**：ASCII格式的返回数据是已经转换为当前示波器设定单位的波形数据，如电压数据。这些数据以ASCII字符串的形式，采用浮点科学计数法表示方式返回，相邻数据之间以逗号进行分割。例如：8.0836E+2，8.1090E+2，…，−3.1245E−3等。ASCII格式的数据不包含表示返回数据字节总数的数据头信息。

● **BYTE**：BYTE格式返回的数据以8bit有符号数表示，需要进行数据还原运算才能对应到波形的实际电压值。

● **WORD**：WORD格式的波形数据为有符号的16bit整数并以2个字节返回，需要进行数据还原运算才能对应到波形的实际电压值。

●**BINARY**：BINARY 格式返回数据支持任意的数据源。当数据源是除了直方图(Histogram)之外的任意数据源时，数据以 WORD 格式返回。而当数据源是直方图时，数据以 64bit 有符号整数的形式，通过 8 个字节返回主控机。

在示波器波形数据的四种返回格式中，ASCII 格式直接得到的就是波形数据点的电压值，因此在 ASCII 格式下可以直接使用返回的数据。这种格式具有与 WORD 格式相同的精度，但在相同数据点数前提下，传输速度却是最慢的。因此，当数据量较大时，通常使用 WORD 或 BYTE 格式。WORD 格式可以提供更高的数据精度，但传输速度是 BYTE 格式的一半。

接着，我们要明白 WORD 和 BYTE 格式的区别，这与示波器的非线性校准有关。首先看一下示波器生成波形数据的过程。数字示波器的每一个输入通道都包含一个 ADC。这一个 ADC 通常是 8bit 的，并且多采用 Flash 型 ADC。但实际中，所有的 ADC 都不是理想的，都具有所谓的"非线性误差"。如果不对非线性误差加以修正，则示波器的垂直测量结果的精度就会下降。为了修正示波器内部 ADC 的非线性误差，需要进行示波器的校准。如图 19.41 所示，校准过程中，每个示波器模拟通道的输入端会按照软件的提示依次被连接到示波器的 Aux Out 端口。Aux Out 端口内部有一个 16bit 的 DAC，其输入端受示波器的 CPU 控制。在每一个电压数值下，示波器都对 ADC 的输出编码进行比较，确定是否产生了新的数字编码。如果产生了新编码，示波器的校准软件就会生成一个针对此数字编码的 16bit 的校准系数，并将此系数存储于校准查找表中。不断重复这一过程，直至 256 个数字编码都完成校准。通过这一校准过程，可以消除 ADC 非线性误差的绝大部分影响，从而得到更为精确的垂直电压结果。

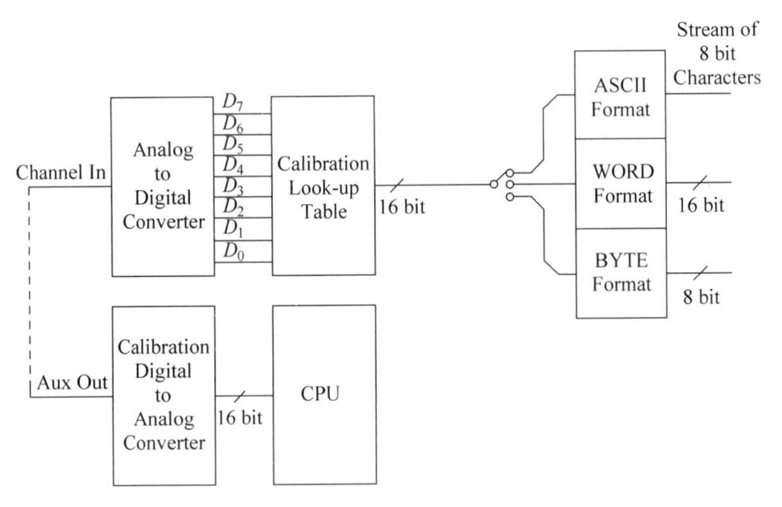

图 19.41　示波器的校准和波形数据生成过程

在示波器正常使用过程中，通道 ADC 的 8bit 输出被用作校准查找表的地址信息，通过查表生成一个 16bit 的数据进行后续的数据处理与现实。ADC 的输出是一个有符号的 8bit 整数，而校准查找表的输出是一个 16bit 的有符号整数。当以 WORD 格式下载波形数据时，每个数据点的 16bit 有符号整数以两个连续的 8bit 字节的形式通过远程接口进行传送。

而高位字节优先传送还是低位字节优先传送取决于 BYTeorder 指令确定的字节传送顺序。

而如果设定为 BYTE 格式下载数据，则在数据传送前，每一个 16bit 有符号整数需要被转换为 8bit 有符号整数。显然，16bit 整数比 8bit 整数具有更多的可能数值，因此某一个范围内的 16bit 整数都将被转化为一个唯一的 8bit 整数。也正是由于这一转化过程，使得 BYTE 格式返回数据的精度低于 WORD 格式。因此，建议尽可能地使用 WORD 格式返回波形数据。

不论是 WORD 格式还是 BYTE 格式，示波器返回主控机的都是整数值，需要经过数据还原运算，才能还原为波形数据点的真实电压。下面以 WORD 格式为例说明这一转化过程，BYTE 格式的转化与此类似。

为加快传输速度，WORD 格式返回数据为 16bit 整数，称为原始数据(RAW DATA)。通过 SCPI 指令：WAVeform：PREamble?，可以获取波形数据头信息。头信息中包含了众多的字段元素。在这些数据头信息的元素中，与波形数据恢复直接相关的元素主要是 X Increment、X Origin、X Reference 及 Y Increment、Y Origin、Y Reference 共 6 个。前三个元素用于恢复波形数据点的 X 轴信息，后三个信息用于恢复数据点的 Y 轴信息。假定捕获的波形共 Length 个点，编号 n 为 1～Length。对第 n 个点，WORD 格式下返回的 16bit 的 RAW 数据表示为 RAWn，则该数据点对应的 X 及 Y 实际数值分别为

$$Xn = X\ Origin + X\ Increment \times (n - X\ Reference)\mathrm{s}$$

$$Yn = Y\ Origin + Y\ Increment \times (RAWn - Y\ Reference)\mathrm{V}$$

问题总结：通过上位机对示波器里采集的数据进行读取时，各种数据格式的优缺点总结于表 19.1 中，这些格式用户都可以通过 SCPI 指令进行设置。

表 19.1　各种数据格式的优缺点

数据格式	优　　点	缺　　点
ASCII	返回的数据直接代表了电压数值，不需要进行还原运算，且数值精度与 WORD 格式相同	数据传输速度最慢
BYTE	传输速度是 WORD 格式的两倍	对于模拟输入通道的数据，BYTE 格式的数值精度低于 WORD 格式，需要数据还原运算
WORD	对于模拟输入通道的数据，WORD 格式的数值精度最高	传输速度是 BYTE 格式的一半，需要数据还原运算
BINARY	可用于模拟输入通道及直方图数据的传输	对于模拟输入通道的数据，数据下载速度是 BYTE 格式的一半，需要数据还原运算

二十、大型数据中心的发展趋势及挑战

随着云计算和大数据行业的兴起，数据中心建设进入高速发展阶段。从国外来看，云计算的顶级公司 Amazon、Google、Facebook 已经建成了覆盖全球的数据中心网络，拥有的服务器的数量已经分别达到了 300 万台、200 万台和 100 万台(图 20.1 是网上流传的 Google 数据中心的图片)。从国内来看，以 BAT 为代表的新兴互联网公司每家拥有的服务器的数量还在 50 万～60 万台左右，距离国际巨头还有很大的距离，而中国庞大的人口基数、4G 技术普及，以及政府倡导的提速降费政策带来的流量暴增需求，都使得中国对于数据中心建设有巨大需求。

图 20.1　Google 公司的数据中心

近些年国内已经掀起了数据中心建设的浪潮，典型的如腾讯公司于 2010 年在天津投入运营的 20 万台服务器的数据中心、百度公司于 2015 年在山西阳泉投入运营的绿色数据中心、阿里巴巴公司于 2015 年启用的位于千岛湖的绿色数据中心、中国联通公司宣布在全国开建的可以承载 300 万台服务器的十大数据中心等。

从国外互联网厂商的领导公司如 Google、Facebook、Amazon 等公司对外展示的数据中心和未来规划来看，很多公司早就不再把自己定位成一个互联网公司了，而是一个包括了虚拟现实、人工智能、人机连接设备的高科技公司，为了支持未来对于大数据挖掘和人工智能的应用，对于数据中心的要求也向着网络化、虚拟化、并行化、智能化方向发展。

为了支持分布式计算需要的更快的数据处理能力和更高的数据交换速度，传统数据中心内部的路由器、交换机、基站、传输网的数据交换能力需要得到百倍以上的倍增，因此开始大量采用 10G、40G 的数据接口进行数据交互，而 100G 甚至 400G 的传输接口也开始出现。这些高速接口的设计、测试和验证需要非常多的资金投入，给从事相关设备的开发、设计、测试人员带来极大的挑战，兼容性问题和验证需求爆发式增长。

在接下来的章节中，将主要介绍目前针对数据中心、服务器、交换机、光传输等方向的技术发展及具体测试方案，供从事相关领域研发和测试的工程技术人员作参考和借鉴。

由于技术标准和测试仪器更新很快，本文只能就目前相关领域的最新技术做跟踪和论述，未来随着技术的发展，文中所提到的技术和测试方案有可能会随之变化，会在未来版本中做相应更新。

二十一、PCIe 3.0 测试方法及 PCIe 4.0 展望

PCIe 标准自从推出以来，1 代和 2 代标准已经在 PC 和 Server 上逐渐普及，用于满足高速显卡、高速存储设备对于高速数据传输的要求。出于支持更高总线数据吞吐率的目的，PCI-SIG 组织在 2010 年制定了 PCIe 3.0 的规范，数据速率达到 8Gbps。目前，PCIe 3.0 已经在一些 Server 和 PC 上普及，PCIe 4.0 的规范也在紧锣密鼓地制订中。那么 PCIe 3.0 总线究竟有什么特点？对于其测试有什么特殊的地方呢？我们这里就来探讨一下。

1. PCIe 3.0 简介

制定 PCIe 3.0 规范的目的是要在现有的廉价的 FR4 板材和接插件的基础上提供比 PCIe 2 代高一倍的有效数据传输速率，同时保持和原有 1 代、2 代设备的兼容。别看这是一个简单的目的，但实现起来可不容易。

PCIe 2 代在每对差分线上的数据传输速率是 5Gbps，是 1 代数据速率的两倍；而 PCIe 3.0 要相对于 2 代把数据速率也提高一倍，理所当然的是把数据传输速率提高到 10Gbps。但是就是这个 10Gbps 带来了很大的问题，因为 PC 和 Server 上出于成本的考虑，普遍使用便宜的 FR4 的 PCB 板材以及廉价的接插件，如果不更换板材和接插件，很难保证 10Gbps 的信号还能在原来的信号路径上可靠地传输很远的距离（典型距离是 15～30cm）。因此 PCI-SIG 最终决定把 PCIe 3.0 的数据传输速率定在 8Gbps。但是 8Gbps 相比 2 代的 5Gbps 并没有高一倍，所以 PCIe 协会决定在 3.0 标准中把在 1 代和 2 代中使用的 8b/10b 编码去掉。

在 PCIe 1 代和 2 代中为了保证数据的传输密度、直流平衡以及内嵌时钟的目的，会把 8bit 数据编码成 10bit 数据传输。因此，5Gbps 的实际有效数据传输速率是 5Gbps×8b/10b=4Gbps。这样，如果在 PCIe 3.0 中不使用 8b/10b 编码，其有效数据传输速率就能比 2 代的 4Gbps 提高 1 倍。但是这样问题又来了，数据如果不经编码传输很难保证数据的传输密度和直流平衡，接收端的时钟恢复电路也很容易失锁。为了解决这个问题，PCIe 3.0 中采用了扰码的方法，即数据传输前先和一个多项式进行异或，这样传输链路上的数据看起来就比较有随机性，到了接收端再用相同的多项式把数据恢复出来。

通过上述方法，PCIe 3.0 就可以用 8Gbps 的传输速率实现比 2 代的 5Gbps 高 1 倍的数据传输速率。实际应用中 PCIe 3.0 的总线上也仍然有数据编码，不过采用的是 128b/130b 的编码，编码效率很高，由此损失的总线有效带宽比 8b/10b 编码小多了。

2. PCIe 3.0 物理层的变化

但是问题远没有结束，即使数据速率只有 8Gbps，要在原有的廉价 PCB 和接插件上实现可靠传输也还要解决一些新的问题。其中最大的问题是信号的损耗，FR4 板材对信号高频成分有很大衰减，而信号速率越高，其高频成分越多，所以衰减也就更厉害。图 21.1 是不

同速率的信号经过10in的FR4板材的PCB传输以后信号的眼图，可以看到8Gbps的信号在接收端基本上看不到眼图了，更不要说进行有效的数据接收。

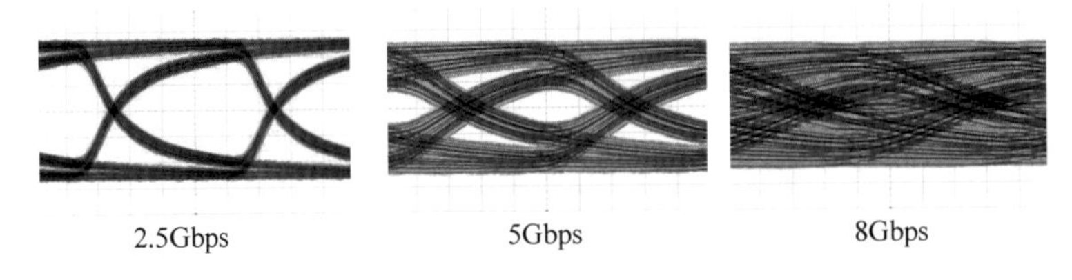

图21.1 传输通道损耗对不同速率信号的影响

为了解决这个问题，在PCIe的1代和2代中使用了去加重(De-emphasis)技术，即信号的发射端(TX)在发送信号时对跳变bit(代表信号中的高频成分)加大幅度发送，这样可以部分补偿传输线路对高频成分的衰减，从而得到比较好的眼图。PCIe 1代中采用了－3.5dB的去加重，PCIe 2代中采用了－3.5dB和－6dB的去加重。而对于PCIe 3.0来说，由于信号速率更高，需要采用更加复杂的去加重技术，因此除了跳变bit比非跳变bit幅度增大发送以外，在跳变bit的前1个bit也要增大幅度发送，这个增大的幅度通常叫作Preshoot。图21.2是PCIe 3.0中采用的预加重技术对波形的影响的例子(参考资料：PCI Express® Base Specification 3.0)。

为了应对复杂的链路环境，PCIe 3.0中规定了共11种不同的Preshoot和De-emphasis的组合，每种组合叫作一个Preset，实际应用中Tx和Rx端可以在Link Training阶段根据接收端收到的信号质量协商出一个最优的Preset值。图21.3是11种Preset的组合(参考资料：PCI Express® Base Specification 3.0)，其中P4代表没有任何预加重，P7代表最强的预加重。

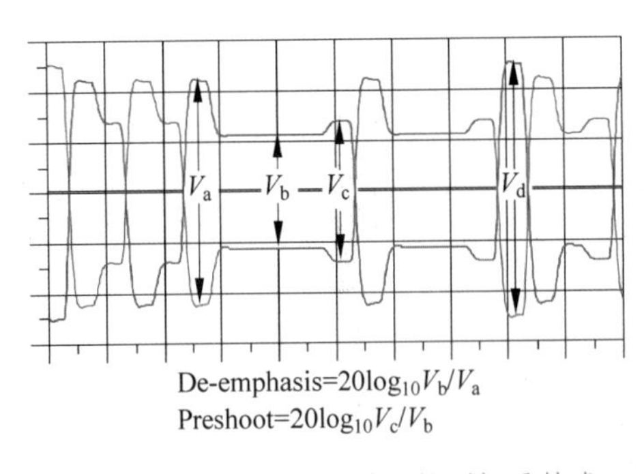

图21.2 PCIe 3.0中采用的预加重技术

Preset Number	Preshoot (dB)	De-emphasis (dB)
P4	0.0	0.0
P1	0.0	−3.5±1dB
P0	0.0	−6.0±1.5dB
P9	3.5 ± 1 dB	0.0
P8	3.5 ± 1 dB	−3.5±1dB
P7	3.5 ± 1 dB	−6.0±1.5dB
P5	1.9 ± 1 dB	0.0
P6	2.5 ± 1 dB	0.0
P3	0.0	−2.5±1dB
P2	0.0	−4.4±1.5dB
P10	0.0	Depends on transmitter

图21.3 PCIe 3.0中11种Preset的组合

做了这些工作就够了吗？经过实验发现，仅在发送端对信号高频进行补偿还是不够，于是PCIe 3.0标准中又规定在接收端(RX端)还要对信号做均衡(Equalization)，从而对线路的损耗进行进一步的补偿。均衡电路的实现难度较大，以前主要用在通信设备的背板或长电缆传输的场合，现在也逐渐开始在计算机领域应用，例如USB 3.0中和SATA 6G中也采用了均衡技术。图 21.4 是 PCIe 3.0 中对均衡器的频响特性的要求。可以看到均衡器的强弱也有很多挡可选，在 Link Training 阶段 TX 和 RX 端会协商出一个最佳的组合(参考资料：PCI Express® Base Specification 3.0)。

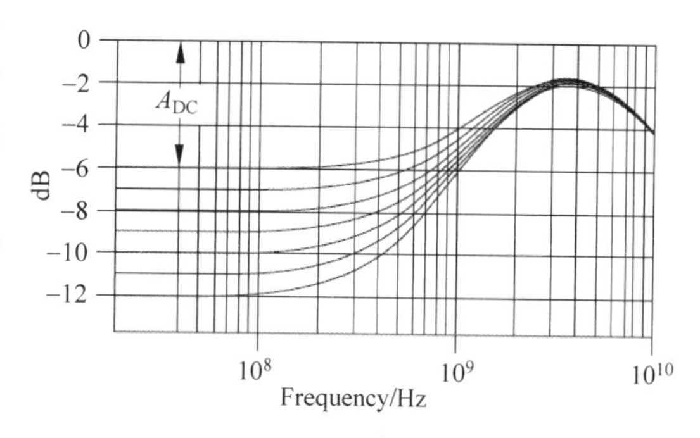

图 21.4　PCIe 3.0 中的接收端均衡器

经过各种信号处理技术的结合以及大量的实验，PCIe 3.0 总算初步实现了在现有的 FR4 板材和接插件的基础上提供比 PCIe 2 代高一倍的有效数据传输速率。但同时也看到，PCIe 3.0 的芯片会变得更加复杂，系统设计的难度也更大。如何保证 PCIe 3.0 总线工作的可靠性和很好的兼容性，就成为设计和测试人员面临的严峻挑战。

3. 发送端信号质量测试

对于发送端的测试，主要是用宽带示波器捕获其发出的信号并验证其信号质量满足规范要求。按照目前规范中的要求，PCIe 3.0 的一致性测试需要至少 13GHz 带宽的示波器，并配合上相应的测试夹具和测试软件。之所以 PCIe 3.0 测试需要的示波器带宽相对于 PCIe 2.0 来说变化不大，是因为信号的上升时间基本没变，不过如果是出于调试的目的，一般建议最好使用 16GHz 或以上带宽的示波器进行测试。

由于 PCIe 3.0 的信号经过传输以后信号幅度都已经衰减得很小(典型值是 100mV 左右)，为了保证足够的测量精度，除了示波器的带宽要足够以外，还需要示波器有很低的底噪声才能保证测量的准确性和测量重复性。有些高带宽示波器还可以具备 16 个额外的高速数字通道用于 DDR3/4 等总线的调试，或者配上高达 160bit 长度、12.5Gbps 数据速率的硬件串行触发及误码检测功能，因此除了信号质量测试外，还能进行并行总线或串行总线的数据触发和解码。图 21.5 是用于 PCIe 3.0 测试的高带宽示波器。

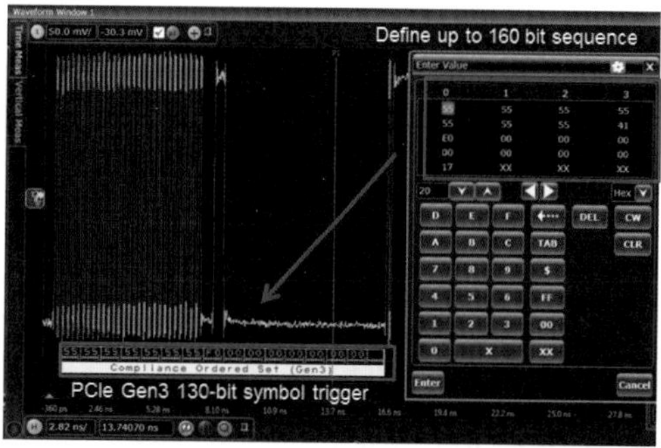

图 21.5　用于 PCIe 3.0 测试的高带宽示波器

如果要进行 PCIe 3.0 信号的一致性测试(即信号质量是否与规范要求完全一致)，首先需要使用 PCIe 协会提供的夹具把被测信号引出(PCIe 3.0 的夹具和 PCIe 2 代一样分为

CBB板和CLB板,CBB板用于插卡的测试,CLB板用于主板的测试),然后通过测试夹具上的切换开关控制DUT输出PCIe 3.0的一致性测试码型。在切换板上的按键开关时,正常的PCIe 3.0的被测件依次会输出2.5Gbps、5Gbps −3dB、5Gbps −6dB、8Gbps P0、8Gbps P1、8Gbps P2、8Gbps P3、8Gbps P4、8Gbps P5、8Gbps P6、8Gbps P7、8Gbps P8、8Gbps P9、8Gbps P10的码型。需要注意的是由于PCIe 3.0信号如前所述共有11种Preset值,测试过程中应明确当前测试的是哪一种Preset值,做信号质量测试常用的有Preset7、Preset8、Preset1、Preset0等。图21.6是PCIe 3.0的CBB板测试夹具及一致性测试码型。

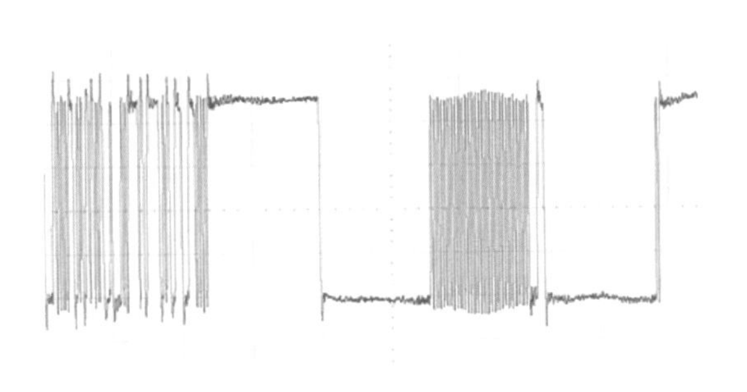

图21.6 PCIe 3.0的CBB板测试夹具及一致性测试码型

另外,由于PCIe 3.0的标准中在接收芯片侧使用了信号均衡技术,而且均衡器对于最终信号质量的改善影响很大。为了把传输通道对信号的恶化以及均衡器对信号的改善效果都考虑进去,PCIe 3.0的测试中很重要的一点是其发送端眼图、抖动等测试的参考点是在接收端。也就是说,即使是在发送端进行测试,在进行眼图、抖动等测试时也不是直接测试发送端的波形,而是需要把传输通道对信号的恶化的影响以及均衡器对信号的改善影响都考虑进去。图21.7比较直观地显示出了在不同位置信号质量的情况。

为了模拟出传输通道和芯片封装对信号的影响,测试中需要做传输通道参数的嵌入操作,即Embed。这个传输通道的模型是PCIe协会以S参数文件的形式提供的,测试过程中需要示波器能把这个S参数文件的影响加到被测波形上。同时,测试过程中示波器用两个通道分别连接信号的正负端,要得到最后的差分波形需要示波器对两个通道的波形做相减运算。如果波形相减和S参数嵌入的工作都由示波器软件计算,会大大影响测试速度,因此有些公司的高端示波器内部会有硬件的通道相减及S参数运算功能,可以大大提高测试的速度和效率。

对测试数据做分析的方法有两种:一种是使用PCI-SIG提供的Sigtest软件做手动分析,另一种是使用示波器厂商提供的自动测试软件。

Sigtest软件的算法由PCI-SIG免费提供,可以进行信号的眼图、模板、抖动的测试,但是需要用户手动捕获数据进行后分析,对于不熟练的测试人员来说,容易由于设置不对造成测试结果的不一致,而且其测试项目有限,没有覆盖全部的信号要求。所以针对PCIe 3.0的测试,有些示波器厂商还提供了相应的自动化测试软件,这个软件以图形化的界面指导用

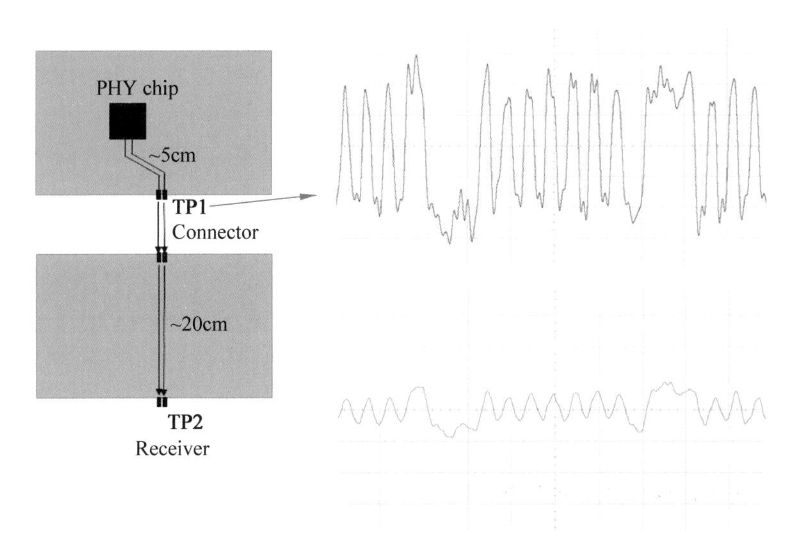

图 21.7　不同测试位置的信号质量

户完成设置、连接和测试过程，除了可以自动进行示波器测量参数设置以及自动生成报告外，还提供了 Swing、Preset、Common Mode 等更多测试项目，提高了测试的效率和可重复性。自动测试软件使用的是与 SigTest 软件完全一样的分析算法，从而可以保证分析结果与 SigTest 软件的一致性。图 21.8 是 PCIe 3.0 自动测试软件的设置界面。

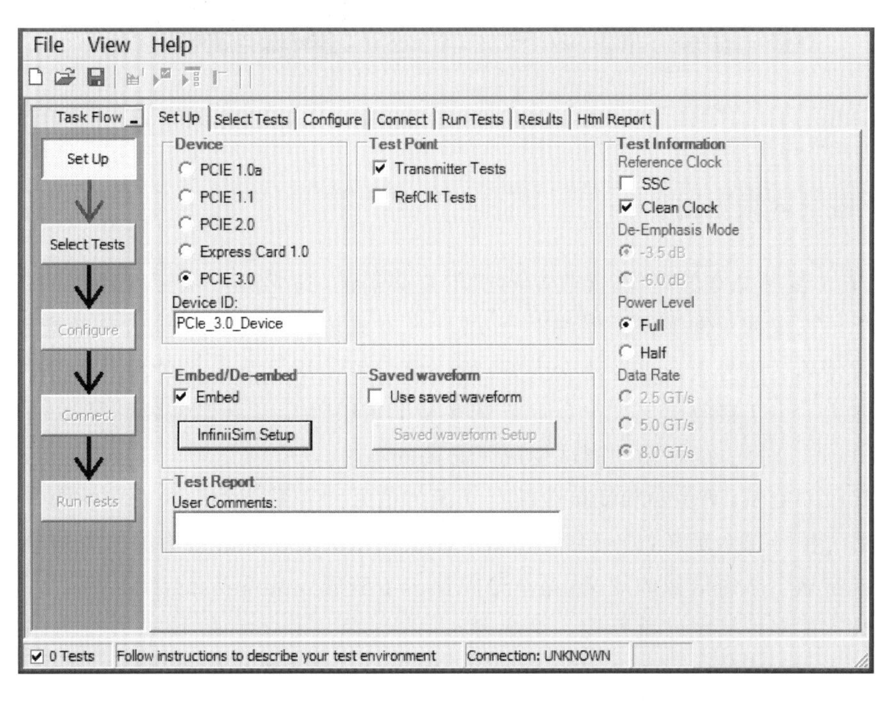

图 21.8　PCIe 3.0 自动测试软件的设置界面

因此，简单来说，PCIe 3.0 的信号测试相对于 PCIe 2.0 来说硬件设备的变化不大，使用 13GHz 或 16GHz 带宽的示波器就可以，但是测试软件对于测试数据的处理变得更加复杂了。数据分析时除了要嵌入传输通道和芯片封装的线路模型以外，还要把均衡器对信号的改善也考虑进去，好在无论是PCIe协会提供的免费的Sigtest软件还是示波器厂商提供的N5393D自动测试软件都可以为PCIe 3.0的测试提供很好的帮助。

此外，由于PCIe总线上要测试的数据Lane的数量很多，虽然测试项目可以由软件自动完成，但是其连接还是需要人工进行，因此每测试完一对差分线就需要测试人员来更改一下连接，非常麻烦。为了提高测试效率，可以把示波器配合相应的微波开关矩阵使用，微波开关矩阵可以在自动测试软件的控制下根据需要进行信号的切换。这样测试人员只需要一次把所有的被测信号都连接到开关矩阵上，然后运行测试软件就可以了。图21.9是在PCIe的测试中配合开关矩阵使用的情况。

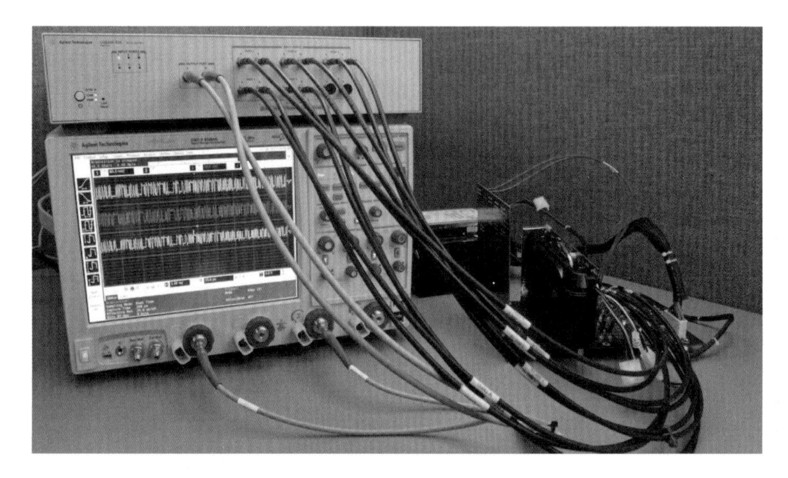

图21.9 配合开关矩阵做多条Lane的自动测试

4. 接收端容限测试

在PCIe 1.0和2.0的时代，接收端测试不是必需的，通常只要保证发送端的信号质量基本就能保证系统的正常工作。但是对于PCIe 3.0来说，由于速率更高，发送端发出的信号经过长线传输后信号质量总是不会太好，所以接收端使用了复杂的均衡技术来提升接收端的接收能力。由于接收端更加复杂而且其均衡的有效性会显著影响链路传输的可靠性，因此在PCIe 3.0时代，接收端的测试变成了必测的项目。

所谓接收端测试，就是要验证接收端对于恶劣信号的容忍能力。这就涉及两个问题，一个是这个恶劣信号怎么定义，另一个是怎么判断被测系统能够容忍这样的恶劣信号。

首先来看这个恶劣信号的定义，这不是随便一个差信号就可以，这个信号的恶劣程度要有精确定义才能保证测量的重复性。这个恶劣信号通常叫作Stress Eye，即压力眼图，实际上是借鉴了光通信中的叫法。这个Stress Eye实际上是用高性能的误码仪先产生一个纯净的带预加重和Preshoot的8Gbps的信号，然后在这个信号上叠加上精确控制的随机抖动(RJ)、周期抖动(SJ)、差模和共模噪声以及码间干扰(ISI)。为了确定每个成分的大小都符合规范的要求，所以测试之前需要先用示波器对误码仪输出的信号进行校准，确定产生的是规范要求的Stress Eye。其中信号的RJ、SJ、共模噪声等都可以由误码仪产生，而ISI抖动由 PCIe 协会提供的 CLB3 或 CBB3 夹具产生，其夹具上会模拟典型的主板或者插卡的 PCB 走线对信号的影响。

为了方便接收测试，CLB3 和 CBB3 夹具相对于前一代夹具做了一些电路的改动，主要是考虑了接收测试的情况。例如为了切换测试码型，在 PCIe 2.0 的 CLB2 夹具上，从主板发过来的 RefClk 是直接环回到主板的 Lane0 的接收端，不能断开；而在 PCIe 3.0 的 CLB3 的夹具上，由于要考虑到可能还会对主板 Lane0 的接收端进行测试，因此这个连接是通过 SMP 的跳线完成的。另外在 CBB3 的夹具上，增加了专门的 Riser 板以模拟服务器等应用场合的走线对信号的影响。图 21.10 是对 PCIe 3.0 的主板进行测试前进行 Stress Eye 校准的一个连接图。

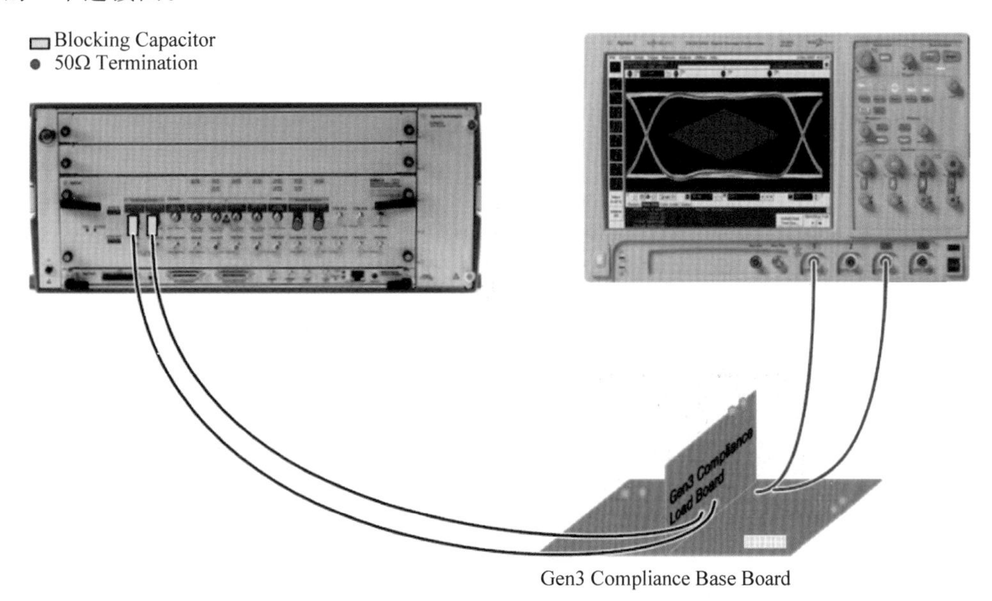

图 21.10 PCIe 3.0 的 Stress Eye 校准

要精确产生 PCIe 3.0 要求的压力眼图需要调整很多参数，例如需要调整输出信号的幅度、预加重、差模噪声、随机抖动、周期抖动等以满足眼高、眼宽和抖动的要求。而且各个调整参数之间也会相互制约，例如调整信号的幅度时除了会影响眼高也会影响眼宽，因此各个参数的调整需要反复进行以得到一个最优化的组合。校准中会调用 PCI-SIG 的 Sigtest 软件对信号进行通道模型嵌入和均衡，并计算最后的眼高和眼宽。如果没有达到要求，会在误码仪中进一步调整注入的随机抖动和差模噪声的大小，直到眼高和眼宽达到以下参数要求。

Add-in card calibration：

- EW 39.25～41.25ps
- EH 41.00～46.00mV

System calibration：

- EW 43.00～45.00ps
- EH 45.00～50.00mV

校准时，信号的参数分析和调整需要反复进行，人工操作非常耗时耗力。为了解决这个问题，接收容限测试时也会使用自动测试软件，这个软件可以提供设置和连接向导、控制误码仪和示波器完成自动校准、发出训练码型把被测件设置成环回状态，并自动进行环回回来数据的误码率统计。

设置被测件进入环回模式有两种方式，一种是借助误码仪本身的 Training 序列，另一种是借助芯片厂商提供的工具(如 Intel 公司的 ITP 工具)。传统的误码仪不具有对于 PCIe 协议理解的功能，只能盲发训练序列，缺点是没有经过正常的预加重和均衡的协商，这就可能不能把被测件设置成正确的状态。而很多新的 CPU 平台要求误码仪和被测件进行有效的预加重和均衡的沟通，然后再进行环回，这就要求误码仪能够识别对端返回的训练序列并做相应的调整。现在一些新型的误码仪平台已经集成了 PCIe 3.0 的链路协商功能，能够真正和被测件进行训练序列的沟通，除了可以有效地把被测件设置成正确的环回状态外，还可以与对端被测设备进行预加重和均衡的沟通。

当被测件进入环回模式并且误码仪发出压力眼图的信号后，被测系统会把其从 RX 端收到的数据再通过 TX 端发送回误码仪，误码仪通过比较误码来判断数据是否被正确接收，测试通过的标准是要求误码率小于 1×10^{-12}。图 21.11 是用高性能误码仪进行 PCIe 3.0 接收测试的示意图。在这款误码仪中，时钟恢复电路、预加重模块、噪声注入、参考时钟倍频、信号均衡电路等都内置在里面，非常适合速率高、要求复杂的场合。除此以外，现代误码仪已经可以提供支持到 32Gbps 速率信号的多阶预加重能力，可以充分满足未来 PCIe 4.0 的接收测试的要求。

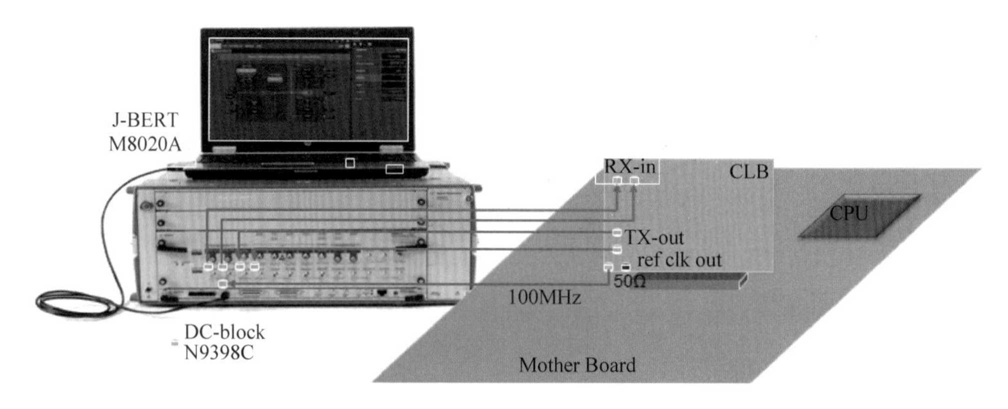

图 21.11　PCIe 3.0 接收容限测试环境

5. 协议分析

完成信号质量的测试仅仅是保证了 PCIe 物理层的可靠工作，整个系统的可靠工作还离不开上层协议的支持。由于 PCIe 3.0 是全新的标准，为了帮助用户更进一步分析和定位由于上层协议造成的问题，还需要用到相应的协议分析仪。

图 21.12 是一款 PCIe 3.0 的协议分析仪，它是一块采用了 AXIe 架构的插卡，可以插在 AXIe 的机箱里，通过探头来捕获高速的 PCIe 3.0 信号，并通过外部或内部 PC 控制显示协议分析的结果。

AXIe 是新一代的高速模块化仪器的架构，除了能给高性能的模块提供稳定可靠的机箱环境以外，还提供了背板的高速数据交换能力，主要用于需要大量数据处理的高性能板

图 21.12　PCIe 3.0 的协议分析仪

卡。除了 PCIe 3.0 的协议分析仪以外，一些新的高性能测试仪器如高速逻辑分析仪模块(可用于 DDR4 的协议测试，支持高达 4Gbps 的数据速率)、高性能任意波发生器(4 通道 92GSa/s 采样率)、MIPI 协议分析仪等都采用 AXIe 架构，在这个统一的平台上可以完成未来的很多高速总线的测试任务。

除了捕获 PCIe 数据包进行解析以外，协议分析仪还提供了强大的数据后分析和性能统计功能，可以帮助使用者更简单直观地发现协议中的错误。图 21.13 是进行 PCIe 上承载的 NVMe 存储协议解码的窗口。

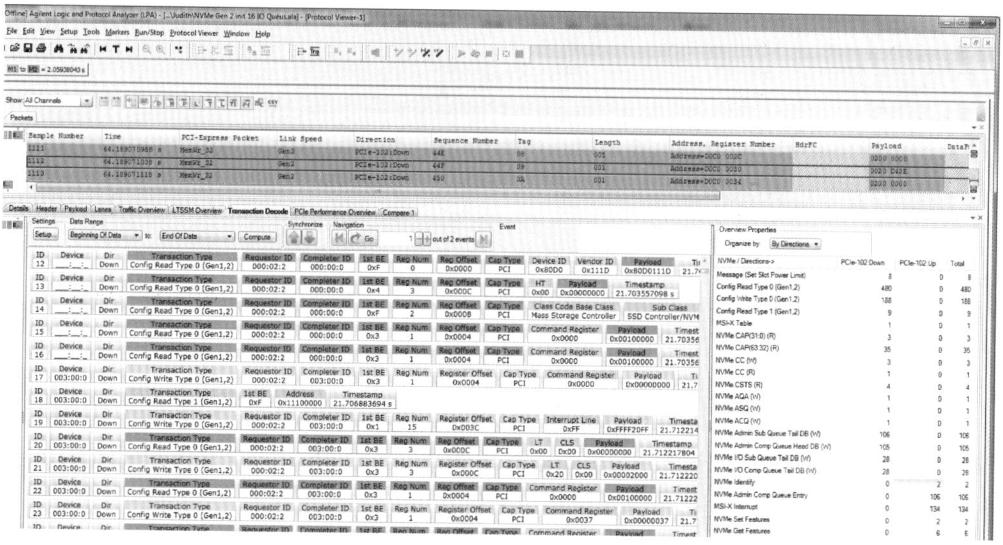

图 21.13　NVMe 数据解码和统计

图 21.14 是进行 PCIe 总线上电协商时 LTSSM(Link Training and Status State Machine)状态机分析的例子，对每一个状态机的子状态都有指示和统计。

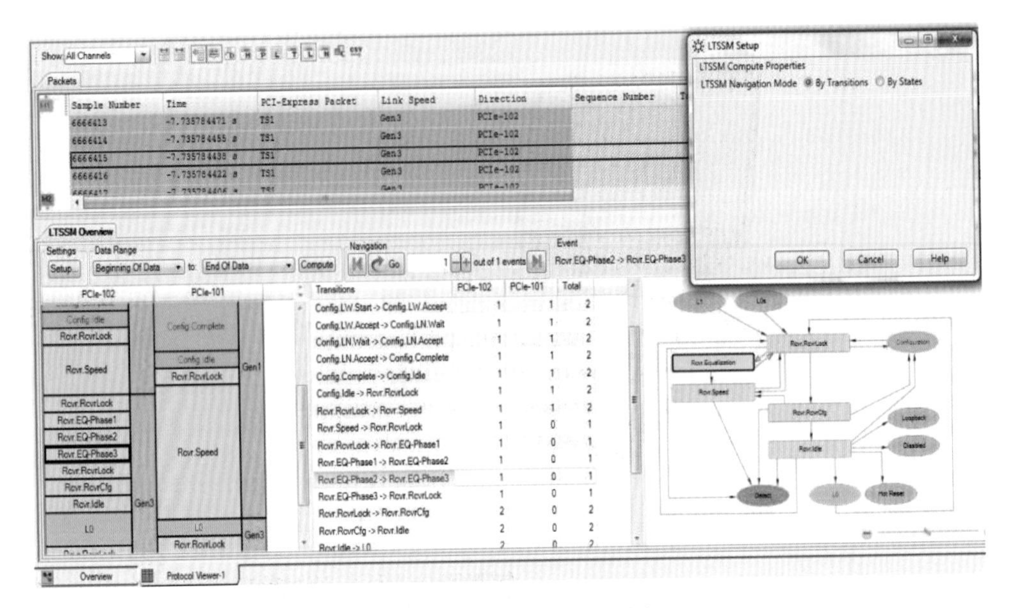

图 21.14　LTSSM 状态机分析

图 21.15 是对总线性能统计分析的例子，这些数据可以帮助用户更直观了解总线吞吐率、利用率、读写速率等信息以及随时间的变化曲线。

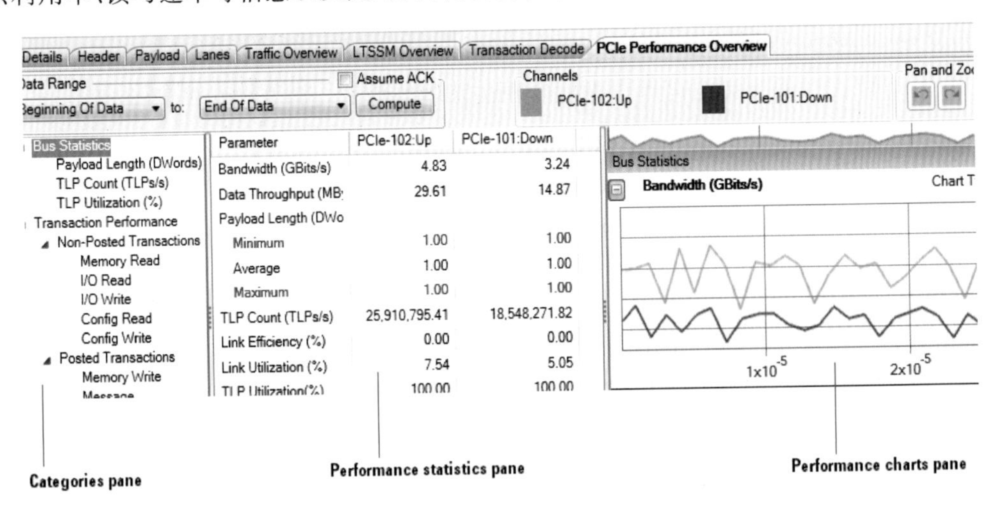

图 21.15　总线性能统计

要针对高速的 PCIe 3.0 信号做正确的协议分析，可靠的探头连接必不可少。由于 PCIe 3.0 的信号经过 PCB 传输后信号质量恶化很大，因此 PCIe 3.0 的接收芯片内部有均衡电路来保证信号的可靠接收。而对于协议分析仪的探头来说也存在同样的问题，即如果不做均衡可能就无法可靠捕获总线上的信号。因此针对 PCIe 3.0 的协议测试，还需要带均衡功能的探头，图 21.16 分别是针对计算机应用和嵌入式应用提供的两种探头。

此外，由于固态硬盘的应用越来越广泛，所以协议分析仪还提供了针对 M.2 和 SFF-8639 接口的转接器探头，可以直接插入到相应的连接器上进行固态盘传输数据的协议分析。图 21.17 是针对笔记本上 M.2 接口的 PCIe 协议做分析的转接器探头。

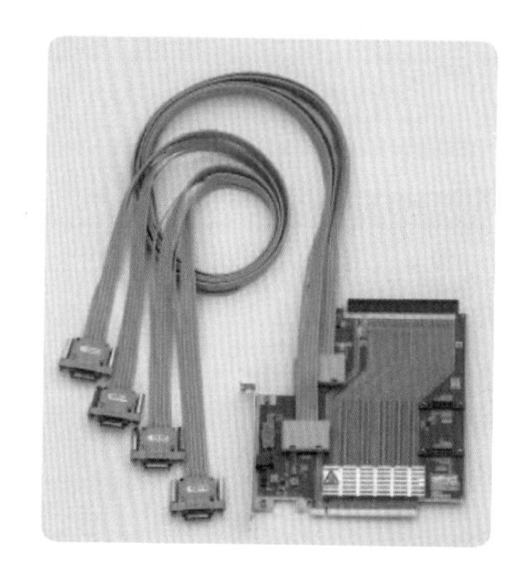

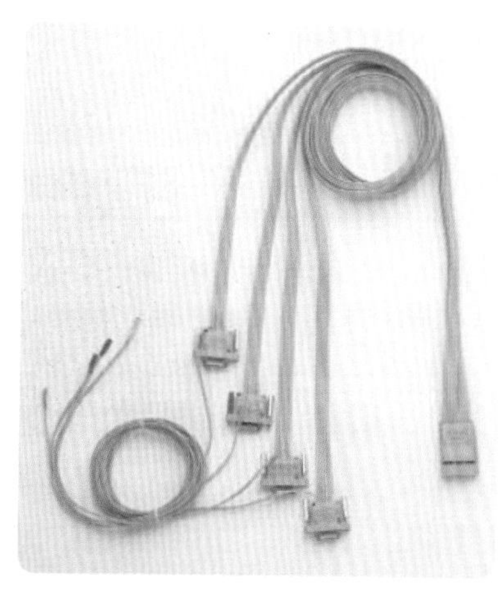

图 21.16　PCIe 协议分析的探头

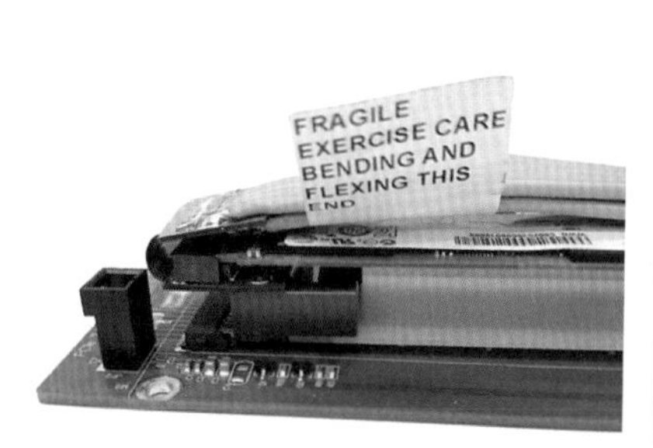

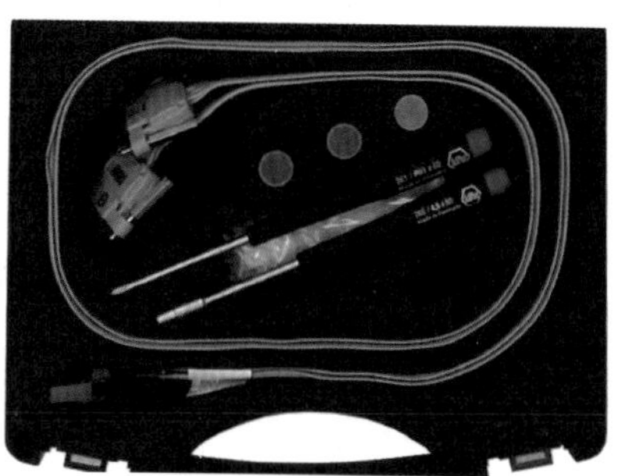

图 21.17　M.2 接口的 PCIe 协议分析探头

6. 协议一致性和可靠性测试

很多时候仅仅被动地做总线上的协议捕获和分析并不能全面验证系统在各种未知条件下可能出现的问题，因为实际的测试环境能够模拟出来的条件都是有限的。为了进行更全面的测试，还可以使用相应的协议训练器。

所谓训练器，就是可以人为设定要发送的 PCIe 数据包的内容来主动与被测件进行协议交互以更全面验证系统功能的仪器。训练器会被设计成一个 PCIe 3.0 的插卡类型，通过 USB 接口用外部 PC 进行控制，既可以直接插在主板的 PCIe 插槽上进行主板测试，也可以通过测试背板进行 PCIe 插卡的测试。如图 21.18 所示，服务器厂商可以基于 PCIe 的训练器开发测试脚本，通过模拟可能的总线状态，对服务器平台的可靠性进行充分测试。

一些训练器还可以配置成 PTC(Protocol Test Card)模式，如图 21.19 所示，PTC 能够与被测件按协会规定的测试案例进行遍历和交互，同时自动生成测试报告，可以用于协议符合性的快速检查。

训练器中还集成了 LTSSM 的自动测试功能，可以快速发现被测设备在链路协商中的符合性问题。图 21.20 是自动进行链路协商测试的例子。

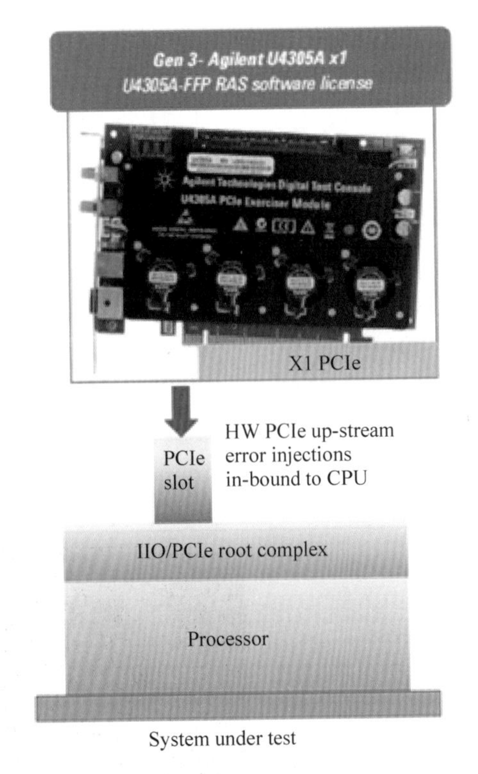

图 21.18　用训练器进行服务器可靠性测试

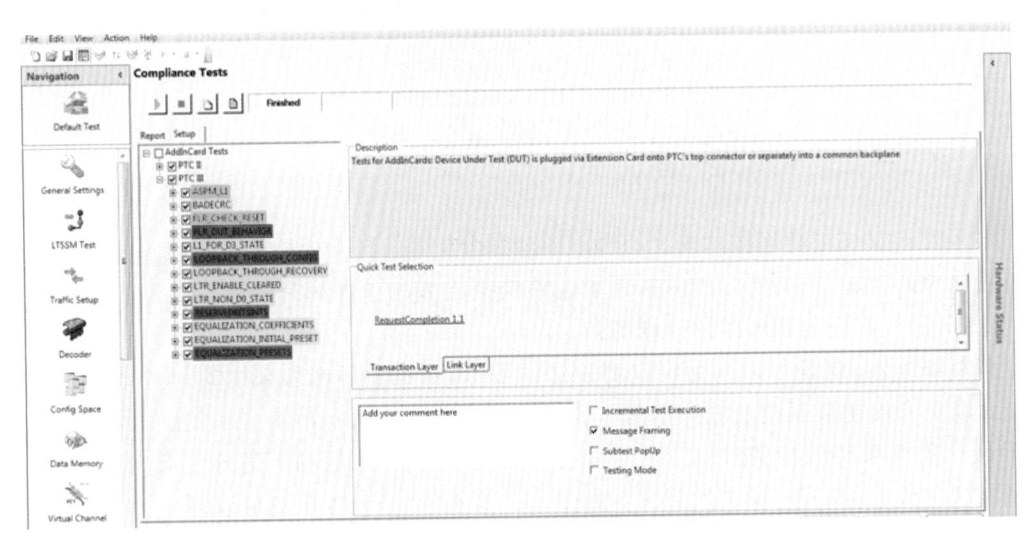

图 21.19　PTC 的协议一致性测试结果

7. PCIe 4.0 标准的进展及展望

PCIe 3.0 标准制定并在 2010 年推出后，已经在高端的服务器及显卡、固态存储设备上

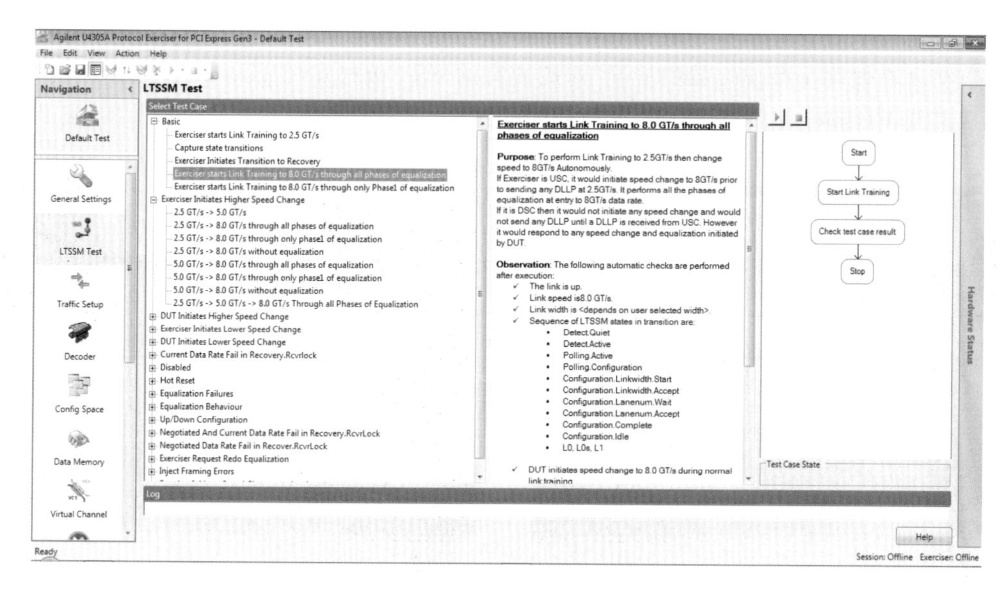

图 21.20 自动链路协商测试

普及。为了进一步提高 PCIe 总线的传输带宽，PCIe 4.0 的标准也在制定过程中并预计在 2017 年正式发布。图 21.21 是 PCIe 总线标准的开发路线图。

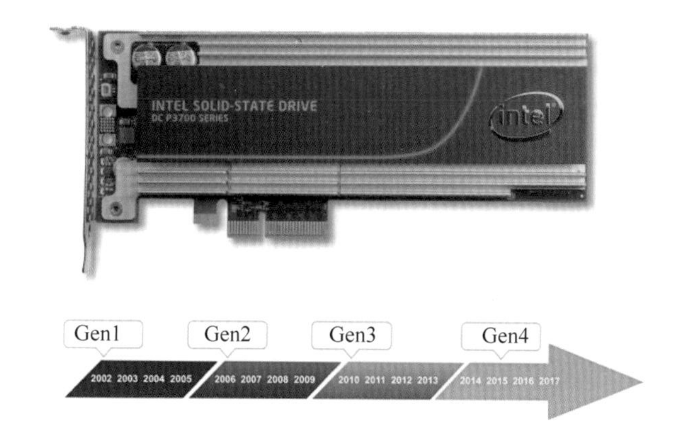

图 21.21 PCIe 总线标准开发路线图

目前，PCIe 4.0 的标准草案正在不断改进和完善，众多厂商已经展示了其 PCIe 4.0 物理层、控制器、交换器以及其他 IP 模块等产品规划。图 21.22 为 2016 年于美国加利福尼亚州举行的 PCI SIG 年度开发者大会上，一款 Mellanox 公司展示的 100G Infiniband 交换器芯片(左)。其采用 PCIe 4.0 跨越背板(中间绿色板子，上面有不同长度走线)连接至控制器(右侧红色单板)，测试中采用了 33GHz 带宽的示波器平台。

图 21.23 是在之前的 TSMC 的技术论坛上，Cadence 和 Mellanox 公司联合展示的其 PCIe 4.0 芯片及测试系统。

目前，PCIe 4.0 标准推进中最重要的是进行“通道建模”，即如何确立传输通道模型的参数以及对信号传输的影响，这会影响到如何设计芯片的预加重及均衡器算法，以及链路协商的方式。目前的目标是允许链路可以有最大－28dB@8GHz 的损耗，芯片的预加重和均衡技术要使得经过这样恶劣的链路后，至少可以得到 15mV 的眼高和 0.3UI 的眼宽。这样就可以实现在使用 1 个连接器的情况下，用便宜的 FR4 板材实现 12in PCB 走线长度(更长的走线需要 Retimer 芯片或者使用低损耗的板材)。

图 21.22　PCI-SIG 会议上展示的 PCIe 4.0 芯片

图 21.23　PCIe 4.0 芯片及测试系统

在起草 PCIe 4.0 版本标准时，协会曾经认为 16Gbps 的数据速率可能是用铜线做芯片互连的极限了。然而，近些年来，随着材料和芯片技术的发展，以太网标准的 802.3 协会以及 Fiber Channel 协会已经分别将铜互连技术推向了单线 25Gbps 和 28Gbps 的传输速率，并在研究下一代 56Gbps 和 PAM-4 信号传输标准。因此，考虑到借鉴现有的成熟 Serdes 技术，25Gbps 或 28Gbps 有望成为下一代 PCIe 5.0 标准可能采用的数据速率。

二十二、SATA信号和协议测试方法

1. SATA总线简介

在台式机、笔记本和服务器的应用中，硬盘是必不可少的存储介质，传统的硬盘和计算机主板间的连接接口是并行的ATA接口。为了能够提供更高的传输速度和更方便的连接，目前串行ATA（Serial ATA，即SATA）已经取代并行ATA成为硬盘接口的主流。SATA用7pin的连接器取代了传统并行ATA的40pin电缆，因此连接更加方便，传输速率更高。

SATA用两对差分线提供双向数据收发，因此可以用比较小的信号摆幅提供更高的传输速率，而且差分线本身具有更好的抗干扰能力和更小的EMI，因此可以支持更高速率的信号传输。图22.1是典型的SATA总线的结构，可以看到，在SATA的Host（如计算机主板上的控制芯片）和Device（如硬盘）间有两对高速的差分线分别实现两个方向的高速信号传输。（参考资料：Serial ATA International Organization：Serial ATA Revision 3.0）

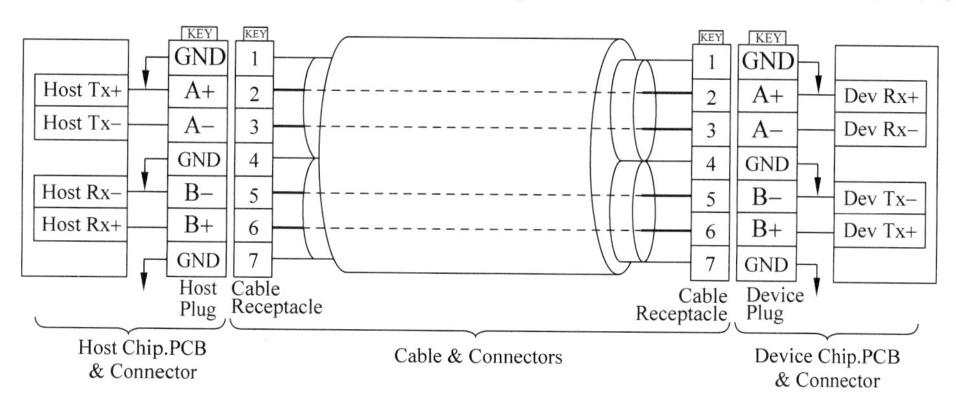

图22.1 典型的SATA总线的结构

负责SATA规范制定的组织是SATA-IO（Serial ATA International Organization，https://www.sata-io.org/），按照SATA-IO的规定，SATA总线一共经历了三代标准。Gen1的数据速率到1.5Gbps，Gen2的数据速率到3Gbps，Gen3的数据速率到6Gbps。

根据不同的应用场合，可以参考不同的信号规范，例如同样对于SATA Gen2来说，根据不同的应用场合，其信号规范就有Gen2i、Gen2m、Gen2x共3种对信号的要求。i、m、x这三种规范对于信号的上升时间、最大摆幅、接收灵敏度、ReturnLoss的要求可能都不太一样，例如Gen2x相对于Gen2i的应用场合来说要传输更长的距离，因此就可以允许信号在发送端的上升沿更陡以及信号幅度更大。图22.2是一些典型的SATA的应用场合以及每种场合下具体需要参考的信号规范。（整理自：Serial ATA International Organization：Serial ATA Revision 3.0）

在SATA组织下面也有不同的工作组（WorkGroup）分别负责不同方面规范的制定，例如有些工作组负责制定物理层规范（Phy Work Group），有些工作组负责制定协议层规范

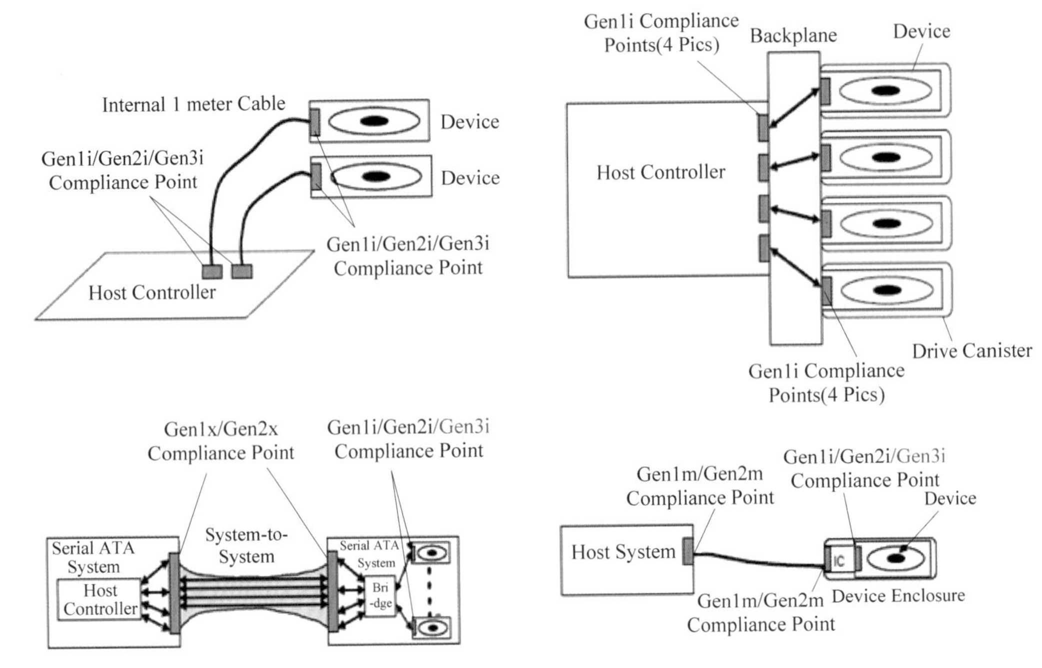

图 22.2 典型的 SATA 应用场合

(Digital Work Group),有些工作组负责制定电缆规范(CabCon Work Group),有些工作组负责制定测试规范(Logo Work Group)。

对于 SATA 的测试来说,首先由 SATA 组织负责测试规范的工作组制定出测试规范(Unified Test Document Version),然后由认可的仪器设备提供厂商根据测试规范编写基于各自仪表的测试步骤文档(Method of Implementation,MOI),这些 MOI 经过插拔大会(Plugfest)或者 Workshop 的检验和修改,最后得到 SATA 组织的认可并发布在其官方网站上(https://www.sata-io.org/sata-io-interoperability-testing)。

SATA 协会定期举办 Plugfest 或者 Workshop 会议,来验证 SATA 设备间的兼容性以及测试方法的有效性。Plugfest 侧重于产品开发的初期阶段,产品还没有公开,测试方法可能还不确定,参加会议的厂商可以根据自己的需要选择测试和验证方法;而 Workshop 侧重于产品和标准的成熟阶段,这时测试和验证方法基本统一,各参会厂商按照协会制定的统一方法进行测试和验证。

2. SATA 发送信号质量测试

物理层的发送信号质量测试主要验证在 SATA 信号的发送端信号质量是否符合规范要求。由于 SATA 的信号速率比较高,因此要对 SATA 信号进行可靠的探测,对于示波器和探头的要求也非常高。通常会根据信号的上升时间来估算需要的示波器和探头带宽,图 22.3 是 SATA 对于信号上升时间的要求。(参考资料:Serial ATA International Organization:Serial ATA Revision 3.0)

Parameter	Units	Limit	Electrical Specification							Detail Cross-Ref Section	Measurement Cross-Ref Section
			Gen1i	Gen1m	Gen1x	Gen2i	Gen2m	Gen2x	Gen3i		
V_{diffTX}, TX Differential Output Voltage	mVppd	Min	400	400	400	400	400	400	—	7.2.2.2.7	7.4.5
		Min	—	—	—	—	—	—	240		7.4.3
		Nom	500		—	—			—		7.4.5
		Max	600		1600	700		1600	—		7.4.3
		Max	—		—	—		—	900		
UI_{VminTx}, TX Minimum voltage Measurement Interval	UI		0.45～0.55		0.5	0.45～0.55		0.5	—	7.2.2.2.8	7.4.5
			—		—	—		—	0.50		7.4.3.2
$t_{20-80Tx}$, TX Rise/Fall Time	ps(UI)	Min20%～80%	100(.15)		67(.10)	67(.20)			33(0.20)	7.2.2.2.9	7.4.4
		Max20%～80%	273(.41)		273(.41)	136(.41)			68(0.41)		

图 22.3　SATA 对于信号上升时间的要求

我们看到 SATA Gen3 的信号最快上升时间是 33ps，按照 SATA 的规范，对于 SATA 6Gbps 的信号测试需要至少 12GHz 带宽的示波器。除了带宽满足要求以外，由于 SATA 在发送端最小信号摆幅只有 240mV，在接收端由于信号衰减幅度会更小，因此要进行准确的信号测量，需要示波器的底噪声和固有抖动都比较小。

与 PCIe 总线一样，要进行 SATA 信号的测试，只有示波器是不够的，为了方便地进行 SATA 信号的分析，还需要有测试夹具和测试软件。测试夹具的目的是把 SATA 信号引出，提供一个标准的测试接口以方便测试。SATA 协会没有专门设计夹具，所以测试夹具可以从一些专门生产测试夹具的厂商购买。图 22.4 是一些标准 SATA 及 mSATA 接口的公口和母口的测试夹具。(参考资料：www.wilder-tech.com)

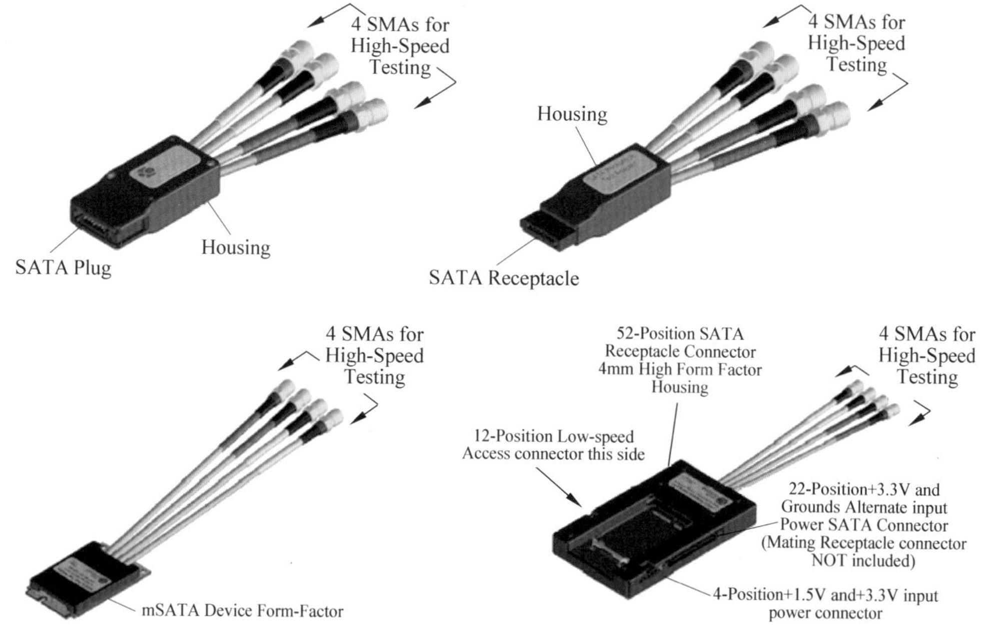

图 22.4　SATA 测试夹具

另外，SATA-IO 规定了很多 SATA 信号的参数测试项目，如数据 bit 宽度、频率精度、扩频时钟频率、扩频时钟范围、差分输出幅度、上升/下降时间、上升/下降时间的对称性、差分对内的时延、共模电压、总体抖动 TJ、确定性抖动 DJ、OOB 等。如果不借助相应的软件，要完全手动进行这些参数的测量是一件非常烦琐和耗时费力的工作。为了便于用户完成 SATA 信号的测量，很多示波器厂商都提供了 SATA 信号质量的一致性测试软件，图 22.5 是 SATA 一致性测试软件中测试项目的选择界面。

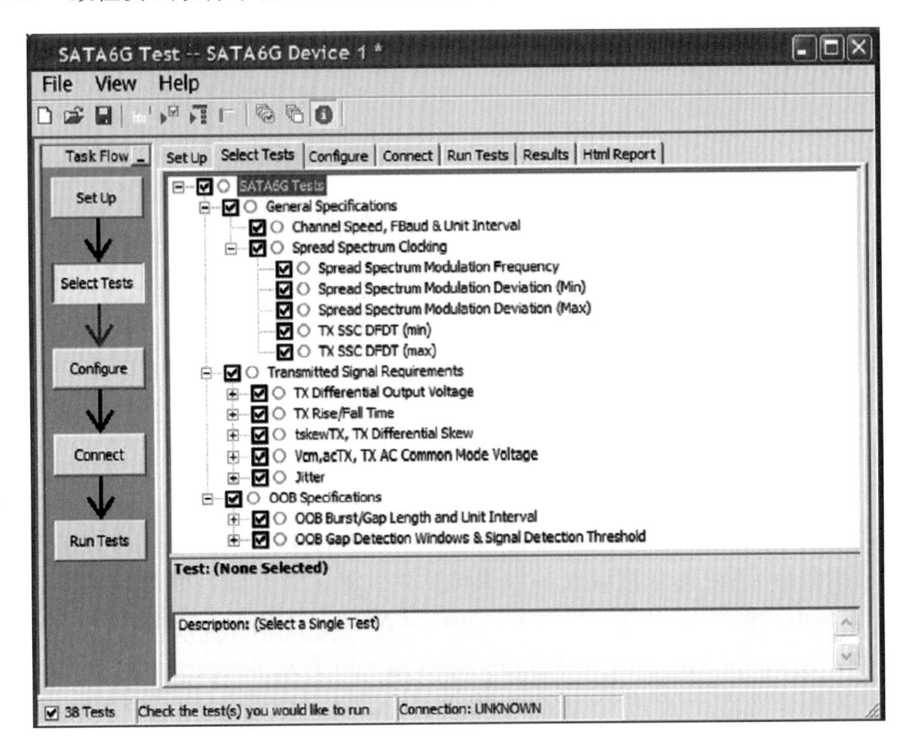

图 22.5　SATA 一致性测试软件

这个软件的使用也非常简便，用户只需要顺序选择好测试速率、测试项目并根据提示进行连接，然后运行测试软件即可。图 22.6 是软件中提供的一个连接向导。

SATA 的测试规范中，对于不同的测试项目要用到不同的测试码型，例如 HFTP(High Frequency Test Pattern，1010101010 1010101010b)、MFTP(Mid Frequency Test Pattern，1100110011 0011001100b)、LFTP(Low Frequency Test Pattern，0111100011 1000011100b)、LBP(Lone Bit Pattern，共 2048 个 Double words 长度)等。不同的码型针对不同的测试项目，如上升/下降时间测量时会使用 LFTP 的长码型，以避免码间干扰对上升/下降时间测量的影响。还有些测试项目会用到几种不同的码型以验证被测件发送不同码型时信号参数的变化。用户进行信号调试时可以使用真实传输的数据码型，但是一致性测试时要求必须使用规范规定的测试码型。

通常 SATA 芯片的供应商可以提供相应的工具控制被测件产生不同的测试码型，如果是 Windows 平台的系统(如台式机、笔记本、服务器等的测试)，也可以参考 ULink 公司(http://www.ulinktech.com)提供的软件工具。

当连接正确、被测件发出正确的测试码型并运行测试软件后，示波器会自动设置时基、

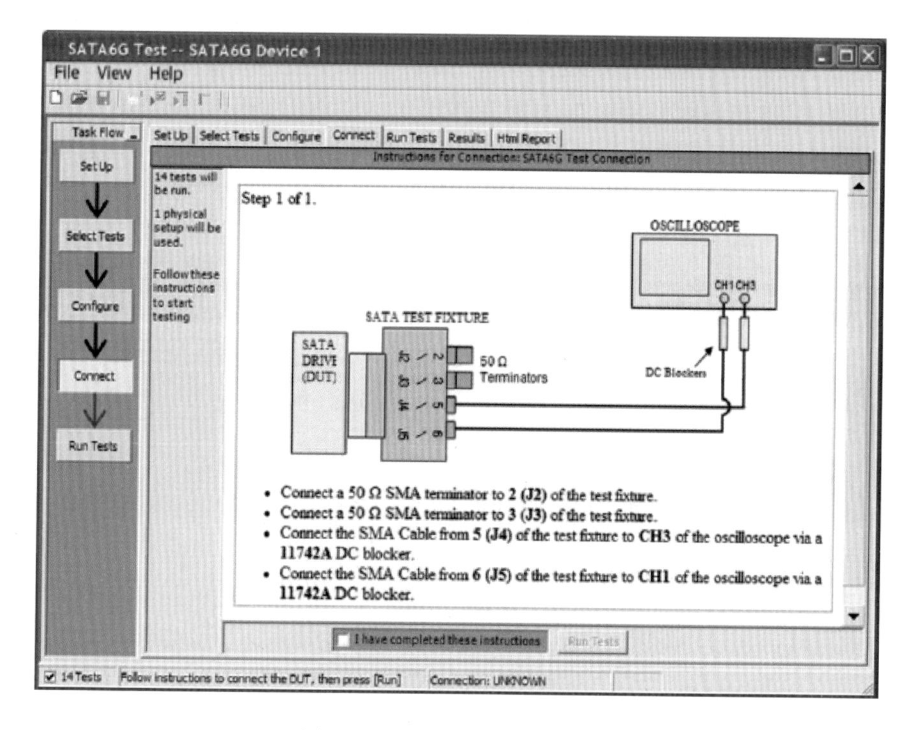

图 22.6　测试软件的连接向导

垂直增益、触发等参数并进行测量，测量结果会汇总成一个 html 格式的测试报告(见图 22.7)，报告中列出了测试的项目、是否通过、spec 的要求、实测值、margin 等。

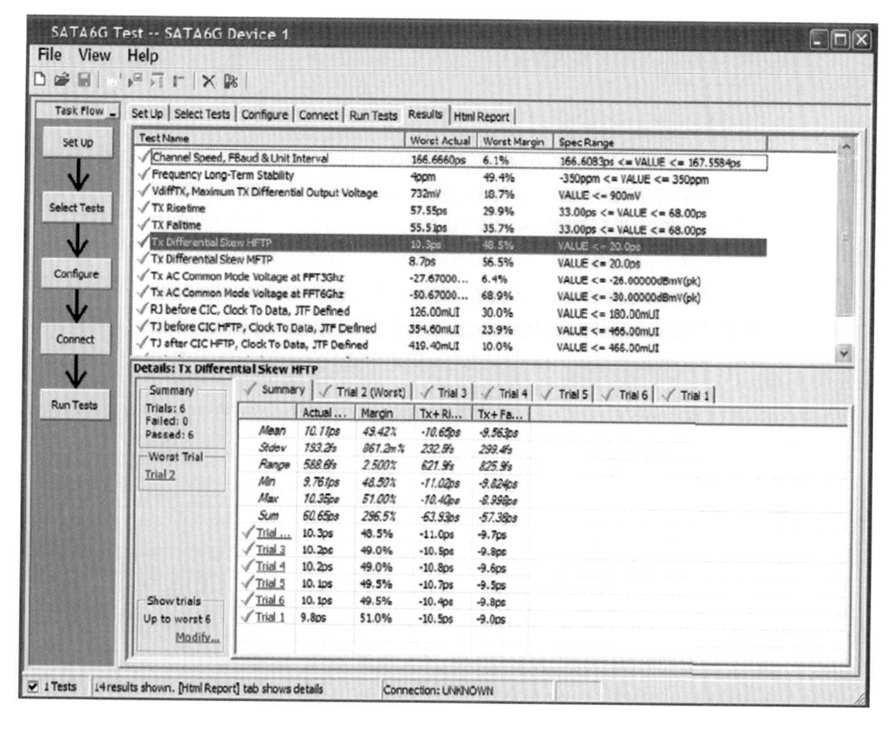

图 22.7　SATA 测试报告

为了控制 EMI,SATA 中还定义了扩频时钟(SSC),在使用 SSC 的情况下,SATA 的数据速率可以在(－0.5%～0)的范围内变化,调制频率为 30～33kHz。例如,对于 SATA 3Gbps 的信号来说,允许数据速率在(3G－15M)～3Gbps 间变化,变化频率为 30～33kHz。借助于 EZJit 软件,也可以方便地进行 SSC 的测量,图 22.8 是 SSC 的一个测量结果,可以从图中清楚地测到调制频率和调制深度。

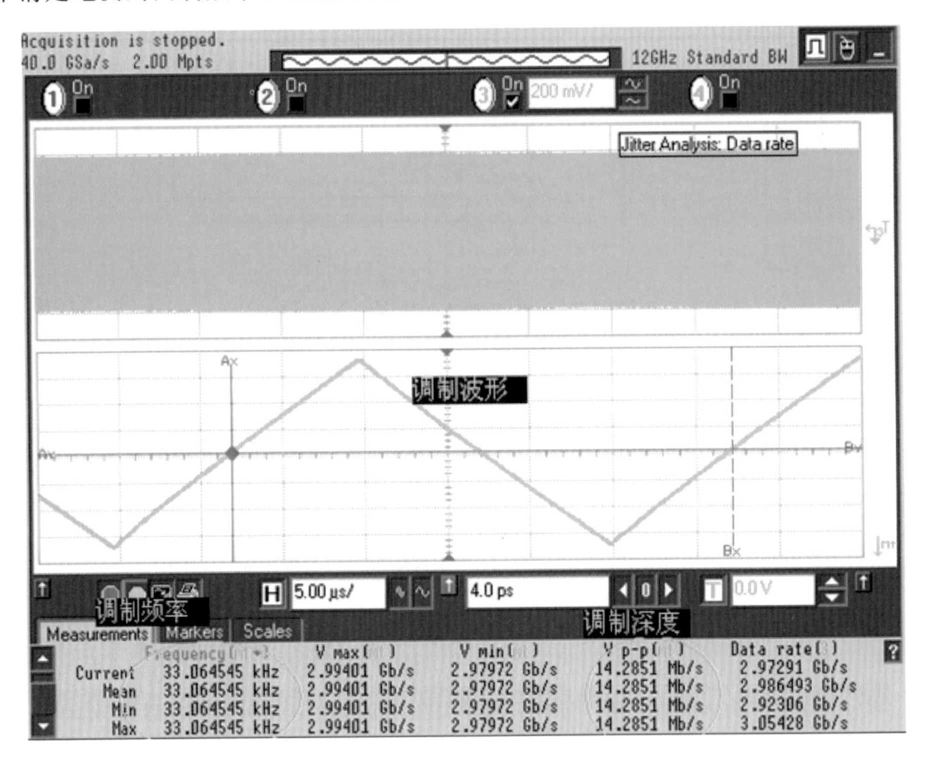

图 22.8　SSC 测量结果

除了正常信号质量的测试,按照规范要求还需要进行 OOB 信号的测试。OOB 信号是数据速率为 1.5Gbps 一组猝发的脉冲串,脉冲串的宽度和间隔分别代表不同的含义。SATA 测试规范要求要进行 OOB 信号的测试,不过 OOB 信号的测试项目主要与驱动程序的设置有关,与硬件的布线关系不大。在 OOB 的测试项目中,既需要验证被测件产生的 OOB 信号的脉冲串的长度、间隔符合规范,也需要验证被测件检测 OOB 信号的阈值、间隔判决范围是否正确,因此 OOB 的测试项目中除了示波器以外还需要额外的码型发生器产生相应的信号与被测件进行 OOB 信号的交互。图 22.9 是一组典型的 OOB 信号。

3. SATA 接收容限测试

SATA 总线和 PCIe 总线一样,随着数据速率的提高,需要在接收端芯片内提供均衡功能才能保证高速信号的可靠传输,因此验证接收端接收恶劣信号的能力对于保证系统传输性能非常重要。根据 SATA 测试规范的要求,SATA 接收端的容限测试项目主要分为时钟容限测试和抖动容限测试。

时钟容限测试只是在 1.5Gbps 的速率下进行,主要是用码型发生器发出一组比标称速

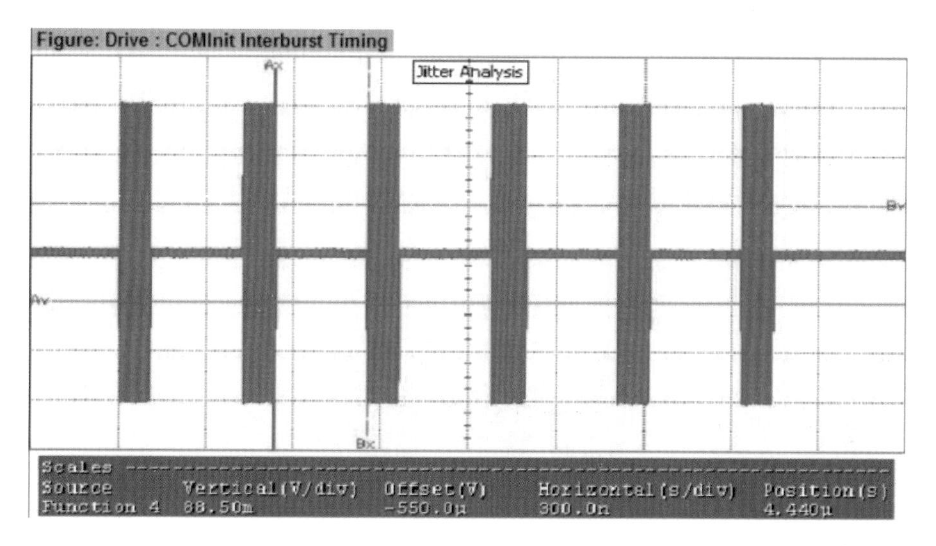

图 22.9 SATA 的 OOB 信号

率高 350ppm（ppm，10^{-6}）的信号送给被测件并验证环回回来数据的误帧率不超过 8.2×10^{-8}。

抖动容限测试在所有速率下进行，主要是在正常数据信号中注入随机抖动 RJ、码间干扰 ISI 并叠加上 5MHz、10MHz、33MHz、62MHz 几种不同频率的周期性抖动信号送给被测件，然后对环回回来的数据进行一段时间的统计（对 1.5Gbps 信号是 10min，对 3Gbps 信号是 5min，对 6Gbps 信号是 2.5min），如果没有误码出现，就认为测试通过。图 22.10 是用高性能误码仪做 SATA 的接收端抖动容限测试的例子。

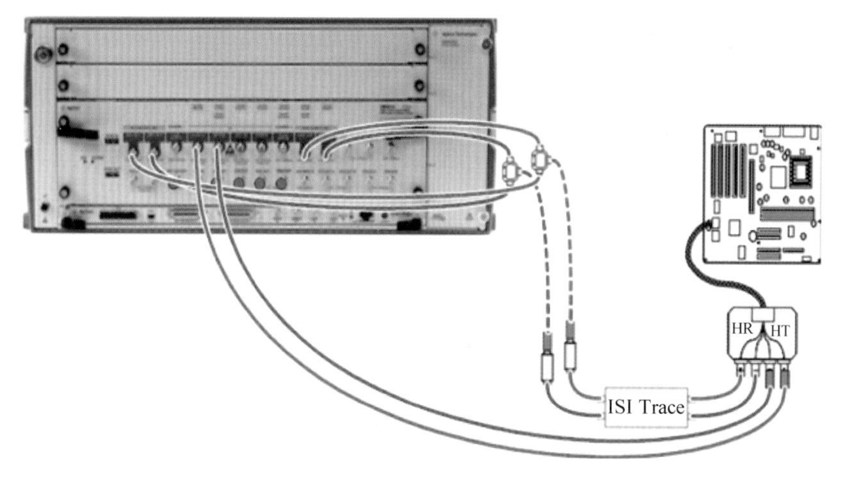

图 22.10 SATA 的接收端容限测试

在 SATA 的接收端容限测试中需要使被测件进入环回模式才能进行正常的测试。进入环回模式主要有两种方法：可以通过芯片厂商提供的控制工具使被测件进入环回模式，也可以通过信号发生器或者协议分析仪通过协商使被测件进入环回模式。

SATA 总线要求的系统误码率要小于 1×10^{-12}，因此需要累积大量的数据位才能确保其接收误码率可以达到这个要求，例如测试中如果累积 3×10^{12} bit 数据仍然没有误码就可以在 95%置信度的情况下保证系统误码率小于 1×10^{-12}。但是累积大量的数据需要花费大量时间，因此 SATA 的测试规范对此做了折中。

在进行接收容限前需要确保设备发出的信号幅度以及各种随机抖动、正弦抖动等成分和大小符合测试规范要求，这也需要用到示波器对码型发生器输出的信号进行校准。图 22.11 是软件控制误码仪和示波器进行输出信号校准的一个例子。

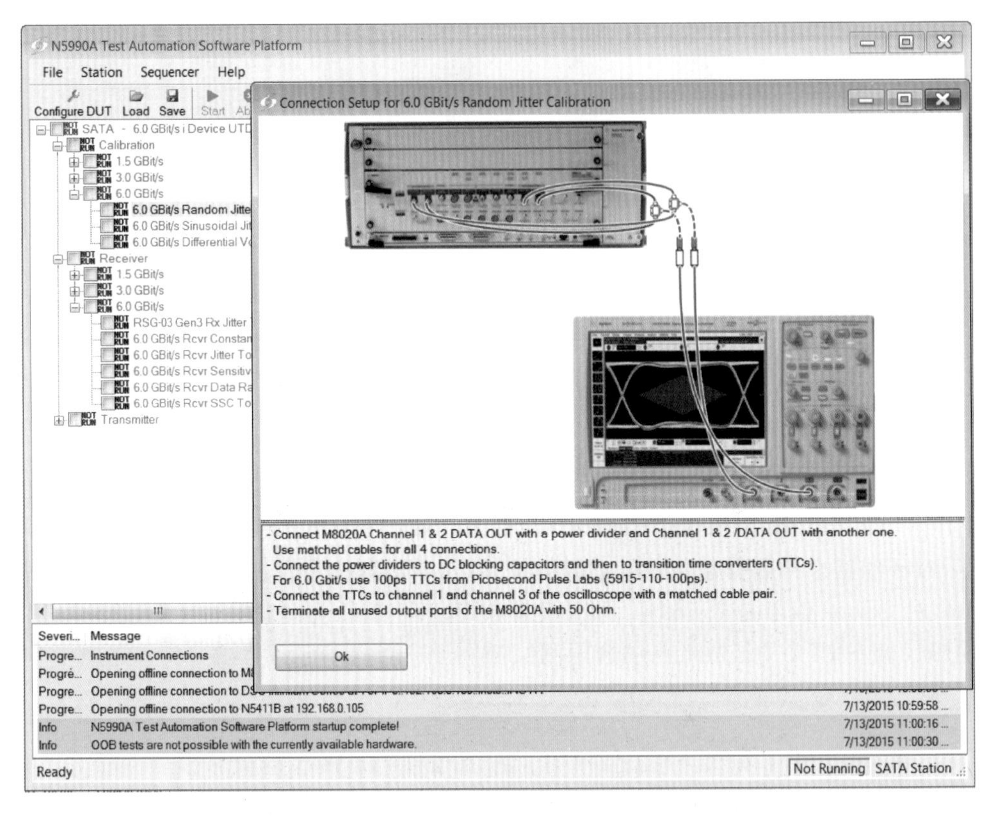

图 22.11 SATA 接收容限测试前的信号校准

4. SATA-Express(U.2/M.2)的测试

因为 SATA 主要针对个人电脑应用，要在廉价的 PCB 板材和连接器上实现 12Gbps 的信号传输非常困难，而且芯片中要有复杂的均衡电路也会提高成本，所以 SATA 组织目前还没有制定 12Gbps 的 SATA 标准，而是准备用 SATA-Express 的标准来满足更高数据传输速率的需求。

SATA-Express 就是用 PCIe 的物理层来进行硬盘数据的传输，主要满足 SSD(Solid State Disk，固态硬盘)等高速数据存取的应用。由于 PCIe 技术非常成熟，PCIe 3.0 的数据速率达到 8Gbps 并已经可以商用，而且 PCIe 还可以支持多条 Lane 同时进行数据传输，所以用 PCIe 来进行硬盘数据传输在提高总线吞吐率上有很大优势。

由于 PCIe 的连接器与 SATA 不一样，为了保持对原有 SATA 硬盘的兼容性，所以 SATA 协会重新定义了专门的连接器，例如 SFF-8639 连接器，其上可以承载最多 2 路传统的 SATA 信号或者 4 条 Lane 的 PCIe 信号，现在普遍称为 U. 2 接口。对于笔记本的应用，也可以采用 M. 2(NGFF，Next Generation Form Factor)的连接器。图 22.12 分别是采用 M. 2 和 U. 2 接口的 SSD 硬盘。(来源：网络图片)

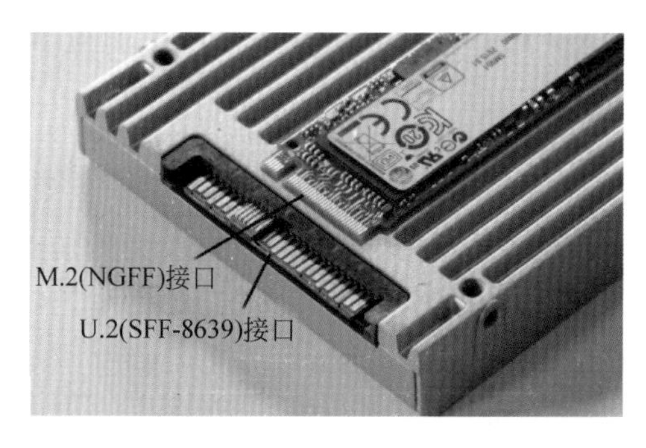

图 22.12 采用 M. 2 和 U. 2 接口的 SSD 硬盘

对于 U. 2 和 M. 2 接口的物理层测试来说，主要是由于接口的形态的变化需要使用不同的测试夹具。至于其信号测试标准，根据其上承载的 SATA 和 PCIe 信号的区别，分别参考相应的信号规范就可以了。图 22.13 是 M. 2 和 U. 2 接口的测试夹具。(参考资料：www. wilder-tech. com)

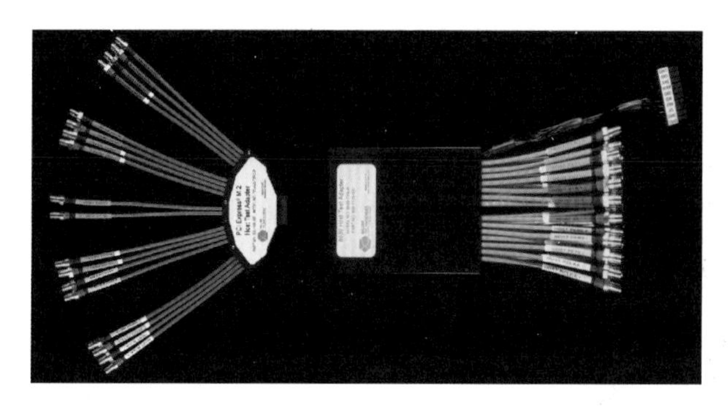

图 22.13 M. 2 和 U. 2 接口测试夹具

二十三、SAS 12G 总线测试方法

1. SAS 总线概述

前面介绍的 SATA 是传统 IDE 硬盘的串行版本，承载的是 ATA 协议，主要针对个人计算机应用；而 SAS(Serial Attached SCSI)是传统 SCSI 硬盘的串行版本，承载的是 SCSI 协议，主要针对企业级、服务器的应用。一般 SAS 硬盘的转速和平均寻道时间比 SATA 硬盘要快，平均无故障时间也要更长，同时 SAS 在数据恢复、纠错等方面比 SATA 更加复杂和可靠。

SAS 标准由 ANSI T10 技术委员会定义和开发，从 2013 年起，SAS 标准已经发展到 3.0 标准，达到 12Gbps 的总线速率。由于总线性能的提升和系统的可扩展性，SAS12G 技术在数据中心等领域已经大范围实施。预计到 2017 年，将会推动 SAS 24G 技术的标准。

SAS 是点到点的结构，可以建立磁盘到控制器的直接连接。通过点到点技术可以减少地址冲突以及菊花链连接的减速，为每个设备提供专用的信号通路来保证最大的带宽，并且每个传输通道都是在全双工方式下进行的。图 23.1 是典型的 SAS 存储系统架构。(摘自 SAS Standards and Technology Update，www.scsita.org)

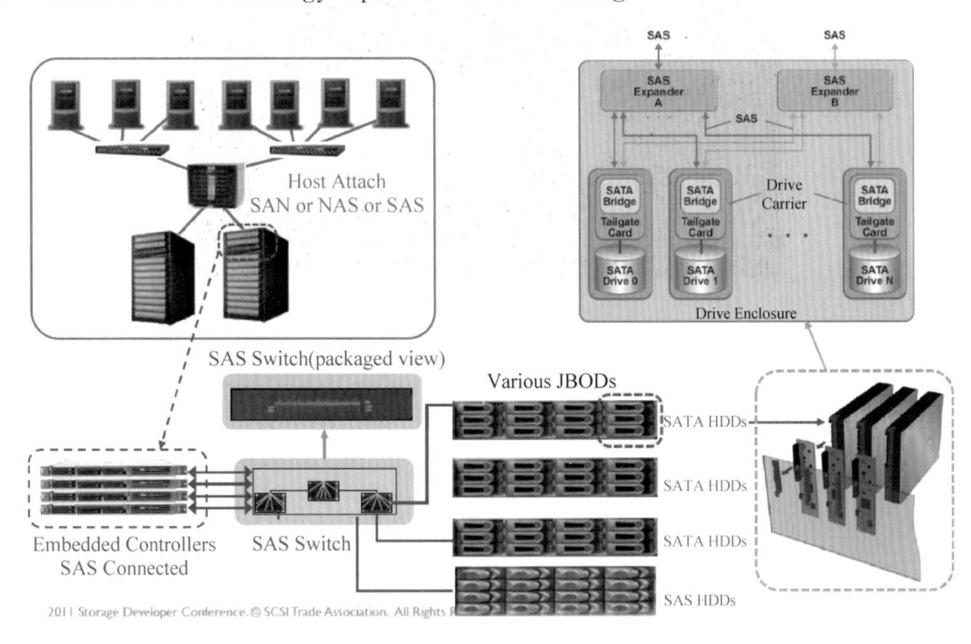

图 23.1　SAS 存储系统架构

由于 12Gbps 的信号经过电缆或背板，链路损耗会很严重，信号在接收端眼图可能严重恶化，为了应对这种挑战，SAS 3.0 规范定义了一些新的方法，例如接收端芯片采用 CTLE+DFE 的方式均衡接收端输入信号，允许发射端和接收端通过 back channel 进行均衡参数的协商以优化发射端均衡参数等。相应地，其测试也面临很多的挑战。

2. SAS 的测试项目和测试码型

SAS 规范定义了不同的测试点，以适应不同的测试内容的要求。其中包括可以通过测试夹具测试到的测试点 IT/CT，以及在电缆或背板末端的 IR/CR，在芯片内部的发射端在封装之前的芯片 Die 上的测试点 ET，以及接收端芯片经过均衡后的测试点 ER。图 23.2 是 SAS12G 规范中的测试点定义。

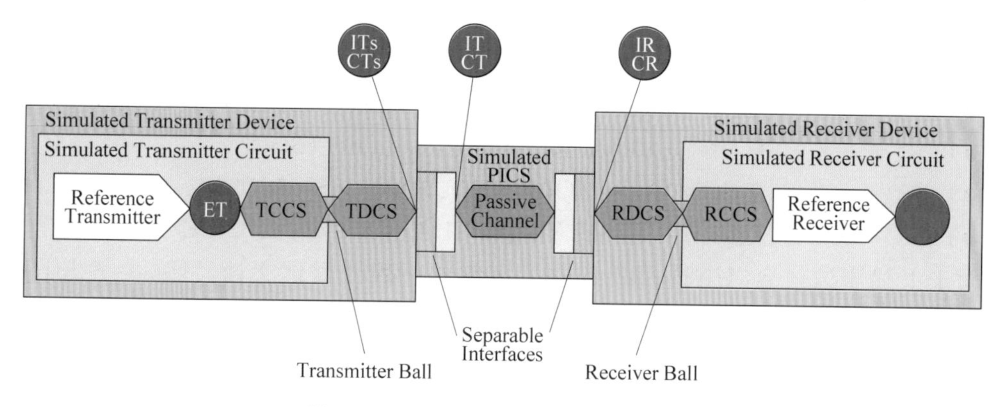

图 23.2　SAS12G 规范里定义的测试点

根据 SAS 的测试规范要求，SAS 测试包含三大部分内容：发射端信号质量测试、接收端抖动容限测试、互连阻抗和回波损耗测试。

发射端信号质量测试，包括 PHY、TSG、OOB 测试，这部分主要是发射机的信号完整性方面的内容。PHY 包括一般特性的信号质量，如链路数据速率稳定度及 SSC(扩频时钟)特性；TSG 包括发射机信号质量，如共模参数、信号幅度、VMA、WDP、边沿时间和抖动参数；OOB 测试主要是测量进行链路初始化时的 OOB(out-of-band 带外信令)的幅度/共模等参数特性。详细测试项目如下：

- Test 5. 3. 1：Physical Link Rate Long Term Stability
- Test 5. 2. 1 - SSC Modulation Frequency
- Test 5. 2. 3 - SSC Modulation Deviation and Balance
- Test 5. 2. 4 - SSC DFDT (Informative)
- Test 5. 3. 2 - Common Mode RMS Voltage Limit
- Test 5. 3. 3 - Common Mode Spectrum
- Test 5. 3. 4 - Peak-to-peak Voltage
- Test 5. 3. 5 - VMA and EQ (Informative)
- Test 5. 3. 6 - Rise and Fall Times
- Test 5. 3. 7 - Random Jitter (RJ)
- Test 5. 3. 8 - Total Jitter (TJ)
- Test 5. 3. 9 - Waveform Distortion Penalty (WDP)
- Test 5. 1. 2 - Maximum Noise During OOB Idle
- Test 5. 1. 3 - OOB Burst Amplitude

- Test 5.1.4 - OOB Offset Delta
- Test 5.1.5 - OOB Common Mode Delta

SAS 接收端抖动容忍度测试，主要是测试接收端对于抖动的容忍度。这部分测试项目不多，却是测试最复杂，挑战性最大的。测试项目如下：

- Test 1.1 - Stressed Receiver Device Jitter Tolerance Test Procedure for Trained 12 Gbit/s

SAS 的互联阻抗和回波损耗测试，主要针对阻抗不平衡和回波损耗的测试，反映系统互连和端口匹配等特性，测试内容如下：

- TEST 5.4.1 - RX DIFFERENTIAL RETURN LOSS(SDD11)
- TEST 5.4.2 - RX COMMON-MODE RETURN LOSS (SCC11)
- TEST 5.4.3 - RX DIFFERENTIAL IMPEDANCE IMBALANCE (SCD11)
- TEST 5.4.4 - TX DIFFERENTIAL RETURN LOSS (SDD22)
- TEST 5.4.5 - TX COMMON-MODE RETURN LOSS (SCC22)
- TEST 5.4.6 - TX DIFFERENTIAL IMPEDANCE IMBALANCE (SCD22)

对于上述测试内容，UNH-IOL 提供了详细的一致性测试文档，可以参考 https://www.iol.unh.edu/testing/storage/sas/test-suites，查阅对应的文档。

同时，SAS 规范中还定义了多种测试码型，在发射机测试、互连测试和接收机测试时有明确的测试码型的要求，要求被测件能够生成或者通过 BIST 方式生成，主要的测试码型包括如下：

- HFTP(High Frequency Test Pattern)高频测试码型，1010101010 1010101010b，即重复的 D10.2。
- MFTP(Middle Frequency Test Pattern)中频测试码型，1100110011 0011001100b，即重复的 D24.3。
- LFTP(Low Frequency Test Pattern)低频测试码型，0111100011 1000011100b，即重复的 D30.3。

上述 3 个码型主要用于测试发射机的性能参数测试。

- LBP(Lone-Bit Pattern)单独位码型，主要用于测试 SATA 性能。
- CJPAT(Compliant Jitter Tolerance Pattern)，一致性抖动容忍度码型。
- SRAMBLE_0 Pattern 主要用于测试 SAS 1.5,3 和 6 Gbps WDP 性能。
- IDLE dwords pattern 主要用于 SAS 12 Gbps 测试，配合 SAS3_EYEOPENING script。

3. SAS 发送端信号质量测试

由于 SAS 的信号速率高达 12Gbps，对于测试需要的示波器带宽要求也比较高。在 SAS 12G 标准中，以信号的最快上升沿(20%～80%)为 0.25UI 即 20.83ps 为例，为了保证最快上升时间测量的精确性(以 3%的边沿时间测量误差为准)，通常来说示波器带宽应为 1.4×0.4/TRise，那么对 SAS12G 来说，计算下来带宽要在 26.9GHz 左右，因此 SAS 12G 的信号质量测试中至少应该使用 25GHz 带宽的示波器。

除了示波器以外，SAS 12G 对于信号的参数要求很多，如 SSC、OOB、幅度、上升下降时间、均衡系数、共模、抖动、端到端模拟等参数。因此，最好是借助示波器中专门针对 SAS 测试的一致性测试软件完成相关测试。图 23.3 是 SAS 对于信号质量的要求。

Signal characteristic	Units	Minimum	Nominal	Maximum
Peak to peak voltage(V_{P-P})	mV(P-P)	850		1200
Transmitter device off voltage at IT or CT	mV(P-P)			50
Withstanding voltage (non-operational)at IT or CT	mV(P-P)	2000		
Rise/fall time at IT or CT	ps	20.8		
Precursor equalization ratio R_{pre}	V/V	1		1.66
Post cursor equalization ration R_{post}	V/V	1		3.33
VMA	mV(P-P)	80		
Common mode voltage limit(rms)	mV			30
RJ	UI			0.15[n]
TJ	UI			0.25[p]

图 23.3　SAS 对于信号质量的要求

这里需要提及 SAS 12G 最小峰峰值，以及发射端均衡系数的测试要求。这个测试环境是用夹具连接示波器通道进行测试，但规范要求去除夹具及封装等的影响，测试点在 ET 点。现在的高带宽示波器可以利用去嵌入工具去除芯片 Die 外部互连的损耗，但因为芯片商往往对封装模型等信息是不公开的，所以规范定义了 SAS3_EYEOPENING 脚本，利用这个脚本算法将捕获的不同均衡系数步进调节的波形，通过脚本运算，来提取发射端的均衡系数。这个脚本原先由芯片公司 PMC 开发并由 T10 组织发布，得到授权的示波器厂商就可以在 SAS 一致性软件中完成这部分测试。图 23.4 是 SAS 一致性软件中设置的界面。

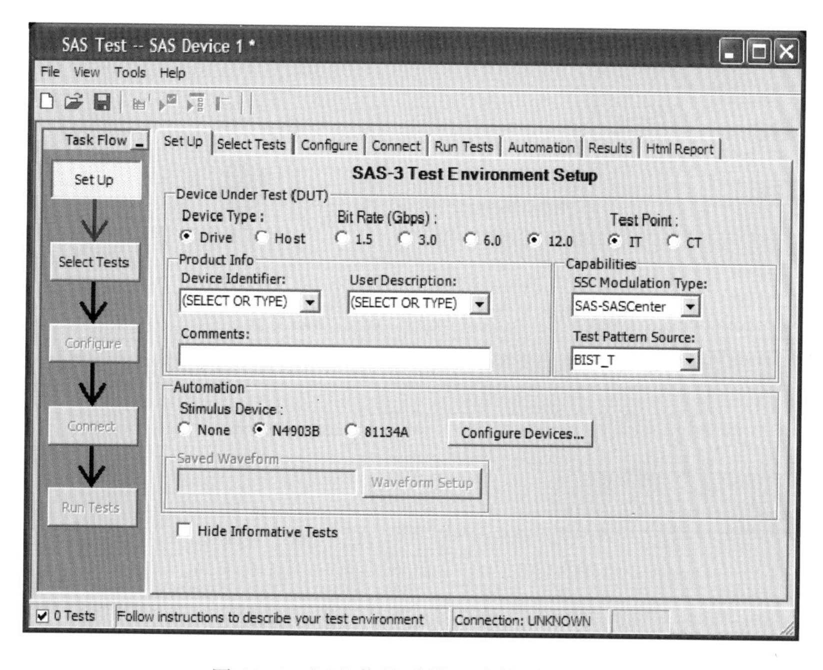

图 23.4　SAS 信号质量一致性测试软件

SAS 的测试夹具可以选择 Wilder Tech 公司的相关产品，选择时需要注意具体的接口类型及公头、母头的选择，图 23.5 是一种 SAS 测试夹具。（参考资料：www.wilder-tech.com）

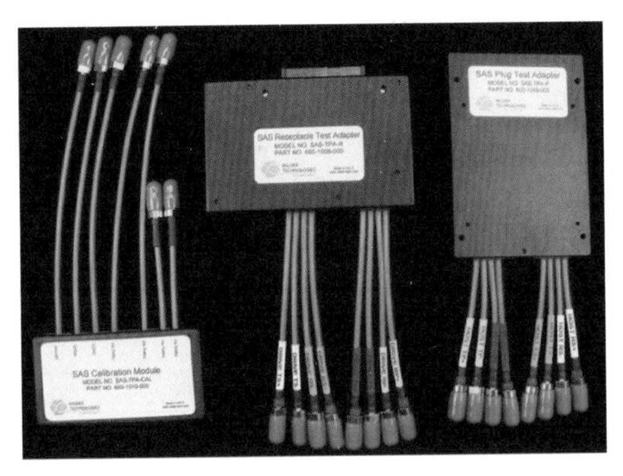

图 23.5　SAS 的测试夹具

4. SAS 接收机抖动容限测试

接收容限测试主要测试接收端对于不同频率抖动的跟踪和容忍能力。与 USB 3.0 等总线类似，SAS 的收发两端有各自的时钟域，而且也经常采用 SSC。因此，在 SAS 芯片内，有弹性缓冲器用来添加或删除填充符以调整本地时钟对外部接收信号的采样，其填充符就是 ALIGN 码型。现代的误码仪通过选件可以识别填充符及 8b/10b 编码规则，因此不使用协议分析仪就能正确测量误符号率或误帧率。在 SAS 中，要求测量误帧率(Frame Error Rate，FER)，在一个帧内的所有错误记录为 1 次误帧。图 23.6 是 SAS 接收机容限测试的原理框图。

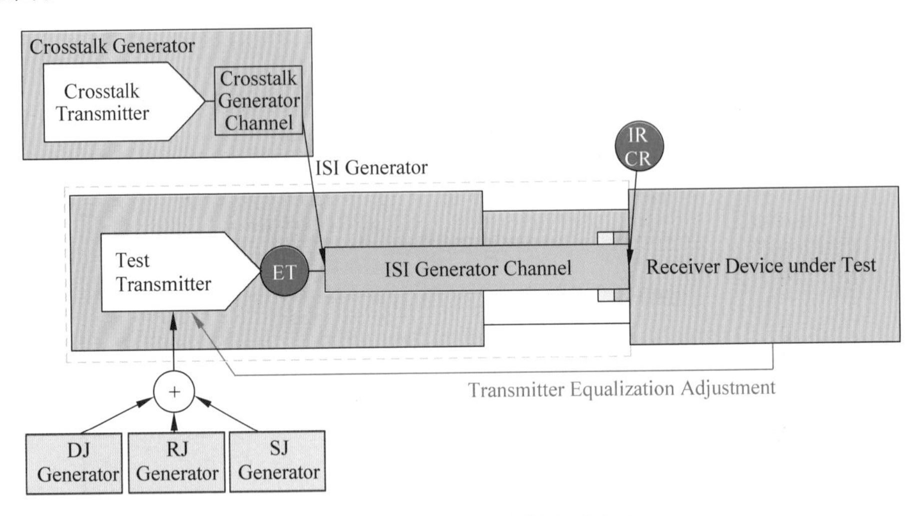

图 23.6　SAS 接收机容限测试方法

SAS 接收机抖动容限测试相对来说比较复杂：在发射端接入 ISI Channel 之前需要加入串扰的影响，依次对 ISI、串扰、Rj、Sj 等参数进行校准。图 23.7 是实际的 SAS 接收容限测试环境。

接收容限测试中，需要保证用于测试的信号参数满足图 23.8 的要求。因此，为了保证测试结果的一致性和重复性，信号的精确校准非常重要。

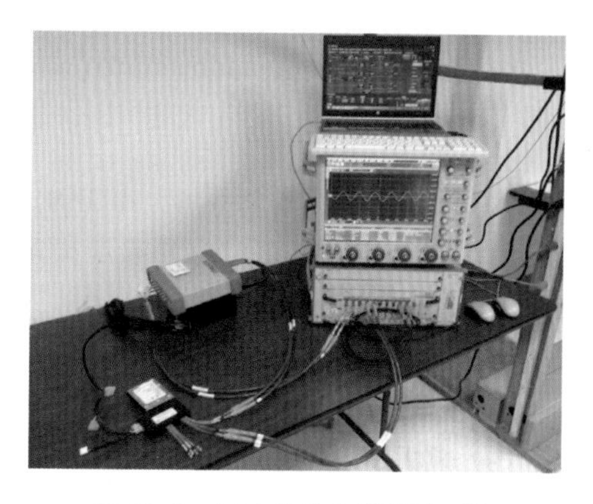

图 23.7　SAS 接收容限测试环境

Parameter	Min	Target	Max	Comments
ISI	65% 125mV		80% 145mV	eye opening@ber1^{-15} reference cursor values determined by simulation with eye opening script. Channel loss usually ends up to be around −22dB @6GHz
Amplitude	850mV	850mV	1000mV	1V under discussion
Crosstalk	15mV	20mV	20mV	Histogram based@ber 10^{-6}
RJ	9.46mUl$_{rms}$	10.72mUl$_{rms}$	11.78mUl$_{rms}$	Spec defines pp values at ber 10^{-12}
SJ	Frequency dependent templates for SSC and without SSC			

图 23.8　SAS 接收容限测试信号参数要求

由于人为的调整可能会存在较多的不确定性，因此可以通过自动校准软件来实现误码仪和校准用的示波器间的动态参数调整，直至信号参数满足规范要求。图 23.9 是用于 SAS 自动信号校准的软件。

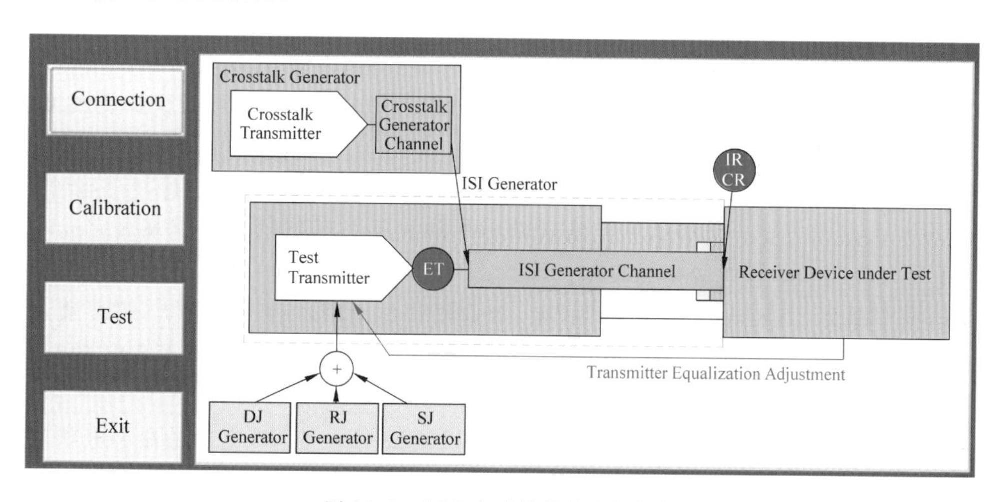

图 23.9　SAS 自动信号校准的软件

5. SAS 互连阻抗及回波损耗测试方案

在存储系统的 SAS 电缆、主板、背板的性能评估中，其 TDR 反射特性、频域 *S* 参数、眼图模板等是评判互连特性的基本要求。为此，可以采用带有时域 TDR 功能的矢量网络分析仪完成频域、时域测试以及眼图的模拟(见图 23.10)。

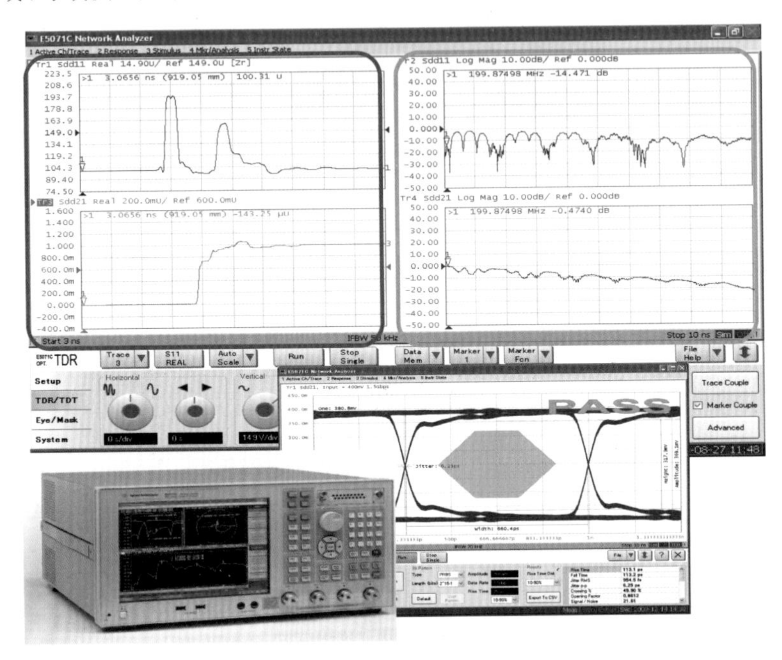

图 23.10 带有时域 TDR 功能的矢量网络分析仪

矢量网络分析仪中的时域 TDR 功能是这些年开始使用的一种新的分析技术，是对传输矢量网络分析仪的频域数据进行反 FFT 变换得到时域信息。其操作类似传统的 TDR 仪器，但相对于传统 TDR 或矢量网络分析仪有如下特点：

- **防静电能力强**：矢量网络分析仪内部采用窄带扫频，对于宽带的静电脉冲有天然的抑制能力。传统采样示波器为了避免保护电路减缓阶跃脉冲的上升沿而很少使用 ESD 保护电路，所以非常容易因为静电损坏。
- **使用简单**：带有 TDR 选件的矢量网络分析仪用户界面经过重新设计，与传统的 TDR 设备使用方式类似。数字工程师不用特别熟悉矢网操作，就可以轻松、直观地完成时域阻抗、频域 *S* 参数测量并且生成仿真眼图。
- **动态范围大**：采样示波器是宽带仪器，因此噪声相对网络仪来说较大，需要通过取平均法降低噪声，但是这会影响测量速度。矢量网络分析仪一般具有超过 100dB 动态范围，可以识别极低的器件串扰和模式转换。
- **带电阻抗测试**：现在很多规范(如 SAS)要求测试 Hot TDR，也就是在上电状态下测试阻抗。采样示波器 TDR 测量原理是通过接收反射脉冲来进行阻抗测试，在被测件有信号发送时无法进行测试。而网络仪使用窄带接收机，可以准确接收扫频信号频点，因此可以用于带电测试。

二十四、DDR3/4 信号和协议测试

1. DDR 简介

DDR SDRAM 即通常所说的 DDR 内存,DDR 内存的发展已经经历了三代,目前 DDR3 已经成为市场的主流,DDR4 也逐渐开始进入市场。制定 DDR 内存规范的标准化组织是 JEDEC(Joint Electron Device Engineering Council,http://www.jedec.org/)。

按照 JEDEC 组织的定义,DDR3 的最高数据速率可以支持到 1600MTbps,但目前实际上在很多服务器的应用上 DDR3 已经可以支持到 2333MTbps 甚至更高的数据传输速率,而 DDR4 的最高数据速率则达到了 3200MTbps 以上。图 24.1 是几种主流 DDR 内存标准的一个简单的比较。

	Freq range (MHz)	Bus width	Transfer rate (MT/s)	Operating voltage (V)	Package
DDR1	100-200	4, 8, 16	200-400	2.5	TSOP
DDR2	200-533	4, 8, 16	400-1067	1.8	FBGA
DDR3	400-1067	4, 8, 16	800-2133	1.5	FBGA
DDR3L	400-1067	4, 8, 16	800-2133	1.35	FBGA
DDR4	800-1600	4, 8, 16, 32	1600-3200	1.2	FBGA

图 24.1　主流 DDR 内存标准比较

DDR 内存的发展趋势是速率更高、封装更密、工作电压更低,这些都对设计和测试提出了更高的要求。同时,在很多移动设备中还出现了工作电压和功耗更低的 LPDDR3 和 LPDDR4 的应用,这些都对设计和测试提出了更高的要求。为了从仿真、测试到最后功能测试阶段全面保证 DDR 信号的波形质量和时序裕量,需要的不仅是孤立的仿真和测试工具,而是需要把各个阶段结合起来。

2. DDR 信号的仿真验证

由于 DDR 芯片都是采用 BGA 封装,密度很高,且分叉、反射非常厉害,因此前期的仿真是非常必要的。图 24.2 是借助仿真软件中专门针对 DDR 等高速总线的仿真模型库,仿真出的通道损耗以及信号波形。

仿真出信号波形以后,许多用户需要快速验证仿真出来的波形是否符合 DDR 相关规范要求。这时,可以把软件仿真出的 DDR 的时域波形导入到示波器中的 DDR 测试软件中(见图 24.3),并生成相应的一致性测试报告,这样可以保证仿真与测试分析方法的一致,并且便于在仿真阶段就发现可能的信号违规。

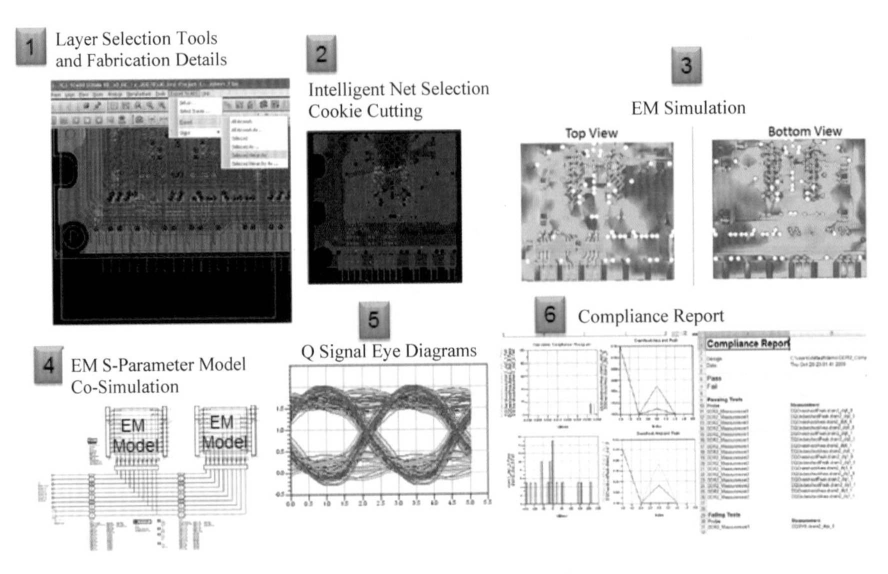

图 24.2　DDR 信号的仿真

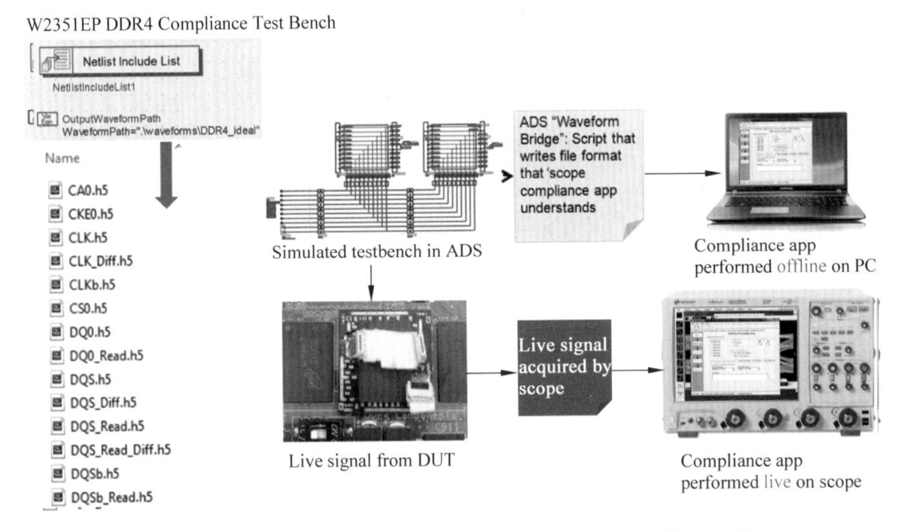

图 24.3　用示波器中的一致性测试软件分析 DDR 仿真波形

3. DDR 信号的读写分离

对于 DDR 总线来说，真实总线上总是读写同时存在的。而且规范对于读时序和写时序的相关时间参数要求是不一样的，读信号的测量要参考读时序的要求，写信号的测量要参考写时序的要求。因此要进行 DDR 信号的测试，第一步要做的是从真实工作的总线上把感兴趣的读信号或者写信号分离出来。图 24.4 是 JEDEC 协会规定的 DDR4 总线的一个工作时序图（参考资料：JEDEC STANDARD DDR4 SDRAM，JESD79-4A），可以看到对于读和写信号来说 DQS 和 DQ 间的时序关系是不一样的。

图 24.5 和图 24.6 分别是一个实际的 DDR4 总线上的读时序和写时序。可以看到，在

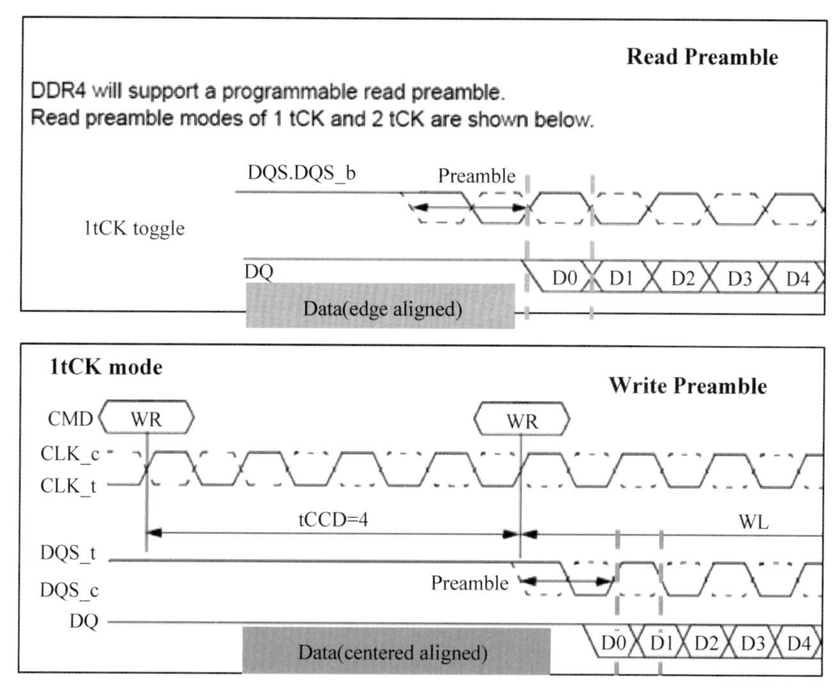

图 24.4　DDR4 总线工作时序图

实际的 DDR 总线上，读时序、写时序是同时存在的，而且对于读或者写时序来说，DQS(数据锁存信号)相对于 DQ(数据信号)的位置也是不一样的。对于测试来说，如果没有软件的辅助，就需要人为分别捕获不同位置的波形，并自己判断每组 Burst 是读操作还是写操作，再依据不同的读写规范进行相应参数的测试，这使得测量效率很低，而且没法进行大量的测量统计。

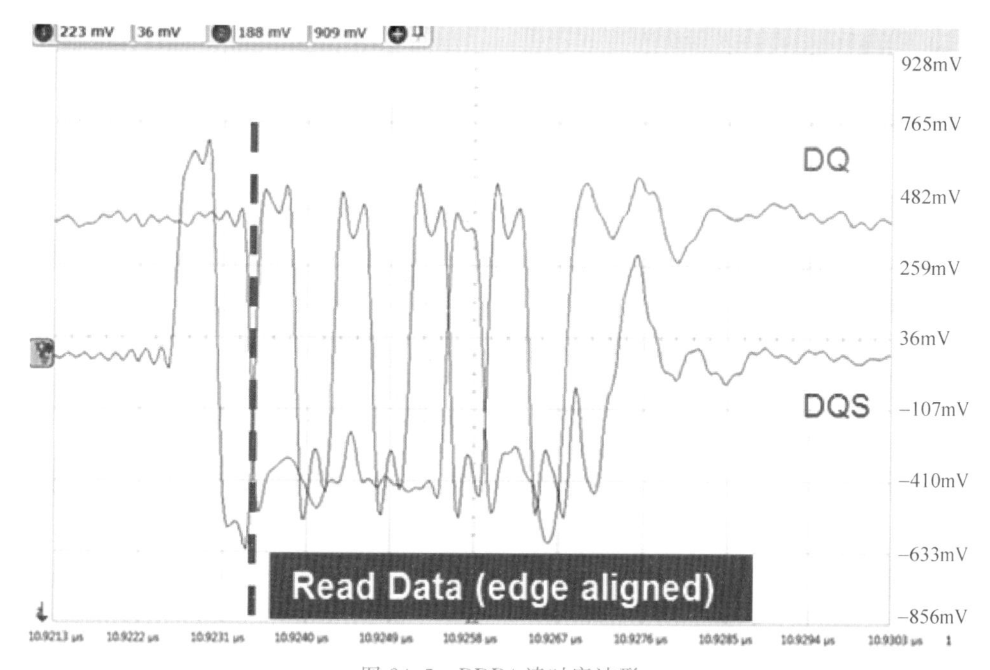

图 24.5　DDR4 读时序波形

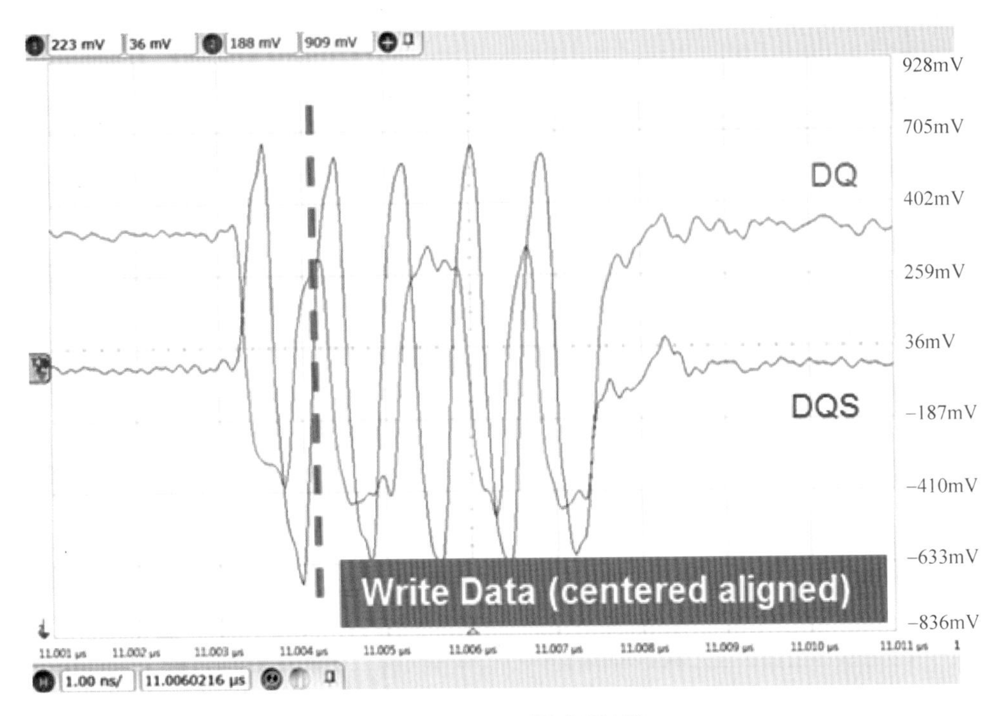

图 24.6 DDR4 写时序波形

由于读写时序不一样造成的另一个问题是眼图的测量。在 DDR3 及之前的规范中没有要求进行眼图测试，但是在很多时候眼图测试是一种快速、直观衡量信号质量的方法，所以许多用户希望通过眼图来评估信号质量。而对于 DDR4 的信号来说，由于时间和幅度的余量更小，必须考虑随机抖动和随机噪声带来的误码率的影响，而不是仅仅做简单的建立/保持时间的测量。因此在最新的 DDR4 的测试要求中，就需要像很多高速串行总线一样对信号叠加生成眼图后再对其随机噪声和随机抖动进行统计，并根据误码率要求进行随机成分的外推，然后与要求的最小信号张开窗口（模板）进行比较。图 24.7 是 DDR4 规范中建议的眼图张开窗口的测量方法（参考资料：JEDEC STANDARD DDR4 SDRAM，JESD79-4A）。

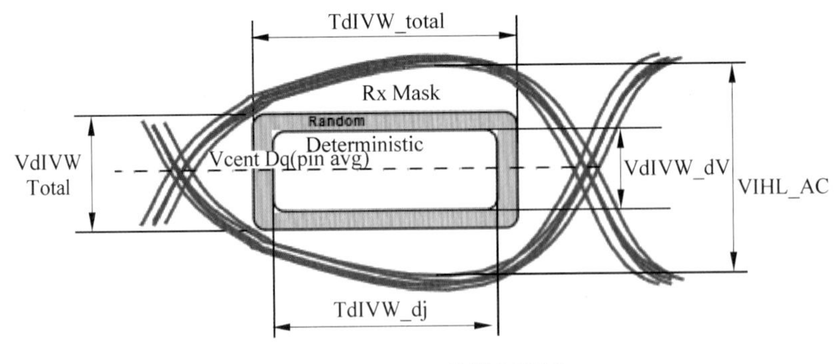

图 24.7 DDR4 的眼图测量

我们看到，在用通用方法进行的眼图测试中，由于信号的读、写和三态都混在一起，因此很难对信号质量进行评估。要进行信号的评估，第一步是要能把读写信号分离出来。传统上有以下几种方法用来进行读写信号的分离，但都存在一定的缺点。

（1）根据读写 Preamble 的宽度不同用脉冲宽度触发(针对 DDR2 信号)。如图 24.8 所示，Preamble 是每个 Burst 的数据传输开始前，DQS 信号从高阻态到发出有效的锁存边沿间的一段准备时间，有些芯片的读时序和写时序的 Preamble 的宽度可能是不一样的。但由于 JEDEC 并没有严格规定写时序的 Preamble 宽度的上限，因此不同芯片间 Preamble 的宽度可能是不同的，如果芯片的读写时序的 Preamble 的宽度接近的话就不能进行分离了。另外，对于 DDR3 来说，读时序的 Preamble 可能是正电平也可能是负电平；对于 DDR4 来说，读写时序的 Preamble 几乎一样，这就使得触发更加难以设置。

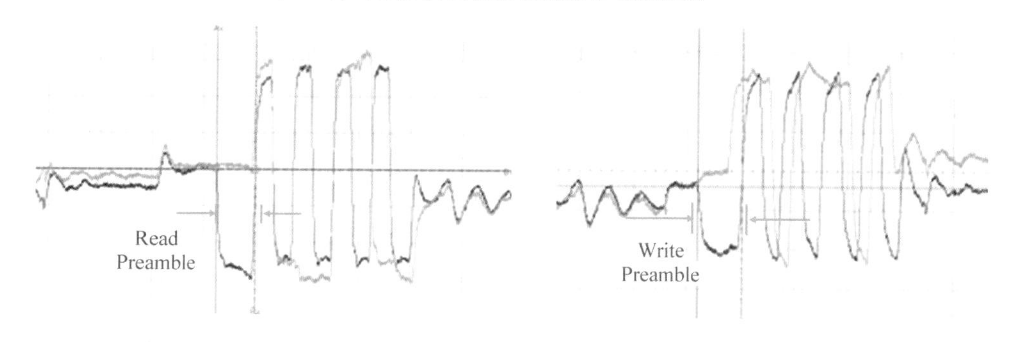

图 24.8　DDR2 信号的 Preamble

（2）根据读写信号的幅度不同进行分离，如图 24.9 所示。如果 PCB 走线长度比较长，在不同位置测试时可能读写信号的幅度不太一样。但是这种方法对于走线长度不长或者读写信号幅度差别不大的场合不太适用。

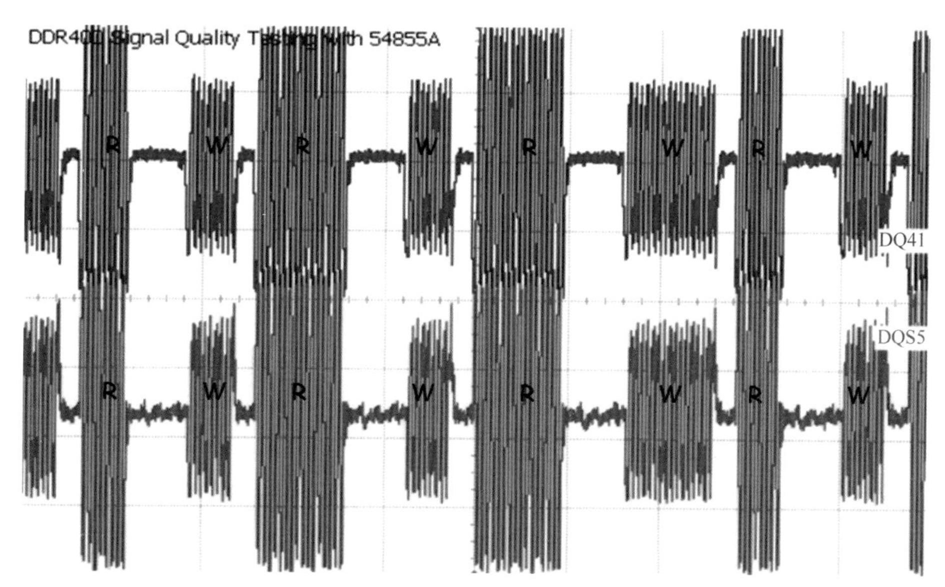

图 24.9　读信号和写信号的幅度差异

（3）还可以根据 RAS、CAS、CS、WE 等控制信号来分离读写。这种方法使用控制信号的读写来判决读写的时序，是最可靠的方法，但是由于要同时连接多个控制信号以及 Clk、DQS、DQ 等信号，要求示波器的通道数多于 4 个，只有带数字通道的混合信号示波器才能满足要求，而且要求数字通道的采样率比较高。图 24.10 是用带高速数字通道的示波器触发并采集到的 DDR 信号波形。

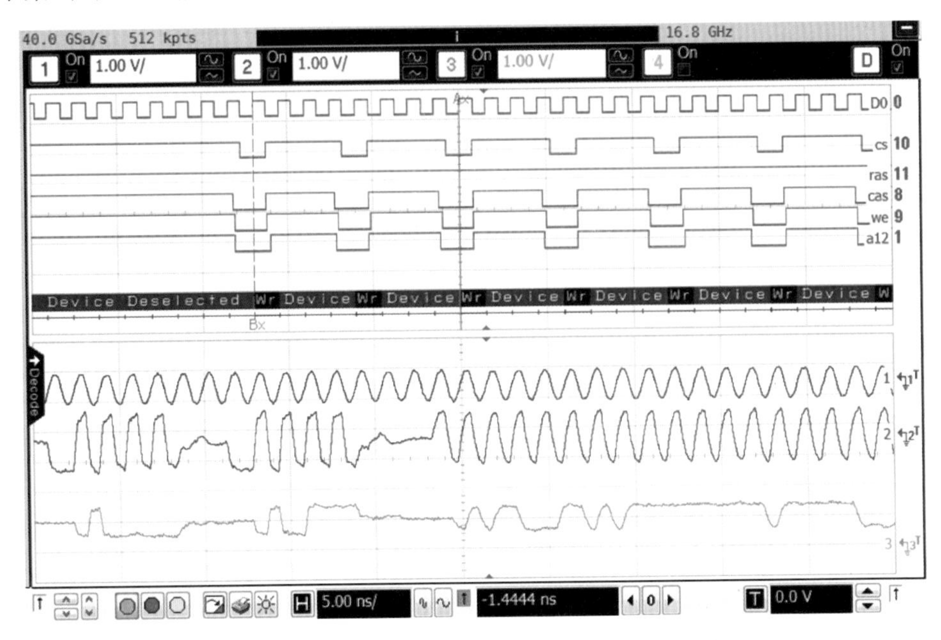

图 24.10　用 MSO 示波器捕获的 DDR 信号波形

为了进行更直观的读写信号分离，有些现代的示波器提供了一种图形区域触发的方法，可以用屏幕上的特定区域(Zone)定义信号触发条件，并把读写数据可靠分开。如图 24.11 是用区域触发功能对 DDR 的读写信号分离的一个例子。我们用锁存信号 DQS 信号触发可以看到两种明显不同的 DQS 波形，一种是读时序的 DQS 波形，另一种是写信号的 DQS 波形。打开区域触发功能后，通过在屏幕上的不同区域画不同的方框，就可以把感兴趣的 DQS 波形保留下来，相对应的数据线 DQ 上的波形也保留下来了。

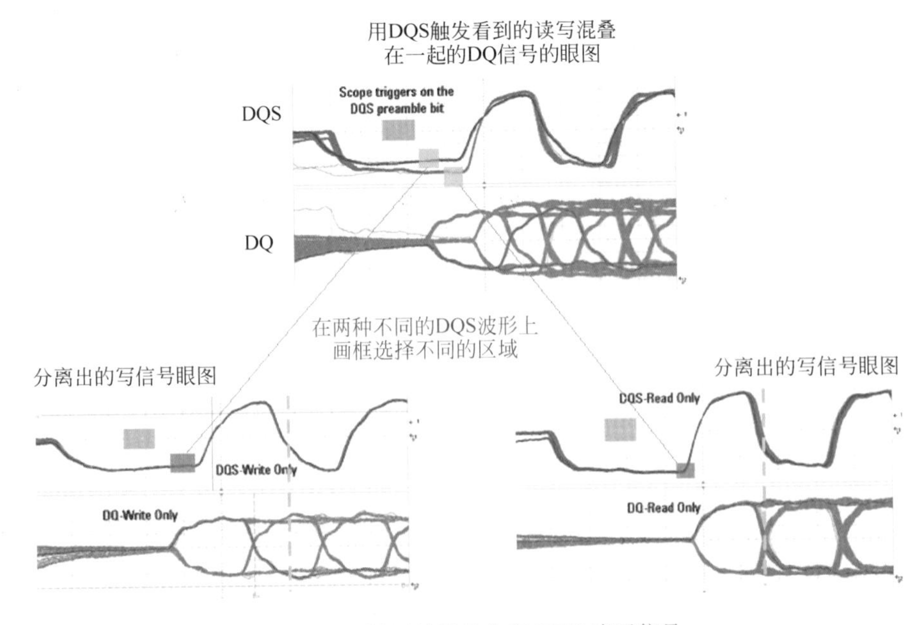

图 24.11　用区域触发分离 DDR 读写信号

以上只是一些进行DDR读写信号隔离的常用方法，根据不同的信号情况，用户还可以选择另外的方法，例如根据建立/保持时间的不同进行分离等。读时序和写时序波形分离出来以后，就可以方便地进行波形参数或者眼图模板的测量。

4. DDR的信号探测技术

在DDR的信号测试中，还有一个要解决的问题是怎么找到相应的测试点进行信号探测。由于DDR的信号不像PCIe、SATA、USB等总线一样有标准的连接器，通常都是直接的BGA颗粒焊接，而且JEDEC对信号规范的定义也是在内存颗粒的BGA管脚上，这就使得信号探测成为一个复杂的问题。

如果PCB的设计密度不高，用户有可能在DDR颗粒的管脚附近找到PCB过孔，这时可以用焊接或点测探头在过孔上进行信号测量。图24.12所示就是一种用焊接探头在过孔上进行DDR信号测试的例子。

而如果PCB的密度较高，有可能期望测量的管脚附近找不到合适的过孔，例如采用双面BGA贴装或采用盲埋孔的PCB设计时，这时就需要有合适的手段把关心的BGA管脚上的信号尽可能无失真地引出来。为了解决这种探测的难题，可以使用一种专门的BGA探头。这种BGA探头实际上是一个专门设计的适配器，内部采用埋阻技术进行信号匹配。使用时通过重新焊接，把适配器焊接在DDR的内存颗粒和PCB板中间，并把信号引出。图24.13是DDR4的BGA焊接探头。

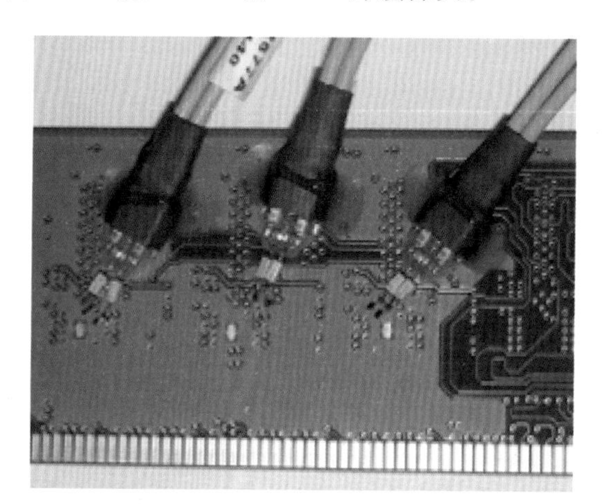

图24.12　使用焊接探头测试DDR信号

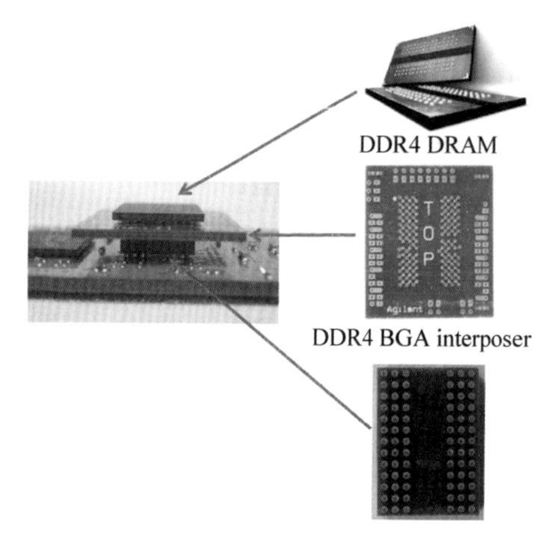

图24.13　DDR4的BGA焊接探头

5. DDR的信号质量分析

DDR信号质量的测试也是使用高带宽的示波器。对于DDR的信号，技术规范并没有给出DDR信号上升/下降时间的具体参数，因此用户只有根据使用芯片的实际最快上升/下降时间来估算需要的示波器带宽。对于DDR2信号的测试，通常推荐的示波器和探头的带宽在4GHz；对于DDR3信号的测试，通常推荐的示波器和探头的带宽在8GHz；DDR4

的测试需要的示波器带宽是 12GHz 以上。

DDR 总线上需要测试的参数高达上百个，而且还需要根据信号斜率进行复杂的查表修正。为了提高 DDR 信号质量测试的效率，一般也会使用专用的测试软件进行测试。使用自动测试软件的优点是：自动化的设置向导避免连接和设置错误；快速的测量和优化的算法减少测试时间；可以测试 JEDEC 规定的速率，也可以测试用户自定义的数据速率；自动读写分离技术简化了测试操作；能够多次测量并给出一个统计的结果；能够根据信号斜率自动计算建立/保持时间的修正值。

在测试软件中用户顺序选择好测试速率、测试项目并根据提示进行参数设置和连接，然后运行测试软件即可。图 24.14 是 DDR4 测试软件的使用界面。

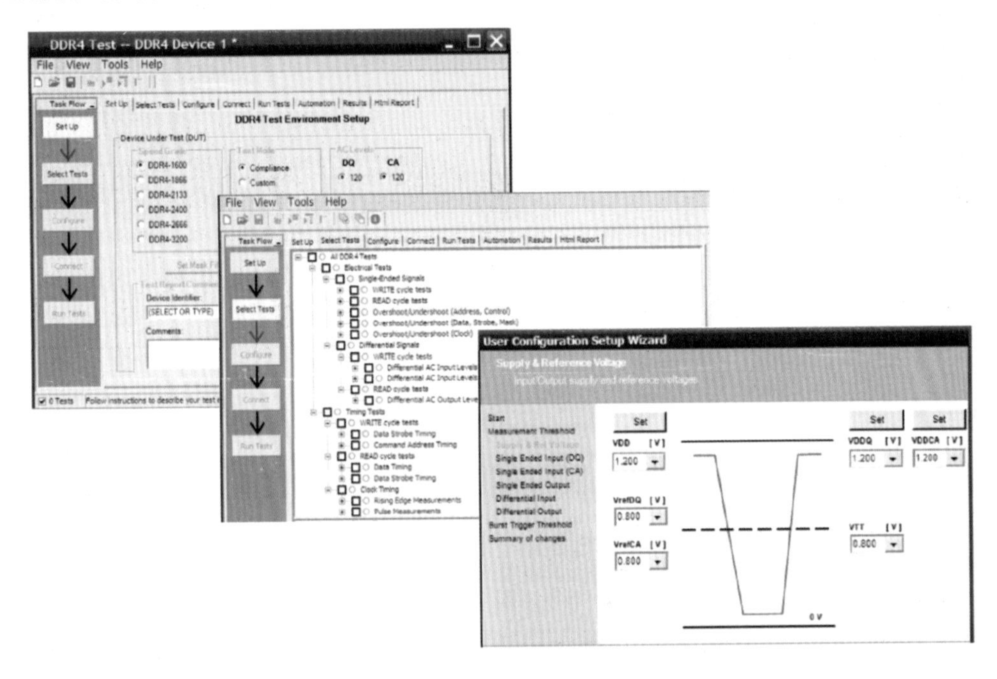

图 24.14 DDR4 的信号质量测试软件

软件运行后，示波器会自动设置时基、垂直增益、触发等参数并进行测量，测量结果会汇总成一个 html 格式的测试报告，报告中列出了测试的项目、是否通过、spec 的要求、实测值、margin 等。图 24.15 是自动测试软件进行 DDR4 眼睁开度测量的一个例子。

除了一致性测试以外，DDR 测试软件还可以支持调试功能。例如在某个关键参数测试 Fail 后，可以针对这个参数进行 Debug，此时，测试软件会捕获一段时间的读写波形并进行参数统计，也可以定位到某个参数值对应的波形位置，如图 24.16 所示。

6. DDR 的协议测试

除了信号质量测试以外，有些用户还会关心 DDR 总线上真实读写的内容是否是期望的数据，总线的利用率、吞吐率，以及总线上是否有协议的违规等，这时就需要进行相关的协议测试。DDR 的总线宽度很宽，即使数据线只有 16 位，加上地址、时钟、控制信号等也有 30

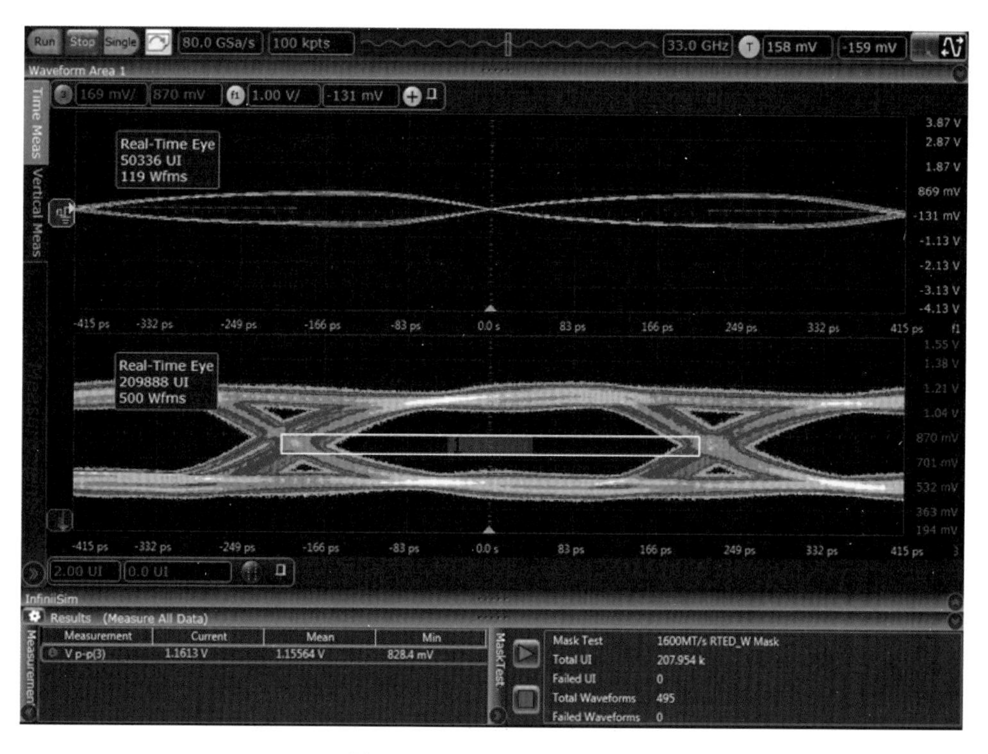

图 24.15 DDR4 的眼图测量

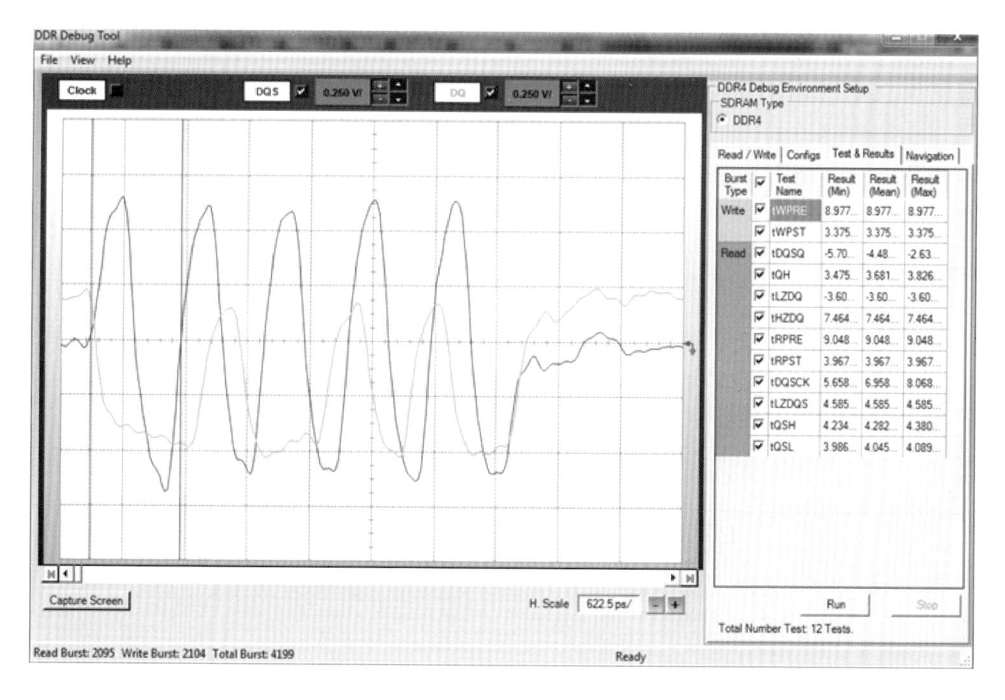

图 24.16 DDR 信号质量调试工具

多根线,更宽位数的总线甚至会用到上百根线。为了能够对这么多根线上的数据进行同时捕获并进行协议分析,最适合的工具就是逻辑分析仪。DDR 协议测试的基本方法是通过相应的探头把被测信号引到逻辑分析仪中，逻辑分析仪再运行解码软件进行协议验证和分析。

由于DDR3的数据速率高达2333MTbps或者更高，DDR4的数据速率更是会达到3.2GTbps以上，所以对逻辑分析仪的要求也很高。需要状态采样时钟支持到1.6GHz以上且在双采样模式下支持到3.2Gbps以上的数据速率。图24.17是高速逻辑分析仪及使用的DDR4测试探头。

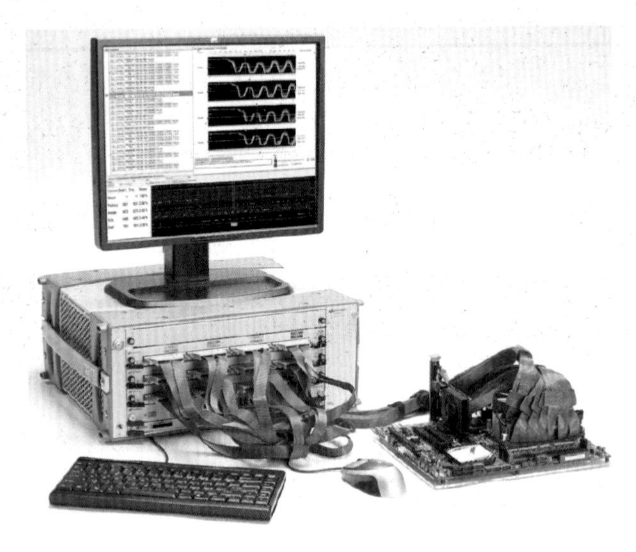

图24.17　DDR4协议测试

对于嵌入式应用的DDR的协议测试，一般是DDR颗粒直接焊接在PCB板上，测试可以选择前面介绍过的BGA探头。如果设计时有可能事先在板上留测试点，也可以选择Soft-Touch的连接方式，即事先把被测信号引到一些按一定规则排列的焊盘上，再通过相应探头的排针顶在焊盘上做测试。

二十五、10G以太网简介及信号测试方法

1. 以太网技术简介

在PC和数据通信等领域中，以太网的应用非常广泛。现在广泛使用的以太网的技术从20世纪90年代10Base-T标准推出以来，发展非常迅速。目前比较普遍使用的是基于双绞线介质的10M/100M/1000M以太网，同时10G及更高速率的以太网的技术也在服务器、数据交换等领域得到广泛应用。另外，目前WLAN的802.11ac标准中在使用多天线的环境下数据传输速率已经可以超过1Gbps。为了以较低的成本和功耗在企业网环境下支持超过1Gbps以上的信号传输，以Broadcom、Brocade、Freescale等公司为主的MGbase-T联盟，以及以Aquantia、Cisco、NXP、Intel、Xilinx等公司为主的NBASE-T联盟都推出了2.5G、5G的数据传输标准。

10Base-T、100Base-Tx、1000Base-T、10GBase-T、MGBase-T都是使用双绞线介质和RJ-45连接器(有时称为水晶头)作数据传输的以太网标准，由于布线简单、成本低廉、使用方便，目前是最广泛使用的以太网技术(标准里的T是指Twisted Pair，即双绞线)。图25.1是RJ45连接器的信号定义，在RJ45连接器上有8个引脚，可以连接4对双绞线，其中10Base-T、100Base-Tx只使用其中的两对，一对用来发送，另一对用来接收；而在1000Base-T及更高速率的标准里，会同时用到4对双绞线，而且每对双绞线上都是同时有数据的收发。

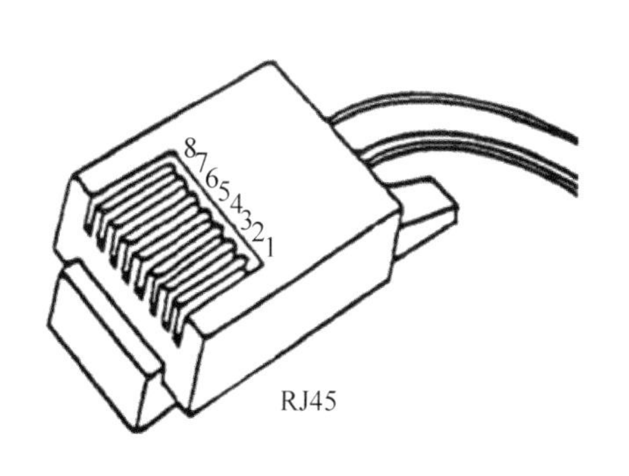

Pin	10BASE-T/ 100BASE-TX	1000BASE-T
1	TD+	BI_DA+
2	TD−	BI_DA−
3	RD+	BI_DB+
4	Unused	BI_DC+
5	Unused	BI_DC−
6	RD−	BI_DB−
7	Unused	BI_DD+
8	Unused	BI_DD−

图25.1 RJ45连接器的信号定义

设备间良好的兼容和互通性是以太网设备的最基本要求，为了保证不同以太网设备间的互通性，就需要按照规范要求进行相应的一致性测试以确保其信号质量等参数满足相应标准的要求。测试所依据的标准主要是IEEE 802.3和ANSI X3.263-1995中的相应章节。根据不同的信号速率和上升时间，要求的示波器和探头的带宽也不一样。对于10Base-T/100Base-Tx/1000Base-T的测试需要1GHz带宽。

对于10G以太网的测试，其标准非常多，如10GBase-CX、10GBase-T、10GBase-S等，有

的是电接口,有的是光接口,不同接口的信号速率也不一样。例如 10GBase-T 的测试至少需要 2.5GHz 带宽的实时示波器;10GBase-CX、XAUI 等测试至少需要 8GHz 带宽的实时示波器;10GBase-KR 等信号的测试需要至少 20GHz 带宽的示波器;而 10GBase-S 等光接口的测试则需要根据不同速率选择相应带宽的带光口的采样示波器。下面以基于双绞线的 10GBase-T 接口的测试作为实例。

2. 10GBASE-T/MGBase-T/NBase-T 的测试

10GBASE-T 是 IEEE 在 2006 年推出的 10G 以太网的标准,用于在服务器、数据交换机间通过双绞线和 RJ45 接口实现 10Gbps 的信号传输。10GBASE-T 的实现方法与 1000BASE-T 的实现方法类似,都是同时在 4 对双绞线上进行双向的数据传输,但是采用了更复杂的信号调制技术(PAM-16)、更高级的噪声抑制(Tomlinson-Harashima Precoding 信道均衡)、更复杂的编码方法(加扰/解扰、LDPC 编码)以及更好的传输网线(6 类线)来实现 10Gbps 的以太网信号传输。在 CAT6a 或更好的网线上,10GBASE-T 信号可以传输 100m,在普通的 CAT6 网线上,传输距离小于 37m。图 25.2 是 10GBASE-T 以太网的总线架构。(参考资料:IEEE Std 802.3™-2008)

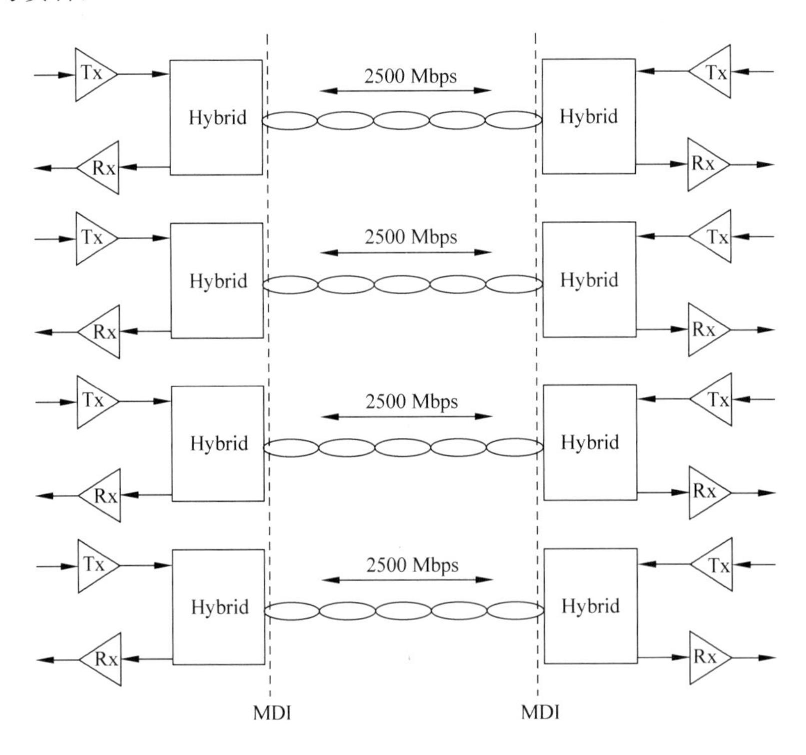

图 25.2 10GBASE-T 以太网的总线架构

由于 10GBASE-T 的总线采用 PAM-16 的信号调制方式,信号上的电平更多,在真实的信号传输时总线上的信号看起来是类似噪声的波形(见图 25.3)。

传统的眼图测试方法对于这样的信号测试已经不太合适,因此在 10GBASE-T 标准中规定了很多新的测试项目,除了有些项目是传统的时域波形参数测试以外,还有很多频域的

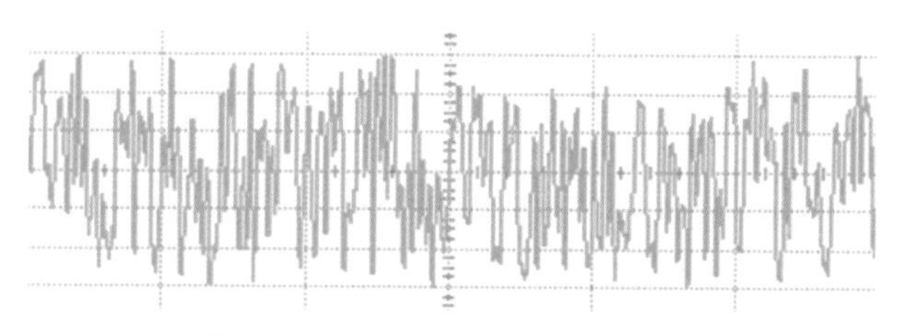

图 25.3　10GBASE-T 的信号波形

测试项目。图 25.4 列出的是根据 IEEE 的 802.3 规范要求对于 10GBASE-T 总线的发送信号质量测试应该完成的测试项目以及测试建议使用仪器。

802.3 规范相关章节要求	测试项目	使用的测试设备	被测件处于的测试模式
55.5.3.1	Maximum output droop（输出电压跌落）	示波器	6
55.5.3.2	Transmitter linearity（发射机线性度）	频谱仪	4
55.5.3.3	Transmitter timing jitter（发射机抖动）	示波器	1, 2, 3
55.5.3.4	Transmitter power spectral density（发射机功率谱密度）	频谱仪	5
55.5.3.4	Transmitter power level（发射机功率）	频谱仪	5
55.5.3.5	Transmit clock frequency（发送时钟频率）	示波器	1
55.8.2.1	MDI Return Loss（回波损耗）	矢量网络分析仪	5

图 25.4　10GBASE-T 信号质量测试项目

以下是各测试项目的含义：

●**输出电压跌落**：被测件输出一个类似方波的信号，如图 25.5 所示。用示波器测量跳变沿后面 10ns 处和 90ns 处的电压值，确保电压跌落不超过 10%。

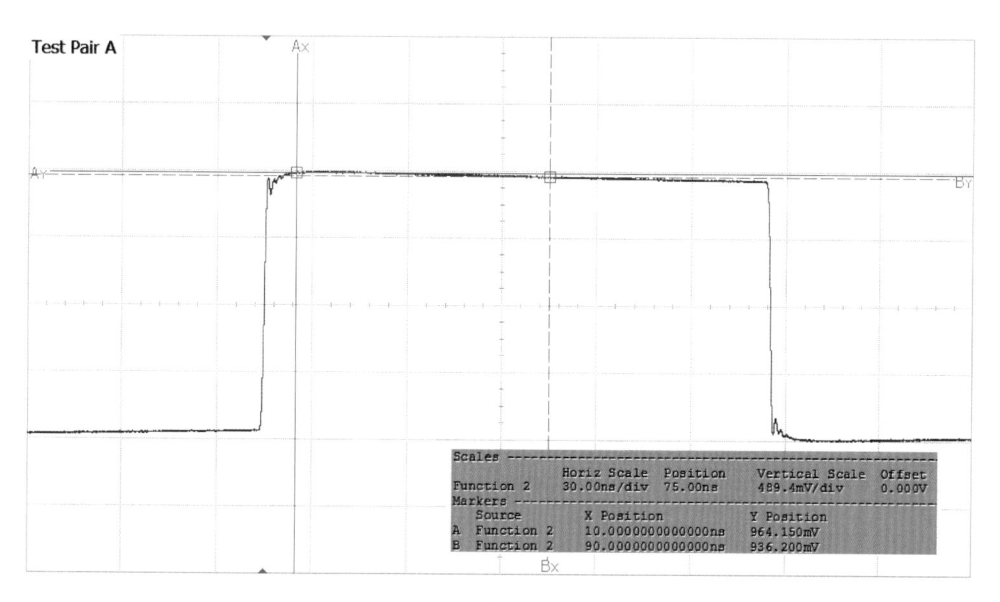

图 25.5　输出电压跌落

●**发射机线性度**：这个测试类似很多射频放大器的双音交调测试，被测件发出不同频率的双音的正弦波信号，如图 25.6 所示，然后在 1～400MHz 的范围内看最大的杂散或者失真相对于双音信号的幅度差异。杂散或者失真越小，说明发射机的线性度越好。

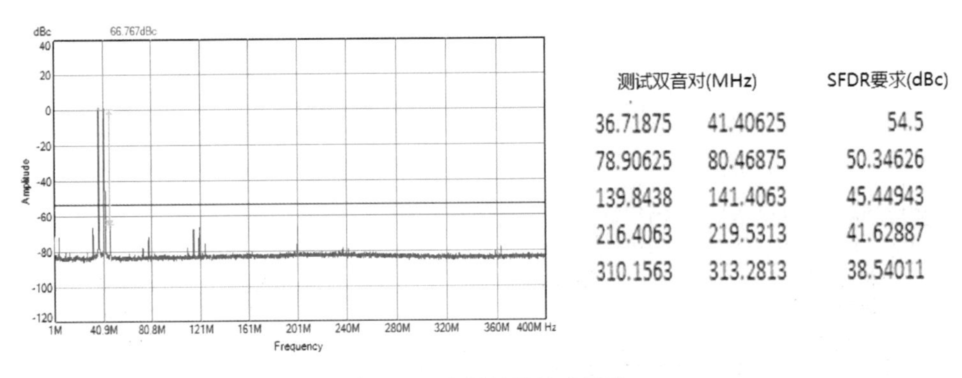

测试双音对(MHz)		SFDR要求(dBc)
36.71875	41.40625	54.5
78.90625	80.46875	50.34626
139.8438	141.4063	45.44943
216.4063	219.5313	41.62887
310.1563	313.2813	38.54011

图 25.6　发射机线性度测试

●**发射机抖动**：被测件发出连续的两个幅度编码为＋16 和两个幅度编码为－16 的码型(在 800M/s 的符号速率下相当于 200MHz 的时钟)，如图 25.7 所示，然后用示波器对这个信号的抖动进行测试。要分别测试主时钟和从时钟两种情况下的抖动。

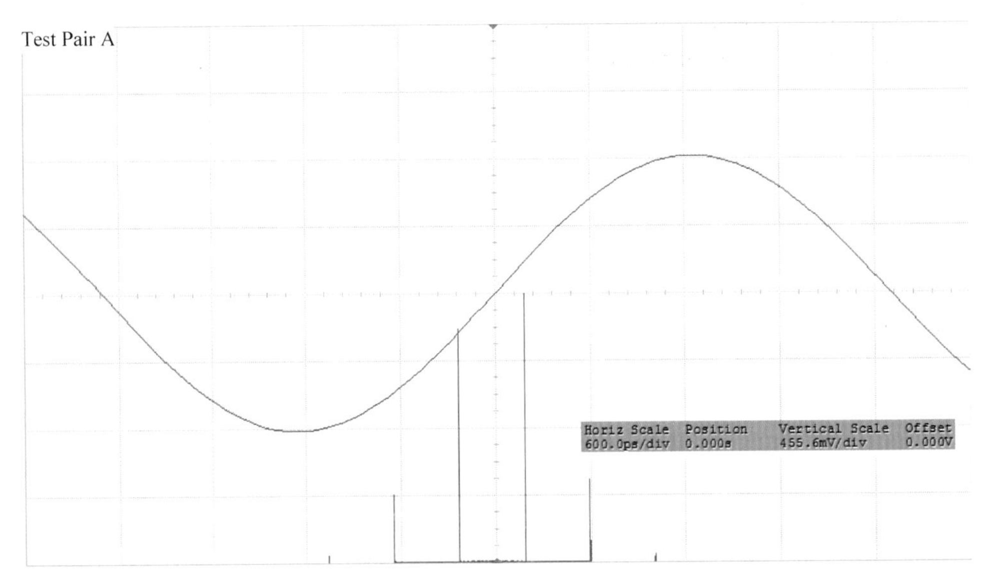

图 25.7　发射机抖动测试

●**发射机功率谱密度**：正常发送的 10GBASE-T 的信号是类似噪声的信号，从时域分析比较困难，对其功率的衡量主要是从频域测试的。这时被测件发出正常的随机数据流，如图 25.8 所示，用频谱仪测量其频域的功率分布，确保满足频谱模板的要求。

●**发射机功率**：与上面一个测试类似，都是在频域进行测量。这个测试是用频谱仪测量验证被测件在频域发送的总功率满足 3.2～5.2dBm 的要求。

●**发送时钟频率**：与发射机抖动测试项目的测试方法类似，被测件发出类似时钟的信号，如图 25.9 所示，用示波器测量信号频率验证被测件的符号速率在 800MHz ±50ppm 的范围内。

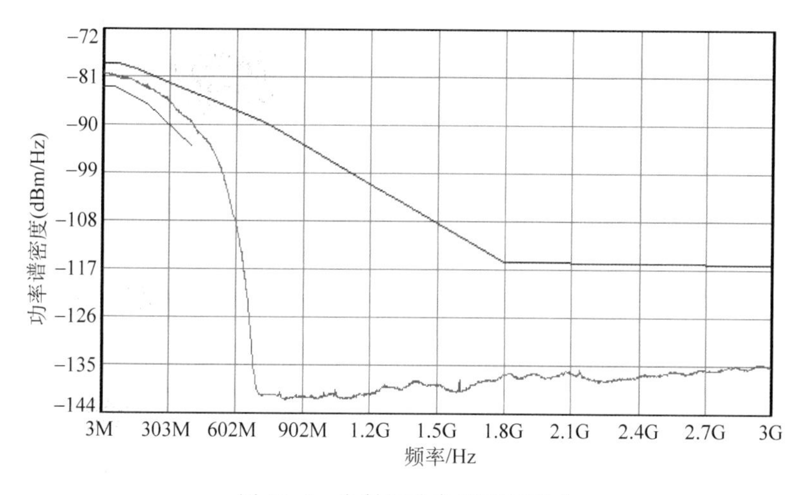

图 25.8　发射机功率谱密度测试

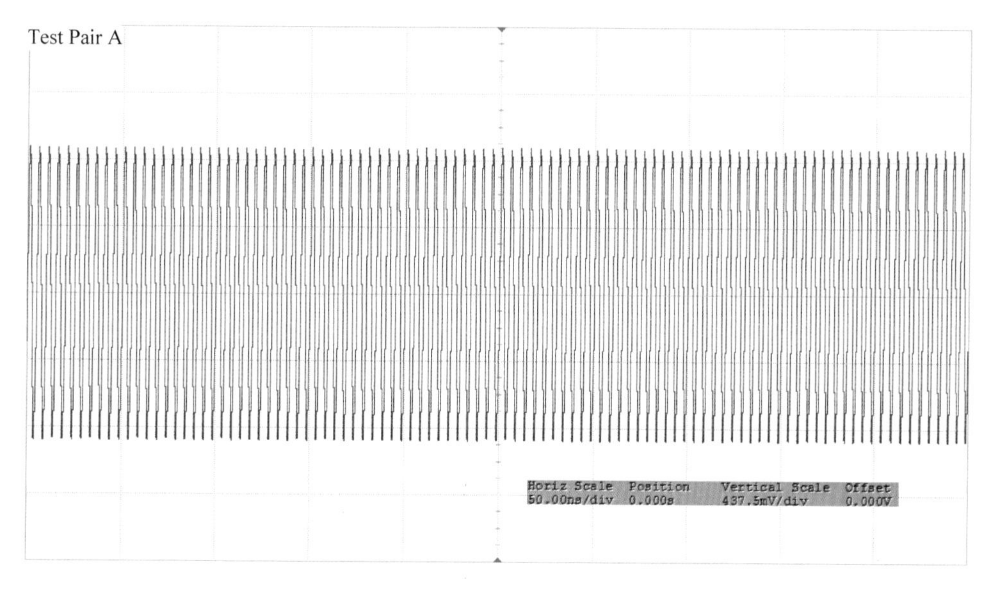

图 25.9　发送时钟频率测试

● **回波损耗**：由于 10GBASE-T 的信号在 4 对差分线上同时有信号的收发，因此对于信号的反射非常敏感，因为发射出去再反射回来的信号会影响到正常信号的接收。如图 25.10 所示，回波损耗测试时被测件工作在正常的信号发送模式，用矢量网络分析仪对发射端口的回波损耗进行测试。

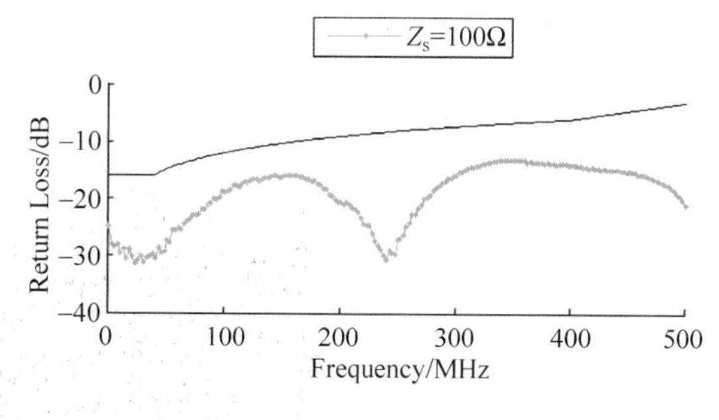

图 25.10　回波损耗测试

由于 10GBASE-T 的测试涉及信号质量测试、频谱测试和回波损耗测试，所以需要多台仪器配合才能完成相关工作。图 25.11 是 10GBASE-T 信号质量测试的组网图。

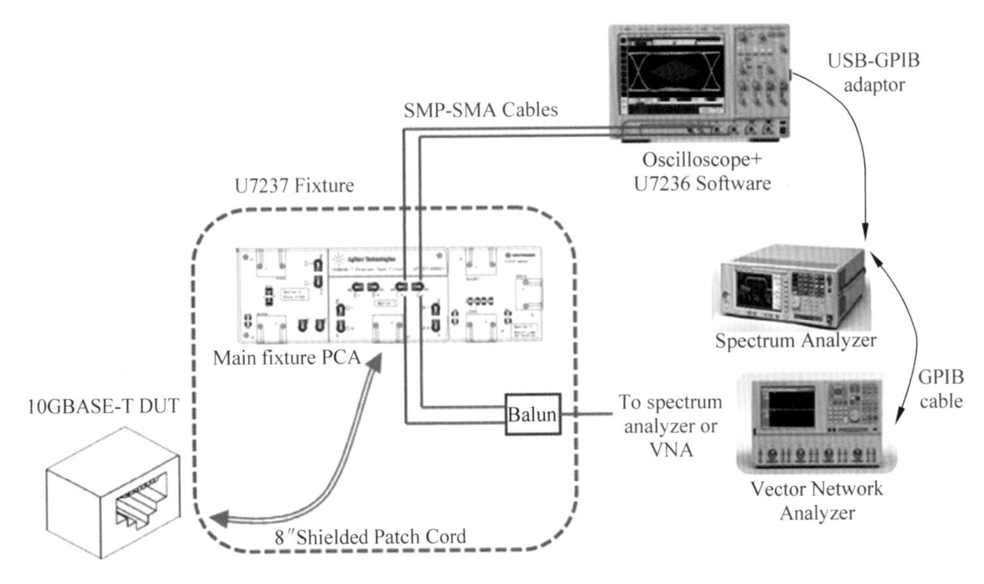

图 25.11　10GBASE-T 信号质量测试组网

而对于 2014 年推出的 MGbase-T 及 Nbase-T 标准来说，目前只不过是把符号速率降到了 400MBaud(5Gbase-T)和 200MBaud(2.5Gbase-T)，其采用的技术与 10GBase-T 类似，测试夹具及测试软件也可以共用。

在实际的测试中，使用测试夹具把 4 对差分信号引出，测试软件安装在示波器上，完成测试项目的设置和自动的一致性测试，并可以控制频谱仪或网络仪完成频谱、回损等的测试。图 25.12 是 10GBASE-T/MGbase-T/NBase-T 的测试软件和测试夹具。

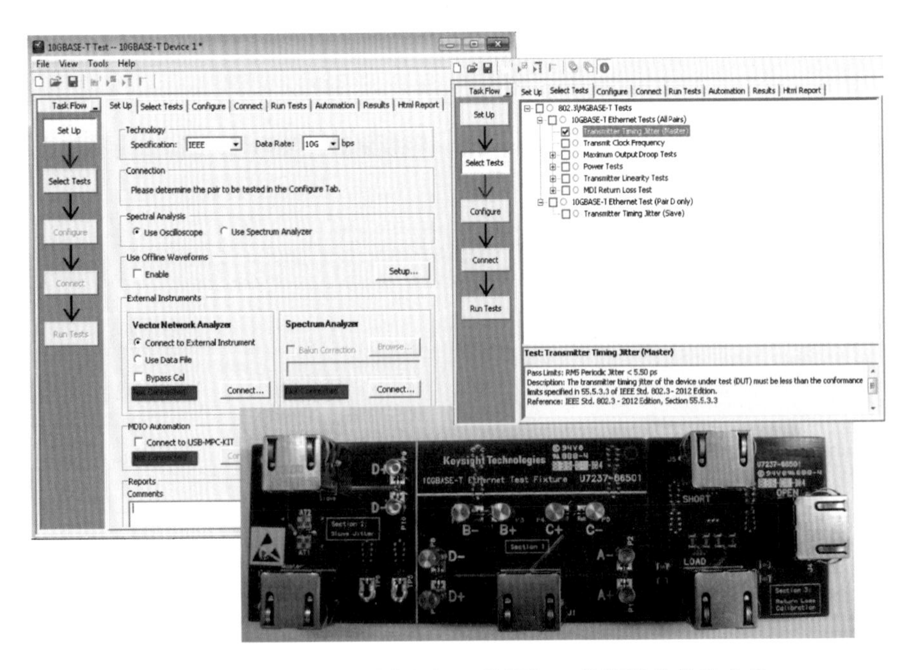

图 25.12　10GBASE-T/MGbase-T/NBase-T 测试软件及夹具

3. XAUI 和 10GBASE-CX4 测试方法

除了采用双绞线和 RJ45 接口做信号传输以外，以太网还有很多的传输方式，例如基于背板、电缆或者光纤等。10G 以太网还会经常涉及 XAUI(XGMII Extender Sublayer)总线的测试，从 XAUI 的命名可以看出，XAUI 本来是用来扩展 10G 以太网 MAC 和 PHY 层间的 XGMII(10 Gigabit Media Independent Interface)接口，由于 XGMII 共有 36 根单端信号，不太适合于较长距离的信号传输，如过连接器或背板的情况。XAUI 把 XGMII 接口转换为 8 对(4 收 4 发)3.125Gbps 的高速差分线，可以传输最远 50cm，非常适合于构建高速的数据交换平台，很多 10G 以太网的设备平台使用 4 对 XAUI 信号进行 MAC 和 PHY 芯片的互连或者 MAC 芯片的直接互连。

XAUI 数据速率为 3.125Gbps，要对 XAUI 信号进行可靠的探测，通常测量要求使用 8GHz 以上带宽的示波器。XAUI 信号的测试依据是 802.3 规范(Clause 47：XGMII Extender Sublayer (XGXS)and 10 Gigabit Attachment Unit Interface (XAUI))，如果用户想快速验证 XAUI 信号是否符合规范要求，可以选择专门的 XAUI 一致性测试软件。如图 25.13 所示，其使用方法和步骤与以太网测试软件类似，测试完成后也可以直接生成测试报告。

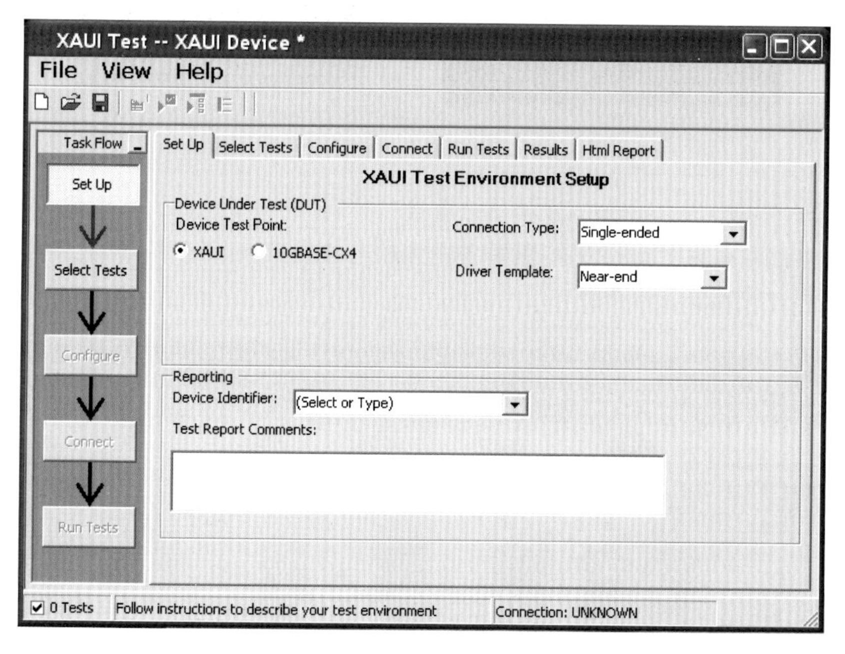

图 25.13 XAUI 测试软件

10G 以太网中另一种使用 4 对 3.125G 的差分线进行互连的标准是 10GBase-CX4，其信号电气特性参考的是 XAUI 标准，物理连接参考的是 InfiniBand 4x 标准，测试方法与 XAUI 类似。

4. SFP+/10GBase-KR 接口及测试方法

前面介绍的 10GBase-T、XAUI、10GBase-CX4 等接口实际上是用 4 对线同时传输来实现 10G 以太网信号的传输，其每对差分线上的实际速率并不高。

除此以外，还有很多其他 10G 以太网标准，例如通过背板传输的 10GBase-KR (bacKplane Random signaling) 标准，通过光纤传输的 10GBase-SR (Short Reach)、10GBase-LR(Long Reach)、10GBase-ER(Extended Reach)、10GBase-LRM(Long Reach Multimode)等标准。这些总线单对差分线或者单根光纤上的数据速率真正达到了 10Gbps 左右(10.3125Gbps 或 9.95328Gbps)。图 25.14 是一些典型的采用了 SFP+接口以及 10GBase-KR 背板的设备。

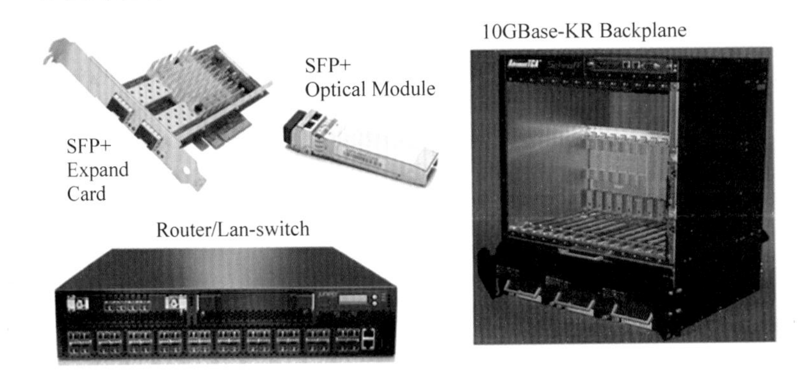

图 25.14　SFP+接口及 10GBase-KR 接口设备

以上标准中，除了 10GBase-KR 接口是电接口外，其他标准使用的都是光接口通过光纤传输。要把电信号承载在光上传输，就需要用到相应的光模块。图 25.15 是 10G 以太网发展历史上使用过的光模块的类型。

	1st Generation	2nd Generation			3rd Generation	
Module Name (Images not to Scale)	300PIN MSA	XENPAK	XPAK	X2	XFP	SFP+
Approximate Module Dimensions (Length x Width to Scale)						
Front Panel Density	1	4	8	8	16	48
Electrical Interface	XSBI	XAUI	XAUI	XAUI	XFI	SFI
Electrical Signaling	16×644 Mbps	4×3.125 Gbps	4×3.125 Gbps	4×3.125 Gbps	1×10.3125 Gbps	1×10.3125 Gbps
Release Year	2002	2003	2004	2004	2006	2009

图 25.15　10G 光模块的变革

对于设备厂商来说，通常是通过购买相应的光模块来提供光口输出，因此会更加关注设备和光模块之间的电接口的信号质量。对于采用光纤传输的10G以太网来说，设备和光模块之间互连目前采用最多的是SFP＋(Enhanced Small Form-factor Pluggable)的接口。SFP＋接口标准最早在2006年发布，与以前的光模块接口如XENPAK、XFG标准相比，尺寸更小、密度更大且可以支持热插拔，目前广泛用于承载Fiber Channel、10G以太网、OTN等的协议标准。图25.16是SFP＋接口的应用场景。(参考资料：SFF Committee SFF-8431 Specifications for Enhanced Small Form Factor Pluggable Module SFP＋ Revision 4.1)

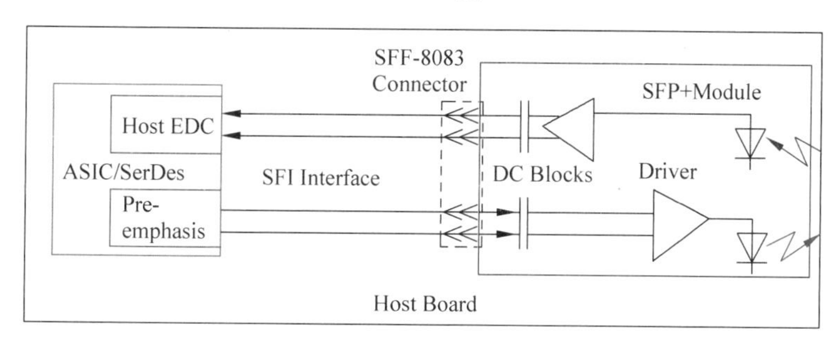

图25.16　SFP＋接口的应用场景

由于在这些接口上，数据的速率真正达到了10Gbps左右，因此对于测试的带宽要求更高，通常其接口的测量带宽要求达到20GHz甚至更高。图25.17是用实时示波器进行SFP＋接口和10GBase-KR测试的例子，通过开关矩阵的配合和测试软件的控制可以实现对多个接口的自动测试。

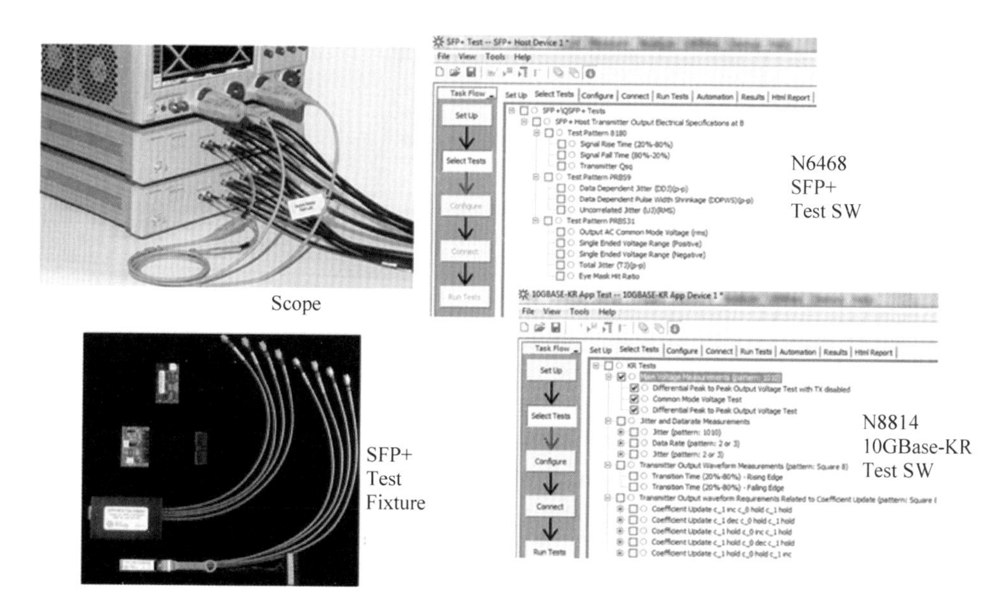

图25.17　SFP＋及10GBase-KR接口的测试

为了提高数据速率，IEEE还在10G以太网的接口标准上提出了用4路10G信号传输40G以太网信号的标准，如40GBase-KR4、40GBase-SR4、40GBase-LR4、40GBase-ER4、40GBase-CR4，如果采用光纤进行传输时可能采用的是QSFP＋(Quad Small Form-factor

Pluggable)的光模块接口。QSFP＋的光模块是通过波分复用把 4 路 10Gbps 的信号复用到一根光纤上传输，其电接口一侧采用的标准和技术与相应的 10G 以太网接口类似，而 40GBase-KR4 也是用 4 对 10Gbps 的差分线同时传输实现 40Gbps 的传输速率。因此这些 40G 以太网的标准对于测试仪表的带宽要求也与对应的 10G 接口要求类似，只不过要测试的端口数更多。为了提高测试效率，也可以在测试中引入微波开关矩阵提高测试效率，图 25.18 是用微波开关矩阵实现 4 路差分信号到示波器 2 路输入通道切换的例子。

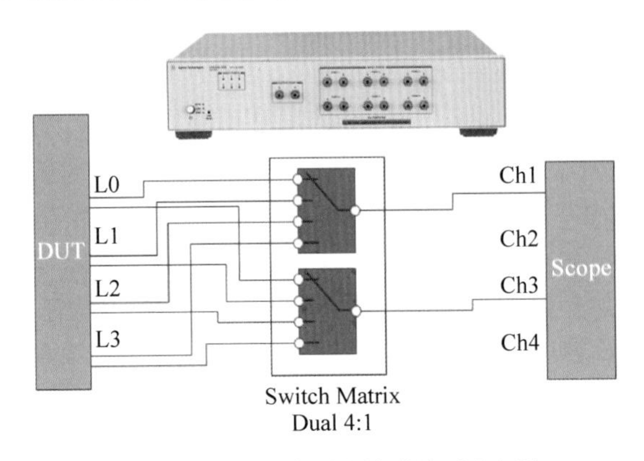

图 25.18　多通道测试的微波开关矩阵

二十六、10G CPRI 接口时延抖动测试方法

1. 4G 基站组网方式的变化

4G 移动通信技术已经进入商用阶段，运营商需要在有限的频谱资源下提供更高的容量和数据传输速率。LTE 中高带宽及高阶调制技术的引入，使得对于信噪比要求更高，因此单个 LTE 基站的覆盖范围会比采用 3G 技术时要小。密集组网和基站间协作的要求带来了基站站点数量扩容的巨大需求，相应地带来了选址、功耗、海量光纤资源的巨大挑战。因此，合适的组网和传输方案是推进 4G 应用普及的关键技术。

为此，各大运营商都在进行新的无线接入网组网方式的研究。例如中国移动公司的 C-RAN 是基于集中化处理(Centralized Processing)、协作式无线电(Collaborative Radio)、实时云计算构架(Real-time Cloud Infrastructure)的绿色无线接入网构架(Clean system)。其本质是通过将基带单元 BBU 集中放置以减小站址数量，并把室外的远端射频单元 RRU 通过合适的传输方案拉远到需要覆盖的区域。这种组网方式大大减少了机房的数量，从而减少了建设、运维费用，同时可以采用协作化、虚拟化技术，实现资源共享和动态调度，提高频谱效率，以达到低成本、高带宽和灵活度的运营。图 26.1 是 C-RAN 的组网方式(参考资料：www. c-ran. com)。

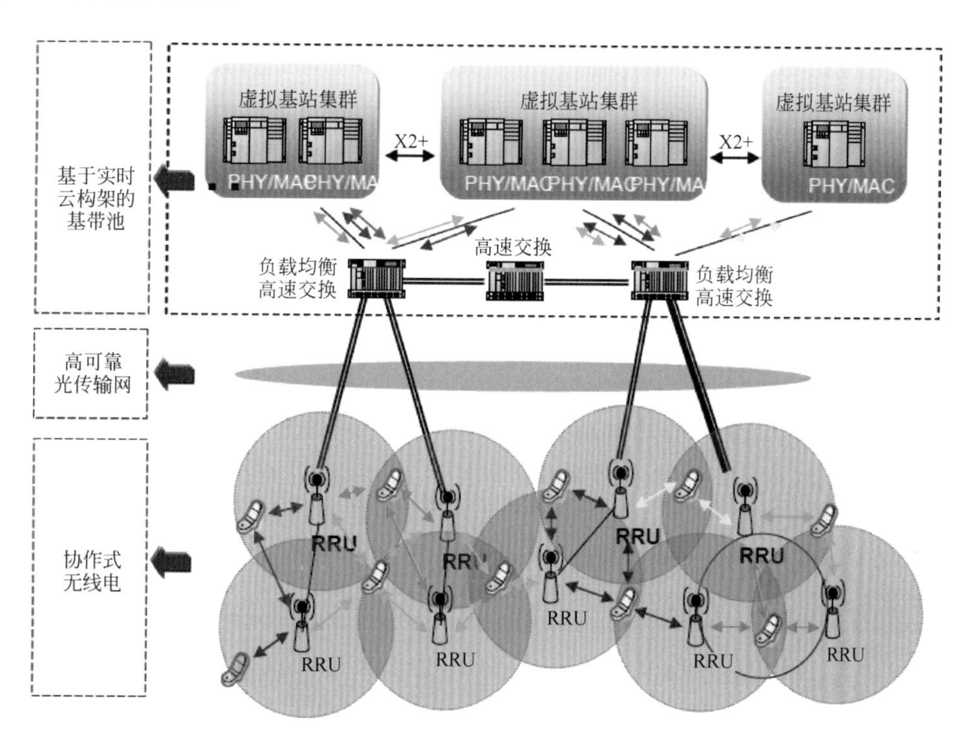

图 26.1　C-RAN 无线接入网组网方式

但是这种组网方式也带来了新的挑战，其中一个要考虑的就是 BBU 和 RRU 之间的 CPRI 信号经过传输后的时延抖动是否还满足 CPRI 规范的要求。

2. CPRI 接口时延抖动的测试

CPRI 接口传统上只是用于 BBU 和 RRU 之间的直接光纤互联，传输距离约为几百米，而采用 C-RAN 的组网方式后传输距离会加长到几十千米。为了节省光纤资源，必须通过合适的传输方式把多条 CPRI 链路数据复用到一根光纤上传输，目前采用的主流技术有彩光直驱和 OTN 承载两种方式。彩光直驱的方式是把多路 CPRI 信号通过光合分波器用 WDM 方式复用在一起，具有成本低、抖动小的优点；而 OTN 承载，即 CPRI over OTN 方式，是把 CPRI 数据按照 ITU-T G. 709 要求映射到传输网上传输，所以可靠性高、组网灵活。

无论采用哪种承载方式，都需要对 CPRI 信号经过传输后的定时信息的时延和抖动情况进行测试，以确保不会影响 CPRI 协议本身对于时延抖动的严格要求。目前 TD-LTE 技术可以允许约 200μs 的时延，因此整个传输链路(包括光纤和传输设备)的时延不应超过这个范围。关于抖动的要求可以参考 CPRI 的规范，从图 26.2 可见，CPRI 要求链路时延抖动不能超过 8. 138ns，要求非常严格(参考资料：CPRI Specification V6. 0)。

Requirement No.	Requirement Definition	Requirement Value	Scope
R-19	Link delay accuracy in downlink between SAP_S master port and SAP_S slave port excluding the cable length	±8. 138ns [$=\pm T_C/32$]	Link

图 26.2　CPRI 规范对于链路时延精度的要求

随着 LTE 技术的采用，基带单元 BBU 和射频拉远单元 RRU 间的 CPRI 数据传输速率急速攀升，目前已经逐渐从 2. 4576Gbps 过渡到 6. 144Gbps 甚至 9. 8304Gbps。目前市面上的传输测试仪表或者支持不了 9. 8304Gbps 的传输速率，或者无法进行 ns 量级的精确时延抖动测量，因此需要寻找一种新的测试方法，以对采用不同 C-RAN 组网传输方式时的时延抖动进行精确测试。

要进行两路信号间的时延和抖动的测量需要在信号中找到相应的同步标志。经过对 CPRI 协议的研究，发现在 CPRI 的帧结构中，每 66. 67μs 会有一个超帧，如图 26.3 所示(参考资料：CPRI Specification V6. 0)。而 CPRI 的物理层采用 ANSI 的 8b/10b 编码方式，每个超帧的帧头会有一个唯一的 K28. 5 码型标识发送，因此可以用这个 K28. 5 码型标识作为测试的依据。

3. 测试组网

CPRI 传输时延抖动的测试组网如图 26.4 所示，测试系统采用高带宽示波器和光电转换器搭建。正常业务从 BBU 下发的 CPRI 信号经过传输设备和光纤到达 RRU 侧，从传输

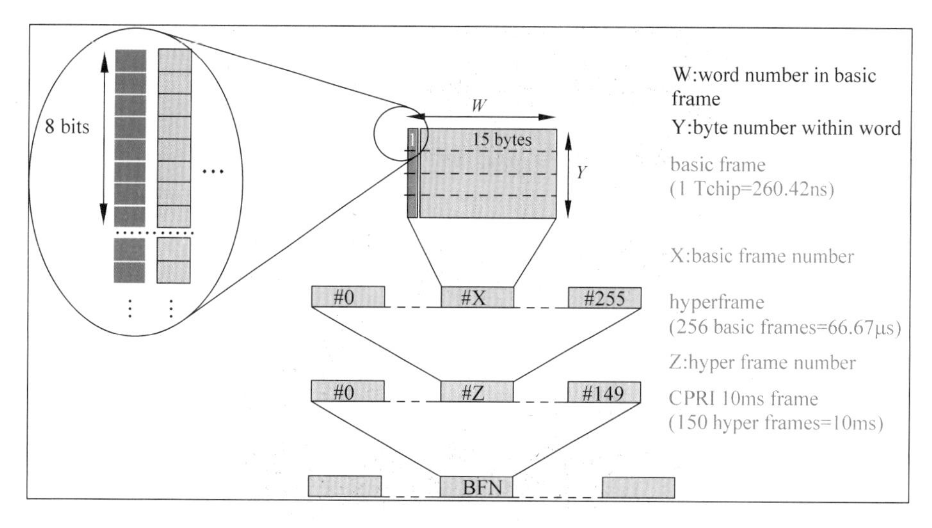

图 26.3　CPRI 的帧结构

设备的入口侧和出口侧通过分光器各引出一路光纤信号接入测试系统。图 26.4 中所示是进行下行链路时延抖动测试的组网，也可以反过来进行上行链路的测试。从被测系统引出的两路光纤信号经 O/E 转换器(光电转换器)把两路光信号转成电信号，然后用高带宽的实时示波器进行测量。

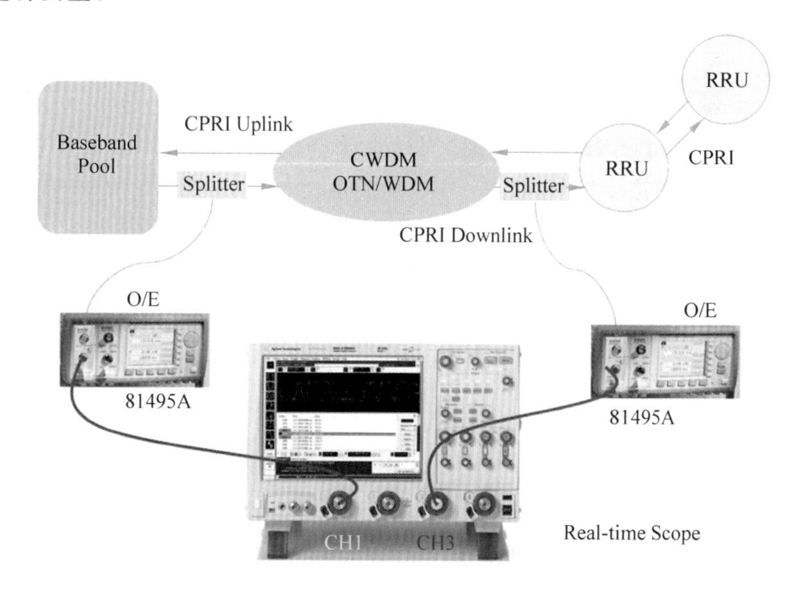

图 26.4　CPRI 传输时延抖动的测试组网

测试中使用的光电转换增益高达 400V/W，因此输入光信号强度可以低至 −10dBm。实时示波器的最高带宽可达 33GHz，最大采样率为 80Gsps，固有抖动小于 150fs，同时可以捕获 4 条 CPRI 接口的信号并进行物理层解码。发送端的信号经光电转换器后连接示波器通道 1，接收端的信号经光电转换器后连接示波器通道 3。测试中用实时示波器捕获发端和收端的信号并进行时延和抖动的测量。

图 26.5 是使用实时示波器配合另一种光电转换器做 CPRI 时延抖动测试的实际测试环境。

图 26.5　实际的 CPRI 传输时延抖动测试环境

4. 时延测试步骤

时延测试的方法是测试 BBU 发出信号的超帧帧头的时刻到 RRU 收到的信号的超帧帧头的时间差。

[1] 设置示波器对输入信号波形进进行采集，采集时间至少为 200μs。如图 26.6 中 CH1 波形为 BBU 发出的 CPRI 信号波形，CH3 波形为 RRU 收到的 CPRI 信号波形。

[2] 设置示波器对通道 CH1 和通道 CH3 的波形进行解码，并分别搜索 CPRI 超帧头的同步字符。

[3] 记录通道 CH1 第一个同步字符 K28.5 发生的时刻，如图 26.6 中的值为：−59.90911203μs。

[4] 记录通道 CH3 中后续的同步字符 K28.5 发生的时刻，如图 26.7 中的值为：−41.52044482μs。

[5] 把两个测量结果相减即为光纤加上传输设备造成的时延。即传输系统时延＝−41.52044482μs−(−59.90911203μs)＝18.38866721μs。

此时测量出的时延为光纤时延加上传输设备造成的时延，可以减去光纤长度造成的时延得到传输设备时延。如果测试环境允许也可以直接采用 0km 光纤进行测试，以得到传输设备本身的时延数据。

注意：由于 CPRI 协议中每 66.67μs 会有一个超帧的帧头发送，因此同步字符会以 66.67μs 为周期出现，在使用长光纤时需要注意合适的同步字符位置的选取。例如使用 15km 光纤时，光纤造成的时延约为 75μs，已经超过了超帧帧头的出现周期，所以在第 4 步中应选择相对于第 3 步的时间结果 75μs 之后的第一个同步字符出现的时刻作为有效数据。

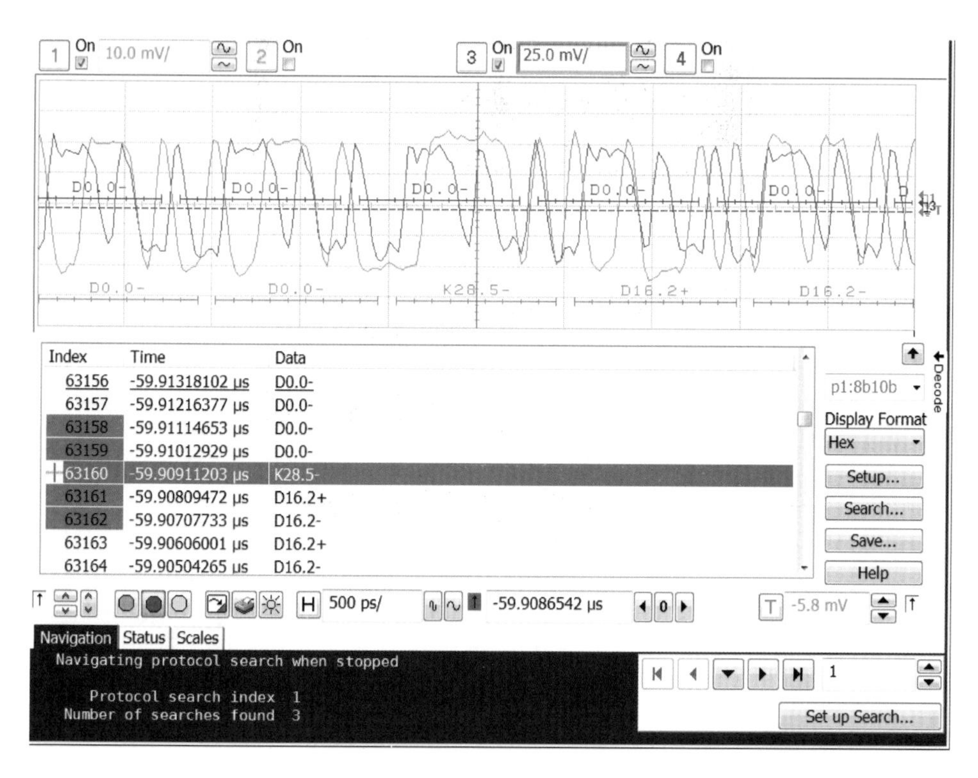

图 26.6 BBU 发出的 CPRI 信号解码结果

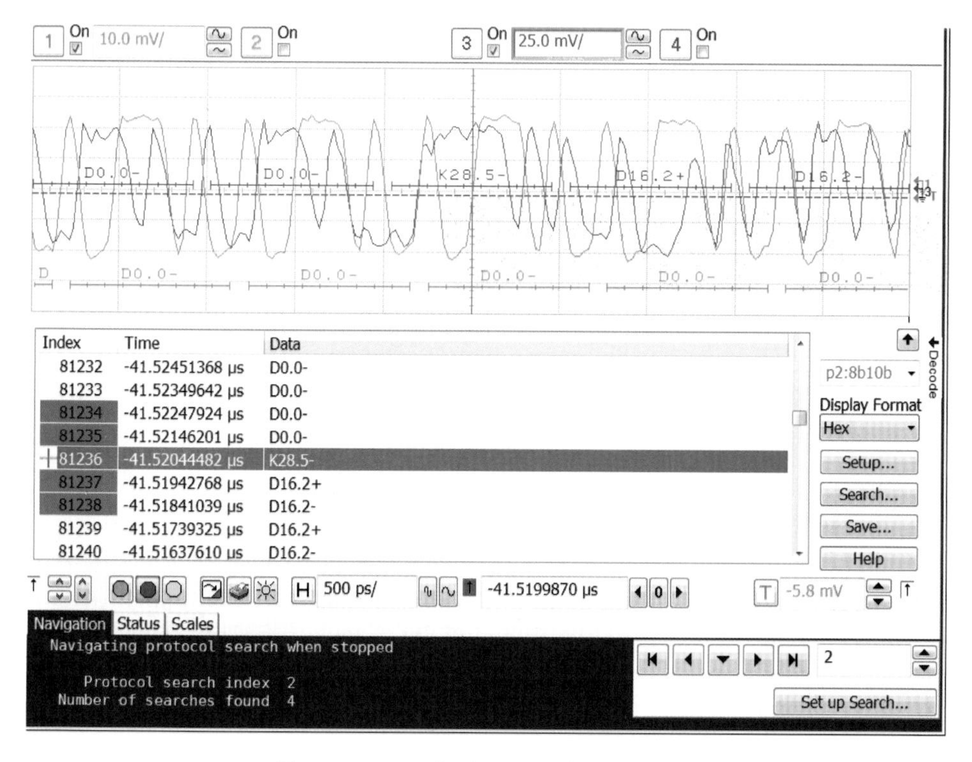

图 26.7 RRU 收到的 CPRI 信号解码结果

5. 抖动测试步骤

当进行完系统的时延测试时，下一步是进行 CPRI 信号经传输后抖动的测量。这需要进行一段时间内的多次连续测量并比较输入信号和输出信号间时延的相对变化范围。测试步骤如下：

1 根据前面时延测量结果，对两路信号间的固有时延在示波器中进行补偿，如图 26.8 所示，可以看到进行补偿后输入和输出信号基本重合。

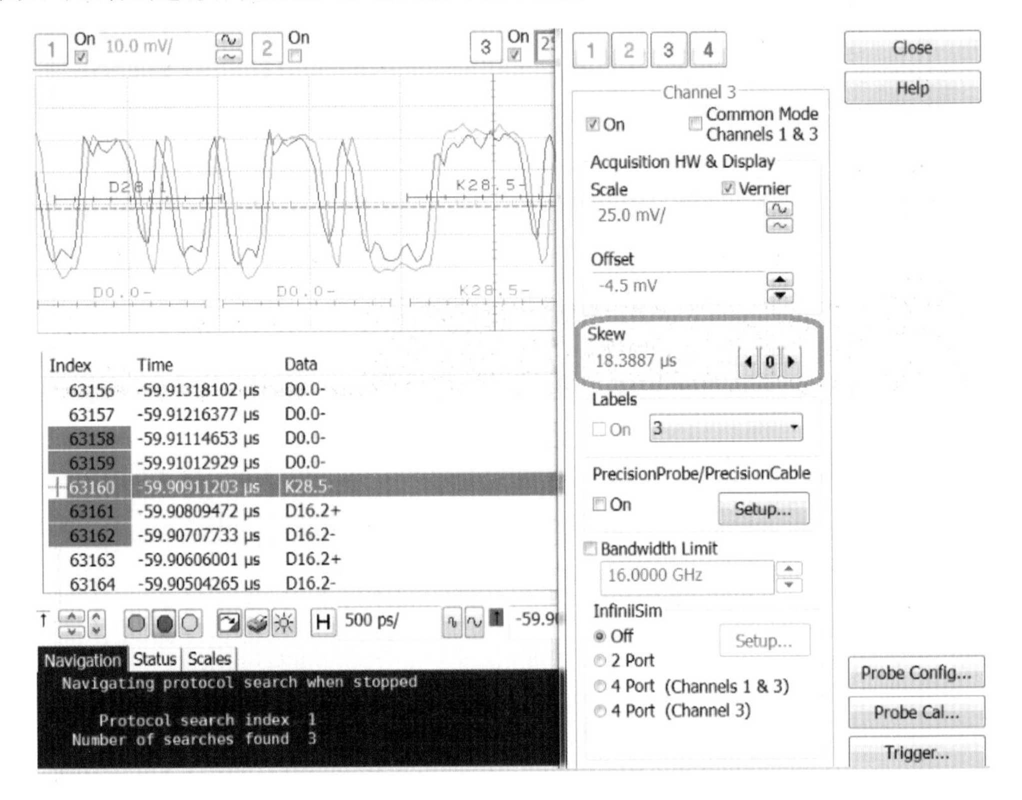

图 26.8 固有时延的补偿

2 设置示波器对通道 CH1 的 K28.5 同步字符触发并进行多次波形采集，这样通道 CH1 的同步字符会一直保持在时间的零点，即屏幕的正中央。如果系统有抖动，通道 CH3 的 K28.5 同步字符的发生时刻会有左右的时间变化。图 26.9 分别是三次测量中，通道 CH3 的 K28.5 同步字符发生的时刻，可以明显看到时延的变化情况。

3 在示波器的 Trigger Action 中设置自动保存测量结果，如图 26.10 所示，可以设置自动保存测量结果的次数。随后用户可以对测量结果进行整理和统计分析。

6. 测试结果分析

采用前述的测试方法在机房环境下对市面上 4 家主流的设备厂商的无线接入网设备进行了 CPRI 时延抖动的测试。其中 2 家采用 OTN 传输方案，2 家采用彩光直驱方案，测试

Index	Time	Data
38422	-4.31161 ns	D0.0+
38423	-3.29435 ns	D0.0+
38424	-2.27705 ns	D0.0+
38425	-1.25976 ns	D0.0+
38426	-242.47 ps	K28.5+
38427	775.06 ps	D16.2-
38428	1.79228 ns	D16.2+
38429	2.80953 ns	D16.2-
38430	3.82680 ns	D16.2+

Index	Time	Data
38752	-4.62083 ns	D0.0-
38753	-3.60363 ns	D0.0-
38754	-2.58643 ns	D0.0-
38755	-1.56918 ns	D0.0-
38756	-551.96 ps	K28.5-
38757	465.21 ps	D16.2+
38758	1.48247 ns	D16.2-
38759	2.49960 ns	D16.2+
38760	3.51669 ns	D16.2-

Index	Time	Data
12262	-4.53568 ns	D0.0+
12263	-3.51844 ns	D0.0+
12264	-2.50124 ns	D0.0+
12265	-1.48400 ns	D0.0+
12266	-466.76 ps	K28.5+
12267	550.69 ps	D16.2-
12268	1.56786 ns	D16.2+
12269	2.58507 ns	D16.2-
12270	3.60231 ns	D16.2+

图 26.9 三次测量中时延的变化情况

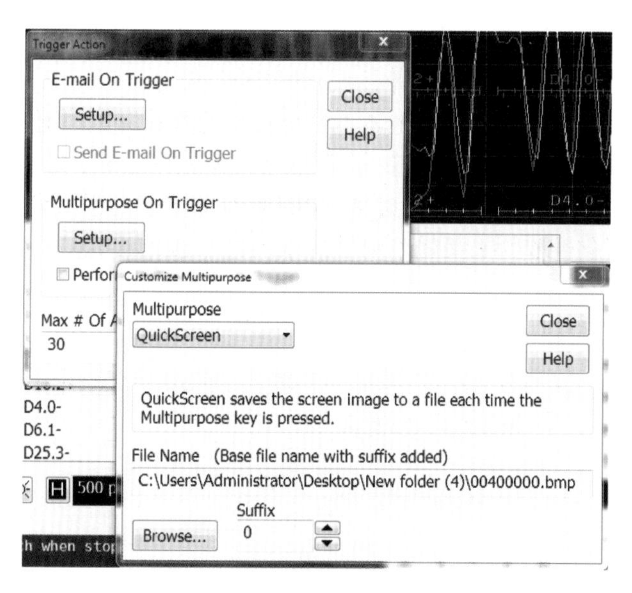

图 26.10 设置自动保存每次测量结果的拷屏

中使用的光纤长度从 0～15km 不等，CPRI 接口上承载 9.8304Gbps 的真实业务。每次测试都是在约 3min 的时间内进行 30 次测量并对结果进行统计分析。

测试结论如下：

●采用 OTN 传输方案时，端到端由于设备造成的时延（扣除光纤时延以后）普遍在几个

到几十个 μs，抖动约在 2～4ns 不等。这可能由于 OTN 的成帧解帧过程会造成一定的时延和抖动。收发端进行精确的时钟同步可能有助于减小时延抖动。

●采用彩光直驱方案时，端到端由于设备造成的时延(扣除光纤时延以后)普遍在几百ns，抖动都小于 300ps。这可能由于直驱方式没有数据处理，所以时延和抖动都较小。

●在机房环境下的短时间测量中，改变不同的光纤长度造成的只是绝对时延的变化，对于抖动的影响几乎很小(＜100ps)。实际运营情况下由于光纤造成的抖动还有待研究。

从测试结果来看，彩光直驱和 OTN 传输造成的时延抖动都没有超过 CPRI 规范的 8ns 的要求。彩光直驱时由于设备本身造成的时延和抖动相比 OTN 传输时都要小一个数量级。采用 OTN 方案时要重点关注在不同时钟同步情况下的抖动情况。

以上测试结果与实际预期一致，说明测试方法是真实有效的。不过由于资源和时间所限，以上都是短时间、小样本量的测试。实际运营情况下的长时间、大样本量的测试还有待具体的测试环境。

7. 测试方案优缺点分析

这种基于实时示波器和光电转换器的 CPRI 接口时延抖动测试方法非常精确，测试仪表的硬件固有抖动小于 150fs，考虑到解码精度带来的误差总体测量精度小于 1 个数据 bit 周期(对于 9.8304G 的 CPRI 信号来说相当于约 100ps)。因此，这种测试方案可以在目前没有成熟传输测试仪表的阶段有效完成精确的时延抖动测量，方便设备厂商在研发阶段进行实际测试，也可供运营商在前期规划阶段对不同组网方案进行评估。

另外，这套测量方案的主体是高带宽的实时示波器，这款设备还可以用于 BBU 和 RRU 内部电路(如 SFP＋、PCIe、DDR、时钟等接口)的调试。

目前这套测试方案的不足之处在于还不是全自动的参数测试。测试前还需要手动进行示波器的设置，测试后还不能自动对测试结果进行统计分析。不过综合考虑测试精度以及可行性，这套方案基本可以满足现阶段通过 CPRI 时延抖动进行摸底测试的需要，以推动绿色无线接入网的商用化进程。未来随着测试需求的进一步增多，也有可能把这套测试方案开发成自动测试软件。

二十七、100G 背板性能的验证

1. 高速背板的演进

随着云计算和大数据概念的普及，人们对于数据中心的容量和数据交换速度提出了越来越高的要求。典型的 Tbit 交换机已经可以在一个机架内部提供 10Tb/s 以上的数据交换能力，而机架内部各个板卡之间有效的数据交换则有赖于高效率的传输背板。在光背板技术还没有完全成熟的今天，电信号的传输技术仍然是主流的背板实施方案。典型的背板会采用 20 层以上的 PCB 叠层结构并承载上千对的高速差分走线。为了在有限的空间内提供更高速的数据交换能力，一个有效的方法就是提高每对差分线上的数据传输速率。

图 27.1 是一个典型的 10G 以太网的 XAUI 交换背板，每对差分线上的数据传输速率为 3.125Gbps，4 对差分线共同提供 10Gbps(扣除 8b/10b 编码的开销后)的数据交换能力。为了增加背板的传输能力，IEEE 组织在 2007 年制定了 802.3ap 的背板以太网规范。在其中的 10GBase-KR 标准中，通过发送端复杂的预加重及接收端均衡器设置，可以只用一对差分线就实现 10.3125Gbps 信号传输。

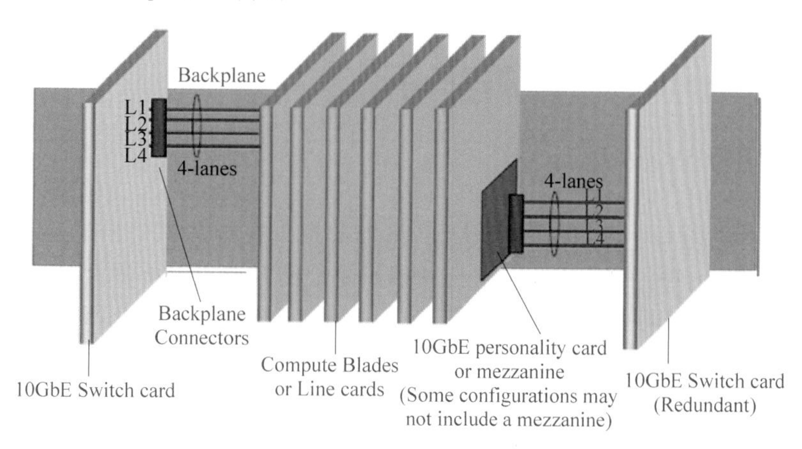

图 27.1　10G 以太网的 XAUI 交换背板

随着数据中心、通信设备对于高速数据传输的需求越来越迫切，为了进一步提高背板的传输能力，OIF(Optical Internetworking Forum)组织于 2011 年发布了 CEI 3.0 的规范。CEI(Common Electrical I/O)是 OIF 组织定义的一个做芯片或模块互连的通用电接口规范，数据速率可以是 1 代的 6Gbps 左右、2 代的 11Gbps 左右以及 3 代的 25G/28Gbps 左右。在 CEI3.0 中定义了 CEI-28G-SR 和 CEI-25G-LR 接口的电气规范，后来在 CEI3.1 中又增加了 CEI-28G-VSR 接口的电气规范。其中 CEI-28G-SR(Short Range)规范主要用于芯片间互连；CEI-28G-VSR(Very Short Range)规范主要用于芯片和光模块的互连；而 CEI-25G-LR(Long Range)就是用于高速背板场合的互连规范，这个规范允许信号以 19.9～25.8Gbps 的速率传输 27in 的距离，当使用 4 对差分线同时传输时可以实现 100Gbps 左右的数据传输速率。图 27.2 是 OIF 组织对于 CEI-25G-LR 的传输通道模型的定义。(参考资料:IA Title:Common Electrical I/O(CEI) Electrical and Jitter Interoperability agreements for 6G+ bps,11G+ bps and 25G+ bps I/O)

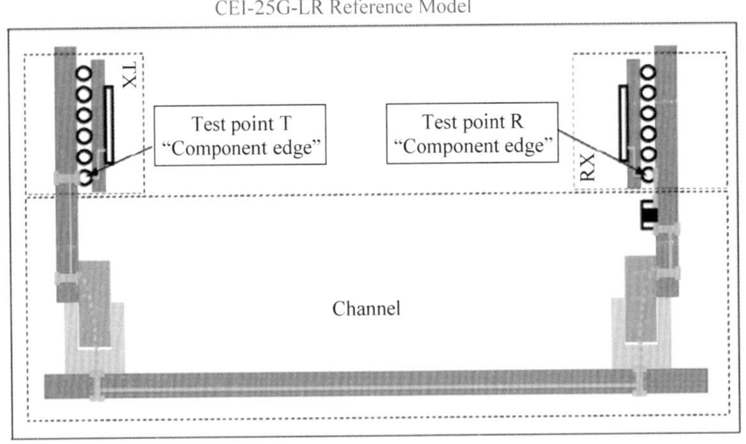

图 27.2　OIF 组织定义的 CEI-25G-LR 的传输通道模型

类似地,IEEE 组织也在 2014 年发布了 802.3bj 标准,其中定义了 100GBASE-KR4 的背板以太网接口规范。这个接口允许在单对差分线上传输 25.78Gbps 的数据速率,同样的 4 对差分线一起就可以提供 100Gbps 的以太网传输能力。关于更多 802.3bj 背板的模型参数可以从这里下载:http://www.ieee802.org/3/100GCU/public/channel.html。

2. 100G 背板的测试项目

对于 100G 背板的设计和测试人员来说,最大的挑战在于单对差分线上的信号速率已经高达 25Gbps 以上,而且经过两个子卡连接器后还要能在背板上传输 27inch 或 40inch 的距离。即使可以采用损耗更小的射频板材(如 Panasonic Megtron 6 或者 Rogers RO4350B 板材)和高性能的连接器(如 Molex 公司的 Impact™ 系列,TE 公司的 STRADA Whisper 系列),要严格控制传输通道的损耗和阻抗连续性仍然是个很大的挑战。

要想验证加工出来的背板符合设计要求,首先需要根据采用的连接器类型来设计合适的测试夹具。测试夹具的目的是把背板的高密连接器转换成可以连接测量仪表的同轴接口。为了减小对于实际信号的影响,对于测试夹具的设计有着严格的要求,除了保证线对间的严格等长外还需要控制损耗,例如 802.3 规范中就对 100GBase-KR4 的测试夹具的插入损耗和回波损耗有明确的要求。如果希望把夹具的影响消除,还需要在夹具上设计相应的校准线以对夹具的影响进行校准或者去嵌入。图 27.3 是一个 CEI-25G-LR 的背板及其测试夹具。

对于高速背板的设计和测试人员来说,要确保设计的背板可以可靠地应用于 100Gbps (4×25Gbps)的信号传输场合,需要进行以下项目的测试:

- 背板的插入损耗、回波损耗、阻抗、串扰的测试;
- 背板传输眼图和误码率测试;

CEI-25G-LR Backplane and Fixtures

图 27.3　CEI-25G-LR 背板及测试夹具

●发送端信号质量的测试。

下面将对各测试项目进行详细介绍。

3. 背板的插入损耗、回波损耗、阻抗、串扰的测试

对于大的背板来说，相距最远的两个连接器间的 PCB 走线距离可能超过 20in，这时候高频电信号的损耗会非常大。为了控制背板的损耗，OIF 和 IEEE 的规范中对于背板的损耗都有严格的要求，图 27.4 分别是 CEI 和 802.3 规范中对于传输通道的插入损耗要求。(参考资料：IA Title：Common Electrical I/O (CEI) Electrical and Jitter Interoperability agreements for 6G+ bps，11G+ bps and 25G+ bps I/O；IEEE：Physical Layer Specifications and Management Parameters for 100 Gbps Operation Over Backplanes and Copper Cables)

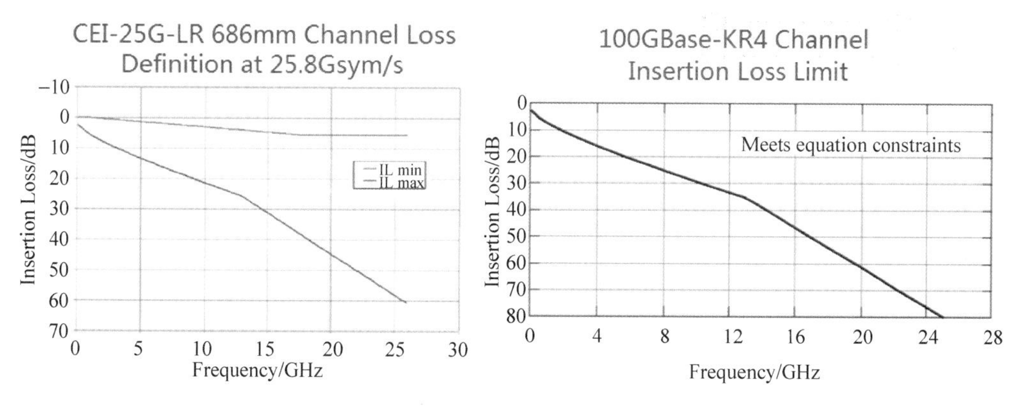

图 27.4　CEI 和 802.3 规范中对于背板传输通道的插入损耗要求

要对背板的插入损耗等频域参数进行测试，最常用的工具就是矢量网络分析仪(Vector Network Analyzer，VNA)。矢量网络分析仪由于覆盖频率高，测试精度和重复性好，测试功能多，是射频微波领域进行器件测试最常用的工具。近些年人们开始把矢量网络分析仪用于高速数字信号完整性分析及建模领域，并取得了丰硕成果。如今矢量网络分析仪已经和高速示波器、误码仪等一起成为每个高速信号完整性实验室的必备工具。

矢量网络分析仪内部有一个扫频的正弦源，在程序的控制下可以完成从低频到高频的扫描。矢量网络分析仪通过比较各个端口的接收机间的幅度和相位关系就可以知道被测件对于当前频点信号的反射和传输情况。再通过正弦源的扫频依次重复上述测试，就可以得到被测件对于不同频点信号的反射和传输曲线，并用多端口的 S 参数（S-parameter）文件表示出来。图 27.5 是借助相应的测试夹具对一块高速背板的 S 参数进行测试的例子。

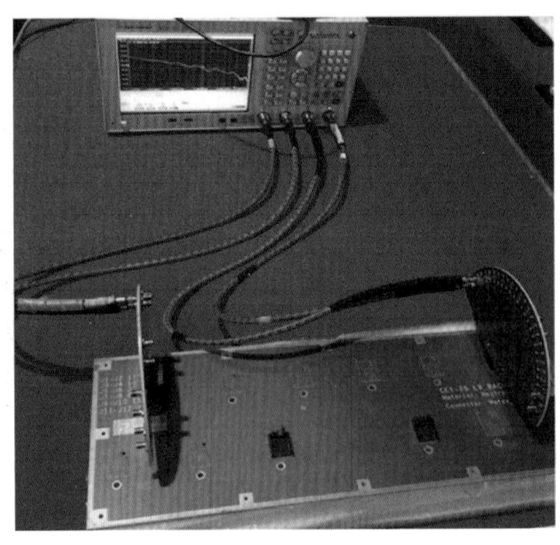

图 27.5　高速背板的 S 参数测试

对于一对差分的传输线来说，其 4 个端口相互之间一共有 16 个单端的 S 参数。分析时为了方便，会把这 16 个单端的 S 参数通过矩阵运算转换为对差分线来说更有意义的 16 个差分的 S 参数。这 16 个 S 参数完整地描述了这对差分线的插入损耗、回波损耗、共模辐射、抗共模辐射能力等各方面的特性，例如说 SDD21 参数就反映了差分线的插入损耗特性、SDD11 参数就反映其回波损耗特性。图 27.6 是典型差分线的模型及 16 个差分 S 参数的含义。

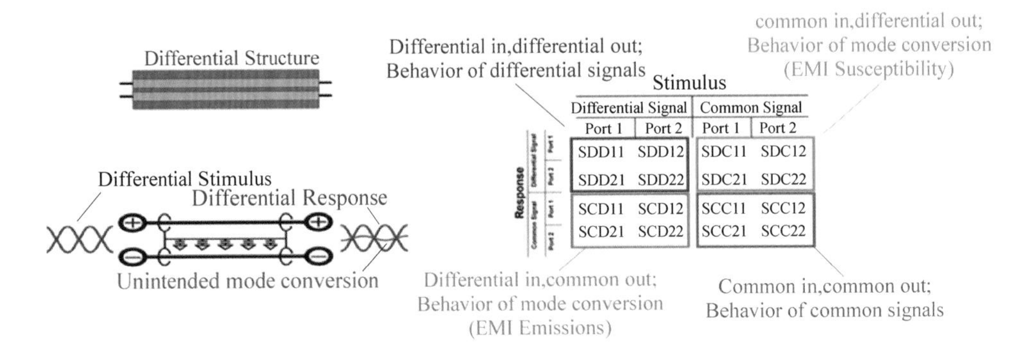

图 27.6　差分线模型及其 16 个差分 S 参数

为了对多个端口间的复杂的信号反射、传输、串扰等情况进行测试，需要用到多端口的矢量网络分析仪。图 27.7 是用物理层测试系统软件控制多端口矢量网络分析仪对一个 CEI-25G-LR 高速背板上的 27in 走线进行测试得到的其中 4 个差分 S 参数结果，其中包括了正向插入损耗 SDD21、反向插入损耗 SDD12、正向回波损耗 SDD11 以及反向的回波损耗 SDD22。

除了 S 参数的测试外，也可以通过反 FFT 变化，把 S 参数变换到时域得到被测件的时域传输曲线，例如被测件的 TDR（Time Domain Reflection，时域反射）曲线。图 27.8 是根据矢网测试到的反射参数计算得到的一段 17in 背板走线的 TDR 曲线，这条曲线直观反映了被测件上的阻抗变化情况。

得到传输线的 S 参数文件后，就可以用这个文件完整地描述被测传输线对于各种频率信号的反射和传输情况，换句话说，就得到了这段传输线的模型。基于传输线的 S 参数文件，可以做很多分析工作。常见的工作有：

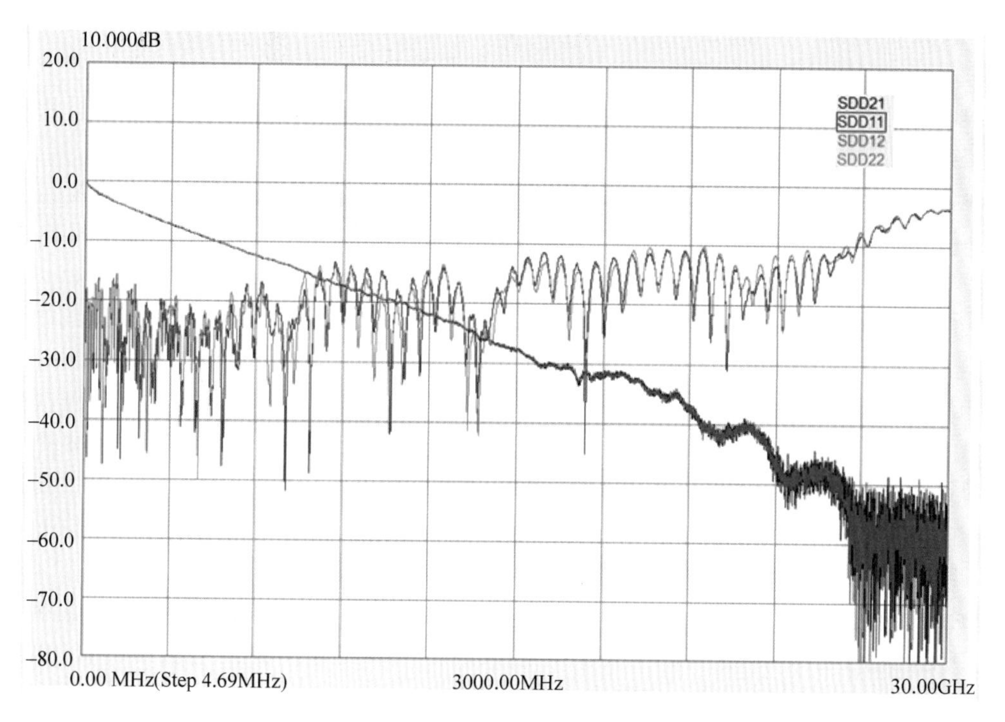

图 27.7　背板的插入损耗和回波损耗曲线

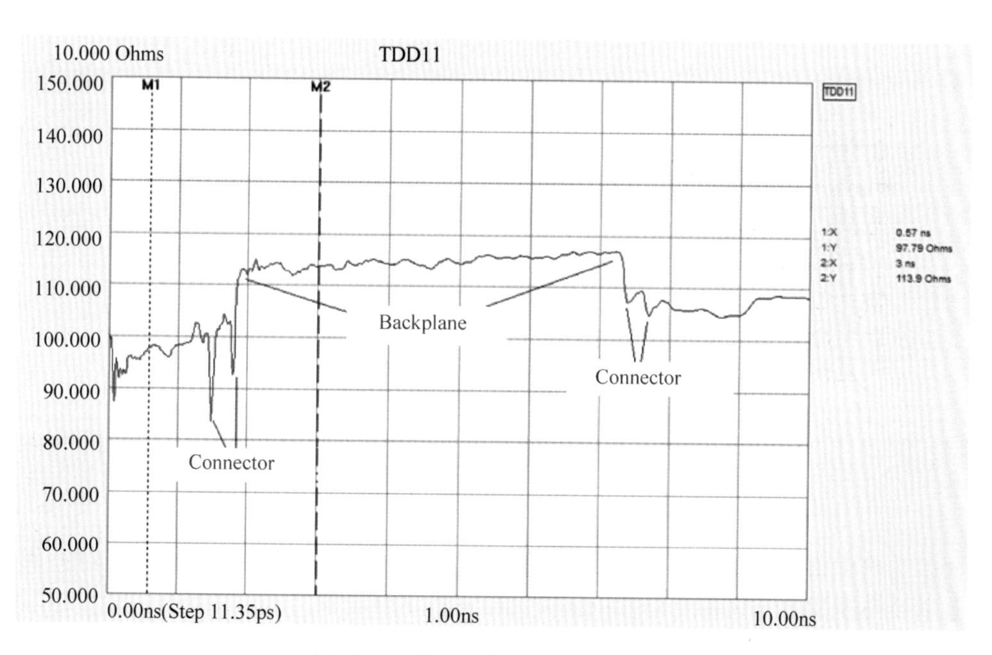

图 27.8　背板走线的阻抗变化曲线

●**得到传输线的损耗特性**：通过比较插入损耗和回波损耗参数可以分析背板的设计是否满足规范要求。

●**得到传输线的阻抗变化曲线**：通过对反射参数进行反 FFT 变化，可以得到时域反射曲线（TDR），从 TDR 曲线可以知道传输线上各点的阻抗变化情况。

●**传输线建模**：得到传输线真实的S参数和TDR曲线以后，可以把实测的结果与仿真结果进行比较，修正仿真模型的误差，在后续仿真中得到更准确的结果。

●**眼图仿真**：根据S参数计算出传输线的冲激响应和阶跃响应，并在时域进行卷积和比特叠加，就可以预知信号经过这段传输线到达接收端的眼图形状。

●**帮助芯片选型**：通过对真实传输线的测试和分析，用户可以了解到该传输线的极限。可以事先有目的地选择一些带合适预加重或者均衡功能的芯片对传输线损耗进行补偿。

除了单一线对上的插入损耗、回波损耗以及阻抗的测试以外，由于背板上传输线的数量很多，密度很高，线对间的串扰在高频的情况下也比较严重。串扰分为近端串扰（Near-end Crosstalk，NEXT）和远端串扰（Far-end Crosstalk，FEXT），近端串扰指的是对同侧其他差分对的干扰，而远端串扰指的是对另一侧其他差分对的干扰。串扰的测试通常需要更多端口的矢量网络分析仪。例如1对差分线的测试占用4个端口，两对差分线间的串扰测试就需要用到8个端口。使用更多端口的矢网做串扰测试是最方便的，因为在测试软件的控制下可以很快完成多对差分线间的NEXT和FEXT测试。

如果出于成本的考虑，也可以仅用4个端口来实现串扰测试，这时需要把没有连接矢网的端口用负载进行端接，这样做的缺点是测试中需要多次手动更改电缆和负载的连接。图27.9是用4端口的矢网进行FEXT测试的方法及一块100GBase-KR4背板的FEXT测试结果。

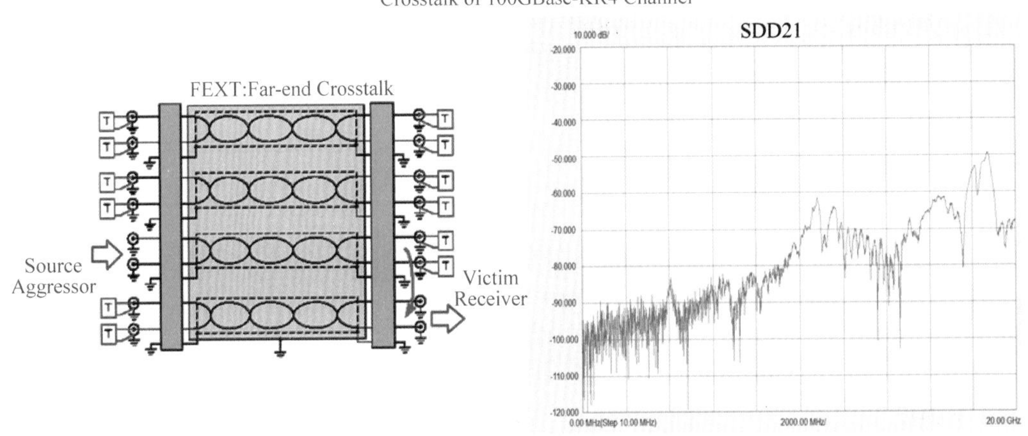

图27.9 FEXT测试方法及测试结果

串扰的产生很多是由于差分线的不对称以及连接器、过孔处的信号辐射造成的，因此改善串扰需要尽量保证走线的对称性以及关键器件的良好屏蔽。

4. 背板传输眼图和误码率测试

S参数和阻抗等信息已经可以帮助设计人员对背板的性能参数有了深入的了解，但是这些参数还不太直观。例如频域参数和阻抗偏差对于最终的信号质量的影响究竟有多大是很多数字工程师比较关心的，这就需要通过观察实际信号的传输情况来了解背板的质量。

对于高达 25Gbps 数据速率的信号来说，即使在背板设计中使用了昂贵的 PCB 板材，由于信号速率很高、传输距离很远，如果不采用合适的信号补偿技术，可能到达接收端的信号眼图仍然是闭合的。而预加重和均衡就是高速数字电路中最常用的两种信号补偿技术。

OIF 组织的大量关于 25G 背板的仿真分析互操作性实验（见图 27.10）表明：通过采用优良的 PCB 板材、连接器，并在发送端进行合适的预加重设置，有可能在接收端得到一个将近张开的眼图（眼高大约 30mV）。如果背板设计达到了这个目的，那么通过接收芯片里的均衡器可以进一步改善信号从而得到更好的眼图质量。（参考资料：OIF CEI-25 LR overview，http://grouper.ieee.org/groups/802/3/100GCU/）

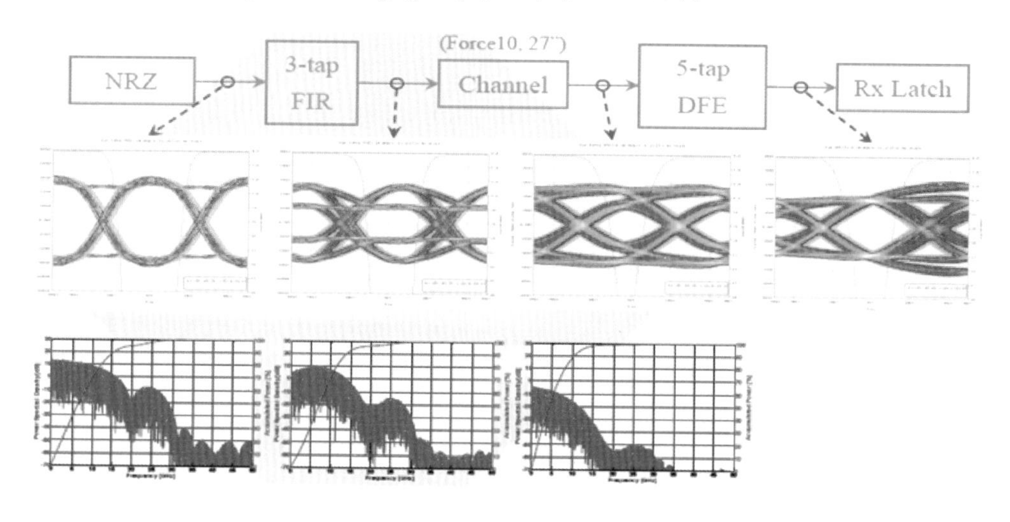

图 27.10　CEI-25G-LR 的传输通道分析结果

因此，要进行背板的传输信号能力的测试，首先需要一台高性能的带多阶预加重能力的信号发生器，用于在背板的一端产生高速的串行信号，然后在另一端用高带宽的示波器对传输过来的信号进行测试。图 27.11 是用高速串行误码仪和高带宽示波器进行背板传输眼图质量测试的例子。误码仪的数据发送模块可以提供高达 32Gbps 的带 5 阶预加重的信号；而示波器可以提供 33GHz 甚至 63GHz 的实时测量带宽。

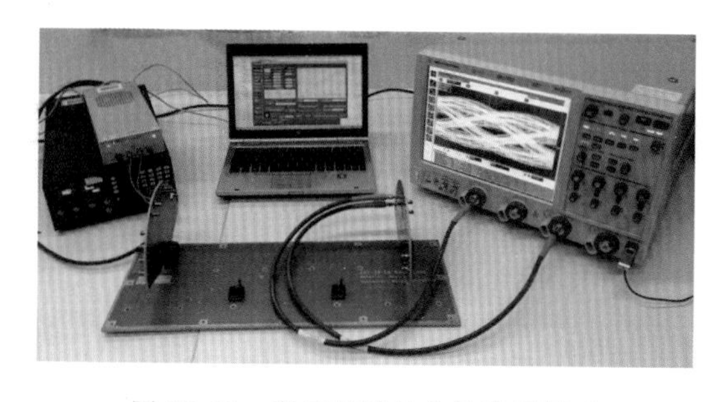

图 27.11　高速背板的传输眼图测试

很多支持 25G 背板传输的芯片都支持至少三阶以上的预加重设置。预加重技术对信号改善的效果取决于预加重的幅度的大小和阶数。简单的预加重对信号的频谱改善并不是完美的，例如其频率响应曲线并不一定与实际的传输通道的损耗曲线相匹配，所以高速率的总线会采用阶数更高、更复杂的预加重技术。

需要注意的是，误码仪发送端的预加重参数的设置需要与该信号传输通道的损耗特性相匹配才能得到比较好的信号改善效果。如果去加重补偿有过头，得到的眼图有可能会比不使用相关技术时更加恶劣。对于 25Gbps 这么高速的背板传输的信号来说，不合适的预加重系数可能造成在接收端完全得不到张开的眼图。

如果背板设计的插损曲线比较平滑，预加重对于线路损耗的补偿效果会比较好。因此背板设计中除了要控制插损以外，对于阻抗的连续性要求也比较高，以保证插损曲线尽可能平滑。

5. 发送端信号质量的测试

当进行完背板的 S 参数及传输能力的测试后，可以说对于背板设计的好坏已经有了比较客观全面的了解。但是在配合实际的子卡运行时，仍然有可能会出现传输误码率过大或者链路不稳定的情况。这有时是由于子卡发送端发出的信号质量不完全符合相关规范。为了定位并排除由此造成的问题，通常需要对子卡发出的信号质量进行验证。

无论是 OIF 组织的 CEI-25G-LR 规范还是 IEEE 组织的 100GBase-KR4 规范，对于发送端的信号质量都有严格、全面的要求。信号质量的测试工具主要是高带宽的示波器，而要保证对这么高速率信号的正确的测试，需要示波器有足够高的带宽（通常需要 40GHz 以上）以及足够低的本底抖动（最好小于 $100fs_{rms}$）和噪声。

同时，这些信号质量项目的测试完全依赖手动完成会非常耗时耗力，测试人员对于规范理解和仪表设置的不同也会造成很多测量结果的不确定性。为了简化测试，测试仪器公司会专门提供针对 CEI3.1 以及 100GBase-KR4 的自动测试软件。

在测试过程中，测试人员首先需要根据测试软件的设置向导选择测试标准、测试项目，然后软件会根据当前的测试项目提示连接图以及需要被测件发出的测试码型，一切正常后软件会自动进行波形参数的测试和计算，并生成相应的测试报告。图 27.12 是采样示波器、CEI 软件的设置界面和支持的测试参数。

对于 100GBase-KR4 的信号质量也是类似，图 27.13 是安装在高带宽实时示波器上的自动测试软件生成的信号质量测试报告。

6. 100G 背板测试总结

通过前面的介绍可以看出，100Gbps 背板上单对差分线的信号传输速率高达 25Gbps 甚至更高。对其插入损耗、回波损耗、阻抗、串扰的测试可以借助多端口的矢量网络分析仪以及信号完整性分析软件；对其信号传输眼图、传输误码率等传输能力的测试可以借助高性能带预加重的误码仪以及高带宽、低噪声的示波器；对其子卡发送的信号质量的测试验证可以借助高性能的采样示波器或者实时示波器并配合相应的信号一致性测试软件。

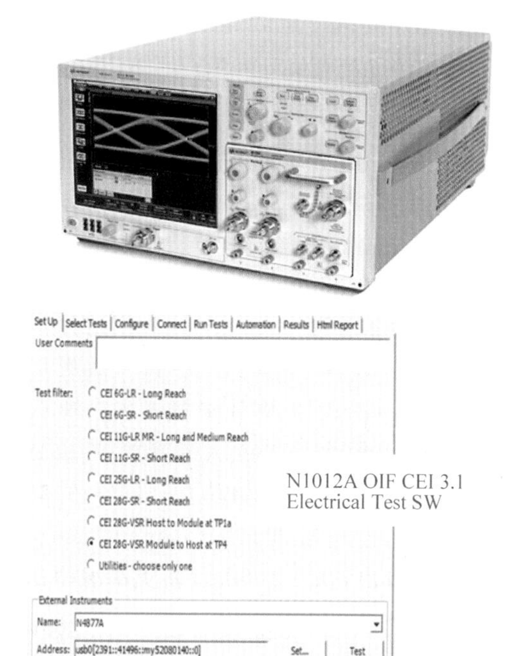

DCA-X 86100D
High Performance
Sampling Scope

	Parameter	CEI-28G-SR	CEI-25G-LR	CEI-28G-VSR H2M	CEI-28G VSR M2H
Measured on DCA	Baud rate	10.3.1	11.3.1	13.1	13.1
	Rise times / fall times	10.3.1	11.3.1	13.3.2	13.3.3
	Differential output voltage	10.3.1	11.3.1	13.3.2	13.3.3
	Output common mode voltage	10.3.1	11.3.1	13.3.2	13.3.3
	Transmitter common mode noise	10.3.1	11.3.1	13.3.2	13.3.3
	Eye mask				
	Uncorrelated unbounded Gaussian jitter (RJ)	10.3.1	11.3.1		
	Uncorrelated bounded high probability jitter	10.3.1	11.3.1		
	Duty cycle distortion	10.3.1	11.3.1		
	Total jitter	10.3.1	11.3.1		
	UUGJ – FIR off and on	12.1	12.1		
	UBHPJ – FIR off and on	12.1	12.1		
	DCD – FIR off and on	12.1	12.1		
	Total jitter – FIR off and on	12.1	12.1		
	Eye width (EW15)			13.3.2	13.3.3
	Eye height (EH15)			13.3.2	13.3.3
	Vertical eye closure				13.3.3
	Jitter transfer BW				
	Jitter transfer peaking				
PNA	Differential output return loss	10.3.1	11.3.1	13.3.2	13.3.3
	Common mode output return loss	10.3.1	11.3.1		
	CM to differential conversion loss			13.3.2	13.3.3
	Differential to CM Conversion Loss			13.3.2	13.3.3

图 27.12 采样示波器及 CEI 接口信号质量测试软件

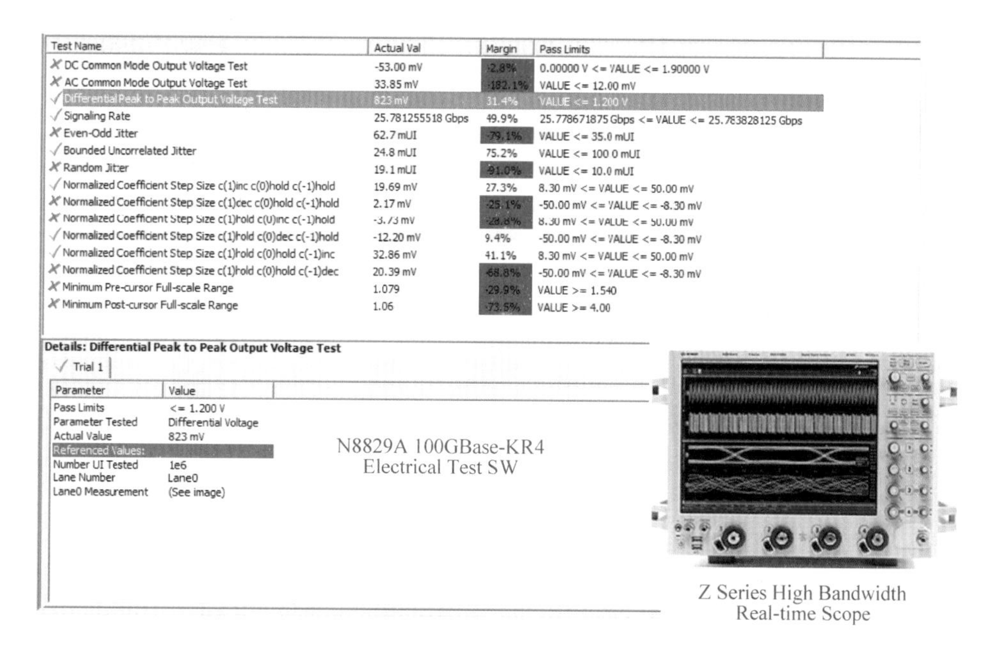

Test Name	Actual Val	Margin	Pass Limits
✗ DC Common Mode Output Voltage Test	-53.00 mV	-2.8%	0.00000 V <= VALUE <= 1.90000 V
✗ AC Common Mode Output Voltage Test	33.85 mV	-182.1%	VALUE <= 12.00 mV
✓ Differential Peak to Peak Output Voltage Test	823 mV	31.4%	VALUE <= 1.200 V
✓ Signaling Rate	25.781255518 Gbps	49.9%	25.778671875 Gbps <= VALUE <= 25.783828125 Gbps
✗ Even-Odd Jitter	62.7 mUI	-79.1%	VALUE <= 35.0 mUI
✓ Bounded Uncorrelated Jitter	24.8 mUI	75.2%	VALUE <= 100 0 mUI
✗ Random Jitter	19.1 mUI	-91.0%	VALUE <= 10.0 mUI
✓ Normalized Coefficient Step Size c(1)inc c(0)hold c(-1)hold	19.69 mV	27.3%	8.30 mV <= VALUE <= 50.00 mV
✗ Normalized Coefficient Step Size c(1)cec c(0)hold c(-1)hold	2.17 mV	-25.1%	-50.00 mV <= VALUE <= -8.30 mV
✗ Normalized Coefficient Step Size c(1)hold c(0)inc c(-1)hold	-3.73 mV	-28.8%	8.30 mV <= VALUE <= 50.00 mV
✓ Normalized Coefficient Step Size c(1)hold c(0)dec c(-1)hold	-12.20 mV	9.4%	-50.00 mV <= VALUE <= -8.30 mV
✓ Normalized Coefficient Step Size c(1)hold c(0)hold c(-1)inc	32.86 mV	41.1%	8.30 mV <= VALUE <= 50.00 mV
✗ Normalized Coefficient Step Size c(1)hold c(0)hold c(-1)dec	20.39 mV	-68.8%	-50.00 mV <= VALUE <= -8.30 mV
✗ Minimum Pre-cursor Full-scale Range	1.079	-29.9%	VALUE >= 1.540
✗ Minimum Post-cursor Full-scale Range	1.06	-73.5%	VALUE >= 4.00

Details: Differential Peak to Peak Output Voltage Test

✓ Trial 1

Parameter	Value
Pass Limits	<= 1.200 V
Parameter Tested	Differential Voltage
Actual Value	823 mV
Referenced Values:	
Number UI Tested	1e6
Lane Number	Lane0
Lane0 Measurement	(See image)

图 27.13 高带宽示波器及 100GBase-KR4 软件信号质量测试报告

二十八、100G光模块接口测试方法

1. CEI测试背景和需求

现如今，越来越多的人利用各种移动终端或PC设备在网上观看高清视频、使用云存储的各种功能、享受3D游戏带来的乐趣、或者体验其他各种网上应用等。人们这种生活娱乐方式的转变带来的是网络流量的爆发式增长和各种云计算应用的普及，其背后更是需要强大的数据中心的支撑。数据中心是推动“云”的引擎，而“云”能够让消费者和企业从任何位置访问数据和应用程序。为了满足这种强大的数据需求，就需要更大的带宽，这也是高速数据接口从10Gbps数据速率向更高的25～28Gbps速率转变的原始动力。目前，针对高速数据接口的主要规范标准有针对以太网的IEEE802.3、光纤通道Fiber Channel、OIF CEI规范以及InfiniBand等，如图28.1所示。从图中可以看出，在从10Gbps向更高速率的转变过程中，25～28Gbps将成为当前数据中心互连的主流速率。

Standard	Data Rates	Link Type	Distance
IEEE 802.3ap, 10 G	10.3125Gbps	Backplane	<1m
IEEE 802.3ba, 40 G	4 x 10.3125Gbps	Chip-to-chip Backplane Copper cable	 <1m <7m
IEEE 802.3ba, 100 G	10 x 10.3125Gbps	Chip-to-module	
IEEE 802.3ba, 100 G	4 x 25.78Gbps	Chip-to-chip Chip-to-module Copper cable	 <7m
OIF CEI 25G-LR	N x 19.6-28.05Gbps	Chip-to-chip Chip-to-module	 <650mm
OIF CEI 28G-SR	N x 19.6-28.05Gbps	Chip-to-chip	<300mm
OIF CEI 28G-VSR	N x 19.6-28.05Gbps	Module PCB trace Host PCB trace	>50mm >100mm
Fibre Channel 16X	14.025Gbps	Cable Module PCB trace Host PCB trace	<5m
32X	28.05Gbps		
InfiniBand	10 x 10.3125Gbps 12 x 10.5Gbps 4 x 25Gbps	Cable Host PCB trace	<20m
SFF-8431	1 x 10Gbps	Host board trace	<300mm

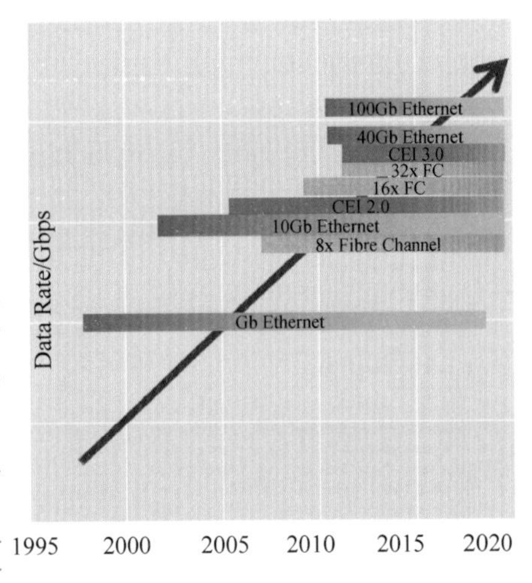

图28.1 数据中心互连接口的发展

然而，随着数据速率的提高，也带来了新的问题：长期以来，10Gbps一直都是铜线传输的极限。10Gbps信号在铜线中可传输7m，14Gbps信号就缩短到3m了。到了25Gbps信号，就需要在每个电缆末端安装有源收发芯片的有源电缆（Active Cable），以达到3～5m的传输距离，当然，铜线传输问题可以过光纤传输来加以克服，但即便采用光纤为传输介质，原始数据的产生和最终处理仍然是在电路中。25Gbps信号在PCB中传输6in，就开始大大衰减，需要更多的电子芯片来保存、重建和重新发送这些信号。需要重新定时、时钟/数据恢复（CDR）、预加重、甚至DSP处理来使得芯片—芯片、芯片—模块、以及背板的电信号传送成为可能。为了保证电接口信号质量，如何准确测试如此高速率的电接口，并获得一致性测试结果，则成为设计开发者需要认真对待的问题。

目前市场上已经有众多半导体集成电路具备了25～28Gbps输入输出接口，大多采用ASIC(Application Specific Integrated Circuits)芯片进行设计，也有一些采用FPGA芯片进行设计，而其目前主要应用在100Gb以太网的光模块上。

第一代100GbE模块采用10×10 Gbps CAUI电接口和4×25Gbps 100GBASE-LR4(或100GBASE-ER4)光接口。该模块通过变速箱芯片(GearBox)将10×10Gbps电信号转换成4路28Gbps电信号，然后驱动后面的TOSA或ROSA。由于变速箱芯片的使用，增加了复杂性、成本、空间及功耗。从第2代100GbE CFP2模块开始，将变速箱(GearBox)芯片去除，使其直接支持4x28Gbps光口和电口，从而具备更低的成本、复杂性和功耗。图28.2是不同的100G光模块的主要特点。

	1st Generation		2nd Generation		
Module Name (Images not to Scale)	CFP	CXP	25 Gbps QSFP	CFP2	CFP4
Approximate Module Dimensions (Length x Width to Scale)					
Front Panel Density	4	16	22-44	8	16-32
Electrical Interface	CAUI	CPPI	CPPI-4	CAUI-4	CPPI-4
Electrical Signaling (Gbps)	10×10	10×10	4×25	4×25	4×25
Media Type	SMF	Twinax,MMF	MMF/SMF	SMF	SMF
Advantages	Long Reach, High Power Dissipation	Small Size, Designed for Passive Cabling	Highest Density, Established Form Factor	Long Reach, Higher Density	Highest Density, Smaller Size
Disadvantages	Too Big	Short Reach, Too Small	Limited Power Dissipation and Reach	Bigger Size	Unproven Form Factor(vs,QSFP)

图28.2 不同100G光模块的特点比较

为了推动下一代标准的实施，OIF(光互联论坛)与电连接器供应商、物理层芯片供应商、主板制造商和模块制造商通力合作，并于2012年推出了CEI 3.0通用电接口基础规范，其主要涉及如下新的速率：

●**CEI-25G-LR**：主要针对背板连接接口标准，传输距离30in；

●**CEI-28G-SR**：主要针对芯片—芯片间连接标准，传输距离12in；

●**CEI-28G-VSR**：主要针对模块—芯片电接口连接标准，传输距离4in，广泛应用于芯片和光模块的互连。

2014年OIF推出了CEI3.1版本，在3.0版本基础上增加了CEI-28G-MR(传输距离20in)。

OIF CEI为通用的电口基础规范，IEEE组织也在其2014年制定的IEEE 802.3bm中明确指出，其CAUI-4接口(芯片—模块)规范的参数和测试方法也基本参照OIF CEI-28G-

VSR 规范。因此，本章就以 CEI-28G-VSR 规范为例，阐述其电接口的测试参数、测试方法以及针对 CEI 接口测试的解决方案。

2. CEI-28G-VSR 测试点及测试夹具要求

CEI-28G-VSR 针对的是主机—光模块之间电接口连接标准，其接口应用环境如图 28.3 所示。

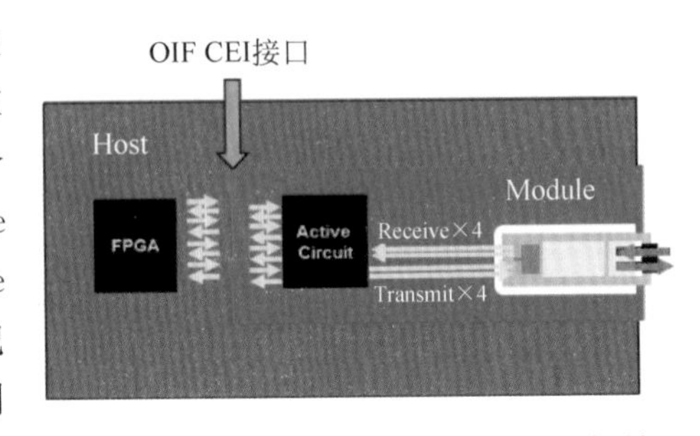

图 28.3　CEI-28G-VSR 接口的应用场景

为了便于测试，需要把被测点的信号通过夹具转成同轴接口引出，这样的夹具也称之为一致性测试版(Compliance Test Board，CTB)。CTB 分为两种，测试 Host 的称为 HCB(Host Compliance Board)，测试 Module 的称为 MCB(Module Compliance Board)。根据 CEI 规范的定义，把 HCB 的输出测试点称为 TP1a，MCB 的输入测试点称为 TP1；把 MCB 的输出测试点称为 TP4，HCB 的输入测试点称为 TP4a。图 28.4 为规范中对各测试点的定义。(参考资料：Common Electrical I/O (CEI)-electrical and Jitter Interoperability agreements for 6G+ bps，11G+ bps and 25G+ bps I/O，IA ＃ OIF-CEI-03.1)

由于测试过程中需要用到测试夹具 MCB 和 HCB，因此为了保证测试的可靠性和重复性，

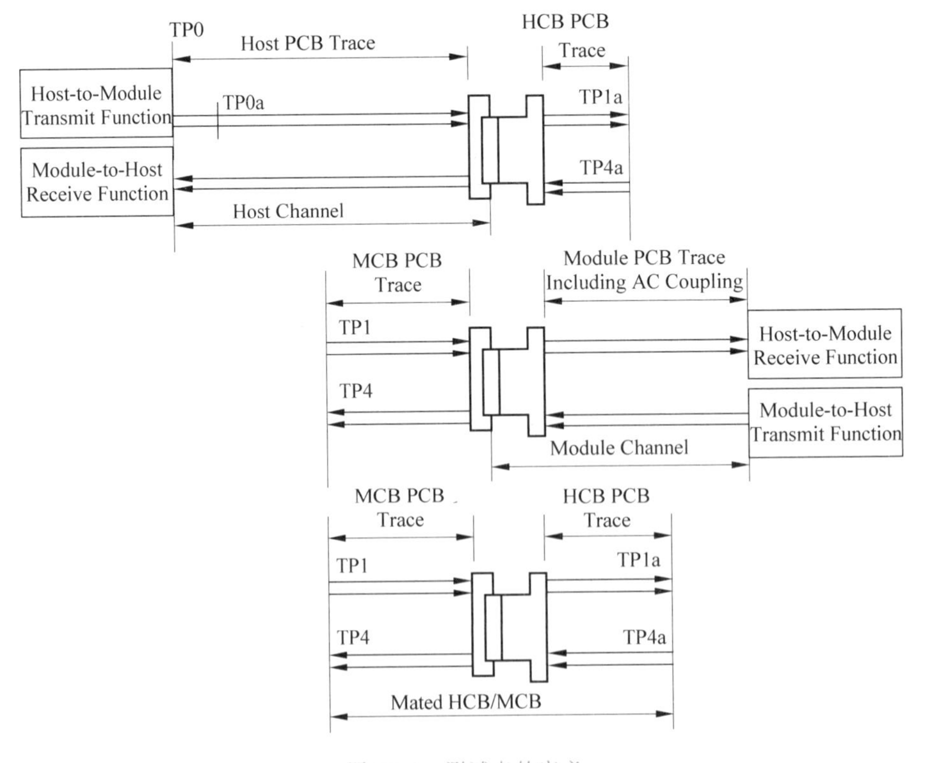

图 28.4　测试点的定义

需要选用标准的一致性测试板。CEI 规范中对于一致性测试板 HCB 和 MCB 的特性都有专门的要求。对于 HCB 和 MCB 各自的插入损耗的要求如图 28.5 所示。(参考资料：Common Electrical I/O (CEI)-electrical and Jitter Interoperability agreements for 6G+ bps,11G+ bps and 25G+ bps I/O, IA ＃ OIF-CEI-03.1)

此外，规范还要求将 HCB 和 MCB 插在一起测试其各个 S 参数，如 SDD11，SDD22，SCD21，SCD12，SCD11，SCD22，SDC11,SDC22,SDD21,SDD12 等。

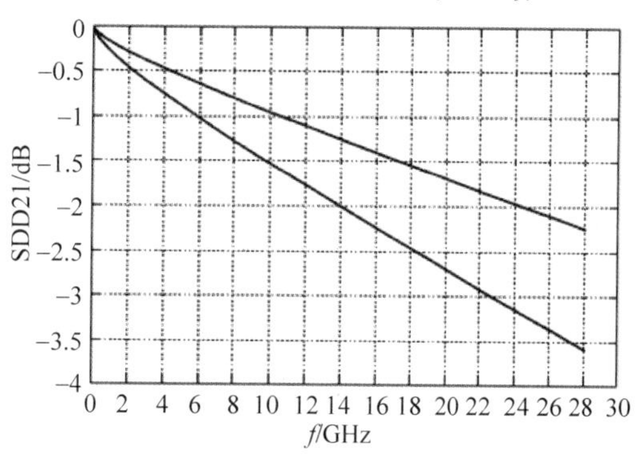

图 28.5　MCB 和 HCB 的插损要求

3. CEI-28G-VSR 输出端信号质量测试原理

CEI-28G-VSR 中对于 Host-to-Module 以及 Module-to-Host 的各测试点参数进行了要求和规范，如图 28.6 所示分别为 Host output (TP1a)和 Module output (TP4)的电口指标参数。(参考资料：Common Electrical I/O (CEI)-electrical and Jitter Interoperability agreements for 6G+ bps,11G+ bps and 25G+ bps I/O,IA ＃ OIF-CEI-03.1)

Host-to-Module Electrical Specifications at TP1a (host output)

Parameter	Min.	Max.	Units	Conditions
Differential Voltage pk-pk	-	900	mV	
Common Mode Noise RMS	-	17.5	mV	See Section 13.3.5
Differential Termination Resistance Mismatch	-	10	%	At 1 MHz See Section 13.3.6
Differential Return Loss (SDD22)	-	See Equation 13-19	dB	
Common Mode to Differential conversion and Differential to Common Mode Conversion (SDC22, SCD22)	-	See Equation 13-21	dB	
Common Mode Return Loss (SCC22)	-	-2	dB	From 250 MHz to 30 GHz
Transition Time, 20 to 80%	10	-	ps	See Section 13.3.10
Common Mode Voltage	-0.3	2.8	V	Referred to host ground
Eye Width at 10^{-15} probability (EW15)[1]	0.46	-	UI	See Section 13.3.11
Eye Height at 10^{-15} probability (EH15)[1]	95	-	mV	See Section 13.3.11

1. Open eye is generated through the use of a reference Continuous Time Linear Equalizer (CTLE)

Module-to-Host Electrical Specifications at TP4 (module output)

Parameter	Min.	Max.	Units	Conditions
Differential Voltage, pk-pk	-	900	mV	
Common Mode Voltage (Vcm)[1]	-350	2850	mV	
Common Mode Noise, RMS	-	17.5	mV	See Section 13.3.5
Differential Termination Resistance Mismatch	-	10	%	At 1 MHz
Differential Return Loss (SDD22)	-	See Equation 13-19	dB	
Common Mode to Differential conversion and Differential to Common Mode Conversion (SDC22, SCD22)	-	See Equation 13-21	dB	
Common Mode Return Loss (SCC22)	-	-2	dB	From 250 MHz to 30 GHz
Transition Time, 20 to 80%	9.5	-	ps	See Section 13.3.10
Vertical Eye Closure (VEC)	-	5.5	dB	See Section 13.3.11.1.1
Eye Width at 10^{-15} probability (EW15)	0.57	-	UI	See Section 13.3.11
Eye Height at 10^{-15} probability (EH15)	228	-	mV	See Section 13.3.11

Note 1: Vcm is generated by the host. Specification includes effects of ground offset voltage.

图 28.6　Host 和 Module 的输出端电口指标

从中可以看出无论是 Host 输出还是 Module 输出都有着非常类似的测试参数，它们的测试方法也基本一样。表中的参数可分为两类，一类是针对频域 S 参数的测试，另一类是时域参数测试。时域测试要求示波器的接收机最小带宽为 40GHz 且其频响满足四阶贝塞尔-汤姆逊响应。

与其他 10G 标准规范相比，CEI 的规范在某些参数定义上有明显的不同，例如：

● **转换时间的定义(Transition Time，20%～80%)**：通常所说的转换时间(上升/下降时间)的测试是在眼图累积模式下进行的，考虑了所有的上升/下降沿，然而在 CEI 的标准中却不是这样。为了避免码间干扰的影响，其测试码型主要为 PRBS 9 (生成多项式为 x9 + x5 + 1)，计算上升时间的区域为五个连 0 和四个连 1，计算下降时间的区域为九个连 1 和 5 个连 0。这无疑给我们的测试带来了麻烦。

●**眼宽和眼高的定义(Eye Width,Eye Height)**:与常规的眼宽和眼高定义不同,CEI 规范的要求更加严格了,即眼宽和眼高都是在误码率为 1×10^{-15} 下计算的,表示成 EW15 和 EH15。其计算过程比较复杂,首先要有足够的采样点(如四百万个 bit)来构造眼图在时间轴和幅度轴上的累积分布函数(CDF)的直方图,然后在 1×10^{-6} 概率上计算 CDFL 和 CDFR 的差值得到在误码率为 1×10^{-6} 时的眼宽 EW6,再利用双狄拉克模型估算眼图左右两个边沿处的随机抖动 RJL 和 RJR,并且进一步可以得到 EW15=(EW6−3.19×(RJL+RJR))。对于眼高也有如此类似的计算过程,EH15= (EH6−3.19×(RN0+RN1))。而垂直眼图闭合(VEC)则根据公式 20×log10 (AV/EH15)计算得到(AV 指均衡后波形的眼幅度),如图 28.7 所示。(参考资料:Common Electrical I/O (CEI)-electrical and Jitter Interoperability agreements for 6G+ bps,11G+ bps and 25G+ bps I/O,IA # OIF-CEI-03.1)

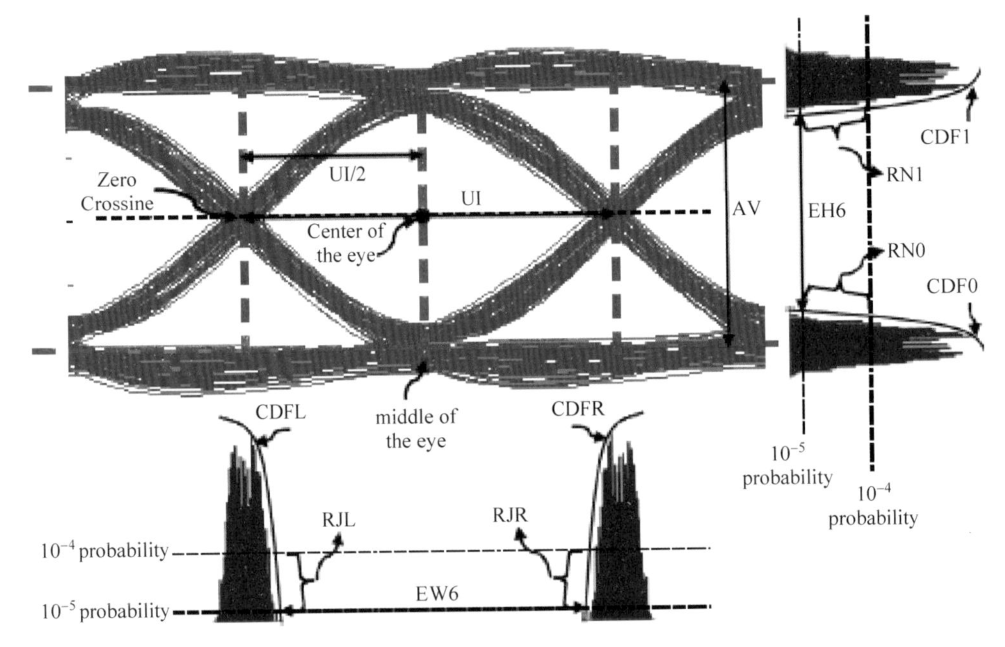

图 28.7 眼高和眼宽的计算

在上述参数计算过程当中,由于高速信号很容易在传输过程中劣化从而可能得不到张开的眼图,所以要求示波器的参考接收机具有均衡的功能(通常使用连续时间线性均衡 CTLE 功能)。图 28.8 所示分别是对于 Host 和 Module 测试使用的 CTLE 均衡器的定义。需要注意的是,对于 Host 测试有 9 种不同的均衡器强度,对于 Module 测试有 2 种不同的均衡器强度,测试中需要尝试不同的均衡器强度并以眼张开面积最大的那个系数作为参考均衡器的设置参数。(参考资料:Common Electrical I/O (CEI)-electrical and Jitter Interoperability agreements for 6G+ bps,11G+ bps and 25G+ bps I/O,IA # OIF-CEI-03.1)

由于高速 CEI 接口其实是由 4 个通道组成(如 4×28Gbps),因此相邻通道之间的串扰影响也必须在测试时考虑进去。串扰通道的信号要求采用 900mV 峰峰值、9.5ps 或 10ps 上升时间的 PRBS31 码型。因此,在 Module 和 Host 的输出接口测试中,要先进行串扰信号质量校准,然后才进行测试,测试框图如图 28.9 所示。(参考资料:Common Electrical I/O (CEI)-electrical and Jitter Interoperability agreements for 6G+ bps,11G+ bps and 25G+ bps I/O,IA # OIF-CEI-03.1)

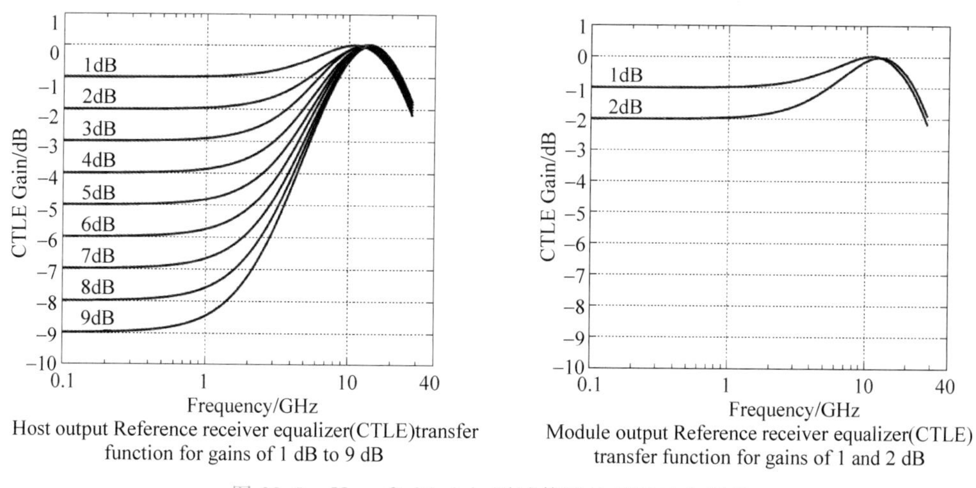

图 28.8 Host 和 Module 测试使用的 CTLE 均衡器

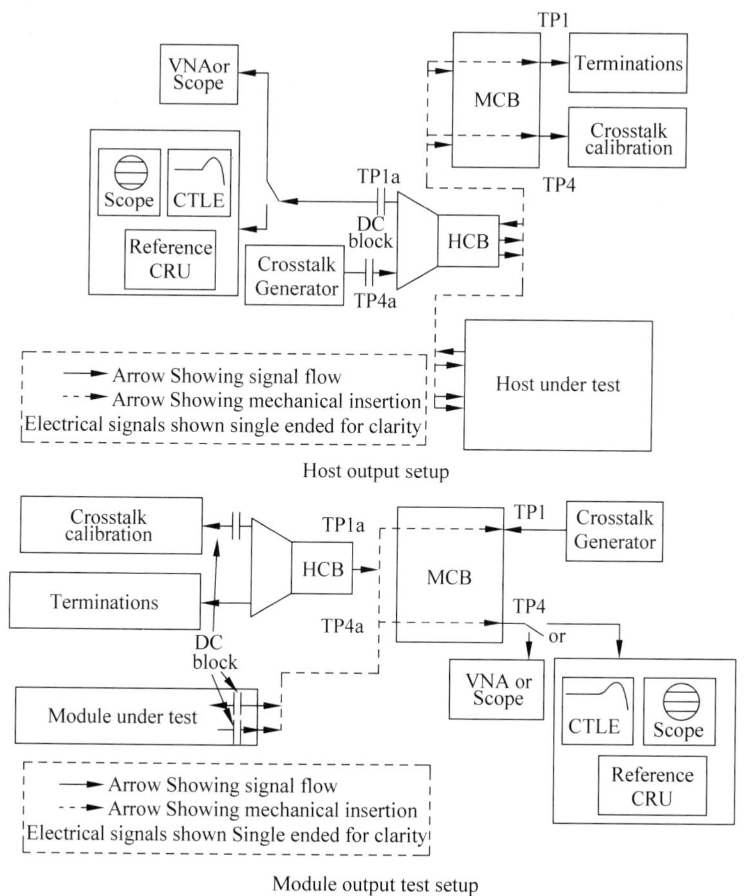

图 28.9 串扰信号的校准

以 Host output 测试为例说明。首先，把 HCB 和 MCB 插在一起，串扰通道产生串扰信号，在测试点 TP4 处进行串扰信号的校准测试。第二步，取下 MCB，把被测件 Host 插在 HCB 上，保持串扰通道开启的状态，在测试点 TP1a 进行 Host output 各个参数的测试。对于反射 S 参数的测试,可以采用网分或带有 TDR 功能的示波器进行测试;对于时域各参数的测试,则要用到具有 CTLE 和时钟恢复 CRU 功能的示波器。Module output 和 Host output 测试有着类似的方法,就不再赘述了。

4. CEI-28G-VSR 输出端信号质量测试方法

从以上的测试参数和测试方法的介绍中可以看出,CEI 接口测试给我们带来了不一样的测试要求和挑战:

●要求的测试项目众多。包括 CEI-28G-VSR 在内,有超过 140 项测试参数在 CEI 3.1 中有定义,一些主要参数如图 28.10 所示:

	Parameter	CEI 6G-SR	CEI 6G-LR	CEI-11G-SR	CEI-11G-LR/MR	CEI-28G-SR	CEI-25G-LR	CEI-28G-VSR H2M/M2H	CEI-28G MR
Measured on DCA	Baud rate	6.4.1	7.4.1	8.3.1	9.3.1	10.3.1	11.3.1	13.1	14.3.1
	Rise times / fall times	6.4.1	7.4.1	8.3.1	9.3.1	10.3.1	11.3.1	13.3.2 / 3	14.3.1
	Differential output voltage		7.4.1	8.3.1	9.3.1	10.3.1	11.3.1	13.3.2 / 3	14.3.1
	Output common mode voltage	6.4.1	7.4.1	8.3.1	9.3.1	10.3.1	11.3.1	13.3.2 / 3	14.3.1
	Single-ended output voltage								14.3.1
	Transmitter common mode noise	6.4.1	7.4.1	8.3.1	9.3.1	10.3.1	11.3.1	13.3.2 / 3	14.3.1
	Eye mask	6.4.1	7.4.1	8.3.1	9.3.1				
	Uncorrelated unbounded Gaussian jitter (RJ)			8.3.1	9.3.1	10.3.1	11.3.1		14.3.1
	Uncorrelated bounded high probability jitter	6.4.1	7.4.1	8.3.1	9.3.1	10.3.1	11.3.1		14.3.1
	Duty cycle distortion	6.4.1	7.4.1	8.3.1	9.3.1	10.3.1	11.3.1		
	Total jitter	6.4.1	7.4.1	8.3.1	9.3.1	10.3.1	11.3.1		14.3.1
	Even-odd jitter								14.3.1
	UUGJ – FIR off and on					12.1	12.1		
	UBHPJ – FIR off and on					12.1	12.1		
	DCD – FIR off and on					12.1	12.1		
	Total jitter – FIR off and on					12.1	12.1		
	Eye width (EW15)							13.3.2 / 3	
	Eye height (EH15)							13.3.2 / 3	
	Vertical eye closure								
	Jitter transfer BW			8.4					
	Jitter transfer peaking			8.4					
PNA	Differential output return loss	6.4.1	7.4.1	8.3.1	9.3.1	10.3.1	11.3.1	13.3.2 / 3	14.3.1
	Common mode output return loss	6.4.1	7.4.1	8.3.1	9.3.1	10.3.1	11.3.1		14.3.1
	CM to differential conversion loss							13.3.2 / 3	
	Differential to CM Conversion Loss							13.3.2 / 3	
DMM	Differential resistance	6.4.1	7.4.1	8.3.1	9.3.1	10.3.1	11.3.1		14.3.1
	Differential termination mismatch			8.3.1	9.3.1	10.3.1	11.3.1	13.3.2 / 3 (1 MHz)	14.3.1

图 28.10　CEI 接口的电气参数测试项目

●很多测试参数并不是直接测量,而是需要软硬件结合,并通过一定的算法获得;

●测试需要花费更多的时间,这不仅包括测试本身的耗时,也是指对于测试参数的理解本身就需要更多的时间;

●对于电接口进行差分测试时,不仅需要时钟恢复,也要求测试仪表具有 CTLE 功能,并能找到最佳的 CTLE 峰值。

针对上述 CEI 3.1 的测试要求,需要使用不同的仪器进行测试。

对于高速电接口的频域测试,使用传统的网络分析仪即可,而对于时域参数测试,可以使用带时钟恢复和信号测试功能的采样示波器。采样示波器可以选择不同的测试模块,针对不同用户的实际情况,有不同的测试模块方案可供选择:

[1] 追求最佳测试精度和简单连接的方案：如果追求最佳测试精度并且连接尽量简单，可以使用带内置 CDR 功能的精密波形分析模块。如图 28.11 所示是一款集 50G 双通道电口、精密时基、CDR 三种功能于一体的精密波形/眼图分析模块。这种模块的固有抖动指标仅为 $50fs_{rms}$，内置硬件时钟恢复电路且环路带宽可大范围调节，因此无须外接专门的触发时钟或 CDR 模块就可以分析信号，使用非常方便且测量精度很高。

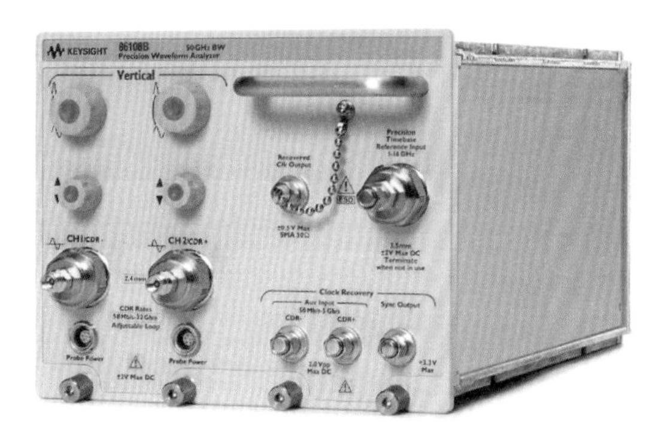

图 28.11 带内置 CDR 的精密波形分析模块

[2] 追求更多通道数和灵活性的方案：如果希望支持更多的通道数目和灵活的模块选择，可以选择高密度的测量模块，这种模块采用了高密度的设计，在一个机箱中可以最多支持 16 个 60GHz 以上带宽的测量通道，也可以灵活配合其他测量模块使用。需要注意的是，这种模块本身不具备时钟恢复功能，需要配合专门的时钟恢复模块使用，或者能够从被测件提供同步的采样时钟。图 28.12 是把高密度电模块、光测量模块以及时钟恢复模块组合在一起使用的例子。

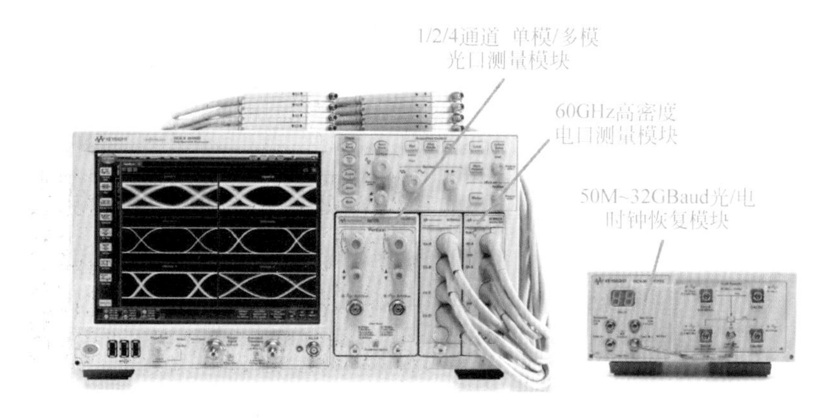

图 28.12 多种模块的组合使用

为了提高测试效率，把研发人员从繁复耗时的测试流程中解放出来，可以通过 CEI 一致性应用测试软件，实现参数的自动化测试。测试软件可以把测试时间从数个小时缩短到几分钟，并自动生成测试报告。CEI 一致性测试软件支持多种 CEI 3.1 接口标准测试，选定测试接口后，就会自动出现对应于该接口的所有测试参数，并给出各个参数在 CEI 标准中的说明，如图 28.13 所示。

快速获得测试报告：选择好测试接口和测试参数设置后，只需按照提示步骤进行仪表硬件连接，测试软件将会提示连接及测试码型发送，并自动完成所有参数测试，然后生成如图 28.14 的一致性测试报告。

需要注意的是，在 CEI-28G-VSR 规范中，参考接收机需要开启 CTLE 功能来获得张开的眼图，而 CTLE 值的选取原则是使得 EH15 和 EW15 的乘积最大。对于 Module output 测试，CTLE 值只有 2 个选择；但对于 Host output 测试，CTLE 的值则有 9 个选择。如果完全依靠手动尝试计算，工作量是非常巨大的。因此，在进行正式测试之前，可以借助自动

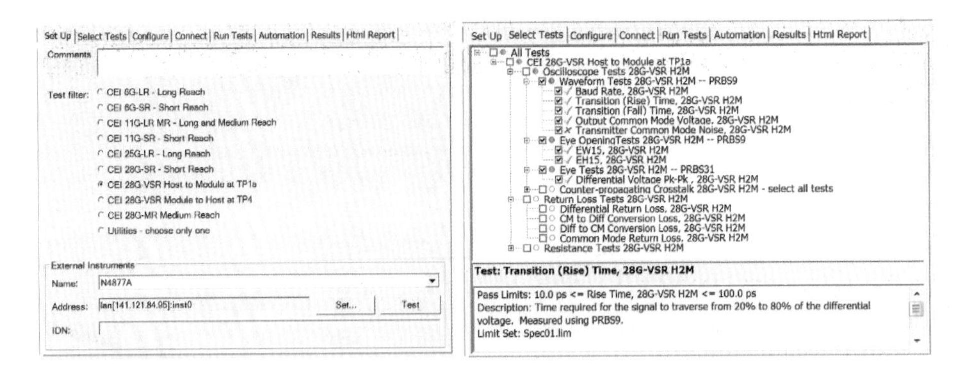

图 28.13　CEI 测试软件界面

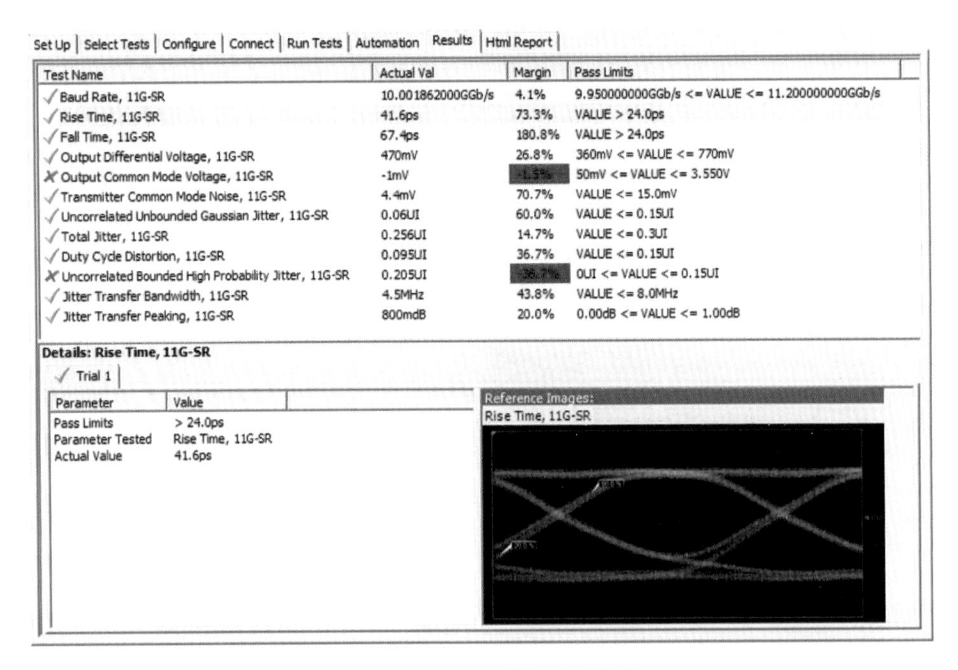

Test Name	Actual Val	Margin	Pass Limits
✓ Baud Rate, 11G-SR	10.001862000GGb/s	4.1%	9.950000000GGb/s <= VALUE <= 11.200000000GGb/s
✓ Rise Time, 11G-SR	41.6ps	73.3%	VALUE > 24.0ps
✓ Fall Time, 11G-SR	67.4ps	180.8%	VALUE > 24.0ps
✓ Output Differential Voltage, 11G-SR	470mV	26.8%	360mV <= VALUE <= 770mV
✗ Output Common Mode Voltage, 11G-SR	-1mV	-1.5%	50mV <= VALUE <= 3.550V
✓ Transmitter Common Mode Noise, 11G-SR	4.4mV	70.7%	VALUE <= 15.0mV
✓ Uncorrelated Unbounded Gaussian Jitter, 11G-SR	0.06UI	60.0%	VALUE <= 0.15UI
✓ Total Jitter, 11G-SR	0.256UI	14.7%	VALUE <= 0.3UI
✓ Duty Cycle Distortion, 11G-SR	0.095UI	36.7%	VALUE <= 0.15UI
✗ Uncorrelated Bounded High Probability Jitter, 11G-SR	0.205UI	-36.7%	0UI <= VALUE <= 0.15UI
✓ Jitter Transfer Bandwidth, 11G-SR	4.5MHz	43.8%	VALUE <= 8.0MHz
✓ Jitter Transfer Peaking, 11G-SR	800mdB	20.0%	0.00dB <= VALUE <= 1.00dB

Parameter	Value
Pass Limits	> 24.0ps
Parameter Tested	Rise Time, 11G-SR
Actual Value	41.6ps

图 28.14　CEI 一致性测试报告

测试软件自动扫描并选取最优化的一组 CTLE 峰值，大大提高了测试效率。如图 28.15 是扫描完成的不同 CTLE 值下的眼图参数测试结果。

5. CEI-28G-VSR 输入端压力容限测试原理

除了发送端的信号质量要满足规范要求以外，接收端对于恶劣信号的容忍能力也非常重要。特别是对于高达 25Gbps 以上的信号来说，接收端在恶劣信号下的时钟恢复和均衡能力对于保证系统误码率指标至关重要。

以 Host 的接收端压力测试来说，其方法如图 28.16 所示（参考资料：Common Electrical I/O (CEI)-electrical and Jitter Interoperability agreements for 6G+ bps，11G+ bps and 25G+ bps I/O，IA # OIF-CEI-03.1）。误码仪的码型输出端产生 PRBS9 码型并调制上 UUGJ、UBHPJ、SJ 等抖动成分，连接上 HCB 和 MCB 夹具在 TP4 端用采样示波器

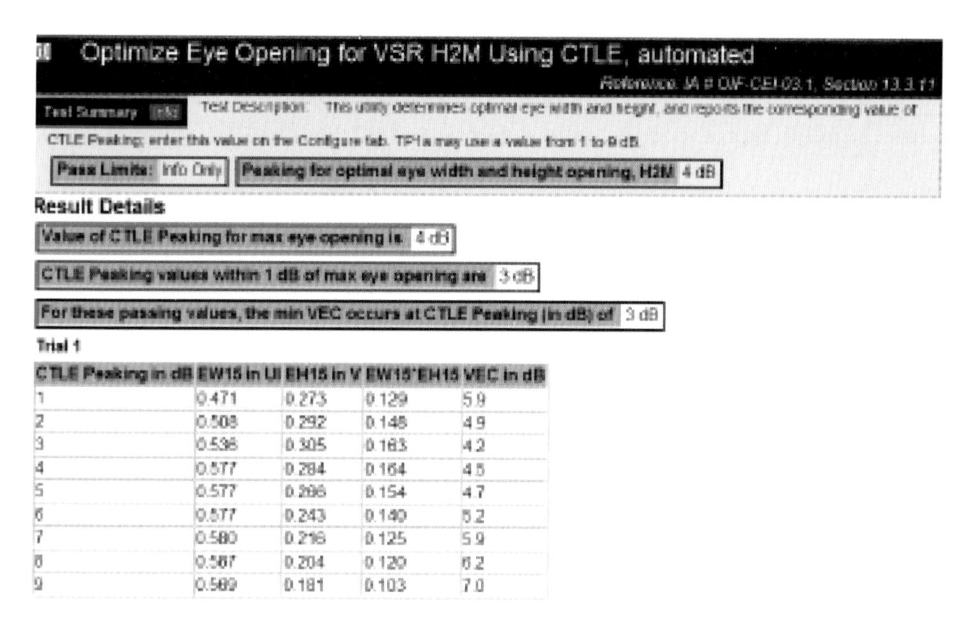

Optimize Eye Opening for VSR H2M Using CTLE, automated

Reference: IA # OIF-CEI-03.1, Section 13.3.11

Test Summary | Test Description: This utility determines optimal eye width and height, and reports the corresponding value of CTLE Peaking; enter this value on the Configure tab. TP1a may use a value from 1 to 9 dB.

Pass Limits: Info Only | Peaking for optimal eye width and height opening, H2M 4 dB

Result Details

Value of CTLE Peaking for max eye opening is 4 dB

CTLE Peaking values within 1 dB of max eye opening are 3 dB

For these passing values, the min VEC occurs at CTLE Peaking (in dB) of 3 dB

Trial 1

CTLE Peaking in dB	EW15 in UI	EH15 in V	EW15*EH15	VEC in dB
1	0.471	0.273	0.129	5.9
2	0.508	0.292	0.148	4.9
3	0.536	0.305	0.163	4.2
4	0.577	0.284	0.164	4.5
5	0.577	0.266	0.154	4.7
6	0.577	0.243	0.140	5.2
7	0.580	0.216	0.125	5.9
8	0.587	0.204	0.120	6.2
9	0.589	0.181	0.103	7.0

图 28.15 CTLE 值扫描结果

进行校准；校准中通过调整示波器中 CTLE 的设置得到最优的眼高眼宽面积(EW15×EH15)；同时调整 UUGJ 和码型发生器的输出幅度得到最恶劣的眼高和眼宽结果，这个眼高、眼宽的要求与 Module 输出端的信号质量要求一致。除了满足眼高、眼宽的要求外，还需要保证眼张开度 VEC(Vertical Eye Closure)在 4.5～5.5dB 之间。

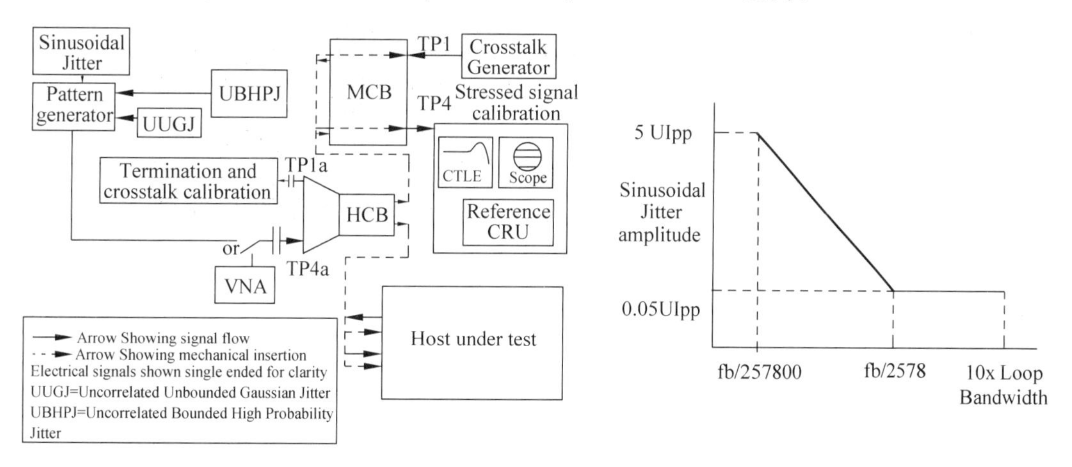

图 28.16 Host 接收容限测试原理

完成校准后连接被测件，切换码型为 PRBS31，然后调整不同的 SJ 的频率和幅度并进行误码率测试，看是否满足$<1\times10^{-15}$的指标要求，误码率的测试可以通过被测件环回把数据送回误码仪进行比较来实现。测试信号和 Crosstalk 的校准都使用 PRBS9 的码型，校准完成后实际测试中都更换为 PRBS31 的码型。

对于 Module 的接收端压力测试来说，其方法如图 28.17 所示，其基本校准和测量方法与 Host 测试类似，只是在信号产生通道上加有产生 ISI 码间干扰的 PCB 通道(Frequency Dependent Attenuator，损耗约为 10.25db@12.5GHz)。因此校准时是先不加 ISI 通道产生近似满足图 28.17 右边表中要求的信号，然后再加上 ISI 通道进行类似 Host 的校准和测试。（参考资料：Common Electrical I/O （CEI）-electrical and Jitter Interoperability agreements for 6G+ bps,11G+ bps and 25G+ bps I/O,IA ＃ OIF-CEI-03.1）。

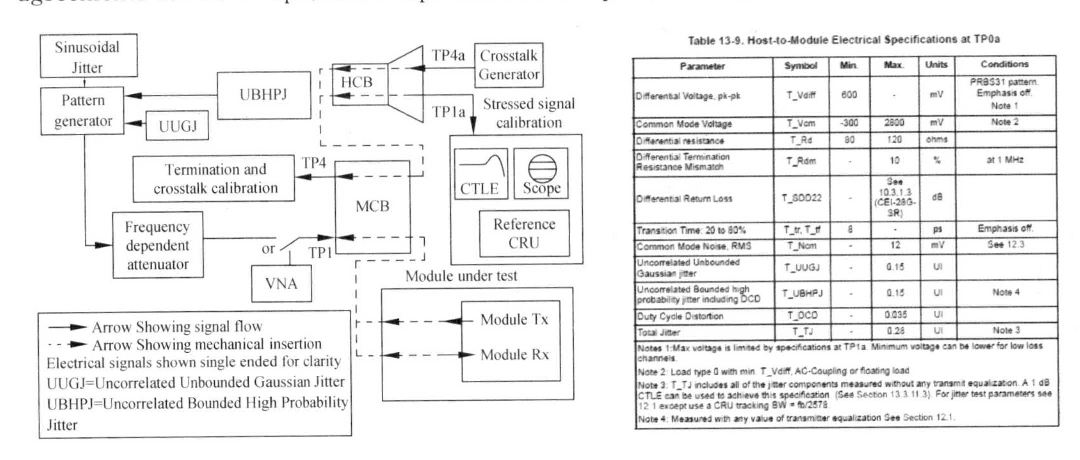

Table 13-9. Host-to-Module Electrical Specifications at TP0a

Parameter	Symbol	Min.	Max.	Units	Conditions
Differential Voltage, pk-pk	T_Vdiff	600	-	mV	PRBS31 pattern. Emphasis off. Note 1
Common Mode Voltage	T_Vcm	-300	2800	mV	Note 2
Differential resistance	T_Rd	80	120	ohms	
Differential Termination Resistance Mismatch	T_Rdm	-	10	%	at 1 MHz
Differential Return Loss	T_SDD22	-	See 10.3.1.3 (CEI-28G-SR)	dB	
Transition Time: 20 to 80%	T_tr, T_tf	8	-	ps	Emphasis off.
Common Mode Noise, RMS	T_Ncm	-	12	mV	See 12.3
Uncorrelated Unbounded Gaussian jitter	T_UUGJ	-	0.15	UI	
Uncorrelated Bounded high probability jitter including DCD	T_UBHPJ	-	0.15	UI	Note 4
Duty Cycle Distortion	T_DCD	-	0.035	UI	
Total Jitter	T_TJ	-	0.28	UI	Note 3

Notes 1:Max voltage is limited by specifications at TP1a. Minimum voltage can be lower for low loss channels.

Note 2: Load type 0 with min. T_Vdiff, AC-Coupling or floating load.

Note 3: T_TJ includes all of the jitter components measured without any transmit equalization. A 1 dB CTLE can be used to achieve this specification. (See Section 13.3.11.3). For jitter test parameters see 12.1 except use a CRU tracking BW = fb/2578.

Note 4: Measured with any value of transmitter equalization See Section 12.1.

图 28.17　Module 接收容限测试原理

6. CEI-28G-VSR 接收端压力容限测试方法

高性能误码分析仪是进行 CEI-28G-VSR 接收端压力容限测试的关键设备。误码率分析仪（BERT）由码型发生模块和误码检测模块构成，测试时码型发生模块产生一路或多路 PRBS 的测试码型发送到被测系统，经被测系统传输后送回给误码接收模块，误码接收模块可以实时比较并统计误码个数，从而得出误码率显示。

●误码率分析需要能产生精确可控的高速数字信号，其固有抖动应尽可能小，其数据速率、输出幅度、电平偏置等应在测试需要的范围内连续可调以满足不同的测试场合需求。在 CEI-28G-VSR 的接收端容限测试中，需要误码仪能够模拟出实际信号的速率、预加重、抖动、噪声、时钟恢复、数据均衡等。传统的测试方案需要很多功能模块级联搭建复杂的测试系统，测试效率不高，过多的连接线也会造成系统性能的恶化和错误操作，图 28.18 是用一款高集成度的并行误码率分析仪做 CEI-28G-VSR 接收容限测试时的连接图，这款误码仪可以支持到 32Gbps 的数据速率及多通道扩展能力，由于高速总线测试必需的抖动注入、时

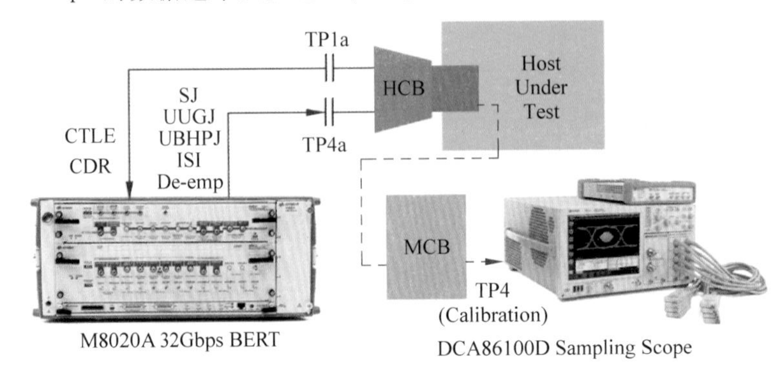

图 28.18　CEI-28G-VSR 接收容限测试

钟恢复电路、预加重模块、噪声注入、码间干扰产生、参考时钟倍频、信号均衡等功能全都内置在里面，所以大大简化了测试连接并提高了系统性能。

在Module的接收容限测试中，需要加入PCB走线造成的ISI的影响。传统的ISI注入需要一系列专门的PCB走线来模拟传输通道的影响，但是由于线路长度无法连续可调，在进行压力眼图的调整中可能无法产生合适的码间干扰，使得很难调整出合适的压力眼图。而现代误码仪中可以内置连续可调的ISI功能，使得ISI和压力眼图校准时的调整工作变得非常简单。

7. 100G光收发模块的测试挑战

自从IEEE协会在2002年6月通过了10Gbps速率的以太网标准——IEEE 802.3ae以来，以太网步入了向10G和更高速率发展的快车道，特别随着云计算和大数据传输迅猛发展，市场上需要速率更快、体积更小、功耗更低的新一代光模块。因此，在2010年IEEE制定了802.3ba 40/100GbE标准，促进了高密度的高速可插拔光模块解决方案诞生，从40G的QSFP，到100G的CFP和QSFP 28，以及正在讨论的400G多通道并行光模块等，都得到了快速的发展。

目前主流的100GE光模块，均采用四个通道，每个通道的速率为25G～28Gbps。这些新一代的光收发模块，由于其小型化、高密度、高速率的特点，在测试中不可避免地面临新的挑战，主要表现在以下几个方面。

●**精确眼图测试的挑战**：随着速率从10Gbps进一步升级到28Gbps，单位UI的时间间隔从1000ps缩短到36ps，比特周期的缩短意味着设计余量减小。如果要精确测量28Gbps信号抖动指标，传统眼图仪由于自身采样时钟的抖动较大(最大可达ps量级)，在高速信号抖动测试中会带来更高的不确定度(被测信号速率越高越明显)，因此需要专门的设计来降低眼图仪的本身的抖动和噪声，保证仪表在高速信号下仍能保持足够精度。

●**多通道眼图测试的挑战**：目前40G QSFP和100GE CFP2/4都是工作在4通道模式下，未来400G的光模块普遍认为会工作在8通道或16通道模式下。因此，测量仪器是否具备通道并行测试的能力将非常重要。在并行测试中，可以测试光模块各个通道相互影响下眼图的实时变化情况；而且多通道的并行测试也是在生产中提升效率的重要手段。眼图仪的并行测试需要测试模块硬件和相关软件的配合，要能够支持多个通道，能够自动调整各个测试通道间的Skew，并能同时分析并行通道的各项指标。

●**信号完整性测试的挑战**：在10Gbps及以下速率的研发测试中，光模块厂家并不太关注信号完整性的问题。但当传输速率增至25Gbps甚至28Gbps，信号完整性的问题就越来越严重了。光模块的信号完整性分析关注的参数包括测试夹具PCB的性能，射频接头、电缆等的传输带宽，反射和串扰，以及阻抗匹配带来的一系列问题等。在IEEE 802.3 ba中，也专门规范了40G/100G相关电接口的回损测试，针对多模100G-SR4光模块，考虑到模式色散的影响，在光口上也新规范了TDEC(发射机色散眼闭合)的指标。

●**多通道误码及接收容限测试的挑战**：相对于10Gbps SFP＋光模块，100GE CFP2/4光模块具备每单位速率更小的体积，更低的功耗，更密集的高速信号设计。由于每通道传输28Gbps的高速信号，信号边沿更陡，而且4路并行传输，所以信号的码间干扰更大，接收端的眼图趋于闭合。因此,需要接收机具备较强的压力处理能力,包括:需要在多通道串扰条件下进行误码率测试;需要在闭合眼图(一致性压力眼图)条件下验证接收机性能;需要进行抖动容限测试以验证接收机容忍抖动的能力等。因此,在高速多通道光模块器件测试中,对于误码仪的并行测试能力、抖动注入的能力、抖动的测试和分析功能等都提出了更高的要求。

在光模块产品周期的不同阶段,会关注不同的测试项目,图 28.19 列出了 100G 光模块从研发到量产不同阶段关注的测试项目(红色部分是 100GE 新的测试规范)。总体而言,在研发阶段测试项目多而全,在产品的量产阶段,则选择性地测量一些主要的性能参数。

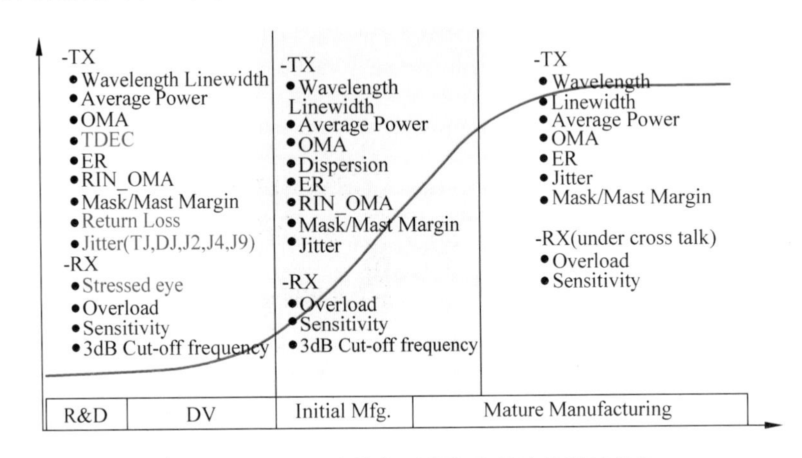

图 28.19　100G 光模块不同阶段关注的测试项目

图 28.20 以 100GE-SR4 为例,给出了 IEEE 802.3 针对光接口的测试规范,包括 TX 端和 RX 端。而且规范中特别针对多通道情况,对相关 10G 及 25G 差分电口的回波损耗做了要求。此外,对 25G 接收机的压力眼测试要求,也做出了详细的规范和测试要求说明。压力眼的测试除了误码仪的基本功能外,还需要配置组合的抖动注入功能(RJ 和 SJ)、幅度上的正弦干扰以及 ISI。这些因素共同作用使得发射机的眼图产生额外的闭合,最终产生一个符合规范要求的压力眼图。(参考资料:IEEE Std 802.3bm™-2015)

100GBASE-SR4 transmitter optical specifications

Each lane of a 100GBASE-SR4 transmitter shall meet the specifications in Table 95–6 per the definitions in 95.8.

100GBASE-SR4 transmit characteristics

Description	Value	Unit
Signaling rate, each lane (range)	25.78125 ± 100 ppm	GBd
Center wavelength (range)	840 to 860	nm
RMS spectral width[a] (max)	0.6	nm
Average launch power, each lane (max)	2.4	dBm
Average launch power, each lane (min)	–9	dBm
Optical Modulation Amplitude (OMA), each lane (max)	3	dBm
Optical Modulation Amplitude (OMA), each lane (min)[b]	–7	dBm
Launch power in OMA minus TDEC (min)	–7.9	dBm
Transmitter and dispersion eye closure (TDEC), each lane (max)	4.9	dB
Average launch power of OFF transmitter, each lane (max)	–30	dBm
Extinction ratio (min)	2	dB
Optical return loss tolerance (max)	12	dB
Encircled flux[c]	≥ 86% at 19 μm ≤ 30% at 4.5 μm	
Transmitter eye mask definition {X1, X2, X3, Y1, Y2, Y3} Hit ratio 1.5×10^{-3} hits per sample	{0.3, 0.38, 0.45, 0.35, 0.41, 0.5}	

[a]RMS spectral width is the standard deviation of the spectrum.
[b]Even if the TDEC < 0.9 dB, the OMA (min) must exceed this value.
[c]If measured into type A1a.2 or type A1a.3 50 μm fiber in accordance with IEC 61280-1-4.

100GBASE-SR4 receive optical specifications

Each lane of a 100GBASE-SR4 receiver shall meet the specifications in Table 95–7 per the definitions in 95.8.

100GBASE-SR4 receive characteristics

Description	Value	Unit
Signaling rate, each lane (range)	25.78125 ± 100 ppm	GBd
Center wavelength (range)	840 to 860	nm
Damage threshold[a] (min)	3.4	dBm
Average receive power, each lane (max)	2.4	dBm
Average receive power, each lane[b] (min)	–10.9	dBm
Receive power, each lane (OMA) (max)	3	dBm
Receiver reflectance (max)	–12	dB
Stressed receiver sensitivity (OMA), each lane[c] (max)	–5.6	dBm
Conditions of stressed receiver sensitivity test:[d]		
Stressed eye closure (SEC), lane under test	4.9	dB
Stressed eye J2 Jitter, lane under test	0.39	UI
Stressed eye J4 Jitter, lane under test	0.53	UI
OMA of each aggressor lane	3	dBm
Stressed receiver eye mask definition {X1, X2, X3, Y1, Y2, Y3} Hit ratio 5×10^{-5} hits per sample	{0.28, 0.5, 0.5, 0.33, 0.33, 0.4}	

[a]The receiver shall be able to tolerate, without damage, continuous exposure to an optical input signal having this average power level on one lane. The receiver does not have to operate correctly at this input power.
[b]Average receive power, each lane (min) is informative and not the principal indicator of signal strength. A received power below this value cannot be compliant; however, a value above this does not ensure compliance.
[c]Measured with conformance test signal at TP3 (see 95.8.8) for the BER specified in 95.1.1.
[d]These test conditions are for measuring stressed receiver sensitivity. They are not characteristics of the receiver.

图 28.20　100GE-SR4 光接口测试指标

在 100GE 光接送机压力眼测试中，特别对抖动的注入大小和对应的 BER 进行了关联，如规范要求的 J2 抖动（2.5×10^{-3} BER）、J4（2.5×10^{-5} BER）、J9（2.5×10^{-10} BER）。另外，对测试码型也有具体要求，例如要求 PRBS31 码型。

8. 100G 光模块信号质量及并行眼图测试

对于光模块信号质量和眼图的测试来说，采样示波器是最常用的测量仪器，根据不同的应用需求，其配置的模块会有不同。图 28.21 是在采样示波器中插入多通道的光测量模块，同时进行 4 路 25～28Gbps 光信号眼图和模板测试的例子。

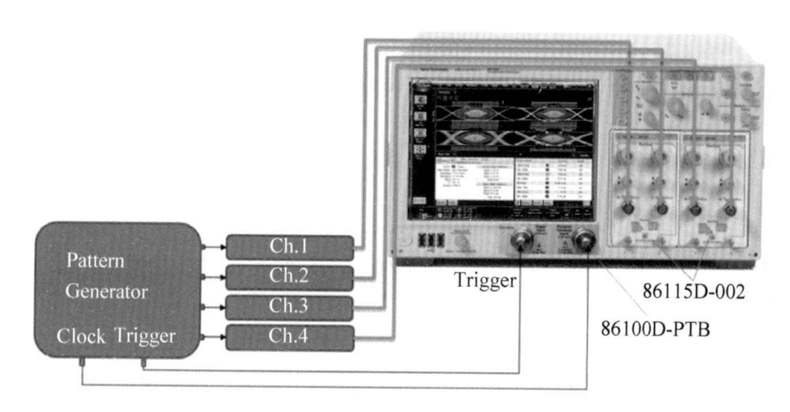

图 28.21　多通道的 25～28Gbps 光信号测试

而针对电信号的测试，也可以使用如图 28.22 所示的多通道的紧凑设计的电口模块。这种模块可以提供 4 路 60GHz 以上带宽的电测量通道，并在一台主机中可最多插入 4 个，因此可最多支持 16 路电通道同时测试，非常适合 AOC（有源光缆）或 CFP 中的 Gearbox 测试等。

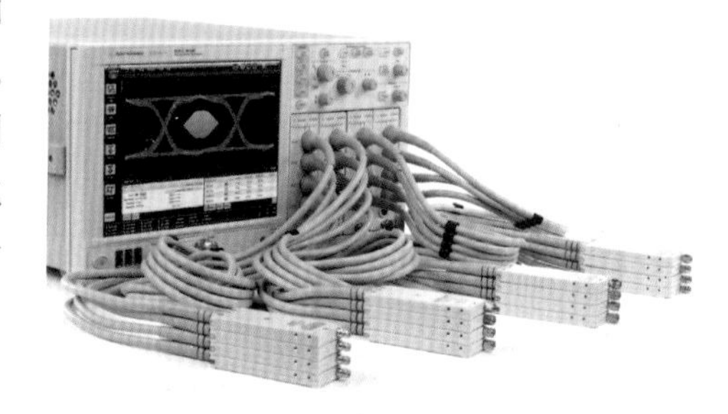

图 28.22　多通道电口测量模块

如果对于测量场合的体积有要求，也可以采用图 28.23 所示的紧凑测量模块。这种紧凑模块可以通过 USB 口连接在传统采样示波器的主机上作为扩展模块使用，也可以独立使用并通过外部 PC 控制。目前在一个紧凑模块中可以同时提供 4 个 25～28Gbps 光或电测量通道，也有不同数量的光和电测量通道的组合可供选择。

除了硬件上具备多通道测量能力以外，软件的分析能力也很重要，传统的多通道采样示波器可以同时显示多路信号的波形或眼图，但不具备多通道模板测试能力，但现代的采样示波器软件在此方面已经有了非常大的提升，除了可以同时进行多路信号的眼图、模板测试以外，测量速度也进行了优化（见图 28.24）。

由于 100G 的 CFP2 和 QSFP28 的光模块内部普遍采用了 CDR 设计，在测量过程中最好是从被测通道上直接恢复时钟并进行眼图和抖动测试。如果仅仅依靠码型发生器或者其他测量通道提供的时钟，有可能会造成测量结果中的抖动过大或者相位的漂移。如果要从

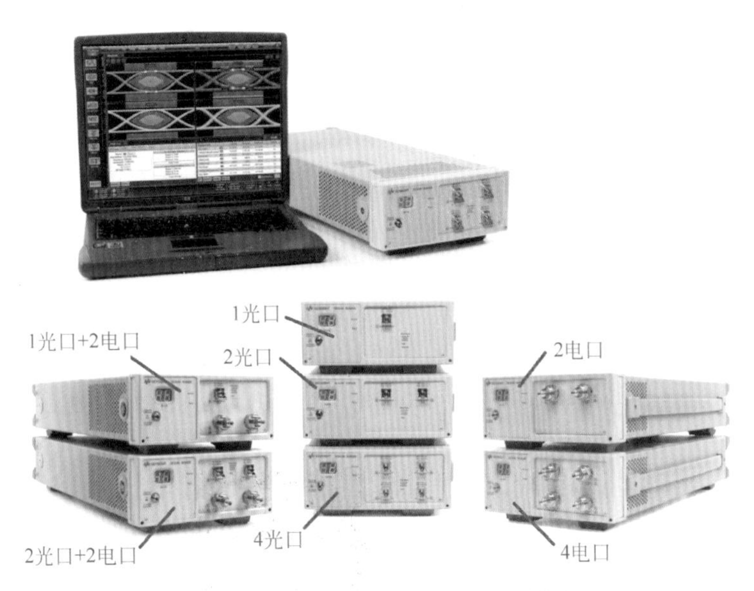

图 28.23　可独立使用的紧凑测量模块

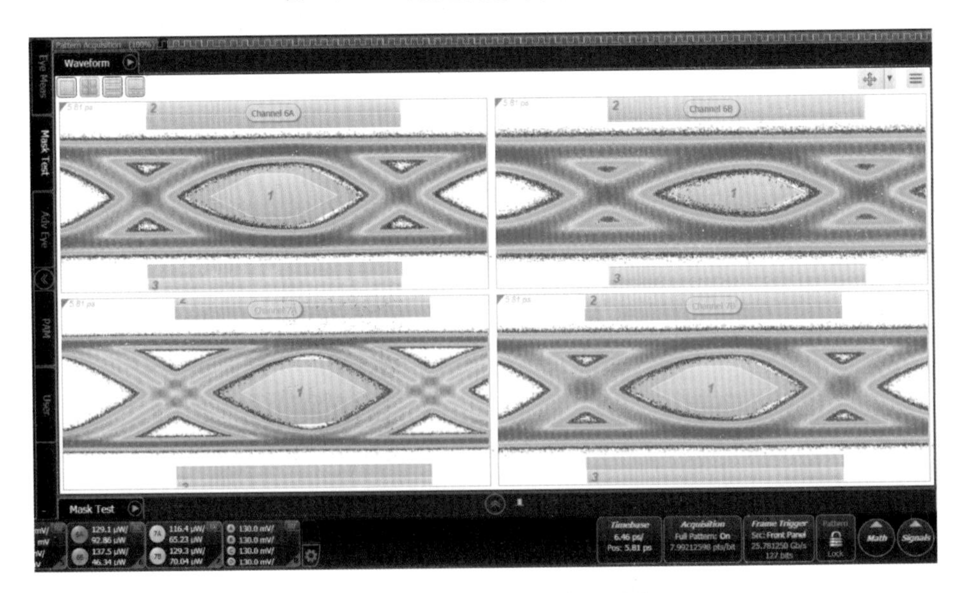

图 28.24　多通道眼图、模板测试

信号中提取时钟，可以使用专门的时钟恢复模块。图 28.25 是一种可以支持到 32GBaud 的光、电信号时钟恢复模块及其内部结构图。

眼图模版测试中，随着捕获样本的累积增加，所观察到的压模板的点的绝对数量就会越多，但压模板的点出现的比率（Hit Ratio）理论上会保持不变。正因为此，2004 年以来的新规范对眼图模板测试，特别是眼图富余度 Mask Margin）都按照统计原则用压模板的点的比率（Hit Ratio）来表征。通常要求 Hit Ratio$<5\times10^{-5}$，即每 20k 个采样点中有一个压模板的点（参考资料：IEEE 802.3ba，Infiniband IBA，Fiber Channel FC-PI-5）。因此，精确的眼图富裕度测量需要采样示波器能够支持自动计算模板富余度，并提供模板富余度的精度指标。用户不但可以完全满足规范的新标准，而且可以根据富余度精度指标来确定测试的样

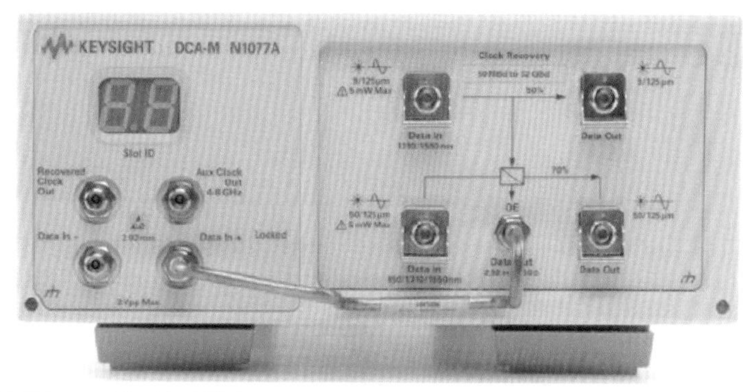

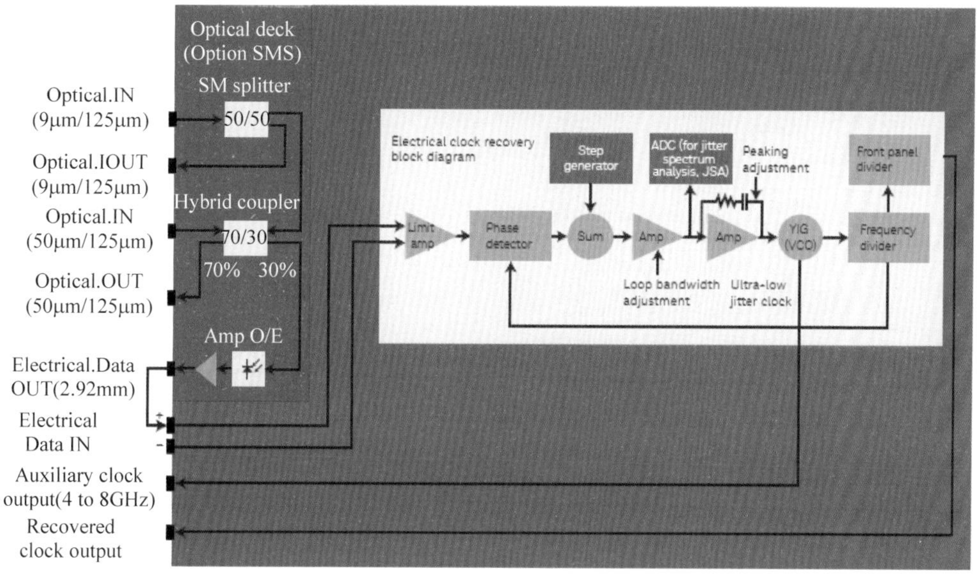

图 28.25　32GBaud 的光、电信号时钟恢复模块

本数或捕获波形数量，从而进一步最大化提升测试效率。如图 28.26 所示：左右两图中模版裕量测试结果是比较一致的；但左图的采样点数是右图的 10 倍，因此模版裕量的测试精度随之有很大提升。

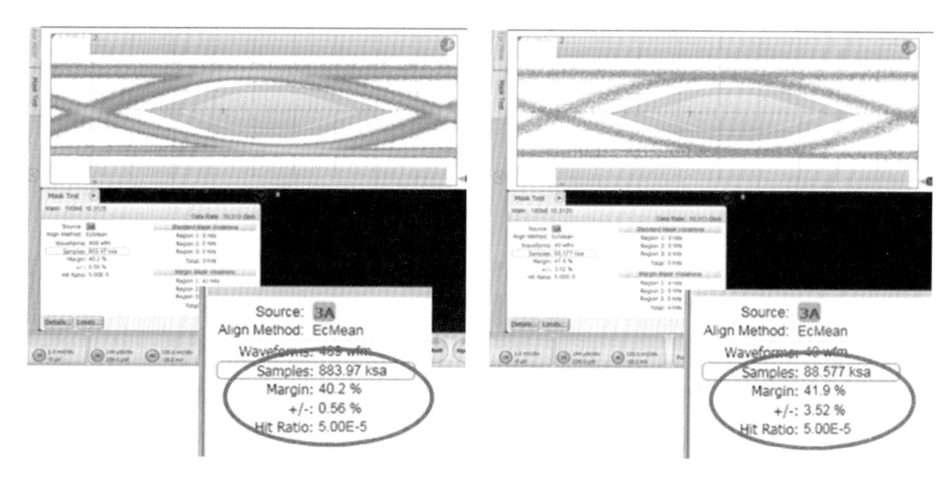

图 28.26　眼图模板裕量测试及测试精度

通常在测试中，会根据实际情况在测试速度和精度两个方面进行平衡，即我们可以选择期望的模板裕量测量精度，并在达到这个精度的情况下停止采样。

9. 100G 光模块压力眼及抖动容限测试

压力眼测试是评估 25～28G 光接收机性能的重要测试指标。所谓的压力眼，是按照规范的要求，产生具备较大抖动分量和幅度上较大干扰的眼图信号，利用这种压力眼图(类似闭合眼图)测试接收机对较差信号的处理能力。

图 28.27 是 IEEE 针对 100Gbase -LR4，-ER4 的压力眼测试框图。

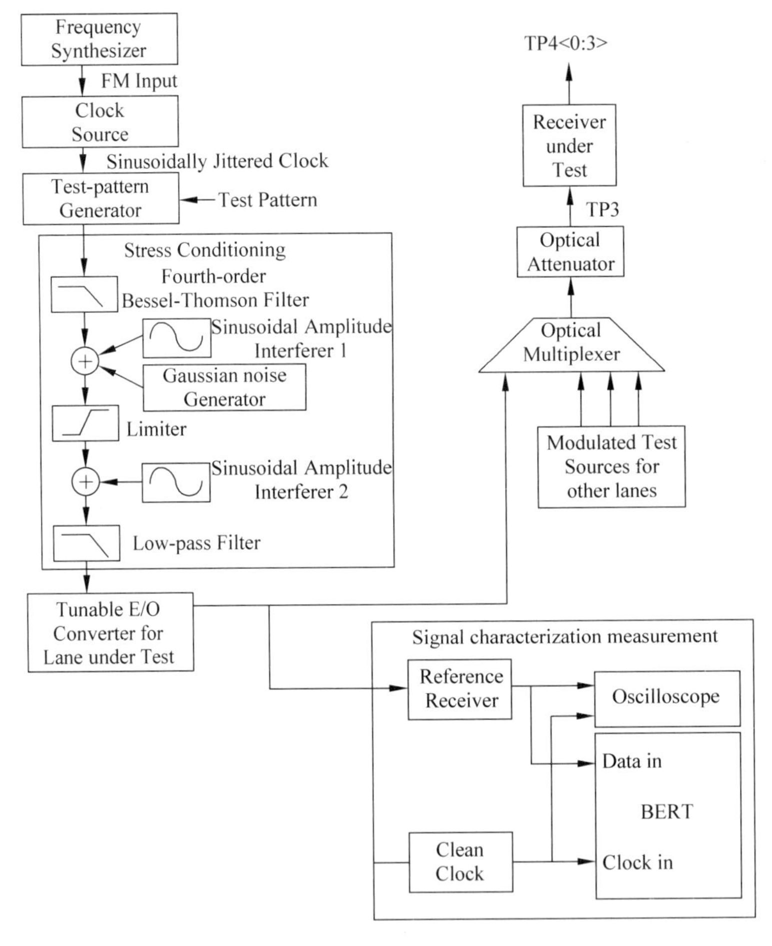

图 28.27　100Gbase -LR4 压力眼测试方法

图 28.28 是利用相关仪表，搭建的压力眼测试系统来测试 100GE-LR4 CFP2 光模块的示意图，主要利用 32G 带抖动的误码仪、RF 信号源(做正弦波的幅度干扰)、线性高带宽 E/O 和 TLS(产生输入到接收机的波长)产生压力眼信号，并且用可调光衰减器调整输入到被测接收机的 OMA。整个产生出来的压力眼信号时通过 DCA 来校准，确保 ER、J2/J9、VECP 等关键指标达到规范的要求。

在搭建压力眼测试系统进行测试时，最关键的是压力眼信号的校准。因为给出的压力

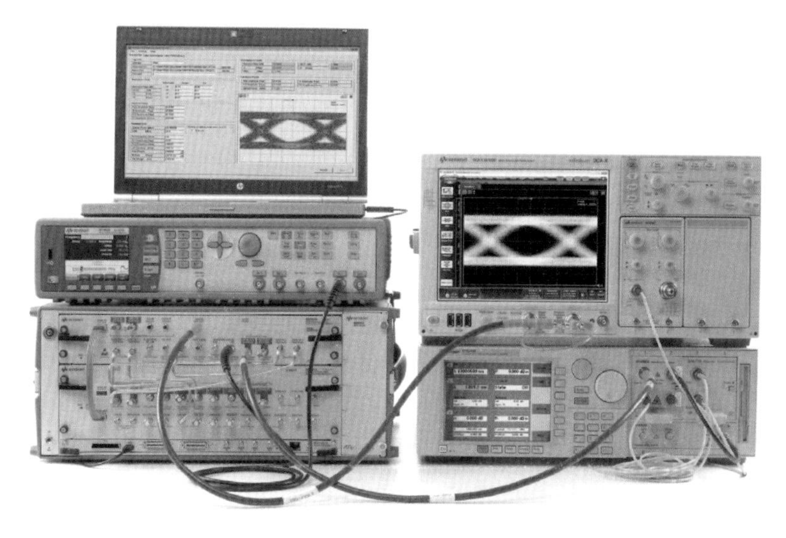

图 28.28　100GE-LR4 压力眼测试系统

眼参数不对，测量结果就不准确。由于在压力眼的参数中，对于消光比、VECP、J2/J9 等指标都有严格要求，而这些参数有又不是孤立的，通常调整一个参数时其他参数也会变化，因此其校准过程需要反复进行。这个校准过程由人为操作非常烦琐，且重复性比较差。因此，在 100G 的光压力眼校准过程中，最好使用专用的压力眼校准软件。这个软件可以控制采样示波器进行参数测试，并根据测量结果去调整误码仪里的抖动成分、预加重、幅度及光衰减器的衰减值等，直到逼近需要的参数结果。图 28.29 是压力眼校准软件的一个校准结果显示。

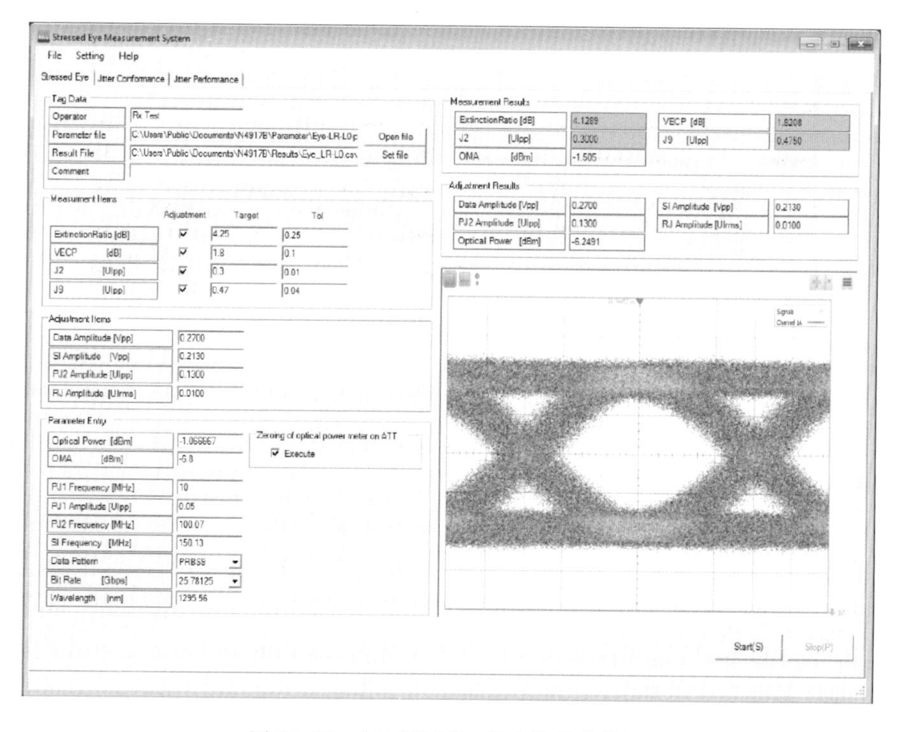

图 28.29　100GE-LR4 压力眼校准软件

二十九、400G以太网PAM-4信号简介及测试方法

1. 什么是PAM-4信号？

PAM(Pulse Amplitude Modulation,脉冲幅度调制)信号是下一代数据中心做高速信号互连的一种热门信号传输技术,可以广泛应用于200G/400G接口的电信号或光信号传输。

传统的数字信号最多采用的是NRZ(Non-Return-to-Zero)信号,即采用高、低两种信号电平来表示要传输的数字逻辑信号的1、0信息,每个信号符号周期可以传输1bit的逻辑信息;而PAM信号则可以采用更多的信号电平,从而每个信号符号周期可以传输更多bit的逻辑信息。以PAM-4信号为例,其采用4个不同的信号电平来进行信号传输,每个符号周期可以表示2bit的逻辑信息(0、1、2、3)。由于PAM-4信号每个符号周期可以传输2bit的信息,要实现同样的信号传输能力,PAM-4信号的符号速率只需要达到NRZ信号的一半即可,因此传输通道对其造成的损耗大大减小。随着未来技术的发展,也不排除采用更多电平的PAM8甚至PAM16信号进行信息传输的可能性。图29.1是典型的NRZ信号的波形、眼图与PAM-4信号的对比。

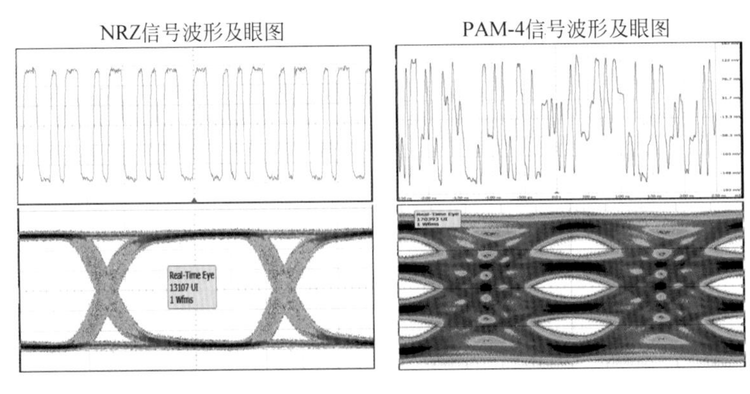

图29.1 NRZ与PAM-4信号对比

其实PAM-4信号的概念并不新鲜,例如在最普遍使用的100MBase-T以太网中,就使用3种电平进行信号传输;而在无线通信领域中普遍使用的16QAM调制、32QAM调制、64QAM调制等,也都是采用多电平的基带信号对载波信号进行调制。

这种用多电平进行数字信号传输的概念重新提出是在IEEE协会制定100G以太网标准时。在前一代40G以太网标准中,普遍使用4组10Gbps的链路进行信号传输,信号采用NRZ形式;而在制定100G以太网标准时,需要用4组25Gbps的链路进行信号传输(也有标准采用10组10Gbps的信号传输方式),由于不确定25Gbps的NRZ信号长距离传输的可行性,所以也同时定义了PAM-4的信号标准作为备选。例如,在IEEE协会于2014年颁布的针对100G背板的802.3bj标准中,就同时定义了两种信号传输方式:4组25.78GBaud的NRZ信号,或者4组13.6GBaud的PAM-4信号。只不过后来随着芯片技

术以及 PCB 板材和连接器技术的发展，25GBaud 的 NRZ 技术很快实现商用应用；而 PAM-4 由于技术成熟度和成本的原因，并没有在 100G 以太网的技术中被真正应用。

在新一代的 200G/400G 接口标准的制定过程中，普遍的诉求是每对差分线上的数据速率要提高到 50Gbps 以上。如果仍然采用 NRZ 技术，由于每个符号周期只有不到 20ps，对于收发芯片以及传输链路的时间裕量要求更加苛刻，所以 PAM-4 技术的采用几乎成为了必然趋势，特别是在电信号传输距离超过 20cm 以上的场合。例如在 IEEE 协会正在制定的 802.3bs 规范中，以及 OIF 组织的 CEI4.0 规范中，都对 PAM-4 信号的特性及参数测试进行了深入的研究和定义。同时，64G Fiber Channel 以及 InfiniBand 600G HDR 的标准中，也都会借鉴 IEEE 协会及 OIF 组织的 PAM-4 标准。

目前，一些领先的串行芯片及 FPGA 厂商都陆续发布了能够支持 PAM-4 信号传输的芯片，PAM-4 技术也逐渐从理论研究走向实际应用。图 29.2 是用 PAM-4 信号进行高速互联的几种典型应用场合。

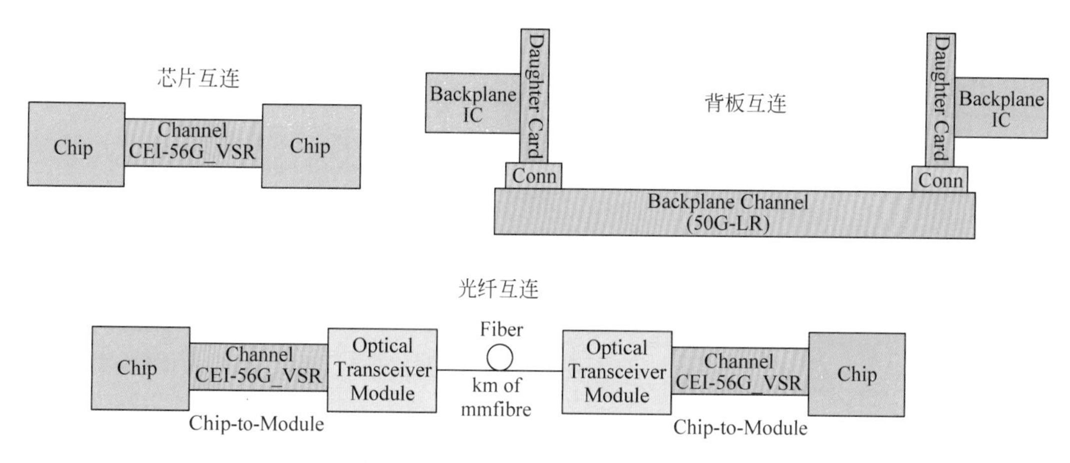

图 29.2　PAM-4 信号典型应用场合

2. PAM-4 技术的挑战

很多人会简单地把 PAM-4 信号简单理解为只是把信号电平由传统 2 电平变成了 4 电平，这样对于理解概念没有任何问题，但是对于工程应用来说则远远不够，因为 PAM-4 的实现技术、信号参数、测量方法都要被重新定义。采用 PAM-4 技术后的主要挑战在于以下几个方面。

❶ 信号产生方式

要产生 PAM-4 信号，最简单的方法是使用两个传统的 NRZ 信号产生电路，然后把其中一路信号进行 6dB 衰减后再和另一路信号合路，从而产生 PAM-4 的信号（见图 29.3）。这种方法的最大好处是可以借鉴已有技术，快速切入 PAM-4 的研究。

但在实际应用中，这种方法的缺点也是很明显的，最大的缺点是需要在几十 G 的数据速率范围内保证两路信号在的时延、上升时间甚至抖动等参数精确一致，并且保证两路信号的幅度差异正好是 2 倍关系（6dB），只要有一项在调整过程中产生差异，就会产生比较大的

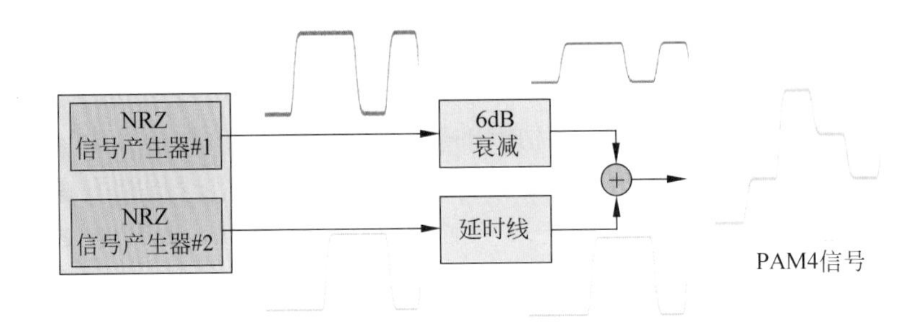

图 29.3　NRZ 合路的 PAM-4 信号产生方式

信号畸变，因而实际调整起来会非常复杂。图 29.4 分别展示了当两路 NRZ 信号的时延、带宽、幅度控制不理想时对 PAM-4 信号眼图的影响，不同的误差会使得眼图产生不同程度的畸变，例如影响上下眼图的眼宽、眼图位置、眼高等，这都会造成接收端检测裕量的减小。

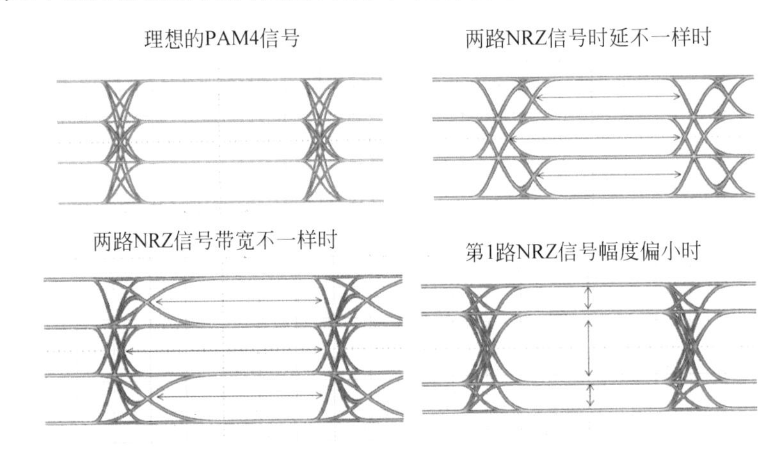

图 29.4　不理想的 NRZ 合路

为了解决这个问题，比较好的方法是直接采用基于高速 DAC（Digital-to-Analog Converter，数模转换器）的技术来产生 PAM-4 信号。由于 DAC 芯片可以灵活控制各个电平的幅度进行放大器线性度的补偿，也可以根据需要产生适当程度的预加重，因此灵活性会比采用合路方式产生 PAM-4 信号的方法要灵活很多。图 29.5 是一款基于 DAC 技术，可以直接产生 64GBaud PAM-4 信号的误码仪产品。

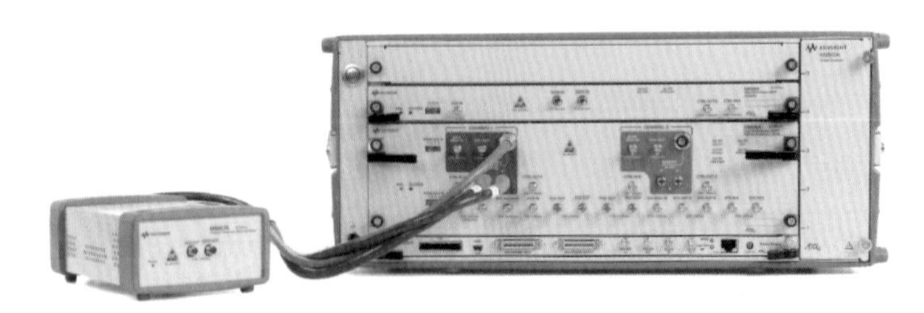

图 29.5　基于 DAC 技术的 64GBaud PAM-4 误码仪

❷ 更低噪声容限及更高线性度要求

在相同的最大信号摆幅情况下，PAM-4 信号会使用 4 个电平进行信号传输，每相邻两个电平间的幅度差异只有 NRZ 情况下的 1/3。为了保证接收端能够区分出信号电平的差异，在相同的眼高要求下，其对于噪声的容忍程度更差。在图 29.6 的例子中，NRZ 和 PAM-4 信号的数据速率都为 25GBaud，信号的摆幅都为 800mV。当信号上叠加有 $25mV_{rms}$ 的随机噪声时，NRZ 信号仍然可能有比较大的眼高，而 PAM-4 信号的眼图已经几乎张不开了。

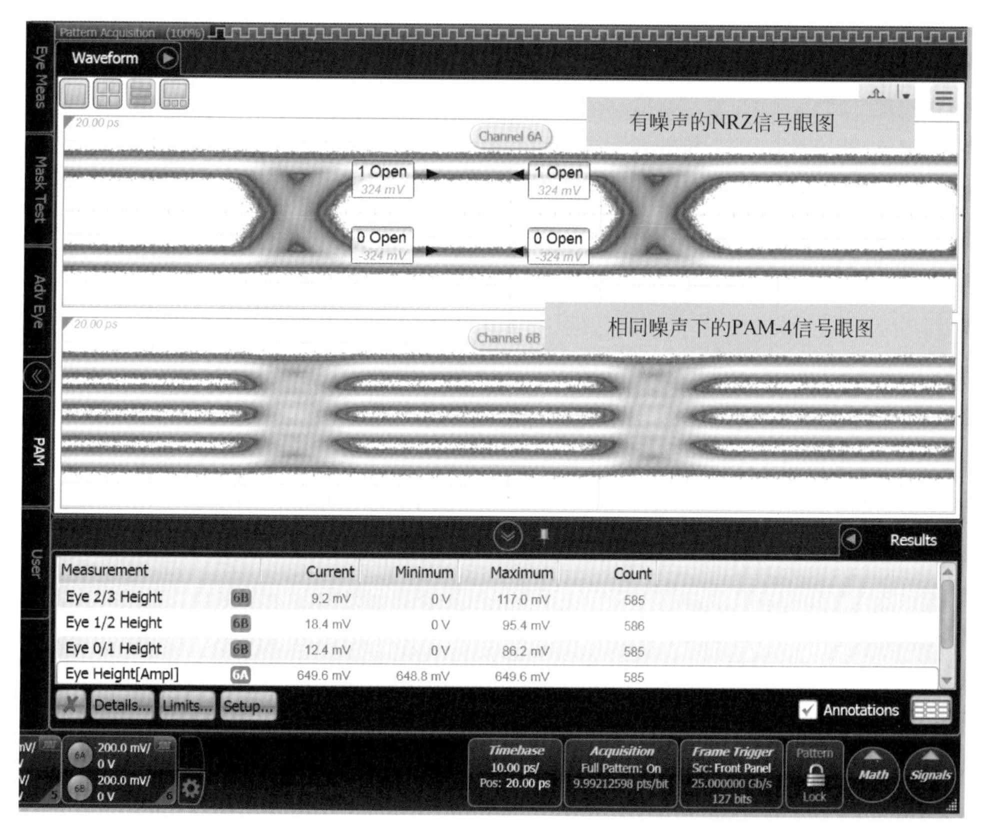

Measurement		Current	Minimum	Maximum	Count
Eye 2/3 Height	6B	9.2 mV	0 V	117.0 mV	585
Eye 1/2 Height	6B	18.4 mV	0 V	95.4 mV	586
Eye 0/1 Height	6B	12.4 mV	0 V	86.2 mV	585
Eye Height[Ampl]	6A	649.6 mV	648.8 mV	649.6 mV	585

图 29.6　相同的幅度噪声对 NRZ 和 PAM-4 信号的影响

传统的 NRZ 信号对于发射端的线性度要求不高，因为即使是非线性的也一样可以 2 个不同的电平输出；而对 PAM-4 信号来说，在同样的发射机幅度下，为了保证 4 个电平都能够被很好地区分，最优的选择就是 4 个电平等间隔分布。而一些器件，尤其是一些光器件的线性度可能不会特别好，这就可能会造成输出信号的 4 个电平的不等间隔分布。在图 29.7 的例子中，理想的线性度很好的 PAM-4 信号经过一个线性度不好的放大器后，由于幅度较大的信号进入放大器的非线性区而受到压缩，从而使得输出的 PAM-4 信号的线性度受到很大影响，上层的眼图高度明显小于下层的眼图高度。因此，在 PAM-4 信号的生成过程中，就要根据实际需要调整各个电平的幅度，以补偿后面非线性的影响。

同样地，如图 29.8 所示，在用 PAM-4 信号驱动 VCSEL（Vertical Cavity Surface Emitting Laser，垂直腔表面发射激光器）激光器进行光信号传输时，由于激光器的固有特性，也会使得大幅度的信号比小幅度的信号更早到达，从而造成各层眼图间的 skew（时延）。对于这些特性参数都需要仔细定义和控制。

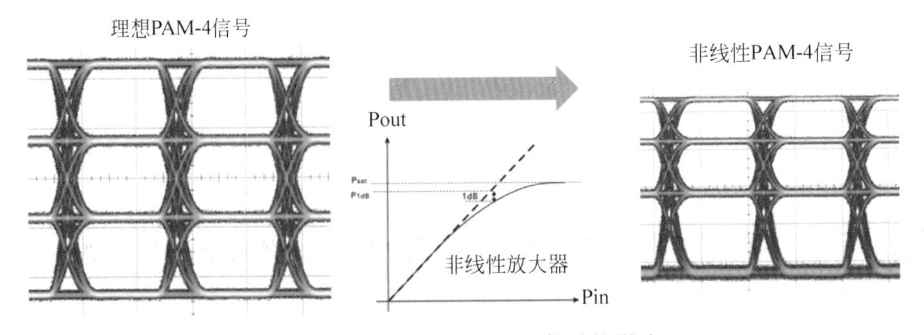

图 29.7 非线性对 PAM-4 信号的影响

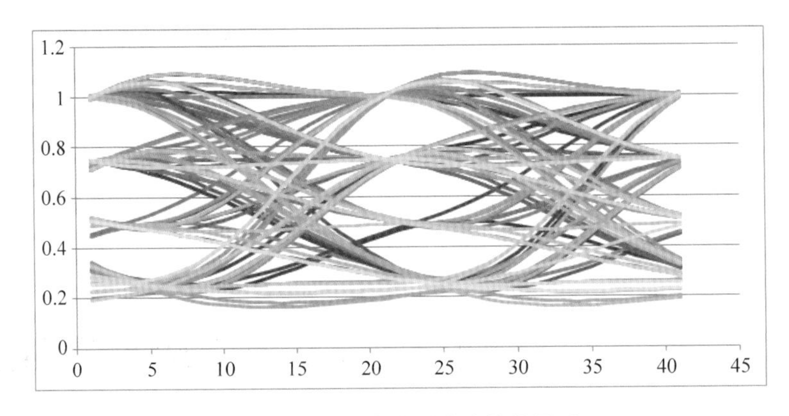

图 29.8 VCSEL 激光器造成的眼图 skew

❸ 复杂抖动成分

对于 NRZ 信号来说，只有 0－>1 和 1－>0 两种信号切换模式，无论信号上升沿的陡缓程度如何，理论上信号的交叉点都集中在一个点附近。而对于 PAM-4 信号来说，一共有 12 种信号切换模式(0－>1,0－>2,0－>3,1－>2,1－>3,2－>3,3－>2,3－>1,3－>0,2－>1,2－>0,1－>0)，如果信号的上升时间不是无限陡的，这些信号切换的交叉点会有很多。而且信号的上升时间越缓，交叉点的离散程度越大，这就是 PAM-4 信号固有的信号切换抖动(Switching Jitter)，这与传统的 NRZ 信号的随机抖动以及数据相关抖动的成因都不太一样。这种复杂的抖动分布会造成抖动分析的复杂度提高，以及接收端做时钟提取时 CDR(Clock Data Recovery)电路设计的难度增加。如图 29.9 是分别用 40GHz 带宽和 20GHz 带宽的发射机产生的 25GBaud 的 PAM-4 信号，可以看出：带宽越低，上升时间越缓，其固有的信号切换抖动越大。

❹ FEC 编码及纠错

由于 PAM-4 信号对于噪声的容忍程度更差，信号切换抖动更大，因此在外界噪声和抖动情况下，PAM-4 传输系统的误码率可能会更高。为了保证数据传输的可靠性，PAM-4 的传输系统普遍采用了 FEC(Forward Error Correction，前向纠错)的纠错机制。FEC 是在数据传输时插入一些纠错码，然后接收端再根据收到的数据进行校验和纠错。FEC 方法的好处是只要数据传输错误不是集中发生，且误码率小于一定的阈值，就可以通过软件纠错大大

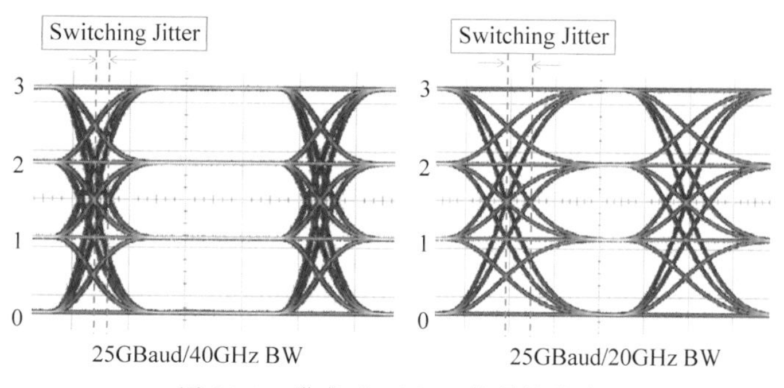

图 29.9　带宽对 PAM-4 信号的影响

减小系统的实际误码率。但使用 FEC 的缺点是增加了冗余数据，因此传输的实际数据速率要打一定折扣；另外在发端需要进行 FEC 的编码，在接收端要进行 FEC 的纠错，增加了芯片设计和测试的复杂性。例如在 100G 以太网中，采用的 4 组 25.78GBand 的 NRZ 信号进行数据传输，而在 IEEE 针对 200G/400G 以太网制定的 802.3bs 规范中，采用 PAM-4 传输时的数据速率被定义为 26.56G Baud，就是留了一部分裕量作为 FEC 纠错信息的传输。使用 FEC 也会对误码率的定义造成影响，因为使用 FEC 和不使用 FEC 时系统的误码率可能会有非常大的区别。

综上所述，PAM-4 信号的产生是一个比较复杂的问题，从技术层面上需要采用新的 DAC 技术，需要更好线性度的发射机，同时还需要 DSP 模块配合做 FEC 的编码纠错，同时还要应对 4 电平切换时的切换抖动以及时钟恢复问题，这些都是与使用 NRZ 信号做数据传输完全不一样的地方，因此其内部结构和信号产生机制也更加复杂。图 29.10 是一个典型的 PAM-4 信号发射机的内部结构框图。

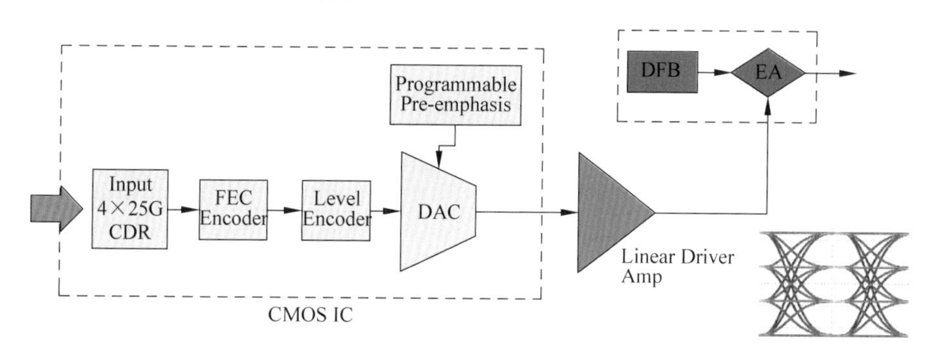

图 29.10　PAM-4 信号发射机

3. PAM-4 信号的测试码型

由于 PAM-4 是一种全新的、复杂的信号类型，因此针对 PAM-4 信号的测试方法也进行了重新的定义。为了进行稳定的、可重复性的测试，在 IEEE 的 802.3bs 规范中，定义了 5 种不同的测试码型，分别用于不同参数的测试。这些码型主要有 JP03A、JP03B、PRBS13Q、PRBS31Q、SSPRQ(参考资料：IEEE P802.3bs^{TM}/D2.1)。

● **JP03A 码型**：这是以序列{0,3}重复的码型，实际波形是类似于 2 电平的时钟波形。

由于是重复性的时钟码型，码间干扰抖动最小，所以主要用于抖动特别是随机抖动的测试。

●**JP03B 码型**：这个码型与 JP03A 码型类似，只不过在 JP03A 码型的基础上增加了时钟相位的变化。每个重复周期为 62 个符号，包含 15 个{0,3}序列加上 16 个{3,0}的序列。其序列如下所示：

30303030303030303030303030303033030303030303030303030303030303030

●**PRBS13Q 码型**：这个码型由 8191 个符号重复组成，是由连续的 PRBS13 的 NRZ 码型序列每相邻 2 个 bit 编码形成。PRBS13Q 中的信号波形有一定的随机性，同时重复周期不太长，可以适合采样示波器进行码型锁定和信号处理，因此是 PAM-4 信号参数测试中使用的主要码型(需要注意的是，这个码型与之前 802.3bj 规范中定义的 QPRBS13 码型完全不一样，QPRBS13 码型是由 15548 个符号组成)。

●**PRBS31Q 码型**：这个码型与 PRBS13Q 类似，只不过是由连续的 PRBS31 的 NRZ 码型序列每相邻 2 个 bit 进行编码形成。PRBS31Q 由于码型重复周期非常长，接近随机码型，所以可以用于最恶劣情况下的眼图或抖动的测试。但是由于码型太长，不适合使用采样示波器做码型锁定和信号处理，使用场合有一定限制。

●**SSPRQ 码型**：SSPRQ(Short Stress Pattern Random Quaternary)的重复周期为 65535 个符号，是从 PRBS31 的码流中抽取了一些最恶劣的 bit 序列出来，再编码成 PAM-4 的信号。这种码型足够模拟最极端的信号变化情况，同时码型长度又不像 PRBS31Q 那么长，可以说是在 PRBS13Q 和 PRBS31Q 间的一个折中。

●**Square 码型**：由重复的{0,0,0,0,0,0,0,0,3,3,3,3,3,3,3,3}序列组成，其波形是一个频率为 1/16 波特率的方波时钟，可以用于预加重、信道传输质量等参数的分析。

4. PAM-4 发射机电气参数测试

PAM-4 发射机的电气参数测试可以使用实时示波器，也可以使用采样示波器。其基本的测试原理如图 29.11 所示(参考资料：IEEE P802.3bs™/D2.1)。

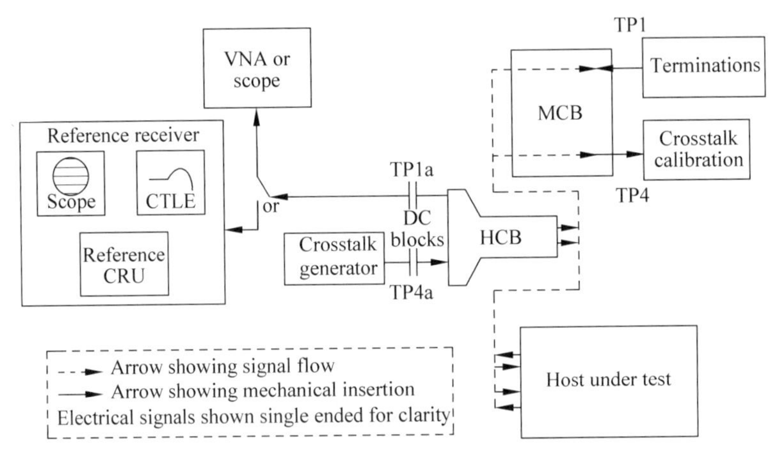

图 29.11　PAM-4 信号测试方法

对于 IEEE 定义的 26.56G Baud 信号来说，其电气参数测试建议使用至少 33GHz 带宽的 4 阶 Bessel-Thomson 滤波器频响曲线的示波器。对于采样示波器来说，由于其频响曲线接近 4 阶 Bessel-Thomson 滤波器形状，所以使用 33GHz 带宽的示波器模块即可；而对于实时示波器来说，通常采用砖墙式频响，为了模拟出所需的频响曲线会牺牲一部分带宽，所以建议使用至少 50GHz 带宽的示波器。图 29.12 是可以用于 PAM-4 信号测试的实时示波器及采样示波器。

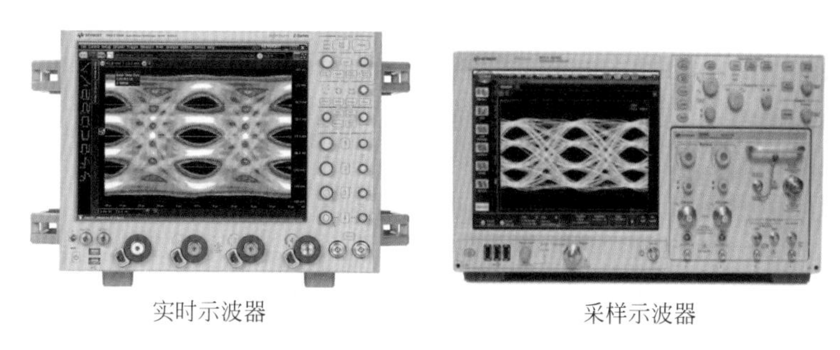

图 29.12 用于 PAM-4 信号测试的示波器

信号质量的测试过程中，还需要在其他通道上也加上异步的干扰，以模拟实际情况下其他通道对被测通道的串扰(Crosstalk)。规范中对于串扰信号的幅度及上升时间都有明确要求，可以用高带宽的任意波发生器、误码仪或者真实的符合条件的被测设备产生。另外，除了信号质量测试外，还会用到矢量网络分析仪(VNA)来测试回波损耗。

由于 PAM-4 信号和 NRZ 信号完全不同，所以定义了很多全新的测试参数。还有一些测试参数的名称与 NRZ 信号的名称可能类似，但测试方法完全不一样。下面对一些典型的测试参数做介绍。

❶ 上升时间测试

对于 PAM-4 信号来说，由于有 4 个电平，不同电平间转换时的变化时间是不一样的，所以在 802.3bs 中专门定义了上升时间(20%～80%)的测量方法为：找到 PRBS13Q 码型中连续的 3 个'0'到连续的 3 个'3'的跳变位置来进行上升时间的测量(见图 29.13)。这样由于跳变沿前后都有稳定的数据符号，所以受到码间干扰的影响会小，所以测试结果的一致性和重复性会比较好。

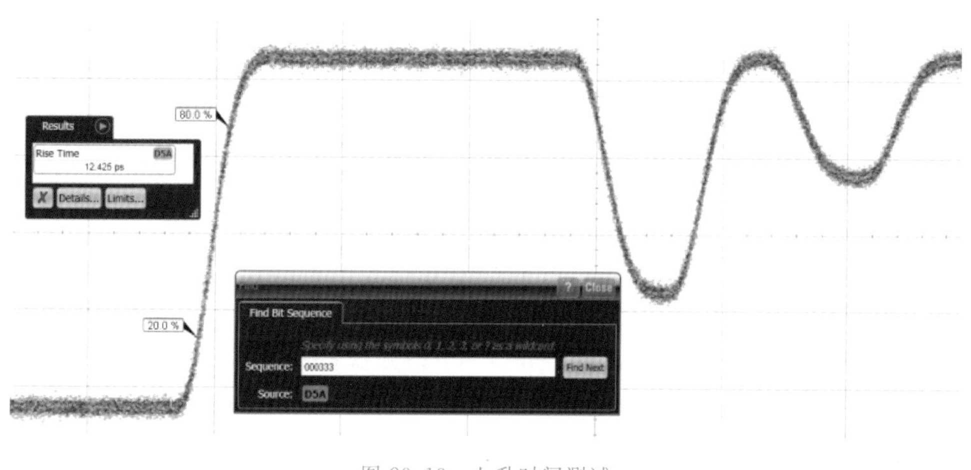

图 29.13 上升时间测试

❷ 抖动测试

抖动(Jitter)是高速信号的关键指标。JP03A是类时钟信号,可以用于随机抖动的测试;JP03B码型中有奇数符号和偶数符号的数据位置的变化,可以用于奇偶抖动(Even-odd jitter,EOJ)的测试。图29.14分别是用JP03A码型做随机抖动测试和用JP03B码型做奇偶抖动测试的例子。可以看出,当信号中奇数位置符号和偶数位置符号的宽度不一样时,在JP03B码型的眼图测试中会出现明显的双线情况。

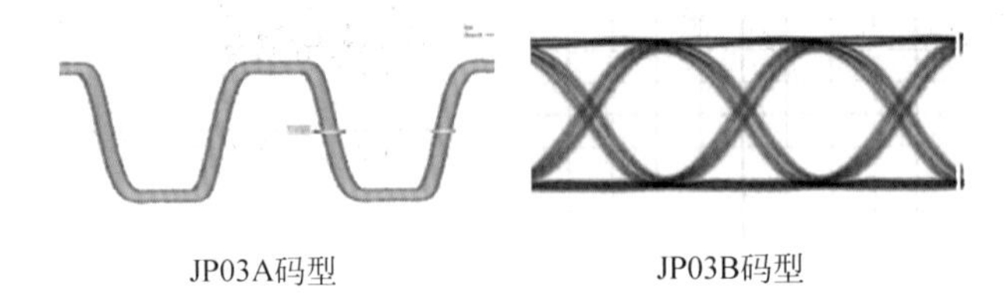

图29.14 随机抖动和奇偶抖动测试

❸ 眼高、眼宽测试

眼高(Eye Height)和眼宽(Eye Width)是眼图测试的重要参数。在802.3bs中,定义眼图测试时使用PRBS13Q的码型,并且是要对输出信号经过一个图29.15所示的CTLE(Continuous Time Linear Equalizer)参考均衡器后再进行眼图参数测试(参考资料:IEEE P802.3bs™/D2.1)。

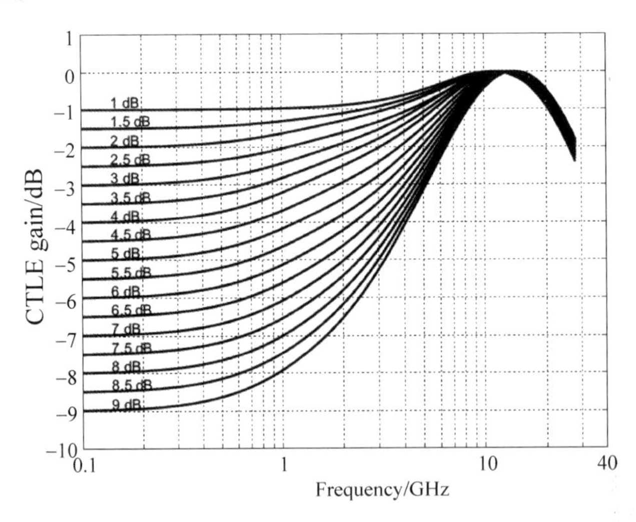

图29.15 CTLE参考均衡器

由于PAM-4信号会形成3层眼图,所以对每层眼图要分别测量(见图29.16)。在802.3bs中,定义以中间层眼图的中心位置为参考点计算眼高和眼宽。在测试过程中要更换不同的均衡器的值,并根据信号的噪声和抖动概率分布来计算等效的眼高和眼宽,这是一个非常复杂的计算过程,这里不做具体论述。

图29.17是在实时示波器中测试到的PAM-4信号的电平、噪声、眼高、眼宽的参数。

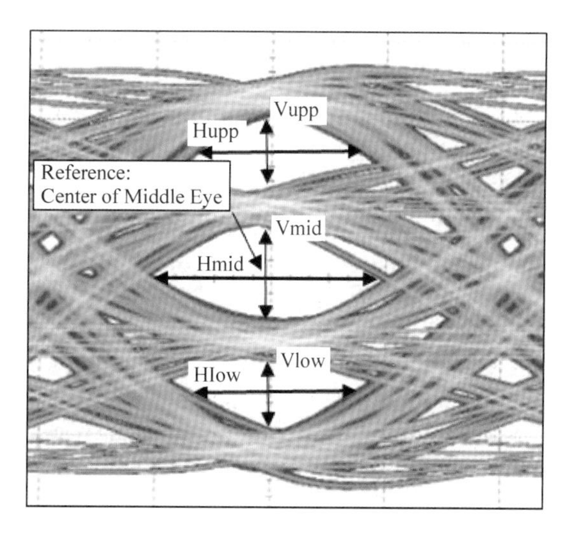

图 29.16　眼图测试

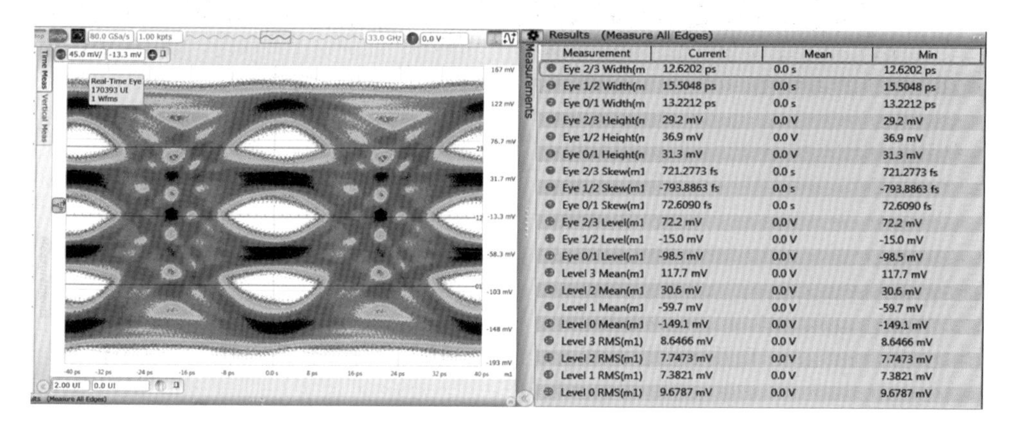

Measurement	Current	Mean	Min
Eye 2/3 Width(m	12.6202 ps	0.0 s	12.6202 ps
Eye 1/2 Width(m	15.5048 ps	0.0 s	15.5048 ps
Eye 0/1 Width(m	13.2212 ps	0.0 s	13.2212 ps
Eye 2/3 Height(n	29.2 mV	0.0 V	29.2 mV
Eye 1/2 Height(n	36.9 mV	0.0 V	36.9 mV
Eye 0/1 Height(n	31.3 mV	0.0 V	31.3 mV
Eye 2/3 Skew(m1	721.2773 fs	0.0 s	721.2773 fs
Eye 1/2 Skew(m1	-793.8863 fs	0.0 s	-793.8863 fs
Eye 0/1 Skew(m1	72.6090 fs	0.0 s	72.6090 fs
Eye 2/3 Level(m1	72.2 mV	0.0 V	72.2 mV
Eye 1/2 Level(m1	-15.0 mV	0.0 V	-15.0 mV
Eye 0/1 Level(m1	-98.5 mV	0.0 V	-98.5 mV
Level 3 Mean(m1	117.7 mV	0.0 V	117.7 mV
Level 2 Mean(m1	30.6 mV	0.0 V	30.6 mV
Level 1 Mean(m1	-59.7 mV	0.0 V	-59.7 mV
Level 0 Mean(m1	-149.1 mV	0.0 V	-149.1 mV
Level 3 RMS(m1)	8.6466 mV	0.0 V	8.6466 mV
Level 2 RMS(m1)	7.7473 mV	0.0 V	7.7473 mV
Level 1 RMS(m1)	7.3821 mV	0.0 V	7.3821 mV
Level 0 RMS(m1)	9.6787 mV	0.0 V	9.6787 mV

图 29.17　PAM-4 眼高、眼宽等参数测量结果

❹ 线性度测试

PAM-4 信号的线性度(即 4 个电平尽量等间隔分布)非常重要，它可以充分利用发射机的动态范围。在 802.3bs 中，抛弃了之前 802.3bj 规范中使用阶梯波形进行线性度测试的方法，是通过对 PRBS13Q 信号的眼图中 4 个电平的统计来计算线性度。信号线性度采用幅度不匹配度(Level Separation Mismatch Ratio)指标衡量，其定义如图 29.18 所示：RLM＝min((3×ES1)，(3×ES2)，(2－3×ES1)，(2－3×ES2))(参考资料：IEEE P802.3bs^{TM}/D2.1)。

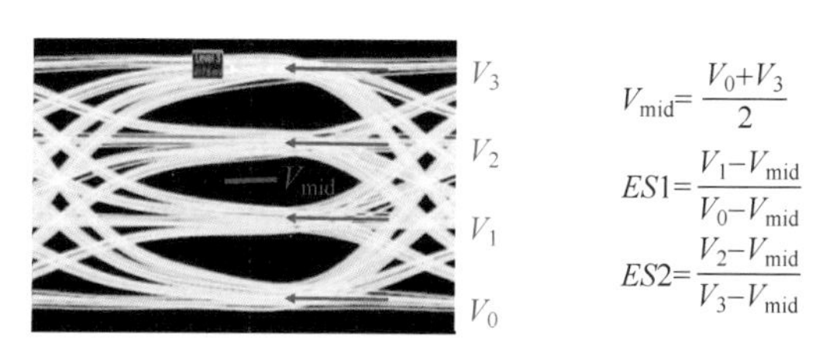

图 29.18　线性度定义

图 29.19 是在采样示波器中对原始信号的眼图、经过传输链路传输的眼图、用 CTLE 均衡后的眼图、用 FFE 方法均衡后的眼图进行分析的例子。同时还对 CTLE 后的各层眼图的眼高及眼图的线性度进行了测量。

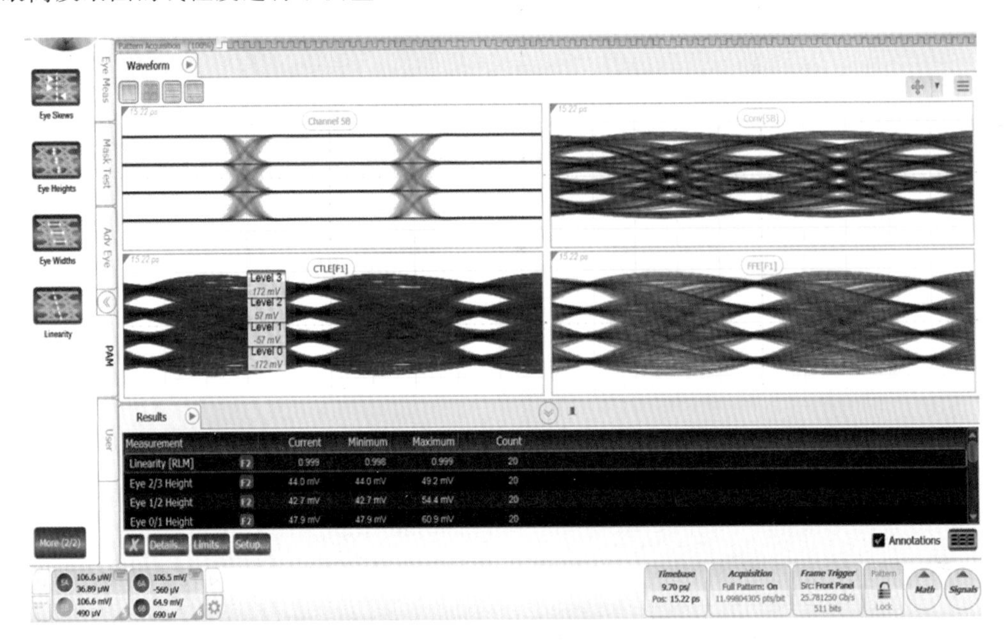

图 29.19　PAM-4 眼图线性度测量结果

❺ 消光比和光调制幅度测试

消光比(Extinction Ratio,ER)是光发射机特性评估非常重要的一个指标,同时也是最困难的测试指标之一。简单来说,消光比是指把电信号调制到光信号上之后,激光器输出高电平和低电平时光功率的对数比值,反映了激光器是否工作在最佳偏置点以及最佳调制效率区间。对于 PAM-4 信号来说,一方面对于线性度要求更高,另一方面,很多标准对该指标要求越来越严格,消光比测试余量也越来越有限,因此,如何进行准确/可重复的消光比测试,日益成为一个挑战。

传统的基于 NRZ 码型的消光比测试是在眼图模式下对高、低电平做统计并计算消光比的对数比值;而在 802.3bs 规范中,则是在发送 PRBS13Q 的码型下,寻找连续的 7 个'3'电平的中间两个 UI 时间宽度的平均功率作为高电平(P3),并寻找连续的 6 个'0'电平的中间两个 UI 时间宽度的平均功率作为低电平(P0),然后计算两个功率的对数比值,如图 29.20 所示。光调制幅度(Outer Optical Modulation Amplitude,OMAouter)是另一个衡量激光器打开和关闭时功率差的指标,定义为高电平和低电平时的功率差(即 P3－P0)(参考资料:IEEE P802.3bs^{TM}/D2.1)。

❻ TDECQ 测试

TDECQ (Transmitter and dispersion eye closure for PAM-4)有时又称为发射机色散代价,是衡量光发射机经过一个典型的光通道后眼图闭合度的指标。正常用于光信号传输

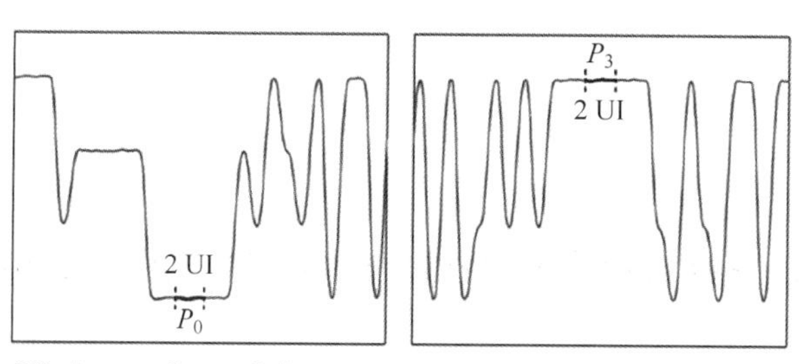

图 29.20　消光比测试方法

的激光器都有一定的谱线宽度，经过一段距离传输后，色散效应就会造成信号中不同波长成分的传输时延的变化，这些不同传输时延的信号在接收端叠加在一起就会造成信号质量的恶化。在10G以太网IEEE 802.3ae标准中，这个指标定义为TDP(Transmitter and Dispersion Penalty)；在100G以太网IEEE 802.3bm标准中，这个指标定义为TDEC(Transmitter and Dispersion Eye Closure)；而在针对200G/400G以太网IEEE 802.3b标准中，这个指标就是TDECQ(Transmitter and dispersion eye closure for PAM-4)。TDECQ通常用dB表示，对于PAM-4信号来说，TDECQ值越小，表示这个信号到达接收端后的眼图裕量越大，或者说能在光纤里传输更远的距离。根据802.3bs中的定义，TDECQ的参考测试方法如图29.21所示。

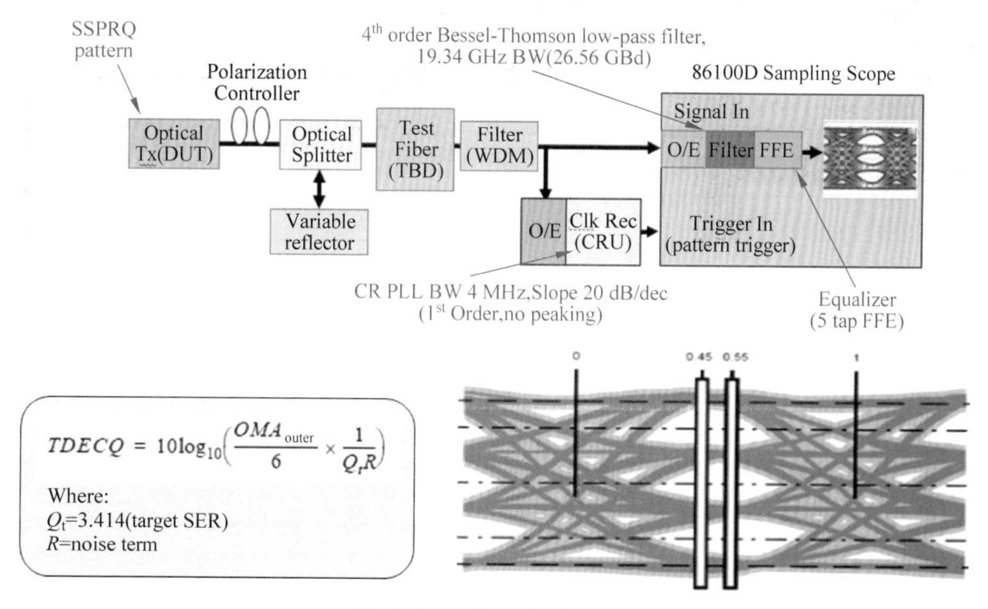

图 29.21　TDECQ测试方法

在测试中，被测件产生SSPRQ码型的光信号，然后经过测试光纤进行传输。测试光纤用于模拟规范中定义的光传输通道，对于这段光纤的色散、反射等参数都有严格要求，可以通过控制光纤的长度、偏振、反射等进行调节。被测信号经光纤传输后进入测量用的采样示波器，采样示波器一方面通过符合规范的CRU(Clock Data Recovery)电路进行时钟恢复，另一方面把被测光信号经过参考滤波器后进行采样。采样后的波形要进行5阶FFE的信号均衡，然后以恢复时钟为基准形成 PAM-4 信号眼图。眼图形成以后，再根据信号眼图的光调制幅度(OMA)、信号幅度噪声(R)以及和误码率要求对应的外推系数(Qt)根据公式计算 TDECQ 的值。图 29.22 是在采样示波器中对均衡后光信号的参数进行 OMA、ER、TDECQ 等参数测试的例子。

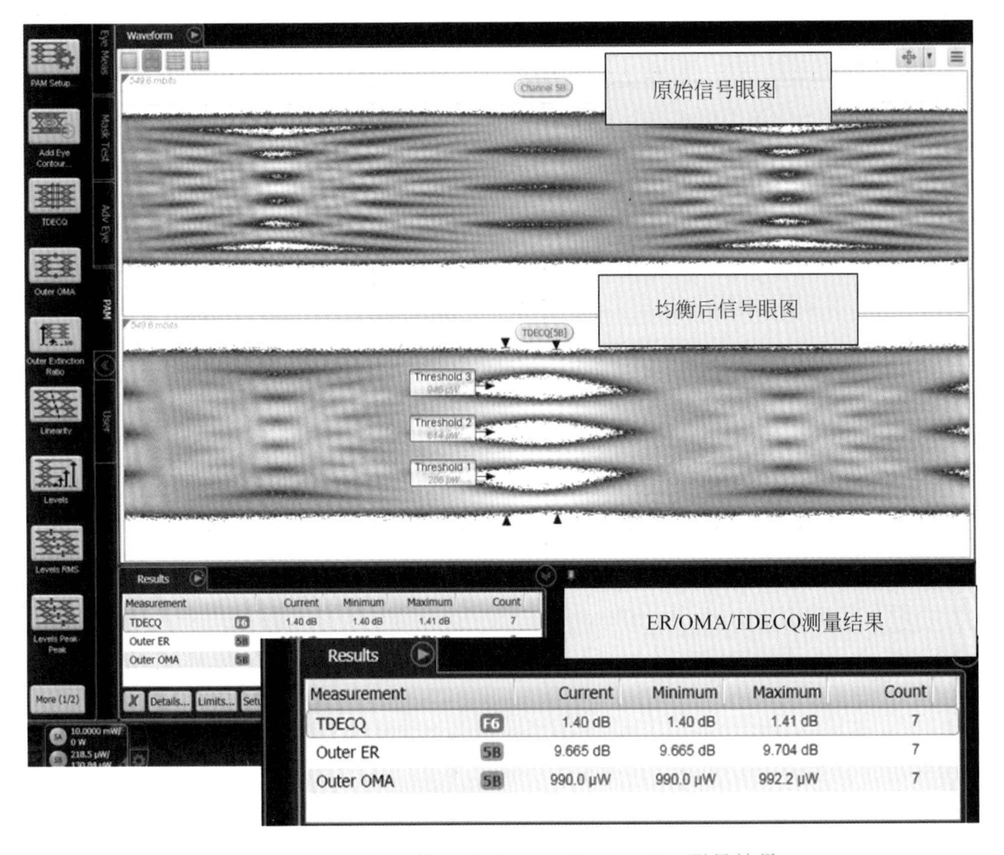

图 29.22　PAM-4 信号的 OMA、ER、TDECQ 测量结果

5. PAM-4 的接收机容限及误码率测试

对于 PAM-4 的接收端设备来说，需要验证其对于恶劣信号的容忍程度。所以接收端测试的主要目的就是产生一个精确可控的恶劣信号注入接收端，然后通过误码率的变化来观测其对于恶劣信号的容忍能力。

对 PAM-4 信号的接收机来说，首先要测试其对信号线性度的要求。例如在 OIF-CEI-56G-VSR/XSR 的标准中，这个指标用眼图线性度指标衡量，即三层眼图中最小的眼高和最大眼高的比例，这就需要一台设备能够灵活产生各种非等电平间隔的 PAM-4 信号，如图 29.23 所示是用基于 DAC 技术的误码仪产生非等间隔的 PAM-4 信号送给被测件的接收端，并进行线性度容限测试的例子。在进行接收容限测试时，如果被测件有内部误码计数功能，可以通过内部误码计数读出此时的误码率；如果没有误码计数功能，可以把接收的数据环回后送回给误码仪的误码检测模块，从而直接进行误码率判断。

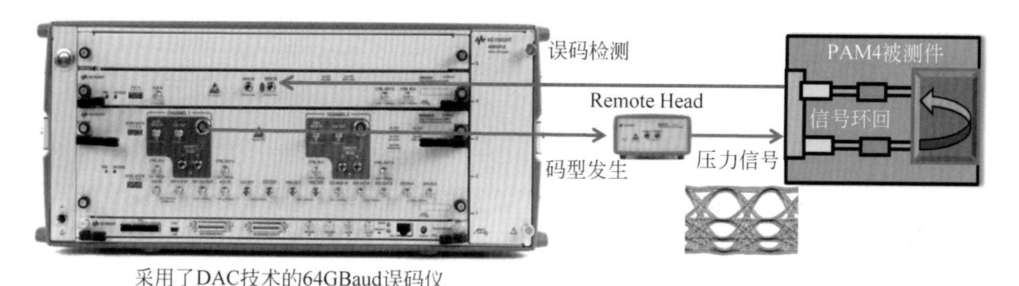

图 29.23 PAM-4 的线性度容限测试

更复杂的接收端容限测试不仅仅是线性度容限的测试，还要考虑在有抖动、噪声和码间干扰存在的情况下接收端的接收能力。这就需要使用误码仪的信号发生器产生带有抖动、噪声和码间干扰的信号并注入接收端，然后通过内部误码计数或者环回的方式来进行误码统计。这种用于注入接收端进行容限测试的信号通常叫作压力信号(Stress Signal)。

图 29.24 是 802.3bs 中关于 200GAUI-4 /400GAUI-8 接口的主机的输入端压力容限测试的例子。测试的主要难点在于如何产生正确的压力信号，因此首先要用 PAM-4 误码仪产生 PRBS13Q 的信号，并通过 HCB(Host Compliance Board)夹具、MCB(Module Compliance Board)夹具连接示波器进行信号校准。校准过程中需要调节误码仪输出信号的幅度、正弦抖动、随机抖动以及码间干扰，直至在示波器上测量到的压力信号满足眼高 30mV、眼宽 0.2UI、以及相应的抖动成分要求条件。在校准过程中，为了模拟串扰的影响，还会在其他通道上叠加异步的干扰。串扰信号可以用高带宽任意波发生器产生，也可以使用误码仪或其他满足串扰信号特性要求的器件。

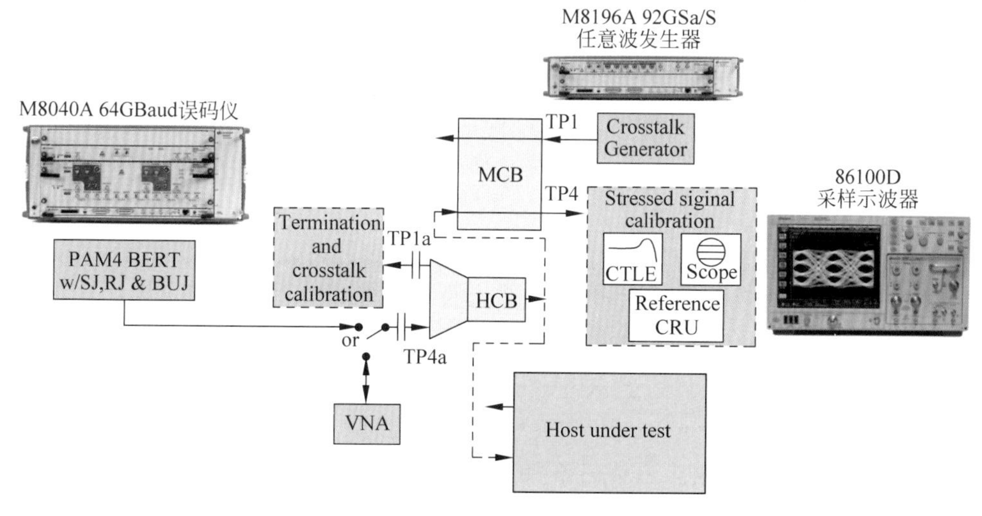

图 29.24 PAM-4 输入端压力容限测试

校准完成后，把 HCB 夹具连接被测件，调整误码仪输出的码型为 PRBS31Q 或者扰码后的 idle 数据流，然后进行误码率测试，并通过误码率来判断被测件对于此压力信号的容忍能力。